铜加工 生产技术问答

李宏磊 娄花芬 马可定 编著

TONGJIAGONG SHENGCHAN JISHU WENDA

北京
冶金工业出版社
2008

图书在版编目（CIP）数据

铜加工生产技术问答/李宏磊，娄花芬，马可定编著．
—北京：冶金工业出版社，2008.1
ISBN 978-7-5024-4373-3

Ⅰ．铜… Ⅱ．①李… ②娄… ③马… Ⅲ．铜—金属
加工—问答 Ⅳ．TG146.1-44

中国版本图书馆 CIP 数据核字（2007）第 168216 号

出 版 人　曹胜利
地　　址　北京北河沿大街嵩祝院北巷 39 号，邮编 100009
电　　话　（010）64027926　电子信箱　postmaster@ cnmip. com. cn
责任编辑　张登科　美术编辑　王耀忠　版式设计　张　青
责任校对　王贺兰　李文彦　责任印制　牛晓波
ISBN 978-7-5024-4373-3

北京兴华印刷厂印刷；冶金工业出版社发行；各地新华书店经销
2008 年 1 月第 1 版，2008 年 1 月第 1 次印刷
787mm×1092mm　1/16；33.75 印张；815 千字；519 页；1-4500 册
69.00 元

冶金工业出版社发行部　电话：（010）64044283　传真：（010）64027893
冶金书店　地址：北京东四西大街 46 号（100711）　电话：（010）65289081
（本书如有印装质量问题，本社发行部负责退换）

前　言

　　铜和铜合金的开发应用具有悠久的历史，曾是人类文明史上的里程碑和划时代的标志。在当今现代化社会，随着人们物质文化生活水平的提高和信息时代的到来，铜和铜合金已经并将继续成为人类生活不可或缺的重要基础材料。

　　铜和铜合金具有导电、导热、耐蚀、耐磨、抑菌、可镀、装饰性、易加工等一系列优异的性能，在电力、电子、通讯、交通运输、建筑装饰、化工、机械、海洋工程、航空航天等领域广泛应用，在人类生活和国民经济中起着巨大作用。

　　近几十年来，我国铜加工业发生了巨大的变化，已经成为世界铜加工材生产和消费第一大国；建设了几十条现代化的生产线，工艺、技术、装备水平不断提高，一大批高精尖产品不但满足国内经济建设的需要，而且大量出口国外。但是，我国还不是铜加工强国，与国际先进发达国家相比，我国的铜加工行业还有相当大的差距，面临着巨大的竞争压力。现代竞争是产品的竞争、技术的竞争，更是人才的竞争。我们需要一流的产品，更需要不断创新的、具有自主知识产权的技术，而归根结底，我们需要大批一流的人才。我们需要一大批有战略眼光、会经营管理的企业家；需要一大批有坚实理论基础、敢于创新的科技人员；也还需要一大批技能熟练、具有一定理论知识的新型技术工人。所谓新型技术工人就是热爱本职工作、有文化、懂业务、肯钻研、善攻关的岗位技术能手。我国当前有成百上千家铜加工企业，急需这样的新型技术工人。因此，普及铜加工技术基本理论知识，加强工人的技术培训是当务之急。我们编写《铜加工生产技术问答》就是想为此尽微薄之力。

　　本书的主要读者对象是愿意提高自己业务能力的、从事铜加工的在职工人。因此本书力求浅显易懂，但又不失深度；既深入浅出地介绍了铜加工的基本知识和基础理论，更突出了生产中的实际经验总结。《铜加工生产技术问答》是铜加工行业岗位应知应会的集成，可以作为职工岗位培训的教材或参考读物。

　　本书几乎涵盖了铜加工行业方方面面的技术问题，它对铜加工企业的管理人员、刚参加工作的年轻学生来说，也是一本非常实用的专业入门导读。

　　本书共分 8 章：第 1 章　铜及铜合金的特性与应用，第 2 章　铜及铜合金的金属学与形变热处理基础，第 3 章　铜及铜合金熔炼与铸造，第 4 章　铜及铜合金板、带、箔材生产，第 5 章　铜及铜合金管、棒、型、线材生产，第 6章　铜及铜合金产品质量控制，第 7 章　铜及铜合金检测技术，第 8 章　铜加工企业环境保护与职业安全卫生。

参加本书编写的人员有（按姓氏笔画为序）：丁顺德、马可定、孙水珠、刘海涛、刘富良、陈少华、张文芹、李宏磊、余学涛、娄花芬、胡萍霞、郭慧稳、黄国兴、康敬乐、韩卫光、路俊攀。

《铜加工生产技术问答》的编写得到了中铝洛阳铜业有限公司的大力支持和帮助，在此表示衷心的感谢！

《铜加工技术实用手册》的出版为本书的编写工作提供了很好的基础，本书部分问答参考了《铜加工技术实用手册》的有关内容，在此，我们对《铜加工技术实用手册》的撰稿人表示真诚的谢意！

由于我们水平有限，书中不妥之处，敬请专家和读者批评指正。

编　者

2007 年 10 月

目　录

第 1 章　铜及铜合金的特性与应用

第2章　铜及铜合金的金属学与形变热处理基础

第3章　铜及铜合金熔炼与铸造

第4章　铜及铜合金板、带、箔材生产

第5章　铜及铜合金管、棒、型、线材生产

第6章　铜及铜合金产品质量控制

第7章　铜及铜合金检测技术

第8章　铜加工企业环境保护与职业安全卫生

第1章　铜及铜合金的特性与应用[1]

1　铜的主要物理性能是什么?

铜是元素周期表中 I 族元素，元素符号为 Cu，原子序数为29，相对原子质量约为64。在1083℃以下时均为面心立方（f. c. c）晶体结构。铜属于重有色金属，也是一种无磁性的软金属。铜的主要物理性能如表 1-1 所示。

表 1-1　铜的主要物理性能

名　称	符　号	单　位	数　值
熔　点	T_m	℃	1083
沸　点		℃	约 2600
熔化潜热		kJ/kg	205.4
比热容	c_p	J/（kg·K）	385
热导率	λ	W/（m·K）	388
线膨胀率		%	2.25
线膨胀系数	α_1	℃$^{-1}$	$17.0 \times 10^{-6} \sim 17.7 \times 10^{-6}$
密　度	ρ	kg/m³	8930
电阻率	ρ_e	μΩ·m	0.017
电导率	χ	m/（Ω·mm²）	35～58
导电率		% IACS	101.5（退火的）
弹性模量	E	GPa	100～130
抗拉强度	R_m	MPa	200～360
屈服强度	$R_{p0.2}$	MPa	60～250
伸长率	A	%	2～45

注：1. 本表数据是室温条件下以 99.9% Cu 为基准。
　　2. 材料力学性能的物理量符号，新、旧标准不同，如抗拉强度 σ_b，新标准用 R_m 表示；屈服强度 σ_s，新标准用 R_{eH} 或 R_{eL} 表示，$\sigma_{0.2}$ 新标准用 $R_{P0.2}$ 表示；伸长率 δ，新标准用 A 表示，δ_5、δ_{10} 新标准分别用 A 和 $A_{11.3}$ 表示。为了使读者熟悉新、旧标准并方便阅读，本书新、旧符号同时使用。

---

[1] 本章撰稿人：娄花芬、马可定、陈少华、黄国兴、丁顺德。

2　铜的主要化学性能是什么?

铜不是化学活泼性金属元素,其活泼性排在钾、钠、钙、镁、铝、锌、铁、锡、铅之后,汞、银、铂、金之前,具有很强的化学稳定性。

铜的抗氧化性能　在大气中于室温下,铜氧化速度非常缓慢。而在高温下氧化速度会加快,当温度升至100℃时,表面生成黑色 CuO,其氧化速度与时间的对数成正比。当温度升至400℃以上时,氧化速度可按下式推算:

$$x = \sqrt{Kt} \tag{1-1}$$

式中　x——氧化膜重量,g/cm^2;

　　　t——持续时间,s;

　　　K——系数,在空气中,各温度下的 K 值见表1-2。

表1-2　不同温度下的 K 值

温度 $\theta/℃$	700	800	900	1000
系数 K	8.03×10^{10}	79.7×10^{10}	336.0×10^{10}	1350.0×10^{10}

铜在高温时生成致密的红色正方晶格的氧化亚铜(Cu_2O)膜,而不生成氧化铜(CuO),因为在高温下 CuO 会分解为游离氧和 Cu_2O。其反应式如下:

$$2CuO \longrightarrow Cu_2O + O \tag{1-2}$$

铜的耐腐蚀性能　铜与大气、水等接触时,反应生成难溶于水的碱性复盐碱式硫酸铜 $CuSO_4 \cdot 3Cu(OH)_2$ 和碱性碳酸铜 $CuCO_3 \cdot Cu(OH)_2$ 薄膜,又称"铜绿"。这层薄膜与铜基体结合牢固,本身致密,能防止铜被继续腐蚀。因此,铜在大气、纯净淡水和流动缓慢的海水中都具有很强的耐蚀性。在大气中的腐蚀速率为 $0.002 \sim 0.5mm/a$,在海水中的腐蚀速率为 $0.02 \sim 0.04mm/a$。在这些介质中使用时可不加保护。

铜有较高的正电位,Cu^+ 和 Cu^{2+} 标准电极电位分别为 $+0.52V$ 和 $+0.35V$,因此,铜在水溶液中不能置换氢,在非氧化无机酸(如盐酸等)、碱液、盐溶液和有机酸(醋酸、柠檬酸、脂肪酸、草酸和乳液等)介质中均保持良好的耐蚀性。但铜的钝化能力低,在氨、氰化物、汞化物和氧化性酸水溶液中的腐蚀速率较快。

3　铜的主要特点是什么?

铜与其他金属相比最主要的特点是高导电导热性、耐蚀性、适宜的强度、易加工成形性和典雅庄重的颜色。具体特点如下:

导电导热性　铜的导电导热性仅次于银,位居第二。而价格远低于金、银。几种主要金属的电阻率和热导率比较见表1-3。

表1-3　几种主要金属的电率和热导率比较

金属名称	银	铜	金	铝	镁	锌	铁	锡	钛
电阻率/$\Omega \cdot m$	1.5×10^{-8}	$1.724 \times 10^{-8*}$	2.065×10^{-8}	2.5×10^{-8}	4.47×10^{-8}	5.75×10^{-8}	$9.7 \times 10^{-8*}$	11.5×10^{-8}	$(42.1 \sim 47.8) \times 10^{-8}$
热导率/$W \cdot (m \cdot K)^{-1}$	418.68	373.56	297.26	235.2	153.66	154.91	75.36	62.8	15.07

注:＊表示20℃时的电阻率,其余为0℃时的电阻率。

耐蚀性　一般而言，铜的耐蚀性低于金、铂、银和钛，而金、铂、银属贵金属，实际应用规模很小；相比铁、锌、镁等金属，铜的耐蚀性很强。与铝相比，铜更耐非氧化性酸、碱和海水等的腐蚀，但在大气、弱酸等介质中铝的耐蚀性强于铜。

易加工成形性　铜的强度适中（200～360MPa），变形抗力大于铝而远小于钢铁和钛。铜的塑性很好，可以承受大变形量的冷热压力加工，如轧制、挤压、锻造、拉伸、冲压、弯曲等，轧制和拉伸的变形程度可达95%以上而不必进行中间退火等热处理。

色泽　纯铜为古朴典雅的紫色（亦称古铜色），铜合金则有各种美丽的色泽，如金黄色（H65黄铜）银白色（白铜、锌白铜）、青色（铝青铜、锡青铜）等，或华丽、或端庄，很受人们的喜爱。

抑菌性　铜能抑制细菌等微生物的生长，水中99%的细菌在铜环境里5h就会全部被杀灭。这对饮用水传输、食品器皿、海洋工程等非常重要。

可焊性　铜易于进行软钎焊、硬钎焊、气体保护电弧焊等方法焊接，含少量磷的磷脱氧铜焊接性能更好。由于铜的导热性能好，因此铜材焊接需要大功率、高能束的焊接设施，最好进行气体保护，一般不推荐点焊。

可镀性　铜的可镀性很好，可以电镀高熔点金属如镍、铬等，也可热镀低熔点金属如锡、锌等。

无磁性　纯铜是无磁性金属。

4　铜的主要应用领域有哪些?

铜是除钢铁和铝之外世界上使用最多的金属材料，其应用范围几乎涉及人类生活的各个领域。铜的主要用途见表1-4。

表 1-4　铜的主要用途

特　性	应　用
高导电性	各种电力、电信传输电缆；各种开关、接插件、汇流排、电刷、整流器；发电机、电动机和变压器、感应器等绕组；各种电极、电阻器、电容器、晶体管元件、微波器件、波导管；印刷滚筒、印刷电路板、集成电路引线框架等
高导热性	电站、化工、冶金、建筑采暖、海水淡化、汽车水箱等用各种换热器、冷凝器的管、板、片；高炉冷却壁板、金属铸造结晶器、感应器水冷线圈、航天推进器燃烧室喷嘴等
适宜的强度	螺栓、螺母、垫片、容器、铰链、铆钉、罩、盖、支架、齿轮等各种结构件
良好的耐蚀性	各种输油、气、汽、水或溶液管道；建筑雨水集水管、屋面板、阀；容器；水坝防渗板、硬币
典雅的色泽	建筑装饰板、灯具、雕刻、雕塑、奖杯、牌匾、器皿、服饰、乐器
优越的抑菌性	饮用水管道、管件；餐具、炊具、生活器皿、冰糕模、海运船舶护板
无磁性	屏蔽罩

5　什么是阴极铜?

阴极铜俗称电解铜，是生产铜和铜合金产品的最主要的原料。阴极铜是由粗铜（铜精矿冶炼产品，含铜量约为97.5%～99.3%）和（或）紫杂铜在阳极炉（熔铜炉，一般为反射炉）内经熔化、氧化、还原后，用圆盘或履带式铸造机铸成带有挂耳的阳极板，再将阳极板挂放在电解槽的电解液中电解，铜离子在阴极沉积而得到的板片状产物即为阴极铜，厚度约为 6 ~ 15mm。阴极铜分标准阴极铜和高纯阴极铜。其化学成分分别见表 1-5 和表 1-6。

表 1-5　标准阴极铜（Cu-CATH-2）的化学成分（GB/T 467—1997）（质量分数）　（%）

Cu + Ag 不小于	杂质含量，不大于									
	As	Sb	Bi	Fe	Pb	Sn	Ni	Zn	S	P
99.95	0.0015	0.0015	0.0006	0.0025	0.002	0.001	0.002	0.002	0.0025	0.001

表 1-6　高纯阴极铜（Cu-CATH-1）化学成分（GB/T 467—1997）（质量分数）　（%）

元素组	杂质元素	含量，不大于	元素组总含量，不大于	
1	Se	0.00020	0.00030	0.0003
	Te	0.00020		
	Bi	0.00020		
2	Cr	—	0.0015	
	Mn	—		
	Sb	0.0004		
	Cd	—		
	As	0.0005		
	P	—		
3	Pb	0.0005	0.0005	
4	S	0.0015①	0.0015	
5	Sn	—	0.0020	
	Ni	—		
	Fe	0.0010		
	Si	—		
	Zn	—		
	Co	—		
6	Ag	0.0025	0.0025	
杂质元素总含量			0.0065	

①需在试样上测定。

　　阴极铜表面应烫洗干净，无污泥、油污，绿色附着物总面积不应大于单面面积的 3%。表面不应有呈花瓣状或树枝状的结粒（俗称铜豆）。5mm 以上圆头结粒的总面积不得大于单面积的 10%。

6　什么是铜合金?

　　从科学的严格意义上说，世界上没有真正的纯金属，它们不同程度地含有其他元素（物质）。这些其他元素，有的是非期望而带有的，一般称其为杂质；有的是人们为了获得某些性能而特意加入的，一般称其为合金元素。

由两种或更多种化学元素（其中至少一种是金属）所组成的具有金属特性的物质叫合金。由两种元素组成的合金称为"二元合金"，由三种元素组成的合金称为"三元合金"，由三种以上元素组成的合金称为"多元合金"。合金的结构和性质决定于组成合金的组分间相互作用的特性。

合金的力学、物理和化学性能往往优于纯金属。

铜合金是以铜为主体，添加一定含量的其他金属或非金属元素，在高温下熔炼后而得到的金属材料，添加的元素改变了铜的微观组织结构，从而改变了材料的性能。纯铜虽然具有非常好的导电导热等性能，但纯铜的强度和硬度不高，耐蚀性、耐磨性、切削性和其他性能也有限。为了改善铜的这些性能，人们通过添加各种元素的合金化设计研究，开发出适应各种功能要求的铜合金：用于结构件的高强高韧铜合金、高强高导铜合金、高强耐热铜合金；用于弹性元件的高弹性铜合金；用于各种介质环境下工作的热交换器、管网、阀门的耐蚀铜合金；用于液压泵摩擦副、齿轮、齿环的高强耐磨铜合金；用于减震降噪的高阻尼铜合金；用于机械加工标准件的易切削铜合金；用于某些特殊要求的形状记忆铜合金、超塑性铜合金等等。

7 铜合金是怎样分类的？

铜合金的分类方法很多，但主要有以下三种：

（1）按成形方法分类。可分为铸造铜合金和变形（或加工）铜合金两大类。部分铸造铜合金只适于铸造成形而不能加工成形，也有许多铸造铜合金既可以铸造成形也可以变形加工成形。而变形铜合金大都先进行铸造成坯，再进行变形加工。铸造铜合金和变形铜合金还细分为紫铜、黄铜、青铜和白铜等类别。

（2）按合金系（主成分）分类。可以分为紫铜（纯铜）、黄铜、青铜和白铜四大类。当然，每一大类又可以分成若干小类，如紫铜又可分为普通纯铜、韧铜、脱氧铜和无氧铜等。黄铜又分为普通黄铜和复杂黄铜，复杂黄铜又分为铅黄铜、铝黄铜、锡黄铜、铁黄铜、硅黄铜、锰黄铜、镍黄铜等；青铜又分为锡青铜、铝青铜、硅青铜、镁青铜、钛青铜、铬青铜、锆青铜和镉青铜等；白铜则分为普通白铜、锌白铜、铁白铜等等。这种分类法是使用最广泛的方法，我国国家标准即采用此法。

（3）按功能（或特性）分类。可分为结构用铜合金、导电导热用铜合金、耐蚀铜合金、耐磨铜合金、阻尼铜合金、易切削铜合金、记忆铜合金、超塑性铜合金、艺术（装饰）铜合金等等。此法多用于研制新合金申报项目、成果或学术文章中。

8 我国铜合金牌号是怎样表示的？

我国国家标准（GB 340—76）规定，加工铜及铜合金的牌号命名以"铜的种类代号、化学符号后的元素含量或顺序号"表示，其中，铜的种类代号取第一个汉字汉语拼音的第一个大写字母，"T"代表纯铜，"H"代表黄铜，"Q"代表青铜，"B"代表白铜。

加工铜及铜合金牌号的组成如表 1-7 所示。

表 1-7　加工铜及铜合金牌号的组成

分　类	牌 号 组 成	示　例
纯　铜	T + 顺序号①	例如：T1、T2
纯铜（添加其他元素）	T + 添加元素化学符号 + 顺序号①或添加元素含量②	例如：TP2、TAg 0.1
无氧铜	TU + 顺序号①	例如：TU0、TU1、TU2
普通黄铜（二元）	H + 铜含量	例如：H 90、H 65
复杂黄铜（三元以上）	H + 第二主添加元素化学符号 + 除锌以外的元素含量（数字间以"－"隔开）	例如：HPb 89-2、HFe 58-1-1、HMn 62-3-3-0.7
青　铜	Q + 第一主添加元素化学符号 + 除铜以外的元素含量（数字间以"－"隔开）	例如：QAl 5、QSn 6.5-0.1、QAl 10-4-4
普通白铜（二元）	B + 镍（含钴）含量	例如：B5、B30
复杂白铜（三元以上）	B + 第二主添加元素符号 + 除铜以外的元素含量（数字间以"－"隔开）	例如：BZn 15-20、BAl 6-1.5、BFe 30-1-1

①铜含量随着顺序号的增加而降低；
②元素含量为名义百分含量。

9　美国铜合金牌号是怎样表示的?

美国 UNS 编号制度（ASTM E527）规定，铜及铜合金均采用 5 位数字作为代号，表示为 "C + ××××× （五位数字）"，其中，加工铜为 "C10000 ~ C15999"，加工铜合金为 "C16000 ~ C79999"。这种代号系统是在过去 3 位数字代号的基础上，经美国材料与试验协会和美国机动工程师协会共同研究和发展而成的，并成为美国金属与合金统一数字代号制度（UNS）的构成部分。

美国加工铜及铜合金具体编号情况如表 1-8 所示。

表 1-8　美国加工铜及铜合金具体编号情况

分　类	UNS 编号	分　类	UNS 编号
铜	C10100 ~ C15815	铜-磷和铜-银-磷合金（铜焊合金）	C55180 ~ C55284
高铜合金	C16200 ~ C19900	铜-铝合金（铝青铜）	C60800 ~ C64210
铜-锌合金（黄铜）	C21000 ~ C28000	铜-硅合金（硅青铜）	C64700 ~ C66100
铜-锌-铅合金（铅黄铜）	C31200 ~ C38500	其他铜-锌合金	C66300 ~ C69710
铜-锌-锡合金（锡黄铜）	C40400 ~ C48600	铜-镍合金	C70100 ~ C72950
铜-锡-磷合金（磷青铜）	C50100 ~ C52480	铜-镍-锌合金（镍银）	C73500 ~ C79830
铜-锡-铅-磷合金（含铅磷青铜）	C53400 ~ C54400	铸造铜合金	C80000 ~ C90000

10　日本铜合金牌号是怎样表示的?

按日本工业标准（JIS）的规定，加工铜及铜合金的牌号用铜的英文 Copper 的首字母 C 加四位数字表示，即：C + ×××× （四位数字）。其表示方法与美国 UNS 编号基本相同（较之少一位数字）。

第一位数字表示合金系列，用 1~9 表示。各数字的含义如下：

1—纯铜、高铜系合金；2—铜锌系合金；3—铜锌铅系合金；4—铜锌锡系合金；5—铜锡系、铜锡铅系合金；6—铜铝系、铜硅系、特殊铜锌系合金；7—铜镍系、铜镍锌系合金；8、9—尚未使用。

铜及铜合金加工产品的代号，是由其牌号和表示产品形状类别与用途的英文字头或缩写字母组成。

常用的表示加工产品形状类别与用途的英文字头或缩写字母如表 1-9 所示。

表 1-9　常用的表示加工产品形状类别与用途的英文字头或缩写字母

缩写字母	类　别	缩写字母	类　别
P	板、条、圆板	TD	拉制无缝管
PC	复合板	TW	焊接管
R	带	TWA	电弧焊接管
BE	挤制棒	S	挤压型材
BD	拉制棒	BR	铆钉材料
BF	锻制棒	FD	模锻件
W	拉制线材	FH	自由锻件
TE	挤制无缝管		

11　德国铜合金牌号是怎样表示的？

在德国工业标准（DIN）中，有色金属材料的表示方法有两个体系。一种是以化学元素符号、标记字母和阿拉伯数字组成的牌号；另一种是 7 位数字代号系统。在现行的 DIN 技术标准文件中，两种体系并用，相互对照列出。

A　以化学元素为基础的牌号表示方法

按 DIN 1700—1954 的规定，加工铜及铜合金的牌号一般由两部分组成：

（1）说明制造方法和应用范围的标记字母。例如：见表 1-10 中的纯铜；

（2）直接标明合金成分。例如：见表 1-10 中的铜合金。

表 1-10　以化学元素为基础的牌号表示方法

分　类	牌号组成	示　例
纯　铜	铜类型的字母代号[1] + Cu（ + 电导率值[2]）	例如：E-Cu58、SW-Cu、OF-Cu
铜合金	Cu + 添加元素化学符号及其含量[3]	例如：CuZn37Pb0.5、CuCrZr、CuAl10Ni5Fe4

[1]字母代号含义：E—含氧铜；OF—无氧铜；SE—微残余磷脱氧铜；SW—低残余磷脱氧铜；SF—高残余磷脱氧铜；

[2]当对材料有电导率要求时，标记出电导率值，$m/\Omega \cdot mm^2$；

[3]当元素含量小于 1% 时，不标注含量数值。

B　数字代号表示方法

在 DIN 17007—1956 的规定，7 位数字代号的形式如下：

×·×××××·×× （即：组别号·类别号·附加号）

其中：组别号——共分为 10 大组，铜及铜合金为第 2 组；

类别号——表示具体合金，主要根据材料的化学成分、制备方式编制；

附加号——用以标记诸如熔炼、浇注、热处理的方式及有否加工硬化和外形、表面状况等。

德国铜及铜合金的具体数字代号如表 1-11 所示。

表 1-11　德国铜及铜合金的具体数字代号

分　类	数字代号	分　类	数字代号
纯　铜	2.0000 ~ 2.0199	铜-铁合金	2.1310 ~ 2.1319
黄　铜	2.0200 ~ 2.0449	铜-镁合金	2.1320 ~ 2.1349
特殊黄铜	2.0450 ~ 2.0599	铜-锰合金	2.1350 ~ 2.1389
备　用	2.0600 ~ 2.0699	含氧铜	2.1390 ~ 2.1399
白　铜	2.0700 ~ 2.0799	备　用	2.1400 ~ 2.1459
铜-镍合金	2.0800 ~ 2.0899	铜-磷合金	2.1460 ~ 2.1469
铜-铝合金	2.0900 ~ 2.0999	铜-钯合金	2.1470 ~ 2.1479
铜-锡合金	2.1000 ~ 2.1159	铜-铂合金	2.1480 ~ 2.1489
铜-铅合金	2.1160 ~ 2.1189	备　用	2.1490 ~ 2.1499
备　用	2.1190 ~ 2.1199	铜-硒合金	2.1500 ~ 2.1509
铜-银合金	2.1200 ~ 2.1229	铜-硅合金	2.1510 ~ 2.1539
备　用	2.1230 ~ 2.1239	铜-碲合金	2.1540 ~ 2.1549
铜-铍合金	2.1240 ~ 2.1259	备　用	2.1550 ~ 2.1559
铜-镉合金	2.1260 ~ 2.1279	铜-钛合金	2.1560 ~ 2.1579
铜-钴合金	2.1280 ~ 2.1289	铜-锆合金	2.1580 ~ 2.1599
铜-铬合金	2.1290 ~ 2.1299	备　用	2.1600 ~ 2.1799
备　用	2.1300 ~ 2.1309		

12　ISO 铜合金牌号是怎样表示的？

国际标准化组织标准（ISO 1190/1—1982）规定，铜及铜合金的牌号用材料的化学成分表示。所有牌号前均应有"ISO"前缀，但是在国际标准或通讯文件中已明显知道是用 ISO 牌号时，为简便起见可以省略"ISO"。基体元素和主要合金化元素应采用国际化学元素符号，其后加上表示金属特征的字母或表示合金名义成分的数字。

ISO 加工铜及铜合金牌号的组成如表 1-12 所示。

表 1-12　ISO 加工铜及铜合金牌号的组成

分　类	牌号组成	示　例
纯　铜	Cu – 铜类型的大写字母[①]	例如：Cu-FRHC、Cu-FRTP、Cu-OF
铜合金	Cu + 添加元素化学符号及其含量[②]	例如：CuZn 37Pb1、CuCr 1Zr、CuAl 10Ni5Fe5

[①]字母代号含义：ETP—电解精炼韧铜；FRHC—火法精炼高导电铜；FRTP—火法精炼韧铜；OF—无氧铜；HCP—含磷高导电铜；DLP—低磷脱氧铜；DHP—高磷脱氧铜；

[②]元素含量尽量取整数。当元素含量小于1%时，不标注元素含量。

13　不同标准体系中铜合金牌号如何对应?

在我国加工铜及铜合金牌号中，T1、H59、HNi56-3、HFe58-1-1、HAl67-2.5、HAl66-6-3-2、HAl61-4-3-1、HMn62-3-3-0.7、HMn55-3-1、H85A、QAl9-5-1-1、QBe0.3-1.5、QSi3.5-3-1.5、QMn1.5、QMn2、QZr0.4、QCr0.5-0.2-0.1 共 17 个牌号没有相应的国外牌号与之对照。

加工铜及铜合金相应牌号的对照见表 1-13 所示。

由于各国使用的加工铜及铜合金类别上基本相近但又不完全一致，本对照表主要依据金属主成分或合金元素成分是否相同或相近而定，而不苛求各元素的含量完全相同，因此，表 1-13 所列的各标准牌号是近似的对照，仅供参考。

表 1-13　加工铜及铜合金牌号对照

材料名称	牌　　号							
	GB	JIS	ASTM	ISO	DIN	BS	NF	ГОСТ
纯铜	T2	C1100	C11000	Cu-FRHC	E-Cu58	C101/C102	Cu-FRHC	M1
	T3	—	—	Cu-FRTP		C104	Cu-FRTP	M2
无氧铜	TU0	C1011	C10100			C110	Cu-OFE	M00ъ
	TU1	C1020	—					M0ъ
	TU2	C1020	C10200	Cu-OF	OF-Cu	C103	Cu-OF	M1ъ
磷脱氧铜	TP1	C1201	C12000	Cu-DLP	SW-Cu		Cu-DLP	M1P
	TP2	C1220	C12200	Cu-DHP	SF-Cu	C106	Cu-DHP	M1ф
银铜	TAg0.1	—	—	CuAg0.1	CuAg0.1			MC0.1
普通黄铜	H96	C2100	C21000	CuZn5	CuZn5	CZ125	CuZn5	Л96
	H90	C2200	C22000	CuZn10	CuZn10	CZ101	CuZn10	Л90
	H85	C2300	C23000	CuZn15	CuZn15	CZ102	CuZn15	Л85
	H80	C2400	C24000	CuZn20	CuZn20	CZ103	CuZn20	Л80
	H70	C2600	C26000	CuZn30	CuZn30	CZ106	CuZn30	Л70
	H68	—	C26200	CuZn30	CuZn33			Л68
	H65	C2680、C2700	C26800、C27000	CuZn35	CuZn36	CZ107	CuZn33	—
	H63	C2720	C27200	CuZn37	CuZn37	CZ108	CuZn36	Л63
	H62	C2800	C27400	CuZn40	CuZn40	CZ109	CuZn40	Л60
镍黄铜	HNi65-5	—	—	—	—	—	—	ЛН65-5
铁黄铜	HFe59-1-1	—	—	—	—	—	—	ЛЖМц59-1-1
铅黄铜	HPb89-2	—	C31400					
	HPb66-0.5	—	C33000					
	HPb63-3	C3560	C35600		CuZn36Pb3			ЛС63-3
	HPb63-0.1	—	—		CuZn37Pb0.5			
	HPb62-0.8	C3710	C35000	CuZn37Pb1	CuZn36Pb1.5	CZ123		

材料名称	牌　号							
	GB	JIS	ASTM	ISO	DIN	BS	NF	ГОСТ
铅黄铜	HPb62-3	C3601	C36000	CuZn36Pb3	CuZn36Pb3	CZ124	CuZn36Pb3	
	HPb62-2	—	C35300	CuZn37Pb2	CuZn38Pb1.5	CZ131	CuZn35Pb2	—
	HPb61-1	C3710	C37100	CuZn39Pb1	CuZn39Pb0.5	CZ129	CuZn40Pb	ЛС60-1
	HPb60-2	C3771	C37700	CuZn38Pb2	CuZn39Pb2	CZ128	CuZn38Pb2	ЛС60-2
	HPb59-3	C3561	C38500	CuZn39Pb3	CuZn39Pb3	CZ120	CuZn40Pb3	ЛС59-3
	HPb59-1	C3713	C37710	CuZn39Pb1	CuZn40Pb2	CZ129	CuZn39Pb1.7	ЛС59-1
铝黄铜	HAl77-2	C6870	C68700	CuZn20Al2	CuZn20Al2	CZ110	CuZn22Al2	ЛАМш77-2-0.05
	HAl60-1-1	—	—	CuZn39AlFeMn	—	—	—	ЛАЖ60-1-1
	HAl59-3-2	—	—	—	—	—	—	ЛАН59-3-2
锰黄铜	HMn58-2	—	—	—	CuZn40Mn2	—	—	ЛМц58-2
	HMn57-3-1	—	—	CuZn37Mn3Al2Si	—	CZ135	—	ЛМцА57-3-1
锡黄铜	HSn90-1	—	C41100	—	—	—	—	ЛО90-1
	HSn70-1	C4430	C44300	CuZn28Sn1	CuZn28Sn	CZ111	CuZn29Sn1	ЛОМш70-1-0.05
	HSn62-1	C4621	C46400	CuZn38Sn1	CuZn38Sn	CZ112	—	ЛО62-1
	HSn60-1	—	—	CuZn38Sn1	—	CZ113	CuZn38Sn1	ЛО60-1
加砷黄铜	H70As	—	C26130	CuZn30As	—	CZ105	CuZn30	—
	H68As	—	—	CuZn30As	—	CZ126	—	—
硅黄铜	HSi80-3	—	C69400	—	—	—	—	ЛК80-3
锡青铜	QSn1.5-0.2	—	C50500	CuSn2	—	—	—	БрОФ2-0.25
	QSn4-0.3	C5101	C51100	CuSn4	CuSn4	PB101	CuSn4P	БрОФ4-0.25
	QSn4-3	—	—	CuSn4Zn2	—	—	—	БрОЦ4-3
	QSn4-4-2.5	—	—	—	—	—	—	БрОЦС4-4-2.5
	QSn4-4-4	C5441	C54400	CuSn4Pb4Zn3	—	—	CuSn4Zn4Pb4	БрОЦС4-4-4
	QSn6.5-0.1	C5191	C51900	CuSn6	CuSn6	PB103	CuSn6P	БрОФ6.5-0.15
	QSn6.5-0.4	C5191	C51900	CuSn6	CuSn6	PB103	CuSn6P	БрОФ6.5-0.4
	QSn7-0.2	—	—	CuSn8	CuSn8	PB103	CuSn8P	БрОФ7-0.2
	QSn8-0.3	C5210	C52100	CuSnP	CuSn8		CuSn8.5P	БрОФ8.0-0.3
铝青铜	QAl5	—	C60800	CuAl5	CuAl5As	CA101	CuAl6	БрА5
	QAl7	—	C61000	CuAl7、CuAl8	CuAl8	CA102	CuAl8	БрА7
	QAl9-2	—	—	CuAl9Mn2	CuAl9Mn2			БрАМц9-2
	QAl9-4	—	C62300	CuAl10Fe3	CuAl8Fe3			БрАЖ9-4
	QAl10-3-1.5	—	—	—	CuAl10Fe3Mn2			БрАЖМц10-3-1.5
	QAl10-4-4	—	C63020	—	—	CA104	CuAl10Ni5Fe4	БрАЖН10-4-4
	QAl10-5-5	C6301	C63280	CuAl10Ni5Fe4	CuAl10Ni5Fe4	CA105	CuAl10Ni5Fe4	БрАЖНМц9-4-4-1
	QAl11-6-6	—	—	—	CuAl11Ni6Fe5	—	CuAl11Ni5Fe5	—

材料名称	牌　号							
	GB	JIS	ASTM	ISO	DIN	BS	NF	ГОСТ
铍青铜	QBe2	C1720	C17200	CuBe2	CuBe2	—	CuBe1.9	Бр·Б2
	QBe1.9	—	—	CuBe2	—	—	—	Бр·БНТ1.9
	QBe1.9-0.1	—	—	—	—	—	—	Бр·БНТ1Мг
	QBe1.7	C1700	C17000	CuBe1.7	CuBe1.7	CB101	CuBe1.7	Бр·БНТ1.7
	QBe0.6-2.5	—	C17500	CuCo2Be	CuCo2Be	C112	—	—
	QBe0.4-1.8	—	C17510	CuNi2Be	CuNi2Be	—	—	—
硅青铜	QSi3-1	—	C65500	CuSi3Mn1	—	CS101	—	БрКМц3-1
	QSi1-3	—	—	CuNi2Si	—	—	CuNi3Si	БрКН1-3
锰青铜	QMn5	—	—	—	—	—	—	БрМц5
锆青铜	QZr0.2	—	C15000	—	CuZr	—	—	—
	QZr0.4	—	—	—	—	—	—	—
铬青铜	QCr0.5	—	C18400	CuCr1	—	CC101	—	БрХ1
	QCr0.5-0.2-0.1	—		—	—	—	—	—
	QCr0.6-0.4-0.05	—	C18100	—	—	—	—	—
	QCr1	—	C18200	CuCr1	—	CC101	—	БрХ1
镉青铜	QCd1	—	C16200	CuCd1	—	C108	—	БрКд1
镁青铜	QMg0.8	—	—	—	CuMg0.7	—	—	—
铁青铜	QFe2.5	—	C19400	—	CuFe2P	—	—	—
碲青铜	QTe0.5	—	C14500	CuTe（P）	CuTeP	C109	—	（CuTeP）
普通白铜	B0.6	—	—	—	—	—	—	МН0.6
	B5	—	—	—	—	—	CuNi5	МН5
	B19	—	C71000	—	—	CN104	CuNi20	МН19
	B25	—	C71300	CuNi25	CuNi25	CN105	CuNi25	МН25
	B30	—	—	—	—	CN106	CuNi30	—
铁白铜	BFe5-1.5-0.5	—	C70400	—	—	CN101	CuNi5Fe	МНЖ5-1
	BFe10-1-1	C7060	C70600	CuNi10Fe1Mn	CuNi10Fe1Mn	CN102	CuNi10Fe1Mn CuNi10Fe	МНЖМц10-1-1
	BFe30-1-1	C7150	C71500	CuNi30Mn1Fe	CuNi30Mn1Fe	CN107	CuNi30Mn1Fe CuNi30FeMn	МНЖМц30-1-1
锰白铜	BMn3-12	—	—	—	—	—	—	МНМц3-12
	BMn40-1.5	—	—	—	—	—	—	МНМц40-1.5
	BMn43-0.5	—	—	CuNi44Mn1	CuNi44Mn1	—	CuNi44Mn	МНМц43-0.5

材料名称	牌　号							
	GB	JIS	ASTM	ISO	DIN	BS	NF	ГОСТ
锌白铜	BZn18-18	C7521	C75200	CuNi18Zn20	CuNi18Zn20	NS106	CuNi18Zn20	МНЦ18-20
	BZn18-26	C7701	C77000	CuNi18Zn27	CuNi18Zn27	NS107	—	МНЦ18-27
	BZn15-20	C7541	C75400	CuNi15Zn21	—	NS105	—	МНЦ15-20
	BZn15-21-1.8	C7941	—	—	—	—	—	—
	BZn15-24-1.5	—	—	—	—	—	CuNi13Zn23Pb1	—
铝白铜	BAl13-3	—	—	—	—	—	—	МНА13-3
	BAl6-1.5	—	—	—	—	—	—	МНА6-1.5

14　我国和美国铜加工材的状态是怎样表示的?

我国有色金属材料状态的表示方法均相同,以汉字表达状态名称,用其第一个汉字拼音字母表达状态代号,见表 1-14。

表 1-14　我国有色金属材料状态代号

名　称	采用汉字	代　号
热加工	热	R
退火(焖火)	焖(软)	M
淬火	淬	C
淬火后冷轧(冷作硬化)	淬、硬	CY
淬火(自然时效)	硬、自	CZ
淬火(人工时效)	淬、时	CS
硬	硬	Y
3/4 硬、1/2 硬、1/3 硬、1/4 硬	硬	Y_1、Y_2、Y_3、Y_4
特　硬	特	T
淬火后冷轧、人工时效	淬、硬、时	CYS
热加工、人工时效	热、时	RS
淬火、自然时效、冷作硬化	淬、自、硬	CZY
淬火、人工时效、冷作硬化	淬、时、硬	CSY

美国材料试验协会(ASTM)对铜、铝、镁材与产品制定了统一的状态代号标识方法,共 8 大类 131 种状态,划分十分细密。其状态大类如表 1-15 所示。

表 1-15　美国铜、铝、镁材状态代号

代　号	状态名称	说　明
O	退火状态	为了满足力学性能要求,经退火而获得的材料状态
OS	退火状态	为了满足标准规定的晶粒度要求,经退火而获得的材料状态
M	制造状态	铸造或热加工成形状态,在生产中采用了各种控制手段
H	冷加工状态	控制冷加工量而获得的材料状态
HR	控制冷加工并消除应力状态	控制冷加工量并消除应力的材料状态
HT	有序强化状态	控制冷加工量,然后进行有序强化的热处理所获得的材料状态
T	热处理状态	热处理后快速冷却所获得的材料状态
W	焊接管状态	由条、带焊接而成,除热影响外,焊接管基本具有条、带材同样的性能

15　我国紫铜系列是如何分类的，其主要特点是什么?

在我国紫铜又叫纯铜，一般分为无氧铜、有氧铜和特种铜。无氧铜中有高纯无氧铜（TU0、TU1、TU2）和磷脱氧铜（TUP、TP1、TP2 等），特点是氧含量极少，在脱氧铜中还残留少量脱氧剂;有氧铜主要有普通纯铜（T1、T2、T3 等）和韧铜，特点是氧含量较高;特种铜主要有砷铜、银铜、碲铜等，特点是分别加入了不同的微量合金化元素，以达到提升材料综合性能的目的。

16　什么是普通纯铜，其主要特点和用途是什么?

普通纯铜是铜的质量分数不低于 99.7%，杂质量极少的含氧铜，外观呈紫红色，故又称为紫铜。主要牌号有 T1、T2 和 T3。

A　化学成分

按 GB/T 5231—2001 规定，常用普通纯铜的化学成分见表 1-16。

表 1-16　常用普通纯铜的化学成分（质量分数）　　　　　　（%）

牌　号	Cu + Ag	P	Bi	Sb	As	Fe	Ni	Pb	Sn	S	Zn	O	杂质总和
	不小于	不大于											
T1	99.95	0.001	0.001	0.002	0.002	0.005	0.002	0.003	0.002	0.005	0.005	0.02	0.05
T2	99.90	—	0.001	0.002	0.002	0.005	—	0.005	—	0.005			0.1
T3	99.70	—	0.002	—	—	—	—	0.01	—	—			0.3

注: 1. 表中未列入的杂质包括在总和内;
　　2. T2 ~ T3 的磷含量在杂质总和内控制，对导电用 T2，杂质磷含量不大于 0.001%;
　　3. T3 在杂质总和中的铅含量，经需方同意可不超过 0.025%。

B　物理及化学性能

a　热学性能

熔点: T1 为 1084.5℃;

　　　T2 为 1065 ~ 1082.5℃;

　　　T3 为 1065 ~ 1082℃;

　　　C11000 为 1083℃;

　　　C12500 为 1085℃。

熔化潜热: T1、T2 为 212.5kJ/kg;

　　　　　C11000 为 205.4kJ/kg。

沸点: 2350 ~ 2600℃。

比热容: 385 ~ 420J/(kg·K)，20℃时，C11000 与 C12500 为 385J/(kg·K)。

热导率: 20℃时，C11000 为 388W/(m·K)，C12500 为 377W/(m·K)。

常用普通纯铜在不同温度下的热导率见表 1-17。

表 1-17　常用普通纯铜在不同温度下的热导率

温度 θ/℃	-256	-160	-79	0	20	100	324	667
热导率 λ/W·(m·K)$^{-1}$	约5024	450	400	391	390	380	352	339

热膨胀：0～1084.5℃的线膨胀率为2.25%，常用普通纯铜线膨胀系数见表1-18。

表 1-18　常用普通纯铜线膨胀系数

温度 θ/℃		常温	20～100	20～200	20～300
线膨胀系数 α_1/℃$^{-1}$	普通纯铜	16.92×10^{-6}	17.28×10^{-6}	17.64×10^{-6}	
	C11000	17.0×10^{-6}	17.3×10^{-6}	17.7×10^{-6}	
	C12500	—	—	17.7×10^{-6}	

b　质量特性

20℃时，99.999%加工纯铜的密度为8958kg/m^3，铸态电解精铜的密度为8300～8700kg/m^3（可取平均值8500kg/m^3），铸态无气体的电解精铜的密度为8850～8930kg/m^3（可取平均值8920kg/m^3），C11000与C12500的密度为8890kg/m^3。加工铜的密度与温度的关系见表1-19。

表 1-19　加工铜的密度与温度的关系

状　态	固　态				液　态	
温度 θ/℃	20	900	1000	1084.5	1084.5	1200
密度 ρ/kg·m^{-3}	8930	8680	8470	8320	7990	7810

c　电学性能

根据技术标准规定，T2线材的电性能见表1-20。

表 1-20　技术标准规定的 T2 线材在 20℃时的电阻率

材料状态	电阻率 ρ/μΩ·m	技术标准
软（M）	≤0.01800	GB/T 14953—1994
硬（Y）	≤0.01820	

20℃时普通纯铜的电阻率和导电率见表1-21。

表 1-21　普通纯铜的电阻率和导电率

牌　号	T1	T2	T3	C11000	C12500
导电率/% IACS	102.3[①]	101.5[①]	100.6	101.5（O60）	98
电阻率/μΩ·m	0.0168	0.0171	0.0171	0.0170[②]	0.0176

① 700℃退火30min后测定。

② 100% IACS材料在-100～200℃时的电阻温度系数为0.00393/K，101% IACS材料在-100～200℃时的电阻温度系数为0.00397/K。H14状态：1.78μΩ·m。97% IACS材料在0～100℃时的电阻温度系数为0.00381/K。

d　磁性

纯铜为抗磁性物质，室温磁化率为-0.085×10^{-6}，温度对其磁化率的影响不大。铁磁性杂质（特别是铁）若在铜中呈不溶状态，则使铜显铁磁性。

e　弹性模量

20℃时纯铜的弹性模量为105～137GPa，切变模量为38～48GPa。C11000及C12500在O60状态，拉伸弹性模量为115GPa，剪切弹性模量为44GPa；C11000在H状态拉伸弹性模量为 115～130GPa，剪切弹性模量为 44～49GPa。再结晶铜的弹性模量见表 1-22。

表 1-22　20℃时再结晶铜的弹性模量和泊松系数

弹性模量 $E/$GPa	切变模量 $G/$GPa	压缩模量 $K/$GPa	泊松系数 μ	材　料
125	46.4	139	0.35	退火软化电解铜
133	—	—		高纯铜

f　化学性能

（1）抗氧化性能。铜耐高温氧化性能较差，在大气中于室温下即缓慢氧化。

（2）耐腐蚀性能。铜与大气、水等作用，生成难溶于水的复盐膜，能防止铜继续氧化。

铜的耐蚀性良好，在大气中的腐蚀速率为 0.002～0.5mm/a，在海水中的腐蚀速率为 0.02～0.04mm/a。铜有较高的正电位，在非氧化无机酸和有机酸介质中均保持良好的耐蚀性，但在氨、氰化物、汞化物和氧化性酸水溶液中的腐蚀速率较快。

纯铜的化学性能见表 1-23。

表 1-23　纯铜的化学性能

合　金	化　学　性　能
C10100、C10200	按电动势，铜呈阴极，位于氢之前。因此，在与 Fe、Al、Mg、Pb、Sn、Zn 组成电偶时为阴极。C10100、C10200 对大气、淡水、微咸水和海水有很强的抗蚀性，在非氧化酸中也有良好的抗蚀性，但对氧化性酸、湿氨、湿卤素、硫化物、含铵离子溶液的抗蚀性很低
C11000	C11000 对下列介质有相当强的抗腐蚀特性：全部饮用水、多种工业水、矿泉水、矿井水、海水、微咸水；乙酸、醋酸、碳酸、柠檬酸、甲酸、草酸、酒石酸、脂肪酸、亚硫酸、纸浆厂亚硫酸盐溶液；熔融氢氧化钠与氢氧化钾、浓的或稀的苛性碱溶液；氯化铝、硫酸铝、氯化钙、硫酸铜、碳酸钠、硝酸钠、硫酸钠、硫酸锌溶液 　　C11000 也抗土壤腐蚀，可在地下设施中应用，不可用于下列介质中，即氧化性酸中，如：硝酸、氨水、酸性铬酸盐溶液、三氯化铁、汞盐、高氯酸盐、高硫酸盐溶液、充气的非氧化性酸如硫酸、乙酸。不过在完全没有空气的条件下，它们不会腐蚀铜 　　紫铜在氨水和可引起黄铜应力腐蚀开裂的溶液中无应力腐蚀开裂倾向，可是在还原性气氛特别是在有氢存在的还原性介质中易变脆

C　热加工与热处理规范

普通纯铜（T1、T2、T3）与 C11000 以及 C12500 铜的热加工与热处理规范见表 1-24。

表 1-24　不同纯铜的热加工与热处理规范

合金牌号	退火温度/℃	热加工温度/℃	典型软化温度/℃
C11000	475～750	750～875	360
C12500	400～650	750～900	—
T1、T2、T3	380～650	800～900	—

D　力学性能

普通纯铜技术标准规定的力学性能见表 1-25。

表 1-25 普通纯铜技术标准规定的拉伸性能

品　种	牌号	状　态	δ 或 d/mm	σ_b/MPa	δ_{10}/%	δ_5/%	技术标准
				不小于			
带 材	T2 T3	M	0.05 ~ 2.0	206	30	—	GB/T 2059—1989
		Y_2		245 ~ 345	8	—	
		Y		294	3	—	
板 材	T2 T3	R	4 ~ 14	196	30	—	GB/T 2040—1989
		M	0.5 ~ 10	196	32	—	
		Y_2	0.5 ~ 10	245 ~ 343	8	—	
		Y	0.5 ~ 10	295	—	—	
棒 材	T2 T3	Y	5 ~ 40	275	5	10	GB/T 4423—1992
			>40 ~ 60	245	8	12	
			>60 ~ 80	210	13	16	
		M	5 ~ 80	200	35	40	
		R	30 ~ 120	186	30	40	GB/T 13808—1992
管 材	T2 T3	Y	$D \leq 100$	315	—	—	GB/T 1527—1997
			$D > 100 ~ 360$	295	—	—	
		Y_2	$D \leq 100$	235 ~ 345	—	—	
		M	3 ~ 360	205	35	49	
		R	D: 30 ~ 300 S: 5 ~ 30	186	35	42	GB/T 1528—1997
	T2	M	D: 0.5 ~ 3.0 d: 0.3 ~ 2.5	205	35		GB/T 1531—1994
		Y_2		245 ~ 370	—		
		Y		345	—		
线 材[①]	T2 T3	M	0.1 ~ 0.3	196		15	GB/T 14953—1994
			>0.3 ~ 1.0	196		20	
			>1.0 ~ 2.5	205		25	
			>2.5 ~ 6.0	205		30	
		Y	0.1 ~ 2.5	380		—	
			>2.5 ~ 4.0	365		—	
			>4.0 ~ 6.0	365		—	
		Y_2	1.0 ~ 6.0	235		15	GB/T 14956—1994

①线材 δ% 的 $L_0 = 100mm$。

　　普通纯铜各种温度下典型的力学性能分别见表 1-26 ~ 表 1-29。

表 1-26　普通纯铜的典型力学性能

性　　能	数　　值		
	加工铜	退火铜	铸造铜
弹性极限 σ_e/MPa	280~300	20~50	—
屈服强度 σ_s/MPa	340~350	50~70	—
抗拉强度 σ_b/MPa	370~420	220~240	170
伸长率 δ/%	4~6	45~50	—
断面收缩率 ψ/%	35~45	65~75	—
布氏硬度 HBS	110~130	35~45	40
剪切强度 σ_τ/MPa	210	150	—
冲击韧性 a_K/J	—	16~18	—
抗压强度 σ_y/MPa	—	—	157
镦粗率 φ/%	—	—	65

表 1-27　普通纯铜不同状态下的力学性能

代　号	铜含量/%	材料及状态	抗拉强度 σ_b/MPa	伸长率 δ/%	断面收缩率 ψ/%	疲劳强度 σ_N/MPa	循环次数 N
T1	99.95	条材：软态	219	35	—	77	100×10^6
	99.95	冷加工 20%	310	8	—	91	100×10^6
	99.95	冷加工 50%	366	2	—	98	100×10^6
	99.96	棒材：700℃退火 30min	203	60	—	87	30×10^6
	99.96(Fe、Ni、Sn 痕迹)	退火态	227	59	74	80	30×10^6
	99.98	700℃退火态	227	57	72	70	500×10^6
T2	99.92	棒材：600℃退火态	217	60	69	70	100×10^6
	99.92	冷拉态	252	32	84	122	30×10^6
	99.95 (0.036% O_2)	冷拉态	262	30	73	120	50×10^6

表 1-28　加工用普通纯铜的高温拉伸性能

代号、成分及状态	温度 θ/℃	抗拉强度 σ_b/MPa	伸长率 δ/%	断面收缩率 ψ/%
T1，99.97% Cu，冷加工 25%	20	338	18	58
	150	294	15	60
	250	224	14	47
	375	107	54	72
	500	62	58	94
	625	36	56	96
	750	22	52	98
	875	14	79	95
	1000	8	77	100

代号、成分及状态	温度 $\theta/℃$	抗拉强度 σ_b/MPa	伸长率 $\delta/\%$	断面收缩率 $\psi/\%$
T2，99.95%Cu-0.03%O$_2$，轧制和退火态	20	215	52.2	70.5
	300	185	50	76.2
	450	150	40	56
	500	123	28	38
	600	75	17.5	37.3
	700	50	21	38
	800	35	17	33
	900	20	16	34
T2，板材，退火态	100	185	—	57
	204	160	—	57
T2，棒材，冷加工21%	260	262	—	14
	316	241	—	14
	371	124	—	41
	426	103	—	36
T2，棒材，冷加工50%	300	275	—	13
	500	107	—	69
	600	68	—	71
	700	40	—	75

表 1-29　加工用普通纯铜的低温力学性能

代号	状　　态	温度 $\theta/℃$	抗拉强度 σ_b/MPa	屈服强度 σ_s/MPa	伸长率 $\delta/\%$	断面收缩率 $\psi/\%$
T1	99.985%Cu，退火态	20	220	60	48	76
		-10	224	62	40	78
		-40	236	64	47	77
		-80	270	70	47	74
		-120	288	75	45	70
		-180	408	80	58	77
T2	99.9%Cu，退火态	-40	240	76	53	60
		-68	255	76	55	55
		-196	345	76	58	52
	99.9%Cu，在800℃退火	17	240	—	29	70
		-196	380	—	41	72
		-253	460	—	48	74
T3	99.7%Cu，冷轧态	20	410	375	8.4	51.5
		-78	423	408	12	56.6
		-183	455	420	11.2	61.2

代　号	状　态	温度 $\theta/℃$	抗拉强度 σ_b/MPa	屈服强度 σ_s/MPa	伸长率 $\delta/\%$	断面收缩率 $\psi/\%$
T3	热轧态	20	212	50	55	70
		-20	236	50	56.2	70
		-60	255	54	57.3	67
		-77	263	50	57.2	68
	750℃淬火态	20	271	175	37.5	77
		-253	310	214	60	75
	退火态	20	240	38	50.5	71.4
		-78	291	100	50	73.6
		-183	365	87	50.5	83.3
		18	230	51	52	70
		0	236	51	52	69
		-30	237	54	48	69
		-80	263	61	47	67
	冷拉 93%	20	468	—	1.1	57
		0	486	—	1.8	56
		-20	487	—	1.2	56
		-30	493	—	1.9	54
		-60	506	—	2.0	58
	冷拉 73%	20	411	—	2.0	57
		0	419	—	2.1	57
		-20	429	—	2.0	57
		-30	435	—	3.0	57
		-60	449	—	4.0	57

E　工艺性能

（1）熔炼与铸造工艺：纯铜可采用反射炉熔炼或工频有芯感应电炉熔炼。反射炉熔炼时，通过氧化、还原精炼工艺，采用铁模或铜模浇铸，可获得致密的铸锭，也可经保温炉采用半连续或连续铸造。工频有芯感应电炉熔炼多采用硅砂炉衬。由于纯铜吸气性强，熔炼过程应尽可能减少气体来源，并使用经煅烧过的木炭作覆盖剂，也可添加微量磷作脱氧剂。浇铸过程在氮气保护或烟灰覆盖下，采用半连续铸造工艺浇铸铸锭。建议铸造温度为1150~1230℃；线收缩率为 2.1%。

（2）成形性能：纯铜有极好的冷、热加工性能，能用各种传统的压力加工工艺加工，如拉伸、压延、深冲、弯曲、精压和旋压等。热加工时应控制加热介质气氛，使呈微氧化性。热加工温度为 800~950℃。

焊接性能：纯铜易于锡焊、铜焊，也能进行气体保护电弧焊、闪光焊、电子束焊和气焊，但不宜进行接触点焊、对焊和埋弧焊。C11000 软钎焊优，硬钎焊和电阻焊良，气体保护电弧焊中；C12500 用铜铆钉铆接，压焊，软钎焊优，可采用银焊、气体保护弧焊，宜采用填充金属。

表面处理工艺：

酸洗：硫酸-重铬酸钠水溶液，温度为 40～80℃。

钝化：硫酸（30g/L）-铬酐（90g/L）混合液，于室温浸渍。

切削加工与磨削性能：纯铜的切削加工性为易切削黄铜 C36000（HPb63-3）的 20%。

锻造性能：C11000 的可锻性为锻造黄铜 C37700 的 65%。

F　主要用途

T1 和 T2 含微量氧和杂质，具有高的导电、导热性，良好的耐腐蚀性和加工性能，可以熔焊和钎焊。主要用作导电、导热和耐腐蚀元器件，如电线、电缆、导电螺钉、壳体和各种导管等，航空工业多使用 T2。

T3 含氧和杂质较多，具有较好的导电、导热、耐腐蚀性和加工性能，可以熔焊和钎焊。主要作为结构材料使用，如制作电器开关、垫圈、铆钉、管嘴和各种导管等；也用于不太重要的导电元件。

17　什么是无氧铜，其主要特点和用途是什么？

无氧铜是以高纯阴极铜为原料，熔体用煅烧木炭覆盖，熔炼、铸造在密封条件下生产的含氧量在 30×10^{-6} 以下的紫铜。

A　化学成分

按 GB/T 5231—2001 规定，无氧铜的化学成分见表 1-30。

表 1-30　无氧铜的化学成分[①]（GB/T 5231—2001）（质量分数）　　　（%）

名称	牌号	Cu + Ag	P	Ag	Bi[②]	Sb[②]	As[②]	Fe	Ni	Pb	Sn	S	Zn	O	杂质总和
零号无氧铜	TU0[③] (C10100)	Cu 99.99	0.0003	0.0025	0.0001	0.0004	0.0005	0.0010	0.0010	0.0005	0.0002	0.0015	0.0001	0.0005	0.01
		Se:0.0003　Te:0.0002　Mn:0.00005　Cd:0.0001													
一号无氧铜	TU1	99.97	0.002	—	0.001	0.002	0.002	0.004	0.002	0.003	0.002	0.004	0.003	0.002	0.03
二号无氧铜	TU2	99.97	0.002	—	0.001	0.002	0.002	0.004	0.002	0.004	0.002	0.004	0.003	0.003	0.05

①经双方协商，可限制表中未规定的元素或要求加严限制表中规定的元素；

②砷、铋、锑可不分析，但供方必须保证不大于界限值；

③TU0（C10100）铜量为差减法所得。

B　物理及化学性能

a　热性能

熔点：1082.5～1083℃；

热导率：20℃时为 391W/(m·℃)；

比热容：20℃时为 385J/(kg·℃)；

线膨胀系数：线膨胀系数见表 1-31。

表 1-31　无氧铜线膨胀系数　　　　　　（℃⁻¹）

表 1-31 无氧铜线膨胀系数 (℃⁻¹)

温　度	20 ~ 100℃	20 ~ 200℃	20 ~ 300℃
C10100	16.92	17.28	17.60
C10200	17.0	17.3	17.7

b　质量特性

无氧铜 20℃时，凝固时的收缩率为 4.92%，密度为 8.94g/cm³。

c　电性能

导电率 20℃时为 101.4% IACS（700℃退火 30min 后测定）。

电阻率 20℃时为 0.0171μΩ·m。

d　磁性能

无氧铜为抗磁性，室温质量磁化率为 -0.085×10^{-6}m³/kg。

e　化学性能

抗氧化性能：铜在高温时氧化速度显著提高，在大气中，于室温下即缓慢氧化。无氧铜在空气中退火，渗氧深度与退火温度及时间的关系见图 1-1。

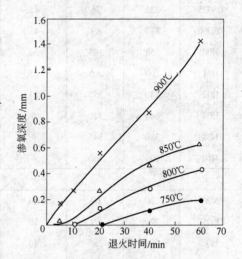

图 1-1　在空气中无氧铜渗氧深度与
退火温度及时间的关系

耐腐蚀性能：无氧铜在大气、纯净淡水、流速不大的海水中均耐腐蚀，对非氧化性酸类也有良好的抗力，但对氧化性酸类、湿氨、湿卤素、硫化物和含铵离子溶液抗腐蚀性很低。

C　热加工与热处理规范

退火温度：375 ~ 650℃；

热加工温度：750 ~ 875℃。

D　力学性能

无氧铜技术标准规定的拉伸性能见表 1-32。

表 1-32　无氧铜技术标准规定的拉伸性能

品　种	牌　号	状　态	σ_b/MPa	δ_{10}/%	技术标准
			不小于		
δ > 0.3mm 的板、带材	TU1	M	196	35	GB/T 14594—1993
	TU2	Y	275	—	

根据 GB/T 14953—1994 规定，线材反复弯曲性能试验标准为：直径不小于 0.3mm 的线材在氢气退火后作反复弯曲试验，弯曲次数不少于 10 次。

无氧铜典型的力学性能见表 1-33。

表 1-33　C10100 及 C10200 无氧铜的典型力学性能

状　态	抗拉强度 /MPa	屈服强度[1] /MPa	标距50mm时 的伸长率/%	硬　　度			抗剪强度 /MPa	疲劳强度[2] /MPa
				HRF	HRB	HR30T		
板带材，厚度1mm								
M20	235	69	45	45	—	—	160	—
OS025	235	76	45	45	—	—	160	76
OS050	220	69	45	40	—	—	150	—
H00	250	195	30	60	10	25	170	—
H01	260	205	25	70	25	36	170	—
H02	240	250	14	84	40	50	180	90
H04	345	310	6	90	50	57	195	90
H08	380	345	4	94	60	63	200	95
H10	395	360	4	95	62	64	200	—
板带材，厚度6mm								
M20	220	69	50	40	—	—	150	—
OS050	220	69	50	40	—	—	150	—
H00	250	195	40	60	10	—	170	—
H01	260	205	35	70	25	—	170	—
H04	345	310	12	90	50	—	195	—
板带材，厚度25mm								
H04	310	275	20	85	45	—	180	—
棒材，直径6mm								
H80（40%）	380	345	10	94	80	—	200	—
棒材，直径25mm								
M20	220	69	55	40	—	—	150	—
OS050	220	69	55	40	—	—	150	—
H80（35%）	330	305	16	87	47	—	185	115[3]
棒材，直径50mm								
H80（16%）	310	275	20	85	45	—	180	—
线材，直径2mm								
OS050	240	—	35[4]	45	—	—	165	—
H04	380	—	1.5[5]	—	—	—	200	—
H08	455	—	1.5[5]	—	—	—	230	—
管材，外径25mm×壁厚1.65mm								
OS025	235	76	45	45	—	—	160	—
OS050	220	69	45	40	—	—	150	—
H55（15%）	275	220	25	77	35	45	180	—
H80（40%）	380	345	8	95	60	63	200	—

状　态	抗拉强度 /MPa	屈服强度[1] /MPa	标距 50mm 时 的伸长率/%	硬　　度			抗剪强度 /MPa	疲劳强度[2] /MPa
				HRF	HRB	HR30T		
型材，直径 13mm								
M20	220	69	50	45			150	
M30	220	69	50	45			150	
OS050	220	69	50	45			150	
H80（15%）	275	220	30	—	35	—	180	—

①在负载下延伸 0.5%；②反复弯曲次数为 10^8 时；③旋转试验循环次数为 3×10^6 时；④250mm 标距；⑤1500mm 标距。

E　工艺性能

（1）熔炼与铸造工艺。无氧铜主要使用工频有芯感应电炉熔炼。为保证无氧铜质量，要做到"精料密封"，即：原料选用含 $w(Cu) > 99.97\%$ 及 $w(Zn) < 0.003\%$ 的电解铜，熔炼时必须注意减少气体的来源，并使用经煅烧处理的木炭覆盖，也可添加微量磷作脱氧剂。采用氮气保护或烟灰覆盖下的半连续铸造工艺浇注铸锭。铸造温度为 1150～1180℃。

（2）成形性能。无氧铜的冷热加工性能均极好，可以拉伸、压延、挤压、弯曲、冲压、剪切、旋压、镦锻、旋锻、锻造、螺纹轧制、滚花、缠绕，可锻性极好为锻造黄铜的65%。热加工温度在 800～900℃进行。

（3）焊接性能。易于进行熔焊、软钎焊、硬钎焊、气体保护钨弧焊、气体保护金属弧焊，其氧燃料气焊的性能良好，不推荐保护金属弧焊和大多数电阻焊方法。

（4）切削加工与磨削性能。无氧铜的切削加工性为易切削黄铜 HPb63-3 的 20%。

F　主要用途

无氧铜具有高纯度、优异的导电性、导热性、冷热加工性能和良好的焊接性能，无"氢病"或极少"氢病"。

主要用于电真空仪器仪表用零件。广泛用于汇流排、导电条、波导管、同轴电缆、真空密封件、真空管、晶体管的部件等。

18　什么是弥散强化无氧铜，其主要特点和用途是什么？

弥散强化无氧铜是一类具有优良综合物理性能和力学性能的新型功能材料，兼具高强高导性能和良好的抗高温软化能力，理想状态时可以满足导电率大于 90% IACS 并且强度超过 500MPa。其中，弥散强化相粒子多为熔点高、高温稳定性好、硬度高的氧化物、硼化物、氮化物、碳化物。这些弥散相粒子以纳米级尺寸均匀弥散分布于铜基体内，在接近铜基体熔点的高温下也不会溶解或粗化，因此可以有效地阻碍位错运动和晶界滑移，提高合金的室温和高温强度，同时又不明显降低合金的导电性，并且具有较高的耐磨耐蚀性能。

目前，弥散强化无氧铜主要采用 Al_2O_3 弥散强化法生产，合金牌号根据 ASTM（美国）有：C15710，C15720，C15735，C15715，C15760，其中后两者为美国 SCM 生产，商用品名为 Glidcop。

A　化学成分

Al_2O_3 弥散强化无氧铜的化学成分见表 1-34。

表 1-34　Al_2O_3 弥散强化无氧铜化学成分（质量分数）　　　（%）

合　金	元　素	Cu	Al_2O_3	Fe	Pb	O
C15710	最小值	99.69	0.15	—	—	—
（99.8Cu-0.2Al_2O_3）	最大值	99.85	0.25	0.01	0.01	0.04
C15720	最小值	99.49	0.35	—	—	—
（99.6Cu-0.4Al_2O_3）	最大值	99.6	0.45	0.01	0.01	0.04
C15735	最小值	99.19	0.65	—	—	—
（99.3Cu-0.7Al_2O_3）	最大值	99.35	0.75	0.01	0.01	0.04
Glidcop Al-10	标准组成	99.8	0.2	—	—	—
Glidcop Al-35	标准组成	99.3	0.7	—	—	—
Glidcop Al-60	标准组成	98.8	1.2	—	—	—

B　物理及化学性能

（1）物理性能。Al_2O_3 弥散强化无氧铜物理性能见表 1-35。

表 1-35　Al_2O_3 弥散强化无氧铜物理性能

合　金	热学性能				质量特性	电学性能	
	液相线温度/℃	比热容（20℃）/J·(kg·K)$^{-1}$	热导率/W·(m·K)$^{-1}$	线膨胀系数（20~300℃）/μm·(m·K)$^{-1}$	密度/g·cm^{-3}	导电率（20℃，体积测定法）/% IACS	电阻率（20℃）/μΩ·m
C15710	1080	380	360	19.5	8.82	90	0.0192[①]
C15720	1080	380	353	19.6	8.81	89	0.0194
C15735	1080	420	339	20	8.80	85	0.0203
C15715	1083	—	365	16.6[②]	8.84	92	0.0186
C15760	1083	—	322	16.6[②]	8.81	78	0.0221
Glidcop Al-10	1082	—	361.2	19.5[③]	8.82	90	0.0192
Glidcop Al-35	1082	—	340.2	20.0[③]	8.80	85	0.0203
Glidcop Al-60	1082	—	323.4	20.4[③]	8.78	80	0.0210

①温度系数在 20℃时为 5.22mΩ·m/K；
②在 20~1000℃范围内的平均值，在此范围的狭小区段内的变化可忽略不计；
③温度范围约 450℃。

（2）化学性能。弥散强化无氧铜耐腐蚀性能良好。

C　热加工和热处理规范

退火温度：650~875℃（C15710），650~925℃（C15720），650~925℃（C15735）。

D　力学性能

Al_2O_3 弥散强化无氧铜的典型力学性能见表 1-36~表 1-38。

表 1-36 Glidcop（Cu-Al$_2$O$_3$）的力学性能

性能\合金	室温性能		高 温 性 能							
			220℃		420℃		650℃		925℃	
	σ_b/MPa	δ/%	σ_b/MPa	δ/%	σ_b/MPa	δ/%	σ_b/MPa	δ/%	σ_b/MPa	δ/%
Al-10	500	10	500	11	440	24	415	26	395	27
Al-35	585	11	570	12	545	12	535	13	510	13
Al-60	620	3	620	3	600	4	600	4	550	5

注：Al-10 数据取自 90% 冷加工度，Al-35、Al-60 数据均取自 55% 冷加工。

表 1-37 Al$_2$O$_3$ 弥散强化无氧铜的典型力学性能

合金	直径/mm（in）	冷加工量或状态符号	抗拉强度/MPa	屈服强度（残余变形 0.2% 时）/MPa	伸长率（标距 50mm）/%	硬度 HRB	弹性模量（拉伸）/GPa
			棒 材				
	24（0.94）	0%	325	270	20	60	
	22（0.88）	13%	345	330	18	65	
	19（0.75）	39%	415	400	16	70	
	16（0.63）	56%	450	425	12	70	105
	10（0.38）	82%	510	470	10	72	
	6（0.25）	93%	530	485	10	74	
		O61	325	275	20	60	
C15710			线 材				
	2（0.09）	98.5%	565	540	—		
	1（0.05）	99.5%	650	620	—		
		O61	325	275	—		
	0.8（0.03）	99.8%	685	650	—		105
		65%	455	420	—		
	0.5（0.02）	99.9%	725	690	—		
		85%	475	450	—		
		O61	345	290	—		
			板 带 材				
	0.76（0.03）	91%	570	545	7	—	
	0.51（0.02）	95%	585	565	6	—	
	0.25（0.01）	97%	605	580	5	—	113
C15720	0.152（0.006）	98%	615	585	3.5	—	
		O61	485	380	13	—	
			棒 材				
	24（0.94）	0%	470	365	19	74	113
	21（0.81）	26%	495	470	16	77	

合　金	直径/mm （in）	冷加工量 或状态符号	抗拉强度 /MPa	屈服强度 （残余变形0.2%时） /MPa	伸长率 （标距50mm） /%	硬度 HRB	弹性模量 （拉伸） /GPa
C15720	18 (0.72)	42%	510	485	14	78	113
	16 (0.63)	56%	530	495	13	79	
	13 (0.50)	72%	540	505	11	79	
	10 (0.38)	82%	550	510	10	80	
	76 (3.0)	M30	525	610	13	78	
	102 (4.0)	M30	460	395	20	68	
C15735	24 (0.94)	0%	485	420	16	77	123
	19 (0.75)	39%	550	540	13	80	
	16 (0.63)	56%	585	565	10	83	
	64 (2.5)	M30	590	415	16	76	
	76 (3.0)	M30	565	540	11	78	
	102 (4.0)	M30	515	485	13	75	

注：1. Glidcop 的弹性模量：108GPa（Al-10），120GPa（Al-35），140GPa（Al-60）20℃。

2. C15715，C15760 的弹性模量为 115GPa。

表 1-38　各种工艺制备的弥散强化无氧铜的力学性能

制备方法	合金成分 （体积分数）/%	冷加工量 /%	状　态	性　　能			导电率 /% IACS
				σ_b/MPa	$\sigma_{0.2}$/MPa	伸长率/%	
内氧化法	Cu-0.7% Al_2O_3	0	挤压态	393	324	27	93
		0	650℃/h	393	324	28	
		0	980℃/h	386	317	29	
	Cu-2.7% Al_2O_3	14	冷拉态	572	545	16	83
		14	650℃/h	524	486	22	
		14	980℃/h	496	455	22	
	Cu-2.65% Al_2O_3	50	冷加工态	628			87
		50	1000℃/h	560			87
热化学法	Cu-2.7% Al_2O_3	0	挤压态	376			96
	Cu-1% ThO_2		冷加工态	275	201	21	93.8
			600℃/h	270	193	25.8	
	Cu-2% ThO_2		冷加工态	417	393	7.5	92.6
			600℃/h	284	216	21.2	
机械合金化法	Cu-1% CrB_2	0	挤压态	507	476		
	Cu-1% TiB_2	0	挤压态	502	422		
		0	900℃/h	456	394		
	Cu-1% ZrB_2	0	挤压态	526	470		

制备方法	合金成分 （体积分数）/%	冷加工量 /%	状态	性　　能			导电率 /% IACS
				σ_b/MPa	$\sigma_{0.2}$/MPa	伸长率/%	
机械合金化法	Cu-1 Al_2O_3	0	挤压态	225	165		
	Cu-3% Al_2O_3	0	挤压态	210	125		
	Cu-5% Al_2O_3	0	挤压态	约900	约700		
	Cu-5% TiB_2	0	挤压态	约1000	约800		
复合熔铸法	Cu-0.6% WC	0	铸　态	148		50	98.9
	Cu-19.7% WC	0	铸　态	304		3	
	Cu-1.1% NbC	0	铸　态	402		58.4	95.4
	Cu-32.9% NbC	0	铸　态	402		5	
	Cu-1.8% TiC	0	铸　态	178		32.8	95.2
	Cu-31.2% TiC	0	铸　态	357		8.9	47.6
	Cu-0.6 TaC	0	铸　态	153		44	103.4
	Cu-13.4% TaC	0	铸　态	269		12.9	73.4
	Cu-1.6% VC	0	铸　态	163		43.7	89
	Cu-15.3% VC	0	铸　态	323		21.8	
喷射沉积法	Cu-26.7% TiB_2	0	挤压态		150		
反应喷射沉积法	Cu-26.7% TiB_2	0	挤压态		262		
Mixalloy 法	Cu-3% TiB_2	50	冷加工态	455	434	16	83
	Cu-5% TiB_2	95	冷加工态	675	620	7.0	76

E　工艺性能

（1）成形性能。具有极好的冷加工性能，可以进行挤压、拉拔、锻造、轧制、弯曲及切削等加工，以满足各种不同的应用要求。热成形性差。

（2）焊接性能。软钎焊：优；硬钎焊：良；电阻对焊：中；电阻点焊和缝焊：差。不推荐氧乙炔焊、气体保护弧焊和保护金属弧焊。

F　主要用途

弥散强化无氧铜的出现不仅丰富了铜合金的种类，而且扩大了其使用的温度范围，已被广泛应用于电阻焊电极、大规模集成电路引线框架、灯丝引线、电触头材料、大功率微波管结构材料、连铸机结晶器、直升机启动马达的整流子及浸入式燃料泵的整流子、核聚变系统中的等离子体部件、燃烧室衬套、先进飞行器的机翼或叶片前缘、电真空器件中前相波放大器、行波管、空调管、磁控管等。

19　什么是磷脱氧铜，其主要特点和用途是什么?

磷脱氧铜是以元素磷精炼并残留微量磷的铜。由于磷强烈地降低铜的导电性，因此磷脱氧铜通常作为结构材料使用，若作为导体，则应选用低残留磷的脱氧铜。一般条件下无"氢脆性"，可以在还原性气氛条件下加工和使用，但不宜在高温氧化条件下加工和使用。

磷在铜中的最大溶解度（714℃共晶温度时）为1.75%，200℃时为0.4%，室温时几乎为零。磷能提高铜熔体的流动性，对铜的力学性能尤其是焊接性能有良好的影响。但能显著降低铜的导电性和导热性，对与玻璃直接封接的电真空用无氧铜，则要求含磷量极低（一般要求 P 含量小于 0.0008%；最好不大于 0.0003%）；否则，经涂硼氧化处理后，所生氧化膜极易剥落，会引起电子管泄漏。Cu-P 二元相图见图 1-2。

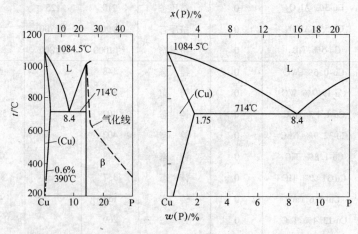

图 1-2　Cu-P 二元相图

A　化学成分

按 GB/T 5231—2001 规定，磷脱氧铜的化学成分见表 1-39。

表 1-39　磷脱氧铜的化学成分（质量分数）　　　　　　（%）

名　　称	牌　　号	Cu + Ag	P	杂质总和
一号脱氧铜	TP1（C12000）	99.90	0.004 ~ 0.012	0.10
二号脱氧铜	TP2（C12200）	99.90	0.015 ~ 0.040	0.10

B　物理及化学性能

a　热性能

熔化温度范围：1065 ~ 1083℃；

比热容：385.2J/(kg·℃)；

线膨胀系数：$16.92 \times 10^{-6}℃^{-1}$（20 ~ 100℃）；$17.28 \times 10^{-6}℃^{-1}$（20 ~ 200℃）；
　　　　　　$17.64 \times 10^{-6}℃^{-1}$（20 ~ 300℃）；

热导率：363.3W/(m·℃)（TP1）；339.2W/(m·℃)（TP2）。

磷显著降低铜的导热性，不同磷含量的磷脱氧铜热导率见表 1-40。

表 1-40　磷对铜的热导率 λ 的影响

磷含量（质量分数）/%	0.020	0.042	0.075	0.239
热导率 λ/W·(m·℃)$^{-1}$	340.20	305.34	239.40	142.80

b　质量特性

含磷 0.02% 的磷脱氧铜密度为 8940kg/m³，不同磷含量对铜性能的影响见表 1-41。

表 1-41　磷对铜的性能影响

磷含量 （质量分数）/%	抗拉强度 /MPa	伸长率 /%	面缩率 /%	导电率 /% IACS	密　度 /kg·m^{-3}	疲劳强度（2×10^7） /MPa
0.014	242	62	73	94.3	8920	77
0.030	225	59	82	78.2	8910	84
0.045	228	50	86	72.4	8920	87
0.096	232	62	80	55.5	8920	99
0.148	209	63	85	45.2	8920	105
0.178	246	61	85	42.5	8000	92
0.254	249	63	84	33.1	8900	94
0.494	270	62	90	19.7	8870	108
0.690	270	63	84	15.5	8860	115
0.790	281	64	81	14.0	8840	123
0.950	281	66	85	11.6	8820	120

c　电性能

导电率：90.2% IACS（TP1）；85.0% IACS（TP2）。

电阻率：0.0191μΩ·m（TP1）；0.0203μΩ·m（TP2）

磷对电导率影响曲线见图 1-3，不同磷含量对铜电导率的影响见表 1-41。

d　磁性能

铜具有抗磁性，室温质量磁化率为 −0.085×10^{-6}H/m。

e　化学性能

抗氧化性能：高温抗氧化性能较差。

耐腐蚀性能：磷脱氧铜在室温大气、淡水和海水中具有耐蚀性，也能耐冷或热稀硫酸、冷浓硫酸的浸蚀。但在硫和硫化物、氨和氨溶液中腐蚀速度较快，且易被硝酸腐蚀。

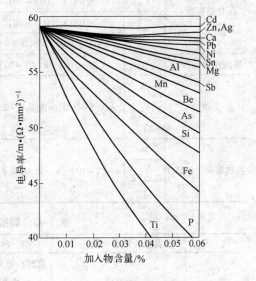

图 1-3　各种元素对铜的
电导率影响曲线

磷脱氧铜具有优良的生物腐蚀抗力，是用于海洋环境中的最佳材料之一，这是因为在海水中铜的部件表面存在少量铜离子，这些铜离子有效地阻碍了海洋生物的附着。

C　热加工与热处理规范

退火温度：400～650℃。

热加工温度：800～900℃。

D　力学性能

技术标准规定的力学性能见表 1-42，磷脱氧铜典型力学性能和供应状态下的力学性能分别见表 1-43 和表 1-44。

表 1-42　磷脱氧铜技术标准规定的力学性能

品　种	状　态	δ, d 或 $D \times S$/mm	σ_b/MPa	伸长率/% δ_{10}	伸长率/% δ_5	技术标准
			≥	≥	≥	
带材	M	0.5 ~ 2.0	206	30	—	GB/T 2059—1989
	Y_2		245 ~ 343	8	—	
	Y		294	3	—	
板材	R	4 ~ 14	196	30	—	GB/T 2040—1989
	M	0.5 ~ 10	196	32	—	
	Y_2		245 ~ 343	8	—	
	Y		295	—	—	
棒材（TP2）	R	16 ~ 120	—	—	—	GB/T 13808—1992
	Y	5 ~ 80	—	—	—	GB/T 4423—1992
拉制铜管	M	(3 ~ 360) × (0.5 ~ 10)	206	35	40	GB/T 1527—1997
	Y_2	≤100 × (0.5 ~ 10)	235 ~ 343	—	—	
	Y	≤100 × (0.5 ~ 10)	314	—	—	
		(>100 ~ 360) × (0.5 ~ 10)	294	—	—	
挤制铜管（TP2）	R	(30 ~ 300) × (5 ~ 30)	186	35	42	GB/T 1528—1997
毛细管	M		205	35	—	GB/T 1531—1994
	Y_2	ϕ(0.5 ~ 3.0) × ϕ(0.3 ~ 2.5)	245 ~ 370	—	—	
	Y		345	—	—	
换热器铜管（TP2）	M		206	40	—	YS/T 288—1994
	Y_2	(5 ~ 10) × (0.3 ~ 0.8)	245 ~ 314	—	—	
	Y		294	—	—	

表 1-43　磷脱氧铜的典型力学性能

代　号	铜含量（质量分数）/%	材料，状态	抗拉强度 σ_b/MPa	伸长率 δ/%	断面收缩率 ψ/%
TP	99.9①	管材：退火态	233	53	—
	99.93②	退火态	244	53.6	70

①含磷 0.02%；②含磷 0.05%。

表 1-44　磷脱氧铜供应状态的拉伸性能

品　种	状　态	σ_b/MPa 平　均	σ_b/MPa min	σ_b/MPa max	δ/% 平　均	δ/% min	δ/% max
带　材	Y	385	310	460	5.5	—	—
板　材		370	335	410	5	2	10
管　材	Y	295	—	—	—	—	—
	M	254	—	—	52	—	—

E　工艺性能

（1）熔炼与铸造工艺：磷脱氧铜通常使用工频有芯感应电炉熔炼。高温下纯铜吸气性强，熔炼时尽可能减少气体来源，并使用经煅烧过的木炭覆盖和添加适量的磷铜脱氧。采用煤气保护或氮气保护或烟灰覆盖下的半连续铸造工艺浇注铸锭，铸造温度为 1150 ~ 1180℃。

脱氧铜在浇铸过程中，如不用保护气氛，仍可吸收 0.01% 氧。

（2）成形性能：磷脱氧铜有优良的冷、热加工性能，可以进行精冲、拉伸、镦铆、挤压、弯曲、缠绕、深冲、旋压以及热挤、热轧和热锻等加工。磷为表面活性元素，易吸附在铜的晶界上，使得磷脱氧铜在 400 ~ 600℃ 呈热脆性，因此热加工宜在 800 ~ 900℃ 进行。

（3）焊接性能：易于熔焊、钎焊、气体保护电弧焊和炭弧焊，但不宜进行电阻对缝焊。

（4）切削加工与磨削性能：磷脱氧铜的切削加工性为易切削黄铜 HPb63-3 的 20%。

F　主要用途

磷脱氧铜具有良好的导热、耐蚀性和优良的加工性，易于承受精冲、拉伸、镦铆、挤压、缠绕、深冲、热锻和焊接等加工。该合金主要用做各种供油、供水、供气的管道，深冲件和焊接件等。

20　什么是韧铜，其主要特点和用途是什么？

韧铜是在熔体中特意保留一定量的氧（一般氧含量为 0.005% ~ 0.06%）起到净化基体、提高导电率、消除晶间脆性而生产的紫铜。

氧几乎不固溶于铜。含氧铜凝固时，氧以（$Cu + Cu_2O$）共晶体的形式析出，分布于铜的晶界上。但适量的氧对于晶间的杂质元素起到一定的氧化化合作用，在一定程度上净化了基体。微量氧可氧化铜中的痕量杂质 Fe、Sn、P，部分削弱 Sb、Cd 对铜导电性的影响，提高铜的导电率；Cu_2O 可与 Bi、Sb、As 等杂质起反应，形成高熔点的球状质点分布于晶粒内，消除了晶界脆性，提高加工性能。但若杂量含量较多，则氧的这种作用表现不出来。Cu-O 二元相图如图 1-4 所示。

有氧韧铜主要用作小型变压器绕组、导电连接带、可充电电池铜网、导电五金件等。

21　什么是微合金化铜，其主要特点和用途是什么？

微合金化铜主要是指在纯铜中加入微量的（一般不超过 0.5%）铁（Fe）、镁（Mg）、碲（Te）、硅（Si）、银（Ag）、钛（Ti）、铬（Cr）或锆（Zr）、稀土元素等，以牺牲最少的导电导热性换取强度、硬度、抗软化温度、易切削性等性能的大幅度提升，而得到的铜合金。有氧韧铜和高强高导铜合金是最主要的微合金化铜。

微合金化铜的主要特点是材料具有较高的强度和优异的导电导热性能，综合性能优良。广泛的应用于对导电导热性、力学性能等综合性能要求较高的场合。如电力、铁路交通、电子通讯等行业。

22　影响纯铜性能的主要元素及其作用是什么？

影响纯铜性能的主要元素有：氧、氢、硫、碲、磷、铁、铅、锡、锑、砷、铋、锌等。其各自主要作用是：

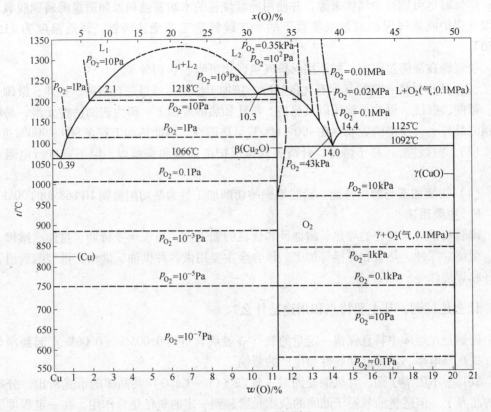

图 1-4　Cu-O 二元相图

（1）氧：稍微提高铜的强度，但降低铜的塑性和疲劳极限。氧对铜的电导率影响不大，微量氧可氧化高纯铜中的痕量杂质 Fe、Sn、P 等，提高铜的电导率，若杂质含量较多，则氧的这种作用表现不出来。氧能部分削弱 Sb、Cd 对铜导电性的影响，但不改变 As、S、Se、Te、Bi 等对铜导电性的影响。有些紫铜还特意保留一定量的氧，一方面它对铜性能的影响不大，另一方面 Cu₂O 可与 Bi、Sb、As 等杂质起反应，形成高熔点的球状质点分布于晶粒内，消除了晶界脆性。

（2）氢：在固态铜中形成间隙式固溶体，提高铜的硬度。含氧铜在氢气气氛中退火（俗称"烧氢"）时，氢可在高温下与 Cu₂O 反应，产生高压水蒸气使铜破裂，这种现象称为"氢病"。

（3）硫：对铜的导电性和导热性影响不大，但显著降低铜的塑性。硫在铜中形成Cu₂S弥散质点，改善铜的切削性能。

（4）碲：对铜的电导率及热导率的影响很小，但能显著改善铜的切削性能。微量碲（0.0005%～0.003%）显著降低铜的可焊性能。

（5）磷：显著降低铜的电导率及热导率，但对铜的力学性能与焊接性能有良好的影响，并能提高铜熔体的流动性。

（6）铁：能够细化铜晶粒，延迟铜的再结晶过程，提高其强度与硬度，但是降低铜的塑性、电导率与热导率。如果铁在铜中呈独立的相，则铜具有铁磁性。

（7）铅：对铜的电导率与热导率无显著影响，能大幅度提高铜的切削性能，但严重降低铜的高温塑性。

（8）锡：能够提高含氧铜和无氧铜的软化温度。以锡为主要合金元素的锡青铜具有良好的耐蚀、耐磨、加工和力学性能。

（9）镍：铜-镍合金具有较好的耐蚀性、电学性能和中等强度、高塑性，能够冷、热态压力加工，被广泛用作耐蚀结构件、弹簧、插接件、高电阻和热电偶合金。

（10）锑：提高铜的耐蚀性，降低其电导率与热导率。锑可与含氧铜中的 Cu_2O 反应形成高熔点的球状质点，分布于晶粒内，可消除晶界上的 $Cu + Cu_2O$ 共晶体，提高铜的塑性。

（11）砷：少量砷对铜的力学性能影响甚微，但显著降低铜的导电导热性。砷可改善含氧铜的加工性能。

（12）铋：铋在 270℃ 与铜形成共晶体，其中铋呈薄膜分布于铜晶界，严重降低铜的加工性能。因此，其含量不得大于 0.002%。Bi 对铜的热导率与电导率的影响不大，真空开关触头铜可含 0.7% ~ 1.0% Bi。因为它有较高的电导率，并能防止开关粘结，提高其工作期限并确保运转安全。

23　普通黄铜有哪些品种，主要合金元素的作用是什么？

普通黄铜是指以 Cu 和 Zn 为主要组元的 Cu-Zn 二元合金，又称简单黄铜。其中锌大量溶解于铜中，但有实际应用的是含锌在 50% 以内的黄铜，共有十个牌号。普通黄铜通常有 α 和 β 两种相：按组织分，普通黄铜有 α 单相黄铜（H96、H90、H85、H80、H70、H68）、α + β 两相黄铜（H63、H62、H59）和 β 相黄铜。由于 β 相黄铜塑性很低，一般只作焊料使用，而不能用作变形铜，因此加工铜及铜合金产品中国国家标准中未列入 β 相黄铜。中国国标中简单黄铜共有 10 个合金牌号，而美标中则有 17 种。

在生产条件下，简单黄铜可按含锌范围及室温时的组织特征进行分类，见表 1-45。

表 1-45　简单黄铜在生产条件下按含锌范围和组织特征的分类

按组织分类	含锌量（质量分数）/%	不同状态下的室温组织特征	国标牌号
α 黄铜（单相黄铜）	<36	铸造状态：一般为 α 单相，但在高锌（如 30% ~36%）α 黄铜的铸态组织常出现少量 β 相 加工和退火状态：带双晶的等轴 α 晶粒	H96、H90、H85、H80、H70、H68、H65
（α + β）黄铜（两相黄铜）	36 ~46.5	铸造状态：α 相呈针状亮色，β 相呈黑色 加工和退火状态：α 显示双晶，β 则否	H63、H62、H59
β-黄铜	46.5 ~50	铸态下显示 β 晶粒	—

锌在简单黄铜中主要是作为固溶强化合金元素而加入的。锌可大量固溶于铜，固溶于铜中的锌在不同的浓度范围内表现出不同的晶格结构，Cu-Zn 二元相图见图 1-5。

铜中的锌主要作用有：

（1）提高材料的机械强度、硬度，但不降低或不大幅降低铜的加工塑性；

（2）具有美丽的色泽，可用于不同的环境；

（3）冷热压力加工性能好，可适用于不同的加工方法，因此易于获得；

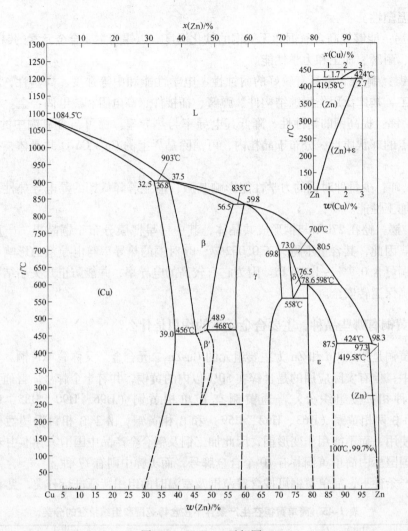

图 1-5　Cu-Zn 二元相图

（4）可节约大量贵重金属，并降低材料重量，在要求一定强度和适当电导率的条件下，产品价格低廉；

（5）锌有脱气作用，在铜中加入锌后，不但可以通过锌的挥发带走高温熔体中的溶解的气体，且普通黄铜因为凝固温度范围小、偏析倾向小、流动性好，不易形成分散的气孔等特点，具有较高的可铸性；

（6）锌在铜中的加入使简单黄铜的室温力学性能随锌含量的增加而改变：普通黄铜的强度、硬度随锌含量的增加而持续提高；密度、导电、导热性能随锌含量的增加而不断下降；塑性随锌含量增加而降低，在含锌 15%（H85）时到达低谷，随锌含量的继续增加，塑性随之提高，含量达到 32%（H68）时到达峰顶。因此单相 α 黄铜塑性好，可冷热压力加工。α 黄铜热轧前的加热既可以使之软化，又能消除高锌黄铜在非平衡状态结晶时出现的少量 β 相，进一步改善室温塑性。β 相在高温下比 α 相软化得更快，因此，双相黄铜的热加工性能也很好；

（7）改变黄铜的再结晶温度。在相同的冷加工率下，黄铜的再结晶温度随含锌量的增加而降低。在生产条件下，常应用500~700℃退火，可获得等轴的α晶粒。大加工率的两相黄铜在退火时，α相约在300℃时即开始再结晶，而β相需在更高的温度才开始再结晶；

（8）影响材料的耐腐蚀性能。黄铜在大气、纯净水、多种介质的水溶液、海水及有机物中，均耐蚀。含锌低于15%的黄铜，在多种化学介质的水溶液中具有与铜相似的耐蚀性。但锌的加入使合金出现脱锌和应力腐蚀破裂两种腐蚀现象。脱锌腐蚀主要发生在含锌大于20%以上的黄铜中，而应力腐蚀在所有的黄铜中均存在，且随着锌含量的增加，应力腐蚀倾向增强，在含锌达35%~40%时，黄铜的应力腐蚀破裂敏感性最大。黄铜的高温氧化及脱锌是影响生产的主要问题。

24 普通黄铜的性能如何，主要特点和用途是什么?

A 化学成分

普通黄铜的化学成分见表1-46。

表 1-46 普通黄铜的化学成分（质量分数） （%）

合金牌号	Cu	Fe	Pb	Ni	Zn	杂质总和
H96	95.0~97.0	0.10	0.03	0.5	余 量	0.2
H90	88.0~91.0	0.10	0.03	0.5	余 量	0.2
H85	84.0~86.0	0.10	0.03	0.5	余 量	0.3
H80	79.0~81.0	0.10	0.03	0.5	余 量	0.3
H70	68.5~71.5	0.10	0.03	0.5	余 量	0.3
H68	67.0~70.0	0.10	0.03	0.5	余 量	0.3
H65	63.5~68.0	0.10	0.03	0.5	余 量	0.3
H63	62.0~65.0	0.15	0.08	0.5	余 量	0.5
H62	60.5~63.5	0.15	0.08	0.5	余 量	0.5
H59	57.0~60.0	0.30	0.50	0.5	余 量	1.0

B 物理及化学性能

普通黄铜的物理性能见表1-47，化学性能见表1-48。

表 1-47 普通黄铜的物理性能

合金牌号	熔化温度/℃		沸点/℃	密度/kg·m⁻³	比热容/J·(kg·℃)⁻¹	线膨胀系数/℃⁻¹	导热系数/W·(m·K)⁻¹	导电率/% IACS	电阻率/μΩ·m		电阻温度系数/℃⁻¹
	液相线温度	固相线温度							固态	液态	
H96	1071.4	1056.4	约1600	8850	0.093	18.0×10^{-6}	243.9	57	0.031	0.24	0.0027
H90	1046.4	1026.3	约1400	8800	0.095	18.4×10^{-6}	187.6	44	0.040	0.27	0.0018
H85	1026.3	991.0	约1300	8750	0.095	18.7×10^{-6}	151.7	37	0.047	0.29	0.0016
H80	1001.2	966.0	约1240	8660	0.093	19.1×10^{-6}	141.7	32	0.054	0.33	0.0015
H75	981.2	—		8630		19.6×10^{-6}	120.9	30	0.057		
H70	951.0	916.0	约1150	8530	0.09	19.9×10^{-6}	120.9	28	0.062	0.39	0.0015
H68	939.0	910.0	约1150	8500	—	20.0×10^{-6}	116.7	27	0.064		0.0015

续表 1-47

| 合金牌号 | 熔化温度/℃ | | 沸点/℃ | 密度/kg·m⁻³ | 比热容/J·(kg·℃)⁻¹ | 线膨胀系数/℃⁻¹ | 导热系数/W·(m·K)⁻¹ | 导电率/% IACS | 电阻率/μΩ·m | | 电阻温度系数/℃⁻¹ |
	液相线温度	固相线温度							固态	液态	
H65	936.0	906.0	—	8470	—	20.1×10^{-6}	116.7	27	0.069	—	—
H63	911.0	901.0	—	8430	—	20.6×10^{-6}	116.7	27	—	—	—
H62	906.0	899.0	—	8430	—	20.6×10^{-6}	116.7	27	0.071	—	0.0017
H59	896.0	886.0	—	8400	—	21.0×10^{-6}	125.1	—	—	—	0.0025

表 1-48　普通黄铜的化学性能

合金牌号	腐蚀介质	腐蚀速度/mm·a⁻¹	介质浓度/%	温度/℃	试验时间/h
各种黄铜	农村大气	0.0001 ~ 0.00075	—	—	—
各种黄铜	城市和海滨大气	0.0012 ~ 0.0038	—	—	—
各种黄铜	低速干燥纯净蒸汽	≤0.0025	—	—	—
各种黄铜	常温纯净淡水	0.0025 ~ 0.025	—	—	—
各种黄铜	常温海水	0.0075 ~ 0.1	—	—	—
各种黄铜	土壤水	3.0	—	20	—
各种黄铜	纯磷酸溶液	0.5	—	—	—
各种黄铜	苛性钠溶液	0.5	—	—	—
各种黄铜	含空气或较高温苛性钠溶液	1.8	—	—	—
各种黄铜	脂肪酸	0.25 ~ 1.3	—	—	—
各种黄铜	静置醋酸	0.025 ~ 0.75	—	20	—
各种黄铜	甲醇、乙醇、乙二醇	0.0005 ~ 0.006	—	—	—
各种黄铜	苦味酸	4.3	—	250	—
H62	硫 酸	0.01 ~ 0.2	0.01 ~ 0.05	20	336 ~ 840
H68	硫 酸	0.05	0.01	50	336
HFe59-1-1	硫 酸	0.14	0.5	190	100
HSn70-1	硫 酸	0.6 ~ 1.0（增速）	浓的	20 ~ 40	720
HSn60-1	硫 酸	0.36	2	80	500

　　在大气中黄铜腐蚀得很慢，在淡水中黄铜的腐蚀速度也不大，在海水中则有可能达到 0.1mm/a。随着温度的升高腐蚀速度会加快，湿饱和蒸汽在高速时能引起冲击腐蚀。在坑内地下水中有 $Fe_2(SO_4)_3$ 离子时黄铜极易腐蚀。

　　黄铜特别是高锌黄铜易发生脱锌腐蚀和应力腐蚀破裂。为防止脱锌腐蚀，可在黄铜中加入不大于 0.05% 的砷。为防止应力腐蚀破裂，黄铜制品和半成品必须进行低温退火，以消除内应力。

　　黄铜不应和铁、铝、锌接触，因为它们会迅速腐蚀。反过来，用铁、铝、锌作牺牲阳极可以保护黄铜。

　　C　热加工和热处理规范

　　普通黄铜的热加工工艺制度因铸锭锭坯尺寸和炉型不同而不尽相同。一般普通黄铜的热加工和热处理规范见表 1-49。

表 1-49　普通黄铜的热加工和热处理制度

合金牌号	铸造温度/℃	热变形温度/℃	再结晶开始温度/℃	完全再结晶退火温度/℃	消除残余应力退火温度/℃
H96	1160~1200	750~850	300	450~600	300
H90	1160~1200	750~900	335~375	650~720	200
H85	1150~1180	830~900	335~370	560~720	200
II80	1160~1180	820~870	320~360	650~720	200
H70	1100~1160	750~830	320~360	650~720	200
H68	1100~1160	750~830	300~370	520~650	260~270
H65[①]	1100~1160	750~830	300~370	520~650	260~270
H63	1060~1100	650~850	350~370	660~670	300[①]
H60	1030~1080	730~820	350~370	660~670	—

①薄带材除外。

D　力学性能

黄铜的力学性能随锌含量的增加而改变，见图 1-6。从图中可见普通黄铜的强度随锌含量的增加而提高，而塑性随锌含量增加而降低，在含锌 15%（H85）时到达低谷。随锌含量的继续增加，塑性随之提高，含量达到 32%（H68）时到达峰顶。普通黄铜的室温和高温力学性能分别见表 1-50 和表 1-51。

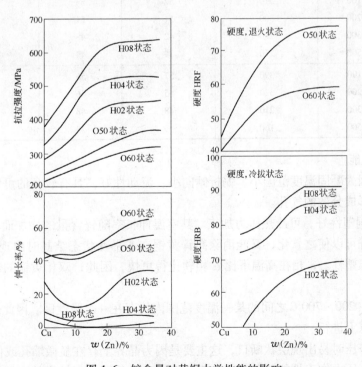

图 1-6　锌含量对黄铜力学性能的影响

表 1-50　普通黄铜的室温力学性能

合金牌号	弹性模量/GPa	抗拉强度/MPa	屈服强度/MPa	弹性极限/MPa	疲劳强度/MPa	疲劳试验循环次数（×10⁶）	伸长率/%	断面收缩率/%	冲击韧性/J·cm⁻²	硬度HRB
H96	115	240/450	–/390	35/360	—		50/2	—	220	—
H90	115	260/480	120/400	40/380	8.5/12.6	50/50	45/4	80	180	53/130
H85	115	280/550	100/450	40/450	10.6/14	100/300	45/4	85		54/126
H80	1110	320/640	120/520	80/420	10.5/15.4	90/50	52/5	70	160	53/145
H75	110	340/590	110/540	80/450	12/15	—	58/6			
H68	106	320/660	90/520	70/500	12/15	100/100	55/3	70	170	—/150
H65	105	320/700	91/450	70/450	12/13.5	100/100	48/4			
H63	100	300/630	110/500	70/420			49/4	66	140	56/140
H62	100	330/600	150/200	80/420	12/15.4	100/300	49/3	66	140	56/164
H60	98	390/500	—	80/—	12/18.2	100/500	44/10	62	140	—/163

注：表中"/"前数据为软态，"/"后数据为硬态。

表 1-51　普通黄铜的高温力学性能

合金牌号	温度/℃	抗拉强度/MPa	伸长率/%	硬度 HB	冲击韧性/J·cm⁻²
H90	100	270	48	53	180
	200	260	48	50	160
	300	260	50	48	150
	500	240	—	46	90
H80	100	310	52	53	160
	200	300	51	51	151
	300	280	42	48	135
	500	270	39	44	50
H60	100	390	57	56	70
	200	320	55	56	66
	300	210	48	43	40
	500	160	—	23	30

E　工艺性能

普通黄铜因为凝固温度范围小、偏析倾向小、流动性好，具有较高的可铸性。锌有脱气作用，不易形成分散的气孔。

单相 α 黄铜塑性好，可冷热压力加工。其室温伸长率随锌含量的增加而提高。α 黄铜热轧前的加热既可以使之软化，又能消除高锌黄铜在非平衡状态结晶时出现的少量 β 相，进一步改善室温塑性。β 相在高温下比 α 相软化得更快，因此，双相黄铜的热加工性能也很好。

所有黄铜在 200～700℃ 之间的某一温度范围内均存在一个脆性区。因此热轧应在脆性区的温度范围以上进行。

黄铜在热挤压时易出现层状断口，这主要是因为晶界上存在显微缩孔或低熔点杂质。

黄铜的冷态压力加工性能与其成分和组织有关。α 黄铜具有较高的室温塑性，两次中间退火之间的加工率可达 70% （对深冲用板带材）或 90% （对线材），双相黄铜则易于加工硬化。

在相同的冷加工率下，黄铜的再结晶温度随含锌量的增加而降低。在生产条件下，常应用 500～700℃退火，可获得等轴的 α 晶粒。大加工率的两相黄铜在退火时，α 相约在 300℃时即开始再结晶，而 β 相需在更高的温度才开始再结晶。因此在生产条件下一般采用 600～700℃退火。

普通黄铜的焊接性能和镀锡、镀镍等表面工程特性良好。普通黄铜的切削性能随锌含量的增加而提高，见表 1-52。

表 1-52　普通黄铜相对于 HPb62-3 的可切削性

合金牌号	H96	H90	H845	H80	H70	H68	H65	H63	H62	H60
切削性/%	20	20	30	30	30	30	30	40	40	45

F　主要特点和用途

简单黄铜的牌号、特点及应用举例如表 1-53 所示。

表 1-53　简单黄铜的牌号、特点及应用

合金牌号	主　要　特　性	应　用　举　例
H96	具有良好的冷热加工性能，适用于挤、轧、冲、压、拉、锻等加工方法；易焊接和镀锡；在大气和淡水中具有高的耐蚀性，无应力腐蚀破裂倾向	货币、纪念品、徽章、雷管、弹壳、珐琅底胎、波导管、散热管/片、导电器件等
H90	有良好的力学性能和冷热压力加工性能，基本同 H96，同时还适用于镦、滚刻和热锻等，耐蚀性好，能镀金、涂敷珐琅等	装饰品、奖章、船用构件、铆钉、波导管、水箱带、电池帽、水道管，供制双金属等
H85	有较好的力学性能和耐蚀性，冷加工性能优良，热成型性好	建筑装饰、徽章、波纹管、蛇形管、水道管、冷凝器和热交换器管、冷却设备制件等
H80	有良好的力学性能，冷热状态下加工性能好，在大气、淡水和海水中有较高的耐蚀性	标牌标签、浮雕、电池帽、乐器、挠性软管、泵用管、波纹管、房屋建筑用品等
H70	有高的塑性和较高的强度，冷成型性好，易焊接，耐蚀性好，在氨气气氛中应力腐蚀开裂十分敏感	弹壳、水箱、五金制品、管道配件、机械和电气零件、铆钉、军火零件等
H68	具有良好的塑性和较高的强度，切削性良好，易焊接，耐蚀，冷热加工性能好	各种冷冲件和深冲件、散热器外壳、波纹管、导波管、门、灯具等
H65	有足够的力学性能和工艺性能，冷热压力加工性能好，色泽金黄	各种五金制品、灯饰、管道配件、拉链、牌匾、铆钉、弹簧、沉降过滤器等
H63	有足够的力学性能，热态压力加工性能好，耐蚀性一般	各种浅冲件、制糖用和船用管件、垫片等，以棒材为主
H62	有很高的强度，热塑性良好，切削性良好，易焊接，耐蚀性良好，在某些情况下易脱锌和应力开裂	各种销钉、螺帽、垫圈、导波管及散热器、制糖工业、船舶工业、造纸工业用零件等
H59	有足够好的力学性能，能极好地承受热态压力加工，耐蚀性一般	焊条、热冲压及热锻件等

25 什么是锌当量，黄铜中各合金元素的锌当量是多少？

在研究铜-锌和第三元素的三元相图时发现：在铜-锌合金中加入少量其他合金元素，通常会使铜-锌系中 α/（α+β）相界向铜侧移动（缩小 α 区）。所以复杂黄铜的组织通常相当于简单黄铜中增加或减少锌含量的合金组织。因此，在铜-锌合金中每加入 1% 其他合金元素的组织相当于达到相同组织时增加（或减少）的锌含量，称为该合金元素的锌当量系数。黄铜中各主要合金元素的锌当量系数见表 1-54。

表 1-54　元素的"锌当量系数"

元　素	硅	铝	锡	镁	铅	镉	铁	锰	钴	镍
锌当量系数	10	6	2	2	1	1	0.9	0.5	−0.1 ~ −1.5	−1.3 ~ −1.5

铜-锌合金中加入其他元素后所产生的相区移动可大致用下列通式来推算，但当合金元素加入量太多时会影响结果的准确性。

$$X = \frac{A + \Sigma CK}{A + B + \Sigma CK} \times 100\% \tag{1-3}$$

式中　X——Cu-Zn 合金中加入其他组元后，相当于 Cu-Zn 二元合金中的锌含量（又称"虚拟锌含量"），%，由此可推算合金组织；

　　　A，B——分别表示合金中锌和铜的实际含量，%；

　　　ΣCK——表示除锌外的合金元素实际含量（C）与该元素锌当量系数（K）的乘积总和，%。

26 铅黄铜有哪些品种，主要合金元素的作用是什么？

铅黄铜品种较多，加工铜及铜合金国家标准中共有 11 个牌号，美国 ASTM 标准中有 22 个牌号。铅黄铜的主要组成为 Cu-Zn-Pb 三元合金，依照黄铜的分类，实际使用中铅黄铜主要分为两类：α+Pb 黄铜和 （α+β）+Pb 黄铜。按其加工方式基本上也可分为两类：切削用铅黄铜和锻造用铅黄铜。

铅是铅黄铜中的主要组成元素，它几乎不固溶于铜-锌合金中，主要以独立相存在于 Cu-Zn 固溶体的晶界处，Cu-Pb 二元相图如图 1-7 所示。可以看出，铜铅相图为偏晶组织。大量游离态的铅质点弥散分布在铜基体中，有较强的润滑和减摩作用，使合金呈现极高的可切削性，切屑易碎，工件制品表面光

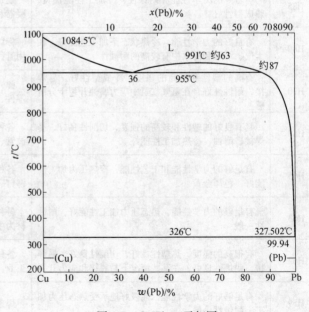

图 1-7　Cu-Pb 二元相图

洁。因此铅黄铜以其易切削、易加工成形等优良特性，广泛用于制作不同形状的接头、零部件等。

经过压力加工，铅以游离的质点分布在固溶体内。由于游离的铅质点具有润滑和减摩的特性。因此，铅黄铜都具有极高的切削性能，切屑易碎，工件表面光洁，适宜于自动高速车床加工零件，同时可用做减摩零件。但铅含量超过 3% 时，不再显著提高黄铜的切削性，而且将降低材料的强度、硬度和伸长率，因此切削用黄铜的最高铅含量在 3% 左右。

铅对人体有害。不但废弃的铅黄铜元件对土壤及水资源等的污染引起人们的重视，其在熔铸和切削加工中，铅蒸气和粉尘对环境和人身的危害也越来越引起人们的关注。因此，无铅易切削黄铜已经开发并逐步投入商业应用。

27　铅黄铜的性能如何，主要特点和用途是什么？

A　化学成分

铅黄铜的化学成分见表 1-55。

表 1-55　铅黄铜的化学成分（质量分数）　　　　（%）

合金牌号	Cu	Fe	Pb	Ni	Zn	杂质总和
HPb89-2	87.5~90.5	0.10	1.3~2.5	0.7	余　量	—
HPb66-0.5	65.0~68.0	0.07	0.25~0.7	—	余　量	—
HPb63-3	62.0~65.0	0.10	2.4~3.0	0.5	余　量	0.75
HPb63-0.1	61.5~63.5	0.15	0.05~0.3	0.5	余　量	0.50
HPb62-0.8	60.0~63.0	0.20	0.5~1.2	0.5	余　量	0.75
HPb62-3	60.0~63.0	0.35	2.5~3.7	—	余　量	
HPb62-2	60.0~63.0	0.15	1.5~2.5	—	余　量	
HPb61-1	60.0~63.0	0.15	0.6~1.2	—	余　量	
HPb60-2	58.0~61.0	0.30	1.5~2.5	—	余　量	
HPb59-3	57.5~59.5	0.50	2.0~3.0	0.5	余　量	1.2
HPb59-1	57.0~60.0	0.50	0.8~1.9	1.0	余　量	1.0

B　物理及化学性能

铅黄铜的物理性能指标见表 1-56，化学性能见表 1-48。

表 1-56　铅黄铜的物理性能

合金牌号	液相线温度/℃	固相线温度/℃	密度/g·cm^{-3}	线膨胀系数/℃$^{-1}$	热导系数/W·(m·K)$^{-1}$	导电率/% IACS	电阻率/μΩ·m
HPb89-2	1040	1010	8.85	18.4×10^{-6}	190	42	0.041
HPb66-0.5	940	905	8.50	20.2×10^{-6}	115	26	0.066
HPb63-3	906	886	8.50	20.5×10^{-6}	117	26	0.066
HPb63-0.1							
HPb62-0.8							
HPb62-3	900	885	8.50	20.5×10^{-6}	115	26	0.066
HPb62-2	905	885	8.50	20.5×10^{-6}	115	26	0.066
HPb61-1	900	885	8.41	20.8×10^{-6}	120	27	0.064
HPb60-2	895	880	8.44	20.7×10^{-6}	120	27	0.064
HPb59-3							
HPb59-1	900	885	8.50	20.6×10^{-6}	105		0.068

C　热加工及热处理规范

铅黄铜热加工及热处理规范分别见表1-57、表1-58。

表1-57　典型铅黄铜热加工规范举例

合金牌号	铸锭规格/mm×mm×mm	产　品	出炉温度/℃	加热时间/h
HPb59-1	160×620×1500	板	680~720	2.5~3.0
	φ195×（400~600）	棒	580~630	1.0~2.0
HPb63-3	φ195×（400~500）	棒	620~670	1.0~2.0

表1-58　典型铅黄铜中间退火规范举例

合金牌号	产品名称	规格/mm	退火温度/℃	加热时间/h
HPb59-1	带卷	0.5以上	515~525	2卷
	带卷	0.3~0.5	480~500	1盘
	棒	φ5~100	650~680	0.2~2.5
HPb63-3	棒	φ5~100	500~550	2.0~2.5

D　力学性能

铅黄铜的典型力学性能见表1-59。

表1-59　铅黄铜的典型力学性能

合金牌号	状　态	抗拉强度/MPa	屈服强度/MPa	伸长率/%	硬　度
HPb89-2	退火的	255	86	45	HRF55
	半硬的	360	310	18	HRB58
HPb66-0.5	退火0.025mm	325	105	60	HRF64
	退火0.050mm	360	135	50	HRF75
	拉制的	450	345	32	HRF100
	拉制硬态的	515	415	7	HRB85
HPb63-3	退火的	350	9	45	HRB40
	硬的	580	45	5	HRB86
HPb62-3	退火的	340	125	53	HRB68
	1/2硬	400	310	25	HRF28
HPb59-1	退火的	420	148	45	44
	1/4硬	620	420	5	80

E　工艺性能

铅黄铜的工艺性能因铅含量的不同而有所变化。一般地，对于加工性能来讲，α 单相铅黄铜，尤其是对高铜单相铅黄铜，因在单相 α 黄铜中有不溶的铅质点而不宜热加工，但冷加工性能良好。如 C31400，采用热挤压开坯方式生产难度大，比较适合采用铸造-拉伸的冷加工方式；对于高锌单相铅黄铜，由于其铸态下存在一定的 β 相而改善了其热加工性能，可在一定程度上承受热挤压。

在实际生产中可采用添加微量缩小 α 区的元素来改善热加工性能；而（α + β）+ Pb 黄铜由于在高温区发生 α→β 相变，组织基本呈现具有较好高温塑性的 β 相，同时铅在 β

相中的溶解度较在 α 相中大，可使铅分布于晶粒内部而不是在边界上，因此表现出优异的热加工性能。对于切削性和锻造性来讲，切削性最好的铅黄铜铅含量在 3% 左右，但用于锻造用铅黄铜的铅含量应控制在 2.5% 以下。铅黄铜的工艺性能见表 1-60。

表 1-60　铅黄铜的工艺性能

合金牌号	切削性[1]/%	热 轧	热 挤	热 冲	热 锻	热 弯	冷加工	可焊性
HPb89-2	80	×	○	×	×	—	○	⊙
HPb66-0.5	60	×	○	×	×	—	⊙	⊙
HPb63-3	100	○	○	○	○	○	×	○
HPb63-0.5	40	×	○	×	×	○	×	○
HPb62-3	100	○	○	○	○	○	×	○
HPb62-2	90	○	○	○	○	○	×	⊙
HPb61-1	70	○	⊙	△	⊙	○	—	○
HPb60-2	80	⊙	○	⊙	○	⊙	×	○
HPb59-1	80	○	⊙	△	⊙	○	—	×

注：⊙为优；○为好；△为尚可；×为不可。

[1]相当于 HPb63-3 合金。

F　特点及用途

不同的铅黄铜合金系列具有不同的工艺性能，但良好的切削性能是其基础性能，铅黄铜同时具有较好的热锻、冷锻、弯曲、铆接、滚压等加工性能。其切削性能通常以美国牌号 C36000 或国标牌号 HPb63-3 的切削性为 100%，其他则是相对于 C36000（或 HPb63-3）的切削性的比例。铅黄铜最广泛的用途是大量用于切削加工和深加工的各种零部件，铅黄铜产品的牌号、特点和应用见表 1-61。

表 1-61　国标中铅黄铜产品的牌号、特点和应用

合金牌号	主　要　特　点	应　　　用
HPb89-2	热成形性差，但冷加工性良好，钎焊性优，切削性优	电气接插件、建筑金属构件、酸洗框、机械零件等
HPb66-0.5	热成形性差，但冷加工性优，钎焊性优良，可气焊和电阻焊，切屑性良	管道工程用弯头、存水管、泵用管等
HPb63-3	热挤压性良，其他热成形性差，冷加工性中，钎焊性优良，切削性优，强度中等	钟表材料、管件、螺钉等切削性要求高的零件
HPb63-0.1	冷热加工性能均不良，切削性能一般	结构件
HPb62-0.8	热成形性中等，冷加工性良，钎焊性优，切削性良	螺钉、销子垫片、管嘴、结构件、齿轮、管件等
HPb62-3	强度高，热成形性中等，冷加工性能差，钎焊性优，切削性优，强度高	条纹板、钟表零件、管件等
HPb62-2	热加工性中等，冷加工性尚可，钎焊性优，切削性优	小五金、销子、螺钉、管件等
HPb61-1	热成形性中等，冷加工性差，钎焊性优良，切削性好	小五金、销子、螺钉、管件等
HPb60-2	热成形性中等，冷加工性差，钎焊性好，强度高	小五金、销子、螺钉、管件等
HPb59-3	冷热加工性能良，切削性优	各种销钉、螺钉、垫片、小五金、管件、轴承保持器等
HPb59-1	冷热加工性能均优，切削性良	各种需热加工和切削性好的零件，如销子、螺钉、垫圈、垫片、衬套、管嘴等，是最经济常用的合金

28　铝黄铜有哪些品种，主要合金元素的作用是什么？

铝黄铜的牌号和种类不多，国标中铝黄铜有 6 个牌号，主要是在铝黄铜中加入锰、铁等元素，以提升合金的强度、耐磨性能等综合性能。较为常见的铝黄铜主要有 HAl77-2、HAl66-6-3-2、HAl61-4-3-1，其他还有 HAl60-1-1、HAl59-3-2 等。

铝黄铜主要的合金组成为 Cu-Zn-Al，在实际应用中为提高铝黄铜的强度、耐蚀性、耐磨性等，往往在合金中加入 As、Mn、Fe、Ni 等元素，从而大大提高材料的综合性能。由于铝的锌当量系数是 6，形成 β 相的趋势较大，强化效果好。铝含量增高时，将出现 γ 相，虽提高合金硬度，但剧烈降低塑性。在铝黄铜中，铝的表面离子化倾向比锌的大，优先形成致密而坚硬的氧化铝膜，防止合金的进一步氧化，提高对气体、溶液特别是高速海水的耐蚀性。因此，和其他合金元素相比，铝能最显著地提高黄铜的强度、硬度和耐蚀性能。向铝黄铜中加入 As、Sn、Sb、Bi、Te、Si、Ni 等元素可以进一步提高其耐蚀性，其中 As 是耐蚀黄铜中常用的添加元素，是合金标准中要求的添加元素。工业上变形铝黄铜的铝含量一般不超过 4%。铝黄铜的颜色随着铝成分增加呈现黄、金黄、灰褐、红色及银白色。HAl66-6-3-2 具有单一的 β 相，很难压力加工，通常只能热挤，其具有高的强度和耐磨性，耐冲击性良好。

29　铝黄铜的性能如何，主要特点和用途是什么？

A　化学成分

主要铝黄铜的化学成分见表 1-62。

表 1-62　主要铝黄铜的化学成分（质量分数）　　　　　　　　（%）

合金牌号	Cu	Al	Fe	Pb	Mn	Ni	Si	As	Zn	杂质总和
HAl77-2	76.0～79.0	1.8～2.5	0.06	0.07	—	—	—	0.02～0.06	余量	—
HAl67-2.5	66.0～68.0	2.0～3.0	0.6	0.5	—	0.5	—	—	余量	1.5
HAl66-6-3-2	64.0～68.0	6.0～7.0	2.0～4.0	0.5	1.5～2.5	0.5	—	—	余量	1.5
HAl61-4-3-1	59.0～62.0	3.5～4.5	0.3～1.3	—	—	2.5～4.0	0.5～1.5	Co0.5～1.0	余量	1.0
HAl60-1-1	58.0～61.0	0.70～1.50	0.70～1.50	0.40	0.1～0.6	0.5	—	—	余量	0.7
HAl59-3-2	57.0～60.0	2.5～3.5	0.50	0.10	—	2.0～3.0	—	—	余量	0.7

B　物理及化学性能

铝黄铜的物理性能见表 1-63。化学性能见表 1-48。

表 1-63　铝黄铜的物理性能

合金牌号	液相线温度 /℃	固相线温度 /℃	密度 /g·cm⁻³	线膨胀系数 /℃⁻¹	导热系数 /W·(m·K)⁻¹	电阻率 /μΩ·m	弹性模量 /GPa
HAl77-2	971	931	8.60	18.5×10^{-6}	208.4	0.075	102
HAl67-2.5	971	932	8.50	18.5×10^{-6}		0.077	—
HAl66-6-3-2	900	—	8.50	19.8×10^{-6}	208.4		—
HAl61-4-3-1	921	903	7.909	19.0×10^{-6}	—	0.090	—
HAl60-1-1	905	—	8.20	21.6×10^{-6}	315.2	0.090	105
HAl59-3-2	957	893	8.40	19.0×10^{-6}	350.1	0.079	100

C　热加工及热处理规范

热加工及热处理规范见表 1-64。

表 1-64　铝黄铜的热加工和热处理规范实例

合金牌号	加热温度/℃	加热时间/h	退火温度/℃	退火时间/h
HAl77-2	740 ~ 780	1.5 ~ 2.5	650 ~ 680/600 ~ 620	1.2 ~ 1.4
HAl67-2.5	760 ~ 800	1.5 ~ 2.5		
HAl66-6-3-2	680 ~ 730	1.0 ~ 2.0		
HAl61-4-3-1	680 ~ 730	1.0 ~ 2.0		
HAl60-1-1	600 ~ 650	1.0 ~ 2.0		
HAl59-3-2	660 ~ 710	1.0 ~ 2.0	500 ~ 540/450 ~ 480	1.5 ~ 2.0

注：表中"/"前面的数据是中间退火温度，"/"后面的数据是成品退火温度。

D　力学性能

铝黄铜的典型力学性能见表 1-65。

表 1-65　铝黄铜的典型力学性能

合金牌号	抗拉强度/MPa	屈服强度/MPa	伸长率/%	硬度 HRB	断面收缩率/%	冲击韧性/J·cm^{-2}
HAl77-2	360/600	80/540	50/10	65/170	58	
HAl66-6-3-2	740[1]	400[1]	7[1]			
HAl61-4-3-1	745[2]		6.5[2]	230[2]		
HAl60-1-1	450/760	200	50/9	80/170	30	
HAl59-3-2[1]	380/650	304	45/12	75/155	20	41

注：表中"/"前面的数据是软态的，"/"后面的数据是硬态的。
① 铸态的。
② 挤制的。

E　工艺性能

铝黄铜的工艺及使用特性见表 1-66。

表 1-66　铝黄铜的工艺及使用特性

合金牌号	热 轧	热 挤	热 锻	热 冲	热 弯	冷加工	切削性	焊接性	耐蚀性
HAl77-2	△	○	○	△	○	○	○	○	※
HAl67-2.5	△	○	○	△	○	○	○	○	※
HAl66-6-3-2	×	○	○	△	×	○	○	△	○
HAl61-4-3-1	×	○	○	△	○	○	○	○	△
HAl60-1-1	×	○	○	△	△	—	○	○	△
HAl59-3-2	×	○	○	△	△	○	△	○	△

注：×为差；△为尚可；○为好；※为优。

F　主要特点和用途

加工铜及铜合金中国国家标准中的铝黄铜的主要特点和应用见表 1-67。

表 1-67　铝黄铜的合金牌号、特点和应用

合金牌号	主要特点	应用举例
HAl77-2	耐海水腐蚀，有足够的机械性能，可热挤压，冷加工性能良好	舰船及海滨热电厂用冷凝器管及其他耐蚀件
HAl67-2.5	耐海水腐蚀，有足够的机械性能，可热挤压，冷加工性能良好	内陆热电厂用冷凝器管等
HAl66-6-3-2	具有高的强度和耐磨性，耐冲击性良好，可热挤压，难压力加工	汽车同步器齿环等
HAl61-4-3-1	具较高的强度和耐磨性，耐冲击性良好。可热挤压，冷加工性较好	汽车同步器齿环等
HAl60-1-1	具有较高的强度和耐蚀性	齿轮、涡轮、衬套轴及要求耐蚀的零件，在海水中工作的高强度耐蚀零件
HAl59-3-2	强度高、耐蚀性好	常温下工作的高强度耐蚀零件

30　锰黄铜有哪些品种，主要合金元素的作用是什么？

锰黄铜的种类不多，国标中仅有 4 个合金牌号，主要有 HMn62-3-3-0.7、HMn58-2、HMn57-3-1 等，另有一些企业在生产自己研制的合金牌号，如 HMn59-2-1-0.5 等。

锰元素的主要作用是固溶于铜中，起到较好的强化作用，可显著提高黄铜的强度、硬度，可较好地承受热、冷压力加工，并能显著提升黄铜在海水、氯化物和过热蒸汽中的耐蚀性。为改善合金的强度、耐磨、耐蚀、切削等特性，合金中会添加 Al、Fe、Si、Pb 等元素。添加的 Al、Si 等可以和 Mn 形成 Al-Mn 强化相或 Si-Mn 强化相，大大提高合金的力学性能和硬度，同时具有极好的耐磨性。

锰黄铜的颜色与锰的含量有关，随着锰含量的增加，逐渐由红变黄，由黄变白。

31　锰黄铜的性能如何，主要特点和用途是什么？

A　化学成分

锰黄铜的化学成分见表 1-68。

表 1-68　锰黄铜的化学成分（质量分数）　　　　　　　（%）

合金	Cu	Mn	Fe	Pb	Al	Sn	Si	Ni	Zn	杂质总和
HMn62-3-3-0.7	60.0~63.0	2.7~3.7	0.11	0.05	2.4~3.4	0.1	0.5~1.5	0.5	余量	1.2
HMn58-2	57.0~60.0	1.0~2.0	1.0	0.1	—	—	—	0.5	余量	1.2
HMn57-3-1	55.0~58.5	2.5~3.5	1.0	0.2	0.5~1.5			0.5	余量	1.3
HMn55-3-1	53.0~58.0	3.0~4.0	0.5~1.5	0.5				0.5	余量	1.5

B　物理及化学性能

锰黄铜的物理性能见表 1-69。

表 1-69　锰黄铜的物理性能

合金牌号	液相线温度 /℃	固相线温度 /℃	密度 /g·cm⁻³	线膨胀系数 /℃⁻¹	导热系数 /W·(m·K)⁻¹	电阻率 /μΩ·m	弹性模量 /GPa
HMn57-3-1	870	—	8.10	21.0×10^{-6}	67	0.121	104
HMn58-2	881	866	8.50	21.2×10^{-6}	70.6	0.108	100
HMn62-3-3-0.7	901	855	8.02	19.3×10^{-6}		0.113	

C　热加工及热处理规范

锰黄铜的热加工和热处理规范实例见表 1-70。

表 1-70　锰黄铜的热加工和热处理规范实例

合金牌号	加工 方式	热轧/挤加热温度 /℃	热轧/挤加热时间 /h	中间退火温度 /℃	软态退火温度 /℃	半硬态退火温度 /℃	退火时间 /h
HMn57-3-1	挤	580 ~ 630	1 ~ 2	600 ~ 650	—	500 ~ 550	1.5
	轧	600 ~ 650	1 ~ 2	600 ~ 650			1.5
HMn58-2	挤	560 ~ 610	1 ~ 2	580 ~ 620			1.2
	轧	700 ~ 760	2 ~ 2.5	540 ~ 560	460 ~ 480		
HMn62-3-3-0.7	挤	620 ~ 680	1 ~ 2				

D　力学性能

锰黄铜的典型力学性能见表 1-71。

表 1-71　锰黄铜的典型力学性能

合金牌号	抗拉强度/MPa	屈服强度/MPa	伸长率/%	硬度 HRB
HMn62-3-3-0.7	600 ~ 700		10 ~ 20	170 ~ 200
HMn57-3-1	550/700	200/—	35/5	115/175
HMn58-2	440/600	156（铸态）	36/10	85/120

注：表中"/"前数据为软态，"/"后面数据为硬态。

E　工艺性能

锰黄铜的工艺性能见表 1-72。

表 1-72　锰黄铜的工艺性能

合金牌号	热轧	热挤	热锻	热冲	热弯	冷加工	切削性	耐磨性	耐蚀性	焊接性
HMn57-3-1	△	○	○	△	○	△	△		○	△
HMn62-3-3-0.7	△	○	○	○	○	△	○	☆	○	△

注：☆为优；○为好；△尚可。

F　主要特点及用途

锰黄铜由于具有相当好的强度和冷、热加工性能，被广泛用于舰船和海洋工程。也作为耐磨材料用于高压泵摩擦副和汽车同步齿环。常用锰黄铜的主要特点及用途见表1-73。

表 1-73　常用锰黄铜的主要特点及用途

合金牌号	主 要 特 点	应 用 举 例
HMn62-3-3-0.7	强度高、热塑性好、耐磨性好、耐蚀、易切削加工	管、棒材，汽车同步器齿环
HMn58-2	有很高的强度和硬度，耐磨、耐蚀，加工性良好	管、棒材，船用泵、阀等
HMn57-3-1	有较高强度、加工性能良好、耐海水腐蚀	管、棒材，结构件、摩擦副
HMn59-2-1-0.5	有高的强度和硬度，耐磨、耐蚀，加工性良好	管、棒材，结构件、耐磨零部件等

32　锡黄铜有哪些品种，主要合金元素的作用是什么?

　　我国国家标准中的锡黄铜主要有 4 种，美国 ASTM 标准中加工锡黄铜有 30 个合金牌号。国标中的锡黄铜合金牌号有 HSn90-1、HSn70-1、HSn62-1、HSn60-1，在不同锌含量的铜合金中加入 1% 左右的锡，有时再加入少量的砷，以达到提高黄铜耐蚀性能的目的。

　　锡在黄铜中的溶解度变化较大，当铜中的锌由零增加到约 38% 时，其在 α 相中的溶解度约由 15% 下降到 0.7%。在锌饱和的 α 固溶体中锡的溶解度很小，但当锌含量增加到出现 β 相时，锡的溶解度又增加。少量锡固溶于黄铜中，可提高合金强度和硬度，但超过 1.5% 后反而会降低合金塑性。锡在黄铜中的主要作用是抑制黄铜脱锌，提高黄铜的耐蚀性能。锡黄铜在海水中的耐蚀性很好，故有"海军黄铜"之称。

　　常用的 HSn70-1 中均添加 0.02% ~ 0.05% 的砷以提高其耐蚀性，添加 0.01% 的硼可进一步提高锡黄铜的耐蚀性。锡黄铜能较好地承受热冷压力加工。

33　锡黄铜的性能如何，主要特点和用途是什么?

A　化学成分

锡黄铜的化学成分见表 1-74。

表 1-74　锡黄铜的化学成分（质量分数）　　　　　（%）

合金牌号	Cu	Sn	Fe	Pb	Ni	As	Zn	杂质总和
HSn90-1	88.0 ~ 91.0	0.25 ~ 0.75	0.10	0.03	0.5	—	余 量	0.2
HSn70-1	69.0 ~ 71.0	0.8 ~ 1.3	0.10	0.05	0.5	0.02 ~ 0.06	余 量	0.3
HSn62-1	61.0 ~ 63.0	0.7 ~ 1.1	0.10	0.10	0.5	—	余 量	0.3
HSn60-1	59.0 ~ 61.0	1.0 ~ 1.5	0.10	0.30	0.30	—	余 量	1.0

B　物理及化学性能

锡黄铜的物理性能见表 1-75。

表 1-75　锡黄铜的物理性能

合金牌号	液相线温度 /℃	固相线温度 /℃	密度 /g·cm^{-3}	线膨胀系数 /℃$^{-1}$	热导系数 /W·(m·K)$^{-1}$	电阻率 /μΩ·m	导电率 /% IACS	弹性模量 /GPa
HSn90-1	1016	906	8.80	18.4×10^{-6}	126	0.054	41	105
HSn70-1	936	891	8.58	20.2×10^{-6}	110	0.069	25	110
HSn62-1	907	886	8.45	19.3×10^{-6}	116	0.066.3	26	100
HSn60-1	901	885	8.45	21.2×10^{-6}	116	0.066.3	26	100

C　热加工及热处理规范

锡黄铜的热加工和热处理规范实例见表 1-76。

表 1-76　锡黄铜的热加工和热处理规范实例

合金牌号	热加工工艺				退火工艺		
	推荐热加工加热温度/℃	加热时间/h	环形炉1区加热温度/℃	环形炉2区加热温度/℃	推荐退火温度/℃	退火温度/℃	退火时间/h
HSn90-1	830~890	—	—	—	510~670	—	—
HSn70-1	650~800	1.5~2.0	800~880	800~850	425~600	470~500	1.5
HSn62-1	650~825	1.5~2.0	850~880	800~850	425~600	380~610	1.5
HSn60-1	650~750	—	—	—	425~600	—	—

D　力学性能

锡黄铜的典型力学性能见表 1-77。

表 1-77　锡黄铜的典型力学性能

合金牌号	弹性极限/MPa	抗拉强度/MPa	屈服强度/MPa	伸长率/%	面收缩率/%	硬度 HRB
HSn90-1	70/380	280/520	85/450	40/4	55	13/82
HSn70-1	85/450	350/580	110/500	62/10	70	16/95
HSn62-1	110/480	380/700	150/550	40/4	52	50/95
HSn60-1	100/360	380/560	130/420	40/12	46	50/80

注：表中"/"前面的数据为 600℃ 退火的，"/"后面的数据为加工率 50% 的。

E　工艺性能

锡黄铜工艺性能见表 1-78。

表 1-78　锡黄铜的工艺性能

合金牌号	热 轧	热 挤	热 冲	热 锻	热 弯	冷加工	切削性/%	焊接性	耐蚀性
HSn90-1	△	○	×	△	○	⊙	20	—	○
HSn70-1	△	○	×	×	○	⊙	30	—	⊙
HSn62-1	⊙	⊙	⊙	⊙	○	⊙	40	⊙	○
HSn60-1	⊙	⊙	⊙	⊙	○	⊙	40	⊙	○

注：⊙为优；○为好；△为尚可；×为不可。

F　主要特点和用途

锡黄铜一般具有较高的强度和硬度，最大的特点是耐海水腐蚀性能优异，因此在海洋工业应用较多。锡黄铜加工产品的主要特点和用途见表 1-79。

表 1-79　锡黄铜的主要特点和用途

合金牌号	主 要 特 点	应 用 举 例
HSn90-1	导电性良好且耐蚀减磨，热、冷加工性良好	端子、仪表夹、弹簧垫圈、车用弹簧套管等
HSn70-1	耐蚀性好，冷热加工性优良，可热挤，强度高	船舶和热电厂用高强耐蚀冷凝器管
HSn62-1	耐蚀性好，热加工性优，强度高，切削性优良	冷凝器管板、船舶零件、阀杆等
HSn60-1	热加工性好，冷加工性差，耐蚀性良	船用结构焊条、零件等

34　铁黄铜有哪些品种，主要合金元素的作用是什么？

我国的铁黄铜仅有两个牌号：HFe59-1-1 和 HFe58-1-1。但实际上 HFe58-1-1 在市场上极少见。HFe59-1-1 有很高的强度，耐磨和耐蚀性良好。

铁在黄铜中的固溶度极低，超过其溶解度的铁以富铁相（γ-Fe）粒子存在，常作为"人工晶核"，既能细化铸造组织，又能抑制黄铜再结晶时的晶粒长大，获得细晶组织，从而大大提高黄铜的力学性能和工艺性能。铁与锰、锡、铝、镍等元素配合使用，可以使黄铜具有更高的强度和硬度，并可改善其在大气和海水中的耐蚀性。

黄铜中的铁和硅会形成高硬度（HV950）的硅化铁粒子，恶化切削性能。

黄铜的铁含量一般不超过 1.5%，否则会造成富铁相偏析，降低黄铜的耐蚀性，并影响电镀层表面质量。

35　铁黄铜的性能如何，主要特点和用途是什么？

A　化学成分

铁黄铜的化学成分见表 1-80。

表 1-80　铁黄铜的化学成分（质量分数）　　　　　　　　　　　　（%）

合金牌号	Cu	Fe	Pb	Al	Mn	Sn	Ni	Zn	杂质总和
HFe59-1-1	57.0~60.0	0.6~1.2	0.20	0.1~0.5	0.5~0.8	0.3~0.7	0.5	余量	0.3
HFe58-1-1	56.0~58.0	0.7~1.6	0.7~1.3	—			0.5	余量	0.3

B　物理及化学性能

铁黄铜的物理性能见表 1-81。

表 1-81　HFe59-1-1 铁黄铜的物理性能

液相线温度 /℃	固相线温度 /℃	密度 /g·cm^{-3}	线膨胀系数 /℃$^{-1}$	热导系数 /W·(m·K)$^{-1}$	电阻率 /μΩ·m	导电率 /% IACS	弹性模量 /GPa
901	886	8.50	22×10^{-6}	20.1	0.093	18.5	106

HFe59-1-1 在无润滑条件的摩擦系数为 0.012。

HFe59-1-1 在海水中的腐蚀速度为 0.22mg/cm^2（24h 的重量损失）。

C　热加工及热处理规范

铁黄铜的热加工和热处理规范见表 1-82。

表 1-82　HFe59-1-1 铁黄铜的加热和退火规范实例

加热方式	加热温度/℃	保温时间或推料周期
热轧前加热	720~800	3.0~3.5h
热挤前加热	710~760	1.5~2.5h
中间退火	540~560（1.5mm 板）	4 卷/h
	600~650（φ40mm 以下棒）	1.0~1.2h
成品退火	460（0.5mm 板、S）	2 卷/h
	460~500（不大于 φ40mm 棒、Y）	1.0~1.2h

D　力学性能

HFe59-1-1 铁黄铜的力学性能见表 1-83。

表 1-83　HFe59-1-1 铁黄铜的典型力学性能

抗拉强度/MPa	屈服强度/MPa	伸长率/%	断面收缩率/%	硬度 HRB	冲击韧性/J·cm^{-2}
450/600	170/—	40/6	45	80/160	120

E　工艺性能

铁黄铜的工艺性能见表 1-84。

表 1-84　HFe59-1-1 铁黄铜的工艺性能

热 轧	热 挤	热 锻	热 冲	热 弯	冷加工	切削性/%	焊接性	耐蚀性	耐磨性
⊙	⊙	⊙	○	○	○	25	○	○	○

　注：⊙为优；○为好。

F　主要特点和用途

铁黄铜具有较好的强度和耐磨性能，同时具有较好的耐蚀性能。用于制造在摩擦和海水环境中工作的零件，如垫圈、封套等。

36　镍黄铜有哪些品种，主要合金元素的作用是什么？

常用的镍黄铜主要有 HNi65-5，一些企业自己研究开发的有 HNi56-3。

镍是镍黄铜的主要合金元素。镍能明显地扩大 α 相区域的范围，因而可采用加镍的办法使某些两相黄铜转变为晶粒细小的单相黄铜，从而改善黄铜的工艺性能和力学性能。镍可以提高合金强度、韧性和耐蚀性，尤其是增强黄铜的抗脱锌及抗应力腐蚀破裂能力。

但铅、锑、铋等杂质元素会严重影响其热加工性，应严格控制，铅应小于 0.01%，锑和铋应小于 0.005%。

37　镍黄铜的性能如何，主要特点和用途是什么？

A　化学成分

镍黄铜的化学成分见表 1-85。

表 1-85　镍黄铜的化学成分（质量分数）　　　　（%）

合金牌号	Cu	Ni	Zn	Pb	Fe	P	杂质总和
HNi65-5	64.0~67.0	5.0~6.5	余量	0.03	0.15	0.01	0.3

B　物理及化学性能

镍黄铜 HNi65-5 的物理性能如表 1-86 所示。

表 1-86　镍黄铜 HNi65-5 的物理性能

名　　称	数　值	名　　称	数　值
液相线温度/℃	960	线膨胀系数/℃$^{-1}$	18.2×10^{-6}
密度/kg·m^{-3}	8650	导热系数/W·(m·K)$^{-1}$	58.4
电阻率/μΩ·m	0.146	弹性模量/GPa	112

C　热加工及热处理规范

镍黄铜 HNi65-5 的热加工及热处理规范如表 1-87 所示。

表 1-87　镍黄铜 HNi65-5 的热加工及热处理规范

名　称	数　值	名　称	数　值
热轧温度/℃	820 ~ 870	退火温度/℃	600 ~ 650
挤压温度/℃	750 ~ 800	低温退火温度/℃	300 ~ 400

D　力学性能

镍黄铜 HNi65-5 合金在常温下力学性能如表 1-88 所示。

表 1-88　镍黄铜 HNi65-5 合金力学性能

名　称	数　值	名　称	数　值
抗拉强度/MPa	300/600	硬度 HV	60/180（软/硬）
伸长率/%	58/4（软/硬）	冲击韧性/$J \cdot cm^{-2}$	120 ~ 160
硬度 HRB	90/110（软/硬）		

E　工艺性能

镍黄铜 HNi65-5 具有较好的工艺性能，能极好地在冷、热状态下进行压力加工，可以加工成板、带、管、棒、线材等各种形状。其切削性能为 15%（与 HPb63-3 比）。

F　主要特点和用途

典型的镍黄铜具有很高的力学性能、耐蚀性。一般用于制造低压压力计管、纸浆铜网、船用冷凝器管和其他工业部门的零件。

38　硅黄铜有哪些品种，主要合金元素的作用是什么?

加工铜及铜合金中国国家标准中的硅黄铜为 HSi80-3。

硅是硅黄铜的主要合金元素。硅的锌当量系数高达 10，在黄铜中加入硅会显著地缩小 α 相区。硅含量增加到 4%，会出现新的具有密排六方结构的 κ 相，它在高温下有足够的塑性，在 545℃ 时通过共析分解转变为 α + γ（即 κ→α + γ）。硅黄铜的硅含量通常在 4% 以内。

但 Al、As、Sb、P、Pb 等都是硅黄铜中有害杂质，会降低合金的铸造性能、耐磨性、热塑性等，须严格加以控制。

39　硅黄铜的性能如何，主要特点和用途是什么?

A　化学成分

硅黄铜 HSi80-3 的化学成分见表 1-89。

表 1-89　硅黄铜 HSi80-3 的化学成分（质量分数）　　　　　（%）

合金牌号	Cu	Si	Fe	Pb	Ni	Zn	杂质总和
HSi80-3	79.0 ~ 81.0	2.5 ~ 4.0	0.6	0.1	0.5	余量	1.5

B　物理及化学性能

硅黄铜 HSi80-3 的物理性能见表 1-90。

表 1-90　硅黄铜 HSi80-3 的物理性能

名　称	数　值	名　称	数　值
液相线温度/℃	900	热导系数/W·(m·K)$^{-1}$	175.1
密度/kg·m^{-3}	8600	电阻率/μΩ·m	0.20
线膨胀系数 α/℃$^{-1}$	17.0×10^{-6}	弹性模量/MPa	98000

C　热加工及热处理规范

硅黄铜的热加工温度为 730~850℃，退火温度一般为 400 600℃。

D　力学性能

硅黄铜 HSi80-3 合金的力学性能见表 1-91。

表 1-91　硅黄铜 HSi80-3 的典型力学性能

名　称	数　值	名　称	数　值
抗拉强度/MPa	300/600	硬度 HV	60/180（软/硬）
伸长率/%	58/4（软/硬）	冲击韧性/J·cm^{-2}	120~160
硬度 HRB	90/110（软/硬）		

E　工艺性能

硅黄铜 HSi80-3 合金具有良好的压力加工性能，可以加工成板、带、管、棒等形状。切削性能和 HPb63-3 相比为 15%。

F　主要特点和用途

硅黄铜的高、低温力学性能均较高，在大气和海水条件下耐蚀性强，其抗应力腐蚀破裂的能力较一般黄铜高。它还具有高的铸造性能、耐寒及可焊性。因此，硅黄铜被用做船舶零件、蒸汽管和水道管件。

40　无铅易切削黄铜有哪些品种和用途？

无铅易切削黄铜是易切削铅黄铜的替代产品，由于铅对人体危害较大，无铅易切削黄铜是以无毒害第三合金元素来替代铅，目前已研制出的无铅黄铜合金体系有：Cu-Zn-Bi、Cu-Zn-Te、Cu-Zn-Bi-Te，同时在 Cu-Bi、Cu-Te、Cu-C 以及 Cu-S 等高铜合金体系上也有一定研究，但由于产品的可加工性、易获得性以及性价比等因素影响，目前有一定实际应用的主要为 Cu-Zn-Bi 无铅易切削黄铜。在某些特殊用途上，如要求高导电性的电触头等采用高铜合金系列。

Bi、Te 等这些合金元素在铜中存在的特点、形式和铅相似，基本不溶于铜，以游离质点存在于晶界上，经后序加工弥散分布于铜基体，起润滑和减摩作用，使合金切屑易碎、易排，保证制品表面光洁。从加工性能方面来讲，此类合金的加工性能均不是很好，尤其是对高铜合金，其成分的控制及加工性能不易保证，而在黄铜中，锌的加入在一定程度上增大了其溶解度，并使其成分稳定性和加工性能得到改善。

铋在铜中的溶解度很小，800℃时也只有 0.01% 。铋在 270℃ 与铜形成共晶体，其中铋呈薄膜分布于铜晶界，严重降低铜的加工性能。因此，其含量不得大于 0.002% 。Bi 对铜的热导率与电导率的影响不大，真空开关触头铜可含 0.7% ~ 1.0% Bi。因其具有较高的导电性能，并能防止开关粘结，提高其工作期限，确保运转安全。

碲在固态铜中的溶解度很小，以 Cu_2Te 弥散质点存在，对铜的电导率及热导率的影响很小，但能显著改善铜的切削性能。含 0.06% ~ 0.7% Te 的铜在工业中获得了实际应用。一般在淬火和加工状态下应用，不需回火，以免 Cu_2Te 沿晶界沉淀，使材料变脆。微量（0.003%）硒和碲（0.0005% ~ 0.003%）显著降低铜的可焊性能。

铋、碲、硫等元素对其他铜合金极为有害，生产中必须严格控制，防止原料、旧料、炉衬材料、辅助工具等的混用。

41　什么是青铜，青铜有哪些品种？

以锡、铝、铍、硅、锰、铬、镉、锆、钛、镁、铁等为主要合金元素的铜合金，称为青铜。即除了纯铜、铜-锌系（黄铜）、铜-镍系（白铜）外的各类铜合金均可列为青铜。青铜合金以其主要组成元素命名，青铜可分为锡青铜（含锡磷青铜）、铝青铜、铍青铜、硅青铜、锰青铜、铬青铜、镉青铜、锆青铜、铬锆青铜、钛青铜、镁青铜、铁青铜等。

青铜一般都因在铜中加入了某些合金元素而大幅度提高了强度，同时获得某种特定的性能。因此，青铜的变形抗力较大，给加工带来某些困难；但同时使铜具有了某些特定的功能，如高弹性、抗软化、高耐蚀、高耐磨等等。因而大大扩展了铜的应用领域，成为新技术的支撑。

42　锡青铜有哪些品种，主要合金元素的作用是什么？

锡是锡青铜的主要组成元素（Cu-Sn 二元相图见图 1-8），它的加入可大幅提高合金的弹性、强度、硬度等，同时使材料具有很多优良特性：易于焊接和钎焊，冲击时不产生火花，无磁性、耐寒，并有极高的耐磨性；在大气和海水中具有很高的化学稳定性，尤其是在海水中的耐蚀性比紫铜、黄铜优良。锡青铜在海水中的耐蚀性随着锡含量的增加而明显提高。

加工铜及铜合金中国国家标准中锡青铜共有 9 个合金牌号。按其主要合金组成元素可分为两大类：锡磷青铜和锡锌铅青铜。锡磷青铜中按锡含量的高低其合金牌号分别为 QSn1.5-0.2、QSn4-0.3、QSn6.5-0.1、QSn6.5-0.4、QSn7-0.2 和 QSn8-0.3。锡锌铅青铜有 QSn4-3、QSn4-4-2.5 和 QSn4-4-4。而美国 ASTM 标准中加工锡磷青铜有 22 个牌号，含铅磷青铜 2 个牌号；铸造锡青铜 13 个牌号，铸造含铅锡青铜 14 个牌号。其中加工磷青铜中有相当一部分的合金组成基本是在不同含量的锡磷合金中加入 0.05% ~ 0.20% Fe 和（／或）0.05% ~ 0.20% Ni，目的是在基本不改变合金的加工性能及其他应用性能的条件下，大大提高合金的强度、硬度等。

锡磷青铜的主要合金组成为 Cu-Sn-P，广泛应用于弹性材料。磷的加入可改善锡青铜的工艺性能和力学性能。磷在锡青铜的 α 固溶体中的溶解度不大，并随着锡含量的增加和温度的降低而减小。锡青铜中磷含量大于 0.5% 时在 637℃ 左右会发生共晶-包晶反应 $L + α$

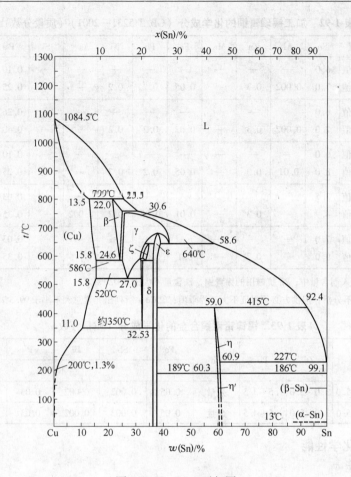

图 1-8　Cu-Sn 二元相图

$\Longleftarrow$ β + Cu_3P，引起热脆，因此，加工锡磷青铜的磷含量一般不超过 0.35%，但在铸造耐磨锡青铜中磷含量可达 1.5%。磷是铜合金中常用的脱氧剂，它在铜中的溶解度不大，主要以（α + Cu_3P）共晶的形式存在，Cu_3P 化合物有很高的硬度、耐磨性和良好的研磨性，显著地提高合金的强度、硬度、弹性极限、弹性模量和疲劳强度。同时，磷还显著地降低铜合金熔体的表面张力，提高熔体的流动性和充型能力。缺点是加大铸锭的反偏析，降低材料的塑性和韧性。

锡锌青铜或锡锌铅青铜中的锌元素可完全固溶进 α 相中，起一定的强化作用，同时具有脱氧作用，改善合金的流动性，减小结晶温度范围，减轻锡的反偏析，提高合金的充型能力和补缩能力；铅以单质相存在，分布于枝晶间，减少晶间显微缩孔，有利于提高铸件的致密度，改善合金的耐磨性和切削性能。

43　锡青铜的性能如何，主要特点和用途是什么?

A　化学成分

国标中加工锡磷青铜的化学成分见表 1-92，常见锡锌铅青铜的化学成分见表 1-93。

表 1-92　　加工锡磷青铜的化学成分（GB/T 5231—2001）（质量分数）　　　（%）

合　金	元素	Sn	Al	Zn	Mn	Fe	Pb	Ni	As[①]	Si	P	Cu	杂质总和
QSn6.5-0.1	最小值	6.0	—	—	—	—	—	—	—	—	0.10	余量	—
	最大值	7.0	0.002	0.3	—	0.05	0.2	0.2	—	—	0.25		0.10
QSn6.5-0.4	最小值	6.0	—	—	—	—	—	—	—	—	0.26	余量	—
	最大值	7.0	0.002	0.3	—	0.02	0.2	0.2	—	—	0.40		0.10
QSn7-0.2	最小值	6.0	—	—	—	—	—	—	—	—	0.10	余量	—
	最大值	8.0	0.01	0.3	—	0.05	0.2	0.2	—	—	0.25		0.15
QSn4-0.3（C51100）	最小值	3.5	—	—	—	—	—	—	—	—	0.03	余量[②]	—
	最大值	4.9	—	0.3	—	0.01	0.05	—	0.002	—	0.35		—
QSn8-0.3（C52100）	最小值	7.0	—	—	—	—	—	—	—	—	0.03	余量[②]	—
	最大值	9.0	—	0.2	—	0.1	0.05	—	—	—	0.35		—

注：1. 杂质镍计入铜含量中；2. 抗磁用的锡青铜，铁含量不大于 0.020%。

①砷、铋和锑可不分析，但供方必须保证不大于界限值；②Cu + 所列出元素总和不小于 99.5%。

表 1-93　　锡锌铅青铜合金的化学成分（质量分数）　　　（%）

合金牌号	Sn	Zn	Pb	Cu	Fe	Sb	Bi	P	Al	杂质总和
					不大于					
QSn4-4-2.5	3.0～5.0	3.0～5.0	1.5～3.5	余量	0.05	0.002	0.002	0.03	0.002	0.2
QSn4-4-4	3.0～5.0	3.0～5.0	3.5～4.5	余量	0.05	0.002	0.002	0.03	0.002	0.2

B　物理及化学性能

a　热学性能

锡青铜的热学性能见表 1-94。

表 1-94　　锡青铜的热学性能

合　金	熔化温度范围 /℃	热导率 /W·(m·℃)$^{-1}$	比热容 /J·(kg·℃)$^{-1}$	凝固线收缩率 /%	线膨胀系数/℃$^{-1}$
QSn4-0.3	974～1062	87.6	377	1.45	$\alpha_1 = 17.3 \times 10^{-6}$（20～100℃） $\alpha_1 = 19.4 \times 10^{-6}$（20～400℃）
QSn6.5-0.1	996	54.4	307	1.45	$\alpha_1 = 17.3 \times 10^{-6}$（20℃） $\alpha_1 = 18.9 \times 10^{-6}$（400℃）
QSn6.5-0.4	996	87.12	370	1.45	$\alpha_1 = 17.0 \times 10^{-6}$（20℃） $\alpha_1 = 19.0 \times 10^{-6}$（20～300℃）
QSn7-0.2	1025	54.4	376.8	1.5	$\alpha_1 = 18.1 \times 10^{-6}$（20℃） $\alpha_1 = 19.0 \times 10^{-6}$（400℃）
QSn4-4-4	928～1000	87.12	377	—	$\alpha_1 = 18 \times 10^{-6}$（20～100℃） $\alpha_1 = 19 \times 10^{-6}$（20～300℃）
QSn4-4-2.5	927～999	87.12	376	—	$\alpha_1 = 18 \times 10^{-6}$（20℃） $\alpha_1 = 19 \times 10^{-6}$（20～500℃）

b　质量特征

锡青铜室温密度见表 1-95。

表 1-95　锡青铜室温密度

合　　金	QSn4-0.3	QSn6.5-0.1	QSn6.5-0.4	QSn7-0.2	QSn4-4-4	QSn4-4-2.5
密度/kg·m^{-3}	8860	8650	8800	8650	9000	9000

c　电学性能

锡青铜室温电学性能见表 1-96。

表 1-96　锡青铜室温电学性能

合　　金	QSn4-0.3	QSn6.5-0.1	QSn6.5-0.4	QSn7-0.2	QSn4-4-4	QSn4-4-2.5
导电率/% IACS	20	13	10	12	19	19.8
电阻率/μΩ·m	0.086	0.13	0.176	0.14	0.087	0.087
电阻温度系数/℃$^{-1}$	—	6.23×10^{-4}	$(6 \sim 23) \times 10^{-4}$	$(6 \sim 23) \times 10^{-4}$	—	—

d　化学性能

锡青铜的抗氧化性能优于纯铜，在大气、淡水和海水中有高的耐腐蚀性能，QSn4-0.3、QSn6.5-0.1 和 QSn6.5-0.4 在天然海水中的腐蚀速度分别为 0.03mm/a、0.03mm/a 和 0.04mm/a，QSn7-0.2 合金在海水中腐蚀速度小于 0.0018mm/a，对稀硫酸、有机酸等也有好的耐蚀性。

C　热加工与热处理规范

锡青铜的热加工与热处理规范见表 1-97。

表 1-97　锡青铜的热加工与热处理规范

合　　金	QSn4-0.3	QSn6.5-0.1	QSn6.5-0.4	QSn7-0.2	QSn4-4-4	QSn4-4-2.5
退火温度/℃	500~650	500~620	550~620	500~680	500~600	480~650
消除应力退火/℃	150~280	150~280	200~300	200~260	—	200~290
热加工温度/℃	750~780	—	—	750~850	—	—

D　力学性能

不同状态下锡青铜的典型室温力学性能见表 1-98～表 1-100。

表 1-98　加工锡青铜的典型室温力学性能

合　　金	状态	弹性模量 E/GPa	抗拉强度 σ_b/MPa	比例极限 σ_p/MPa	屈服强度 $\sigma_{0.2}$/MPa	伸长率 δ/%	面缩率 ψ/%	冲击韧性 α_k/J	布氏硬度 HB	摩擦系数 有润滑剂	摩擦系数 无润滑剂
QSn6.5-0.1	软态	—	350~450		200~250	60~70	—	—	70~90	0.01	0.12
	硬态	124	700~800	450	590~650	7.4~12	—	—	160~200	0.01	0.12
QSn6.5-0.4	铸件	—	250~350	100	140	15~30	—	50~60	—	0.01	0.12
	软态	—	350~450		200~250	60~70	—	—	70~90	0.01	0.12
	硬态	112	700~800	450	590~650	7.4~12	—	—	160~200	0.01	0.12
QSn7-0.2	软态	108	360	85	230	64	50	178	75	—	—
	硬态		500	—		15	20	70	180	0.0125	0.2
QSn4-0.3	软态	100	340			52			55~70	—	—
	硬态		600	350	540	8			160~180		

表 1-99　QSn4-4-4 合金的拉伸性能

合金状态	σ_b/MPa	$\sigma_{0.2}$/MPa	δ_{10}/%	ψ/%
M	294～343	127	46	34
Y	539～637	274	2～4	—

表 1-100　QSn4-4-2.5 合金的拉伸性能

品　种	状　态	σ_b/MPa		$\sigma_{0.2}$/MPa	δ/%	
		min	max		min	max
板　材	M	295	335	130	41	63
	Y_3	420	480	—	10	22
	Y_2	440	490	—	11	16
	Y	540	620	275	5	11

E　工艺性能

（1）熔炼与铸造工艺。锡磷青铜有较好的熔铸工艺性能。用工频有芯或无芯感应电炉熔炼，由于熔体吸气性强，熔炼时应使用经煅烧过的木炭覆盖。以烟灰加适量片状石墨粉作熔体覆盖剂，用半连续铸造或水平连续铸造工艺浇注铸锭。而锡锌铅青铜则采用铁模铸造。

（2）成形性能。锡磷青铜具有良好的冷加工性，但热加工性能欠佳。锡锌铅青铜则不能进行热加工。

（3）焊接性能。锡磷青铜有良好的焊接性。易于锡焊、铜焊、闪光焊，也能进行气体保护电弧焊、点焊，不宜埋弧焊和电渣焊。

锡锌铅青铜可以采用锡焊、铜焊、闪光电阻焊，能进行气体保护电弧焊，也可以采用气焊，但不能采用接触点焊和对焊。

（4）切削加工与磨削性能。锡磷青铜的切削加工性为易切削黄铜 HPb63-3 的 20%。锡锌铅青铜具有良好的切削性能，切削加工性为易切削黄铜 HPb63-3 的 80%～90%。

F　主要特点和用途

锡青铜具有较高的强度、硬度和弹性，良好的抗滑动摩擦性、优良的切削性能和良好的焊接性能，在大气、淡水中有良好的耐腐蚀性能等。锡青铜的主要特性和用途如表 1-101 所示。

表 1-101　锡青铜的主要特性和用途

合金牌号	主　要　特　性	应　用　举　例
QSn4-3	具有良好的弹性、耐磨性和抗磁性，在热冷态压力加工性能均好；易焊接和钎焊；切削性好；在大气、淡水和海水中耐蚀性好	弹簧、簧片等弹性元件以及管配件、化工器械、耐磨零件和抗磁零件等
QSn4-4-2.5 QSn4-4-4	具有高的减摩性；易切削加工；仅适用于冷加工；易焊接和钎焊；在大气和淡水中耐蚀性好	航空、汽车、拖拉机工业及其他工业中承受摩擦的零件，如衬套、圆盘、轴套的衬垫等

合金牌号	主 要 特 性	应 用 举 例
QSn6.5-0.1	具有高的强度、弹性、耐磨性和抗磁性，可在热冷态压力加工；焊接与钎焊性良好（不宜埋弧焊和电渣焊）；切削性较好；在大气和淡水中耐蚀性好；铸造性良好	广泛用于制造弹性元件、精密仪器仪表中的耐磨零件和抗磁零件。如导电性好的弹簧接触片或其他弹簧；航空工业中的各种高度表、升降速度表的弹簧、连杆、垫圈、小轴；精密仪器中的齿轮、电刷盒、接触器等
QSn6.5-0.4	具有高的强度、硬度、弹性和耐磨性；碰击时不产生火花，在大气、淡水和海水中抗蚀性良好；易于焊接；可进行冲压、模压、拉伸、弯曲等加工，在热状态下也可加工，但热裂趋向较大	在仪器仪表制造业中应用广泛，主要用于制造弹性元件、耐磨零件及金属网等；在航空工业中主要用作组合空速表、进气压力表等的膜片、弹簧片等
QSn7-0.2	具有很高的强度、硬度、高的弹性和耐磨性；在大气、淡水和海水中有高的耐蚀性；易于焊接；可进行冲切、拉伸、弯曲和冲压等，也可热加工，如热挤压	主要用于制造在中等载荷和中等滑动速度下工作的耐磨零件和结构零件，如抗磨垫圈、轴承、轴套、涡轮等；还可以制造弹簧、簧片及其他机械、电气零件
QSn4-0.3	具有较高的强度、硬度、弹性；优良的耐蚀性和疲劳性能；良好的冷、热加工性，可用拉伸、弯曲、压扁、剪切等方法加工；易焊接和钎焊	主要制成各种尺寸的扁管和圆管，供作控制测量仪表及其他设备中的弹性敏感元件使用
QSn4-4-4	具有较高的强度，优良的耐摩擦性和切削性能，焊接性能和耐腐蚀性能良好。不宜进行热、冷加工。多用于铸造件成型	主要用于制造承受摩擦的零件，如衬套、圆盘、轴套的衬垫等
QSn4-4-2.5	具有较高的强度，良好的抗摩擦性、优良的切削性能和良好的焊接性能，在大气、淡水中有良好的耐腐蚀性能。不宜进行热、冷加工。多用于铸造件成型	主要用于制造航空、汽车及其他工业部门中承受摩擦的零件，如汽缸活塞销衬套、轴承和衬套的内衬、副连杆衬套、圆盘和垫圈等

44　铝青铜有哪些品种，主要合金元素的作用是什么?

铝青铜可分为两类：简单铝青铜和复杂铝青铜。简单铝青铜指仅含铝的铜-铝二元合金，复杂铝青铜是指除了铝外还含有铁、镍、锰、硅等元素的多元合金。加工铜及铜合金中国国家标准中铝青铜共有 9 个合金牌号，它们是 QAl5、QAl7、QAl9-2、QAl9-4、QAl9-5-1-1、QAl10-3-1.5、QAl10-4-4、QAl10-5-5、QAl11-6-6。而美国 ASTM 标准中加工铝青铜共有 26 个合金牌号，铸造合金有 18 个。铝青铜的基本合金组成为 Cu-Al、Cu-Al-Fe、Cu-Al-Ni、Cu-Al-Fe-Ni、Cu-Al-Fe-Ni-Mn 等。

铝的加入使铝青铜具有了高的力学性能、耐蚀、耐磨、耐寒，冲击时不产生火花，流动性好，偏析倾向小，可获得致密铸锭和铸件。缺点是难于焊接，在过热蒸汽中无足够的稳定性。Cu-Al 二元合金相图如图 1-9 所示。

铁能细化铝青铜铸造或再结晶后的晶粒，与铝形成微粒状的 $FeAl_3$ 化合物，显著提高

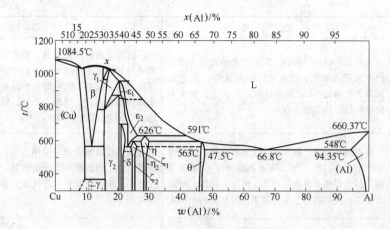

图 1-9　Cu-Al 二元合金相图

合金的强度、硬度和耐磨性。但铁含量过高时，组织中会析出针状 $FeAl_3$ 化合物，降低合金力学性能，抗蚀性恶化。铁还能增加高温 β 相的稳定性，抑制 β 相共析分解及形成连续链状的粗大 $γ_2$ 颗粒而使合金变脆的"自行退火"现象。

镍能提高铝青铜共析转变温度，使共析点成分向高铝方向移动，改变 α 相的形态。含镍量较低时，α 相呈针状，镍量达 3% 时则呈片状。镍显著提高铝青铜的强度、硬度、热稳定性和耐蚀性。

锰可提高合金的工艺性能、力学性能和耐蚀性，合金能很好地承受冷、热压力加工。加入 0.3% ~ 0.5% 的锰，就可以减少热轧开裂，提高成品率，在含镍铝青铜中加入锰，有使 β 相的共析转变形成粒状组织的倾向。

45　铝青铜的性能如何，主要特点和用途是什么？

A　化学成分

主要铝青铜合金的化学成分见表 1-102。

表 1-102　主要铝青铜合金的化学成分（质量分数）　　　（%）

合金牌号	Al	Mn	Ni	Cu	Sn	Zn	Fe	Pb	Si	P	杂质总和
QAl9-2	8.0 ~ 10.0	1.5 ~ 2.5	—	余量	0.1	1.0	0.5	0.03	0.1	0.01	1.7
QAl9-4	8.0 ~ 10.0	2.0 ~ 4.0	—	余量	1.0	0.5	0.01	0.1	0.01	0.1	1.7
QAl10-3-1.5	8.5 ~ 10.0	1.0 ~ 2.0	Fe：2.0 ~ 4.0	余量	—	0.5	—	0.03	0.1	0.01	0.75
QAl10-4-4	9.5 ~ 11.0	7.10 ~ 5.5	7.10 ~ 5.5	余量	0.1	0.5	0.3	0.02	0.1	0.01	1.0
QAl11-6-6	10.0 ~ 11.5	5.0 ~ 6.5	5.0 ~ 6.5	余量	0.1	0.6	0.5	0.05	0.2	0.1	1.5

B　物理及化学性能

a　物理性能

铝青铜的主要物理性能见表 1-103。

表 1-103 铝青铜的主要物理性能

合金牌号	液相线温度/℃	固相线温度/℃	密度/kg·m^{-3}	热膨胀系数/℃$^{-1}$	热导系数/W·(m·K)$^{-1}$	比热容/J·(kg·℃)$^{-1}$	导电率/% IACS	电阻率/μΩ·m
QAl9-2	1061		7600	17×10^{-6}	71.2			0.11
QAl9-4	1048	1037	7400	19.0×10^{-6}	58.6	376.3	10.5	0.123
QAl10-3-1.5	1046	1020	7400	20.0×10^{-6}	58.6	356	9.1	0.190
QAl10-4-4	1054	1038	7680	16.56×10^{-6}	77.13	376.8	9.0	0.193
QAl11-6-6								

b 化学性能

(1) 抗氧化性能。合金在表面形成一层致密氧化膜，可防止高温氧化，其热稳定性较好。

(2) 耐腐蚀性能。合金具有优良的耐蚀性。在大气、海水及多数有机酸溶液中均有很高的耐蚀性。在某些硫酸盐、酒石酸等溶液中也有较好的耐蚀性。

C 热加工及热处理规范

铝青铜热加工及热处理规范见表 1-104。

表 1-104 铝青铜热加工及热处理规范

合 金	QAl9-2	QAl9-4	QAl10-3-1.5	QAl10-4-4
退火温度/℃	540~750	600~700	650-750	650-700
消除应力退火/℃	—	300~400	—	—
热加工温度/℃	740~840	750~850	775~825	850~900

D 力学性能

铝青铜合金的拉伸性能见表 1-105。

表 1-105 铝青铜合金的拉伸性能

合金牌号	材料状态	σ_b/MPa	δ/%
QAl9-2	M	441	20~40
	Y	588~784	4~5
QAl9-4	R（棒）	540~686	18~41
	R（管）	520~657	19~38
QAl10-3-1.5	R（棒）	590~685	16~34
	R（管）	560~725	11~38
QAl10-4-4	R（棒）	657~843	8~38
	R（管）	657~814	7~30

E 工艺性能

(1) 熔炼和铸造工艺。合金一般在感应电炉中熔炼。铝与氧的亲和力较大，易形成致密的 Al_2O_3 氧化膜，可不用脱氧剂、覆盖剂，但易形成氧化铝夹渣。熔炼温度不宜过高，避免或减少熔体搅动，捞渣要仔细，宜采用冰晶石清渣。

（2）成形性能。合金可良好地承受热态和冷态加工。

（3）焊接性能。铝青铜一般具有良好的焊接性能，可适合多种形式的焊接方式。

（4）切削加工及磨削性能。合金的切削加工性为 20%～30%（以 HPb63-3 为 100%）。

F　主要特点和用途

铝青铜具有较高的强度和硬度，耐磨性能良好，同时具有良好的耐腐蚀性能，适合多种环境下使用。其主要特点及用途如表 1-106 所示。

表 1-106　加工铝青铜的主要特点及用途

合金牌号	主要特性	用途举例
QAl5 QAl7	具有高的强度和弹性；在大气、淡水、海水和某些酸中耐蚀性高；可热、冷态压力加工；可电焊和气焊，不易钎焊	用于制造弹簧和要求耐蚀的其他弹性元件
QAl9-2	具有高的强度；可热、冷态压力加工；可电焊和气焊，不易钎焊	用于制造高强度零件，如轴承、齿轮、衬套及其他高承力结构件
QAl9-4	具有高的强度、良好的减磨性和很好的耐蚀性；可热加工；可焊接，但不易钎焊	用于制造高强、耐磨零件，如轴承、轴套、齿轮、涡流等；还可制造接管嘴、法兰盘、扁形摇臂、支架等
QAl10-3-1.5	具有很高的强度和耐磨性；经淬火和回火处理可进一步提高硬度和强度；高温耐蚀性和抗氧化性好；在大气、海水、淡水中有很高的耐蚀性；可热加工；可焊接，但不易钎焊；切削性尚好	用于制造高强度零件及各种标准件，如齿轮、轴承、圆盘、导向摇臂衬套、飞轮、固定螺帽和接管嘴等
QAl10-4-4 QAl10-5-5	具有很高的强度和良好的减摩性；在 400℃ 以下性能稳定；在大气、淡水、海水中耐蚀性很好；可焊接，但不易钎焊	用于高强度的耐磨零件，如飞机起落架从动筒的衬套以及辅机结构用的高强度轴套、球形座、助力器滑块、导向螺杆、从动轴、支撑圈、燃油分配活门、连杆和螺帽等
QAl11-6-6	具有很高的力学性能和耐蚀性，以及良好的耐磨性和耐热性（500℃ 以下）；可加工；可淬火和回火以进一步提高合金的力学性能；切削性尚好	用于制造高强度的耐磨零件和 500℃ 以下工作的零件

46　铁青铜有哪些品种，主要合金元素的作用是什么？

加工铜及铜合金中国国家标准中的铁青铜牌号仅有 QFe2.5；美国 ASTM 标准中铁青铜牌号有 14 个，其中较为常见的有 C19210、C19400 和 C19700。

铁在铜中的溶解度不大（Cu-Fe 二元合金相图如图 1-10），Cu-Fe 二元系相图富铜角为包晶型，1094℃ 包晶温度下，铁在铜中的溶解度均为 4%，随着温度的下降，铁的溶解度大幅下降，至 635℃ 时，溶解度下降到 0.15%，至室温时，几乎不溶解于铜。铁基本以形核质点存在，能细化铜的晶粒，延缓铜的再结晶过程，提高强度、硬度，但显著降低铜的导电性与导热性，但合金经固溶时效后导电性能可得到提高，QFe2.5 的导电率可达到 60% IACS 以上。Fe 以独立形式存在于铜中，使铜呈铁磁性，磁化率为 1.1×10^{-6}。铁青铜除主要合金元素 Fe 外，还有添加少量 P、Co、Sn、Zn、Mg 等。

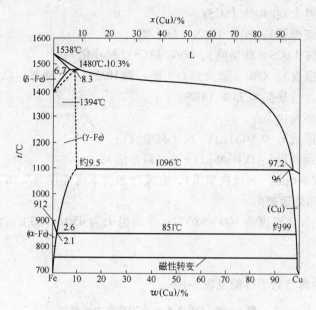

图 1-10　Cu-Fe 二元合金相图

磷在铜中的溶解度也不大，且随着温度变化下降较快。磷在铜熔炼时有良好的脱氧效果，提高铜液的流动性，改善铜的焊接性能和力学性能。但磷显著降低铜的导电性和导热性。当铁与磷同时加入时，形成的 Fe_2P（或 Fe_3P）强化相可提高材料的强度、反复弯曲性能、刚性，同时提高导电性和合金的再结晶温度。

47　铁青铜的性能如何，主要特点和用途是什么?

A　化学成分

铁青铜 QFe2.5 的化学成分见表 1-107。

表 1-107　铁青铜 QFe2.5 的化学成分（质量分数）　　　　（%）

Fe	Zn	P	Pb	Sn	其他（杂）	Cu
2.1 ~ 2.6	0.05 ~ 0.20	0.015 ~ 0.15	最大 0.03	最大 0.03	最大 0.15	余量

B　物理及化学性能

a　热性能

液相线温度：1090℃；

固相线温度：1080℃；

热导率：20℃时为 260W/(m·℃)；

比热容：20℃时为 385J/(kg·℃)；

线膨胀系数：20 ~ 300℃时为 16.3×10^{-6}/℃。

b　密度

20℃时为 8780kg/m³。

c　电性能

20℃时的导电率为：

O60 状态（软退火）：40% IACS；

H14 状态（超级弹性）：50% IACS（最小值）；

其他状态：65% IACS（典型值），60% IACS（最小值）；

在 O50（光亮退火），O80（退火到 1/8 硬）和 H02（1/2 硬态）状态下不同机加工方法所得导电率不同，但最低为 75% IACS。

20℃时的电阻率为：

O60 状态（软退火）：0.0431μΩ·m（典型值）；

H14 状态（超级弹性）：0.0345μΩ·m（最小值）；

其他状态：0.0266μΩ·m（典型值），在某种条件下可能仅为 0.0230μΩ·m。

C　热加工及热处理规范

QFe2.5 合金热加工温度为 900~980℃；中间退火为 450~700℃，消除应力退火温度为 280~350℃。

D　力学性能

QFe2.5 合金的典型力学性能见表 1-108。

表 1-108　QFe2.5 合金的典型力学性能

状　态	σ_b/MPa	$\sigma_{0.2}$/MPa	δ_5/%	硬度 HRB	疲劳强度/MPa
板带材，厚度 0.64mm					
O60（软退火）	310	150（max）	29（min）	38	110
O50（光亮退火）	345	160	28	45	—
O82（退火到 1/2 硬）	400	255	15	—	—
板带材，厚度 1mm					
H02（1/2 硬）	400	315（d）	18	68	—
H04（硬态）	450	380	7	73	145
H06（超硬）	485	465	3	74	—
H08（弹性）	505	486	3	75	148
H10（大弹性）	530	507	2（max）	77	141
H14（超级弹性）	500（min）	530（min）	2（max）	—	—
管材，外径 25mm×壁厚 0.9mm					
O60（软退火）	310	165	28	28	—
O50（光亮退火）	345	205	16	45	—
H55（小变形量冷拔）	400	380	9	61	—
H80（冷拔 35%）	470	455	2	73	—

E　工艺性能

QFe2.5 合金具有良好的冷热加工性能，可易于用多种冷热方法进行成形。

焊接性能良好，可软钎焊、硬钎焊和气体钨弧焊。

切削性能为 C36000（易切削黄铜）的 20%。

F　主要特点和用途

QFe2.5 合金具有较高的强度和导电性，适合于对导电性能和强度要求较高的场合。

广泛应用于断路器元件，接触弹簧，电气用夹具，弹簧和端子，挠性软管，保险丝夹，垫圈，插头，铆钉，冷凝器焊管，集成电路引线框架，电缆屏蔽等。其中最典型的用途是用于集成电路或分离器元件所需的引线框架。

48　硅青铜有哪些品种，主要合金元素的作用是什么？

硅青铜的品种在国标中只有铜-硅-锰系的 QSi3-1 和铜-镍-硅系的 QSi1-3。二者均具有较高的强度、弹性和耐磨性能。

硅青铜是含 Si、Mn、Ni 等合金元素的铜合金，Si 含量一般不超过 7.10%，Cu-Si 二元相图见图 1-11。硅能提高铜的硬度和强度，不降低其加工塑性，但显著降低铜的导电性和导热性。

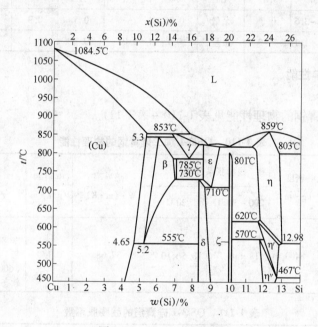

图 1-11　Cu-Si 二元相图

硅青铜 QSi3-1 高温呈单相 α 固溶体状态。当冷却到 450℃ 以下时，有少量脆性相 Mn_2Si（有文献认为是 MnSi）析出，但强化效果极弱，不能进行热处理强化。QSi3-1 合金拉制棒材在贮存期间发生的自裂现象，就是由于 Mn_2Si 相析出，产生的相变应力引起的。合金的 Si 含量越高，沉淀的 Mn_2Si 也越多，发生自裂的倾向也越大。把硅含量控制在 3% 以下与对材料进行低温退火可消除自裂现象。

QSi1-3 合金是热处理强化合金，可通过固溶时效析出的强化相 Ni_2Si，高耐稳定性较好，可大幅提升合金的强度，同时使其具有较高的导电性能。对合金实行形变处理，在时效前进行一定加工量的冷变形，能更迅速地达到有效的强化。

硅青铜正因为含有易生成脆性相的硅元素，因此加工工艺性能不太好。热、冷加工难度较大，具有较强的热裂倾向；在自然时效状态下易产生裂纹，须经过特殊的工艺处理。

适量 Mn 对硅青铜的力学性能、抗蚀性能与工艺性能有益。Cu-Si 合金于 555℃ 发生共析转变 β→α+δ，但在实际生产过程中非平衡结晶条件下，共析转变实际上很难发生，因

而 β 相可保留到室温。β 相的存在可以提高合金的强度和硬度。

Ni 元素的加入可以和 Si 一起生成具有强化效果的第二相，极大提高的强度，同时可以适度改善其工艺性能。元素 Zn 的加入在提升合金强度的同时，可以提高合金的耐大气腐蚀性能，同时改善合金在后序应用过程中焊接时的不剥离性。

49　硅青铜的性能如何，主要特点和用途是什么?

A　化学成分

硅青铜的化学成分见表 1-109。

表 1-109　硅青铜的化学成分（质量分数，不大于）　　　　　　（%）

合　金	Mn	Si	Ni	Cu	Sn	Al	Zn	Fe	Pb	杂质总和
QSi3-1	1.0~1.5	2.7~3.5	0.2	余量	0.25	—	0.5	0.3	0.03	1.1
QSi1-3	0.1~0.4	0.6~1.1	2.4~3.4	余量	0.1	0.02	0.2	0.1	0.15	0.5

B　物理及化学性能

a　物理性能

QSi3-1 加工硅青铜的物理性能见表 1-110 ~ 表 1-111。

表 1-110　QSi3-1 加工硅青铜的物理性能

合金	液相线温度/℃	固相线温度/℃	密度/kg·m⁻³	线膨胀系数/℃⁻¹		热导率/W·(m·K)⁻¹	电阻率/μΩ·m	导电率/% IACS	凝固时线收缩率/%
				200~300℃	20℃				
QSi3-1	1026.3	971	8400	18×10^{-6}	18.5×10^{-6}	37.68	0.150	6.4%（加工率80%的硬态带材）；7%（600℃退火的软态带材）	1.6

表 1-111　QSi3-1 硅青铜的线膨胀系数

温度/℃	200	40	20	0	-20	-40	-60	-80	-100	-120	-140	-160	-180	-196
线膨胀系数/℃⁻¹	20.2×10^{-6}	18.7×10^{-6}	18.5×10^{-6}	18.4×10^{-6}	18.2×10^{-6}	17.12×10^{-6}	16.6×10^{-6}	17.3×10^{-6}	14.1×10^{-6}	17.12×10^{-6}	12.8×10^{-6}	12.3×10^{-6}	11.7×10^{-6}	11.2×10^{-6}

b　化学性能

硅青铜对大气、水蒸气、天然淡水、海水有很强的抗蚀性，因为其表面上会形成一层致密而坚固的氧化物保护膜，这层保护膜在上述介质流速不超过 1.5m/s 时也不会被破坏，但当流速过快、温度升高（如水温度超过 60℃）或者水中含有二氧化碳和氧时，合金的腐蚀速度增快。

C　热加工和热处理规范

QSi3-1 合金不能热处理强化。热加工温度：800~850℃；退火温度：550~650℃；消除应力退火温度：270~300℃，1h。

D　力学性能

QSi3-1 加工硅青铜的典型力学性能见表 1-112、表 1-113。

表 1-112　QSi3-1 加工硅青铜的典型力学性能

合金	材料状态	弹性模量 E/GPa	抗拉强度 σ_b/MPa	弹性极限 σ_e/MPa	屈服强度 σ_s/MPa	疲劳强度 ($N=10^5$ 次) σ_N/MPa	伸长率 δ/%	面缩率 ψ/%	冲击韧性 a_K /kJ·m^{-2}	布氏硬度 HB	摩擦系数 有润滑剂	摩擦系数 无润滑剂
QSi3-1	棒材　冷拉态	120	550	—	—	210	12	—	150	—	0.015	0.4
	线材　软态 (700℃退火 1h)	105	350~400	120	140	125	50~60	75	130~170	80	0.013	0.4
	线材　硬态 (加工率 50%)	120	650~750	640	650	210	1~5	—	—	180	0.013	0.4
	铸件　金属模铸造的	104	350	—	140~200	130	25	—	—	85~90	0.015	0.4

表 1-113　供应状态 QSi3-1 的拉伸性能

品　种	状　态	δ 或 d/mm	σ_b/MPa 平均	min	max	δ/% 平均	min	max
带　材	M	0.15~0.4	480	450	540	53	46	62
	Y	0.2~0.7	—	635	785	11	5	22
	T	0.2~0.6	810	755	885	7	5	13
板　材	M	2.0	420			61		
	Y	0.6~1.0	665	600	735	14		19
	T	0.8~2.0	780	755	835	10	8	12
棒　材	Y	5~12	595	500	685	19	11	29
	Y	14~40	540	480	655	27	19	36
	R	20~60	435	390	480	51	36	53
线　材	Y	0.4~2.0	1005	921	1078	—	—	—
		3~4	960	890	1060	2	1	4
		5~6	915	845	980	3	2	5

E　工艺性能

（1）熔炼与铸造工艺。QSi3-1 合金通常采用工频（有芯或无芯）或中频感应电炉熔炼。熔池用经煅烧的木炭覆盖。用烟灰覆盖下的半连续铸锭工艺浇注铸锭，铸造温度为 1180~1220℃。

（2）成形性能。QSi3-1 合金有优良的冷、热加工性能、可以进行各种形式的成形加工，如弯曲、镦粗、热压、热锻、滚花、挤压和旋压等。

（3）焊接性能。QSi3-1 合金有良好的焊接性，易于铜焊、气体保护电弧焊、点焊、喷射焊、闪光焊，也能进行气焊。易于同其他青铜或钢熔焊。

（4）切削加工与磨削性能。QSi3-1 合金的切削加工性为易切削黄铜 HPb63-3 的 30%。

F　主要特点和用途

硅青铜具有高的强度和硬度，耐磨性较好，同时具有较高的弹性，是比较好的弹性材料。

主要用于制作各种弹性元件和在腐蚀条件下工作的零件以及蜗轮、蜗杆、齿轮、衬套、制动销和杆等耐磨零件。航空工业主要用做弹性元件和高强度的小型结构零件，如组合空速表，升降速度表和高度表的撑、杆、轴、弹簧环等。强烈的冷变形导致材料弹性性能的各向异性，因此在用做弹性元件时，应注意取材的方向和对元件进行低温退火。

50　铬青铜有哪些品种，主要合金元素的作用是什么？

　　国产铬青铜的牌号主要有 QCr0.5、QCr0.5-0.2-0.1、QCr0.6-0.4-0.05 等，美国 ASTM 标准中铬青铜的牌号较多，有 C18150、C18200、C18400、C18500 等。

　　铬青铜是含 0.4% ~ 1.1% Cr（质量分数，以下同）的高铜合金。Cu-Cr 二元相图见图 1-12。在共晶温度 1072℃ 下，铬在铜中的最大溶解度为 0.65%（有文献认为 0.68%）。

　　随温度的降低，固溶度急剧下降（见表 1-114），固溶后时效处理析出 Cr 粒子相。铬青铜可以通过淬火-时效或淬火-冷变形-时效处理获得强化。铬的加入，一方面明显提高合金的再结晶温度和热强性；另一方面使铜的导电性略有下降。固溶处理的铬青铜

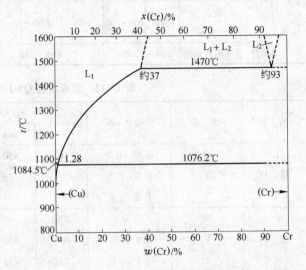

图 1-12　Cu-Cr 二元相图

导电率为 45% IACS，时效处理后上升到 80% IACS。时效态铬青铜的软化温度为 400℃，是冷加工铜的两倍。这种合金可在铸造状态和变形状态下使用。

表 1-114　铬在铜中的固溶度与温度的关系

温度/℃	1070	1000	800	600	400
铬在铜中的溶解度/%	0.65	0.4	0.15	0.07	0.03

　　Al 及 Mg 作为铬青铜的合金元素添加时，可在 Cu-Cr 合金表面形成一层薄的、致密的与基体金属结合牢靠的氧化物膜，提高合金的高温抗氧化性能与耐热性，Al 及 Mg 在合金中的含量通常各不大于 0.3%。

　　Zr 在铬青铜中可与 Cr 形成固溶于 Cu 的化合物 Cr_2Zr，其溶解度随温度的降低而明显减少，使合金的强度、硬度、耐热性有所提高，同时对合金电导率的影响很小。因此铜-铬-锆合金为典型的高强高导铜合金。

51　铬青铜的性能如何，主要特点和用途是什么？

A　化学成分

铬青铜的化学成分见表 1-115。

表 1-115　铬青铜的化学成分（质量分数，不大于）　　　（%）

牌　号	Cr	Cu	杂　质												杂质总和
			Mg	Al	Zr	Si	Pb	Li	Zn	As	Ca	P	Fe	Ni	
QCr0.5	0.4~1.1	余量	—	—	—	—	—	—	—	—	—	0.1	0.05	—	0.5
QCr0.5-0.2-0.1	0.4~1.0	余量	0.1~0.25	0.1~0.25	—	—	—	—	—	—	—	—	—	—	0.5
QCr0.6-0.4-0.05	0.4~0.8	余量	0.04~0.08	—	0.3~0.6	0.05	—	—	—	—	—	0.01	0.05	—	0.5
C18150	0.50~1.5	余量	—	—	0.05~0.25	—	—	—	—	—	—	—	—	—	—
C18200	0.6~1.2	余量	—	—	—	0.10	0.03	—	—	—	—	—	0.10	—	0.5
C18400	0.40~1.2	余量	—	—	—	0.10	0.05	—	0.7	0.005	0.005	0.05	0.15	—	0.5
C18500	0.40~1.0	余量	—	—	—	—	0.015	0.04	—	—	0.04	—	—	—	—

B　物理及化学性能

a　热学性能

液相线温度：1075~1080℃；

固相线温度：1070~1073℃；

比热容：20℃时为 385J/（kg·℃）；

热导率：TB00 状态，20℃ 时为 171W/（m·℃）；TH04 状态，20℃ 时为 324W/（m·℃）。

线膨胀系数：QCr0.5 合金 20~100℃的平均线膨胀系数 $\alpha_1 = 17.64 \times 10^{-6}$/℃。

b　质量特性

QCr0.5 合金 20℃时的密度为 8890kg/m³。

c　电性能

导电率：TB00 状态（固溶态），20℃时为 40% IACS；TH04 状态（固溶-冷加工-时效态），20℃时为 80% IACS。

电阻率：TH04 状态（固溶-冷加工-时效态），20℃时为 0.0216μΩ·cm。

电阻温度系数：20~100℃为 0.0033/℃。

d　化学性能

耐腐蚀性能：耐蚀性类似纯铜，抗电蚀性能优于纯铜。

抗氧化性能：合金高温抗氧化性能良好，铬青铜的高温氧化性能见表 1-116。

表 1-116　铬青铜的高温氧化性能

合　金	试样在不同温度下平均质量增加值/mg·(cm²·h)⁻¹			
	500℃	600℃	700℃	800℃
纯　铜	0.58	1.40	2.47	4.50
QCr0.5	0.50	0.7	2.04	4.0
QCr0.5-0.2-0.1	0.23	0.57	0.80	1.21

C　热加工与热处理规范

热加工温度范围：800~925℃；

固溶处理：980～1000℃，10～30min，水淬；

时效处理：425～500℃，2～4h，空冷。

D　力学性能

铬青铜合金典型力学性能见表 1-117。

表 1-117　C18200、C18400 和 C18500 铬青铜合金的典型力学性能

状　　态	σ_b/MPa	$\sigma_s^{①}$/MPa	δ/%	HRB
TB00（固溶处理）	235	130	40	16
TF00（固溶-时效②）	350	250	22	59
TD04（固溶-冷加工到全硬）	365	350	6	66
TH04（TD04 之后时效③）	460	405	14	79
TF00（固溶-时效）	400	290	25	70
TF00（固溶-时效）	385	275	30	68
TD08（固溶-冷加工到弹性）	510	505	5	—
TH08（固溶-冷加工-时效到弹性）	595	530	14	—
TB00（固溶处理）	310	97	40	—
TF00（固溶-时效②）	485	380	21	70
TD04（固溶-冷加工到全硬）	395	385	11	65
TH04（TD04 之后时效③）	530	450	16	82
TH03（固溶-冷加工到 3/4 硬-时效），冷加工 6%	530	460	19	83
TF00（固溶-时效）	495	450	18	80
TF00（固溶-时效）	485	450	18	75
TF00（固溶-时效）	450	380	18	70
TF00（固溶-时效）	380	295	25	68
O60（软化退火）	375	105	50	59HRF
TD04（固溶-冷加工到全硬）	405	395	21	67
TH04（TD04 之后时效③），冷加工 28%	475	435	26	84

①载荷下延伸 0.5%；②500℃时效 3h；③450℃时效 3h。

E　工艺性能

a　熔炼与铸造工艺

合金通常采用中频感应电炉熔炼。熔池用 60%～70% 的硼砂加 30%～40% 玻璃组成的熔剂覆盖，也可采用煅烧木炭覆盖，采用磷脱氧。铬以 Cu-Cr 中间合金或金属铬的形式加入。在烟灰覆盖下进行半连续铸造，浇注温度为 1300～1360℃。

b　成形性能

合金冷、热加工性能良好，可进行挤压、热轧、锻造（要求锻后进行固溶处理）等热加工，热加工温度为 820～930℃，热锻性为锻造黄铜 HPb60-2 的 80%。在固溶、退火或适当的拉拔状态下，可进行拉拔、冷轧、镦锻、型锻或弯曲等冷加工。

c　焊接性能

合金能锡焊、银焊和钎焊，易于进行气体保护电弧焊，对散热好的焊接部位采用电子

束焊接效果好。熔焊和硬钎焊会降低热处理后材料获得的性能,这种焊接通常用于软状态,并随之施以必要的热处理。软钎焊性能良好,不推荐氧乙炔焊、保护金属弧焊、电阻点焊和电阻缝焊。

　　d　切削加工与磨削性能

　　合金的切削加工性为易切削黄铜 HPb63-3 的 20%。切削时使用含 20% 铅油的矿物油作冷却润滑剂。

　　F　主要特点和用途

　　铬青铜在室温及 400℃ 以下具有较高的强度和硬度,导电性和导热性好,加工成形性能良好。广泛用于电气设备的高温导电耐磨零件。主要用途有:电动机整流子、集电环、高温开关、电焊机的电极、滚轮、夹持器、以双金属形式使用的刹车盘、圆盘及其他要求高导热、导电率、高热强性的零部件。

52　铍青铜有哪些品种,主要合金元素的作用是什么?

　　铍青铜是典型的沉淀强化型高传导、高弹性铜合金。其种类主要有高铍青铜合金和低铍青铜合金。我国国家标准中的铍青铜主要有 7 个合金牌号,美国牌号更多。高强度的高铍青铜合金主要有 QBe2、QBe1.9、QBe1.7 和 QBe1.9-0.1 四个牌号,低高导热性能的低铍青铜主要有 QBe0.6-2.5、QBe0.4-1.8 和 QBe0.3-1.5 三个合金牌号。

　　铍在铜中有一定的固溶度,并且随温度的变化其固溶度变化较大,因此铍青铜通过热处理工艺显著提升其强度和硬度。Cu-Be 二元相图见 1-13。铍的加入使合金强度、硬度和弹性指标大大提高,尤其显著提高材料的抗高温氧化性能、抗疲劳性能,冲击时不产生火花,同时对材料的导电导热性能影响不大,是优异的高强度高弹性材料。但铍有剧毒,空气中若含有 $1mg/m^3$ 铍,便能使人致病,危险性极大。因此在冶炼时必须加强防护,保障安全。

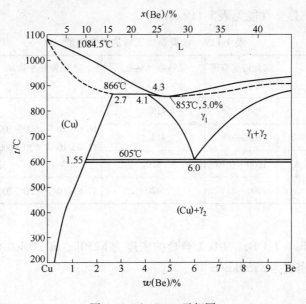

图 1-13　Cu-Be 二元相图

少量的 Ti 能细化铸态、热加工和固溶处理的晶粒，阻碍不连续析出，从而改善了合金组织的均匀性，提高了疲劳强度，使时效处理后合金具有良好的弹性稳定性和小的弹性滞后。

Mg 的加入可抑制固溶温度升高时的晶粒长大，改善其组织和性能。含 Mg 在 0.1% 时，力学性能最好。其疲劳强度、循环松弛稳定性及静应力松弛也都有所提高。

53　铍青铜的性能如何，主要特点和用途是什么?

A　化学成分

铍青铜的化学成分见表 1-118。

表 1-118　铍青铜的化学成分（质量分数，不大于）　　　　　　　　（%）

类型	牌　号	Al	Be	Si	Ni	Fe	Pb	Ti	Mg	Co	Ag	Cu	杂质总和
高强度铍青铜	QBe2	0.15	1.80 ~ 2.1	0.15	0.2 ~ 0.5	0.15	0.005	—	—	—	—	余量	0.5
	QBe1.9	0.15	1.85 ~ 2.1	0.15	0.2 ~ 0.4	0.15	0.005	0.1 ~ 0.25	—	—	—	余量	0.5
	QBe1.9-0.1	0.15	1.85 ~ 2.1	0.15	0.2 ~ 0.4	0.15	0.005	0.1 ~ 0.25	0.07 ~ 0.13	—	—	余量	0.5
	QBe1.7	0.15	1.6 ~ 1.85	0.15	0.2 ~ 0.4	0.15	0.005	0.1 ~ 0.25	—	—	—	余量	0.5
高传导铍青铜	QBe0.6-2.5	0.20	0.4 ~ 0.7	0.20	—	0.10		—	—	2.4 ~ 2.7	—	余量	
	QBe0.4-1.8	0.20	0.20 ~ 0.6	0.20	1.4 ~ 2.2	0.10		—	—	0.30	—	余量	
	QBe0.3-1.5	0.20	0.25 ~ 0.5	0.20	—	0.10		—	—	1.4 ~ 1.7	0.9 ~ 1.1	余量	

B　物理与化学性质

a　热学性能

铍青铜加工材的热学性能见表 1-119。

表 1-119　铍青铜加工材的热学性能

合　金	熔化温度范围 /℃	比热容（室温） /J·(kg·K)$^{-1}$	线膨胀系数 α /K^{-1}	室温热导率 λ /W·(m·K)$^{-1}$
QBe2	856 ~ 956	418.7	16.6×10^{-6}（20 ~ 100℃）17.0×10^{-6}（20 ~ 200℃）	87.12（固溶态）104.7（时效态）
QBe1.9，QBe1.7，QBe1.9-0.1	865 ~ 980	418.7		
QBe0.6-2.5，QBe0.6-1.8	1000 ~ 1070	420		
QBe0.3-1.5	1000 ~ 1110	420	17.6×10^{-6}（20 ~ 200℃）	201（时效态）

b　质量特性

QBe2、Be1.9、QBe1.7、QBe1.9-0.1 合金的密度为 8250kg/m^3；QBe0.6-2.5、QBe0.6-1.8、QBe0.3-1.5 合金的密度为 8750kg/m^3。

c　电学性能

铍青铜的电学性能见表 1-120。

表 1-120　铍青铜的电学性能

合　金	材料状态[①]			电阻率/μΩ·m	导电率/% IACS
	状　态	时效温度/℃	时效时间/min		
QBe2	C	—	—	0.086~0.082	19.9~20.9
	CY (40)	—	—	0.089	19.2
	CY (61)	—	—	0.096~0.094	18.0~18.4
	CS	300	60	0.082	20.9
			120	0.074	27.7
			180	0.073	27.11
			240	0.071	24.2
			360	0.068	25.2
	CS	360	10	0.088	19.6
			20	0.087	19.8
			30	0.082	21.1
			60	0.081	21.2
			90	0.066	26.0
			120	0.058	29.4
			180	0.053	32.5
QBe1.9	C	—	—	0.106	15~19
		300	180	0.087	
	CY₂ ($\varepsilon=20\%$)	—	—	0.114	
		300	180	0.083	
	CY ($\varepsilon=50\%$)	—	—	0.114	
		300	180	0.080	
	C (780℃退火)	—	—	0.060	22~28[②]
		300	180	0.055	
	退火后 $\varepsilon=20\%$	—	—	0.064	
		300	180	0.057	
	退火后 $\varepsilon=50\%$	—	—	0.068	
		300	180	0.058	
	C	370	20	0.070	—
	CY₂ ($\varepsilon=20\%$)			0.068	—
	CY ($\varepsilon=50\%$)			0.064	—
QBe1.7	C, CY	—	—	—	15~19
	CS	320	100	0.06~0.078	26.85
QBe1.9-0.1	C	—	—	0.106	15~19
	CY	—	—	0.114	15~19
	CYS	300~370	20~180	0.06~0.08	22~28

合　金	材料状态[①]			电阻率/μΩ·m	导电率/% IACS
	状　态	时效温度/℃	时效时间/min		
QBe0.6-2.5	C, CY	—	—	—	20~30
	CS	480	120~180	0.036	45~60
	CYS	480	120~180	0.031	48~60
QBe0.4-1.8	C, CY	—	—	—	20~30
	CS	480	120~180	0.034	45~60
	CYS	480	120~180	0.029	48~60
QBe0.3-1.5	C, CY	—	—	—	20~30
	CS	480	180	0.034	50~60
	CYS	480	180	0.029	50~60

①材料状态：C 固溶处理状态；CY 固溶处理后冷轧；CY_2 固溶处理后冷轧加工率20%；CS 淬火（软时效）；CYS 淬火 + 冷变形 + 时效（硬时效）。

②该数据在 CS 及 CYS 态热处理320℃（2~3h）下获得。

d　化学性能

加工铍青铜的抗氧化性优于紫铜。合金在大气、淡水和海水中有很高的化学稳定性，晶间腐蚀倾向性小并能耐冲击腐蚀，在稀盐酸、乙酸和磷酸等介质中也有良好的耐蚀性，但在潮湿氨、硝酸、铬酸盐溶液中腐蚀速度较快。

C　热加工及热处理规范

铍青铜的热加工温度：850~900℃。

固溶温度：780~790℃，时效温度为300~500℃。

D　力学性能

铍青铜典型的弹性性能见表 1-121。

表 1-121　QBe1.9 合金的弹性性能

ε/%	时效制度		E_D/GPa	ε/%	时效制度		E_D/GPa
	温度/℃	时间/h			温度/℃	时间/h	
10	300	0.5	129.5	10	350	0.25	131.4
		1	131.4			0.5	132.4
		2	132.4			1	132.4
		4	137.9			2	137.9
30	300	0.5	131.4	30	350	0.25	131.4
		1	134.4			0.5	132.4
		2	134.4			1	134.4
		4	134.4			2	132.4
50	300	0.5	132.4	50	350	0.25	137.9
		1	134.4			0.5	134.4
		2	137.3			1	137.9
		4	137.3			2	137.9

铍青铜合金加工材的力学性能分别见表 1-122 ~ 表 1-126。

表 1-122　QBe1.9 合金加工材的力学性能

种　类	材料状态	δ 或 D/mm	σ_b/MPa	δ_{10}/%	硬　度
板带材	C	厚度 0.25 ~ 6.0mm	390 ~ 590	≥30	≤140（HV）
	CY$_4$		520 ~ 630	≥10	120 ~ 220（HV）
	CY$_2$		570 ~ 695	≥6	140 ~ 240（HV）
	CY		≥635	≥2.5	≥170（HV）
	CS		≥1125	≥2.0	≥320（HV）
	CY$_4$S		≥1135	≥2.0	320 ~ 420（HV）
	CY$_2$S		≥1145	≥1.5	340 ~ 440（HV）
	CYS		≥1175	≥1.5	≥370（HV）
棒　材	M	5 ~ 40	400	≥30	≥100（HB）
	R	20 ~ 120	400	≥20	
	D	35 ~ 100	500 ~ 660	≥8	≥78（HRB）
	Y$_2$	5 ~ 40	500 ~ 660	≥8	≥78（HRB）
	Y	5 ~ 10	660 ~ 900	≥2	≥150（HB）
		>10 ~ 25	620 ~ 860	≥2	
		>25	590 ~ 830	≥2	
	TF00（时效：320 ±5℃ ×3h）	5 ~ 40	1000 ~ 1380	≥2	30 ~ 40（HRC）
	TH04（时效：320 ±5℃ ×2h）	5 ~ 10	1200 ~ 1500	≥1	35 ~ 45（HRC）
		>10 ~ 25	1150 ~ 1450	≥1	35 ~ 44（HRC）
		>25	1100 ~ 1400	≥1	34 ~ 44（HRC）

表 1-123　QBe2 合金加工材的力学性能

品　种	材料状态	δ 或 D/mm	σ_b/MPa	δ_{10}/%	硬　度
板带材	C	厚度 0.25 ~ 6.0mm	390 ~ 590	≥30	≤140（HV）
	CY$_4$		520 ~ 630	≥10	120 ~ 220（HV）
	CY$_2$		570 ~ 695	≥6	140 ~ 240（HV）
	CY		≥635	≥2.5	≥170（HV）
	CS		≥1125	≥2.0	≥320（HV）
	CY$_4$S		≥1135	≥2.0	320 ~ 420（HV）
	CY$_2$S		≥1145	≥1.5	340 ~ 440（HV）
	CYS		≥1175	≥1.5	≥360（HV）

品　种	材料状态	δ 或 D/mm	σ_b/MPa	δ_{10}/%	硬　度
棒　材	M	5 ~ 40	400	≥30	≥100（HB）
	R	20 ~ 120	400	≥20	
	D	35 ~ 100	500 ~ 660	≥8	≥78（HRB）
	Y₂	5 ~ 40	500 ~ 660	≥8	≥78（HRB）
	Y	5 ~ 10	660 ~ 900	≥2	≥150（HB）
		>10 ~ 25	620 ~ 860	≥2	
		>25	590 ~ 830	≥2	
	TF00（时效：320 ± 5℃ × 3h）	5 ~ 40	1000 ~ 1380	≥2	30 ~ 40（HRC）
	TH04（时效：320 ± 5℃ × 2h）	5 ~ 10	1200 ~ 1500	≥1	35 ~ 45（HRC）
		>10 ~ 25	1150 ~ 1450	≥1	35 ~ 44（HRC）
		>25	1100 ~ 1400	≥1	34 ~ 44（HRC）

线　材		硬化调质 σ_b/MPa	
		硬化调质前	硬化调质后
	M	380 ~ 580	>1050
	Y₂	550 ~ 800	>1200
	Y	>80	>1300

注：1. M 软态，R 挤制，D 锻造；

　　2. TF00 软时效态；

　　3. TH04 硬时效态；

　　4. 板带材执行 YS/T 323—2002 标准；

　　5. 棒材执行 YS/T 334—1995 标准；

　　6. 线材执行 GB/T 3134—1982 标准。

表 1-124　QBe1. 9-0. 1 加工铍青铜的力学性能

种　类	材料状态	δ 或 D/mm	σ_b/MPa	δ_{10}/%	硬　度
棒　材	M	5 ~ 40	400	≥30	≥100（HB）
	R	20 ~ 120	400	≥20	
	D	35 ~ 100	500 ~ 660	≥8	≥78（HRB）
	Y₂	5 ~ 40	500 ~ 660	≥8	≥78（HRB）
	Y	5 ~ 10	660 ~ 900	≥2	≥150（HB）
		>10 ~ 25	620 ~ 860	≥2	
		>25	620 ~ 830	≥2	
	TF00（时效：320 ± 5℃ × 3h）	5 ~ 40	1000 ~ 1380	≥2	≥30 ~ 40（HRC）
	TH04（时效：320 ± 5℃ × 3h）	5 ~ 10	1200 ~ 1500	≥1	≥35 ~ 45（HRC）
		>10 ~ 25	1150 ~ 1450	≥1	≥35 ~ 44（HRC）
		>25	1100 ~ 1400	≥1	≥34 ~ 44（HRC）

表 1-125　QBe1.7 合金加工材的力学性能

种　类	材料状态	δ 或 D/mm	σ_b/MPa	δ_{10}/%	硬　度
板带材	CY$_2$	厚度 0.25 ~6.0mm	570 ~695	≥6	140 ~240（HB）
	CY		≥590	≥2.5	≥150（HB）
	CY$_2$S		≥1030	≥2.0	340 ~440（HB）
	CYS		≥1080	≥2.0	≥340（HB）
棒　材	M	5 ~40	400	≥30	≥100（HB）
	R	20 ~120	≥400	≥20	
	D	35 ~100	500 ~660	≥8	≥70（HRB）
	Y$_2$	5 ~40	500 ~660	≥8	≥78（HRB）
	Y	5 ~10	660 ~900	≥2	≥150（HB）
		>10 ~25	620 ~860	≥2	
		>25	590 ~830	≥2	
	TF00（时效：320 ±5℃ ×3h）	5 ~40	1000 ~1380	≥2	30 ~40（HRC）
	TH04（时效：320 ±5℃ ×3h）	5 ~10	1200 ~1500	≥1	35 ~45（HRC）
		>10 ~25	1150 ~1450	≥1	35 ~44（HRC）
		>25	1100 ~1400	≥1	34 ~44（HRC）

表 1-126　其他加工铍青铜的力学性能

合　金	种类	材料状态	δ 或 D /mm	σ_b/MPa	σ_s/MPa	δ/%	硬　度	
							HRB	表面
QBe0.6 ~2.5	板带材	C		240 ~390	140 ~220	20 ~40	20 ~45	30T28-45
		CY		490 ~600	380 ~570	2 ~10	78 ~88	30T69-75
		CS（时效：480℃ ×2 ~3h）		700 ~920	560 ~710	10 ~25	92 ~100	30T77-82
		CYS（时效：480℃ ×2 ~3h）		770 ~950	660 ~850	8 ~20	95 ~102	30T79-83
	棒　材	M	5 ~40	240		20*	≤50	
		Y		450		2*	60	
		TF00（时效：480 ±5℃ ×3h）	5 ~40	690 ~895		6*	92 ~100	
		TH04（时效：480 ±5℃ ×3h）	5 ~40	760 ~965		3*	95 ~102	
QBe0.4 ~1.8	板带材	C		240 ~290	140 ~220	20 ~40	20 ~45	30T28-45
		CY		490 ~600	380 ~570	2 ~10	78 ~88	30T69-75
		CS（时效：480℃ ×2 ~3h）		700 ~920	560 ~710	10 ~25	92 ~100	30T77-82
		CYS（时效：480℃ ×2 ~3h）		770 ~950	660 ~850	8 ~20	95 ~102	30T79-83
	棒　材	M	5 ~40	240		20*	≤50	
		Y		450		2*	60	
		TF00（时效：480 ±5℃ ×3h）	5 ~40	690 ~895		6*	92 ~100	
		TH04（时效：480 ±5℃ ×3h）		760 ~965		3*	95 ~102	

注：＊表示 δ_5 数据。

E　工艺性能

（1）成形性能。合金具有良好的热成形性，能热挤、热轧和锻造，在530～550℃具有超塑性。可加工成尺寸精确、外形完整与有良好时效硬化特性的零件。在淬火及中间软化退火状态下，合金有较好的冷加工性，总加工率可达50%以上，能进行冷轧、冲压、弯曲、旋压和液压成形。

（2）焊接性能。合金有良好的焊接性，易于钎焊和熔焊，包括锡焊、电阻焊、等离子焊、电子束焊、超声焊和激光焊。真空或高压使用的组件宜用电子束焊。

（3）表面处理工艺。合金表面光亮处理步骤一般是，先在氢氧化钠水溶液中浸泡以松动氧化膜，再在盐酸水溶液中预腐蚀，然后在硫酸和硝酸混合液中进行光亮处理；钝化处理有钠盐钝化、铬酐钝化等。

（4）切削加工与磨削性能。合金的切削加工性为易切削黄铜HPb63-3的20%。预时效或时效后能改善其切削加工性能。

F　主要特点和用途

铍青铜合金具有高的强度、弹性、硬度、耐磨性和抗疲劳等优异的综合性能，同时还有优良的导电性、导热性、耐腐蚀性、耐高低温、无磁、冲击时不产生火花等特性。固溶处理（或低温退火）后，铍青铜有非常好的加工性能，可采用各种成形方式加工成复杂的形状。铍青铜的弹性极限及松弛稳定性很高，用铍青铜制造的弹性元件，弹性滞后、弹性后效以及其他弹性不完整性较小。

铍青铜产品的60%用于制造弹性元件，例如膜片、膜盒、波纹管、发电机刷弹簧、继电器弹簧、弹簧接触片、断路器弹簧、航空仪表上用的各类弹簧。此外，铍青铜还用于精密仪器制造，各种零件如轴承、齿轮、特殊的无火花工具的制造等，是各工业领域必不可少、不可替代的材料。

54　镁青铜有哪些品种，主要合金元素的作用是什么？

国产镁青铜的牌号有QMg0.8，国外与之相近的牌号有俄罗斯的БPMg0.8，德国的CuMg0.7。

镁青铜是Cu-Mg系二元合金，见图1-14。微量镁对铜的导电性影响不大，还有一定的脱氧作用，对铜的高温抗氧化性也有益。镁在铜中的溶解度随温度下降而减少，在共晶温度722℃下的极限溶解度为3.3%。含2.5%～3.5% Mg的铜合金可通过 γ 相（$MgCu_2$）的

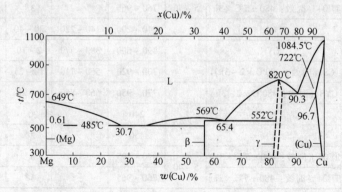

图1-14　Cu-Mg 二元相图

沉淀而产生时效强化,但 γ 相是一种既脆又硬的相,合金的加工成形性能随着 γ 相的增加而急剧下降。因此,有实际应用意义的 Cu-Mg 合金的镁含量不大于 1%,这类合金只能用加工硬化来提高强度。

55 镁青铜的性能如何,主要特点和用途是什么?

A 化学成分

镁青铜 QMg0.8 的化学成分见表 1-127。

表 1-127 镁青铜 QMg0.8 的化学成分(质量分数) (%)

主要成分		杂质,不大于								
Mg	Cu	Sn	Zn	Fe	Pb	Sb	Bi	Ni	S	杂质总和
0.70~0.85	余量	0.002	0.005	0.005	0.005	0.005	0.002	0.006	0.005	0.03

元素镁的加入使铜的导电性略有降低,热传导性,耐热性能则优于镉青铜,并有一定的抗扭转性和抗腐蚀性。镁青铜冷、热加工性能较好,产品一般以线材供应。

B 物理及化学性能

a 热性能

熔化温度范围约为 1010~1070℃。

b 电性能

电阻率:$\rho = 0.033 \sim 0.034\mu\Omega \cdot m$。

c 化学性能

抗氧化性能:高温抗氧化性能优于纯铜。

耐腐蚀性能:耐大气腐蚀。

C 热加工及热处理规范

热加工温度:850~900℃。

热处理制度:合金不能热处理强化,中间退火温度为 500~540℃。

D 力学性能

镁青铜技术标准规定的性能见表 1-128。

表 1-128 镁青铜技术标准规定的性能

品 种	d/mm	状 态	σ_b/MPa	δ_{10}/% 不小于	$\dfrac{\delta_i}{\sigma_b} \times 100$	技术标准
线 材	0.34, 0.37	Y	788	0.5	48	LTJ 501—1985

注:δ_i 是打结强度。

E 镁青铜的工艺性能

熔炼与铸造工艺:由于合金中的镁易氧化烧损,熔炼与铸造难度较大。一般采用真空熔炼。先加铜熔化,精炼后加氩气保护,然后加镁浇铸。采用铸铁模浇注。铸造温度 1170~1200℃。

成形性能:合金具有较好的冷热加工性能,冷变形程度可达 99% 以上。

F 主要特点和用途

一般用做电缆及其他导电材料，在许多方面可以代替镉青铜。镁青铜多以线材形式供应，主要用于制造电缆、飞机天线等导电元件。

56 钛青铜有哪些品种，主要合金元素的作用是什么?

常见钛青铜的牌号有：7.10 钛青铜（QTi7.10），7.10-0.2 钛青铜（QTi7.10-0.2），6-1 钛青铜（QTi6-1）。

钛可大量固溶于铜中，形成共晶化合物，铜-钛共晶化合物为 γ 相，可以起到强化作用。钛的加入可以极大提高合金的强度和耐蚀性能，同时具有较好的弹性和耐磨性能。Cu-Ti 二元相图见图 1-15。

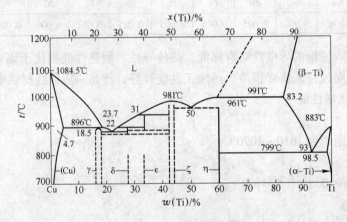

图 1-15　Cu-Ti 二元相图

工业钛青铜除主要合金元素铜、钛外，还含有一定的铁、锡、铬、铝等元素。

铜-钛合金中添加 0.35% 以上的锡，就会在组织中形成新的第二相——TiSn。TiSn 相的数量随合金中含钛量和含锡量的增加而增多。锡在 Cu-1.6% Ti 合金中的固溶度随着温度的降低而明显减少，并可借 TiSn 相的析出而导致合金硬化。Cu-1.6% Ti-2.5% Sn 合金有最佳的沉淀硬化效果。该合金的加工性能好，在 900℃ 淬火后不经中间退火也可冷加工 90%。合金冷加工后在 400℃ 时效具有最高的强度，其导电率在 30% IACS 以上，是一种良好的高强度、中等导电率的材料。

铁能使二元铜-钛合金固溶处理后的硬度降低，塑性增高，能显著阻止加热时的晶粒长大，能抑制时效过程中的晶界反应，还能与钛形成金属间化合物，提高合金的耐磨性。加工用 Cu-4.0% ~6.0% Ti 合金中以加入 0.5% ~0.7% Fe 为宜，过多会降低时效后的硬度。

镍与钛能形成化合物 Ni_3Ti，Ni_3Ti 在铜中的固溶度随温度降低而减小。铜-钛-镍合金中镍与钛重量比接近于 7.118 时，可获得明显的沉淀硬化效果。例如，Cu-0.58% Ti-2.06% Ni 合金中的镍与钛的重量比为 7.105 时，该合金经 950℃ 固溶处理 1h 和 600℃ 时效 1h 后，其抗拉强度可提高到 600MPa，伸长率为 10%，维氏硬度为 180，导电率为 60% IACS，而且耐热性也很好，合金的开始软化温度大约为 650℃。

铜-钛合金中加入少量硼、锆、铬，可阻碍加热时的晶粒长大，细化晶粒；使冷加工性能得到改善；抑制晶界反应；提高合金时效后的强度、弹性极限及高温强度；还使铜-4%钛合金过时效趋势减缓，性能稳定性提高。少量铬加入到铜-钛-锡合金中，可进一步提高合金的力学性能。Cu-1.5% Ti-2.5% Sn-0.4% Cr 合金能冷、热态压力加工，经淬火、冷加工及时效处理后具有高的强度、中等导电率和好的高温性能。

少量铝可提高铜-镍-钛合金的抗氧化性，其耐热性超过二元铜-铬合金。Cu-2% Ni-6% Ti-0.2% Al 的合金是一种导电率可达 50% ~60% IACS 的良好耐热导电材料。Cu-6% Ti 合金中加入 0.5% ~1.0% Al，能提高强度和硬度，也能提高耐蚀性。

57　钛青铜的性能如何，主要特点和用途是什么？

A　化学成分

钛青铜的化学成分见表 1-129。

表 1-129　钛青铜的化学成分（质量分数）　　　　　　（%）

合　金	Ti	Cr	Al	Cu	杂质总和
QTi7.10	7.10 ~4.0	—	—	余量	≤0.5
QTi7.10-0.2	7.10 ~4.0	0.15 ~0.25		余量	≤0.5
QTi6-1	5.8 ~7.4		0.5 ~1.0	余量	≤0.5

B　物理及化学性能

a　物理性能

密度：QTi7.10 为 8590kg/m³，QTi6-1 为 8400kg/m³。

线膨胀系数（0 ~300℃）：QTi7.10 为 1.66×10^{-5}/℃，QTi6-1 为 1.504×10^{-5}/℃。

导电率：QTi7.10 为 13% ~18% IACS。

电阻率：QTi7.10 为 0.12 ~0.57μΩ·m，QTi6-1 为 0.097μΩ·m。

b　化学性能

加工钛青铜与铍青铜的耐蚀性比较列于表 1-130 和表 1-131。钛青铜在稀硫酸、硝酸和稀盐酸中均有较好的耐蚀性，QTi6-1 在海水中的耐蚀性优于铍青铜。

表 1-130　钛青铜与铍青铜的耐蚀性比较（1）

合金成分	耐蚀性，每昼夜重量损失/mg·m⁻²				
	在蒸馏水中	在1%硫酸液中	在1%硝酸液中	在海水中	在大气中
Cu-4.8% Ti	0.40	67.46	39.16	6.32	74.0
QBe2	0.40	74.24	386.20	2.48	1.09

表 1-131　钛青铜与铍青铜的耐蚀性比较（2）

腐蚀介质	耐蚀速度/mm·a⁻¹		
	Cu-6.0% Ti-1.0% Al	Cu-6.0% Ti	QBe1.9
10%氯化钠水溶液	0.0231	0.0586	0.0452
10%盐酸水溶液	0.2869	0.6516	0.3193

C　热加工及热处理规范

钛青铜热加工及热处理规范见表 1-132。

表 1-132　钛青铜热加工及热处理规范

合　　金	热加工温度/℃	固溶处理温度/℃	时效温度/℃	再结晶退火温度/℃
QTi7. 10，QTi7. 10-0. 2	850 ~ 800	850 ~ 900	400 ~ 450	500 ~ 600
QTi6-1	850 ~ 800	800 ~ 850	350 ~ 400	—

D　力学性能

加工钛青铜的室温力学性能见表 1-133 ~ 表 1-135。

表 1-133　加工钛青铜的室温力学性能

合金代号	状　　态	抗拉强度 σ_b/MPa	屈服强度 $\sigma_{0.2}$/MPa	伸长率 δ/%	维氏硬度 HV	纵向弹性模量 G/MPa
QTi7. 10-0. 2 (1mm 板材)	冷加工 60%	750 ~ 800	700 ~ 720	7. 10 ~ 4. 0	230 ~ 250	—
	850℃淬火	400 ~ 420	200 ~ 250	35 ~ 42	150 ~ 190	—
	400℃时效 2h	1000 ~ 1050	950 ~ 980	7. 0 ~ 9. 0	350 ~ 360	—
QTi7. 10 (1mm 板材)	冷加工 60%	700 ~ 750	650 ~ 700	2. 5 ~ 7. 10	220 ~ 228	—
	850℃淬火	400 ~ 450	250 ~ 270	30 ~ 35	120 ~ 130	—
	400℃时效 2 ~ 3h	650 ~ 750	450 ~ 500	24 ~ 28	210 ~ 215	—
QTi7. 10 (0. 35mm 带材)	冷加工 50%	700 ~ 750	600 ~ 650	3. 0 ~ 4. 0	230 ~ 240	125
	850℃淬火	380 ~ 420	250 ~ 300	15 ~ 25	—	—
	400℃时效 5h	380 ~ 700	500 ~ 550	15 ~ 25	220 ~ 230	118
QTi7. 10 (0. 15mm 带材)	冷加工 50%	800 ~ 850	—	4. 0 ~ 4. 5	—	—
	850℃淬火	300 ~ 350	—	15 ~ 20	—	—
	400℃时效 2h	850 ~ 900	—	10 ~ 12	—	—
QTi6-1	850℃淬火	470 ~ 510	—	40 ~ 41	140	—
	冷加工	900 ~ 1080	—	1. 5 ~ 7. 10	297	—
	淬火时效①	1020	—	6. 0	257	121
	冷加工后时效	1300	—	4. 0	461	130

①800 ~ 850℃淬火，350 ~ 400℃时效 2 ~ 3h。

表 1-134　加工钛青铜的高温力学性能

合　　金	状　　态	抗拉强度 σ_b/MPa	伸长率 δ/%
QT7. 10-0. 2 (铸造试样)	常温（20℃）	550 ~ 600	6. 0 ~ 9. 0
	850℃瞬时拉伸	55 ~ 80	45 ~ 80
	900℃瞬时拉伸	20 ~ 36	2. 4 ~ 7. 7
QTi7. 10 (铸造试样)	常温（20℃）	550 ~ 600	8. 0 ~ 13
	850℃瞬时拉伸	50 ~ 60	64 ~ 66
	900℃瞬时拉伸	20 ~ 40	4. 0 ~ 16

表 1-135　不同处理态部分钛青铜的力学性能

性　能	Cu-1.5%Ti-2.5%Sn-0.5Cr			Cu-4.22%Ti-0.69%Fe-0.1%Zr		
	850℃淬火	淬火后在450℃时效6~8h	淬火后冷加工在450℃时效6~8h	在870℃加热10min淬火	500℃时效1h	500℃时效10h
抗拉强度 σ_b/MPa	—	632.8~707.6	689.0~808.6	557	938	—
屈服强度 $\sigma_{0.2}$/MPa	—	527.4~597.6	—	—	—	—
屈服强度 $\sigma_{0.1}$/MPa	—	492.2~562.5	597.6~667.9	—	—	—
伸长率 δ/%	35~40	13~17	7~12	27.3	17.12	—
断面收缩率 ψ/%		37				
维氏硬度 HV	80	200~210	230~250	140	294	305
洛氏硬度 HRB	20~30	90	HRG67~75	—	—	—
弹性模量 E/GPa	—	>126.6			119.3	
比例极限 σ_p/MPa	—	316.4~421.9	386.7~527.4	—	727①	—

注：厚1.27mm板材，加工率从16.0%~80%。

① 弹性极限 σ_e。

E　工艺性能

工业钛青铜具有优良的耐磨性和可焊性，能够冷、热态压力加工。

F　主要特点和用途

钛青铜有高的强度、硬度、弹性极限，还有优良的耐磨性、耐疲劳性、耐热性及耐蚀性。冷热态加工性好，易钎焊和电镀，无磁性，冲击时不生火花，导电性仅次于铍青铜，可用于制造高强度、高弹性、高耐磨性的零件。

58　锆青铜有哪些品种，主要合金元素的作用是什么？

国产锆青铜的牌号有 QZr0.2 和 QZr0.4。国外与之相近的牌号是美国的 C15100、C15000 和俄罗斯的 БPH0.2。

锆青铜是含 0.15%~0.30%（质量分数）锆的高铜合金。在共晶温度965℃下，锆在铜中的最大固溶度为 0.15%，随温度的降低，锆在铜中的固溶度急剧减少，见图1-16。时效过程中，从固溶体中析出微细的 β 相质点（Cu_5Zr 或 Cu_3Zr），产生沉淀硬化效果。锆的加入使铜的导电性略有下降，时效态合金的导电率为 90% IACS。锆大大提高合金的再结晶温度和热强性，其耐热性优于铬青铜。

此外，砷可把 Cu-Zr 合金的共晶温度提高到 1000~1020℃，增加锆在此温度时的溶解度但降低它在低温下的溶解度。As 还可与 Zr 形成 Zr-As 化合物，细化锆青铜的晶粒，抑制合金在加热时的晶粒长大。应当注意，锑、锡、铅、硫、铁、铋、镍等都是锆青铜的有害杂质，不应超出标准规定的极限值。

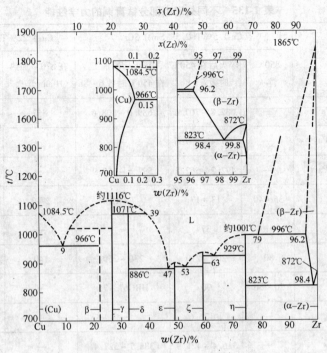

图 1-16 Cu-Zr 二元相图

59 锆青铜的性能如何，主要特点和用途是什么？

A 化学成分

锆青铜化学成分见表 1-136。

表 1-136 锆青铜的化学成分（质量分数，不大于） （%）

合 金	主要成分		杂 质							
	Zr	Cu	Sn	Fe	Pb	Sb	Bi	Ni	S	杂质总和
QZr0.2	0.15 ~ 0.30	余量	0.05	0.05	0.01	0.005	0.002	0.2	0.01	0.5
QZr0.4	0.30 ~ 0.50	余量	0.05	0.05	0.01	0.005	0.005	0.2	0.01	0.5

注：Bi 和 Sb 可不分析，但供方必须保证不大于最大值。

B 物理及化学性能

a 物理性能

加工锆青铜的物理性能见表 1-137。

表 1-137 锆青铜的物理性能

合 金	液相线温度 /℃	固相线温度 /℃	密度 /kg·m⁻³	线膨胀系数/℃⁻¹			热导率 /W·(m·℃)⁻¹	导电率 ρ /% IACS
				(20~100)℃	(20~300)℃	(20~600)℃		
QZr0.2	1081.5	—	8930[1]	$16.27^{[2]} \times 10^{-6}$	$18.01^{[2]} \times 10^{-6}$	$20.13^{[2]} \times 10^{-6}$	339.13	97.12[1]
QZr0.4	1066.4	966	8850	16.32×10^{-6}	19.80×10^{-6}	19.80×10^{-6}	334.94	84.5[3]

[1]Cu-0.2%Zr 合金，950℃淬火，冷加工 60%，450℃时效 2h；[2]Cu-0.15%Zr 合金，900℃淬火，冷加工 84%，400℃时效 1h；在 400℃保温 1h 后测定的线膨胀系数；[3]Cu-0.4%Zr 合金，900℃加热 30min，淬火，冷加工 90%，400℃时效 1h。

b 化学性能

耐腐蚀性能：类似纯铜，在大气、淡水和海水中耐蚀性良好，抗电蚀性能优于纯铜。

高温抗氧化性能：锆青铜有相当强的高温抗氧化性能，其热稳定性高于铬青铜 QCr0.5，大体与铬青铜 QCr0.5-0.2-0.1 相当。

C 热加工及热处理规范

热加工与热处理规范如下：

热加工温度：800~950℃。锻造热加工时，如果温度降至800℃以下即应中断锻造，在恢复锻造之前锻件至少再加热至900℃。

退火温度：450~550℃。

固溶处理：900~950℃，15~30min，水淬。

时效处理：400~450℃，2~3h，空冷。

D 力学性能

QZr0.2 和 QZr0.4 的合金性能均属可热处理强化合金，对热处理制度比较敏感，不同的热处理工艺对力学性能乃至电性能均具有一定的影响。不同加工状态下的锆青铜的力学性能变化较大。锆青铜典型力学性能及不同热处理状态下的力学性能见表1-138~表1-141。

表 1-138 QZr0.2 合金力学和物理性能

材 料 状 态	σ_b/MPa	$\sigma_{0.2}$/MPa	δ/%	硬度 HV	弹性模量 E/GPa	导电率 /% IACS
980℃淬火，500℃时效1h	260	134	19.0	83	—	90
900℃淬火，500℃时效1h	230	160	40.0	—	—	83
900℃加热30min淬火，冷变形90%	450	385	3.0	137	136[①]	70
900℃加热1h，冷变形90%，400℃时效1h	470	430	10.0	140	—	90
980℃淬火，冷变形90%，400℃时效1h	492	428	10.0	150	133	83

①950℃固溶处理后，冷变形54%，425℃时效1h。

表 1-139 不同状态下锆青铜 QZr0.2 线材力学性能及导电率

试 样	σ_b/MPa	$\sigma_{0.2}$/MPa	δ_5/%	导电率/% IACS
1	260	107	37.0	97.0
2	260	93	37.0	94.0
3	240	86	40.0	78.0
4	247	93	40.0	76.0
退火后冷拉65%，达到φ2.03mm				
1	421	408	5.5	95.0
2	435	421	6.0	90.0
3	429	408	5.5	81.0
4	435	421	5.5	78.5
退火后冷拉65%，再在400℃时效1h				
1	415	373	10.0	96.0
2	421	373	12.0	95.0
3	421	380	10.0	92.0
4	450	408	13.0	93.0

注：试样1—直径7.125mm线材，在750℃加热30min后水冷；2—直径7.125mm线材，在800℃加热30min后水冷；3—直径7.125mm线材，在900℃加热min后水冷；4—直径7.125mm线材，在900℃加热3min后水冷。

表 1-140　固溶处理温度对 QZr0.2 高温拉伸性能的影响

（合金固溶处理后，冷加工，400℃时效 1h）

固溶处理温度/℃	试验温度/℃	σ_b/MPa	$\sigma_{0.1}$/MPa	δ_5/%
800[①]	350	291	281	18.0
	450	231	203	22.0
	500	175	139	28.0
875[①]	350	313	293	20.0
	450	258	226	28.0
	500	219	190	25.0
950[①]	350	319	289	21.0
	450	271	242	21.0
	500	219	188	25.0
900[②]	350	394	324	16.0
	450	373	310	18.0
	500	324		17.0

①冷变形 54%；②冷变形 84%。

表 1-141　C15000 的典型力学性能

断面尺寸/mm		冷加工率/%		σ_b/MPa	$\sigma_{0.2}$ (c) /MPa	δ_5/%
		固溶处理 (a)	时效 (b)			
棒　材	5	—	76	430	385	8
	6	10 (d)	—	285	250	34
	9.5	80	44	470	440	11
	13	56	47	460	435	15
	16	61	31	440	430	15
	19	50	34	435	420	15
	22	48	52	430	415	15
	25	48	47	430	415	15
	32	32	17	413	400	18
线　材	1	—	98 (e)	525	495	1.5
	2.3	—	62 (e)	495	470	3
		0	—	200	40	54
		—	0	205	90	49
	6	0 (d) (f)	—	255	75	50
	13	30 (d)	—	365	340	23

注：(a)—900~925℃；(b)—400~425℃时效 1h 或更长；(c)—载荷下延伸 0.5%；(d)—轧制退火；(e)—固溶处理,冷加工至所示量；(f)—OS025 状态（退火态，平均晶粒度 0.025mm）。

E　工艺性能

合金具有良好的冷、热加工性能，可进行锻造、挤压、拉伸、弯曲和旋压成形；焊接性能良好，可钎焊、闪光焊，不宜气焊、电弧焊及以对缝电阻焊。

能满意地进行切削加工。锻造或挤压后的切削加工性为易切削黄铜 HPb63-3 的 20%，时效后 30%。

F　主要特点和用途

锆青铜生产工艺成熟，质量稳定，是良好的高温导电材料。典型用途有大功率集成电路用引线框架接插件，用于要求导电率高、强度适中、弯曲成形性能和抗应力松弛性能好的场合，输电装置和整流器、高温用开关和断路器的底座，整流器，电阻焊头与滚轮，电动机集电环、散热零件及在高温下工作的其他零件。

60　镉青铜有哪些品种，主要合金元素的作用是什么?

国产镉青铜的牌号有 QCd1。镉青铜材料有板、带、棒、线四种，它们有高导电性和导热性，良好的耐磨性，减磨性，耐蚀性和加工性，广泛用于制造电工装置的导电，耐热，耐磨零件。主要用途有：电机整流子、开关元件，弹簧接点，波导腔，较高强度的传输线，接头及接触焊机电极和滚轮等。

镉青铜是含有 0.8% ~ 1.3% 镉质量分数的高铜合金。高温时镉与铜形成 α 固溶体，随温度的降低，镉在铜中的固溶度急剧下降，在 300℃ 以下为 0.5%，并析出 β 相（Cu_2Cd），见图 1-17。由于镉的含量低，析出相质点强化效果很弱，因此，合金不能通过热处理时效硬化，只能采用冷变形加工获得强化。

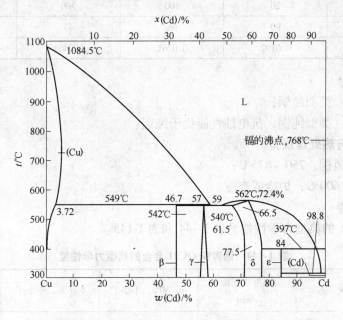

图 1-17　Cu-Cd 二元相图

镉的加入，使铜的导电率略有下降，但其强度，再结晶温度和抗高温软化能力明显提高，合金的耐热性不如铬青铜和锆青铜好，一般在 300℃ 以下工作。

镉是一种对人体有害的元素，在熔炼时应注意防护其蒸气对人的危害；在进行化学成分分析时也应注意采取一定的措施避免对操作人员的危害。

61　镉青铜的性能如何，主要特点和用途是什么？

A　化学成分

镉青铜 QCd1 的化学成分见表 1-142。

表 1-142　镉青铜 QCd1 的化学成分（质量分数）　　　　（%）

Cd	Cu	Fe
0.7 ~ 1.2	余量	≤0.2

B　物理及化学性能

a　物理性能

液相线温度：1076℃；

固相线温度：1040℃；

热导率：20℃时 345W/(m·℃)；

比热容：376.8J/(kg·℃)；

密度：8400kg/m³；

电性能：镉青铜 QCd1 的电性能见表 1-143。

表 1-143　镉青铜 QCd1 合金导电率与电阻率

温度 θ/℃	20	100	300	500
导电率/% IACS	90	66	43	32
电阻率/μΩ·m	0.0192	0.0261	0.0401	0.0539

b　化学性能

抗氧化性能：类似纯铜；

耐腐蚀性能：类似纯铜，抗电蚀性能优于纯铜。

C　热加工与热处理规范

热加工温度范围：750 ~ 875℃；

退火：400 ~ 600℃，炉冷或空冷。

D　力学性能

镉青铜 QCd1 的典型力学性能见表 1-144 和表 1-145。

表 1-144　镉青铜 QCd1 合金的典型力学性能

品　种	状　态	厚度或直径/mm	σ_b/MPa，不小于	δ_{10}/%，不小于	硬度 HBS
带　材	Y	0.3 ~ 1.2	392	—	—
板　材	Y	0.5 ~ 10	390	—	—
棒　材	R	20 ~ 120	196	35	≤75
	M	5 ~ 60	215	35	≤75
	Y	5 ~ 60	370	4	≥100

品　种	状　态	厚度或直径 /mm	σ_b/MPa，不小于	δ_{10}/%，不小于	硬度 HBS
线　材	M	0.1 ~ 6.0	275	20（1 ~ 100mm）	—
	Y	0.1 ~ 0.5	590 ~ 880	—	—
		>0.5 ~ 4.0	490 ~ 735	—	—
		>4.0 ~ 6.0	170 ~ 685	—	—

表 1-145　供应状态 QCd1 合金的拉伸性能

品　种	状　态	σ_b/MPa			δ/%		
		平均	min	max	平均	min	max
板　材	M	255	—	—	50	—	—
	Y	435	400	480	5	3	8
棒　材	M	250	215	275	50	38	57
	Y	460	385	590	8	6	11
	R	250	215	275	46	31	51
线　材	Y	580	550	600	—	—	—

E　工艺性能

合金具有良好的冷、热加工性能。能承受热挤、热轧、热弯、锻造和多种形式的冷变形加工，变形率可达 90% 以上。

合金焊接性能良好，易于熔焊，钎焊，也可进行闪光焊和点焊。

合金的切削加工性为易切削黄铜 HPb63-3 的 20%。

F　主要特点和用途

镉青铜具有较高的导电性和导热性，良好的耐磨性，减磨性，耐蚀性和加工性，广泛用于制造电工装置的导电，耐热，耐磨零件。主要用途有：电机整流子、开关元件，弹簧接点，波导腔，较高强度的传输线，接头及接触焊机电极和滚轮等。

62　什么是白铜，白铜有哪些种类？

白铜是以镍为主要合金元素的铜合金。以铜-镍合金为基础加入第三元素如锌、锰、铝等的白铜，相应地称为锌白铜、锰白铜、铝白铜等。

铜-镍合金具有好的耐蚀性和中等强度、高塑性，能热、冷态压力加工，还有很好的电学性能，除用做结构材料外，还是重要的高电阻和热电偶合金。

白铜共分为五类：普通白铜、铁白铜、锰白铜、锌白铜和铝白铜。其具体牌号及分类见表 1-146。

表 1-146　白铜牌号分类

组　别	名　称	牌　号	产品形状	供应状态
普通白铜	0.6 白铜	B0.6	线	
	5 白铜	B5	管、棒	
	25 白铜	B25	板	R（热轧）、M、Y
	30 白铜	B30	板、管、线	R（热轧）、M、Y
	19 白铜	B19	板、带	R（热轧）、M、Y
铁白铜	5-1.5-0.5 铁白铜	BFe5-1.5-0.5	管	
	10-1-1 铁白铜	BFe10-1-1	板、管	
	30-1-1 铁白铜	BFe30-1-1	板、管	
锰白铜	3-12 锰白铜	BMn3-12	板、带、线	软　态
	40-1.5 锰白铜	BMn40-1.5	板、带、箔、棒、线、管	硬　态 软　态
	43-0.5 锰白铜	BMn43-0.5	线	
锌白铜	15-21-1.8 锌白铜	BZn15-21-1.8	板、带	
	15-24-1.5 锌白铜	BZn15-24-1.5	棒	
铝白铜	13-3 铝白铜	BAl13-3	棒	Y
	6-1.5 铝白铜	BAl6-1.5	板	Y

63　普通白铜有哪些品种，主要合金元素的作用是什么？

普通白铜主要有 B0.6、B5、B19、B30 等四种合金牌号，常用的有 B19 和 B30。美国标准中牌号系列更多一些。

白铜是 Cu 与 Ni 形成的连续固溶体，具有面心立方晶格，见图1-18。当温度低于322℃时，铜-镍相图存在一个亚稳分解的相当宽的成分-温度区域，向 Cu-Ni 合金添加第三元素诸如 Fe、Cr、Sn、Ti、Co、Si、Al 等，可改变亚稳分解的成分-温度区域范围和位置，同时也可改善合金的某些性能。

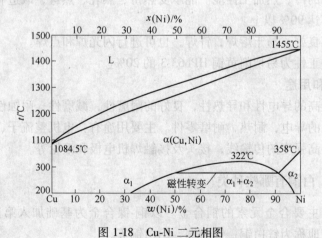

图 1-18　Cu-Ni 二元相图

64　普通白铜的性能如何，主要特点和用途是什么？

A　化学成分

普通白铜的化学成分见表 1-147。

表 1-147　普通白铜的化学成分（质量分数，不大于）

牌号	Ni+Co	Fe	Mn	Zn	Pb	Al	Si	P	S	C	Mg	Sn	Cu	杂质总和（%）
B0.6	0.57~0.63	0.005	—	—	0.005	—	0.002	0.002	0.005	0.002	—	—	余量	0.1
B5	4.4~5.0	0.20	—	—	0.01	—	—	0.01	0.01	0.03	—	—	余量	0.5
B25	24.0~26.0	0.5	0.5	0.3	0.005	—	0.15	0.01	0.01	0.05	0.05	0.03	余量	1.8
B19	18.0~20.0	0.5	0.5	0.3	0.005	—	0.15	0.01	0.01	0.05	0.05	—	余量	1.8
B30	29~33	0.9	1.2	—	0.05	—	0.15	0.006	0.01	0.05	—	—	余量	—
BFe5-1.5-0.5	4.8~6.2	1.3~1.7	0.30~0.8	1.0	0.05	—	0.15	0.006	—	0.05	—	—	余量	0.7
BFe10-1-1	9.0~11.0	1.0~1.55	0.5-1.5	0.3	0.02	—	0.15	0.006	0.01	0.05	—	0.03	余量	0.7
BFe30-1-1	29.0~32.0	0.5~1.0	0.5-1.2	0.3	0.02	—	0.15	0.005	0.01	0.05	—	0.03	余量	0.7
BMn3-12	2.0~3.5	0.20~0.50	11.5~13.5	—	0.020	0.2	0.1~0.3	0.005	0.020	0.05	0.03	—	余量	0.7
BMn40-1.5	39.0~41.0	0.50	1.0~2.0	—	0.005	—	0.10	0.005	0.02	0.10	0.05	—	余量	0.9
BMn43-0.5	42.0~44.0	0.15	0.10~1.0	—	0.002	—	0.10	0.002	0.01	0.10	0.05	—	余量	0.6
BZn15-20	13.5~16.5	0.5	0.3	余量	0.02	—	0.15	0.005	0.01	0.03	0.05	—	62.0~65.0	0.9
BZn15-21-1.8	14.0~16.0	0.3	0.5	余量	1.5~2.0	—	0.15	0.005	0.02	0.10	—	—	60.0~63.0	0.9
BZn15-24-1.5	12.5~15.5	0.25	0.05~0.5	余量	1.4~1.7	—	—	0.02	0.005	—	—	—	58.0~60.0	0.75
BAl13-3	12.0~15.0	1.0	0.50	—	0.003	2.3~3.0	—	0.01	—	—	—	—	余量	1.9
BAl6-1.5	5.5~6.5	0.50	0.20	—	0.003	1.2~1.8	—	—	—	—	—	—	余量	1.1

注：BZn15-20 中 As 应小于 0.010%，Sb 应小于 0.002%，Bi 应小于 0.002%。

B　物理及化学性能

a　物理性能

普通白铜的物理性能见表 1-148。

表 1-148　普通白铜的物理性能

性　　能	合　金　牌　号			
	B0.6	B5	B19	B30
液相点/℃	1085.5	1121.5	1191.7	1228.7
固相点/℃	—	1087.5	1131.5	1172.6
密度/kg·m^{-3}	8960	8700	8900	8900
比热容(20℃)/J·(kg·K)$^{-1}$	—	—	378	387
线膨胀系数(20℃)/℃$^{-1}$	—	16.4×10^{-6}	16×10^{-6}	15.3×10^{-6}
热导率(20℃)/W·(m·K)$^{-1}$	272.14	130.0	38.5	36.8~37.3
电阻率(20℃)/μΩ·m	0.31	0.70	0.289	—
电阻温度系数 α_P/℃$^{-1}$	0.002758 (0℃)　0.003147 (20℃)	—	0.00029 (100℃)　0.000199 (300℃)　0.000127 (500℃)	
弹性模量 E/GPa	120	—	140	150

b　化学性能

白铜具有优良的耐腐蚀性能。B19 和 B30 在不同介质中的腐蚀速度见表 1-149 和表 1-150。

表 1-149　B19 在不同介质中的腐蚀速度

介　质	温度/℃	浓度/%	腐蚀速度/mm·a^{-1}	介　质	温度/℃	浓度/%	腐蚀速度/mm·a^{-1}
工业大气	—	—	0.0022	硫　酸	20	10	0.1
海洋大气	—	—	0.001	亚硫酸	—	饱和	2.6
农村大气	—	—	0.00035	氢氟酸	110	38	0.9
淡　水	—	—	0.03				
海　水	—	—	—	氢氟酸	38	98	0.05
				无水氢氟酸			0.13
蒸汽冷凝水	—	—	0.1	磷　酸	20	8	0.58
蒸汽冷凝水	—	含30% CO$_2$		醋　酸	20	10	0.028
水蒸气	—	干的和湿的		柠檬酸	20	5	0.02
硝　酸	—	50					
盐　酸	—	2mol		酒石酸	20	5	0.019
				脂肪酸	100	60	0.066
盐　酸	20	1	0.3	氨　水	30	7	0.5
盐　酸	20	10	0.8	苛性钠	100	10~15	0.13

表 1-150　B30 在氯化钠溶液中的腐蚀速度

介　质	温度/℃	流速/m·s^{-1}	质量损失/g·(m^2·h)$^{-1}$	腐蚀速度/mm·a^{-1}
3% NaCl	40	静止	0.01323	0.0102
	40~50	8~11	0.0193	0.019

C　热加工及热处理规范

普通白铜的热加工温度一般为 900~1000℃，退火温度为 550~750℃。

D　力学性能

普通白铜的典型力学性能见表 1-151~表 1-153。

表 1-151　普通白铜的典型力学性能

性　　能	B0.6	B5	B19	B30
抗拉强度 σ_b（软状态）/MPa	250~300	270（板）	400	380
（硬状态）/MPa	450（加工率80%）	470（板）	800（加工率80%）	—
伸长率 δ（软状态）/%	<50	50（板）	35	23
（硬状态）/%	2（加工率80%）	4（板）	5（加工率60%）	—
比例极限/MPa	—	—	100（软状态）	—
屈服强度/MPa	—	—	600（硬状态）	—
布氏硬度 HB[①]	50~60	38（软状态）	70（软状态）	—

①硬状态（加工率70%）为128。

表 1-152　B19 白铜的低温力学性能

温度 θ/℃	抗拉强度 σ_b/MPa	屈服强度 $\sigma_{0.2}$/MPa	伸长率 δ/%	面缩率 ψ/%
20	361	194	26	78
-10	394	201	28	77
-40	418	203	29	77
-80	432	204	29	76
-120	464	205	28	75
-180	516	228	36	72

表 1-153　B30 白铜的高温力学性能

温度 θ/℃	弹性模量 E/GPa	抗拉强度 σ_b/MPa	屈服强度 $\sigma_{0.2}$/MPa	伸长率 δ/%	面缩率 ψ/%
20	150	373	147	41	75
200	150	324	129	37	73
300	150	293	121	35	65
400	145	248	106	19	15
550	145	179	95	16	15

E　工艺性能

普通白铜具有良好的冷、热加工性能。可顺利的加工成板、带、管、棒、型、线等各种形状。焊接性能良好，可进行软、硬钎焊、气体保护弧焊和电阻焊等；切削性能是易切削黄铜 HPb63-3 的 20%。

F　主要特点和用途

普通白铜具有较好的耐蚀性，中等强度、高塑性，能冷热压力加工，以及很好的电学性能，除用作结构材料，还是重要的高电阻和热电偶合金。

65　铁白铜有哪些品种，主要合金元素的作用是什么?

国家标准中规定的铁白铜有 BFe5-1.5-0.5、BFe10-1-1、BFe30-1-1 等三种，常用的是两种，美国标准中相应的有 C70600、C71500 等。

BFe10-1-1 是铜镍基并有少量铁锰的四元合金。元素 Fe、Mn 的加入使合金力学性能和耐蚀性能显著提高。

BFe30-1-1 是在 B30 合金中添加 0.5% ~ 1.0% Fe 及 0.5% ~ 0.1% Mn 构成。合金中高含量的镍显著提高合金的强度、耐蚀性、抗氧化性和耐热性。少量的铁和锰进一步提高合金的强度和耐蚀性，特别是对流动海水和湍流的抗冲刷腐蚀能力。

铁在铜-镍合金中的溶解度较小，950℃时，铁在 Cu-10% Ni 合金中的溶解度是 4.8%，300℃时是 0.1%。铁能提高 Cu-Ni 合金的力学性能和耐蚀性，特别是显著提高 Cu-Ni 合金抗海水冲击腐蚀的能力。一般 Cu-Ni-Fe 合金中的 Fe 含量不大于 2%，否则合金有应力腐蚀开裂倾向，若超过 4%，则腐蚀加剧，保护层剥落。

66　铁白铜的性能如何，主要的特点和用途是什么？

A　化学成分

铁白铜的化学成分见表 1-147。

B　物理及化学性能

a　物理性能

铁白铜的物理性能见表 1-154。

表 1-154　铁白铜 BFe30-1-1 的物理性能

性　能	数据	性　能	数据
液相点/℃	1231.7	密度/kg·m^{-3}	8900
固相点/℃	1171.6	电阻率（20℃）/μΩ·m	0.420
比热容/J·(kg·K)$^{-1}$	—	电阻温度系数/℃$^{-1}$	20.012
20~100℃线膨胀系数 α/℃$^{-1}$	16×10^{-6}	弹性模量/GPa	154
热导率（20℃）/W·(m·K)$^{-1}$	37.3		

b　化学性能

合金在大气、淡水、海水和水蒸气中有很高的耐蚀性。BFe30-1-1 合金抗氧化性能良好，在碱性溶液、有机化合物以及一系列非氧化性酸溶液中也有很好的耐蚀性，但在氨水、硝酸、亚硫酸盐溶液中腐蚀速度较快。一些介质对合金的腐蚀速度见表 1-155。

表 1-155　部分介质对铁白铜的腐蚀速度

合　金	介　质	θ/℃	腐蚀速度/mm·a^{-1}	介　质	θ/℃	腐蚀速度/mm·a^{-1}
BFe10-1-1	3% NaCl 溶液	40（静止）	0.0102 ~ 0.0164	3% NaCl 溶液	40 ~ 50（流速 8 ~ 11m/s）	0.048
BFe30-1-1	工业大气	—	0.002	水蒸气	—	0.0025
	海洋大气	—	0.0011	10%硫酸水溶液	20	0.08
	乡村大气	—	0.00035	10%~50%苛性钠溶液	100	0.005
	淡　水	—	0.03	7%氨水	30	0.25
	海　水	—	0.03 ~ 0.13			

C 热加工及热处理规范

BFe10-1-1 的热加工温度为 850~950℃，中间退火温度为 600~825℃。

BFe30-1-1 的热加工温度为 925~1050℃，中间退火温度为 650~825℃。

D 力学性能

美国铁白铜典型的力学性能见表 1-156~表 1-158。

表 1-156 美国铁白铜典型的力学性能

合 金	状 态	抗拉强度 /MPa	屈服强度		标距 50mm 的伸长率 δ/%	硬 度	
			载荷下延伸 0.5%/MPa	残余变形 0.2%/MPa		HRB	HR30T
			带 材				
C70400	O61	260	83	—	41	8	—
	H01	350	—	275	21	54	57
	H02	395	—	380	11	67	65
	H04	440	—	435	5	72	68
	H06	485	—	475	3	75	69
	H08	530	—	525	最小 2	最小 76	最小 70
			管材（外径 25mm×壁厚 1.65mm）				
	OS015	285	97	—	46	58HRF	—
	H55	330	250	—	18	67HRF	—
			带材（厚度 1mm）				
C70600	OS050	350	90	90	35	25	72[1]
	OS035	358	98	98	35	27	73[1]
	OS025	365	110	110	35	30	75[1]
	H01	415	330	338	20	58	92[1]
	H02	468	425	435	8	75	100[1]
	H04	518	490	500	5	80	—
	H06	540	518	525	4	82	—
	H08	565	540	545	3	84	—
	H10	585	540	545	3	86	—
			管材（外径 25mm×壁厚 1.65mm）				
	OS025	338	125	—	40	25	72[1]
	H55[2]	468	430	—	14	76	—
			线材（直径 2mm）				
	H10	655	585	—	5	—	—

①HRF；②在循环次数为 10^8 时，疲劳强度为 138MPa。

表 1-157 BFe30-1-1 铁白铜典型的力学性能

性 能	数据	性 能	数据
抗拉强度 σ_b(软态)/MPa	380	疲劳强度 σ_{-1}(软态)/MPa	180
伸长率 δ(软态)/%	23 ~ 26	(硬态)/MPa	220
(硬态)/%	4 ~ 9.	布氏硬度 HB (软态)	60 ~ 70
比例极限 σ_p(软管)/MPa	90	(硬态)	100
弹性极限 σ_e(软态)/MPa	80		

表 1-158 BFe30-1-1 合金供应状态的室温拉伸性能

品 种	状 态	σ_b/MPa			δ/%		
		平均	min	max	平均	min	max
管材	M	455	390	550	37	23	45
	Y	570	510	635	17	8	26

E 工艺性能

铁白铜具有良好的热、冷加工性能，可以制作板、带、管、棒、型等多种形状。焊接性能良好，可适合软、硬钎焊、气体保护弧焊、电阻对焊等多种方式。切削性能是易切削黄铜 HPb63-3 的 20%。

F 主要特点和用途

铁白铜具有较高的强度和优异的耐蚀性能，是海洋工业、热电站等良好的热交换器和结构材料。广泛用于冷凝管、热交换器管等对耐蚀要求程度高的场合。

67 锌白铜有哪些品种，其主要合金元素的作用是什么？

锌白铜在国家标准中有 3 种，主要是 BZn15-20、BZn15-21-1.8 和 BZn15-24-1.5。

锌在 Cu-Ni 合金固溶体中的溶解度相当大，有较大的固溶强化作用。当 Ni 含量相同时，提高合金的锌含量会增强合金抗大气腐蚀的能力。实际工业应用范围的锌白铜，一般含 5% ~ 18% Ni 和 43% ~ 72% Cu，其余为 Zn，它们的抗蚀性、弹性与强度均较高。

68 锌白铜的性能如何，主要特点及用途是什么？

A 化学成分

锌白铜的化学成分见表 1-147。

B 物理及化学性能

锌白铜的物理性能见表 1-159。

表 1-159 锌白铜 BZn15-20 的物理性能

性 能	数据	性 能	数据
液相点/℃	1081.5	密度/kg·m^{-3}	8700
固相点/℃	—	电阻率(20℃)/μΩ·m	260
比热容/J·(kg·K)$^{-1}$	399	电阻温度系数/℃$^{-1}$	2×10^{-4}
20 ~ 100℃线膨胀系数/℃$^{-1}$	16.6×10^{-6}	弹性模量/GPa	126 ~ 140
热导率(20℃)/W·(m·K)$^{-1}$	25.2 ~ 35.7		

C　热加工及热处理规范

锌白铜的热加工成形性能较差。

锌白铜的中间退火温度为 600 ~ 800℃。

D　力学性能

锌白铜的力学性能见表 1-160 和表 1-161。

表 1-160　锌白铜 BZn15-20 的力学性能

性　能	数　据	性　能	数　据
抗拉强度 σ_b（软状态）/MPa	380 ~ 450	弹性极限 σ_e（软状态）/MPa	100
（硬状态，加工率80%）/MPa	800	屈服强度 $\sigma_{0.2}$（软状态）/MPa	140
伸长率 δ（软状态）/%	35 ~ 45	布氏硬度 HB（软状态）	70
（硬状态）/%	2 ~ 4	（硬状态）	160 ~ 175

表 1-161　BZn15-20 锌白铜的低温力学性能

材料状态	温度/℃	抗拉强度 σ_b /MPa	屈服强度 $\sigma_{0.2}$ /MPa	伸长率 δ /%	面缩率 ψ/%
冷　轧	20	517	486	21.5	54.3
	−183	655	564	35.5	62.6
退　火	20	455	207	46.8	62.3
	−183	584	268	56.8	69.5

E　工艺性能

锌白铜的热加工性能较差，一般以冷开坯的工艺方式进行生产。薄板带材多采用水平连续铸造带坯-冷开坯的方式进行生产。冷加工过程中加工率不宜过大。

焊接性能良好，可进行软、硬钎焊、氧乙炔焊，电阻点焊、对焊，也可进行气体保护金属弧焊和电阻缝焊，但不能进行保护金属弧焊。

切削性能是易切削黄铜 HPb63-3 的 20%。

F　主要特点和用途

锌白铜以其优良的研磨性、钎焊性和抗应力松弛能力，较高的强度和弹性，良好的耐蚀性能，且易于电镀、热冷加工等技术工艺性能被广泛应用于制造耐蚀性结构件，诸如各种精密仪器仪表、高级电子元器件的弹簧、插口、罩壳等多种零部件。而含少量铅的锌白铜的切削性及冷加工性好，大量用于钟表、光学仪器等制作精密零件。此外，锌白铜在乐器、餐具、眼镜框架及装饰工程等方面亦有广阔市场。

69　锰白铜有哪些品种，主要合金元素的作用是什么?

国标规定的锰白铜有三种，主要是 BMn3-12、BMn40-1.5 和 BMn43-0.5。

锰白铜中的锰含量一般不超过 14%。在 Cu-Ni-Mn 合金中可形成 MnNi 化合物而有某些沉淀硬化作用，Mn 可以提高合金的强度、抗蚀性与弹性，还能提高 Cu-Ni 合金抗湍流冲击腐蚀的能力，不过会略使 B19 合金的抗应力腐蚀开裂的能力下降，但比 Al、Si、Sn、Cr、Be 等元素的影响小。Mn 能消除 Cu-Ni 合金中过量碳的不良影响，改善其工艺性能。

在 Cu-Ni-Zn 合金添加少量 Mn，也会使合金的综合性能提升。

70　锰白铜的性能如何，主要特点和用途是什么？

A　化学成分

锰白铜的化学成分见表 1-147。

B　物理及化学性能

锰白铜典型的物理性能见表 1-162、表 1-163。

表 1-162　锰白铜的物理性能

性　　能	合 金 牌 号	
	BMn3-12	BMn40-1.5
液相点/℃	1011.2	—
固相点/℃	961	1261.7
密度/kg·m^{-3}·	8400	8900
18℃的比热容/J·(kg·K)$^{-1}$	409.5	410.3
100℃的线膨胀系数/℃$^{-1}$	16×10^{-6}	14.4×10^{-6}
热导率(20℃)/W·(m·K)$^{-1}$	21.8	20.9
电阻率(20℃)/μΩ·m	0.435	0.480
电阻温度系数 α_P/℃$^{-1}$	3×10^{-5}	2×10^{-5}（20~100℃）
和铜配对时每1℃的电势/mV	1	电极电位 0.35mV
直径 0.03~0.54mm 线材的击穿电压/V	400	—
弹性模量/GPa	126.5	166

表 1-163　BMn43-0.5 锰白铜的物理性能

性　　能	数　据	性　　能	数　据
液相点/℃	1291.8	热导率(20℃)/W·(m·K)$^{-1}$	24.4
固相点/℃	1221.7	0℃电阻率/μΩ·m·	0.49~0.50（软状态）
密度/kg·m^{-3}	8900	0℃时电阻温度系数/℃$^{-1}$	-0.00014
20℃的线膨胀系数/℃$^{-1}$	14×10^{-6}·	25℃时与铂配对的热电势/mV	1
150℃的线膨胀/mm·m^{-1}	2	弹性模量/GPa	95（软状态）
500℃的线膨胀/mm·m^{-1}	8		120（硬状态）

锰白铜的耐腐蚀性较好，BMn43-0.5 在某些介质中的质量损失见表 1-164。

表 1-164　BMn43-0.5 在介质中的质量损失

介　质	质量损失/g·(m²·d)$^{-1}$	介　质	质量损失/g·(m²·d)$^{-1}$
10% H$_2$SO$_4$	1	海　水	0.25
2% NaOH	0.05		

C　热加工及热处理规范

锰白铜基本上不能进行热加工。

BMn43-0.5 和 BMn40-1.5 合金的中间退火温度为 600 ~ 825℃；BMn3-12 合金的中间退火温度为 500 ~ 620℃。

D　力学性能

锰白铜典型的力学性能见表 1-165 ~ 表 1-167。

表 1-165　BMn3-12 锰白铜的力学性能

性　能	数　据	性　能	数　据
抗拉强度 σ_b（硬状态，加工率60%）/MPa	900	屈服强度 $\sigma_{0.2}$（铸造状态）/MPa	140
（软状态）/MPa	400 ~ 550	（软状态）/MPa	200
伸长率 δ（软状态）/%	30	布氏硬度 HB（软状态）	120
（硬状态）/%	2		

表 1-166　BMn4-1.5 锰白铜的力学性能

性　能	数　据	性　能	数　据
抗拉强度 σ_b（硬状态，加工率80%）/MPa	700 ~ 850	疲劳强度 σ_{-1}（热轧棒材）/MPa	243
（软状态）/MPa	400 ~ 500	冲击功（铸造状态）/J	87
伸长率 δ（软状态）/%	30	布氏硬度 HB（铸造状态）	68
（硬状态，加工率80%）/%	2 ~ 4	（软状态）	75 ~ 90
面缩率 ψ（铸造状态）/%	26	（硬状态）	155
（软状态）/%	71	电阻元件最高工作温度/℃	400
比例极限 σ_p（软状态）/MPa	87	热电偶最高工作温度/℃	900

表 1-167　BMn43-0.5 锰白铜的力学性能

性　能	数　据	性　能	数　据
抗拉强度 σ_b（硬状态，加工率80%）/MPa	700	弹性极限 σ_e（硬状态，加工率50%）/MPa	100
（软状态）/MPa	400	8×10^6 次循环时的疲劳强度 σ_N（软状态）/MPa	190
伸长率 δ（硬状态，加工率80%）/%	2	屈服强度 $\sigma_{0.2}$（铸造状态）/MPa	220
（软状态）/%	30	布氏硬度 HB（软状态）	85 ~ 90
面缩率 ψ（软状态）/%	72	（硬状态，加工率80%）	185

E　工艺性能

锰白铜是一类精密电阻合金，其热加工性能不佳，冷加工性能良好。通常以线材供应，也有少量的板、带材。

焊接性能良好，一般可进行软钎焊、硬钎焊等，不宜进行氧乙炔焊、电阻焊和电弧焊。

切削加工性能良好，是易切削黄铜 HPb63-3 的 30% ~ 60%。

F　主要特点及用途

BMn3-12 合金又称锰铜，根据用途的不同又分为精密型和分流器型两种，其分类和用途见表 1-168。

表 1-168　BMn3-12 锰白铜的分级与用途

类　型	级　别	主　要　用　途	使用温度范围
精密型	AA	用于0.01级标准电阻和0.05级以上仪器的比例及精度更高的仪器，作为电阻元件，其年变化率应小于0.002%；	0~45℃
	A	用于0.01、0.05级标准电阻，0.2级和精度更高的电压表附加电阻及电流表分流器电阻等；	
	B	用于0.5级和精度更低的附加电阻及分流器电阻等	
分流器型	A B	用于一般电子仪器，精度较低的电表的附加电阻、分流器电阻等	0~100℃

BMn40-1.5 锰白铜（又称康铜）是一种比 BMn3-12 锰白铜使用更早的精密电阻合金。具有低的电阻温度系数，可在较宽的温度范围内使用；耐热性较好，可以用至400℃；但对铜的热电势太高，不宜于作直流标准电阻和测量仪器中的分流器，而适用于作交流用的精密电阻、滑动电阻、启动、调节变压器及电阻应变计等。另外箔材还用于仪表、电子工业部门，用做热电偶和热电偶补偿导线。

71　常用镍铜合金有哪些品种，特点和用途是什么?

常用变形镍铜合金主要有 NCu28-2.5-1.5（蒙乃尔）、NCu40-2-1、NCu30-4-2-1。主要品种有管、棒、板、带、铸棒等。

镍铜合金化学成分见表 1-169。

表 1-169　镍铜合金化学成分（质量分数，不大于）　　　　　（%）

牌　号	As	Bi	Si	Ni+Co	Fe	Pb	C	Mn	Mg	Sb	S	P	Cu	杂质总和
NCu28-2.5-1.5	0.010	0.002	0.10	余量	2.0~3.0	0.003	0.20	1.2~1.8	0.10	0.002	0.02	0.005	27.0~29.0	0.6
NCu40-2-1	—	—	0.15	余量	0.2~1.0	0.006	0.30	1.25~2.25	—	—	0.02	0.005	38.0~42.0	0.6
NCu30-4-2-1	—	—	3.9~4.7	余量	1.5~2.5	—	0.20	0.8~1.5	0.10	0.30	—	0.02	29.0~31.0	

镍铜合金有较好的室温力学性能和高温强度，耐蚀性高，耐磨性好，容易加工，无磁性，是制造行波管和其他电子管较好的结构材料。还可作为航空发动机的结构材料。

NCu28-2.5-1.5 合金在室温的干燥气体中很稳定，但在含有水分的氧化氮、氨、硫化物和氯、溴、碘等卤素中却腐蚀得很厉害。在中性、碱性和弱酸性碳酸盐、盐酸盐、硫酸盐、硝酸盐、醋酸盐的溶液中，NCu28-2.5-1.5 合金是耐蚀的；但当上述介质含有铁、铜、锡和汞的氯盐时，则腐蚀速度增快。相反，含有铬酸盐和葡萄糖时则减慢。

镍铜合金多用于制作对耐蚀性能、高温抗疲劳等要求较高的高温环境作业的零部件，如行波管、磁控管等。

72　什么是阻尼铜合金，其主要特点和用途是什么？

阻尼材料是指在一定的条件下，通过吸收能量使其具有可以减振、降噪等阻尼效应的材料。在工程上应用较多的金属材料有钢铁、铝和铜，另外化工工业上的阻尼涂层材料实际应用较多。

具有阻尼效应的铜合金主要有锰铜合金，属于孪晶型合金材料。其阻尼产生的机理是，合金通过热处理在高温缓冷过程中，因尼耳转变和类马氏体相变而产生大量的高密度孪晶亚结构，在外部应力的作用下，由于显微孪晶界的移动和磁矩的偏转而吸收外部能量，从而使应力松弛，起到较好的减振、降噪效应。

阻尼铜合金国内研制的不多，只有少数的几种合金牌号，美国和英国研制开发较早，合金品种也较多。主要锰铜阻尼合金的种类和化学成分如表 1-170 所示。

表 1-170　阻尼铜合金的种类和化学成分（质量分数）　　　　　（%）

合金牌号	国别	Mn	Al	Fe	Ni	Zn	Cr	Mo	Cu	C	Si
2310	中国	49.0～53.0	3.5～4.5	2.5～3.5	1.5～3.0	1.0～3.5	0.3～0.9	—	余量	≤0.10	≤0.20
MC-77	中国	48.0～57	4.0～4.8	2.5～5.0	1.0～2.0	—	—	—	余量	≤0.10	≤0.20
GZ50	中国	48～55	2.0～4.0	1.0～3.5	1.0～3.0	—	—	—	余量	≤0.10	≤0.20
Sonoston	英国	47.0～60	2.5～6.0	0～5.0	0.5～3.5	—	—	—	余量	≤0.10	≤0.20

阻尼铜合金的物理化学性能见表 1-171。

表 1-171　阻尼铜合金的物理化学性能

合金牌号	熔化温度范围/℃	密度/kg·m^{-3}	线膨胀系数/℃$^{-1}$	电极电位/V
2310	960～1070	7.2	19×10^{-6}	-0.5
MC-77	940～1060	7.1	15×10^{-6}	-0.6
GZ50	—	7.1	20×10^{-6}	—
Sonoston	940～1080	7.1	15×10^{-6}	-0.7

阻尼铜合金的弹性和阻尼性能一般用比阻尼系数来表示，见表 1-172。

表 1-172　阻尼铜合金的弹性和阻尼性能

合金牌号	弹性模量 E/GPa	切变模量 G/GPa	泊松比 μ	比阻尼系数 S.D.C/%
2310	84.1	29.8	0.42	20～37
MC-77	91.1	36.2	0.25	20～38
GZ50	85	—	—	21～33
Sonoston	75～83	—	—	10～30

锰铜阻尼合金可以起到减振、降噪和提高疲劳寿命的作用，在制作防振和消声设备方面具有重要的作用。主要用于防振设备的紧固件、泵体、机座、减速器上的齿轮等。其最

典型的用途是潜艇用螺旋桨。

73　什么是形状记忆铜合金，其主要特点和用途是什么？

　　顾名思义，形状记忆合金为具有形状记忆效应的合金。给已适当变形的材料以温度变化，它能自动作功而回复变形前形状的效应称"形状记忆效应"。形状记忆效应有三种形式：单向形状记忆效应、双向形状记忆效应（或称可逆形状记忆效应）和全方位形状记忆效应。

　　现已发现具有形状记忆效应的铜基形状记忆合金体系有：Cu-Zn，Cu-Zn-Al，Cu-Zn-Sn，Cu-Zn-Ni，Cu-Zn-Si，Cu-Zn-Ga，Cu-Al，Cu-Al-Ni，Cu-Al-Mn，Cu-Al-Si，Cu-Al-Nb，Cu-Al-Be 等。其中 Cu-Zn-Al 和 Cu-Al-Ni 系合金研究较多，其主要性能如表 1-173 所示。

表 1-173　Cu-Zn-Al 和 Cu-Al-Ni 记忆合金相关性能指标

名　称	单　位	Cu-Zn-Al	Cu-Al-Ni
熔点	℃	950 ~ 1020	1000 ~ 1050
密度	kg/m^3	7800 ~ 8000	7100 ~ 7200
电阻率	μΩ · m	0.07 ~ 0.12	0.1 ~ 0.14
热导率	W/m · ℃	120（20℃）	75
线膨胀系数	℃$^{-1}$	—	—
比热容	J/（kg · ℃）	390	400 ~ 480
热电势	V/℃	—	—
相变热	J/kg	7000 ~ 9000	7000 ~ 9000
弹性模量	GPa	70 ~ 100	80 ~ 100
屈服强度	MPa	150 ~ 300	150 ~ 300
抗拉强度（马氏体）	MPa	700 ~ 800	1000 ~ 1200
伸长率（马氏体）	%	10 ~ 15	8 ~ 10
疲劳极限	MPa	270	350
晶粒大小	μm	50 ~ 100	25 ~ 60
转变温度	℃	− 200 ~ + 170	− 200 ~ + 170
滞后大小（$A_s - A_f$）	℃	10 ~ 20	10 ~ 20
最大单向形状记忆（应变）	%	5	6
最大双向形状记忆（应变）	%		
$N = 10^2$		1	1.2
$N = 10^5$		0.8	0.8
$N = 10^7$		0.5	0.5
上限加热温度（1h）	℃	160 ~ 200	300
阻尼比	S. D. C/%	30	10
最大伪弹性应变（单晶）（应变）	%	10	10
最大伪弹性应变（多晶）（应变）	%	2	2
回复应力	MPa	200	—

形状记忆合金自 20 世纪 60 年代被研究开发，目前已开始走向实用化阶段，广泛应用于航空、航天、能源、汽车工业、电子、医疗、机械、建筑、服装、玩具等各个领域。铜基形状记忆合金是目前发现的形状记忆合金中的一个主要类别，它具有形状记忆、超弹性、高阻尼和良好的导电性四大功能；且生产工艺简单、成本低廉和性能优良。其记忆性能仅次于 Ni-Ti 系合金，相变点可在 −100～300℃范围内调节，在要求反复使用次数不太高、条件不太苛刻的情况下，应用前景非常广泛。

目前已经在实际中得到应用的实例有：电加热水壶的手柄控制器上的热敏控制器，热机冷却风扇启闭器、散热器阀门、空调风向调节器、电冰箱自动开关、化学反应温度自动控制器、干燥装置开关、刈炕电子炉灶中气流调节器等等。

74　什么是合金设计，合金设计的内容包括哪些方面？

合金设计是指人们以材料开发的有关知识、经验为基础，并借助电子计算机等辅助工具，设计出满足特定性能要求的材料化学组成、制备、加工和热处理工艺的过程。

合金设计一般包括成分设计、工艺设计和组织设计等方面，所要实现的目的主要是应用化学成分的最佳配合，合理的加工和热处理来获得理想的组织和优异的性能。其中，成分是基础，是先天赋予的属性；工艺是手段，组织是保证，是后天的属性，因此设计时常以成分设计为重点。合金设计从一定意义来说主要就是成分设计，它决定着相图的状态，从而决定着某种物相的存在与多少，控制着加工和热处理特性，如可轧制性、热塑性和相变特征等，因此，根据化学成分可定量地推断各种状态下的组织和性能。结合元素周期表中原子结构的周期性排列，以及由此引起的元素物理化学性质的周期性变化，对于合金元素的选择和替代，合金晶体结构的变化和在状态图中的行为等都可进行预测。再根据固溶体的 Hume—Rethery 法则和中间相的形成规律等，可推断相应的物相结构组成。同时，可以利用固溶强化、沉淀强化、细晶强化、形变强化等各种强韧化原理等，制备满足不同性能要求的合金。

75　铜合金设计的基本原则是什么？

合金设计是建立在合金成分—组织—性能—工艺定量关系基础上，通过合金成分和组织的严格控制与合理配合而获得预期性能的。在设计时需要对以下三方面进行综合考虑：一是充分了解合金在服役条件下的使用性能（如力学性能、物理性能、化学性能等）；二要了解合金从生产到制成产品的工艺性能（如铸、锻、焊、切削加工等）；三应考虑非常重要的经济因素（如原料、价格、市场等）。

合金设计应考虑以下几个方面的因素：

（1）良好的性能。力学性能是合金设计的重要依据和目标。金属材料在工程材料中的价值首先来自于其强度和韧性的良好配合。对结构材料来说，首先要满足强度要求，充分发挥强度作用，以减轻物件重量，节约金属；其次要有足够的塑性和韧性，以确保使用安全。在特殊情况下，除了常规力学指标外，还应具有优良的高温稳定性、疲劳强度、高温蠕变强度、断裂韧性等。此外，对于某些应用场景的材料来说，还要具体考虑其对于导电性、导热性、磁性和抗各种介质的腐蚀性能等的要求。

（2）良好的加工成形性。加工成形性有两层含义，一为热加工成材，二为冷加工成构件。显然，成形性愈好，产品质量就愈高，成本愈低，能耗也愈少。

（3）成本低廉，经济适用。设计合金时，能少用稀贵金属就少用。在加入数量上，以满足性能为准。在工艺设计上，既要充分发挥合金潜力，又要力求简单合理。

（4）合理使用资源。首先要充分利用本国资源，建立自己的合金系列，其次要合理利用共生矿床，有效地利用原材料中的残存元素，第三要合理利用稀贵金属。

（5）环境保护。设计合金时，要充分考虑其制备、使用时对环境的影响，以及服役后易于回收和再生这一要素。

76　合金设计的程序是什么?

合金设计开发不限于单一的模型或方法，因此根据不同要求（用途、性能、成本、资源等）可以灵活地采用不同方法。一般的开发设计流程如图1-19所示。总的说来，服役条件是制定目标性能的主要依据，影响目标性能的相关因素是控制性能的主要措施，相关

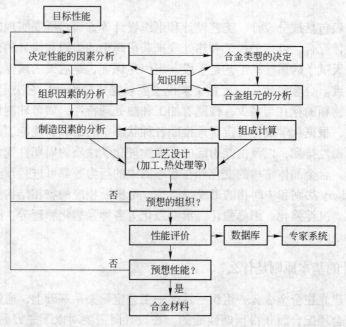

图 1-19　合金设计流程图

因素的定量计算是合金设计的关键，具体步骤如下：

（1）根据材料在服役期间的工况状态，环境条件和使用寿命，确定确保使用安全的目标性能，在一般情况下，强度和塑性仍是合金设计的主要依据。

（2）根据使用目的和要求，选择适当的强韧化方案，由此确定合金类型。

（3）根据合金类型选择目标性能所应具有的化学成分和显微组织。一般情况下是加入某一种或几种合金元素，以获得某一项或几项性能，再加另一种或几种合金元素，以获得另外的某项性能或抑制某一性能，使所加合金元素各自发挥自己的特点，以获得良好的综合性能。

（4）制定和选择适当的加工和热处理制度，使合金元素在各相中得到合理的分布，从

而得到理想的组织，使各项性能获得最佳的配合。

（5）实测组织和性能，若未达到预想的结果，可修改成分或工艺，直至达到要求为止。

（6）将有关新合金的基础数据，如成分、工艺、性能等存入数据库，为新的合金设计提供理论和实验依据。

77　铜合金材料的发展趋势是什么?

由于铜及铜合金优良的综合性能，近年来铜及其合金材料的应用及开发工作十分活跃。高性能铜合金材料的研究发展方向主要有四个方面：高纯化、微合金化、复杂多元合金化、复合材料。

（1）高纯化。主要目的是尽可能地提高材料的导电、导热性。工业用铜的含铜量由99.90%到99.95%，再到99.99%（4N）甚至更高如含铜99.9999%（6N）的超纯铜，杂质含量要求也更加严格。铜合金材料向高纯化方向发展的另一方面表现在微合金化铜合金中要求铜合金基体的高纯净化，以保材料具备更高的综合性能。

（2）微合金化。目的是牺牲最少的导电导热性换取其他性能如强度的大幅度提升。如加入0.1%左右的铁（Fe）、镁（Mg）、碲（Te）、硅（Si）、银（Ag）、钛（Ti）、铬（Cr）或锆（Zr）、稀土元素等，可以提高其强度、硬度、抗软化温度或易切削性等。微合金化铜是当前铜合金材料开发的热门之一。有氧韧铜和高强高导铜合金是最主要的微合金化铜。

有氧铜的概念是相对无氧铜而言，其铜含量在99.90%以上，相当于一般的纯铜，但其氧含量控制在0.005%~0.02%，同时可以实现导电率在100% IACS以上。

高强高导铜合金由于其表现出的良好的综合性能，受到了世界各国材料科技工作者的青睐，是近年来发展最快的一类铜合金。其微合金化加入的元素主要有P、Fe、Cr、Zr、Ni、Si、Ag、Sn、Al等，材料突出的特点是具有高强度和高导电导热性能。

（3）复杂多元铜合金。为了进一步改善铜及其合金的强度、耐蚀性、耐磨性及其他性能，或者为了满足某些特殊应用要求，在现有青铜、黄铜等的基础上添加到五元、六元等多种组元，实现材料高弹性、高耐磨、高耐蚀、易切削等不同的功能，多组元（四个或四个以上组元）合金化成为铜合金开发的另一个热门课题，新的复杂合金层出不穷。典型的合金有多元锰黄铜、硅锰黄铜、加硼锡黄铜、无铅易切削铜合金等。其共同特点是高强高韧性，抗拉强度一般可达到600~700MPa以上。

近年来随着人们环保意识的提高，环保成为世界文明发展的主题。人们更加关注铅、铍、镉、砷等有害元素的影响，无铅易切削黄铜、无铍高弹性铜合金、无砷耐蚀铜合金等环境友好铜合金材料的开发成为铜合金材料的重要发展方向之一。

（4）复合材料。铜合金材料强化方式主要有两种：一是引入合金元素强化铜基体形成合金；二是引入第二强化相形成复合材料。如弥散强化无氧铜是典型的人工复合材料，常用的弥散质点有 Al_2O_3、ZrO_2、Y_2O_3、ThO_2 等。人工复合材料法是指人工向铜中加入第二相的颗粒、晶须或纤维对铜基体进行强化，通过向铜基中引入均匀分布的、细小的、具有良好热稳定的氧化物颗粒来强化铜而制得的材料。其第二相的组分一般在1%以下甚至更低到0.01%，但对材料的强化作用十分明显，尤其是大大提高材料的高温强度。

　　另一类发展较快的是原位复合材料（自生复合材料），原位反应复合材料是指在铜基体中，通过元素之间或元素与化合物之间发生放热反应生成增强体的一类复合材料。这类复合材料中的增强体没有界面污染，与基体有良好的界面相容性，与传统的人工外加增强体复合材料相比，其强度有大幅度提高，同时保持较好韧性和良好的高温性能。

第 2 章　铜及铜合金的金属学与
形变热处理基础[1]

78　什么是相和相图，相图的作用是什么？

金属和合金的不同组态是由不同的相所组成的。所谓相是指一个系统中那些成分一致、结构相同并有界面相互分隔开的均匀组成部分的综合。

相图是表示金属或合金系中各种相的平衡存在条件以及各相之平衡共存关系的一种简明图解，亦称平衡图或状态图。其直接作用在于了解系统的金属和合金在不同条件下可能出现的各种组态，以及条件改变时，各种组态可能发生转变的方向和限度；当相图与相变的机理和动力学结合起来，则可将有关组织变化的极其复杂的现象抽象化、系统化，成为分析组织形成和变化的有利工具。相图也因此而成为金属材料的研制、生产和加工的重要参考依据。

79　什么是合金的相平衡，相平衡稳定存在的条件是什么？

如果系统中同时共存的各相在长时间内不相互转化，即可认为是处于"相平衡"状态。实际上，这种平衡属于动态平衡，从微观上看，即使在平衡状态，组元仍会不停地通过各相界面进行转移，只是同一时间内相互转移的速度相等而已。

相平衡和所有其他物理、化学平衡一样，遵循热力学的普遍规律。根据热力学，金属和合金系统的组态及其可能的变化可由一些热力学特性函数包括焓（H）、熵（S）和自由能（G）等来决定的。这些函数之间的关系和定义可用式（2-1）来表达：

$$G = H - TS = U + PV - TS \tag{2-1}$$

式中，P、T、V 分别代表压强、温度和体积；U 代表系统的内能。

根据热力学第二定律，在一个成分已经确定的系统中，当温度和压力恒定时，在自由能最低的状态下才能达到稳定平衡。当系统处于不平衡时，由于自由能较高，如果动力学条件允许，那么它就会自发地向平衡态转变，直至自由能达到最小值。所谓自发转变，就是不借助外界功，而依靠系统内能的减少来向外做功而进行的一种转变。也正是能够做功的这一部分内能或焓，才叫自由能；内能的其他部分称为约束能，它包含在上式所列的 TS 中。系统的内能正是当原子正处于某种分布状态时，全部原子相互间的作用能（即位能）和动能的总和。当内能越低，则系统越稳定。对于均质的单相系而言，

---

❶　本章撰稿人：娄花芬、张文芹、刘海涛。

相的自由能高低就是系统的稳定性大小的判断依据；但对于非均质的复相系来说，其稳定性取决于各组成相自由能之和是否最低，而不是个别相的自由能是否最低，即复相系中相的稳定性，除单独由这个相本身外，还要取决于与它共存的其他相的自由能高低。

除自由能最低规律外，相律是判别相平衡的另一个定律，它从平衡相的自由度大小来考察相的稳定存在范围。所谓自由度，是指在一个系统中，在保持相数目不改变的条件下，那些决定相平衡的内、外参变量中能够独立改变的数目。相律也即是一个概括不同系统中平衡相的数目和其自由度大小的规律，其数学表达式可以表示为：

$$f = k - p + 2 \tag{2-2}$$

当压力恒定时，可表示为：

$$f = k - p + 1 \tag{2-3}$$

式中，f 是自由度；k 是指系统中的组元数；p 是指可以平衡共存的相的数目。

相律的关系式说明了相平衡时，系统的自由度数与组元数和相数之间的关系。如对于单元系来说，$k = 1$，则 $f = 3 - p$，因此单元系中各种相的自由度分别为：单相平衡为 2；二相平衡为 1；三相平衡为 0。当大于三相时，$f < 0$ 无实际意义。因此在单元系中，最终只能有三相同时并存；当压力恒定时，则最多为两相平衡，三相平衡一般不会出现。同理，对于二元系合金而言，在恒压下，最多为三相平衡共存。

80　什么是固溶体，固溶体有哪些类型和特点?

A　定义

固溶体是固态的溶体。类似于溶液是指溶质溶于溶剂而形成单一的均匀液体的定义，固溶体是指溶质组元溶于溶剂点阵中而组成的单一的均匀固体。其在形式上只能是以原子状态溶解，在结构上必须是保持溶剂组元的点阵类型。

如果溶剂是纯金属，那么，这一类相的结构类型应和纯金属的结构类型完全一致，纯金属的结构有哪些类型，固溶体也应有哪些类型。一般说，固溶体本身没有独立的晶格类型，形成固溶体的组元，没有严格的比例，而是存在于一定的浓度范围内。

B　固溶体的分类

按溶剂分类：

（1）一次固溶体。以纯金属组元作为溶剂的固溶体称为一次固溶体，也叫边际固溶体。若不加说明，通常所说的固溶体即指这一类而言。这类固溶体的结构类型总是与其纯金属组元之一的结构相同。

（2）二次固溶体。以中间相为基的固溶体称为二次固溶体，属于中间相的范畴。

按固溶度分类：

（1）有限固溶体。在一定条件下，溶质组元在固溶体内的浓度，只能在一个有限度的范围内变化，超过这个限度后，即不能再溶解，这个限度叫固溶极限，或叫固溶度。具有固溶极限的固溶体称为有限固溶体，大部分固溶体（包括一次、二次）都属于这一类。

（2）无限固溶体。溶质组元可以以任何比例溶入溶剂时所形成的固溶体，称为无限固溶体或连续固溶体。习惯上以浓度大于 50% 的组元视为溶剂。如 Cu-Ni 系、Cu-Au 系等。

按溶质原子在溶剂晶格中所占据的位置分类：

（1）置换固溶体。溶质原子进入到溶剂晶格内，占据了原先溶剂本身的原子在晶格中应该占据的位置，称为置换固溶体。有些合金系，如 Cu-Ni 系等，形成置换固溶体时，各组元能以任意比例互相溶解，便形成无限固溶体。但对大多数合金而言，当形成置换固溶体时，其溶质原子在溶剂中的溶解度是有一定限度的，便形成有限固溶体。

（2）间隙固溶体。已知在面心立方、体心立方和密排六方的晶体结构中，都存在着四面体间隙和八面体间隙，它们的大小各有不同。当一些原子半径比较小的元素作为溶质而溶入溶剂中时，这些小的溶质原子填充在溶剂晶格中的某些空隙位置，形成间隙固溶体。

按溶质原子与溶剂原子的相对分布分类：

（1）无序固溶体。溶质原子统计式地分布在溶剂晶格的结点上，它们或占据着与溶剂原子等同的位置，或占据着溶剂原子间的空隙中，看不出有什么次序性或规律性，这类固溶体叫无序固溶体。

（2）有序固溶体（超结构）。有些固溶体合金在高温时形成无序固溶体，但在缓慢冷却或低温退火时，溶质原子按适当比例并按一定顺序和方向，围绕着溶剂原子重新排列，使溶质、溶剂原子在晶格中占据一定的位置，这一过程称为固溶体的有序化。溶质和溶剂原子呈有序排列的固溶体称为有序固溶体或称超结构。

81　铜合金相主要有哪几种形态，各有什么特点？

常见的二元铜合金中的金属间相形式多样，常见相及其晶体结构如表 2-1 所示。

表 2-1　二元铜合金中的金属间相及其晶体结构

合金系	相的代号	相的结构式	相的晶体结构	合金系	相的代号	相的结构式	相的晶体结构
Cu-Al	β	β-AlCu₃	体心立方	Cu-Ba	—	BaCu₁₃	—
	γ	—	面心立方或复杂立方		—	BaCu	—
	γ₁		有序体心立方	Cu-Be	γ，γ₁	β-BeCu₂	体心立方
	γ₂	Al₄Cu₉	复杂立方		γ₂	γ-BeCu	有序体心立方
	χ		有序体心立方	Cu-Ca	γ	CaCu₅	六方
	δ	—	—		δ	Ca₄Cu（高温）	—
	ε₁		—		ε	Ca₄Cu（低温）	—
	ε₂	Al₂Cu₃	伪立方	Cu-Cd	β	CdCu₂	六方
	ζ₁		六方		γ	Cd₃Cu₄	复杂立方
	ζ₂		单斜		δ	Cd₈Cu₅	有序复杂立方
	η₁	AlCu（高温）	斜方		ε	Cd₃Cu	复杂六方
	η₂	AlCu（低温）	底心斜方	Cu-Ce	—	CeCu	—
	θ	Al₂Cu	体心正方		—	CeCu₂	—
Cu-As	β	Cu₈₋₉As	密排六方		—	CeCu₄	—
	γ	Cu₃As	三方		—	CeCu₆	—
	δ	Cu₅As₂	正方或立方	Cu-Ga	β	β-Cu₃Ga	体心立方

合金系	相的代号	相的结构式	相的晶体结构	合金系	相的代号	相的结构式	相的晶体结构
Cu-Ga	δ	Cu₃Ga	密排六方	Cu-Se	β	Cu₂Se（高温）	复杂立方
	γ₁	Cu₂Ga	复杂立方			Cu₂Se（低温）	正　方
	γ₂	Cu₂Ga	有序立方	Cu-Si	β	ζ-CuSi	密排六方
	γ₃	Cu₂Ga	有序立方		γ	β-CuSi（高温）	体心立方
	ε	CuGa₂	正　方		δ	γ-Cu₅Si	复杂立方
Cu-Ge	ζ	Cu₅Ge	密排六方		ε	γ-CuSi	复杂立方
	ε	Cu₃Ge（高温）	三角晶系畸变的体心立方		ζ	ε-Cu₁₅Si₄	复杂立方
	ε₁	Cu₃Ge（低温）	斜　方		η		复杂立方
	ε₂	约 Cu₃Ge	体心立方		η′		复杂立方
Cu-In	β	β-Cu₄In	体心立方		η″		复杂立方
	γ	Cu₃In	有序体心立方	Cu-Sn	β	Cu₅Sn	体心立方
	δ	Cu₉In	正　方		γ	γ-Cu₃Sn	面心立方
		Cu₂In	六　方		δ	Cu₃₁Sn₈	复杂立方
Cu-Mg	β	CuMg₂	正交结构		ε	Cu₃Sn	伪立方
	γ	Cu₂Mg	有序面心立方		ζ	Cu₂₀Sn₆	三　角
Cu-O	β	Cu₂O	立　方		η		
	γ	CuO	单　斜		η′	Cu₆Sn₅	六　方
Cu-P	β	Cu₃P	三　角	Cu-Te	β	Cu₂Te	六　方
Cu-Pu	β	Cu₆Pu（或 Cu₁₁Pu₂）	斜　方		β′,β″,β‴	Cu₂Te	六　方
	γ	Cu₁₇Pu₄	—		γ,γ′	Cu₄Te₃	正　方
	δ	Cu₄Pu	斜　方		δ,δ′		
	ε	Cu₂Pu	斜　方		ε	CuTe	斜　方
Cu-S	β	Cu₂SⅡ	六　方	Cu-Ti	γ	Cu₃Ti	三角或斜方
	β′	Cu₂SⅢ	底心斜方		δ	Cu₂Ti	斜　方
	γ	Cu₁.₉₆S	正　方		ε	Cu₃Ti₂	正　方
	δ	Cu₉S₅ 或 Cu₁.₈S（高温）	立　方		ζ	CuTi	有序正方
	δ′	Cu₉S₅（低温）	斜　方		η	CuTi₂	正　方
	ε	CuS	六　方		—	Cu₄Ti₃	正　方
Cu-Sb	β	Cu₃Sb	有序面心立方	Cu-Zn	β	CuZn	体心立方
	γ	Cu₅.₅Sb	密排立方		β′	CuZn	有序体心立方
	δ	Cu₄.₅Sb	六　方		γ	Cu₅Zn₈	有序体心立方
	ε	Cu₃Sb	斜　方		δ	CuZn₃	有序体心立方
	ζ	Cu₃.₃Sb	密排六方		ε	ε-CuZn	密排六方
	η	Cu₂Sb	有序正方	Cu-Zr	β	Cu₅Zr	复杂立方
					γ	Cu₄Zr	复杂立方
					δ,ε,ζ		
					η	CuZr₂	正　方

82　几种常见铜合金相图有哪些主要特点?

常见的二元铜合金相图及其主要特点如下:

(1) Cu-Cr、Cu-Pb 系合金: 液态产生混溶间隙且无中间相生成。

(2) Cu-Au、Cu-Ni 系合金: 形成连续固溶体或大范围固溶体。

(3) Cu-Ag、Cu-B 系合金: 产生共晶反应但无中间相。

(4) Cu-Co、Cu-Fe 系合金: 产生包晶反应但无中间相。

(5) Cu-Al、Cu-As、Cu-稀土金属、Cu-Mg、Cu-O、Cu-S、Cu-P、Cu-Zr 系合金: 生成中间相且相图铜侧发生共晶反应。

(6) Cu-Si、Cu-Sn、Cu-Ti、Cu-Zn 系合金: 产生中间相, 且相图铜侧发生包晶反应。

(7) Cu-C、Cu-H 系合金: 第二组元在液态和固态铜中仅有极微溶解度。

常用的二元铜合金相图如图 2-1 ~ 图 2-7 所示, 其他常用铜合金二元相图已在第 1 章给出。

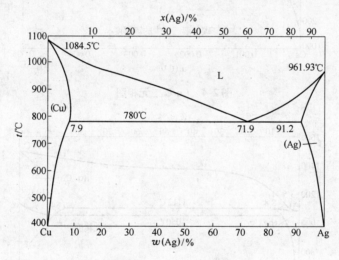

图 2-1　Cu-Ag 二元相图

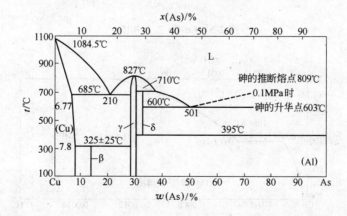

图 2-2　Cu-As 二元相图

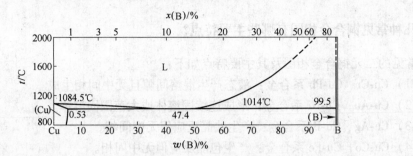

图 2-3　Cu-B 二元相图

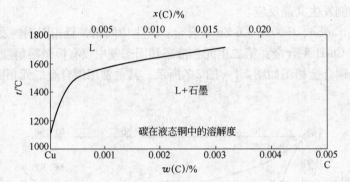

图 2-4　Cu-C 二元相图

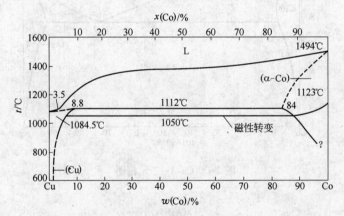

图 2-5　Cu-Co 二元相图

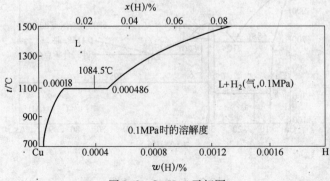

图 2-6　Cu-H 二元相图

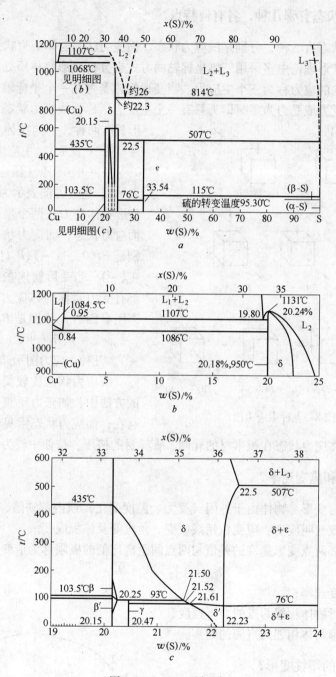

图 2-7 Cu-S 二元相图

83 什么是应力?

物体受到外因(受力、温度变化)作用或由于内在缺陷发生变形时,物体内部要出现一个内力与外力平衡,单位面积上的内力称为应力。应力分为正应力或法向应力和切应力或剪应力。正应力用 σ 表示,切应力用 τ 表示,单位一般为 N/mm^2 或 MPa。

84　基本的应力状态有哪几种，各有何特点？

基本的应力状态有三种，分别是线应力状态、面应力状态、体应力状态。

在金属塑性变形理论中多采用三维坐标轴的方式来分析变形物体所处的应力状态，并将三个坐标轴方向的应力称为三个主应力。当变形物体受力在一个坐标轴方向，而其他两个坐标轴方向不受力或受力为零时即为只有一个主应力，称为线应力状态。线应力状态图形只有两种，一向拉伸（拉伸应力用正号"＋"表示），主应力图表示为 $L(0、0、＋)$；一向压缩（压应力用负号"－"表示），主应力图表示为 $L(0、0、－)$。当变形物体受力在两个坐标轴方向时称为面应力状态，面应力状态图有三种，分别是 $P_1(0、－、－)$、$P_2(0、＋、－)$、$P_3(0、＋、＋)$。当变形物体在三个坐标轴方向都有受力时称为体应力状态。体应力状态图有四种，分别是 $B_1(－、－、－)$、$B_2(－、＋、－)$、$B_3(＋、＋、－)$、$B_4(＋、＋、＋)$。九种主应力图示如图 2-8 所示。

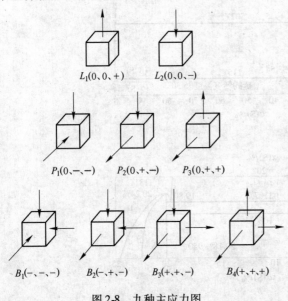

图 2-8　九种主应力图

线应力状态比较简单，在塑性加工的方法中，如张力矫直、无摩擦冲压等存在；面应力状态常见于薄板冲压、弯曲等加工方法；体应力状态在板带材的轧制、管棒材的挤压、拉伸中较为常见。

85　什么是应变和应变速率？

应变亦称相对变形。物体由于外因（受力、温度变化）或内部缺陷，引起其形状、尺寸所发生的相对改变叫应变。应变包括线应变、角应变及体积应变。

变形物体相邻两点变形速度的差值与两点间距离比值的极限称为应变速率。

$$\varepsilon_V = (V_2 - V_1)/L \tag{2-4}$$

式中　ε_V——应变速率；

V_1，V_2——变形物体相邻两点的变形速度；

L——变形物体相邻两点间的距离。

86　什么是金属的塑性变形？

金属的塑性变形是指其在受到外力作用时（如图 2-9 所示），在开始阶段（OA 段）服从虎克定律，应力和应变成正比，当外力去除后，变形立即消失，金属完全恢复到原来的尺寸和形状，此为弹性变形阶段；当外力达到一定的程度（AB 和 BC 段），大于金

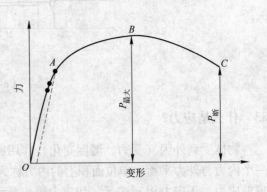

图 2-9　静力拉伸试验时的应力-应变曲线

属的屈服极限（金属永久变形为 0.2% 时的应力值规定为屈服极限）后，外力增加很少，变形发展很快，应力和应变不再保持线性关系，当外力去掉后，变形不能完全消失，亦即变形不能复原，把卸载后保留下来的残余变形称为塑性变形。塑性变形的实质是金属的晶粒内部发生了较大的变化，晶体产生了滑移、位错等晶体缺陷。

87　什么是变形抗力?

在塑性加工过程中，金属抵抗变形的能力称为变形抗力。金属材料的变形抗力大小取决于材料的化学成分和组织结构，并受变形温度、变形速度、变形程度及应力状态等条件的影响。金属材料的单位变形力用 R_{eH} 或 R_{eL}（旧标准用 υ_s）表示。当金属材料的屈服点不很明显时，以相对残余变形为 0.2% 时的应力 $R_{p0.2}$（屈服应力，旧标准用 $\sigma_{0.2}$）作为材料的单位变形抗力。

88　什么是晶格畸变?

晶体内部的原子都是按一定规律整齐地排列的，当晶体原子偏离平衡位置，晶体内部就发生了晶格畸变。晶格畸变都会造成材料力学性能的改变。晶格畸变的形式如图 2-10 ~ 图 2-12 所示。

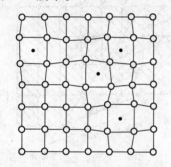
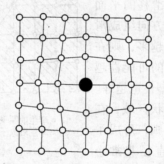
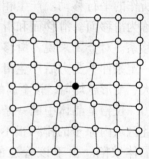

图 2-10　间隙固溶体中的晶格畸变　　　　　图 2-11　置换固溶体中的晶格畸变

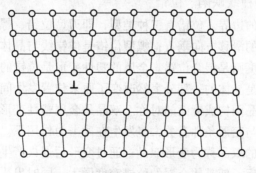

图 2-12　位错造成的晶格畸变

89　材料在变形过程中晶体缺陷主要有哪几种?

在正常情况下，晶体内部的原子都是按一定规律整齐地排列的。但在外力作用下，晶体原子偏离平衡位置，晶体内部就发生了晶格畸变。晶体的任何一种缺陷都会造成晶格畸变，而晶格畸变都会造成材料机械性能的改变。

　　材料在变形过程中晶体的缺陷主要有滑移、位错、孪晶、钉扎等。其各种形貌如图 2-13、图 2-14 所示。

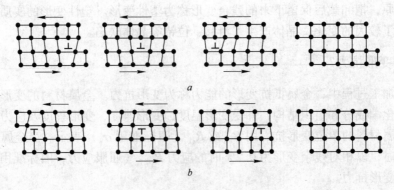

图 2-13　刃型位错的滑移
a—正刃型；b—负刃型

　　滑移是晶体的一部分相对于另一部分，沿着一定结晶学平面上的一定方向所作的平行移动。产生相对滑移的平面称为滑移面。滑移面和滑移方向组成滑移系。对金属来说，滑移系越多，则在一定条件下受力后产生滑移的可能性越大、变形越均匀，该金属的塑性也越好。

　　位错是晶体中的一条管状区域，在此区域内原子的排列很不规则，形成了晶体缺陷。由于该管道的直径非常小（只有几个原子间距），可以将它看成是一条线，所以位错是一种线缺陷。位错

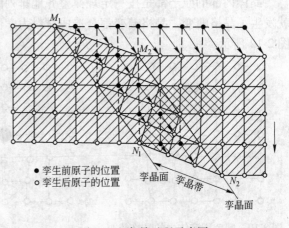

图 2-14　孪晶过程示意图

是已滑移区和未滑移区的边界。位错有三种类型，即刃型位错、螺型位错和混合位错。刃型位错是位错线和晶体的滑移方向垂直；螺型位错是位错线与晶体的滑移方向平行；位错线和滑移方向成任意角度则是混合位错。金属的塑性变形是位错的移动的结果。

　　孪晶又称为双晶。是晶体的一部分突然改变了原来位置发生间歇式飞跃造成晶粒的一部分与另一部分沿着双晶面构成镜面的对称。双晶是金属塑性变形的另一种形式，它不仅与晶格特性有关，而且与变形条件有关，多发生在冲击力作用下。双晶又分为变形双晶和退火双晶。因变形产生的双晶称为变形双晶；通过变形后退火产生的双晶称为退火双晶。

　　合金元素溶入基体后，使基体金属的位错密度增大，同时发生晶格畸变。由于畸变应力场和位错应力场的交互作用，使合金元素的原子聚集到位错线附近，形成"气团"，该"气团"对位错的运动起到"钉扎"作用，阻碍位错的运动，这种现象叫钉扎。

90　什么是材料的抗拉强度和屈服强度？

　　某一材料的试棒在拉伸试验中发生断裂时，单位面积所能承受的最大拉力称为该材料

的抗拉强度，用 R_m（旧标准用 σ_b）表示。它表示金属抵抗断裂的能力。

某一材料的试棒在拉伸试验中出现屈服现象时（此时变形开始而力不增加）的应力称为该材料的屈服强度，常用 R_{eH} 或 R_{eL}（旧标准用 σ_s）表示。由于相当一部分材料的屈服效应并不明显，因此，可以用 0.2% 的变形量时的应力作为材料的屈服强度，用 $R_{p0.2}$（旧标准用 $\sigma_{0.2}$）表示。它们表示金属抵抗永久变形的能力。

抗拉强度和屈服强度都是金属材料的强度指标，均是按照 GB228—87 规定，把一定规格的金属材料按特定尺寸加工成试样（试棒）夹装在拉力实验机上进行试验测得的。

91　什么是材料的硬度？

硬度即金属表面局部体积内抵抗因外物压入而引起塑性变形的抗力。硬度越高即表明材料抵抗塑性变形的能力愈大，金属产生塑性变形愈困难。

硬度是衡量金属材料软硬程度的一种性能指标。由于硬度能反映出金属材料在化学成分、金相组织结构和热处理工艺上的差异，因此硬度试验也是一种很好的理化分析和金相研究的方法。

92　什么是材料的伸长率？

材料的伸长率按新标准称为断后伸长率。是指试棒发生断裂时，试棒伸长的比率。材料的伸长率也是按照 GB 228—87 的规定，在拉力实验机上经过实验测得的，用 A（旧标准用 δ）表示。标距为 5mm 的短试样测得的伸长率用 A（旧标准为 δ_5）表示，而标距为 10mm 的长试样测得的伸长率用 $A_{11.3}$（旧标准用 δ_{10}）表示。

93　什么是超塑性？

某些金属材料伸长率超过 100% 的现象称为超塑性。同时人们把伸长率超过 100% 的材料称为超塑性材料。超塑性是某些材料在一定的变形温度和变形速度条件下，用较低的作用应力所产生的一种暂时的塑性异常现象。最大塑性可达 1000% 甚至 2000%。

94　什么是变形织构？

晶体在外界条件（变形、冷凝、电解及热处理等）作用下，沿某些晶体位向的择优取向称作织构。按形成方式，主要有：通过液态金属冷凝形成的称"铸造织构"；通过塑性变形形成的称"形变织构"；在塑性变形后经退火形成的称"退火织构"。具有织构的金属材料呈现明显的各向异性。同一材料根据加工方式的不同可出现不同的形变织构，按照坯料或制品的外形，形变织构可分为丝织构和板织构。在拉伸（拉丝）、挤压和旋锻条件下形成的织构称为丝织构，这时晶体中晶粒有一个共同的晶向相互平行，并和棒材（线材）轴向一致。

板织构又称轧制织构。在轧制条件下形成的织构称为板织构。板织构不仅晶粒的晶向平行轧制时最大主变形方向（轧制方向），而且某一结晶学平面平行于板材表面。

具有冷变形织构的材料进行退火时，由于晶粒位向趋于一致，总有某些位向的晶块易于形核及长大，故形成具有织构的退火组织，称为退火织构又叫再结晶织构。具有退火织构组织的材料的金相组织观察为等轴的晶粒，但他们的取向又是一致的。

织构的类型和强度可用 X 射线衍射方法测得，图 2-15 是纯铜板 X 射线衍射图。图 2-15a 是加工织构（开始再结晶），图 2-15b 是退火织构＋加工织构（完全再结晶）。

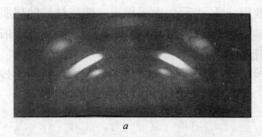 

a　　　　　　　　　　　　　　　　　*b*

图 2-15　纯铜板 X 射线衍射图

95　铜合金材料的织构特点如何?

对于铜合金来说，加工率愈大和最终退火温度愈高，制品的织构越明显，各向异性现象越严重。通常产生织构的铜板带，在其平行于轧制方向和垂直于轧制方向的延伸率最小，在轧制的 45°方向延伸率最大。若用这种铜板带进行冲压时（如弹壳、穿甲弹药型罩、电池帽和各种冲压器皿）则制品的口部会出现波浪形起伏，一般称为"制耳"或"冲耳"。若退火后出现再结晶织构的板材冲压时，则沿 0～90°方向出现"制耳"。

为了减小"制耳"和提高板材的利用率，一般采用适当的加工率和适中的退火温度，尽可能降低织构强度，从而使材料的方向性尽可能地小。也可以采取相反的工艺，即采用大加工率和高温退火，使加工织构得到适当保留并得到与其相当的退火织构，从而同样可以获得各向异性最小的材料。后一种工艺可以减少中间退火，节约能源、提高生产效率，是运用织构组合指导生产实践的典型例证。

96　什么是材料的疲劳极限?

疲劳时应力远低于静载下材料的屈服强度极限，因而屈服强度或强度极限已不能作为交变应力下的强度指标，需重新测定金属的疲劳强度指标。疲劳试验表明，在同一循环特征 γ 的交变应力下，循环次数 N 随交变应力的最大应力 S_{max} 的减小而增大，当 S_{max} 减小到某一数值时，N 趋于无限大。材料经历无限次应力循环而不疲劳时的交变应力的最大应力，称为材料的疲劳极限，或称持久极限。

97　什么是材料的断裂韧性?

实验证明，对于一定厚度的平板，不管所施加的应力 σ 与裂纹长度 α 为何值，只要应力强度因子达到某一数值时，裂纹就开始扩展，并可能使平板断裂。使裂纹开始扩展的应力强度因子值，称为材料的断裂韧性，用 K_C 表示。断裂韧性的大小是衡量含裂纹材料抵抗断裂失效能力的强度指标，通过断裂实验得到。

98　什么是冲击韧性?

材料在冲击载荷作用下抵抗破坏的能力叫冲击韧性。冲击载荷系指以较高速度施加到零件上的载荷，叫冲击载荷。

材料的冲击韧性通常是通过一次冲击试验测得：将被测材料做成标准试样，$10\text{mm} \times 10\text{mm} \times 55\text{mm}$，在试样中间开 2mm 的缺口，缺口有两种形式，U 形缺口为梅氏试样，V 形缺口为夏氏试样。将试样放在试验机的支座上，把质量为 G 的摆锤抬高到 H 高度，使摆锤具有位能 GHg（g 为重力加速度）。然后释放摆锤，将试样冲断，并向另一方向升高到 h 高度，这时摆锤具有位能 Ghg。故摆锤冲断试样失去的位能为 $GHg - Ghg$，这就是试样变形和断裂所消耗的功，称为冲击吸收功 A_k，即：

$$A_k = Gg(H - h) \tag{2-5}$$

根据两种试样缺口形状不同，冲击吸收功分别用 A_{ku} 和 A_{kv} 表示，单位为焦耳（J）。冲击吸收功的值可从试验机的刻度盘上直接读得。

一般把冲击吸收功值低的材料称为脆性材料，值高的材料称为韧性材料。脆性材料在断裂前无明显的塑性变形，断口较平整、呈晶状，有金属光泽；韧性材料在断裂前有明显的塑性变形，断口呈纤维状，无光泽。

过去人们习惯于把冲击韧性用以下公式表示：

$$\alpha_k = \frac{A_k}{S_0} \tag{2-6}$$

式中　α_k——冲击韧性，J/cm^2；

　　　A_k——冲击吸收功，J；

　　　S_0——试样缺口面积，cm^2。

99　何为残余应力，如何消除?

在外力消除后仍保留在金属内部的应力称为残余应力或内应力。残余应力是由于金属的不均匀变形和不均匀的体积变化造成的。残余应力按内应力作用范围，可分为宏观内应力（第一类残余应力）、晶间内应力（第二类残余应力）和晶格畸变内应力（第三类残余应力）。

宏观内应力：当金属发生不均匀变形，而物体的完整性又限制这种不均匀变形的自由发展时，在金属物体内大部分体积之间产生互相平衡起来的应力，这种因变形不均匀所出现的应力称为宏观内应力。

晶间内应力：由于金属各晶粒的空间取向不同，在发生变形时，相邻的两个晶粒发生了不均匀变形，两者之间相互制约而产生平衡，阻碍变形的自由发展，变形结束后残留在晶体内形成晶间内应力。

晶格畸变内应力：变形不均匀不仅表现在各晶粒之间，因受其周围晶粒影响不同，在同一晶粒各个部位也存在变形不均匀，产生一定晶格畸变，限制变形的自由发展，变形后残留在晶粒内部形成晶格畸变内应力。残余应力会导致工件变形、开裂和部分尺寸或形状改变，缩短工件的使用寿命。

为了消除残余应力，一般采用热处理法和机械处理法。允许退火的金属材料可以采用退火的方法消除残余应力。消除残余应力的退火一般在较低的温度（低于再结晶温度）下进行，即恢复期，此时残余应力可大部分消除，而不会引起材料强度的降低；在较高温度下退火虽然能彻底消除残余应力，但会造成金属力学性能改变，特别是强度的降低和制品晶粒的粗化。机械处理法是在制品的表面再附加一些表面变形，使之产生新的压副应力以抵消制品内的残余应力或尽量减小其数值。当材料表面有拉伸残余应力时才可以采用该方法。例如管棒材的多辊矫直，带材的拉弯矫、张力退火等均是消除残余应力的有效方法。

100　热变形对材料组织和性能有哪些影响?

从金属学的观点来看，热加工与冷加工的区分应以金属的再结晶温度为界限，即凡在其再结晶温度以上的加工变形为热加工，反之在其再结晶温度以下的加工变形为冷加工。由于热变形可以实现大的变形量，对于铸锭来说:

(1) 可使铸态金属中的缩孔焊合，从而使其致密度提高。

(2) 可使铸态金属中的粗大枝晶和柱状晶粒破碎，从而使其晶粒细化，力学性能得以提高。

(3) 可使铸态金属中的粗大枝晶偏析和非金属夹杂的分布发生改变，使它们沿着变形的方向细碎拉长，形成所谓热加工"纤维组织"，从而使金属的力学性能具有明显的各向异性，纵向的强度、塑性和韧性显著大于横向。

实际生产中，热加工的温度范围需要根据该金属或合金的相图、高温塑性图等确定。一般热加工的温度范围是其熔点绝对温度的 0.75 ~ 0.95 倍。

101　冷变形对材料组织和性能有何影响?

金属在再结晶温度以下的加工变形称为冷变形，也称冷加工。

在冷变形过程中，随着金属外形的改变，其内各个晶粒的形状也发生相应的变化，被拉长、拉细或压扁，出现晶粒破碎的亚结构和晶内、晶间裂纹、空洞等组织缺陷。在较大的冷变形情况下，晶粒由无序状态变为有序状态，出现"加工织构"。

冷变形后金属的性能会发生一定程度的变化: 由于冷加工变形后组织发生了晶内、晶间的破坏，晶格产生了畸变以及出现了残余应力，使金属塑性指标急剧下降，强度指标明显提高 (加工硬化)，而且容易出现应力腐蚀倾向。同时，由于出现加工织构使金属在后续加工过程中出现各向异性。冷加工还会造成金属电导率及化学稳定性出现不同程度的降低。

102　什么是金属热处理，铜及铜合金热处理工艺有哪几种?

热处理是通过加热、保温、冷却的操作方法，来改变金属内部的组织结构以获得所要求的工艺性能和使用性能的一种加工技术。

热处理的主要作用有:

(1) 消除产品铸造过程中成分不均、铸造应力和组织偏析的缺陷;

(2) 消除应力、降低工件硬度、改善后续加工性能;

(3) 使产品获得特定的组织和良好的综合性能; 等等。

由于铜合金没有同素异构转变，因此其热处理与钢铁热处理相比要简单得多。铜及铜合金最常见的热处理工艺类型可分为均匀化退火 (均匀化)、基于回复和再结晶过程的退火 (退火)、固溶处理 (淬火) 及时效 (回火)。

热处理之所以能使材料的性能发生巨大的变化，主要是由于经过不同的加热与冷却过程，使材料的内部组织发生了诸如回复 (消除晶格畸变)、再结晶、相变等变化。

103 什么是均匀化?

均匀化是将铸锭或铸件加热到高温（一般比合金的固相线温度低 $100 \sim 200 \text{℃}$）长时间保温并进行缓慢冷却的过程。均匀化的对象是铸锭或铸件，其目的是借助高温时原子的扩散来消除或减小在实际结晶条件下，铸锭或铸件的晶内化学成分不均匀和偏离于平衡的组织状态，进而改善合金的加工性能和最终使用性能。均匀化退火过程是一个原子扩散的过程，因此均匀化退火也称扩散退火。

铸锭经均匀化退火后，室温下塑性提高并使冷、热加工性能大为改善。由此可降低铸锭热轧开裂的危险、改善热轧板带的边缘质量、提高挤压速度，同时，由于降低了变形抗力，还可减少变形功消耗，提高设备生产效率。另外，半连续或连续铸锭往往存在较大的残余应力，影响铸锭的锯切、铣面等机械加工的顺利进行（因可能发生翘曲等弊端），如果残余应力过大，还可能造成铸锭爆裂，危及操作人员及设备的安全。均匀化退火可消除铸锭内的残余应力，改善铸锭的机械加工性能。因此，对于残余应力较大且需要进行均匀化退火的铸锭，锯切、铣面等工序应在均匀化退火后进行。

铸锭均匀化退火作为热变形前的预备工序，其首要目的在于提高其加工性能，但它对整个加工过程及产品质量均有很大影响，因此往往是不可缺少的。均匀化退火最主要的缺点是费时耗能，其次是高温长时间处理可能出现变形、氧化以及吸气等缺陷。

铸锭是否进行均匀化退火主要根据合金本性及铸造方法而定，当铸态组织不均匀、晶内偏析严重、非平衡相及夹杂在晶界富集以及残余应力较大时，铸锭应进行均匀化退火。对于铜及铜合金铸锭而言，一般很少采用独立的均匀化退火工序而与热加工前的锭坯加热合二为一，只有锡青铜、锡磷青铜以及锌白铜等偏析倾向严重的合金才进行的均匀化退火。

104 什么是回复?

回复是指冷变形后的金属在低温加热时（一般纯金属低于 $0.3T_{熔}$），晶粒的形状和尺寸并不发生任何变化，但金属的某些性能以及晶粒的内部结构却发生了显著变化。一般把变形金属缺陷的密度和分布改变的过程称为回复，把以回复过程为主的热处理工艺称为回复退火。

回复过程的本质是点缺陷运动和位错运动及其重新组织，在精细结构上表现为多边化过程，形成亚晶组织。回复不能使合金变形储能完全释放，因此，回复退火一般不会使纯铜塑性提高、屈服强度和抗拉强度降低（如图2-16中曲线2）。

金属和合金的本质不同，它们在回复阶段的性能变化也有不同特点。图2-16中所示是不同金属及合金的强度性能在回复阶段变化的三种典型情况。由图可见，在回复阶段，加工硬化可相当完全地保留（曲线1）、部分保留（曲线2）以及几乎完全消失（曲线3）。

某些金属及合金在回复温度下退火，硬度、强度特别是弹性极限不仅不降低，反而升高（图2-16b 中的虚线），这种现象称为低温退火时的硬化效应。生产中可利用这种效应提高弹簧的弹性极限。

大多数铜基及镍基合金存在这种硬化效应，硬化值与合金的成分和冷变形程度有关。固溶体浓度越高，硬化值越大；冷变形程度越大，硬化值越大。

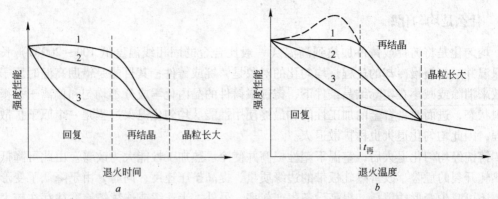

图 2-16　强度性能与退火时间(温度恒定)(*a*)及退火温度(时间恒定)(*b*)的关系

　　生产中，回复退火一般作为半成品或成品的最终处理工序，以消除应力或保证制品的强度与塑性的良好结合。

105　什么是再结晶?

　　再结晶指当冷变形的金属加热到一定温度后，在原来的变形组织中会产生新的无畸变的等轴晶粒，同时性能也发生明显的变化，并恢复到完全软化状态，这个过程称为再结晶。

　　在回复的基础上，退火温度升高或时间延长，亚晶的尺寸逐渐增大，位错缠结逐渐消除，呈现鲜明的亚晶晶界，在一定温度等条件下，亚晶可以长大到很大尺寸（约 $10\mu m$），这种情况称为再结晶。再结晶晶粒与基体间的界面一般为大角度界面，这是再结晶晶粒与多边化过程所产生的亚晶的主要区别。

　　把冷变形金属加热到再结晶温度以上，使其发生再结晶的热处理操作称为再结晶退火。生产中，再结晶退火主要用于成品和冷加工过程中间，用于成品（成品退火）是为了获得软态制品，用于冷加工过程中间（中间退火）是为了恢复金属的塑性以便继续加工。

　　再结晶温度通常定义为：经过大变形量（大于 70%）的冷变形金属，在 1h 保温时间内能完成再结晶（大于 95% 转变量）的最低温度。

106　再结晶的形核机制是什么?

　　金属再结晶的形核机制一般有两种，在再结晶过程中两种机制都会程度不同地发挥作用。

　　(1) 应变诱发晶界迁移机制。在原始晶粒大角度界面中的一小段（尺寸约几微米）由于积聚的应变能的作用，突然向一侧弓出，弓出的部分即作为再结晶晶核，它吞并周围基体而长大。这种形核机制称为应变诱发晶界迁移机制，也称为晶界弓出形核机制。

　　(2) 亚晶长大形核机制。亚晶长大时，原分属各亚晶界的同号位错都集中在长大后的亚晶界上，使其与周围基体位向差角增大，逐渐演变成大角度界面。此时界面迁移速率突增，开始真正的再结晶过程。亚晶长大的可能方式有两种：亚晶的成组合并或个别亚晶选择性生长。

107　金属材料的再结晶温度如何确定?

再结晶并不是一个恒温过程，它不过是随着温度的升高而大致从某一温度开始进行的过程，这一大致开始再结晶的温度即再结晶温度。

金属的再结晶温度与金属本性密切相关，大量的实验资料证明，各种金属的最低再结晶温度与其熔点大致有如下关系:

$$T_{再} \approx 0.4T_{熔} \tag{2-7}$$

式中，温度值均按绝对温度计算。

再结晶温度与变形程度的关系极大，一般的规律是变形程度（加工率）越大，再结晶温度越低；变形程度越小，再结晶温度越高。具体的再结晶温度应该由该材料的温度 - 性能试验曲线图决定。一般地认为硬度、强度明显降低而热性显著提高时的温度为开始再结晶温度（曲线上的拐点）。

为缩短退火周期起见，在工业生产上，再结晶退火的加热温度经常定为最低再结晶温度以上 100 ~ 200℃。

108　影响再结晶温度的因素有哪些?

金属或合金的再结晶温度与下列因素有关:

（1）金属的预先变形程度。变形程度越大，金属畸变能越高，组织也越不稳定，向低能量状态变化的倾向也越大，因而金属的再结晶温度越低。反之亦然。但应指出，当变形程度增加到一定数值后，再结晶温度趋向于一稳定值。

（2）金属的纯度。金属中的微量杂质或合金元素，特别是高熔点元素，常会阻碍原子扩散或晶界的迁移，故金属纯度的降低常可显著提高其再结晶温度。不过杂质或合金元素的作用在低含量时表现最为明显，当其含量增至某一浓度后，往往便不再提高再结晶温度，有时反而会降低再结晶温度。

（3）加热速度。加热速度过慢或过快均使再结晶温度升高。这是因为，若加热速度十分缓慢，则变形金属在加热的过程中有足够的回复时间，使畸变能减少，从而减少再结晶的驱动力，使再结晶温度升高。若加热速度过快，则变形金属在不同温度下停留的时间很短，进而使再结晶的形核和长大过程来不及进行，所以只能推迟到更高的温度下才能发生再结晶。

109　影响再结晶晶粒大小的因素有哪些?

再结晶晶粒长大是通过晶界迁移来实现的，因此，所有影响晶界迁移的因素都会影响晶粒长大。这些因素主要有:

（1）加热温度。由于晶界迁移的过程就是原子扩散的过程，所以温度越高，晶粒长大速度就越快。通常在一定温度下，晶粒长大到一定尺寸后就不再长大，但升高温度后晶粒又会继续长大。如图 2-17 所示。

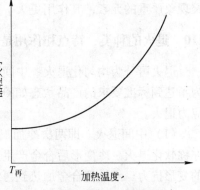

图 2-17　再结晶退火时的加热温度对晶粒度的影响

（2）加热速度。加热速度快，再结晶后晶粒细小，这是因为：快速加热时，回复过程来不及进行或进行得很不充分，因而不会使变形储能大幅度降低。快速加热提高了实际再结晶开始温度，使形核率加大。此外，快速加热能减少阻碍晶粒长大的第二相及其他杂质质点的溶解，使晶粒长大趋势减弱。

（3）保温时间。在一定温度下，退火时间延长，晶粒逐渐长大，但达到一定尺寸后基本中止。这是因为晶粒尺寸与退火时间呈抛物线形关系，所以在一定温度下晶粒尺寸均会有一极限值。若晶粒尺寸达到极限值后，再提高退火温度，晶粒还会继续长大，一直达到后一温度的极限值。这是因为：原子扩散能力增高了，打破了晶界迁移力与阻力的平衡关系；温度升高可使晶界附近杂质偏聚区破坏，并促进弥散相部分融解，使晶界迁移更易进行。

（4）变形程度。变形程度愈大，变形便愈均匀，再结晶后的晶粒度便愈细。当变形度很小时，金属的晶格畸变很小，不足以引起再结晶，故晶粒度仍保持原样；当变形度在2% ~ 10% 范围内时，金属仅有部分晶粒发生变形，变形极不均匀，再结晶时生核数目很少，再结晶后晶粒度很不均匀，晶粒极易相互吞并长大，这个变形度称为"临界变形度"，再结晶后的晶粒度比较粗大，生产中应尽量避免这一范围的加工变形，以免形成粗大晶粒以降低性能；当变形大于临界变形度之后，随着变形度的增加，变形便愈均匀，再结晶时生核率便愈大，再结晶后的晶粒度便会愈细愈均匀；不过，如果预先变形度过大（约大于90%时），某些金属还会再次出现长大的现象。如图2-18所示。

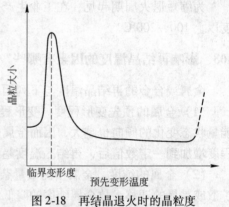

图 2-18　　再结晶退火时的晶粒度
与预先变形程度的关系

（5）原始晶粒度。当合金成分一定时，变形前的原始晶粒对再结晶后晶粒尺寸也有影响。一般情况下，原始晶粒愈细，由于原有大角度界面愈多，因而增加了形核率，使再结晶后晶粒尺寸小一些。但随着变形程度增加，原始晶粒的影响减弱。

（6）杂质及合金元素。杂质及合金元素溶入基体后都能阻碍晶界运动，特别是晶界偏聚现象严重的元素，其作用更大。

110　退火的种类、特点和作用是什么？

退火可分为均匀化退火、中间退火、成品退火。中间退火亦称软化退火。成品退火是为了达到标准要求的产品状态如 O 状态、1/4H 状态、1/2H 状态等而进行的，也包括消除应力退火。

（1）中间退火。即两次冷加工变形（冷轧或拉伸）之间以软化为目的的再结晶退火，亦称软化退火。冷变形后合金产生加工硬化，屈服强度急剧上升，继续加工时需克服较大的变形抗力。经过把合金加热到再结晶温度以上，保温一定的时间后缓慢冷却，使冷变形充分破碎的组织重新结晶，合金晶粒组织细化，从而获得好的塑性和低的变形抗力，以便继续进行冷加工变形。因此，中间退火要求实现充分再结晶，加热温度都高于再结晶温度，保温时间则以保证金属温度均匀为原则。

（2）成品退火。即冷变形加工到成品尺寸后，通过控制退火温度和保温时间来得到不同状态和性能的退火。在铜加工企业中，控制铜加工产品状态和性能一般有两种方法：一是靠冷变形后的退火工艺来控制；另一个是靠退火后的冷变形加工率来控制。两者各有优缺点，可根据设备条件和技术工人的水平来选择。为达到 O 状态的成品退火应保证充分再结晶，温度不宜过高，时间亦不宜过长；硬态产品消除应力的退火温度一般在 250～300℃ 左右，温度不宜高，保温时间可适当延长。

111　如何确定铜材退火工艺制度？

退火的主要工艺参数是退火温度、保温时间、加热时间和冷却方式。退火工艺制度的确定应满足如下三方面的要求：保证退火材料的加热均匀，以保证材料的组织和性能均匀；保证退火材料不被氧化，表面光亮；节约能源，降低能耗，提高成品率。因此，铜材的退火工艺制度和所采用的设备应能具备上述条件。如炉子设计合理，加热速度快，有保护气氛，控制精确，容易调整等。

A　退火温度

是根据合金性质、加工硬化程度和产品技术条件的要求决定的，从以下几方面考虑：根据合金的力学性能与退火温度的关系曲线即软化曲线；根据合金的开始再结晶温度；根据晶粒度和退火温度的关系曲线。中间退火温度应高于再结晶温度，成品退火则应按照产品状态的要求根据软化曲线和晶粒度－温度曲线选择退火温度，消除应力退火的温度则应低于再结晶温度。此外，还应考虑到实际情况，如对厚规格的退火温度应比薄规格的退火温度要高一些；对装料量大的要比对装料量小的退火温度高一些；板材要比带材的退火温度高一些。

高锌黄铜如 H68、HSn70-1、HAl77-2 等在退火时要严格控制温度。因为它们在 700℃ 以上的温度退火，就会蒸发，也易于和氧、水、二氧化碳反应生成氧化锌而产生"脱锌现象"而使制品表面出现麻点。

简单高锌黄铜、锡黄铜和硅黄铜等是对应力腐蚀敏感的合金。因此，它们在冷变形后应立即进行消除应力退火。消除应力退火的温度应低于再结晶温度。

B　加热速度

要根据合金性质、装料量、炉型结构、传热方式、金属温度、炉内温度差及产品的要求确定。因为快速升温可提高生产率，晶粒细、氧化少，半成品的中间退火大都采用快速升温；对于成品退火，装料量少、厚度薄，都采用慢速升温，对锡磷青铜等合金应采取缓慢加热方式，以防产生裂纹。

C　保温时间

应能使制品各部分温度均匀，使再结晶充分完成，使晶粒度符合标准的要求。炉温设计时，为提高加热速度，加热段的温度比较高，当加热到一定温度后，要进行保温，此时炉温与料温相近。保温时间应以保证退火材料均匀热透为准。

D　冷却速度

对于大多数铜合金采用水冷或空冷就能基本满足，一般成品退火大都是进行空冷，中间退火有时可采用水冷；对于有严重氧化倾向的合金产品，可以在急冷下使氧化皮爆裂脱落。除紫铜、H96、H68、HAl77-2、B10 等合金外，一般均应缓慢冷却，以防止急冷引起应力不均而扭曲、开裂。

112　什么是脱溶?

固溶体脱溶是可热处理强化铜合金（或其他合金）进行强化热处理（淬火和时效）的基础。

铜合金一般在液态高温时含有较多的能溶入铜中的合金元素，在共晶点温度下达到极限值。图 2-19 是典型的具有溶解度变化的二元铜合金相图。成分为 C_0 的合金，在室温时为 α + β 两相组织。α 为基体固溶体，β 为第二相。合金加热至 T_q 时，β 相将溶入基体而得到单相的 α 固溶体，这种加热处理称为固溶处理。在平衡状态下（即缓慢冷却状态下）随着温度的降低合金元素的溶解度将逐渐减少。这个合金元素在固溶体中逐渐减少的过程叫做"脱溶"，合金元素从固溶体中析出现象也称为"沉淀"。

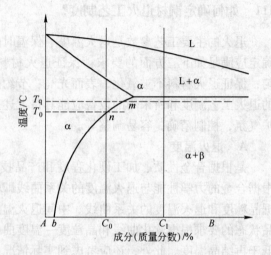

图 2-19　典型二元铜合金相图

在非平衡状态下，即将合金在高温时所具有的过饱和状态的组织以过冷的方式使其保留至室温的热处理操作叫"淬火"。淬火适应于在不同温度下其固溶度有较大的变化的合金，通过采用快速冷却的方式，使其产生非平衡态的凝固，保留至室温的过饱和状态的组织是亚稳态组织。

如上所述，"固溶热处理"和"淬火"本来是两个过程，但习惯上，人们将固溶处理当作淬火前的加热工序，因而统称为"淬火"。

凡是在相图上有多型性转变或固溶度随温度有较大改变的合金，原则上均可进行固溶－淬火热处理。

113　如何确定淬火工艺参数?

淬火工艺参数主要有：淬火温度、转移时间、冷却速度。

A　淬火温度

铜合金淬火温度取决于合金成分和共晶温度。一般淬火加热温度应稍低于合金的低熔点共晶温度，以免出现过烧；加热温度过低，合金元素（强化相）不能充分固溶，成分不均，合金在其后的时效处理后将达不到性能要求。淬火加热温度的下限，应使合金元素充分固溶，合金元素（强化相）固溶越充分、成分越均匀，回火时强化效果越好。因此，淬火温度尽量取高一些，可以提高淬火效应。但加热温度过高会引起晶粒长大，也会恶化产品性能。此外，某些合金的固溶度变化的温度范围很窄，因此要精确控制加热温度，一般

温度误差控制在 ±5℃ 以内，才能保证材料的组织和性能。

铜合金淬火加热保温时间主要取决于强化相的溶解速度，时间太短易引起固溶不足，时间太长则造成晶粒粗大。

B　转移时间

材料从加热炉到淬火介质之间的转移，无论是机械操作还是手工操作都必须在规定的时间内完成。否则材料的温度会在室温大气条件下因辐射、对流而降低，导致亚稳态组织脱溶，达不到预期的淬火效果。铜合金的淬火转移时间一般为 10~35s。

C　冷却速度

合金材料在淬火加热后必须迅速冷却，以抑制合金在慢冷时必然出现的次生相析出。如果出现这种相的析出，固溶体的过饱和度就会下降，时效效果就会削弱。太快易产生残余应力或裂纹、破裂。

材料淬火时的实际冷却速度取决于淬火介质的种类和温度，以及材料本身的厚度。为防止材料在淬火时变形，还要考虑材料的形状和复杂程度。铜合金材料一般用 40℃ 水作淬火介质。

管棒材淬火大都利用水封挤压装置进行，它的转移时间极快，但制品依次从头至尾顺序入水，因而制品头部与尾部的组织性能略有差别。

板带材的淬火通常在热轧卷取后进入水槽，一是温度误差大，二是大卷金属的热容量大，短时内温降难以达到要求，故淬火效果较差。近年来开发出热轧在线水淬技术解决了上述问题。它是在热轧机后输出辊道上设置多排喷嘴，从上下两面对带坯喷淋冷却水。这种方法已应用于铜-铁-磷合金和铜-镍-硅合金引线框架铜带的生产。

114　什么是自然时效和人工时效？

淬火后合金得到的是亚稳定的过饱和固溶体，因此存在向稳定状态自发分解的趋势，有些合金在室温就可分解，但大多数合金需要加热到一定温度才能分解。这种室温保持或加热以使过饱和固溶体分解的热处理称为时效或回火。在室温下进行的时效称为自然时效；在加热到一定温度下进行的时效称为人工时效。人工时效可以加速脱溶的过程。

自然时效可以在淬火后立即开始，也可以经过一定的孕育期才开始。不同合金的自然时效速度有很大区别，有的合金仅需数天，而有的合金则需数年才能趋于稳定状态（用性能的变化衡量）。

115　如何确定时效工艺制度？

时效（回火）是热处理强化的过程，经过淬火后的合金，其过饱和固溶体在低温回火后才能析出来，从而使合金硬化。时效（回火）时主要保证强化粒子析出时均匀和弥散分布。过饱和固溶体相是不稳定相，它趋于稳定状态（析出第二相）。

回火时过饱和固溶体中的强化相析出，回火温度及时间的掌握应以析出相不致凝聚，而均匀弥散在晶界上为原则；不适当地提高回火温度或增长回火时间，均会降低强化效果，降低力学性能。

表2-2 所示为部分铜合金的淬火-时效（回火）制度。

表 2-2　部分铜合金的淬火-时效（回火）制度

合金牌号	淬　　火			时效（回火）	
	加热温度/℃	保温时间/min	冷却介质	回火温度/℃	保温时间/min
QBe2、QBe1.9	780~800	15~30		300~350	120~150
QCr0.5	920~1000	15~60		400~450	120~180
QZr0.2	900~920	15~30	水	420~440	120~150
QTi3.5	850	30~60		400~450	120~180
BAl6-1.5	950~910	120~180		495~505	90~120

116　铜合金材料的强化途径有哪些？

铜及铜合金通常采用的强化途径有：形变强化、细晶强化、固溶强化、时效析出（沉淀）强化、弥散强化、复合材料强化、添加微量元素。

A　形变强化

形变强化是通过塑性变形使铜合金的强度和硬度得以提高，它是最常用的铜合金强化手段之一。由于冷加工产生的晶体缺陷对材料的导电性影响不大，这种强化方式在提高强度的同时仍使合金具有很高的导电性。形变强化的特点是在材料强度上升的同时，其塑性迅速下降，电导率也会因位错密度的增加而略有下降。另外，当使用温度上升时，材料会发生回复、再结晶过程而软化，而且单一的形变强化使合金的强度提高的幅度有限，所以常和其他强化方式同时使用。

B　细晶强化

细晶强化是在浇铸时采用快速凝固措施或采用热处理手段来获得细小的晶粒，也可以加入某种微量合金元素来细化晶粒。晶粒尺寸减少，合金强度提高，并且对合金的电导率影响不大。所以细晶强化也成为铜合金主要强化手段之一。

细晶强化的突出优点是在提高材料强度的同时可以提高材料的塑性。这是由于晶粒细化后，材料变形时晶界处位错塞积所造成的应力集中可以得到有效缓解，推迟了裂纹的萌生，材料断裂前可以实现较大的变形量。细化晶粒也正是由于这一优点而得到广泛应用。

C　固溶强化

通过融入某些溶质元素形成固溶体而使金属的强度、硬度升高的现象称为固溶强化。固溶强化的产生是由于溶质原子溶入后，要引起溶剂金属的晶格产生畸变，进而使位错移动时所受到的阻力增大的缘故。实践证明，适当掌握固溶体中的溶质含量，可以在显著提高材料的强度、硬度的同时，使其仍然保持相当好的塑性和韧性。例如：向铜中加入19%镍，可使合金的 σ_b 由 220MPa 升高至 380~400MPa，硬度由 HB44 升高至 HB70，而塑性仍然保持 $\psi = 50\%$。若将铜通过其他途径（例如冷变形时的加工硬化）获得同样的强化效果，其塑性将接近完全丧失。

固溶强化是利用固溶体中的溶质原子与运动位错相互作用而引起流变应力增加的一种强化方法。在基体中添加适量合金元素形成固溶体，合金的强度一般将得到提高。根据Mott-Nabbaro 理论，对于稀薄固溶体，屈服强度随溶质元素浓度的变化可表示为：

$$\sigma = \sigma_0 + kC^m \tag{2-8}$$

式中，σ 为合金屈服强度；σ_0 为纯金属屈服强度；C 为溶质原子质量浓度；k、m 为决定于基体和合金元素的性质的常数，其中 m 的数值介于 0.5~1 之间。

D　时效析出（沉淀）强化

时效析出强化的基本原理是，在铜中加入常温下固溶度极小，而高温下固溶度较大的合金元素，通过高温固溶处理，使合金元素在基体中形成过饱和固溶体，此时强度与纯铜相比有所提高。而后通过时效，使过饱和固溶体分解，合金元素以一定形式析出，弥散分布在基体中形成沉淀相。沉淀相能有效地阻止晶界和位错的移动，从而大大提高合金强度。

产生析出强化的合金元素应具备以下两个条件：一是高温和低温下在铜中的固溶度相差较大，以便时效时能够产生足够多的强化相；二是室温时在铜中的固溶度极小，以保证基体的高导电性。

析出强化是高强度、高导电性铜合金中应用最广泛的强化方法。在铜合金中，为产生时效析出强化效果，而加入的元素有 Ti、Co、P、Ni、Si、Mg、Cr、Zr、Be、Fe 等。时效析出强化的最大优点是在大幅度提高材料强度的同时，对电导率损害很小。

E　弥散强化

弥散强化是将一定形状和大小的弥散强化相的粉末，与铜粉充分混合后，利用粉末冶金等方法制备的材料。第二相粒子（Al_2O_3、ThO_2、ZrO_2 等）弥散分布于铜基体中，由于弥散强化作用使铜合金的强度得以提高。这种方法在提高强度的同时，对铜的导电性和导热性影响很小。为了在铜基体中获得弥散分布的第二相粒子，可以人为地在铜基体中加入第二相粒子或通过一定的工艺在铜基体中原位生成弥散分布的第二相粒子。其具体的方法有：机械混合法、共沉淀法、内氧化法、反向凝胶析出法、电解沉淀法等。

弥散强化的机理主要有奥罗万机理和安塞尔-勒尼尔机理。

（1）奥罗万（Orowan）机理。塑性变形时，位错线不能直接切过第二相粒子，但在外力的作用下，位错线可以环绕第二相粒子发生弯曲，最后第二相粒子周围留下一个位错环而让位错通过。位错的弯曲将会增加位错影响区的晶格畸变能，这就增加了位错线运动的阻力，使滑移抗力增大。

（2）安塞尔-勒尼尔机理。安塞尔（G. S. Ansell）等人对弥散强化合金的屈服提出了另外一个位错模型。他们把由于位错塞积引起的弥散第二相粒子断裂作为屈服的判据。当粒子上的切应力等于弥散粒子的断裂应力时，弥散强化合金便屈服。

F　纤维原位复合强化

这种方法主要是指往铜中加入过量的合金元素（Cr、Fe、V、Nb 等），得到两相复合体，过量元素以单相形式，呈枝晶状结构存在于凝固态合金中。此后对合金进行大变形量拉伸，使合金元素的枝晶状结构转变为纤维结构，纤维的存在使位错运动的阻力增大，从而使材料得到强化。

G　添加微量元素

在基体中加入某些微量元素使之合金化不但可以使合金得到强化，而且对发展耐磨蚀材料也是一种有效手段。这些微量元素有的通过固溶，有的通过形成弥散相，有的通过净化基体组织而对合金起强化作用，但均不明显降低其耐蚀性，从而起到了提高合金综合性能的目的。

117 金属腐蚀的本质是什么?

铜合金的腐蚀是指铜合金在周围环境介质作用下所产生的化学反应而导致合金组织、性能等的变质或损坏。

(1) 大气腐蚀。铜及铜合金暴露在空气中时,其表面层会与空气中的氧反应,生成氧化膜(主要是氧化亚铜),这层氧化膜具有保护作用,可以防止金属内部进一步氧化。铜及铜合金的大气腐蚀通常属于均匀整体腐蚀,由于氧化膜的保护作用腐蚀速率低,可长期使用。

(2) 水溶液腐蚀。当金属与电解质溶液接触时,在金属表面会产生腐蚀电池。腐蚀电池中的电化学反应使阳极区金属形成离子,带正电的金属离子直接与溶解在电解质中的氧反应生成金属氧化物或水合金属氧化物薄膜。

因此,铜及铜合金腐蚀的本质是氧化。

118 铜合金腐蚀有哪些基本类型?

铜合金的腐蚀主要有以下类型:

(1) 电化学腐蚀。两块不同的金属相互接触构成金属偶并浸入导电溶液中,因两金属电位不同而使阳极(电负性一方)加速腐蚀,阴极(电正性一方)得到部分或完全保护。铜对其他常用结构材料如钢、铝来说,总是呈阴极,铜的腐蚀减少;铜对不锈钢来说,取决于暴露的条件;铜与高镍合金、钛、石墨接触时,铜呈阳极而优先腐蚀。

(2) 生物腐蚀。海洋中一些生物,如牡蛎、藤壶等往往会附着在金属表面生长,使附着的区域与周围环境隔离,如果所附着的表面存在微小裂隙,就会存在氧的浓度差而发生裂隙腐蚀。铜及铜合金在海水中存在少量铜离子,有效的阻碍了海洋生物的附着,所以具有优良的抗生物腐蚀能力。

(3) 冲击腐蚀。金属表面与环境介质间的相对运动可加速金属的腐蚀。铜合金中,铜-镍合金及铝青铜在海水中居于较佳的抗冲击腐蚀能力。

(4) 点蚀。金属大部分表面不发生腐蚀(或腐蚀很轻微),而只在局部地方出现腐蚀小孔(坑)并向深部发展,这种腐蚀称为点蚀。容易钝化的金属(包括铜及铜合金),点蚀现象尤为严重。

(5) 应力腐蚀。是指金属和合金在腐蚀介质和拉应力同时作用下产生的金属破坏。对铜合金而言,Cu-Zn 合金(黄铜)对应力腐蚀最为敏感,尤其是含 20% ~40% Zn 的黄铜极易发生腐蚀破裂。

(6) 疲劳腐蚀。腐蚀(通常是点蚀)与周期应力结合导致金属的破坏称为疲劳腐蚀。具有高的疲劳强度与高抗蚀能力的铜合金有较高的疲劳腐蚀抗力。

(7) 脱锌腐蚀。脱锌腐蚀是铜-锌合金(黄铜)一种选择性腐蚀。当锌含量小于 15% 时,一般不脱锌;随着锌含量的增加,抗冲击腐蚀的能力提高,却增加了脱锌的敏感性,尤其是锌大于 30% 后更为明显。

(8) 晶间腐蚀。这种腐蚀是由于晶界(或晶界区)与晶粒其他部分腐蚀电位差之故。如由于退火制度不合理,使抗蚀性好的 Cu-10Ni-1.3Fe 合金在晶界沉淀出富 Fe-Ni 质点时,在海水及高温蒸汽的环境中就会出现明显的晶间腐蚀。

第3章 铜及铜合金熔炼与铸造[0]

119 铜合金熔炼的作用和目的是什么?

熔炼的作用和目的主要有三个:

(1) 熔化金属。将固体原料通过高温加热变为熔融液体,以便铸造时有足够的流动性而充盈模腔。

(2) 提纯金属。铜加工材的原料基本有三类:阴极铜(电解铜)、本厂废旧料和经挑选的厂外杂铜。它们不可避免地带有各种杂质(非期望物质),通过采取化学反应或物理吸附、沉降等精炼措施去除杂质,提高金属的纯度。

(3) 配制合金。按照合金成分配比,根据各合金组元的高温特性采用不同的加入方法(与母体金属原料同时装炉、一起熔化;母体金属先装炉熔化后再将合金组元加入熔体;合金组元以中间合金形式加入母体金属熔体),在高温下熔化、精炼,获得成分合格的合金熔体。

120 铜合金熔炼过程中的主要化学反应是什么?

铜合金熔炼过程中的化学反应比较复杂,大体可分为三部分,一是炉气中的化学反应,二是炉气及铜液中的氧与木炭发生的反应,三是熔体内的化学反应。这些反应也是多样的,但归根结底,氧化、还原反应是最主要的。

(1) 炉气中主要含有氧、一氧化碳、二氧化碳、氢和水蒸气。它们可以发生如下反应:

$$2CO + O_2 \rule[0.5ex]{2em}{0.4pt} 2CO_2 \tag{3-1}$$

$$2H_2 + O_2 \rule[0.5ex]{2em}{0.4pt} 2H_2O \tag{3-2}$$

(2) 覆盖剂与炉气及铜液中的氧化亚铜发生下述反应:

$$2C + O_2 \rule[0.5ex]{2em}{0.4pt} 2CO \tag{3-3}$$

$$Cu_2O + C \rule[0.5ex]{2em}{0.4pt} 2Cu + CO \tag{3-4}$$

$$6Cu_2O + Mg_3B_2 \rule[0.5ex]{2em}{0.4pt} 3MgO + B_2O_3 + 12Cu \tag{3-5}$$

$$5Cu_2O + CaC_2 \rule[0.5ex]{2em}{0.4pt} CaO + 2CO_2 + 10Cu \tag{3-6}$$

$$Cu_2O + Na_2B_4O_6 \cdot MgO \rule[0.5ex]{2em}{0.4pt} Na_2B_4O_7 \cdot MgO + 2Cu \tag{3-7}$$

(3) 铜及其他合金元素或杂质与熔体中的氧之间的反应:

---

❶ 本章撰稿人:胡萍霞、娄花芬、刘富良、康敬乐。

铜在高温下易于氧化生成氧化亚铜：

$$4Cu + O_2 \stackrel{}{=\!\!=\!\!=} 2Cu_2O \tag{3-8}$$

氧化亚铜的颜色有两种：组织致密时呈紫红色，粉状时为洋红色。

氧化亚铜的熔点 1235℃，温度高于 350℃时可被氧化成氧化铜。当在 800℃下长时间加热时，氧化亚铜可全部变成氧化铜：

$$2Cu_2O + O_2 \stackrel{}{=\!\!=\!\!=} 4CuO \tag{3-9}$$

氧化铜呈黑色。氧化铜系不稳定化合物，加热时依下式分解：

$$4CuO \stackrel{}{=\!\!=\!\!=} 2Cu_2O + O_2 \tag{3-10}$$

当温度高于 1060℃时，氧化铜全部转化为氧化亚铜。

氧化铜和氧化亚铜容易被氢、碳、一氧化碳等还原。冶金过程中，氧化铜也可被较负电性的金属例如锌、铁、镁等还原。

$$CuO + H_2 \stackrel{}{=\!\!=\!\!=} Cu + H_2O \tag{3-11}$$

$$CuO + C \stackrel{}{=\!\!=\!\!=} Cu + CO \tag{3-12}$$

$$CuO + CO \stackrel{}{=\!\!=\!\!=} Cu + CO_2 \tag{3-13}$$

$$Cu_2O + CO \stackrel{}{=\!\!=\!\!=} 2Cu + CO_2 \tag{3-14}$$

$$Cu_2O + Zn(或 Fe、Mg 等) \stackrel{}{=\!\!=\!\!=} 2Cu + ZnO(或 Fe_2O_3、MgO 等)$$

熔炼过程中为了除去杂质而采取先将其氧化造渣，因而有如下的反应：

$$X + O_2 \stackrel{}{=\!\!=\!\!=} XO_2(固体) \tag{3-15}$$

其中 X 为杂质元素。

熔炼过程中常用 P、Mg、Mn、Zr 等脱氧剂脱氧，发生如下还原反应：

$$5Cu_2O + 2P \stackrel{}{=\!\!=\!\!=} 10Cu + P_2O_5(气体) \tag{3-16}$$

$$Cu_2O + P_2O_5 \stackrel{}{=\!\!=\!\!=} 2CuPO_3(液体) \tag{3-17}$$

$$Cu_2O + Mg \stackrel{}{=\!\!=\!\!=} 2Cu + MgO(固体) \tag{3-18}$$

$$Cu_2O + Mn \stackrel{}{=\!\!=\!\!=} 2Cu + MnO(固体) \tag{3-19}$$

$$Cu_2O + Zr \stackrel{}{=\!\!=\!\!=} 2Cu + ZrO(固体) \tag{3-20}$$

121　铜合金熔炼过程中的气体来源有哪些？

能溶解于铜中的气体主要是氢和氧。主要来源有：

（1）炉气。非真空熔炼时，炉气是金属中气体的主要来源。炉气中除氮和氧外，还有一氧化碳、二氧化碳、二氧化硫、碳氢化合物、氢和水等。另外，炉气成分随炉型、燃料及燃料燃烧情况而变化。如在燃煤、石油、天然气的反射炉中，水蒸气和一氧化碳较多，而电炉中一般不含一氧化碳。

（2）炉料。铜的新金属一般为阴极铜板，其表面残留电解液；加工车间返回的厂内废料一般表面粘有油、水、乳液等，外来物料大都有锈蚀，表面氧化物；在潮湿季节或露天堆放时，炉料表面都吸附有水分。它们使熔炼过程中熔体吸气增多。

（3）熔剂。许多熔剂都带有水分。熔炼铜合金时常用的木炭、米糠含有吸附的水分，而有些熔剂（硼砂等）本身带有结晶水。所以一般熔剂使用前要进行干燥和脱水处理。

（4）耐火材料及操作工具。新砌熔炉的耐火材料中含有大量的水分，即使烘炉也不能完全除去；熔炼操作工具使用时常涂有涂料，涂料未彻底烘干或放置时间较长，表面吸附水分，入炉使用也会使金属吸气。

122 怎样防止熔体吸气?

（1）精心备料，对炉料进行必要的处理（如烘烤），除去炉料表面的油、水、乳液、锈蚀、氧化物等杂物；预先对炉料进行加工，将大块料分切（剪）成适宜的小块料，将细碎的屑和松散的带材切边料打包制团等，都可减小炉料体积，增加装料的致密度。

（2）采用高温快速熔化和低温精炼、静置保温的工艺制度，熔炼过程应该基本上在关闭炉门的状态下进行。

（3）新投入使用的熔炉、浇包、炉头、流槽、浇注管、托座、取样勺及扒渣用等工具和覆盖剂在使用前应充分烘烤。

（4）采用适当的覆盖剂覆盖，减少熔体与炉气接触的机会。

（5）扒渣、补料、取样等作业要迅速准确，尽量减少炉门敞开时间。

（6）熔体转炉路径要短，尽量采用密闭、气体保护或潜流转炉，液流应平稳，防止搅动和飞溅。

123 铜合金熔炼过程中有哪些脱氧的方法?

将熔体中氧化物还原除氧的过程称为脱氧。熔体的脱氧过程属于置换反应过程。脱氧需借助于脱氧剂进行，铜的脱氧剂分两类，即表面脱氧剂和溶解于金属的脱氧剂。

铜合金脱氧的方法有扩散脱氧、沉淀脱氧和复合脱氧等。

A 扩散脱氧

表面脱氧剂不溶于铜液中，脱氧反应主要在熔池表面进行，熔池内部熔体的脱氧，主要是靠氧化亚铜不断向熔池表面扩散的作用实现的；一是因为氧化亚铜的比重较铜的比重小，它可以向熔池表面浮动；二是因为脱氧反应在熔池表面进行，熔体表面的氧化亚铜不断被还原，其浓度不断降低，由于浓度差的作用，熔池深处的氧化亚铜就不断上浮。

表面脱氧速度较慢，达到完全脱氧需要较长时间。但是由于脱氧反应仅在表面进行，所以熔池内部的熔体不会受到污染。

常用表面脱氧剂除了木炭以外，还可以用某些密度远小于铜的可还原氧化亚铜的熔剂，例如硼化镁（Mg_3B_2）、碳化钙（CaC_2）、硼渣（$Na_2B_4O_6 \cdot MgO$）等。

B 沉淀脱氧

熔于金属的脱氧剂，能在整个熔池内与熔融金属渣的氧化物相互作用，脱氧效果显著得多。它的缺点是剩余的脱氧剂会形成夹杂，影响金属性能。

铜及铜合金常用的这类脱氧剂有磷、硅、锰、铝、镁、钙、钛、锂等。这些金属以纯金属或中间合金形式加入，脱氧结果形成气态、液态或固态生成物。

脱氧反应所产生的细小固体氧化物，使金属的黏度增大或成为金属中分布不均匀的夹杂物。采用这类脱氧剂时，应控制加入量。

两种脱氧方法各有利弊，生产中可采用综合脱氧法。例如，用低频感应炉熔炼无氧铜时，先用厚层木炭覆盖进行表面脱氧，然后加磷铜进行熔池内部脱氧。也可采用以下措施：精选炉料，用足够厚度的煅烧木炭覆盖铜液，密封炉盖，尽量少开启炉盖，浇注时流注尽可能短，并用煤气保护。

C　复合脱氧

采用两种或两种以上脱氧方式时，称为复合脱氧。

在利用木炭扩散脱氧的同时，再通过加磷或镁等进行沉淀脱氧的方法进行复合脱氧的工艺，在实际生产中已经广泛地得到了应用。

"木炭-氩气"复合脱氧，指在传统的木炭覆盖熔体的基础上，同时向熔体中吹入惰性气体氩，从而达到比较彻底脱氧的目的。

单纯采用木炭覆盖，脱氧速度很慢。

图 3-1 所示的是在感应炉内向铜液中吹入氩气装置示意图。

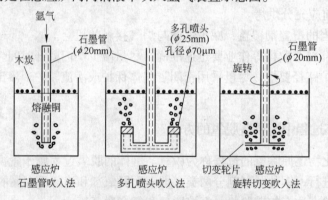

图 3-1　在炉内向铜液中吹入氩气的示意图

图 3-2 所示的是在中间包中吹入氩气示意图。

在熔体表面采用木炭覆盖的条件下，通过直径 $\phi 20mm$ 的石墨管，以及同样直径但头部具有孔径为 $70\mu m$ 多孔喷头的石墨管，包括采用旋转石墨管的方式，向熔池深处吹入氩气。

向铜液中吹入氩气，有助于扩大熔融铜中的二氧化碳与木炭的接触面积，使熔融铜中的二氧化碳的扩散速度加快，即分布更加均匀。采用上述旋转石墨管的方式，向中间包内的熔体中吹入氩气。中间包中铜液的流速为 0.2m/s，石墨管旋转速度为 900r/min，氩气吹入量为 20L/min。

脱氧效果从低到高的顺序是：（1）单纯采用木炭覆盖；（2）垂直石墨管吹入氩气；（3）多孔喷头的石墨管吹入氩气；（4）旋转石墨管吹入氩气。

"木炭-氩气"复合脱氧方式，同时有促进除氢的效果。增加氩气吹入量，比增加石墨管

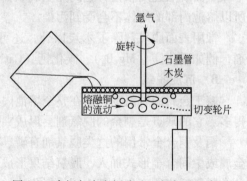

图 3-2　中间包内向铜液吹入氩气的示意图

旋转速度更能有效地促进脱气效果。

124　脱氧剂的要求主要有哪些?

脱氧剂应满足下列要求:

(1) 脱氧剂与氧的亲和力应明显大于基体金属与氧的亲和力。它们相差越大,其脱氧能力越强,脱氧反应进行得越完全越迅速。

(2) 脱氧剂在金属中的残留量应不损害金属性能。

(3) 脱氧剂要有适当的熔点和密度,通常多用基体金属与脱氧元素组成的中间合金作为脱氧剂。

(4) 脱氧产物应不溶于金属熔体中,易于凝聚、上浮而被除去。

(5) 脱氧剂材料资源丰富,且无毒。

目前,铜及铜合金中使用的主要脱氧剂是磷和镁,一般均以中间合金的形式加入,使用方便。从磷和镁的脱氧效果看,因为镁对氧的亲和力较大,故镁的脱氧能力强。但从防止熔体的二次氧化能力看,磷的效果比镁好。此外,磷脱氧后能够提高熔体的流动性,而镁则与此相反。

125　铜合金熔炼过程中有哪些除气的方法?

气体从金属中脱除途径有三种:一是气体原子扩散至金属表面,然后脱离吸附状态而逸出;二是以气泡形式从金属熔体中排除;三是与加入金属中的元素形成化合物,以非金属夹杂物形式排除。这些化合物中除极少数(如 Mg_3N_2 等)较易分解外,大多数不会在金属锭中产生气孔。

当铜合金中含有一定数量的锌、铝、硅等一类对氧有较大亲和力的元素时,由于这些元素本身就是良好的脱氧剂,因此合金中可能存在的主要气体是氢,而不会是氧。

溶解于金属中的气体,在铸锭凝固时析出来最易形成气孔。经分析,这些气孔中的气体主要是氢气,故一般所谓金属吸气,主要指的就是吸氢。金属中的含气量,也可近似地视为含氢量。除气精炼,就是从熔体中除氢。

A　氧化除气法

氧化除气法是利用当铜液中的水蒸气的分解压一定的条件下,氢和氧之间存在一个动态的平衡关系的原理,有意识地使铜液中的含氧量增加,以降低氢的含量。凡氧化物能熔于金属中、最后又能脱氧的金属,均可采用氧化除气法。如在大气下熔炼铜、镍时,氧化生成的 Cu_2O 和 NiO 分别熔于铜和镍液中,增高含氧量即可相应降低铜、镍中的含氢量。

当向熔体中鼓入氧时,大量的铜将被氧化:

$$4Cu + O_2 \Longrightarrow 2Cu_2O \tag{3-21}$$

生成的氧化亚铜溶于铜液中。随后,氧化亚铜又与铜液中的氢发生反应:

$$Cu_2O + H_2 \Longrightarrow 2Cu + H_2O(水蒸气)\uparrow \tag{3-22}$$

结果铜被还原,水蒸气从熔体中逸出。当上述两个反应能够连续不断地进行时,铜液中的氢将不断减少。

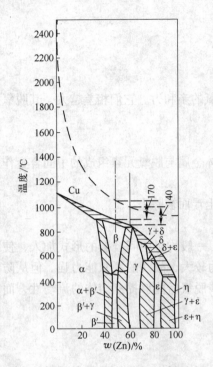

图 3-3　Cu-Zn 沸点与成分的关系

B　沸腾除气法

沸腾除气法是利用金属本身在熔炼过程中产生的蒸气泡内外气体分压差来除气的。该法是在工频感应电炉熔炼高锌黄铜时常采用的一种特殊方法。

黄铜中锌的蒸气压高，且随温度的升高而增加，沸点只有 907℃。含锌高的黄铜受其影响，也有较高的蒸气压，而且黄铜的沸腾温度随含锌量的增加而降低（图 3-3）。

在工频有芯感应电炉中熔炼黄铜时，熔沟部分温度高，形成锌蒸气泡随即上浮，由于熔沟上部的金属液温度低，在气泡上浮过程中，可能有部分蒸气泡冷凝下来，只有那些吸收了氢以及来不及冷凝的蒸气泡，才能顺利逸出熔池。随着熔池温度升高，金属蒸气压也逐渐增大。当整个熔池温度升高到接近或超过沸点时，大量蒸气从熔池喷出，形成"喷火"现象。这种喷火程度越强烈，喷的次数越多，则熔体中的氢进入蒸气泡也越多，除气效果就越好。由于蒸气泡自下向上分布较均匀，所以沸腾除气的效果较好，一般喷火 2～3 次即可达到除气的目的。此现象还可作为工频有芯感应电炉熔炼时出炉的标志。

含锌低于 20% 的黄铜，不能利用沸腾法除气。

沸腾法除气的缺点是低沸点元素（如锌等）的熔炼损耗较大。

C　惰性气体法

用钢管将氮气、氩气等通入金属熔体时，气泡内的氢气分压为零，而溶于气泡附近熔体中的氢气分压远大于零，基于氢气在气泡内外分压力之差，使溶于熔体中的氢不断向气泡扩散，并随着气泡的上升和逸出而排除到大气中，达到除气目的。图 3-4 为气体除气示意图。

气泡越小，数量越多，对除气是有益的。但由于气泡上浮的速度快，通过熔体的时间短，且气泡不可能均匀地分布于整个熔体中，故用此法除气不容易彻底；随着熔体中含氢量的减少，除气效果显著降低。

为提高除气精炼效果，应注意控制气体的纯度。精炼气体中氧含量不得超过 0.03%（体积），水分不得超过 3.0g/L。

D　真空除气法

在真空条件下，由于熔池表面的气压极低，原来溶于铜液中的氢等气体，很容易逸出。其特点是除气速度和程度高，是一种有效的除气方法。活性难熔金属及其合金、耐热及精密合金等，采用真空熔铸法除气效果较好。

E　其他除气方法

a　熔剂除气法

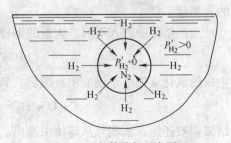

图 3-4　气体除气示意图

使用固态熔剂除气时，将脱水的熔剂用干燥的带孔罩压入熔池内，依靠熔剂热分解或与金属进行置换反应，产生不溶于熔体的挥发性气泡而将氢除去。

例如铝青铜常用冰晶石熔剂除气，白铜常用萤石、硼砂、碳酸钙等熔剂除气。熔剂与熔体可能发生如下化学反应：

$$2Na_3AlF_6 + 4Al_2O_3 = 3(Na_2O \cdot Al_2O_3) + 4AlF_3 \uparrow \tag{3-23}$$

$$Na_3AlF_6 = 3NaF + AlF_3 \uparrow \tag{3-24}$$

$$CaCO_3 + Al_2O_3 = CaO \cdot Al_2O_3 + CO_2 \uparrow \tag{3-25}$$

$$2CaCO_3 + Na_2B_4O_7 + SiO_2 = Ca_2B_4O_8 + Na_2O \cdot SiO_2 + 2CO_2 \uparrow \tag{3-26}$$

为提高除气效果，也可采用干燥氮气将粉状熔剂吹入熔池罩。熔剂在除气的同时，还可去渣。

b　预凝固除气法

在大多数情况下，气体在金属中的溶解度随温度的降低而减少。预凝固除气法就是利用这一规律，将熔体缓慢冷却到固相点附近，让气体按平衡溶解度曲线变化，使气体自行扩散析出而除去大部分气体。再将经过预先凝固除气处理的金属快速升温重熔，即可得到含气量较少的熔体。

由于预凝固除气法需要额外消耗能量和时间，不经济，因此在实际生产中并没有得到广泛应用。

c　振荡除气法

金属液受到高速定向往复振动时，处于振动面上的质点很快跟着振动，但距振动面较远的质点，由于惯性作用不能及时跟上去，因而在它们之间瞬时出现空穴。溶于金属中的气体，便进入该空穴，且复合成分子气体。当振动改变方向时，空穴消失。但充有气体的空穴仅被压缩，其中的分子气体不会重溶于金属中。由于这种快速往复振动的结果，气体便可连续不断地从金属扩散到空穴中，并逐渐长大成气泡，而后浮出金属液面。

振动方法有机械振动和超声波振动两种，超声波的振动频率较大，除气效果较机械振动好，并且可以细化晶粒。

d　直流电解除气法

此法是用一对电极插入金属液中，其表面用熔剂覆盖，或以金属熔体作为一个电极，另一极插入熔剂中，然后通直流电进行电解。在电场作用下，金属中的 H^+ 趋向阴极，取得电荷中和后聚合成氢分子并随即逸出，金属中的其他负离子如 O^{2-}、S^{2-} 等则在阳极上释放电荷，然后留在熔剂中化合成渣而被除去。实验表明，此法不仅能除气，还能除去夹杂。

126　什么是金属烧损，如何减少熔炼的金属损耗?

熔炼过程中，金属的挥发、氧化以及扒渣时的机械损失的总和称为金属烧损。

避免与减少熔炼损耗的途径主要有：

(1) 合理选择熔化炉的炉型。工频有铁芯感应电炉熔池表面积较小，熔炼纯铜时的熔炼损失约为 0.4% ~ 0.6%。而反射炉熔炼时，不仅氧化性气氛会加大熔炼损失，同时熔池表面积也较大，熔炼损失可达 0.7% ~ 0.9%。

无铁芯工频感应电炉，由于具有强烈的熔体搅拌功能，则有利于加快细碎的炉料熔化速率，同时有利于减少细碎炉料熔化过程中的烧损。

（2）尽可能地实行快速熔炼。合理的原料加工，包括大块原料的破断加工，以及干燥、打包或制团等，保证投炉料的装料密度；预热炉料等；采用合理的装料与熔化顺序，包括在感应电炉内熔炼时保持必要的起熔体数量；尽量减少打开炉门次数，保证炉子尽可能地始终保持在较高功率下运行。

（3）合理选择和控制炉内气氛。尽可能地避免采用强氧化气氛熔炼。熔炼含有易氧化损失元素的合金，例如熔炼铬青铜时，可选用熔剂覆盖或采用真空熔炼等具有良好保护的方式进行熔炼；避免频繁搅拌熔体。

（4）合理控制炉温和减少扒渣过程中的机械损失。在保证金属熔体流动性及精炼工艺要求的条件下，应尽可能地采用较低的熔炼温度；避免长时间在高温下保温等。

（5）尽可能地采用连续熔炼作业方式，不轻易更换熔炼的合金品种。

（6）对少数极易挥发和氧化的合金元素采取特殊的加入方式，如包套压入熔池、在保温炉或浇包中分批加入等。

127　如何选择熔炼气氛？

铜及铜合金熔炼气氛通常可分为氧化性气氛、还原性气氛、中性气氛三大类。敞开式熔炼属氧化性气氛；木炭、石墨粉等覆盖熔炼属还原性气氛；其他覆盖剂（玻璃、熔剂）和真空熔炼均属中性气氛。

A　"氧化-还原"熔炼

在反射炉中熔炼纯铜时，除了采用阴极铜作原料以外，通常都还大量使用废杂铜。为了除去铜中的某些有害杂质，例如铝、锰、锌、锡、铁、砷和铅等，需要在铜熔化以后进行"氧化-还原"精炼。

a　氧化精炼

氧化过程通常是以直接向铜液中吹送压缩空气的方式进行。

进入铜液中的氧首先与铜结合生成氧化亚铜（Cu_2O），然后依据各杂质元素与氧亲和力的大小先后发生化学反应：生成各种氧化物并进入熔渣中。

在氧化过程中，铜液中的氢和硫等亦可被去除，生成的气态产物水蒸气和二氧化硫从铜液中逸出。

b　还原精炼

还原过程通常是以向铜液中直接插木炭或吹送重油、木屑、炭粉等方式进行。

还原的作用是：除去铜液中气体；还原铜液中的多余的氧化亚铜。

正确的控制还原终点对保证铜液质量是非常重要的。高温下铜液中氧的含量降低到一定界限时，氢的溶解度将可能急剧增加，造成熔体再次吸气。

B　还原性熔炼

还原性熔炼，是感应电炉熔炼铜、高铜合金和白铜时常采用的熔炼方式。

还原性熔炼气氛，可通过熔体表面覆盖固体碳质材料，或以还原性气体介质保护的方法实现。

木炭和一氧化碳气体是被广泛采用的介质。另外，炭黑、石墨粉、米糠、稻壳等的主要成分是碳也是可以利用的覆盖剂材料，与木炭一起使用时，可填充木炭之间的缝隙，进一步严密覆盖熔体。例如在中频感应电炉中熔炼铬青铜时，在熔体表面用烟灰覆盖的情况下加入金属铬，可有效减少铬的熔损。生产无氧铜时，熔体表面也可采用木炭与烟灰共同覆盖，对防止高温熔体吸气、保证熔体质量都非常有利。不过，熔炼铜采用米糠作覆盖剂时，须注意防止磷的增高现象。

C　敞开式熔炼

敞开式熔炼，即熔炼过程中金属熔池完全是敞开的，不使用任何介质保护。

铝青铜、硅青铜、铍青铜等，可采用此种熔炼方式。熔炼过程中，熔池表面由三氧化二铝（Al_2O_3）、二氧化硅（SiO_2）以及氧化铍（BeO）等构成的氧化膜，可以有效地保护熔池内部熔体免受氧化和吸气。

不过，由于铝、硅和铍等元素自身都是铜合金良好的脱氧剂，在熔体得到良好脱氧的情况下，必须注意防止氢的吸入。

D　熔剂保护及精炼

使用熔剂的主要目的是为了防止熔体氧化和吸气。有些熔剂同时兼有清渣、精炼的作用。

a　保护型熔剂应用

玻璃属于纯保护型熔剂。玻璃熔点为 900~1200℃，性能稳定，吸附性很低，与有色金属一般不产生化学反应，也不易吸收空气中的水分及气体。高温下，熔融的玻璃层将熔池表面覆盖，将熔体与炉气完全隔开。

熔炼某些青铜或白铜时，可以选择熔融玻璃作为覆盖剂。

使用熔融玻璃作覆盖剂时，可掺入适量的冰晶石或苏打、硼砂等物质，以形成熔点低、流动性好的复合硅酸盐，从而有利于调节覆盖层的黏度。无论是玻璃，还是冰晶石、硼砂、苏打等物质，都应进行干燥或脱水处理，以保证其中不含水分。

玻璃覆盖的缺点是覆盖物熔点高，黏度大，不利于搅拌、捞渣等炉前操作，且增大金属损耗。同时，从熔体中析出来的气体也不易穿过覆盖层逸出。因此，使用熔融玻璃作覆盖剂时，覆盖层不宜过厚，以免因导热性能差而凝结生壳，影响覆盖效果。

玻璃型覆盖剂的应用举例见表 3-1。

表 3-1　玻璃型覆盖剂的应用

合金牌号	覆盖剂组成（质量分数）/%	合金牌号	覆盖剂组成（质量分数）/%
QCr0.5	1. 脱水硼砂 60~70；玻璃 40~30； 2. 玻璃粉 50；苏打粉 25；冰晶石 25	BMn40-1.5	玻璃粉 60；萤石粉 15；氧化钙 25

b　精炼型熔剂的应用

采用精炼型熔剂的主要目的是：

（1）采用氧化性熔剂精炼，可以除去铜液中某些杂质，例如硫；

（2）采用还原性熔剂，例如采用石蜡熔剂可以使铜和含铝的铜合金熔体充气沸腾；

（3）采用碱性熔剂，例如采用碳酸钠熔剂可以溶解产生于氧化性熔融物中的氧化锌（ZnO）或氧化铝（Al_2O_3）等；

（4）采用酸性熔剂，例如硼砂、硅砂等可以用来除去合金中的碱性和中性氧化物；

（5）中性熔剂，例如碱金属及碱土金属的氯盐或氟盐有时可兼有覆盖、除气、精炼和变质等作用。

由于在铜及铜合金熔体中产生的金属氧化物几乎都属于碱性的，故这些氧化物可以通过酸性渣（例如采用石英砂或硼酸等材料造渣）排出。当两者的分子结构和化学性质相似时，在一定温度下可以互溶，或者化合成低熔点的盐。熔渣和金属氧化物生成的盐的液相线温度至少应该比金属或合金的熔体浇注温度高100℃以上，并且具有较强的反应能力。

熔炼铜合金时，碱性氧化物和酸性溶剂，或酸性氧化物和碱性溶剂，在一定温度下可以相互作用而形成体积较大、熔点较低，且易于与金属分离的复盐式炉渣。由于多数渣的密度都比铜熔体低，因此容易从熔池表面除去。

E　真空熔炼

真空熔炼，是指在相对于大气压力小得多的气氛下进行的熔炼。由于不断抽真空，可以避免合金元素的氧化损失和吸气，而且有利于熔体中气体的析出。

128　木炭的要求和煅烧方法是什么？

A　木炭覆盖

以碳为主要成分的木炭，具有对熔体保温、防止吸气和脱氧多种作用，还有利于减少某些合金元素的蒸发、氧化等熔炼损失。是一种非常适宜铜及铜合金熔炼用固体覆盖剂。

木炭覆盖层应该具有一定的厚度，而且需要定期更新。不能允许未经煅烧的潮湿木炭作覆盖剂。

表3-2为国家林业部门颁发的木炭标准。木炭分为三种，即硬阔木炭、阔叶木炭和松木炭。国外经常推荐一种名为山毛榉的优质木炭。

表3-2　木炭的技术要求（LY-80）

指标名称	硬阔木炭		阔叶木炭		松木炭	
	特　级	一　级	一　级	二　级	一　级	二　级
全水分/%，≤	7	7	7	7	7	7
灰分/%，≤	2.5	3.0	3.9	4.0	2.0	2.5
固定碳/%，≥	86	82	80	76	75	70
小于12mm的颗粒/%，≤	5	5	6	6	6	8
炭头及其他杂物/%，≤	1	3	1	3	1	3

木炭的主要成分为碳。作为覆盖剂用的木炭，其中的硫、磷等杂质含量应该比较低。

做覆盖剂使用的木炭应仔细挑选，须将未完全烧透的夹生木炭及混入的树枝、树皮、杂草、泥土、碎炭末等挑出。作为覆盖剂用的木炭的块度，一般应大于40mm。

虽然标准中规定水分不能大于7%，实际上由于运输、贮存等条件限制，有时木炭的实际含水量最高时甚至超过了20%，显然市购木炭是不能直接用作覆盖剂使用的。

B　木炭煅烧（干馏）

木炭中含有的主要气体有氮、氧、碳氢化合物和水汽等，这对于铜及铜合金的熔炼是非常有害的。因此必须在高温下煅烧除去这些气体。

C　煅烧木炭的方法

将挑选好的木炭装入煅烧筒中，在封闭条件下将煅烧筒放到火焰加热炉或电炉中。随着温度不断升高，木炭中的水分及气体不断地逸出。木炭煅烧温度应保持在 $800 \sim 900 ℃$ 之间为宜，煅烧时间不少于 4h。

煅烧过的木炭仍然需要密封，以防高温木炭在与空气接触时燃烧和重新吸气。煅烧过的木炭，在现场存放时间不宜过长。

129　熔剂有哪些类型、特点和应用？

A　熔剂的作用和要求

使用熔剂的主要目的是为了防止熔体氧化和吸气。有些熔剂同时兼有清渣、精炼的作用，熔剂材料应该具有的基本条件为：

（1）必须经过脱水处理；

（2）熔点低于合金的熔点，先于炉料熔化并成为熔体的保护层；

（3）密度小于熔体密度，熔化后能浮在合金液体的表面上；

（4）具有适宜的黏度和表面张力。既能形成连续的保护层，又容易与熔体分离；

（5）尽可能不与炉衬起化学反应，但能很好地润湿炉衬；

（6）不含有害气体和杂质；

（7）资源丰富、价格便宜，而且便于保存。

B　熔剂分类

按照状态大致可以分为三类：

（1）在熔化期间，熔剂基本仍保持其固体状态。显然，此种情况下不能完全阻止低挥发点和易氧化合金元素的挥发、氧化和减少熔炼损失。

（2）在低温时熔化，在熔炼期间又重新凝结成块。很多情况下重新凝固是由于失去结晶水的结果。实际上，此种情况下亦不可能完全阻止低挥发点和易氧化合金元素的挥发、氧化和减少熔炼损失，而且渣中还容易包裹金属。

（3）在整个熔炼过程中，熔剂一直保持液体状态。例如硼砂、硅酸盐、玻璃等。低黏度的液态熔剂层覆盖于整个熔池表面，形成了有效阻止合金元素挥发的有效屏障。同时，密度较大的金属颗粒可以返回到熔池中。

按照实际应用性质，亦可将上述熔剂分成两大类：即保护型熔剂和精炼型熔剂。玻璃和硅砂之类，属于纯保护型熔剂，无精炼作用。精炼型熔剂中，多为金属及碱土金属的氯盐或氟盐。例如：氯化钠、碳酸盐、氟化钠、萤石、冰晶石，以及苏打（碳酸钠）、硼砂和硅砂等物质中的一种或几种的混合物。熔剂除起到保护作用外，同时具有精炼熔体或清渣的作用。

按熔剂化学性质可分为酸性、碱性和中性熔剂。

表 3-3 所示的是某些常用的覆盖剂及熔剂材料的物理性质。表 3-4 所示的是某些常用的铜合金覆盖和精炼用熔剂配方及用途举例。

表 3-3　铜及铜合金用熔剂及熔剂材料的物理性质

序　号	名　称	化学式	密度/g·cm⁻³		温度/℃	
			固　态	液　态	熔　点	沸　点
1	氯化钙	$CaCl_2$	2.15	2.06	744	>1600
2	氯化镁	$MgCl_2$	2.18		715	1418
3	氯化锌	$ZnCl$	2.91		365	732
4	氯化钠	$NaCl$	2.17	1.55	805	1439
5	氯化钾	KCl	1.99	1.53	772	1500
6	萤石	CaF_2	3.18		1378	2450
7	氟化镁	MgF_2	2.47		1396	2240
8	氟化锌	ZnF_2	2.61		734	
9	氟化钠	NaF	2.77	1.95	992	1605
10	氟化钾	KF	2.48	1.91	860	1505
11	硼砂	$Na_2B_4O_7$	2.37		741	1575（分解）
12	冰晶石	Na_3AlF_6	2.95	2.09	995	
13	光卤石	$KCl·MgCl_2$		1.5	487	
14	硅砂	SiO_2	2.62		1710	2250
15	苏打	Na_2CO_3	2.5		851	960（分解）
16	碳酸钙	$CaCO_3$	2.9			825（分解）
17	木炭	C	2.35		4700	
18	玻璃	$Na_2O·CaO·6SiO_2$	2.5		900~1200	

表 3-4　铜合金覆盖和精炼用熔剂配方及用途举例

序　号	适用合金	用　途	熔剂材料名称及配比/%
1	铜及铜合金	精　炼	冰晶石 40，食盐 60
2	铜及铜合金	精　炼	碳酸钙 55，食盐 30，硅砂 15
3	青铜、白铜	精　炼	苏打 50，冰晶石 50
4	锡青铜、硅青铜	精　炼	萤石 50，冰晶石 20，硼砂 10，氧化铜 20
5	锡青铜、硅青铜	精　炼	萤石 33，苏打 60，冰晶石 7
6	青铜、白铜	精　炼	萤石 50，碳酸钙 50
7	青铜、白铜	精　炼	萤石 33，碳酸钙 42，冰晶石 25
8	青铜、白铜	精　炼	硼砂 60~70，玻璃 30~40
9	铬青铜	覆　盖	玻璃 50，苏打 25，冰晶石 25
10	氧化性熔剂	脱　硫	玻璃 40，苏打 20，萤石 10，硅砂 20，氧化锰 10
11	氧化性熔剂	脱　硫	硅砂 20，苏打 20，氧化铜 30，氧化锰 30
12	铝青铜	精　炼	冰晶石 80，氟化钠 20
13	铝青铜	精　炼	冰晶石 50，萤石 15，食盐 35
14	黄铜	精　炼	硅砂 54，苏打 40，冰晶石 6
15	铜合金	覆盖精炼	玻璃 60，冰晶石 10，食盐 15，氟化钠 15

130 什么是中间合金，为什么要使用中间合金？

中间合金是指预先制好，以便在熔炼合金时带入某些元素而加入炉内的合金半成品。

铜合金中某些合金元素（如铁、钴、铬、镉等）的熔化温度远高于铜的熔点，将它们直接加入铜熔体中很难熔化；而另外一些合金元素（如磷、锆、铍、镁等）在熔炼时极易氧化挥发。因此，通常将它们先熔制成中间合金，然后再进行二次熔化。中间合金有以下作用：

（1）可以降低合金的熔炼温度（中间合金的熔点均低于合金组元的熔点）、缩短熔炼时间；

（2）可以减少合金元素的熔炼损失，提高合金元素的熔炼实收率；

（3）有利于提高合金化学成分的稳定性和均匀性；

（4）为某些合金的熔炼过程提供了安全保证条件（如磷一遇空气即刻自燃，而铜磷中间合金则比较安全）。

作为中间合金，应尽可能满足以下要求：

（1）应采用较纯金属或非金属元素作原料，尽可能提高添加元素的含量；

（2）熔化温度低于或者接近合金的熔炼温度；

（3）化学成分均匀，添加元素和杂质元素含量都应符合相应的标准；

（4）中间合金铸块具有一定的脆性，可以较容易地破碎成小块以便使用。

131 铜及铜合金熔炼中常用中间合金有哪些？

铜及铜合金熔炼中常用中间合金及其化学成分见表3-5和表3-6。

表3-5 常用铜中间合金化学成分（GB 8736—88）

牌号	主要成分 合金元素 名称	含量	Cu	Si	Mn	Ni	Fe	Sb	P	Pb	Zn	Al	熔化温度/℃	特性
CuSi16	Si	13.5~16.5	余量				0.50				0.10	0.25	800	脆
CuMn28	Mn	25.0~30.0	余量				1.0	0.1	0.1				870	韧
CuMn22	Mn	20.0~25.0	余量				1.0	0.1	0.1				850~900	韧
CuNi15	Ni	14.0~18.0	余量				0.5				0.3		1050~1200	韧
CuFe10	Fe	9.0~11.0	余量		0.10	0.10							1300~1400	韧
CuFe5	Fe	4.0~6.0	余量		0.10	0.10							1200~1300	韧
CuSb50	Sb	49.0~51.0	余量				0.2		0.1	0.1			680	脆
CuBe4	Be	3.8~4.3	余量	0.18			0.15					0.13	1100~1200	韧
CuP14	P	13.0~15.0	余量				0.15						900~1020	脆
CuP12	P	11.0~13.0	余量				0.15						900~1020	脆
CuP10	P	9.0~11.0	余量				0.15						900~1020	脆
CuP8	P	8.0~9.0	余量				0.15						900~1020	脆
CuMg20	Mg	17.0~23.0	余量				0.15						1000~1100	脆
CuMg10	Mg	9.0~11.0	余量				0.15						750~800	脆

注：作为脱氧剂的CuP14、CuP12、CuP10、CuP8，其余杂质Fe的含量可允许不大于0.3%。

表 3-6　铜合金用中间合金的化学成分与物理性质

名称	符号	化学成分(质量分数)/%	熔点/℃	物理性质	名称	符号	化学成分(质量分数)/%	熔点/℃	物理性质
铜-镉	Cu-Cd	50%镉,余量为铜	780	脆	镍-镁	Ni-Mg	20% Mg,余量为镍	520	脆
铜-铬	Cu-Cr	3%~5%铬,余量为铜	1150~1180	韧	镍-铌	Ni-Nb	15%铌,余量为镍		韧
铜-钛	Cu-Ti	28%钛,余量为铜	875	韧	铝-铁	Al-Fe	59%铁,余量为铝	1165~1175	脆
铜-锆	Cu-Zr	8%~15%锆,余量为铜	965~1050	韧	锌-钛	Zn-Ti	5%钛,余量为锌		韧
铜-砷	Cu-As	30%砷,余量为铜	770	脆	锌-铁	Zn-Fe	1%~4%铁,余量为锌	420~530	韧
铜-钴	Cu-Co	10%钴,余量为铜	1110~1240	韧	锌-铜	Zn-Cu	20%铜,余量为锌	1000	韧
铜-铈	Cu-Ce	15%铈,余量为铜	875~880	脆					

132　熔炼铜合金的原料有哪几种?

熔炼铜及铜合金时,所用的原料包括新金属(包括非金属元素)、本工厂生产过程中产生的各种废料、外购废料以及中间合金等。

A　新金属

由于熔炼铜及铜合金在各式感应电炉中进行,基本上不采取提纯精炼工艺,因此,各种金属(包括非金属元素)原料的杂质都可能进入熔体中并最终进入铸锭,因此原料品位的选择非常重要。

生产高纯度铜和高纯度合金,例如电真空器件用无氧铜,应该采用高品位的高纯阴极铜作原料。

根据不同牌号铜及铜合金化学成分的要求标准,应该采用不同品位的新金属(包括非金属元素)作原料。

B　本厂废料

本厂废料包括几何废料、工艺废料两大类。

有些工厂将本厂废料称之为返回料或旧料。

铜加工厂生产过程中产生的半成品和成品中的头、尾、边、角、屑等废料,称为几何废料。而因各种缺陷不符合标准而报废的成品、半成品称为工艺废料,如性能废品、公差废品、表面废品及化学废品等。工艺废料还包括为了生产连续进行或为了满足工艺要求而产生的废料,如洗炉料、扒渣料、复熔料、连续退火的过渡料等。工艺废料还包括进行各种工艺试验的试验料和生产中正常检验测试的试样。

C　外购废料

外购的各种商业废料,称为外购废料。

外购废料中,包括从本工厂客户回收的废料、从非本工厂客户回收的废料和从国内外市场上收购的废料。

本工厂客户回收料,基本等同于本厂生产过程中产生的各种几何废料。

D　中间合金

中间合金一般在熔炼后期加入,即熔体金属已经精炼,绝大部分杂质已被去除。某些中间合金甚至可在保温炉或中间包内加入，以免过多烧损，保证成分均匀。

133　熔炼前备料时应注意哪些问题?

（1）炉料应分选，按牌号堆放并做好标识，防止混料。成分不清的物料在入炉前应检验化学成分及杂质含量；

（2）对潮湿或表面油污严重的炉料应该进行干燥和除油处理；

（3）为装炉方便，有利于机械作业，锭坯和阴极铜要堆放整齐，边角碎料要打包制团，散料应装入料斗并检斤作标识，以减少装炉时间和加快熔化速度。

134　配料的基本原则、任务和程序是什么?

配料的基本原则：

（1）生产高品质产品时应该选用高品位的金属做原料。生产普通产品时，在保证质量的前提下应尽可能地选用成本较低的炉料。

（2）在合金化学成分允许的范围内，可适当调整某些贵重金属或合金元素的配料比，以节约原材料成本。

（3）确定合金的配料比时，应充分考虑到熔炼过程中各元素可能的熔损情况。例如熔损量比较大的合金元素，配料时应适当提高其配料比。采用废料配料时，应对某些容易熔损的合金元素进行适当的预补偿。

（4）合金中某些难熔或易挥发、易氧化的合金元素，应选用中间合金。

（5）配料时应该遵循新料和废料、一级料和二级料，以及大块料和小块料合理搭配的原则。

（6）化学废料，应依照其实际化学成分经严格计算，并在留有余地的情况下使用。为了确保所熔合金的化学成分，在使用化学废料的同时，一般情况下应有足够数量的新金属或高品位旧料与之搭配。在生产纯金属时，一般不使用化学废料。

配料的任务：

（1）根据合金的化学成分标准确定各种合金元素的配料比。

（2）根据原料库存状况确定配料所使用原料种类（新金属、中间合金、旧料、屑等）及各种原料的比例。

（3）确认配料所采用原料的品位。

（4）审核并确认配料比，根据计算的各种原料的数量，按熔次准确称重和装箱。

配料的程序和步骤：

（1）了解合金的技术条件、主成分范围及杂质允许极限。

（2）了解各种炉料的实际成分。

（3）确定使用新金属的品位。

（4）根据实际生产情况，确定各元素的配料比和易耗元素的补偿量。

（5）确定是否采用中间合金。

（6）计算包括熔损在内的各种金属与中间合金数量。

（7）根据计算结果，按熔次检斤、装箱并做好标识。

135　什么叫"配料比"，配料比如何确定?

配料比，即配料中合金各组成元素所占的比例，通常以百分数表示。

确定配料比，应以保证合金熔体的炉前分析结果完全符合规定的标准为主要依据。

以下为简单的二元合金确定配料比计算的举例。

【例】　已知 H68 的标准化学成分为 67.0% ~ 70.0% 铜，余量为锌，锌的熔损率为 3%。试确定合金的配料比。假设:

(1) 熔体的最终化学成分为 67.5% 铜，余量为锌。

(2) 铜不熔损，故炼得 100kg 的 H68，只需配铜 67.5kg。

(3) 考虑到锌的熔损率为 3%，为炼得 100kg H68，需配锌 Xkg。

计算: 根据各假设数据之间的关系:

$$67.5\% = \frac{100 + 3\% X - X}{100} \times 100\% \qquad (3\text{-}27)$$

整理得:

$$67.5 = 100 + 0.03X - X$$

$$X = 33.51 \text{kg}$$

即为炼得 100kg 含铜 67.5%，余量为锌的熔体，需配铜 67.5kg，配锌 33.51kg。

将此配料比换成百分数:

铜:

$$\frac{67.5}{67.5 + 33.51} \times 100\% = 66.83\%$$

锌:

$$\frac{33.51}{67.5 + 33.51} \times 100\% = 33.17\%$$

应该指出，在实际生产中确定合金的配料比时，一般不进行这样复杂的计算。而在配料时，对于不易熔损的元素配料比可取标准范围的中限; 对易熔损的元素配料比可取标准范围的中、上限; 对个别熔损特别大的合金元素配料比有时也可超过标准化学成分范围的上限。初步确定的配料比可根据铸锭化学成分检测结果，再进行修正。

136　如何确定铜合金熔炼时的加料顺序?

在铜及其合金熔炼时，采用合理的装料及熔化顺序，一是可以保证熔体的化学成分合格，减少吸气机会; 二是可以加快熔化速度，减少金属的熔炼损失，提高劳动生产率。

装料及熔化顺序原则如下:

(1) 炉料中比例最大的金属，应首先装炉熔化。

(2) 炉料中易蒸发、易氧化的合金元素，如铜合金中的镉、锌、铬等，一般应该最后装炉熔化。

(3) 合金化过程中将有较大热效应的金属，不应单独加入。例如，若将铝单独加入到铜液中时，由于铝和铜熔合时放出大量的热，可以使熔体局部温度升高 200℃ 以上，结果可能引起熔体的大量吸气和金属的严重烧损。如果在向铜液中加铝的同时加入一定数量其他炉料例如铜或高熔点的镍、铁等，即可避免熔体的过热现象。因此，熔炼此类合金时，通常预先留下一部分固体料，作为冷却料。熔炼铝青铜时多以铜作冷却料，其数量可为铜总量的三分之一。

（4）熔点高于合金熔炼温度的某些元素，应通过溶解的办法使之熔化，不必将熔化温度提高到熔点较高的合金元素的熔点。例如熔炼熔点为 1170～1230℃ 的 B30 时，采用在铜液中溶解镍的办法，熔炼温度 1300℃ 左右就可以使镍全部熔化。但是，若采用先熔化镍的办法，由于镍的熔点为 1453℃，所以必须把炉温提高到 1453℃ 以上才行。同样，熔炼比铜熔点高的铁、锰、硅、铬等合金元素时，都应该采用此法。

（5）能够减少熔体大量吸气的合金元素，应先加入炉内熔化。例如在熔炼硅锰青铜时，若将硅和锰两种元素先熔在一起，所得合金熔体的含气量就可以大大降低。

（6）为了安全生产，加料及熔化时还要注意以下几点：

1）熔炼黄铜时，应采取低温加锌和逐块加锌的原则。高温加锌可能引起锌的剧烈沸腾和大量熔损。当大量锌集中加入到铜液中时，要吸收大量的热，结果可能导致周围熔体急剧降温，甚至会造成熔池的局部表面凝固现象。此刻，如果熔池深处仍有大量锌蒸气继续产生，当具有一定压力的锌蒸气冲破凝壳时，立刻能造成铜液的喷溅。

2）较大块炉料，应在先加入一定数量的小块料后再装炉，以防引起金属液的喷射和砸坏炉衬。

3）屑料应在炉内始终保持有一定数量的熔体的情况下加料和熔化，并且在熔化过程中应及时搅拌、捞渣，以防炉料"搭桥"和损坏炉衬。

4）含有油、水或乳液等潮湿的炉料不能直接装炉熔化。因为湿炉料将会引起熔体大量吸气，严重者甚至会引起"爆炸"事故。

137　铜合金熔炼的常用方法和典型工艺流程是什么？

铜合金熔炼常用的方法有以下几种：反射炉熔炼、竖炉熔炼、感应炉熔炼、真空炉熔炼、电渣炉熔炼。反射炉多用于紫杂铜回收，竖炉用于线坯连铸连轧，感应电炉使用最广泛，真空炉和电渣炉分别用于高纯、活泼易烧损合金和高温难熔合金的熔炼。

无论采用何种方法熔炼，铜合金熔炼工艺流程通常如图 3-5 所示。

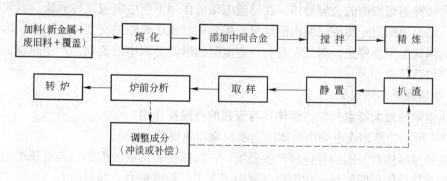

图 3-5　铜合金熔炼工艺流程图

138　有铁芯感应电炉的结构和特点是什么？

有铁芯感应电炉基本炉型有两种：立式和卧式。有铁芯感应电炉主要由感应体、上炉体、倾动装置、电源和控制系统等部分组成。

A　工作原理

a　感应加热

图 3-6 所示的是工频有铁芯感应电炉的原理图。

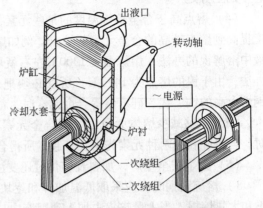

图 3-6　工频有芯感应电炉原理图

感应体工作原理与降压变压器相似，一次线圈和二次线圈都绕在同一磁导体即铁芯上，感应体耐火材料沟槽中的环状金属熔沟，相当于短路的二次线圈。

感应加热的基本原理，可以通过电磁感应定律和焦耳-楞次定律理解。

电磁感应定律为：当穿过一闭合回路所限定的磁通量随时间改变时，无论改变的原因如何，在回路上总会产生感应电动势，即：

$$e = - \mathrm{d}\Phi/\mathrm{d}t \tag{3-28}$$

$\mathrm{d}\Phi/\mathrm{d}t$，即闭合回路所限定的磁通量变化率。前面的负号表示：新的感应电动势具有产生感应电流的倾向，以感应电流产生的新磁通量来补偿原磁通量的变化。

焦耳-楞次定律的表达式为：

$$Q = 0.24 I^2 R t \tag{3-29}$$

式中　Q——当电流流过具有电阻 R 的回路时，由零到 t 一段时间内，电阻所消耗的功率转变成的热量，cal，$1\mathrm{cal} = 4.18\mathrm{J}$；

I——流过电阻 R 的电流，A；

R——回路电阻，Ω；

t——时间，s。

作为短路的熔沟中的金属导体，在感应电动势作用下产生电流或称涡流。涡流产生的磁通量，总是力图阻止感应线圈内磁通量发生变化。施于线圈的交变电流不止，熔沟金属中产生的涡流也不会停止。涡流在具有一定电阻的熔沟金属中的流动而产生热量，因此金属被加热以致熔化。

b　电磁现象和热现象

感应电炉的最大特点是炉内熔体具有较强的自搅拌作用。

图 3-7 所示的是感应电炉中熔体的电磁现象和热现象。

电流通过导体时，围绕导体将产生磁场。一次线圈和二次线圈即熔沟金属中的磁力线之间的相互排斥作用的结果，在熔沟金属中产生了一种电磁力，即原动力。

熔沟中金属除本身重力 G 以外，同时受到上述原动力作用，二作用力之和应该具有 K 的方向。

熔沟中金属只有在喉口部有两个通往熔池通道，因此熔沟金属中产生相斥力的部位应该在最底部。此相斥力沿环沟高度的不均等的性质，促进了金属在熔沟中的运动的一种动力。

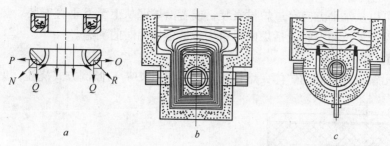

图 3-7　熔沟中的电磁现象与热现象

a—熔沟中金属所受到的电磁力；b—熔沟和熔池中金属内的电力线分布，

c—与喉口相通的两个熔沟熔体鼓动现象

熔沟中金属承受的第二种动力来自于压缩效应。

熔沟中金属可以看作是若干个同一方向导电体，熔沟中金属在环沟内承受由外缘向环沟断面中心方向的压缩应力。同时，环沟垂直段内的液体金属有静压力与此压缩重力抗争。当压缩应力大于静压力时，熔沟中金属熔体会发生喷流现象。

第三种效应是涡流。

涡流效应，是由于环沟中金属和熔池中金属电流密度不相等而产生的。熔沟断面比较小，熔池断面比较大。截面小的熔沟内磁感应强度大，电磁力大，熔体受到的压缩力大，即在熔沟出口，即与熔池交汇处发生熔体向上鼓动的现象。

上述电磁力效应、压缩效应和涡流效应，构成了熔沟中金属和熔池中金属热能传递的一种综合动力。

其实，构成炉内熔体热传递的还有一种自然动力，即熔体自身的热对流作用。

熔沟底部的熔体温度高而密度小，而熔池中的熔体温度低却密度大，密度小的高温熔体可以自然地向熔池中流动。

B　感应体

感应体有单相、两相和三相不同的结构形式。感应体设计，通常是以炉子的有效容量和熔化速率为依据。首先，计算并确定感应体的有效功率，以及熔沟和线圈尺寸、熔沟断面、熔沟长度及熔沟环内、外径等各种尺寸。然后，结合实际经验确定熔沟与感应线圈之间的耐火材料厚度，以及保护线圈的风冷或水冷套等与感应体耐火材料相关的具体结构和尺寸。

通过感应器与炉料即被加热与熔化的金属系统的电计算，确定炉料与感应器系统的阻抗、炉子的自然功率因数、电效率、感应器因数及炉子的输入功率等。计算的熔沟电流需要进行校验，以确保熔沟电流因压缩效应产生的力，不能大于熔沟中各截面上液态金属所受的静压力，以避免熔沟中出现断沟现象而影响功率的输入。铁芯尺寸与线圈的冷却等亦需要通过计算确定。

C　温度控制及出铜方式

a　温度控制

通常，都直接以熔体为检测和控制对象，当熔体温度超出设定范围时，系统应该能自动切断或接通感应体供电源，或者自动在两挡之间进行功率转换。后者的高挡可以使熔体升温、低挡可以进行保温，任何时刻都保持有功率。

热电偶可以从水平方向穿过炉衬安装，或者沿炉壁从上至下垂直安装。热电偶的安装位置，应能保证连续测温，包括炉内只留少量熔体保温时的测温。

b 出铜方式

传统的出铜方式是倾动炉体，熔体通过出铜口（炉嘴）倾倒方式浇注，见图3-8。

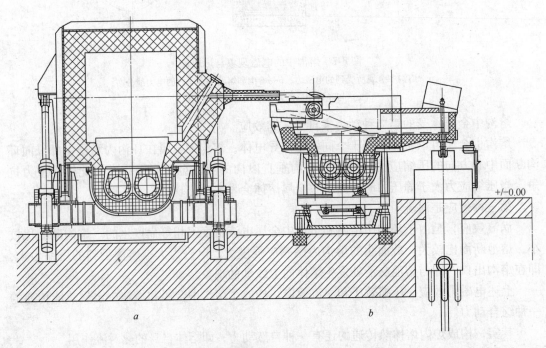

图 3-8 工频有铁芯感应电炉的出铜方式

a—通过回转枢轴转注；*b*—通过前室进行浇注

现代工频有铁芯感应电炉，出铜方式已经成为一种技术，不断推陈出新。

溢流转注方式，适宜在炉组之间连续不断地转注金属熔体。通过前室和施以气压的浇注方式，适宜半连续和连续铸造方式时的浇注。

溢流出铜方式为：安装在鼓型炉体一侧端的出铜流槽与炉内熔池相通，即其中始终保持与炉内熔池一样水平的金属液面，流槽的出端是一个闸口。当炉内熔体液面提高时，溶体越过闸口可以流出。炉内熔液面水平由液位探测器自动监测。一旦没有熔体从闸口流出，即液位探测系统亦发现炉内金属液面低于了预定水平时，自动通知加料系统。于是开始加料，熔体液面升高并促进溢流出铜。

溢流出铜方式最大的优点，一是密封了出铜口，防止了空气进入炉膛，二是熔体温度非常稳定，有利于熔体质量的保证，也有利于对炉衬耐火材料的保护。

气压式浇注炉，适于作铸造保温和浇注炉。气压炉所需的压力一般为 20~75kPa。由于炉室是密封的，对炉室施加压力时，两侧的受料口和出料口中的熔体液面同时升高。出料口与前室相通，熔体便进入了前室。

D 有铁芯感应电炉的特点

有铁芯感应电炉的特点是：

(1) 熔炼迅速，热效率高；

（2）由于电磁力引起金属液的自动搅拌，能保证温度和成分均匀；

（3）氧化少，金属的烧损少；

（4）操作简单，节省人力；

（5）设备周围温度低，劳动条件好；

（6）与无芯电炉相比，功率因数高，经济效果好；

（7）必须在炉内留有一定的起熔体，只适用于大批量、品种较简单的连续生产。

139　无铁芯感应电炉的结构和特点是什么?

▲　工作原理

无铁芯感应电炉的炉体主要由耐火材料坩埚即炉衬及环绕其周围的感应器组成，它相当于一台变压器。感应器相当于变压器的一次线圈，坩埚内金属炉料相当于短路的二次线圈。电流通过感应器产生交变磁场，在金属炉料中产生感应电动势，因其短路便在炉料中产生强大电流，结果使金属炉料被加热和熔化。

按照使用电流频率不同，可将无铁芯感应电炉分为：

（1）工频无铁芯感应电炉，直接使用频率 50Hz 的工频电源；

（2）中频无铁芯感应电炉，使用频率高于 50Hz，但低于 10000Hz；

（3）高频无铁芯感应电炉，使用频率高于 10000Hz。

电源的最低频率 f，可通过以下公式确定：

$$f = 25 \times 10^8 \rho / \mu D^2 \tag{3-30}$$

式中　f——频率，Hz；

　　　ρ——液体金属比电阻，$\Omega \cdot cm$；

　　　μ——导体的相对磁导率；

　　　D——圆柱形导体直径，即坩埚内径，cm。

可以看出：最低频率随着被熔金属比电阻的增加而提高，并随着坩埚内径的加大而降低。

金属炉料中的感应电动势与感应器匝数 w、电流频率 f、磁通 Φ 之间的关系是：

$$E_2 = 4.44 w f \Phi 10^{-8} \tag{3-31}$$

无铁芯感应电炉内液体金属的强烈搅拌现象，为加速熔化过程和合金化学成分的均匀创造了有利条件。强烈搅拌的副作用是，金属熔池表面涌起的驼峰不利于熔体的保护。为控制熔体搅拌强度，可以通过变换线圈匝数等设计进行调整。

无铁芯感应电炉另一个特点是电流在炉料中的分布不均匀，靠近坩埚壁的炉料层中电流密度最大。电流密度由靠近炉壁向中心减小到表面密度的 63.2% 的距离，叫穿透深度。炉料的加热和熔化，主要是通过在穿透深度内获得的热量实现。

感应电炉和金属炉料中的电流分布如图 3-9 所示。

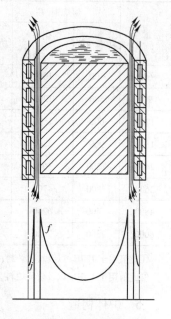

图 3-9　感应电炉和金属炉料中的电流分布

穿透深度可通过以下公式计算:

$$\delta = 5030 \sqrt{\frac{\rho}{\mu f}} \tag{3-32}$$

式中　δ——穿透深度，cm；

　　　ρ——炉料电阻率，$\Omega \cdot cm$；

　　　μ——炉料相对磁导率（非磁体 $\mu = 1$）；

　　　f——电源频率，Hz。

B　设备组成及炉体结构

a　设备组成

无铁芯感应电炉主要由炉体及其倾动系统、电源及控制系统、液压系统、水冷却系统等几个部分组成。

炉体及其倾动系统包括：固定支架、炉体框架、感应器、磁轭、炉衬（坩埚）、炉盖，以及炉体倾动液压缸、输电母线、冷却水输送管等。

现代的中频无铁芯感应电炉中，已经普遍采用了 SCR 并逆变中频电源和 IGBT 串联逆变中频电源技术取代了传统的发电机组。

IGBT 串联逆变中频电源具有许多优点，主要有：功率因数始终保持最佳；比较高的过载保护，安全可靠；恒功率输出。

中、高频无铁芯感应电炉电气设备中，包括了相当数量的补偿电容器，以提高功率因数。

表 3-7 所示的为 Junker 的熔铜中频感应电炉系列。

表 3-7　Junker 熔铜中频感应电炉系列

容量/kg	熔炼铜		熔炼黄铜		容量/kg	熔炼铜		熔炼黄铜	
	功率/kW	熔化率[①]/kg·h^{-1}	功率/kW	熔化率[②]/kg·h^{-1}		功率/kW	熔化率[①]/kg·h^{-1}	功率/kW	熔化率[②]/kg·h^{-1}
600	400	1000	400	1400	7200	3200	8500	2000	7000
900	500	1200	500	1700	9600	4000	10800	2500	8800
1200	600	1500	600	2100	12000	4500	12200	2900	10500
1800	900	2300	900	3100	14400	5000	13600	3300	12000
2400	1200	3000	1100	3800	16000	5500	14800	3600	13300
3600	1800	4700	1400	4800	20000	6300	17100	4300	15600
4800	2400	6200	1600	5500	30000	8000	21000	6000	21800
6000	2800	7400	1800	6200					

①此值用于 120Hz 以及块状炉料；

②此值用于 120Hz 以及块状炉料，在熔化碎料的情况下此表按 80% ~ 85% 计算。

b　炉体构造

图 3-10 所示的是无铁芯感应电炉的炉体结构图。

图 3-11 所示的是绕制无铁芯感应电炉感应器线圈用的不同断面的铜管。

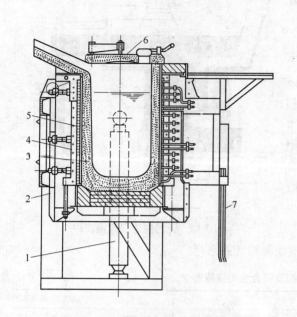

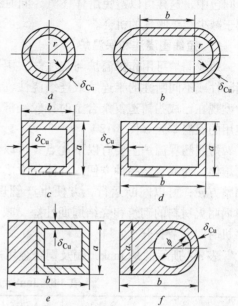

图 3-10　无铁芯感应电炉炉体结构
1—倾动油缸；2—支架；3—炉衬；4—磁轭；
5—感应器；6—炉盖；7—输电母线

图 3-11　感应器线圈用的铜管不同断面形状
a—圆铜管；b—扁圆铜管；c—矩形铜管；d—长方形
铜管；e—偏心方铜管；f—偏心圆铜管

　　传统的匝间绝缘方法是：用云母或玻璃丝布包扎后，涂以绝缘漆。当匝数不多，即匝间距离较大时，有的可利用空气间隙绝缘。新的线圈绝缘技术中，有的感应器线圈外层采用静电喷涂热固化工艺，在线圈外表面涂上一层特殊的绝缘材料，其耐压大于 5000V。与传统的涂绝缘漆相比，新的绝缘材料与线圈结合比较牢固，并且不怕潮湿。

　　大型无铁芯感应电炉的感应器线圈，通常由焊接在其外圆周的数列支持螺栓，并通过螺栓和线圈外侧的硬木质或其他类似材料制成的绝缘支撑条固定。感应线圈的外表面上，有的还设有若干个用于安装测温的探头，以对感应线圈的工作温度进行连续监测。

　　感应器线圈通常用水冷却，以排出线圈自身以及通过炉衬传导出的热量。在感应器线圈的上部和下部，都应当另外设有几匝与感应器线圈尺寸相近似的不锈钢质的水冷圈，以使炉衬材料在轴向方向上的受热均匀。

　　磁轭通常由 0.3mm 左右的高导磁率冷轧取向硅钢片叠制而成，主要起磁屏蔽作用，改善炉子的电效率和功率因数。磁轭同时具有支撑和固定感应器的作用，因此应该采用仿形结构，当其紧贴感应线圈外侧时，可以最大限度的约束线圈向外散发的磁场，减少外磁路磁阻。比较大的磁轭，应该考虑通水冷却。

　　炉衬，即坩埚，略呈圆锥形，上口直径大于平均直径。熔炼作业时，液体金属上表面不应超过水冷线圈上的平面。

　　除了通过炉嘴向外倾倒铜液方式以外，无芯中频感应电炉中的铜液也可以通过炉体倾转枢轴中心的出铜管道向外注铜，即液体金属通过枢轴中心的出铜管道直接注入铸造机的中间包中，这样可以避免熔体飞溅，同时有利于减少熔体吸气的机会。

C　短线圈浇注和保温炉

短线圈炉可用作保温炉与浇注炉，用于间断性或不间断性的半连续或连续浇注，该炉型现在已成为铸造复杂合金时比较经济和实用的保温单元（图 3-12）。

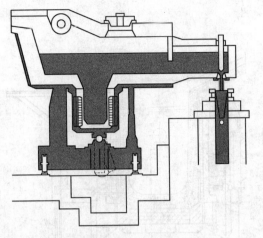

短线圈保温炉主要有以下优点：可以倒空熔体，变换合金品种方便；熔体化学成分调整方便；可以间断运行，方便生产管理；坩埚耐火材料的砌筑和烧结周期性短，减少停机时间，节省开支。

图 3-12　无芯感应保温浇注炉

表 3-8 所示的是 Junker 铜及铜合金用短线圈炉产品系列。

表 3-8　Junker 铜及铜合金用短线圈炉

型　号	容量/t	输入功率/kW	型　号	容量/t	输入功率/kW
TWCu 7/200	7	200	TWCu 20/300	20	300
TWCu 11.5/250	11.5	250	TWCu 24/350	24	350
TWCu 15.5/250	15.5	250	TWCu 50/1200	50	1200

D　无芯感应电炉的特点

与有铁芯感应电炉相比，无铁芯感应电炉有以下优点：

（1）功率密度和熔化效率比较高，起熔方便；

（2）铜液可以倒空，变换合金品种方便；

（3）搅拌能力强，有利于熔体化学成分的均匀性；

（4）尤其适合熔炼细碎炉料，如机加工产生的各种车屑、锯屑、铣屑等；

（5）不需要起熔体，停、开炉比较方便，适于间断性作业。

表 3-9 所列的是工频无铁芯感应炉与工频有铁芯感应炉，在熔铜时的功能及经济技术指标等方面的详细比较。

表 3-9　无铁芯感应炉与有铁芯感应炉在熔铜时的比较

名　称	有铁芯感应炉	无铁芯感应炉	名　称	有铁芯感应炉	无铁芯感应炉
能耗(1200℃)/kW·h·t^{-1}	250~280	340~380	温度均匀性	好	非常好
效率/%	73~82	54~60	连续作业	非常好	中　等
功率密度	中	高	非连续作业	不合适	非常合适
熔炼损失(碎屑)	低	非常低	变换合金	复　杂	简　单
熔化时搅拌力(碎屑)	中　等	非常低	筑炉作业	复　杂	简　单
熔化块状料的效果	非常好	中　等			

140　真空感应炉的结构和特点是什么?

真空感应电炉装置，按照其真空室的启闭方式可分为卧式和立式两种。

卧式是真空室在垂直面上分开，开启时真空室的可移动部分向一侧水平移动，将感应线圈和坩埚暴露出来。这种结构便于坩埚的制作、真空室的清理、维修、检查，大型炉子以该方式较多。

立式的真空室上方有一个盖，来启闭真空室，这种结构占地面积小，容量 10～500kg。由于立式的真空结构可以提供高度方向上的优势，可以浇注规格相对较小、较长的铸锭，并且可以一次浇注 2～3 根铸锭。目前国内生产铜合金应用的最大真空感应熔炼炉为 3t。

真空感应电炉的感应加热元件线圈安装在转轴上，中频电源由密封的转轴接到感应器。

真空感应电炉对电源通常有以下特殊要求：

（1）感应器的端电压低。真空感应炉使用的工作电压比普通中频感应炉低，通常在 750V 以下，以防止电压过高引起真空下气体放电而破坏绝缘，造成事故。

（2）防止高次谐波进入负载电路。使用晶闸管变频电路时，经常出现高次谐波进入负载电路，使感应器对炉壳电压增高，从而引起放电。因此，必须在电源输出端增添中频隔离变压器，来截断高次谐波的进入。也可将逆变器前的滤波电抗器做成双线圈，并分别串接在整流器的输出端正负电路中，使感应器对炉壳电压均衡，避免放电现象。

（3）振荡回路的电流大。由于真空感应炉工作电压低，在输出功率一定的条件下，必须增大工作电流。为了减少振荡回路中电能损耗，应尽量缩短电容器柜与炉体的距离，合理地选择回路导体的形状与分布方式。

真空感应电炉的外壳由双层壁水冷却。坩埚上方有搅拌、测温和取样装置，能在真空下取样、测温。炉盖上有特制的加料箱，可盛装不同的合金元素，在真空下根据工艺要求依次加入坩埚。

A　真空系统

真空系统主要包括真空机组和测量仪表以及一些辅助设施。真空机组由不同的真空泵组成，常用的真空泵类型及使用范围是：油封机械泵用于 $1.0 \times 10 \sim 1.3 \times 10^{-1}$Pa；罗茨泵用于 $4.0 \times 10^{-2} \sim 1.3 \times 10^{-2}$Pa；油扩散泵用于 $1.3 \times 10^{-1} \sim 1.3 \times 10^{-7}$Pa。

为了满足真空度的要求，各种真空泵之间要合理配置。常见的有两级配置：机械泵—扩散泵或罗茨泵；三级配置：机械泵—罗茨泵—扩散泵。真空机组的配置线路见图 3-13。

真空泵通过真空阀与炉室相连。依真空泵的配制不同，可以获得不同的真空度。生产

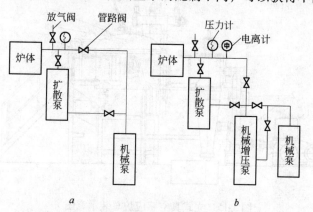

图 3-13　真空机组的配置线路

a—二级真空机组；b—三级真空机组

中控制真空度也靠开动不同的真空泵来实施。

测量真空度的仪表主要有三类：

（1）利用气体压力差设计的各种压力计，如弹簧压力计，膜盒压力计，测量范围为 $1.0 \times 10^{-5} \sim 1.3 \times 10^{-2}Pa$；

（2）利用气体导热性质设计的真空计，如热电偶温度计，测量范围为 $1.3 \times 10 \sim 1.3 \times 10^{-1}Pa$；

（3）利用气体电离特征设计的真空计，如热阴极真空计，测量范围为 $1.3 \times 10^{-8} \sim 1.3 \times 10^{-9}Pa$。

B　真空感应炉结构

图 3-14 所示的是卧式真空感应炉示意图。图 3-15 所示的是立式真空感应炉示意图。图 3-16 所示的是 ZGJLB0.2-250-1 半连续式真空感应熔炼炉总装示意图。

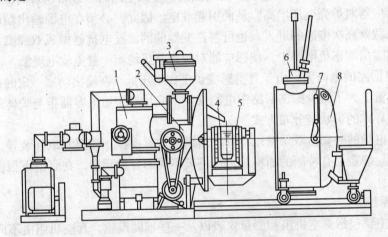

图 3-14　卧式真空感应炉示意图

1—真空系统；2—转轴；3—加料装置；4—坩埚；5—感应器；
6—取样和捣料装置；7—测温装置；8—可动炉壳

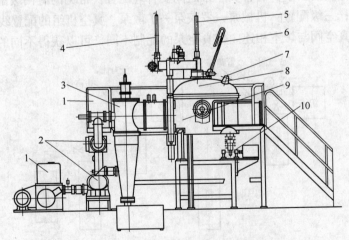

图 3-15　立式真空感应炉总装示意图

1—机械泵；2—增压泵；3—扩散泵；4—取样装置；5—测温装置；
6—捣料装置；7—观察孔；8—炉盖；9—炉体；10—铸模移动机构

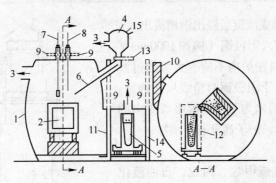

图 3-16　ZGJLB 0.2-250-1 半连续式真空感应熔炼炉总装示意图
1—炉体外壳；2—坩埚；3—抽气口；4—装料室；5—锭模；6—加料槽；
7—取样装置；8—热电偶；9—安全阀；10—操作盘；11，12—浇注室
隔离阀；13—装料室隔离阀；14—浇注室阀门；15—装料室阀门

真空感应电炉的特点：

（1）熔炼过程不与空气接触，能获得含氧和其他气体极少的金属及合金；

（2）一般不使用熔剂，能有效的消除非金属夹杂；

（3）可生产高纯度金属；

（4）能改善金属的性能，特别是增加金属或合金的密度。

141　竖炉的结构和特点是什么？

A　竖式炉的特点

竖式炉是一种快速连续熔化炉，具有热效率高（60% 以上）、熔化速率高、停开炉方便（从冷态开炉到出铜只需 1h，停炉只需 1～2min）的优点；可采用天然气、液化石油气等作为燃料，烧嘴分层安装在炉膛壁上，炉内气氛可以控制；没有精炼过程，因此要求原料绝大多数为阴极铜。竖式炉一般配合连续铸造机进行连续铸造，也可以配合保温炉进行半连续铸造。

B　竖式炉的构造

竖式炉结构的示意图如图 3-17 所示。

竖式炉由炉基、炉体、烟囱、加料车、燃烧系统等部分组成。炉体内部衬有耐火材料，可分为炉身、熔化室、炉缸、炉底等不同的工作区。在熔化室周围，安装有数排高速烧嘴。工作期间，炉料经提升机送到加料口并装入炉内，炉料在下降过程中被火焰加热，并在熔化室附近熔化，铜液落入带斜坡

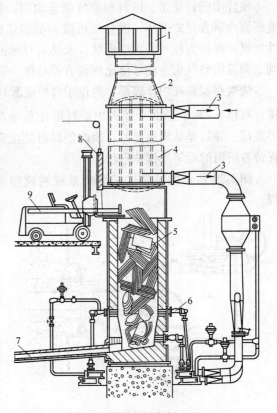

图 3-17　竖式炉结构示意图
1—烟罩；2—烟囱；3—冷热风管；4—炉筒；5—炉膛；
6—热风烧嘴；7—流槽；8—装料门；9—装料小车

的炉缸（炉底）并在形成液流后经出铜槽流出。

　　炉子内径以能够装入阴极铜（例如 1000mm × 1000mm）为原则。炉料在炉内不应有太大的过渡空间，炉子内径以稍大于阴极铜对角线尺寸为宜。最初的竖式炉高 6m，后来为了使炉料吸收更多的炉气余热以提高热效率，炉子高度有所增加。

C　燃烧系统

　　竖炉多使用天然气或甲烷、丙烷、石油液化气等气体燃料。若使用低硫液体燃料例如煤油等燃料时，需进行汽化。

　　图 3-18 所示的是竖式炉空气和燃气预热系统。图 3-19 所示的是典型的竖式炉所用烧嘴结构。

　　燃气经针阀微调后，在混合筒与空气混合，再经过烧嘴喷射管向炉内喷射。为使混合气在断面内的氧含量均匀，在烧嘴弯管的法兰处安装一个节流孔板。

　　该烧嘴的特征是：燃料和空气混合均匀，烧嘴断面内氧含量差值小，混合气可微调呈弱还原性气氛并保持为较短的火焰形状，未燃氧对熔铜的污染非常小。空气经蝶阀进入烧嘴，蝶阀立即发出空气指令信号使比例调节器动作，调节燃气压力。

　　烧嘴都安装在炉体腹部，约位于自炉底起 1/3 炉体高度处。根据需要，烧嘴可设 2 ~ 4 排，每排 6 ~ 8 个。由于竖式炉炉料熔化总是在炉底部，并且是从周边开始，因此炉料自始至终保持着所谓的铅笔形锥体形状。

　　图 3-20 所示的是竖式炉燃烧系统的调整过程。

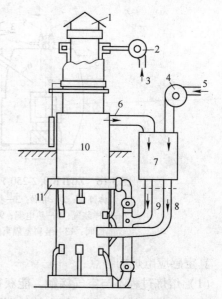

图 3-18　空气和燃气预热系统

1—排气口；2—卷筒；3—空气；4—卷筒；5—燃气；
6—热空气；7—气体预热器；8—燃气；
9—空气；10—炉料；11—集气管

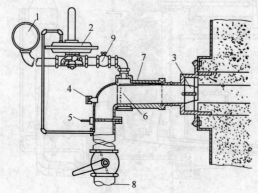

图 3-19　竖式炉燃烧嘴示意图

1—燃气管道；2—比例调节阀；3—烧嘴；
4—观察孔；5—节流板；6—燃气流出孔；
7—气体混合筒；8—空气；9—针阀

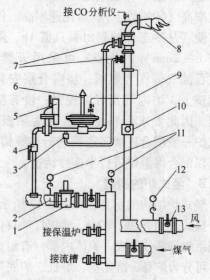

图 3-20　竖式炉燃烧调节系统

1—稳压阀；2—稳压信号传递管路；3—点火电磁阀；
4—球阀；5—电磁阀；6—比例平衡阀；7—针阀；
8—烧嘴；9—比例平衡信号传递管路；10—蝶阀；
11—煤气压力表；12—风总压力表；13—风总阀

142　电渣炉的结构和特点是什么？

电渣炉包括电器设备、机械设备、熔铸设备三部分。

电气设备包括降压变压器和供电电气元件等。

机械设备主要包括电极升降机构、排烟装置、抽锭装置和密封设备（通保护性气体用）等。

电极升降机构的传动方式基本上有三种：丝杠螺母式、链条链轮式、钢丝绳滚筒式。电极升降机构主要控制电极的送给速度。为适应熔化速度的要求，电极送给速度应可以大幅度调整和灵敏控制。为缩短辅助时间和换电极停电时间，要求有较高的非工作提升速度。根据生产实践经验，这两种速度大致控制范围为：

电极送给速度　50～60mm/min；

非工作提升速度　2～4m/min。

熔铸设备主要是结晶器和引锭托座或水冷底板。

电渣炉的机架和炉体结构有多种，铜合金生产中常用的是双臂抽锭式电渣炉。双臂抽锭式电渣炉结构如图3-21所示。

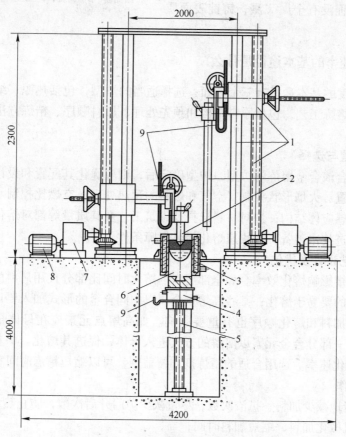

图3-21　双臂抽锭式电渣炉结构

1—电极升降机架（左、右各一个）；2—自耗电极；3—结晶器；4—底水箱；
5—引锭机构；6—铸锭；7—减速箱；8—电机；9—导线

结晶器是电渣重熔的主要工具设备，抽锭式和充填式结晶器示意图见图3-22。通常用水冷铜结晶器，托座可以用本合金材料也可以用铸钢。

电渣炉的特点：

（1）在整个熔炼过程中，铸锭上部始终保持金属熔池，由于熔池凝固时的定向结晶，结晶致密，较好地消除了定向性疏松；

（2）电渣重熔的精炼过程是在高温的渣中进行的，金属液可受到熔渣的有效精炼和过滤作用，能很好地脱硫和去除氧化物夹杂；

（3）铸锭的轴向结晶便于气泡排出，易于除去以溶解状态存在的气体，且成分均匀；

（4）由于铸锭凝固时上部有高温熔池存在，一般不产生缩孔；

（5）重熔过程没有金属飞溅，铸锭表面质量好。

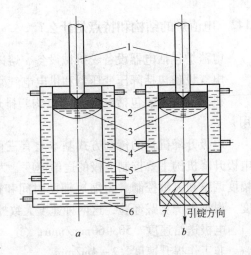

图3-22　抽锭式和充填式结晶器示意图
a—充填式；*b*—抽锭式
1—自耗电极；2—渣池；3—熔池；4—水冷却结晶器；5—铸锭；6—底水箱；7—引锭器

143　提高熔化速率的基本途径是什么？

提高熔化速度的基本途径有三个方面：选择适当的炉型，包括热源、结构、炉衬技术等；选择恰当的熔炼工艺，包括原料结构和预先处理、加料顺序、精炼方法；熟练而准确的操作。

A　设备配置与选择

应选择最适合该合金熔炼的炉型，炉型确定后，则应优化其配置和设计，如燃气炉炉膛尺寸、烧嘴布置、火焰形状控制、空气和燃料的预热处理、空燃比控制水平；感应炉功率、电流效率、感应体结构；炉衬材料选择及砌筑工艺及其质量等都对熔化效率有重要影响。应当采用先进技术装备，为快速熔化提供保障条件。

B　熔炼工艺设计及优化

原料选择直接影响熔化效率。如全部屑料的熔化时间比部分代用屑料的长，制团打包的切屑料比散装的要易于熔化；某些高熔点金属以中间合金的形式加入要比以单质金属加入更易于熔化；加料和熔化顺序也有重要影响。如高熔点元素应在母体金属熔化之后加入，这样可以使一部分合金元素以溶解的方式进入母体，促进其熔化。炉料的预热处理肯定有利于提高熔化速率。选用合适的精炼剂和覆盖剂，可以缩短精炼时间和保温温度。

C　优化操作

（1）尽可能地减少加料、扒渣次数，尽量减少炉门开启次数，防止热量散失；

（2）采用机械化加料，缩短加料时间；

（3）采用机械化扒渣，人工扒渣要准确、快速；

（4）采用先进的分析及检验等仪器设备，缩短炉前分析时间、加快生产节奏；

（5）加强对炉衬的维护，避免因炉壁挂渣而不断地减小有效容积或避免侵蚀炉衬，延长炉龄。

144　扒渣时应注意什么?

（1）扒渣前要检查扒渣工具是否完好、牢靠，防止在扒渣时"扒头"脱落进入熔池熔化，造成含铁高而报废。

（2）扒渣前扒渣工具应充分烘烤，防止将水、气带入熔体。

（3）扒渣时应依次"地毯式"进行，防止遗漏。

（4）扒渣时应一扒到底，不要将炉渣扒到中间堆集，更不能搅动熔体。

（5）扒渣时动作要准确、用力均匀，防止碰坏炉衬。

（6）扒渣时要适当降温，在保证扒渣彻底的前提下要尽可能缩短时间，减少金属烧损和吸气。

145　如何取炉前化学分析试样?

炉前分析是决定金属熔体可否出炉铸造的关键工序，是保证炉后成分合格、减少盲目性的措施。为了提高生产效率，炉前分析一般只针对几个主要元素进行。炉前分析取样通常用取样勺在保温炉（或熔炼炉）内舀取，倒入试样模内凝固后即可送检。

取样时应注意：取样应有代表性，即炉内熔体应是经过精炼、充分搅拌和静置，炉内各处成分应当均匀一致。特别是在熔炼后期或在保温炉加入某些合金元素时，必须充分搅拌、静置后才能取样。取样部位应大体在熔池中央，深入熔体内部。不允许在炉口或熔体表面舀取。取样勺和试样模要烘烤干燥、清洁。

146　确定出炉范围的依据是什么?

为了保证铸锭（铸坯）的化学成分符合技术标准的要求，在实际生产中各企业都制订有区别于标准的熔体化学成分出炉范围供熔炼工掌握、执行。这是因为：炉前分析是快速分析，精度有限；炉前分析取样的代表性也有局限；浇铸过程中某些合金元素仍然有损耗的可能，熔体也有二次吸气的可能；少数情况下，补偿或冲淡后不再做炉前分析等等。确定出炉范围通常依据技术标准，适当考虑具体生产条件下各合金元素损耗和二次吸气的经验数据。出炉范围一般都低于标准规定的上限而高于标准规定的下限。

147　怎样依据炉前分析结果调整化学成分?

由于配料计算，称重的错误或废料混料，以及金属在熔铸过程中的烧损等原因，有时熔体的合金元素含量可能超出或低于标准所要求的范围。遇此情况，必须对熔体化学成分进行调整，成分低的要补料，成分高的要冲淡。

A　补偿计算

当炉前分析结果中，某元素含量低于规定的出炉范围的下限时，应对该元素进行补偿。

（1）采用纯金属作原料进行补料时，可采用以下简易公式计算：

根据 $(Q \times b\% + X) / (Q + X) = a\%$，可推导出补偿公式：

$$X = [(a - b)/(100 - a)] \times Q \tag{3-33}$$

式中　　X——应补料量，kg；

　　　　a——某元素的要求量，%；

　　　　b——该元素的炉前分析结果，%；

　　　　Q——熔体总量，kg。

（2）采用中间合金作原料进行补料时，可采用以下简易公式计算：

$$X = [(a - b) \times Q + (x_1 + x_2 + x_3 + \cdots) \times a]/(d - a) \tag{3-34}$$

式中　　　　X——应补料量，kg；

　　　　　　a——某元素的要求量，%；

　　　　　　b——该元素的炉前分析结果，%；

　　　　　　Q——熔体总量，kg；

x_1，x_2，x_3，$\cdots$——应补充的不同料各自的加入量，kg；

　　　　　　d——补料用中间合金或该金属中该元素的含量，%。

　　【例】　已知炉内有 500kg H62 合金熔体，炉前分析结果是 59% 为铜，余量为锌。H62 的标准含铜量为 61%。试求出应补加铜的数量。

　　解　欲将含铜量由 59% 调整到 61%，将有关数据代入补料公式得：

$$X = [(61 - 59)/(100 - 61)] \times 500 \approx 25.6(\text{kg})$$

即应向炉内补加铜 25.6kg，对其他成分（锌）影响不大，可不作调整。

B　冲淡计算

当炉前分析结果中，某元素含量高于规定的出炉范围的上限时，应对该元素进行冲淡。

根据 $(Q \times b\%)/(Q + X) = a\%$，可推导出补偿公式：

$$X = [(b - a)/a] \times Q \tag{3-35}$$

式中　　X——应补加的冲淡料数量，kg；

　　　　a——某元素的要求量，%；

　　　　b——该元素的炉前分析结果，%；

　　　　Q——炉内原有熔体总量，kg。

如果需要补加的炉料应由不同的元素组成，每种元素的量可通过以下公式计算：

$$x_1 = [n_1/(100 - a)] \times X \tag{3-36}$$

$$x_2 = [n_2/(100 - a)] \times X \tag{3-37}$$

$$\vdots$$

$$x_n = X - (x_1 + x_2 + x_3 + \cdots) \tag{3-38}$$

式中　　　　　　X——应补加的冲淡料总量，kg；

　x_1，x_2，x_3，$\cdots$，x_n——应补充的各元素的分量，kg，其中 x_n 为余量元素；

　　n_1，n_2，$\cdots$，n_n——应补加的各元素的配料比。

炉前分析结果中，如果除被冲淡元素外，其余各元素含量均符合要求时，上述公式可被简化为：

$$x_1 = n_1 X \tag{3-39}$$

$$x_2 = n_2 X \tag{3-40}$$

$$\vdots$$

$$x_n = X - (x_1 + x_2 + x_3 + \cdots) \tag{3-41}$$

【例】　已知炉内 QAl9-2 熔体 500kg。炉前分析结果为：10.2% 铝、2.1% 锰，余量为铜。计算出将熔体化学成分调整至合格范围时应补加料的量。

解　首先确定 QAl9-2 合金的配料比为：Al 9.5%，Mn 2.1%，Cu 余量。

将铝含量由 10.2% 冲淡至 9.5%，将有关数据代入冲淡公式得：

$$X = \left[(10.2 - 9.5) / 9.5 \right] \times 500 = 36.84 (\text{kg})$$

即为了冲淡铝，应向炉内补加其他元素 36.84kg。补加料由铜和锰两种元素组成，其中

Mn：　　　　$x_1 = \left[2.1 / (100 - 9.5) \right] \times 36.84 = 0.85 (\text{kg})$

Cu：　　　　$x_2 = 36.84 - 0.85 = 35.99 (\text{kg})$

如补加料中，锰以含 30% Mn 的铜-锰中间合金形式加入，则补加料为：

Cu-Mn 中间合金：　　0.85 ÷ 30% = 2.8(kg)

Cu：　　　　　　　35.99 - (2.8 × 70%) = 34.03(kg)

148　造成"杂质元素积累"的原因是什么，如何避免？

"杂质元素积累"是指在连续生产某一合金铸锭（坯）较长时间以后，个别杂质元素的含量逐渐升高的现象。造成杂质元素积累的因素主要有以下几种。

A　混料

混料是直接造成金属或合金中杂质高，以致发生化学废品的主要原因。

B　从炉衬材料中吸收杂质

熔炼过程中，当高温熔体中某些元素与炉衬之间发生某些化学反应，而且反应产物又能被熔体吸收时，则会造成金属或合金熔体中相应杂质元素的含量增高。

感应电炉的炉衬材料多是由氧化硅、氧化铝以及氧化镁等氧化物所组成的。高温下，这些氧化物究竟能否与熔体中某些元素发生化学作用，除了与氧化物的自身性质有关外，还与熔体中某些元素对氧的亲和力大小有关。

由于铝和镁对氧的亲和力都比硅对氧的亲和力大，即氧化铝和氧化镁都比氧化硅稳定，因此用高铝砂和镁砂制造炉衬时，炉衬材料不易与熔体发生化学作用；而用硅砂制造炉衬时，熔体与炉衬材料之间发生化学作用的可能性就较大。例如，在硅砂炉衬中熔炼铝青铜时，由于铜液中的铝与硅砂之间发生化学反应：

$$4Al + 3SiO_2 \Longrightarrow 2Al_2O_3 + 3Si \tag{3-42}$$

结果炉衬被浸蚀，从硅砂中还原出来的硅可被铜液吸收。炉温越高，上述反应越容易进行。实践表明，在酸性炉衬的工频有芯感应电炉内熔炼铝青铜时，由于熔沟中的熔体温度过高而造成的含硅量过高的废品有时达 10% 以上。

为防止熔体与炉衬之间发生化学作用，除应尽可能地降低熔炼温度以外，主要还应根据所熔制的金属或合金化学性质不同，分别选用不同性质的炉衬材料。紫铜、黄铜、硅青铜、锡青铜等宜在硅砂炉衬中熔炼；铝青铜和低镍白铜宜在高铝砂炉衬或镁砂炉衬中熔

炼；熔点较高的合金宜在镁砂炉衬中熔炼。

在真空高温下熔炼化学活性强的钛、锆等金属时，它们几乎能与所有耐火材料反应而吸收杂质。只有用水冷铜坩埚代替耐火材料坩埚，才能解决炉衬污染金属的问题。

C 从炉气中吸收杂质

使用含硫的煤气或重油作燃料时，在加热和熔炼铜、镍的过程中，就可使下列反应向右进行而增硫：

$$2Cu + S \rightleftharpoons Cu_2S \tag{3-43}$$

$$3Ni + S \rightleftharpoons Ni_3S \tag{3-44}$$

即使吸收微量的硫，其危害性都是非常明显的，如含硫 0.0012% 以上的镍锭热轧即裂。

D 从覆盖剂材料中吸收杂质

若覆盖剂选用不当时，不仅无精炼作用，有时甚至会得出相反的结果，即覆盖物中某些元素可能通过物理或化学作用而进入熔体，使其杂质增加。在中频感应电炉中熔炼普通白铜时，如果采用木炭做覆盖剂，且熔炼温度较高，同时又大量使用多次重熔过的旧料，那么，由于多次吸收碳及其积累的结果，最终可能因含碳过高而报废。而且当合金含碳量超过其溶解度时，结晶过程中碳就会以石墨形态沿晶界析出，导致合金轧制困难。

此外，在米糠及麦麸等物覆盖下熔炼的紫铜，亦明显发现随着重熔次数的增加，其中的磷含量也随之增高。

因此，在选用覆盖剂时，除应考虑到覆盖效果以外，亦应充分注意到某些覆盖剂可能污染熔体的情况。

E 添加剂残余及其积累

在熔炼多数铜及其合金时，大都需要向熔体中加入一定数量的脱氧剂、变质剂等添加物，当旧料多次被重熔使用时，这类添加剂的残余量及其积累情况必须引起注意。

（1）大量使用多次重熔过的旧料时，脱氧剂的用量应适当减少。例如，全部使用旧料做炉料时，可把脱氧剂的用量减去一半（与全部使用新料做炉料时相比）；

（2）熔炼某些对化学成分要求比较严格的金属或合金时，可采用多种脱氧剂，即复合脱氧的办法。例如，单纯用镁做 B19 合金的脱氧剂时，镁的用量为投料量的 0.04%；若用镁、锰两种元素进行复合脱氧时，则其中镁的用量为投料量的 0.03%；

（3）当发现旧料中某些脱氧剂的残余量有所积累，且已显出危害作用时，应立即停用原来的脱氧剂，而改用其他元素作脱氧剂。例如，长期用磷脱氧的紫铜，待其旧料中磷杂质已积累到一定程度之后，可改用镁或其他元素做脱氧剂；长期用硅脱氧的白铜，待其旧料中硅杂质已普遍增加时，可改用镁或钛等另外一些元素做脱氧剂。

F 变料与洗炉的影响

在同一熔炼炉内，先后熔炼化学成分不同的金属或合金时，中间需要变料。

变料前，如果炉内残留的熔体或炉壁上粘结的残料、残渣过多时，那么在变料后的最初几个熔次中，就有可能发生杂质明显增加的现象。为了避免此类现象发生，在变料时应进行洗炉。洗炉就是用纯净的金属熔体清洗炉衬。对工频有芯感应电炉来说，由于炉内熔体不能全部倒尽，因此其变料过程较为复杂，一般的办法是：尽量将炉内熔体倒出，然后投一炉或数炉紫铜料将起熔体中某些元素冲淡至要求范围内。

在大型熔铸车间里，可根据所熔金属及合金的化学成分不同，分别固定在专门的炉子中熔炼。例如，紫铜和各种简单黄铜可固定在工频有芯感应电炉内熔炼；化学成分复杂、产量不大的各种青铜和白铜等，应该在坩埚式感应电炉内熔炼，因为这类炉子的洗炉和变料比较方便。

149　变质处理的作用是什么，有哪些方法？

变质处理的主要作用是：

（1）细化铸锭的结晶组织，变粗大柱状晶为细小等轴晶；

（2）减少晶界上某些低熔点物，或促使其球化；

（3）改变某些有害元素在铸锭结晶组织中的分布状况；

（4）兼有脱氧及除气作用；

（5）提高铸锭的高温塑性。

变质处理的方法很多，主要有添加变质剂、振动条件下结晶、强化冷却等，其中添加变质剂是应用最为广泛的方法。

150　金属转炉有哪些方式，应注意哪些问题？

常用的转炉方式有：倾动转炉、溢流转炉、潜流转炉等。

倾动转炉是通过熔炼炉的转动，熔体经出铜口、流槽进入保温炉的方式。该方式适于间断生产，熔体质量不稳定，尤其是生产紫铜时要通过静置来保证熔体质量。

溢流转炉是熔炼炉不需转动，液面高出出铜口后溢出，熔体通过炉组之间的流槽连续不断地转注至保温炉。该方式适于连续生产纯铜和无氧铜，熔体质量比较稳定，但流槽需要保证一定的温度以避免熔体在进入保温炉的过程中降温凝固而导致流槽堵塞或存铜。对大多数金属而言，同时需对流槽加设熔体保护措施，以防金属被氧化。

潜流转炉是在熔炼炉和保温炉连为一体的情况下，铜液从液面下两者之间的隔板孔直接从熔炼炉进入保温炉。该方式根除了金属液体转运过程中的氧化、吸气的弊端，特别是减少了熔炼黄铜时氧化锌的氧化挥发，保护了环境。

151　筑炉材料有哪些种类？

根据耐火材料的化学性质，可以将其分为酸性料、碱性料和中性料三种。

通常，把以 MgO 为主的耐火材料（镁砂）称为碱性料（MgO 是碱性氧化物，和水反应生成 $Mg(OH)_2$）；把以 SiO_2 为主的耐火材料称为酸性料（SiO_2 是酸性氧化物，和水反应生成硅酸）；把以 Al_2O_3 为主的耐火材料（高铝砂）称为中性料（Al_2O_3 是中性氧化物）。

根据耐火材料的形态，可以将其分为耐火砖和耐火散料。耐火砖包括镁砖、硅砖、高铝砖及黏土砖等；耐火散料包括硅砂、镁砂、高铝砂等。

152　什么是炉衬技术，炉衬材料如何选择？

生产铜及其合金的熔炼炉、保温炉通常由钢铁制作的外壳和耐火材料加工（捣打、砌筑）的内衬组成。炉衬技术主要包括内衬（炉衬）材料的应用选择和炉衬的砌筑加工及烘烤技术等三个方面。

炉衬材料的应用选择应从以下几个方面考虑。

A　石英砂及高铝砂

（1）物理状态：石英砂和高铝砂各有两种形状，即圆锥料和筒磨料。圆锥料颗粒为多棱角，筒磨料为细粉。粒度组成应符合表3-10的规定。使用前应在电阻炉内烘干，300℃/3h。

表3-10　石英砂及高铝砂的粒度组成要求　　　　　　　（%）

材料粒度/mm	5~3	3~2	2~1	1~0.5	0.5~0.25	0.25~0.1	<0.1
石英圆锥料	10~14	24~26	14~16	10~12	7~9	16~19	9~11
石英筒磨料	—	—	—	—	—	—	100
高铝圆锥料	18	26	18	14	6	8	10
高铝筒磨料	—	—	—	—	—	—	100

（2）化学成分：成分应符合表3-11的规定。

表3-11　石英砂及高铝砂的化学成分（质量分数）　　　（%）

名　称	SiO_2	Al_2O_3	MgO	CaO	Fe_2O_3	TiO_2	水　分
石英砂	>95	<0.23	—	—	<0.8	—	<0.5
高铝砂	<20	>74	<0.13	<0.4	<1.6	<3	<0.5

B　矿化剂或黏结剂

（1）硼砂（$Na_2B_4O_7 \cdot 10H_2O$，熔点741℃）：粒度小于0.5mm，水分小于0.5%，硼砂含量不小于98%。

（2）硼酸（H_3BO_3，细粉状或鳞片状晶体）：粒度小于0.5mm，水分小于0.5%，硼酸含量不小于98%。

（3）水玻璃（$Na_2O \cdot nSiO_2$，）：半透明暗色黏性液体，固态呈玻璃状，可溶于水。

（4）工业磷酸：浓度85%，在20℃时的密度为1689kg/m³。

C　石棉板

石棉板厚度为3.2~10mm，密度为900~1000kg/m³，允许工作温度为500℃，烧失不大于18%，含水率不大于3%。

D　耐火土

熟耐火土是耐火粘土烧结后的粉碎物，化学成分应符合所使用的耐火粘土砖的成分，Fe_2O_3应小于1.9%。粒度为0.25mm孔筛下物。

E　泥浆

黏土耐火泥浆或硅藻土泥浆，用于砌筑耐火黏土砖或硅藻砖。泥浆的成分应与所砌筑的耐火砖成分相吻合。砌筑性能（保水性、稠度、黏度）应皆满足不同厚度的砖缝要求。

黏土耐火泥浆的生熟比为25%~20%：75%~80%；硅藻土泥浆的生熟料比则是40%~30%：60%~70%。

153　不同炉型的筑炉技术应注意哪些问题？

A　有芯感应电炉筑炉技术

a　感应体炉衬技术

感应体炉衬烧成后成为坚固整体，俗称炉底石。

感应体中的耐火炉衬具有复杂的形状结构，感应线圈、铁芯和金属熔沟都贯穿其中，尺寸要求精确。炉底石是炉子电/热交换的中心，熔沟中熔体温度最高，感应线圈的绝缘却不能破坏。最薄位置，即厚度仅为 50～100mm 左右的熔沟内侧的环状耐火材料层，一边承受着高温熔体的冲刷、侵蚀，另一边承受着强烈冷却，工作环境十分恶劣。

感应体中的耐火炉衬寿命，比上炉体炉膛寿命短得多。熔沟内侧环状耐火材料层发生严重磨损，或发生严重漏铜现象，即表明炉衬已经损坏。

感应体的耐火材料施工，通常采用不定型耐火捣打料捣筑的方式进行。

感应体筑炉技术，包括耐火材料选择、捣筑施工、烧结等不同方面。

（1）耐火材料捣筑。感应体耐火材料捣筑，分为干打和湿打两种不同方式。

干打：即使用干散的耐火材料捣筑。半干打，即使用含有少量水分的所谓潮料进行捣筑。干打，可以人工进行，亦可采用震动器进行。半干打，通常通过捣固机进行。

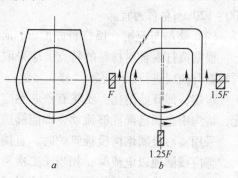

图 3-23　单相工频有铁芯感应电炉熔沟模
a—等截面熔沟；b—不等截面熔沟

筑炉用实心铜质熔沟模如图 3-23 所示。熔沟模材质取决于烤炉时加热和起熔方式。电感应加热时，通常采用实心铜模。火焰加热时，通常采用空心铜模或木模。

图 3-24 所示的是干打时直立式和侧立式两种筑炉方法。

直立式捣筑，是比较传统的方法。捣筑时，感应体中的熔沟模直立放置，分层次填料和捣筑，熔沟模周围的耐火材料是沿着熔沟高度方向自下而上，一层接着一层捣筑。侧立

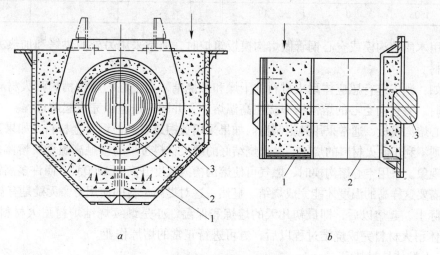

图 3-24　感应体耐火材料的捣筑方法
a—直立式捣筑；b—侧立式捣筑
1—感应体外壳；2—水冷套；3—熔沟模
（图中箭头方向，代表添料和捣筑方向）

式捣筑时，感应体中的熔沟模水平放置，熔沟模周围的耐火材料亦是自下而上，但是沿着熔沟壁厚方向分层捣筑。

侧立式时，熔沟模周围部分的耐火材料，通常通过一、两次填料和捣筑即可全部完成。而直立式捣筑时，由于捣筑方向需要不断地适应溶沟模曲面的变化而变化，容易出现受力不均匀现象。

为了防止分层，在每次填料前，都需要把上次的捣固层表面划松。如果是多人手工捣筑，应该每隔一定时间轮换一次工人站位，以求捣筑均匀。为了捣实，每层加料厚度100～120mm左右为宜。

（2）烧结与起熔。捣打料成型后，必须经过烘烤和烧结（烧成）才能投入使用。

根据捣打混合料材料的特点，应采取不同的加热方式促其硬化和烧结，即应该按照不同的温升曲线进行烘炉。

起熔，即开始熔化。工频有铁芯感应电炉起熔，意味着感应体内金属模板已经完全熔化，熔沟中金属已经能够流动，即能够送电进行正常运行。

采用实心金属熔沟模板筑炉时，直接向感应体送电即可完成起熔过程。

感应线圈通以电流时，相当于二次回路的金属模板内有感应电流产生，并且此感应电流足以将金属模板加热直至熔化，并在起熔过程中完成耐火材料的干燥、硬化和初步烧结。当然，完全的烧结，需要经过一段时间的实际运行以后才能完成。

表 3-12 所示的是 1000kW 感应器耐火材料（石英砂干打方式筑炉）烘炉升温过程。

表 3-12　1000kW 感应器烘炉升温过程

序号	温度区间 /℃	温升速度 /℃·h⁻¹	温升时间 /h	序号	温度区间 /℃	温升速度 /℃·h⁻¹	温升时间 /h
1	室　温	0	8	4	150～1150	20	50
2	20～150	10	13	5	1150	0	至熔沟模板熔化
3	150	0	19				

采用木质熔沟模或空心铜管做熔沟模板筑炉时，通常采用另外的烘烤和加热方式烧结耐火材料。

例如：预先进行感应体耐火材料的干燥和预烧结，当空心的熔沟槽内耐火材料达到规定温度时，直接向空心的熔沟槽中浇注高温熔体，并同时送电以完成起熔过程。

实心熔沟模板，通常采用纯铜制造。如果采用黄铜或者其他铜合金材料，如果其熔点比较低，则不利于耐火材料的烧结。尚未烧结好的耐火材料过早的接触高温金属熔体，容易引起渗漏现象。采用空心熔沟模时，燃气可使熔沟槽内温度升高到1200℃，而许多高铝质耐火材料，需要这样高的温度才能完成烧结。显然，这对提高炉衬的使用寿命无疑是有益的。

实际上，起熔以后，即最初几天的熔炼和保温，亦是继续烧结炉衬耐火材料的过程。当感应体耐火材料完成烧结过程以后，方可进行正常的熔炼作业。

b　上炉体炉衬技术

工频有铁芯感应电炉的上炉体主要有坩埚型、箱型、鼓型等几种结构，其中坩埚型和箱型通常为立式结构，鼓型为卧式结构。

图 3-25 所示的是立箱形工频有芯感应电炉上炉体的炉衬结构。

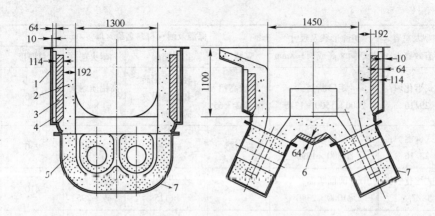

图 3-25　工频有芯感应电炉上炉体的炉衬结构
1—上炉体外壳；2—上炉体热面耐火材料；3—上炉体保温材料；4—上炉体
隔热材料；5—感应体及耐火材料；6—上炉体底部隔热材料；
7—上下炉体结合用密封及隔离材料

上炉体炉衬一般由以下几部分组成：

（1）最外层是隔热层。紧贴钢壳铺以石棉板或硅酸铝纤维毡之类，由于此层材料通常都具有一定的可塑性，亦有的称之为缓冲层或滑动层。

（2）次层为保温层。该层由轻质保温耐火材料构成。

（3）最里层系耐火层。耐火层直接与高温熔体、熔渣接触，亦称为热面层或工作层。

上炉体耐火材料总厚度，根据炉子容量大小及熔炼温度不同，一般为 200～400mm。

耐火材料厚度不够，热损失大。保温层材料与热面耐火层材料，应该具有相同或者相近的组成及物理性质，例如热膨胀系数。否则，反复的加热与冷却将造成较大的裂纹。

热面耐火材料层，除必需具有一定的耐火度和强度外，同时应具有较稳定的热膨胀系数，以及耐冲击、耐侵蚀等性质。

工作层可以用优质黏土砖或高铝砖等砌筑，也可以用类似组成的不定型耐火材料在现场进行浇注。

表 3-13 所示的是某些大中型工频有芯感应电炉上炉体耐火材料的构成。

表 3-13　大、中型工频有芯感应电炉上炉体耐火材料构成

序号	炉型及总容量/有效容量/t	炉膛形状及尺寸（断面×高或长）/mm	保温及耐火材料名称×厚度/mm				熔炼合金
			隔热层	保温层	耐火层	总厚度	
1	立式熔化炉：3.5/2.3	椭圆断面：1140×590×1200	轻质高铝保温砖×65	轻质高铝保温砖×65	高铝质捣打料×235	365	锡磷青铜
2	立式保温炉：3.0/1.5	椭圆断面：1300×410×1300	—	轻质高铝保温砖×65	高铝质浇注料×130	175	锡磷青铜
3	卧式熔化炉：8.0/5.0	圆桶断面：φ1000×2390	硅质轻质保温砖×178	硅砂×59	硅质耐火砖×113	350	铜及黄铜
4	卧式保温炉：8.0/5.0	圆桶断面：φ890×2600	硅质轻质保温砖×113	硅砂×110	硅质耐火砖×113	288	铜及黄铜

续表 3-13

序号	炉型及总容量/有效容量/t	炉膛形状及尺寸（断面×高或长）/mm	保温及耐火材料名称×厚度/mm				熔炼合金
			隔热层	保温层	耐火层	总厚度	
5	立式熔化炉：29/16	矩形断面：2000×1500×1715	轻质高铝保温砖×65	轻质高铝砖和高铝耐火砖混砌×65	高铝质耐火砖×230	400	黄铜
6	立式保温炉：22/16	圆桶断面：φ1800×1990	硅砂	硅砂	硅砂	230	黄铜
7	卧式熔化炉：38/7.5	圆桶断面：φ1000×2390		轻质保温砖×115	高铝质耐火砖×295	410	纯铜
8	立式保温炉：17/10	圆桶断面：φ1600×2110		轻质保温砖×76	高铝质浇注料×295	370	纯铜

注：炉子容量栏中，"/"上、下数据分别指总容量和有效容量。

B　无芯感应电炉炉衬技术

a　石墨坩埚

中、小型容量的中、高频无铁芯感应电炉，可以采用粘土石墨坩埚。

小型真空感应炉，通常采用的是纯石墨质坩埚。

b　捣打坩埚

（1）耐火材料选择。中、高频无芯感应电炉的坩埚，通常都采用干式振动料，并在现场通过捣打的方式进行施工。

干式振动料的品种有硅质、镁质、镁铝质、刚玉碳化硅质、铝镁质等。根据熔炼铜合金的种类不同，可分别选择：

1）熔炼紫铜、黄铜，可选用硅质干式振动料；

2）熔炼铝青铜、锡青铜，可选用硅质干式振动料；

3）熔炼铬青铜、铁青铜，可选用刚玉碳化硅质、铝镁质干式振动料；

4）熔炼白铜，可选用铝镁质干式振动料。

（2）捣打坩埚技术。捣打坩埚技术主要包括线圈浆料施工和捣打坩埚。

1）线圈浆料施工。开始捣打坩埚之前，应该首先进行线圈浆料的涂抹施工及其干燥。

线圈浆料，或称耐火胶泥是用于感应线圈匝间及内表面的一种耐火涂抹材料，可以代替传统的铺衬石棉板材料。

线圈浆料通常采用刚玉基材料，涂抹层为 6~10mm 左右，匝间涂料同时起到绝缘作用。新线圈或进行较大的修补后的线圈，施工结束后首先在环境温度下自然养护，然后按照规定的加热程序进行充分干燥。

2）捣打坩埚。首先，在干燥的线圈浆料内表面，均匀地铺一层石棉布或硅酸铝纤维布。隔热层不能有横向接缝，尽量减少纵向接缝，接头处必须搭接，并贴紧线圈。

坩埚底部捣打：捣打炉底时，加料厚度不宜过厚。从炉底中心开始，采用圆头或平头工具以螺旋线底形式向外圆周捣打。每层加料厚度和捣打次数依照材料性质而定。通常，加料厚度120mm左右，捣打次数应不少于3~4次。每层加料捣实后，都需用叉子把表面刮松，再加入下一层料进行捣打；

炉底料打结厚度应比规定高 30mm 左右，刮回到规定高度后再安放坩埚模具。

坩埚壁捣打：首先，放置坩埚模胎具。放置时，一定注意其与感应器线圈的同心度，并固定牢靠。

开始捣打坩埚壁之前，需将底部耐火材料暴露部分的表层划松。捣打时，每层加料亦不超过 120mm。先用叉子轻插除气，然后用平头工具捣打。依此类推，直到将坩埚壁捣打至高出渣线以上 20～25mm 的位置。

炉口，采用湿料封顶的方式施工。

c　烘炉技术

采用的耐火材料及捣打坩埚时采用模板材质不同，烘炉即坩埚的预热和烧结工艺亦应不同。

熔炼铜合金的炉子，可采用铜质坩埚模胎具，亦称消失模。铜质坩埚模胎具，可采用 6～8mm 厚度的紫铜板制造。

采用铜质坩埚模胎具捣打坩埚时，可将铜原料直接加入炉内并送电，按照规定的温升曲线烘炉，烘炉后期铜坩埚模胎具将被熔化。不过，由于铜的熔点往往低于耐火材料的烧结温度，不利于耐火材料的烧结。

铸铁和钢的熔点都比铜高，制造坩埚模胎具也容易，因此在实际生产中应用的比较普遍。

采用厚壁铸铁坩埚模胎具时，可在烘炉后期即当耐火材料具有一定强度时脱模，铸铁坩埚模胎具可重复使用，亦称重复模。

铸铁坩埚模，适用于含低温粘结剂的耐火材料施工。模具外表面平整均匀且应具有的一定的倒锥度，施工时模具外表面亦须贴一定厚度的纸板，以利于烘烤后期方便脱模。

采用普通钢板焊接时，可在其内加入电极石墨块或焦炭块的情况下送电进行烘炉。烤炉后期，即在坩埚模胎具未熔化之前及时将其取出，以防铁质污染合金熔体。

根据筑炉用耐火材料材质不同，应该采用不同的温升制度进行烘炉。

d　复合坩埚

复合坩埚，指坩埚的内层用耐火砖砌筑，外层用干式振动料打结。复合坩埚的平均寿命大约是干式捣打坩埚的一倍，可达 1120h 以上。砌筑用耐火砖和捣打用干式振动料，应该采用同种性质的材料。

以下为容量为 1.5t 的工频无芯感应电炉的高铝复合坩埚的施工方案：

坩埚的有效工作尺寸为 $\phi 580mm \times 1040mm$。坩埚壁总厚度为 110mm，其中内层材料采用 75mm 厚的异型高铝耐火砖砌筑，外层材料为捣打的 35mm 厚的高铝砂。

异型砖的设计，既要考虑到其自身强度，同时要考虑到整体的对称性。

整个坩埚内层，用四层异型高铝耐火砖砌筑。采用大块的异型砖砌筑，比用普通的标准砖砌筑减少了 85% 的灰缝。灰缝材料为高强度磷酸盐泥浆。高强度磷酸盐泥浆，抗渣性好。水平接缝和垂直接缝均采用 Z 字形形状，这不仅有利于增加砌筑坩埚整体的强度，同时有利于减少砌体间隙的不利影响，增加了金属漏出时的阻力。

砌体外侧的干式捣打耐火材料层，成为坩埚的最后防线。一旦从砖缝漏出铜液，捣打的耐火材料层可以进行阻挡。捣打耐火材料不仅有固定砌体的作用，同时有利于加强所有砖体朝着圆心方向的挤压力，即有利于减小灰缝和灰浆饱满。此外，捣打的耐火材料层亦有阻热和隔热的作用。

C　真空感应电炉炉衬技术

a　炉衬材料

真空能促进耐火材料和金属液的反应，所用的耐火材料要求有更高的化学稳定性。

真空熔炼所用坩埚，通常选用高纯氧化物制成，如氧化镁、铝镁尖晶石、氧化铝、氧化锆等。熔炼铜及铜合金最常用的坩埚是石墨，熔炼镍及镍合金最常用的耐火材料是电熔镁砂。

电熔镁砂的化学成分见表 3-14。

表 3-14　电熔镁砂的化学成分

成　　分	MgO	SiO_2	CaO	Al_2O_3	Fe_2O_3	烧　失
含量（质量分数）/%	>97	<1.0	<0.6	<0.5	<0.5	<0.2

参考配料比如下：

粗粒度（1.0~5mm）	36%
中粒度（0.2~1.0mm）	30%
细粒度（<0.2mm）	31%
硼酸	3%

b　筑炉和烤炉

筑炉工艺与无芯感应电炉基本相同，新筑的炉子，需经 8~24h 自然干燥，然后进行烤炉。烤炉制度按选用的炉衬材料特性制定，可以装入热电偶，利用调整输入感应器的功率控制，以一定的升温速率烤炉。

烤炉参考实例见表 3-15 和表 3-16。

表 3-15　ZG-0.2 真空感应电炉烤炉送电制度

功率/kW			20	40	50	60	70	80	90	100	120	140	160
时间/min	石墨芯	新炉		30	30	15	15	15	15	30	30	30	30
		重开炉		30		30		30		20	20	30	
	石墨坩埚		30	30		30				30	30		

表 3-16　ZG-0.01 真空感应电炉烤炉送电制度（石墨坩埚）

功率/kW	3	5	10
时间/min	10	10	10

烤炉过程中，需要注意的事项包括：

（1）烤炉在非真空下进行，若炉口太湿，可用煤气烘烤。

（2）以石墨芯子作炉胎的炉子，当温度达到 1700℃ 时，停电拔石墨芯子，从停电到拔出芯子，应在 20min 内完成。

（3）为使炉壁上部进一步烧结，第一炉按最大容量投料，缓慢升温，然后逐渐升高功率化料，根据炉容大小，确定升温化料时间。

（4）石墨坩埚和坩埚样板筑的炉子，烤炉前要装满石墨块。

（5）其他注意事项可参照中频感应电炉。

准备重开的炉子，停炉前趁高温时将炉壁、炉底清理干净，然后迅速合炉抽真空，防止炉衬急冷。数小时后关炉壳冷却水，线圈冷却水时间再长一些。

旧料重开前仔细检查炉衬，进行补炉，补炉料根据所用的炉衬，可以自配或外购，通常采用 60% 的中粒砂、40% 的细粒砂，加适量硼酸和水玻璃。

对于短期（8 ~ 24h）重开的炉子，可以直接加入炉料，缓慢升温化料，然后正常生产。

D　反射炉炉衬技术

a　砌炉技术

（1）炉底和熔池砌筑。炉底和熔池的砌筑主要包括：

1）炉底反拱砖缝应小于 1 ~ 1.5mm。

2）渣线以下炉墙砖缝应小于 1 ~ 1.5mm，渣线以上炉墙砖缝一般小于 1.5 ~ 2.5mm。

3）熔池内出铜口、扒渣口部应按一类砌体进行湿砌。

4）熔池反拱的横向膨胀缝，一般按膨胀量留在反拱的两侧。根据膨胀的实际情况，胀缝的形状宜上宽下窄。反拱的纵向膨胀缝可以集中留在两端，对长度较大的炉子可分散留设（例如最上层反拱每三块砖留一道，即每隔 115mm × 3mm 留一膨胀缝；第二层反拱可以每四块砖留一道。缝宽度按砖种确定，缝内填塞纸板）。

5）熔池砌体除半缝外，不应出现其他通缝。

6）炉底在砌镁砖前，应先将填料层烘干。

7）镁砖反拱一般采用干砌，砌完后用细镁粉扫灌砖缝，务必将砖缝填满。

采用砖墩式架空炉底，架空高度为 300mm 左右。例如炉底各层厚度（自上而下）为：镁铝砖反拱层 380mm；镁砂捣固层 60mm；粘土砖层 465mm；钢板 15mm。

（2）炉顶的砌筑。炉顶一般采用湿砌，要求砖缝厚度在 2mm 以下，较小跨度和吊挂炉顶采用环砌。具体要求如下：

1）炉顶纵向膨胀缝一般都集中于炉子的两端以及炉顶水平拱段与斜拱段的交接处；

2）砖砌拱顶一般不留横向膨胀缝，横向膨胀缝全由松紧拉杆来调节。

（3）炉墙的砌筑。炉墙内壁采用镁砖，例如厚度为 350mm。外壁采用粘土砖，厚 230mm。炉墙外侧设 40 ~ 50mm 的铸铁板。

（4）炉门、扒渣口、出铜口的砌筑。60t 以上反射炉设二个炉门，例如炉门宽 1300mm，高 800mm。炉门一般采用湿砌。60t 以下反射炉设一个炉门。

扒渣口一般位于炉门对面。扒渣口下沿一般低于加料口（炉门）下沿 130mm 左右，周围一般采用镁砖砌筑。

出铜口一般为 $\phi25mm$ 左右，砌筑材质一般为镁铝砖。

b　烘烤制度

根据炉子容量、耐火材料材质、施工方式，以及施工季节不同，炉子烘烤制度不尽相同。烘炉，应按照预先编制的烘炉制度和升温曲线进行。

一般情况下，先用木柴烘干。当炉温高于 600 ~ 700℃ 时，方可用重油烘烤。

154　什么是熔沟，其作用是什么?

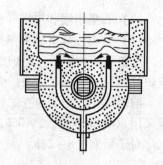

熔沟是有芯感应电炉感应器体中用耐火材料砌筑的一个环绕感应线圈的环形通道（如图 3-26 所示）。在炉子砌筑时用形状和尺寸相同的模板作为感应体熔沟的芯子，在烘炉过程中，模板或烧毁或被熔化。熔炼过程中，其间充满熔融的高温金属。当感应器线圈接通交流电时，激起的交变磁通沿磁铁闭合，在熔沟金属中产生强大的感应电流，由于电流热效应，转化为大量热能达到高温。再通过熔沟内液态金属的

图 3-26　感应体中熔沟示意图

强烈流动，以对流方式将热量传给炉膛内固体金属，使之加热和熔化。因此熔沟处是有芯炉的热源。

根据截面形状可将熔沟分为等截面熔沟和变截面熔沟。

等截面熔沟在熔炼金属过程中，熔沟底部和口部的温差较大，平均在 100℃ 以上，并且随着输入的功率加大而增加，500kW 时达到 130℃，因此感应器寿命较低。

变截面熔沟在熔炼金属过程中，熔沟底部和口部的温差较低，平均在 20℃ 左右，并且随着输入的功率加大，温差增加不明显，800kW 时不超过 30℃，因此感应器寿命较长。

155　现代感应电炉有哪些感应体新技术?

A　大截面熔沟感应体

相当长一段时间内，国内外一直都采用宽厚比较大的熔沟断面。例如 22mm × 90mm，单个熔沟的截面不超过 2200mm²，电流密度为 6 ~ 9A/mm²。大功率感应体采用双熔沟的方式，这种结构的特点是：熔沟下部温度高，熔沟中金属流动性差，炉衬寿命低。大功率感应体的体积也大，影响了大功率感应体技术的发展。

瑞典 ABB 公司首先扩大了熔沟截面，突破了传统的截面厚度小于电流透入深度的理论界限，厚度达两倍于电流透入深度。熔铜的 1000kW 感应体的熔沟截面达到了 75mm × 245mm，并且由于加大了熔沟的厚度和截面，加大了熔沟中金属对流热交换的空间，因而减少了局部过热的倾向。

采用大断面熔沟以后，对于同等体积的感应体来说可以输入更大的功率，因此大功率感应体设计不再困难。ABB 公司最大的单相感应体功率已经达到 3000kW。

大断面熔沟对于熔炼黄铜，特别是熔炼铝青铜时熔沟的有效寿命方面也有优势。熔体中的氧化铝（Al_2O_3）在熔沟耐火材料壁上的不断积结，是小断面熔沟感应体熔炼铝青铜的难题。一旦熔沟的断面全部被积渣堵死，就得被迫停炉，尽管耐火材料尚未损坏。

大断面熔沟使炉子的自然功率因数大大降低，通过增加补偿电容器的数量可以得到改善，相应增大了设备造价。如果从生产的综合效益方面评价，一般情况下利大于弊。

B　喷流感应体

喷流感应体的熔沟设计是从等断面熔沟开始的。

对等断面熔沟的研究表明，熔沟中电磁力与电流和磁场成直角，即与熔沟的轴线垂直，一般不产生平行于轴的分量。在此电磁力的作用下，主要在熔沟截面上形成涡流搅动，在熔池相接的熔沟出口处，产生由线圈侧指向熔沟槽外壁方向的搅动。熔体的这一激

烈的紊乱运动使熔沟内金属成为热的良导体，比静止状态的热效率高许多倍。

通过在熔沟槽耐火材料中埋入热电偶测量得知，熔沟中各点熔体温度按照抛物线规律变化。即熔沟与熔池相通的两个口附近处温度最低，熔沟底处温度最高。600kW 的感应体熔炼铜和铝青铜时，温差达 200~300℃，而且温差与输入功率成正比。

感应体耐火材料寿命因为上述温差的存在而降低。

熔沟底处温度增高，加剧了熔体与耐火材料之间的化学反应。熔沟扩大，熔体也容易向耐火材料中渗透，甚至可能引发黄铜中锌的蒸气（气泡）产生而阻断熔沟的现象。

美国 AJAX 磁热公司"喷流感应体"制造成功，显著地降低了熔沟中熔体的温差，单个感应体的功率达到了 3000kW。目前，"W"型熔沟"喷流"感应体技术已经日趋成熟，并在世界范围内得到了广泛推广。

喷流感应体的基本设计思想来自熔沟断面的变化，适当的改变侧熔沟口和中部熔沟口的形状和截面积，从中部熔沟起到侧熔沟口逐渐减少熔沟的径向厚度，从而形成熔体单向流动的压力梯度。这种结构使得中央沟和侧沟间的磁场强度和场型存在着固有的差别，为形成均匀纵向速度分量创造了有利条件。实际上，感应体中纵向速度分量占了整个熔沟，使熔体由中央沟向下进入熔沟底部，分成两路向两侧熔沟口喷出。金属熔体在流动过程中逐步升温，中央沟进口温度最低，两侧熔沟的出口处温度最高。

实践证明，喷流感应体中熔沟中熔体流动的速度和温度梯度的变化，都与输入功率的平方根成比例。熔体温差最大只有二十多度，有利于输入功率的提高，可以做成大功率的感应体。

喷流感应体中熔体的流速之高是出乎意料的。800kW 的感应体熔炼铜合金时，熔沟中熔体的喷流速度可达每秒 762mm，每小时熔体的循环量可以达到 270t。

不言而喻，由于喷流的存在，则需要有一个坚固的喉口和具有相当容积的金属熔池，否则熔体容易过热。

喷流感应体的主要缺点是：需要较深的喉口和炉膛熔池，因此不仅需要较多的起熔体，正常作业时炉膛内亦需始终保持一定数量的熔体。

C　变频电源技术

变频电源可以通过改变工作频率的方式调节感应器功率。工频有铁芯感应电炉的变频电源具有以下主要特征：

（1）电源采取变频工作方式，工作频率范围为 50~100Hz，输出功率可在 1%~100% 之间无级调节；（2）采用二极管整流，电网侧功率因数始终大于 0.95；（3）采用电容器滤波，减少了谐波干扰；（4）采用 IGBT 作逆变器件，开关速度快，损耗低；（5）IGBT 是可关断器件，发生故障时自关闭，可避免自身和其他电气零部件损坏。

采用变频电源技术，可以方便地调节功率，使得功率的投入与炉料的投入选择与搭配变得更加方便。熔化期间投入较高的功率，保温期间投入较低的功率，可以减少电耗。900kW 的感应器采用变频电源后，吨铜熔化的电耗只有 260kW·h，熔化率达 3t/h。

采用变频电源技术，主开关等器件不带负载动作，其通断靠电子开关元件实现，可降低运行故障率和备件消耗。

采用变频电源系统，为操作系统实现自动化创造了条件。当把 PLC 及熔化过程控制计算机引入系统后，某些安全运行参数和熔化过程参数，包括各水路温度、压力，炉内熔体温度和数量，感应体功率，线圈电流，甚至起熔过程中熔沟变化状况等，都可以实现连续监测和控制。

156　清炉的作用是什么，应注意哪些问题？

"清炉"是熔铸生产中的一项辅助作业。在铜及铜合金的熔炼过程中，一些合金牌号对炉衬材料的亲和力较强，或者是由于生产过程中产生渣子太多而在温度下降时粘在炉壁上。这样，一方面导致炉膛容量减少；另一方面渣子过厚，会使熔体过热，严重影响熔体质量。"清炉"就是清理炉底特别是炉壁、炉口粘结的炉渣。清炉不仅使熔炉的容量得以恢复，保证对铸造机熔体的充足供应，而且对熔体和炉衬之间的反应、熔体过热时的吸气、氧化烧损的预防都有重要作用。

清炉时间和频次要根据具体情况确定。为防止炉渣的有害影响及生产过程的顺利，有的铜合金牌号（如含锰或硅的铜合金、铅黄铜等）生产时要求逐炉清炉，有的（紫铜和简单黄铜）可采取定期清炉的办法。可适当提高炉温来改善残渣的流动性以利于清理炉壁上的渣子。清渣时应避免强力敲打，以防损伤炉衬。特别是在变料洗炉时，要有足够时间来保证将渣子完全清理干净。

157　什么是复熔，应注意哪些问题？

把由于受状态（如细碎难熔、含水含油太多）、成分（复杂且难以确定）影响，不能直接投炉生产成品合金锭坯的废旧料，在炉内熔化后，铸成化学成分明确的复熔锭坯，以便生产时再投料使用的过程，叫做复熔。

复熔时首先要注意安全，因为料含油含水多，容易发生放炮、冒火等事故；其次应对熔体进行充分搅拌，不仅可除去一部分气体，还可保证熔体成分均匀；第三是一次加料不可太多，防止形成凝壳和"架棚"现象；第四是因大部分复熔料可能会产生大量的渣子，所以要及时进行清渣和清炉。

158　怎样熔炼无氧铜？

无氧铜应分为普通无氧铜和高纯无氧铜。普通无氧铜可以在工频有铁芯感应电炉中进行熔炼，高纯无氧铜的熔炼则应该在真空感应电炉中进行。

采用半连续铸造方式时，熔体在熔炼炉和保温炉内的精炼过程可以不受时间约束。连续铸造则不同，铜液的质量不仅依赖于熔炼炉和保温炉的精炼质量，更重要的是还需要依赖于整个系统和全过程的稳定性。

为了不使熔体被污染，无氧铜熔炼一般不采用任何添加剂的方式熔炼和精炼，熔池表面覆盖木炭以及由之而形成的还原性气氛是普遍采用的熔炼气氛。

熔炼无氧铜的感应电炉应该具有良好的密封性。

熔炼无氧铜应该以优质阴极铜作原料。高纯无氧铜应该采用高纯阴极铜作原料。阴极铜表面应无酸迹、结瘤。阴极铜在进入炉膛之前，如果先经过干燥和预热，可以除去其表面可能吸附的水分或潮湿空气。

熔炼无氧铜时炉内熔池表面上覆盖的木炭层厚度，应该比熔炼普通纯铜时加倍，并需要及时更新木炭。木炭覆盖尽管有许多优点，例如保温、隔绝空气和还原作用，然而它同时存在一定的缺点，例如木炭容易吸附潮湿空气，甚至直接吸收水分，从而成为可能使铜液大量吸收氢的渠道。

木炭或一氧化碳对氧化亚铜具有还原作用，但对于氢则完全无能为力。因此，木炭在加入炉内之前，应该进行仔细挑选和煅烧。

在熔炼、转注、保温以及整个铸造过程中，对熔体采取全面的保护是无氧铜生产的必要条件。许多现代化的无氧铜熔炼铸造生产线，已经在熔炼、炉料的干燥预热、转注流槽、浇注室等都采取了全面的保护。

现代化的大型无氧铜生产线，有些是以发生炉煤气作为保护性气体，而煤气发生炉则大都以天然气为原料。

国外普遍采用的一种保护性气体的制造方法是：首先使硫含量比较低的天然气和 94% ~96% 甲烷用理论值空气进行燃烧，以氧化镍为媒介除去氢，制成的气体主要由氮和碳酸气组成。然后，通过热木炭使碳酸气变成一氧化碳，得到含一氧化碳为 20% ~30%，其余为氮的无氧气体。

除发生炉煤气外，也有采用氮、一氧化碳或氩等气体作为无氧铜熔体保护或精炼用介质材料。

真空熔炼应该是熔炼高品质无氧铜的最好选择。

真空熔炼不仅可以使氧含量大大降低，同时也可以使氢以及某些其他杂质元素的含量亦同时大大降低。

在真空中频无芯感应炉内熔炼时，多采用石墨坩埚和选用经过两次精炼的高纯阴极铜或重熔铜作原料。与阴极铜一起装入炉内的，可以还包括用以脱氧的鳞片状石墨粉。其实，脱氧主要是通过石墨坩埚材料中的碳进行。碳的消耗量，可以通过计算得知，例如 1kg 铜消耗 100g 碳。经验表明，开始时铜液中氧含量越高，熔炼初期脱氧反应进行的越迅速。

通过真空熔炼获得的无氧铜，其氧含量可以低于 0.0005%，氢含量低于 0.0001% ~0.0003%。实际上，只有在一定的真空度下熔炼和铸造的铜，才可能获得完全不含氧和其他气体的铸件，因此生产电子管用铜材所用真空炉的真空度应在 10^{-6} 以上。

159　怎样用竖炉熔炼铜线杆用无氧铜？

竖式炉的特点是结构简单，筑炉容易、开炉停炉方便，热效率高，生产率高，适于紫铜连续生产或间歇生产。其缺点是不能进行除杂质的精炼操作，要求使用低杂质的优质原料和低硫气化燃料。

因为纯铜在熔化状态下容易氧化，所以在纯铜熔化过程中要控制它的氧化程度，防止烧嘴火焰中没有完全燃烧的氧使铜氧化。因此，烧嘴是竖式炉的重要设备。烧嘴上安有一个调节混合气体比例的装置，对进入烧嘴的燃烧气和空气的混合气的比例进行调节，使混合气微调成弱还原性，火焰长度变短，使没有燃烧的氧对熔融铜的污染减至极小。

竖炉熔炼时，原料（阴极铜或废旧料）从炉子顶部加入，在下落过程中被逐渐加热，表面的水气、油等被蒸发或挥发，直至熔化而落入熔池后导入保温炉。导炉流槽应密封并通保护性气体，防止氧化和吸气。保温炉内用煅烧木炭覆盖，覆盖层厚度应大于 150mm。

保温炉容量要足够大，以便有充分的静置时间来排除气体和杂质。

160　怎样熔炼磷脱氧铜?

磷脱氧铜几乎可以在所有类型的炉子如工频有芯感应电炉、中频无芯感应电炉等熔炉中熔炼。若采用竖式炉熔炼及电弧炉熔炼时，磷应该是在保温炉或流槽、中间浇注包等中间装置中加入。

磷的熔点和沸点都远低于铜的熔炼温度，而且熔体中的磷又可能被脱氧反应所消耗，因此磷含量的控制是个比较突出的工艺问题。

按照惯例，磷都以含 13% P 左右的 Cu-P 中间合金形式配料和投炉进行熔化。

只有知道铜液中的氧的含量，即在添加合金元素磷的同时，考虑到可能在熔炼过程中由于脱氧被消耗的量，才有可能保证最终熔体的磷含量。实际上，铜液中的磷含量是熔炼结束时最终剩余的量。

熔炼磷脱氧铜和熔炼无氧铜类似，铜液都需要严密保护。虽然因为合金中，当有磷存在时一般都可使铜液免受氧的污染，但如果铜液保护不当，则很容易造成磷的大量烧损，而且当磷与铜等元素之间发生某些化学反应而产生大量熔渣时，又可能影响到铜液的流动等铸造性能。

熔炼磷脱氧铜时，如果炉组因故长时间处于保温状态，磷的熔损增多将不可避免；因此必须在准备恢复生产前对熔体成分重新分析并进行磷的补偿。

连续铸造时，由于持续的时间比较长，必要时应该考虑在铸造过程进行中定期向熔体补加一定数量的磷，或者从浇注一开始就连续不断地在流槽或中间包中添加磷。球状的小颗粒 Cu-P 中间合金，更适合于浇注过程中连续加磷的精确控制。

161　怎样熔炼简单黄铜?

A　原料选择

原料品位应该随着黄铜品种品位的提高而提高。熔炼非重要用途的黄铜时，如果炉料质量可靠，有时旧料的使用量可以达到 100%。不过，为了保证熔体质量和减少烧损，比较细碎的炉料例如各种锯屑或铣屑的使用量，一般不宜超过 30%。

试验表明：采用 50% 阴极铜和 50% 黄铜旧料时，所需的熔炼时间最长，能耗最高。若使锌锭预先加热到 100 ~ 150℃ 并分批加料，则非常有利于其迅速地在熔池中沉没及熔化，可以减少金属的烧损。

加入少量的磷，可以在熔池表面形成由 $2ZnO \cdot P_2O_5$ 组成的较有弹性的氧化膜。加入少量的铝例如 0.1% ~ 0.2%，可以在熔池表面形成 Al_2O_3 保护膜，并有助于避免及减少锌的挥发和改善浇注条件。

大量采用旧料熔炼黄铜时，对某些熔炼损失比较大的元素应进行适当的预补偿。例如：熔炼低锌黄铜时锌的预补偿量 0.2%，中锌黄铜时锌的预补偿量 0.4% ~ 0.7%，高锌黄铜时锌的预补偿量 1.2% ~ 2.0%。

B　熔化过程控制

熔炼黄铜时一般的加料顺序是：铜、旧料和锌。

以纯的金属配料熔炼黄铜时，应首先熔化铜。通常，当铜熔化后并过热至一定温度时应进行适当脱氧（例如用磷），然后熔化锌。

炉料中含有黄铜旧料时，装料顺序可根据合金组元特征和熔炼炉型等实际情况作适当调整。因为旧料中本身含有锌，为了减少锌元素的熔损，黄铜旧料通常应该在最后加入和熔化。但是，大块炉料则不宜最后加料和熔化。

如果炉料潮湿，则不应该直接加入熔体中。潮湿的炉料若加在其他尚未熔化的炉料上面，即为其熔化之前创造一段干燥和预热时间，不仅有利于避免熔体吸气，同时亦有利于避免其他事故的发生。

低温加锌，几乎是所有黄铜熔炼过程中都必须遵循的一项基本原则。低温加锌不仅可以减少锌的烧损，同时也有利于熔炼作业的安全进行。

在工频有铁芯感应电炉中熔炼黄铜时，由于起熔体即过渡性熔池中熔体内本身即含有大量的锌，因此一般不必另外添加脱氧剂。不过当熔体质量较差时，也可按炉料总重量添加 0.001% ~ 0.01% 的磷进行辅助脱氧。

出炉前，在熔体中加入少量的铜-磷中间合金，可以增加熔体的流动性。以 H65 黄铜为例，其熔点为 936℃，为使熔体中气体和杂质及时上浮和排出，又不使锌大量挥发和使熔体吸气，熔化温度一般控制在 1060 ~ 1100℃，出炉温度可适当提高到 1080 ~ 1120℃。待"喷火"2 ~ 3 次后转炉铸造。熔炼过程中用烘烤过的木炭覆盖，覆盖层厚度应大于 80mm。

162 怎样熔炼铅黄铜？

熔炼铅黄铜，几乎无一例外都大量采用旧料，而且是大量采用外购的各种废杂料。原料细碎、有金属镀层、带有锡焊料以及混有铁屑等各种杂质元素，有时同时还可能含有较多的油、乳液甚至水分等。

使用之前，对各种废杂原料仔细进行分拣和必要的处理是非常必要的。例如：采用物理方法像磁吸方法将铜屑中的铁屑分离，人工挑选异物和进行分级，然后烘干、制团，甚至包括对特别难以分辨的杂乱旧料进行复熔处理等。

使用加工旧料时需要增加相应的工序和成本，可是对于整个铜加工生产的全过程而言，往往都是所获远远大于投入。

为了改善铅黄铜的某些性能，可以在熔炼时添加某些微量元素例如稀土元素。

稀土元素的加入量通常为 0.03% ~ 0.06%，稀土元素添加过晚或过多，可能严重降低熔体的流动性，并且可能导致凝固使吸附气体从液体中析出困难，以致造成铸锭的气孔缺陷。加入稀土元素时，首先将其用较薄的紫铜或黄铜带进行包扎或捆绑，然后迅速地插入到熔池深处，以防稀土大量损失。当然，如果首先将稀土元素制成中间合金然后投料熔化，对于方便炉前操作和添加元素的实收率肯定都有益处。

熔体中的铅由于其密度比铜大，容易发生密度偏析。如果采用多台熔炼炉联合作业时，可以将铅加在熔炼炉的转炉流槽内，使其在高温铜液的冲刷下逐渐地熔化。若是采用单台熔炉并且是小型炉子熔炼时，可以采用慢慢涮铅的熔化方法，即将铅块用钳子夹住并放入铜液中反复涮之。

铅黄铜中加入少量的磷，有助于提高熔体铸造过程所要求的流动性质。

高温下铅易挥发。氧化铅熔点为 886℃，难分解而易挥发。950℃时挥发显著。

　　铅极少在铜-锌合金中固熔，且液态下铅的流动性好，因此铅经常会析出。实际生产中，有时发现炉衬内有析出的铅凝结在一起，甚至发生铅的蒸气穿过炉衬，并凝结在感应体的某一间隙中的现象。

　　氧化铅能与酸性或碱性氧化物结合生成两性化合物，对硅砖和粘土砖有较强的腐蚀作用。因此在生产铅黄铜时，经常会发现炉壁上粘有大量渣子。对此需要及时清除，否则将可能影响到铸锭质量和炉膛有效容量。

　　铅黄铜熔炼基本工艺条件如下：出炉温度，喷火（1030～1100℃），烘烤后的木炭或米糠覆盖，加料和熔化顺序为铜＋（旧料）＋覆盖剂→熔化→加铅＋锌→熔化→搅拌→捞渣→取样分析→升温→加铜磷中间合金→搅拌→出炉。

　　铅黄铜熔炼时有时需要采取除气精炼工艺，尤其当采用某些质量欠佳的重熔旧料、再生金属或者是使用含有大量油和水的细碎屑料时，熔体会从中吸收一定的气体。

　　降低气体含量的措施有：

　　（1）严格炉料质量标准，不使用潮湿或含油、水或乳液等过多的炉料；

　　（2）适当的保护熔体，包括选择合适的熔剂精炼熔体；

　　（3）熔炼后期彻底搅拌熔体，或适当的提高熔体温度，例如充分利用熔体喷火现象除气；

　　（4）熔炼末期，添加合适的脱氧剂或变质剂，提高熔体流动性以利排气。

163　怎样熔炼铝黄铜？

　　铝黄铜系列比较复杂，复杂铝黄铜中有的含有锰、镍、硅、钴和砷等第三、第四种合金元素。合金元素比较多的 HAl66-6-3-2 和 HAl61-4-3-1，都是由六种元素组成的合金，其中部分加工复杂铝黄铜则源于异型铸造合金。

　　不同的合金往往具有不同的熔炼性质，因此需要不同的熔炼工艺。

　　首先，铝黄铜在熔炼过程中容易起"沫"，以及容易被铝或其他的金属氧化物夹杂所沾污，合理的熔炼工艺应该包括某些预防性措施。

　　熔体表面上若存在铝的氧化物薄膜，可对熔体有一定保护作用，熔化时可不用加覆盖剂。

　　理论上分析：在有 Al_2O_3 膜保护的熔池内加入锌时，可以减少锌的挥发损失。实际上，由于锌的沸腾可能使氧化膜遭到破坏，因此只有当采用合适的熔剂即熔体能够得到更可靠的保护时，才能有效地避免或减少锌的烧损。

　　冰晶石已经成为熔炼铝黄铜所用熔剂中不可缺少的重要组成成分。

　　铝黄铜熔体决不允许过热，以防熔体大量氧化和吸气。

　　如果熔体中气体含量比较多，可以选择熔剂覆盖进行精炼，或者采用惰性气体精炼，包括在浇注前重新加熔剂并进行重复精炼，以及采用钟罩将氯盐压入熔体中进行熔体精炼的方式。

　　复杂铝黄铜中所含有的高熔点合金元素例如铁、锰、硅等，都应该以 Cu-Fe、Cu-Mn 等中间合金形式加入。

　　通常，大块旧料和铜应该首先加入炉内并进行熔化，细碎的炉料可以直接加入熔体中，锌在熔炼末期即最后加入。采用纯金属作炉料时，应该在它们熔化之后先用磷进行脱氧，接着加入锰（Cu-Mn）、铁（Cu-Fe），然后加铝，最后加锌。

　　复杂铝黄铜 HAl66-6-3-2 中，铁含量宜控制在 2%～3%、锰含量控制在 3% 左右。否则，当它们含量过高时，可能对合金的某些性能带来负面影响。

由于铝密度小，如果熔体搅拌不彻底，有可能造成化学成分的不均匀现象。

当炉内有过渡性熔体时，一般可以将铝和部分铜首先加入，待其熔化后再加入锌。加入铝时，由于铜和铝的熔合可以放出大量的热。放热过程可以用以加速熔化过程，但如果操作不当，激烈的放热反应可能造成熔池局部温度过高，以致引起锌的激烈挥发，严重时可能会有火焰从炉中喷出。

熔炼 HAl67-2.5 通常温度以 1000~1100℃ 为宜，熔炼 HAl60-1-1、HAl59-3-2、HAl66-6-6-2 通常温度为 1080~1120℃，应尽可能的采用较低的熔炼温度。加料和熔化程序为：铜＋旧料＋Cu-Mn＋Cu-Fe＋Cu-Ni＋覆盖剂→熔化→加 Al＋Zn→熔化→加冰晶石→搅拌→捞渣→取样分析→升温→搅拌→出炉。

164　怎样熔炼其他复杂黄铜？

熔炼复杂黄铜时选择覆盖剂，主要应根据合金组成和合金的熔炼性质而定。

除了木炭以外，现代生产中广泛采用了盐类熔剂覆盖下进行熔炼的工艺。例如：成分为 60% 氯化钠、30% 碳酸钠和 10% 冰晶石的保护性熔剂，掺有各种稀释添加剂例如玻璃的熔剂，以及主要亦由含碳物质（例如木炭或石墨粉等）但掺和了少量盐（例如冰晶石、硼砂和食盐等）的复合覆盖剂。

原料中的铁、锰、镍和砷等，均应制成中间合金。

复杂黄铜的加料和熔化顺序，既取决于各组成元素的性质，同时亦取决于原料自身的状态和品位。部分复杂黄铜的加料和熔化顺序及主要工艺条件见表 3-17。

表 3-17　部分复杂黄铜熔炼工艺条件

组别	合金名称	出炉温度/℃	脱氧剂	覆盖剂	加料与熔化操作程序
镍黄铜	HNi65-5 HNi56-3	喷火：1100~1150 喷火：1060~1100	铜-磷 新料 0.006% P 旧料 0.003% P	木炭或其他熔剂	铜＋旧料＋Cu-Ni＋覆盖剂→熔化→加锌→熔化→搅拌→捞渣→取样分析→升温→加铜-磷→搅拌→出炉
加砷黄铜	H68As HSn70-1 HAl77-2	喷火：1100-1160 喷火：1150-1180 喷火：1100-1150	铜-磷 新料 0.006% P 旧料 0.003% P	木炭、冰晶石	铜＋旧料＋覆盖剂→熔化→（锡）＋（铝）＋锌→熔化→搅拌→捞渣→取样分析→加冰晶石→升温→加铜-砷→搅拌→出炉
锡黄铜	HSn90-1 HSn62-1 HSn60-1	喷火：1180-1220 喷火：1060-1100 喷火：1060-1100	铜-磷 新料 0.006% P 旧料 0.003% P	木炭、米糠	铜＋旧料＋覆盖剂→熔化→锡＋锌→熔化→搅拌→捞渣→取样分析→升温→加铜-磷→搅拌→出炉
锰黄铜	HMn58-2 HMn55-3-1 HMn57-3-1	喷火：1040-1080 喷火：1040-1080 喷火：1040-1080	铜-磷 新料 0.006% P 旧料 0.003% P	木炭、冰晶石	铜＋旧料＋铜-锰＋铜-铁＋覆盖剂→熔化→加锌＋（铝）→加冰晶石→搅拌→捞渣→取样分析→升温→加铜-磷→搅拌→出炉
铁黄铜	HFe59-1-1 HFe58-1-1	喷火：1040-1080 喷火：1040-1080		木炭或其他熔剂	铜＋旧料＋铜-锰＋铜-铁＋覆盖剂→熔化→加锌＋（铝）→加冰晶石→搅拌→捞渣→取样分析→升温→加铜-磷→搅拌→出炉
硅黄铜	HSi80-3	喷火：1150-1180	铜-磷 新料 0.006% P 旧料 0.003% P	木炭、米糠或其他溶剂	铜＋旧料＋覆盖剂→熔化→加铜-硅→加锌→熔化→搅拌→捞渣→取样分析→升温→加铜-磷→搅拌→出炉

采用新金属作原料时，应该根据各合金元素的熔损量的实际经验确定配料比。某些易熔损元素例如锌、铝、锑、砷、锰等，应取标准成分的上限配料；不容易熔损的元素例如铜、铁、镍、锡、硅等，应取标准成分的中限或下限配料。使用旧料熔炼时，对易熔损元素应进行适当的预补偿，例如：铝为 $0.1\%\sim0.15\%$；锰为 $0.1\%\sim0.3\%$；砷为 $0\%\sim0.01\%$；铍为 $0\%\sim0.01\%$；锡为 0.05%。

熔炼含有难熔合金成分例如锰、铁等合金元素的复杂黄铜时，其加料及熔化顺序应依次为：铜、锰、铁、旧料、铝、铅等。合金中同时含有锰和铁时，最好先加锰，因为铜液中含有锰有利于铁的溶解。熔炼含有镍的黄铜时，镍或铜-镍中间合金、旧料可以与铜一起加入炉内熔化。

熔炼锰黄铜和铁黄铜时，若全部采用新金属作炉料，并且炉内没有过渡性熔体时，则应该在部分铜熔化后首先进行脱氧，然后熔化含有锰和铁的中间合金，最后熔化余下的铜。如果采取先把全部铜和大块料熔化完，然后熔化细碎的屑，最后熔化难熔的锰和铁，势必造成熔体过热至 $1180\sim1200℃$，显然这是不合理的。

复杂黄铜大都属高锌黄铜，可以通过喷火程度判断和控制熔体温度。

复杂黄铜成分复杂，尤其是含有难熔组元时，一定的熔炼温度有利于化学成分的均匀。但是，温度过高可能造成金属氧化烧损量增加。因此，对于化学成分范围比较窄且容易氧化烧损的元素的加入，适当的温度和加入时机的掌握则显得非常重要。

熔炼复杂黄铜时，具有复杂组成的各种熔渣，有些可以和炉衬耐火材料之间发生某种化学反应，有的则可能直接粘附到炉壁上，不利于以后的变料，甚至妨碍操作以及明显减小炉膛的有效容积等。通过人工或者机械方法，或者采用适当的熔剂方法，及时除去粘在炉壁上的积渣是很有必要的。

165　怎样熔炼锡磷青铜?

A　锡青铜的熔炼特性

锡青铜中最有害的杂质是铝、硅和镁，当它们的含量超过 0.005% 时，产生的 SiO_2、MgO 和 Al_2O_3 氧化物夹杂可以污染熔体，并且降低合金某些方面的性能。

熔炼锡锌青铜时，由于锌的沸点比较低且与氧有较大的亲和力，应该在对熔体进行脱氧后再投炉熔化，这样锌可以补充脱氧，从而更有助于避免产生 SnO_2 的危险。熔体中的锌和磷综合脱氧的结果，生成的 $2ZnO\cdot P_2O_5$ 比较容易与熔体分离，而且有利于提高熔体的流动性。

B　锡青铜的熔炼工艺

使用干燥炉料，甚至熔化前首先进行预热炉料，都可以减少甚至避免熔体吸收气体。新金属和工艺旧料的合适的比例，亦有利于稳定熔体质量。工艺旧料的使用量一般不宜超过 $20\%\sim30\%$。

被杂质轻微污染的熔体，可通过吹入空气或借助加入氧化剂例如氧化铜 CuO，将杂质元素氧化。被某些杂质元素严重污染的旧料，可以通过采用熔剂或惰性气体精炼，包括重熔处理等方式使其品质提升。

合适的加料和熔化顺序，包括采用具有强烈搅拌熔体功能的工频有铁芯感应电炉进行熔炼，都有利于减轻和避免偏析现象发生。在熔体中加入适量的镍，有利于加速熔体的凝固和结晶速度，对减轻和避免偏析有一定效果。类似的添加剂，还可以选择锆和锂等。可以采取分别熔化铜和铅，然后将铅的熔体注入 1150～1180℃ 的铜熔体中的混合熔炼方法。

一般情况下，熔炼含有磷的锡青铜多采用木炭，或石油焦等碳质材料覆盖熔体，而不使用熔剂。熔炼含有锌的锡青铜时所用的覆盖剂中，同样应该包括木炭等含有碳的材料。

连续铸造时，出炉温度控制在合金液相线以上 100～150℃ 是适宜的。

表 3-18 所列的是锡青铜的熔炼工艺技术条件举例。

表 3-18　某些锡青铜的熔炼工艺

组　别	合金名称	加料及熔炼操作顺序	覆盖剂	脱氧剂	熔炼温度/℃
锡磷青铜	QSn6.5-0.1 QSn6.5-0.4 QSn7-0.2 QSn4-0.3	铜＋（旧料）＋锡＋木炭→熔化→铜-磷→熔化→升温，搅拌，扒渣→取样分析→升温出炉	木炭、米糠	—	1240～1300 1240～1300 1240～1300 1240～1300
锡锌青铜	QSn4-3 QSn4-4-2.5 QSn4-4-4	铜＋（旧料）＋锡＋铅＋木炭→熔化→锌→熔化→铜-磷→熔化→搅拌，升温，扒渣→取样分析→升温出炉	煅烧木炭	铜-磷	1250～1300 1280～1320 1280～1320

166　怎样熔炼铝青铜?

铝青铜在中、工频无芯感应电炉中熔炼比较合适。在工频有芯感应电炉内熔炼时最大的障碍在于：熔沟壁上容易粘挂由 Al_2O_3 或 Al_2O_3 与其他氧化物组成的渣，使得熔沟的有效断面不断减小，直至最后熔沟整个断面全部被渣子所阻断。

感应炉熔炼气氛容易控制，而且熔化速度快，有利于减少甚至避免熔体大量吸氢和生成难以从熔体中排出的 Al_2O_3 的危险。虽然非常细小的 Al_2O_3 可能有细化结晶作用，但更大的危害是 Al_2O_3 有可能成为加工制品层状断口缺陷的根源。

表 3-19 所列的是铝青铜用的某些精炼熔剂的成分。以氟盐和氯盐为主要成分的熔剂对 Al_2O_3 具有比较好的湿润能力，可以有效地进行清渣并因此而减少渣量。精炼铝青铜亦可采用混合型熔剂，例如采用木炭与冰晶石比例为 2∶1 的混合型熔剂。

表 3-19　精炼铝青铜用的某些熔剂组成及消耗量

熔剂组成	消耗量（金属重量）/%	主要用途
玻璃粉：Na_2CO_3 = 1∶1，另加 5%～10% 氟盐	1～2	覆盖和精炼用
KCl：Na_3AlF_6：$Na_2B_4O_7$：NaCl：木炭 = 35∶25∶28∶10∶2	2～3	覆盖和精炼用
CaF_2：NaCl：Na_3AlF_6 = 40∶20∶40	23	覆盖和精炼用
硅盐（块状）：Na_3AlF_6：NaF = 50∶43∶7	2	覆盖用
NaF：Na_3AlF_6：CaF_2 = 60∶20∶20	2	用于包内精炼
石墨粉或电极石墨粉和冰晶石或硼砂的混合物	适量	覆盖用

实际上，在中、工频无芯感应电炉和工频有芯感应电炉内熔炼时，只要炉料不是很差，一般都可以完全不使用熔剂，依靠熔池表面上自然形成的 Al_2O_3 薄膜，也是能够防止

熔体进一步氧化和成渣的。

为了降低熔炼温度，预先将铁、锰等合金元素制成 Cu-Fe(20% ~ 30% Fe)、Cu-Mn(25% ~ 35% Mn)、Cu-Al(50% Al)、Cu-Fe-Al、Cu-Fe-Mn、Al-Fe 等中间合金是必要的。

熔炼铝青铜时，通常使用 25% ~ 75% 的本合金工艺旧料。大量使用复熔的旧料，可能引起某些杂质元素、氧化物、气体的聚集。含有油、乳液及水分较多的碎屑，应该经过干燥处理或复熔处理后再投炉使用。

在中、工频无芯感应电炉内熔炼铝青铜时，一般应按照合金元素的难熔程度顺序控制加料和熔化顺序：铁、锰、镍、铜、铝。由于铝和铜熔合时伴随着放热效应，可被利用于熔化预先留下部分铜，此预先被留下的部分铜俗称"冷却料"或"降温料"。实际上，锰在加铁之前加入熔体是合理的，因为铁不容易在铜中熔解。为避免熔体中产生 NiO 和 NiO·Cu_2O 等夹杂物，应注意避免熔体的氧化，必要时亦可在铜熔化后先进行脱氧。

理论上铝青铜似乎不需要脱氧，但也有文献介绍用镁和钠进行脱氧的报告：熔炼临结束前，在每 100kg 熔体中加入 30g 钠，或 20g 锂，或 30 ~ 50g 镁。这些被认为是脱氧剂的添加剂，通过专门的金属或陶瓷材料制成的小筒加入到熔体中。当熔体中有钠或锂、镁等元素存在时，有可能改变氧化物（例如 Al_2O_3）的性质，至少可使其易于与熔体分离。有些工厂采用易挥发的氯盐精炼熔体，用石墨制钟罩将其压入到熔体中。挥发性氯盐例如 $AlCl_3$ 升华时，形成的氯气泡可以将熔体中悬浮着的氧化夹杂物带出液体表面。精炼期间，如果能够静置 5 ~ 10min，则更有利于提高精炼效果。

在燃气炉中熔炼铝青铜时，常常在浇注开始之前对熔体进行吹氮气甚至氩气处理，以去除熔体在熔炼过程中所吸收的氢。氮吹入量视熔体质量而定，例如氮的吹入量为 20L/100kg 熔体。

铝青铜的熔炼温度，一般以不超过 1200℃ 为宜。

某些铝青铜的熔炼工艺技术条件见表 3-20。

表 3-20　某些铝青铜和硅青铜的熔炼工艺技术条件

合金名称	加料与熔化操作程序	熔　剂	脱氧剂	熔炼温度/℃
QAl5				1200 ~ 1240
QAl7				1200 ~ 1240
QAl9-2	冰晶石 + 镍 + 铁 + 锰 + 2/3 铜 + （旧料）→熔化→铝→熔化→1/3 铜→熔化→冰晶石→升温，搅拌，扒渣→取样分析→升温出炉	冰晶石	—	1200 ~ 1240
QAl9-4				1200 ~ 1240
QAl10-3-1.5				1200 ~ 1240
QAl10-4-4				1220 ~ 1260
QSi3-1	镍 + 锰 + 硅 + 铜 + （旧料） + 木炭→熔化搅拌→取样分析→升温→出炉	木　炭		1140 ~ 1220
QSi1-3				1180 ~ 1220

167　怎样熔炼锌白铜?

A　锌白铜的熔炼特性

镍的熔点为 1453℃。在不同镍含量的白铜中，随着镍含量的提高，其固相线温度和液相线温度随之提高。在白铜的熔炼过程中，由于氧化而产生的 NiO 和 Cu_2O 都属于碱性氧化物，若炉衬材料选用的是以 SiO_2 为主要成分的石英砂材料，NiO 和 Cu_2O 都可以与 SiO_2 发生化学反应，结果炉衬被侵蚀。镍的含量越高，熔体对炉衬耐火材料的侵蚀越严重。

为了保证化学成分均匀和熔体具有一定的流动性，适当的熔炼温度是必须的。显然，熔炼白铜需要较高的熔炼温度，因而应该选择具有较高耐火度的耐火材料制造炉衬。

熔炼白铜过程中，熔体容易吸氢和增碳。白铜中氢的含量随着含镍量的增加而明显增大。

B　熔炼设备及熔炼气氛的选择

普通白铜，通常都可以在工频有铁芯感应电炉内熔炼，炉衬应该采用高铝质，甚至镁质耐火材料制造。复杂白铜，由于熔点比较高，而且考虑到变料方便，因此实际上多在坩埚式的中频无铁芯感应电炉内熔炼。

为了获得氢和碳含量都比较低的熔体，必要时可以采用氧化-还原精炼工艺。例如：开始时在木炭覆盖下进行熔炼，当熔体达到1250℃时迅速清除木炭，并在无任何覆盖情况下，使熔体直接暴露在空气中3~5min，或者直接把氧化镍加在熔池表面上，然后在出炉前再进行脱氧。

熔炼锌白铜时，可使用适量的冰晶石进行清渣。

C　熔炼工艺

熔炼锌白铜过程中，锰、锌等合金元素的损耗比较大，配料时应取在中、上限。铜、镍和铁等合金元素不容易损失，配料时可取中、下限。如果从经济角度考虑，在不影响合金质量的前提下，亦可将较贵重的元素例如镍的含量控制在中、下限范围内。

大量使用本合金工艺旧料配料时，对熔炼损失比较大的合金元素应当作适当的预补偿。锌白铜使用本合金旧料时，锌可补偿 1.5%。

表 3-21 所列的是某些锌白铜在工频有铁芯感应电炉熔炼时的熔炼工艺技术条件。

表3-21　某些锌白铜在工频有铁芯感应电炉熔炼时的熔炼工艺技术条件

合金名称	加料及熔炼操作顺序	覆盖剂	脱氧剂	熔炼温度/℃
BZn15-20 BZn18-18 BZn18-26	镍＋铜＋铁＋（旧料）＋木炭→熔化→锰＋硅→熔化→锌→熔化→搅拌，升温，扒渣→取样分析→升温，加镁脱氧→升温出炉	木炭	铜-镁、硅、锰	1180~1210

当炉内尚有剩余熔体，例如在工频有铁芯感应电炉（即熔沟中始终保留有一定数量的起熔体的情况下）熔炼锌白铜时，应该首先熔化难熔成分例如镍和铁等，随着熔化的进行再逐步加入大块旧料、锰或铜-锰中间合金，最后加入并熔化铜。

通常，本合金工艺旧料使用量不超过百分之五十。加工过程中产生的各种锯、铣屑，应经充分干燥并将其打包或制团处理。各种细碎的屑和杂料，应该经过复熔处理后再投炉使用。

168　怎样炼制铜-磷中间合金?

A　采用赤磷为原料

采用赤磷为原料需用两个坩埚，步骤如下：

（1）在第一个坩埚内先熔化铜，熔体表面用木炭覆盖；

（2）在第二个坩埚（预热至 60 ~ 80℃）内装入赤磷粉，并用木锤捣实。赤磷粉上面盖上 50mm 左右厚的木炭或焦炭粉；

（3）当第一个坩埚内的铜液温度达到 1250 ~ 1300℃时，将其浇入第二个盛有赤磷粉的坩埚中；

（4）将盛有磷和铜的坩埚继续加热 15 ~ 20min，直到成分均匀；

（5）捞渣后，将铜-磷合金熔体浇入模中。

B　采用黄磷为原料

采用黄磷为原料需用坩埚和不锈钢储罐，具体操作程序如下：

（1）在一个坩埚内熔化铜；

（2）将一个盛黄磷的桶放进约 60 ~ 70℃ 的热水槽里使其融化；

（3）然后将黄磷融体移送到另一个不锈钢贮罐中。当向储罐通以高压氮气时，黄磷融体通过导管及石墨管被送入盛铜液的坩埚中；

（4）进入铜液中的黄磷融体数量，可通过储罐内的液位浮漂计和输送管路中的流量阀门进行监视和控制。

169　怎样熔炼镍铜合金？

镍铜合金中易损耗元素有铝、锰等，这些元素的配料比应取标准成分的上限。镍铜合金中不易损耗元素有镍、铜、铁等，这些元素的配料可采取标准成分的中限或下限。如根据上述原则确定 NCu28-2.5-1.5 合金的配料比如表 3-22 所示。

表 3-22　NCu28-2.5-1.5 合金的配料比

元 素 名 称	Cu	Mn	Fe	Ni
标准成分（质量分数）/%	27.0 ~ 29.0	1.20 ~ 1.80	2.00 ~ 3.00	余　量
新料配料比（质量分数）/%	28	1.8	2.5	余　量

使用旧料时，易损耗元素的补偿量（按炉料计）为：锰 0.2% ~ 0.4%，其他元素根据实际情况通过试验确定。

一般镍铜合金可采用非真空熔炼，如表 3-23 所示。

表 3-23　镍铜合金熔炼技术条件

合金名称	出炉温度/℃	脱氧剂镁	覆盖剂	操作顺序
NCu40-2-1 NCu28-2.5-1.5	1450 ~ 1500	新料：0.05% 旧料：0.025%	玻璃硼砂	镍 + 铜 + 铁 +（旧料）+ 熔剂 →熔化→锰→升温→镁→浇铸

镍铜合金熔炼工艺特性和操作要点如下：

（1）镍铜合金采用中频或高频感应电炉熔炼，高铝砂或镁砂炉衬。

（2）为提高镍铜合金的热塑性，细化晶粒，可加入少量钛作变质剂，加入量为 0.05% ~ 0.1%，在炉料全部熔化后加入。

（3）加镁脱氧时，镁用镍片包住，迅速插入金属液中。也可采用镍镁中间合金作脱氧剂。

170　保温炉的作用是什么?

为提高生产效率，或保证连续生产，一般大型炉组都配有保温炉。一般由熔炼炉熔化原料，调整化学成分合格后，转炉进入保温炉。保温炉功率设计低于熔炼炉。顾名思义，保温炉主要作用是对熔体进行保温，保证熔体温度一直保持在铸造温度范围内，保证连续或半连续铸造生产过程的稳定进行。

保温炉也被称作"静置炉"，这是因为它客观上具有静置除气和均匀化的作用。

根据主要生产产品牌号与规格不同，保温炉容量与熔炼炉之间有一定的匹配关系。有的全连铸生产，采用两台熔炼炉对应一台保温炉方式。

171　怎样取炉后化学成分分析试样?

铸锭化学成分的判定一般以炉后试样的分析成分作为判定依据。绝大部分铜合金在铸造之前要取炉前试样，进行炉前化学成分快速检测，合格后方可进行铸造。炉前、炉后化学成分分析试样的采取，应具有代表性，即应在熔池中部舀取，取样勺和试样模应清洁并经充分烘烤，以免使样品失真。炉前分析试样要在熔炼工作完成后经过搅拌和静置后来取。铁模、水冷模铸造的炉后试样，多在临近铸造前采取；半连续铸锭的炉后样，一般是在铸造到铸锭长度接近一半时采取；而连续铸锭的炉后试样，一般是在该炉次铸造中期和接近终了时各取一样作为炉后试样。

当炉后成分不合格时，可在铸锭上有代表性的部位取试片或钻取试样进行复查，复查后仍不符合标准的，则该炉次将被判定为化学成分废品。

172　铜合金的常用铸造方法有哪些?

铜合金铸造是一种使液态金属铜或合金冷凝成形的方法。按铸锭形状和铸锭相对铸模的位置及运动特征，可将铸锭生产方法分类如下：

第一类：古老而简单的生铁模和水冷模铸造；

第二类：近代传统的静模铸造中的半连续、连续铸造；

第三类：现代近终形连铸新技术，主要包括动模铸造、无模铸造及静模铸造中的立弯、上引、浸渍和带坯、线坯的水平连铸新方法。其中双辊连续铸轧、轮靴式连续铸挤及横向 EMC，目前还只限于铝及其合金。

图 3-27 是铸造方法的详细分类。

173　铜合金立式半连铸的生产过程和特点是什么?

立式半连续铸造全称为立式直接水冷铸造（Vertical Direct Chill Casting），简称 DC 铸造，是 1933 年由法国人 Junghaus 首先研制成功的。立式半连续铸造的生产过程是：将金属熔体通过浇注管均匀地导入通水冷却的结晶器中，结晶器中的金属熔体受到结晶器壁和底座的冷却作用，迅速凝固结晶，形成一层较坚固的凝固壳；待结晶器中金属熔体的水平

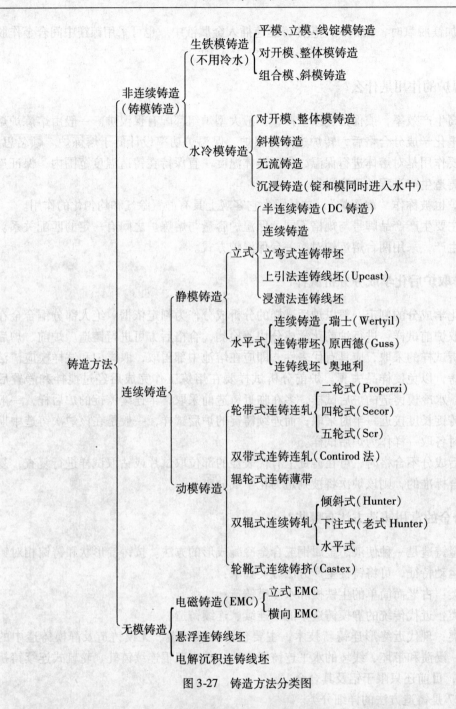

图 3-27　铸造方法分类图

面达到一定高度时，铸造机的牵引机构就带动底座和已凝固在底座上的凝壳以一定速度连续、均匀地向下移动；当已凝固成铸坯的部分脱离开结晶器时，立即受到来自结晶器下缘处的二次冷却水的直接水冷，锭坯的凝固也随之连续地向中心区域推进并完全凝固结晶；待铸锭长度达到规定尺寸后停止铸造，并将铸锭吊出铸造井，铸造机底座回到原始位置，即完成一个铸次；之后再进入下一铸次。铜合金立式半连续铸造如图3-28所示。

　　立式半连续铸造的生产特点是：

（1）铸造过程中因浇注系统与结晶器间的合理配置，相比铁模或水冷模铸造，减少了金属熔体的飞溅和结晶器内金属液面波动，防止了氧化膜和夹渣等有害物质的混入。

（2）可连续、稳定地将金属熔体注入结晶器中，因此可以采用较低的浇注温度进行铸造，这有利于消除铸锭的气孔和疏松缺陷。

（3）以水为冷却介质，熔体的凝固结晶是在极强的过冷条件下完成的，铸锭结晶组织致密，又因为结晶始终保持顺序结晶，具有明显的方向性，这有利于消除缩孔缺陷。

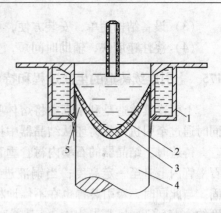

图 3-28　铜合金立式半连续铸造生产
1—结晶器；2—液穴；3—过渡带；
4—铸锭；5—凝壳

（4）铸锭长度较长，可根据加工工序工艺要求进行合理切断，可减少切头、切尾损失。

（5）同铁模铸锭相比，立式半连续铸锭生产机械化程度高、劳动条件好。

174　水平连续铸造的生产过程和特点是什么?

水平连续铸造过程中，金属熔体在与地面平行安装的铸造机上从结晶器中连续拉出，其生产过程为：将保温炉中的金属熔体通过液流控制装置直接导入通水冷却的结晶器中，凝固成具有一定强度的凝壳后，借助引锭杆和牵引辊将已凝固的铸锭连续地拉出结晶器，当达到所需要的长度时，被同步自动锯锯断，如图 3-29 所示。

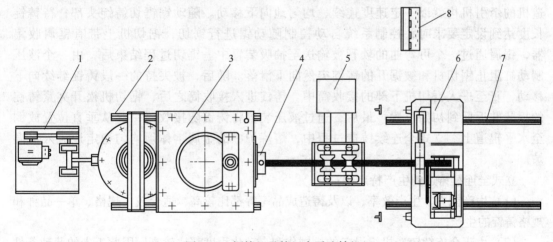

图 3-29　铜棒坯及管坯水平连铸机组
1—振动装置；2—保温炉行走轨道；3—浇注炉；4—结晶器装置；5—铸锭牵引装置；
6—自动锯切装置；7—锯床行走轨道；8—操纵台

与立式铸造相比，水平连续铸造方式有以下特点：

（1）结晶器与炉体紧固成一体，不需浇注管导流，浇注时熔体不与空气直接接触，避免了熔体在注入及其以后在结晶器中的氧化。

（2）操作简便，不需要控制金属熔体的液面，也不存在液面不稳定的问题。

　（3）设备结构简单，安装方便，不用挖铸造井，占地面积小，投资少。

　（4）浇注速度快，辅助时间短，生产效率高。

175　上引连续铸造的生产过程和特点是什么?

上引连续铸造是利用真空将熔体吸入结晶器，通过结晶器及其二次冷却而凝固成坯，同时通过牵引机构将铸坯从结晶器中拉出的一种连续铸造方法。

铸造时，结晶器的石墨内衬管垂直插入熔融铜液中，根据虹吸原理铜液在抽成真空的石墨管内上升至一定高度；当铜液进入石墨管外侧冷却水套部位以后，铜液被冷却和凝固。与此同时，牵引装置也在不停地将已凝固的铜杆从上面引出。铜杆离开结晶器时的温度约为 155℃。上述过程中，结晶器对铜杆的冷却称为一次冷却，铜杆离开结晶器以后通过辐射散热称为二次冷却。

上引连续铸造一般采用连体式配置，即将保温炉和熔炼炉做成一体，熔炼炉中的铜液通过两熔池间的通道自动进入保温炉。另外，由于在结晶器中铜液的冷却和凝固所散发出的热量都是通过间接方式进行，而且铸坯发生收缩时即已离开模壁，加上模内又处于真空状态，铸坯的冷却强度受到一定限制，生产效率比较低。因此，上引连铸通常都是采取多个头即多个结晶器同时进行的生产方式。

176　立式全连续铸造的生产过程和特点是什么?

立式全连续铸造的生产过程是：首先打开塞棒放流，将金属熔体导入通水冷却的结晶器中；待结晶器中金属熔体的水平面达到一定高度并且凝壳具有一定强度时，铸造机的牵引机构就以一定速度连续、均匀地向下移动。随动锯锯切铸锭头部；待铸锭长度达到设定要求时，控制系统自动控制随动锯进行锯切，锯切机上带有锯屑收集器，锯屑通过一个可弯曲的软管被输送至抽吸装置中。锯切过程结束后，由一个液压制动缸阻止锯切机和被锯开的铸锭突然向下滑落。随后，被夹持的一段铸锭继续向下移动，直至进入锯切机下部的接收筒中。铸锭进入接收筒之后，锯切机松开夹紧铸锭的板牙并返回到初始位置。最后，通过液压装置将铸锭随接收筒一起从垂直位置放倒至水平辊道上。立式全连续铸造过程中，熔炼炉中的金属熔体须均匀稳定地流入保温炉。

立式全连续铸造的生产特点是：

　（1）生产能力、生产效率，以及铸造成品率等都比较高，适合较大规格、单一品种和规格铸锭的生产；

　（2）由于全连续铸造机组设备的机械化和自动化程度都比较高，因此工人的劳动条件比较好；

　（3）大型的立式全连续铸造机组占地面积和空间都比较大；

　（4）投资与建设周期远远超过相同铸锭规格的半连续铸造设备。

177　铜合金棒坯和线坯连铸连轧的生产过程和特点是什么?

铜合金棒（线）坯连铸连轧的过程如下：保温炉中的金属熔体通过流槽注入轮带式连铸机上轮槽与钢带围成的空腔（结晶器）后，随着铸轮和钢带的运动，边冷却凝固边离开结晶器，金属铸坯带着余热进入多机架串联孔型轧机，轧成线坯并收卷。根据需要，在进入轧机前将铸坯在线切成定尺长度。棒（线）坯连铸机除轮带式外还有其他形式。连铸连轧生产线一般配有一台高效率的大型竖炉或大吨位反射炉（30t 以上），连铸棒坯截面积在 $1200mm^2$（一般在 $2400mm^2$ 左右）以上，串联孔型轧机一般由 7～11 台组成，配有高速切线机。棒（线）连铸连轧产品单一，产量大，生产效率高。一台机组可年产 $\phi8mm$ 铜线坯 10 万吨以上。

178　铁模铸造的生产过程和特点是什么？

铁模铸造是一种比较古老的铸造方法，其生产过程为：首先对铸铁模进行预热，刷涂料；再进行烘烤；铜及其合金熔体通过漏斗以一定浇注速度倒入铸模中；冷却后，脱模。通常浇注温度选择在铜及其合金熔点或者液相线以上 100～150℃ 左右。

铁模铸造的生产特点是：

（1）液体金属凝固时，以径向为主，铸锭的直径越小，高度越大，越易出现疏松、气孔、夹杂等缺陷；

（2）浇口部分必须及时补缩，以减少或消除集中缩孔；

（3）铁模铸锭底部和顶部质量较差。需切除，成品率较低；

（4）铁模占地面积大，模子消耗大，工作环境较差，劳动强度也大；

（5）铁模容积有限，生产效率低；

（6）对于那些直接水冷铸造和热轧时裂纹倾向较敏感的合金，采用铁模铸造会得到较好的效果。

179　铁模铸造的涂料种类和要求是什么？

向铸铁模中浇注金属或者合金液体之前，都需要在模壁表面刷以涂料。涂料的作用，除了保护铸模以外，主要是可以改善铸锭表面质量。

根据涂料中挥发物质的含量，可将涂料分为如下三类。

A　油脂型涂料

油脂型涂料中含挥发物质在 90% 以上。油脂型涂料的主要原料有：动物、植物以及矿物油，例如：猪油、豆油、蓖麻油、菜籽油、肥皂、桐油和松香，以及煤油、机油、变压器油等。

B　耐火型涂料

耐火型涂料基本上不含有或者少量含有挥发物质，有的把此类涂料称为干性涂料。耐火型涂料的主要原料有：炭黑、石墨粉、氧化镁、滑石粉和骨粉等。

C　混合型涂料

混合型涂料中，既含有油脂成分又含有耐火质成分。俗称半油脂或半干型涂料。

耐火型涂料适于浇注过程中很少产生熔渣的熔体，涂料主要作用是保护铸模。

油脂型涂料中含有闪点高的油脂成分较多时，适于浇注熔点比较高的金属。闪点低的适于浇注熔点低的金属。

常用涂料的主要技术性能如表 3-24 所列。

表 3-24 常用涂料的主要技术性能

涂料组成		挥发含量	挥发速度	残焦质量	20℃时的附着力
组成物	含量/%	/%	/mg·s⁻¹		/g·cm⁻¹
蓖麻油：石墨	50：50	49.8	21.8	松 散	1.82
煤油：炭黑：氧化锌	45：5：50	49.9	20.4	结块性脆	2.16
重 油	100	91.0	21.0	结块性脆	0.42
蓖麻油	100	95.0	18.0	炭 黑	0.34
松 香	100	82.0	25.3	炭 黑	极 大

任何一种油脂涂料或者含有油脂的涂料，都应当首先进行脱水处理。油脂涂料可以在小型电炉或者火焰炉内进行熬制。

涂料的使用方法基本上有两种，即喷涂或刷涂。

表 3-25 系铜及铜合金铸造时常使用的涂料的配方和制作方法。其中的骨粉水溶液（俗称"骨浆"）涂料，可通过喷雾器喷涂到铸模的工作表面上。大多数油脂涂料及半油

表 3-25 铸模涂料的配方及制作方法

序号	配方/%	制 作 方 法	备 注
1	骨粉：水 为6：4	1. 将兽骨（例如牛骨）置于炉内，使其在1100℃左右的温度下煅烧4~6h，煅烧后即成为白色骨炭； 2. 将白色骨炭和水混合在一起并放到球磨机内进行研磨加工，研磨后的骨粉粒度应在200目以上； 3. 使用前，将按比例调好的骨粉水溶液搅拌均匀	将骨粉水溶液喷到铸模的工作表面上，待其中的水分蒸发掉以后才能进行浇注作业
2	煤油：炭黑 为7~9：1	1. 将煤油稍微加热至110~120℃，以去除其中的水分； 2. 将过了筛的干燥炭黑粉分批加入脱水煤油中，边加边搅拌直至均匀为止	煤油亦即火油
3	豆油：肥皂 为6：4	1. 将切成小片的肥皂分批加入脱过水的油中慢火加热熔化，熬到油表面泡沫消失为止； 2. 以上过程须仔细进行，即待第一批肥皂化完后再加第二批。以此类推； 3. 在整个熬制过程中，应不断地搅动油液，以利于豆油和肥皂的均匀混合。油液表面不再起沫时表示涂料已经熬好了	豆油可以用蓖麻油替代。熬制时蓖麻油脱水的标志是油表面开始冒烟。往蓖麻油中加肥皂的方法与熬制豆油肥皂涂料时相同
4	豆油：煤油：炭黑 为1：2~4：适量	1. 将豆油放在铁锅中用慢火加热，待油中水分全部蒸发完为止。其标志是油液表面上的泡沫消失； 2. 向脱水豆油中加入煤油； 3. 向豆油和煤油的混合物中加入干燥并过了筛的炭黑粉，仔细搅拌直到均匀为止	蓖麻油、机油都可以作为豆油的代替品。熬制方法与之相同
5	酒精：松香 为98：2	1. 将酒精放在铁锅中稍微加热； 2. 将松香加入预热了的酒精液中，边加边搅动，直至混合均匀为止	此涂料随用随熬。熬好的涂料不宜久放

脂涂料，可用毛刷刷到铸模的工作表面上。

刷涂料之前，应该用钢丝刷子将残留在铸模工作表面上的渣子清理干净。

刷涂料时，铸模应具有一定的温度，以使油脂涂料能够在模壁上均匀展开。模温过低时，涂料容易刷得过厚，而且不容易均匀。模温过高时，容易引起涂料的燃烧。喷涂骨粉水溶液时需要一定的模温，以保证其中的水分能够在浇注之前彻底蒸发。

180　什么是"一次冷却"和"二次冷却"？

目前，国内外铜及铜合金铸锭的生产一般普遍采用直接水冷式铸造，即铸锭除了受到结晶器内水室的间接冷却外，在结晶器的出口外直接受到二次冷却水的强烈冷却。铸锭在结晶器有效高度内受到水室中水的间接冷却，称为一次冷却；在结晶器出口处受到冷却水的强烈冷却，称为二次冷却。

直接水冷铸造的最主要特征就是突出了二次冷却的功能。因此，结晶器高度一般都比较短。否则，直接水冷的功能可能被淡化。直接水冷的半连续铸造和连续铸造过程中，一次冷却进行的热交换量只有 30% 左右，实际上只起到形成一个铸锭凝壳的作用，其余70% 左右的热交换主要在直接水冷即二次冷却区里进行。

为了强制水流方向，即强化一次冷却强度，组装式结晶器可在结晶器外壳内侧或铜套的外侧加工出若干道螺旋槽。也可把水室分成上、下两段，让温度较低的水和已经被加热了的水分别按照工艺的要求在不同区域流动。

一般的二次冷却装置，只是由与结晶器水室下缘相通，并且呈等距离分布的若干个与铸锭表面呈一定喷射角度的小水孔构成。在这样的装置中，经过结晶器水室的全部冷却水都直接转换成了直接喷射向铸锭表面的二次冷却水。独立的二次冷却装置可以自由调节，不受一次冷却强度的限制，这对于同一种装置铸造不同的合金是非常重要的。直接水冷铸造的二次冷却水，应该在铸锭离开结晶器下缘后立即喷到铸锭表面上。

181　半连续铸造的结晶器结构和特点是什么？

半连续铸造一般采用直接水冷铸造，最主要特征就是突出了二次冷却的功能，结晶器高度一般都比较短。铜及铜合金铸造用结晶器的高度，经历了由长变短、由短变长的发展过程。在半连续铸造技术刚刚出现的时候，考虑到安全性，结晶器比较长。铸造技术发展到一定程度，质量摆到了第一位，短结晶器有利于晶粒细化。当认识到经济意义更重要时，结晶器高度又开始往中、长方向发展，中、长高度的结晶器有利于提高铸造速度和生产率。铜、银铜、铬铜等都是很好的结晶器工作壁材料。

传统的结晶器是由铸铁或钢外壳和铜内套组合而成。现代生产中，有些扁铸锭结晶器采用整体式结构，即用整块铜坯加工，结晶器的每一面壁中都有若干条纵横相贯的水道构成水室。组合式结晶器的外壳可用铸铁或钢制造，只是内套用铜或铜合金制造。组装式结晶器的水室通道宽度多在 20mm 以上。

为了强制水流方向，即强化一次冷却强度，组装式结晶器可在结晶器外壳内侧或铜套的外侧加工出若干道螺旋槽。也可把水室分成上、下两段，让温度较低的水和已经被加热了的水分别按照工艺的要求在不同区域流动。

图 3-30 是一种狭窄水室通道的结晶器设计，结晶器中通以一定压力的水，水流以较高速度流动。实践表明，水室通道宽度适宜即可，水室过于宽阔只能浪费水，并不能达到无限提高冷却强度的效果。图中的狭窄水槽通道仅为 5mm。

最简单的二次冷却装置，只是由与结晶器水室下缘相通，并且呈等距离分布的若干个与铸锭表面呈一定喷射角度的小水孔构成。在这样的装置中，经过结晶器水室的全部冷却水都直接转换成了直接喷射向铸锭表面的二次冷却水。尽管这种结构不利于二次冷却强度的调节，但对于大多数导热性能及高温强度都不错的铜及铜合金而言，由于铸锭产品质量基本上都能够得到保证，因此直到现在为止该种结构一直被工厂广泛采用。其实，把二次冷却装置做成独立的设计并不困难。独立的二次冷却装置可以自由调节，不受一次冷却强度的限制，这对于同一种装置铸造不同的合金是非常重要的。

直接水冷铸造的二次冷却水，应该在铸锭离开结晶器下缘后立即喷到铸锭表面上。不管是冷却水直接从结晶器水室中喷射出来，还是独立的二次冷却水装置向铸锭表面上喷射水流，设计喷射水流的孔径和喷射角度时须注意到以下因素：喷射水流不能在与铸锭表面接触的瞬间全部反射出去，至少应该有一部分水流能够平稳地包围着铸锭表面流下，以对铸锭连续地进行冷却。

图 3-31 所示的是铸造铜扁铸锭用的结晶器及二次冷却水装置。

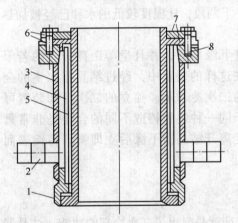
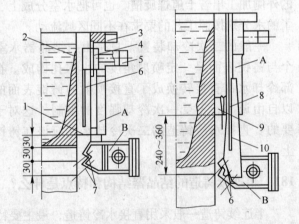

图 3-30　狭窄水通道双室结构结晶器
1—下法兰；2—输水连接管；3—外壳；
4—内套；5—隔板；6—上法兰；
7—密封垫圈；8—螺钉

图 3-31　铜扁铸锭用结晶器及二次冷却装置
A—结晶器；B—二次冷却装置
1—结晶器水室下缘的喷水孔；2—结晶器内套（内壁）；
3—外壳；4—过滤管；5—进水管；6—隔板；7—开孔；
8—向铸锭供给部分水的出水口；9—供水到
水幕上的出水口；10—吊架

强化二次冷却的根本措施在于改进二次冷却装置的结构，例如把二次冷却装置设计成一个较长的区段，在这个区段上连续的有水流向铸锭表面喷射，或者使铸锭自结晶器下缘离开以后直接进入水池中。

182　带坯水平连铸的结晶器结构和特点是什么？

图 3-32 所示的是铜带坯水平连铸用结晶器及其安装示意图。

结晶器是由冷却器、石墨模，以及石墨模与冷却器、冷却器与结晶器框架组装用的各种紧固件构成。冷却器及石墨模的结构，包括石墨模与冷却器的装配方法，是结晶器设计的关键。通常，铜带坯水平连铸结晶器只有一次间接冷却，没有二次直接水冷。离开结晶器一段距离以后，即进入牵引辊之前可设置二次独立的冷却水装置，目的是进一步降低带坯温度。实际上，此种二次冷却已与带坯的凝固与结晶过程无关。

结晶器，通常通过螺栓与保温炉前室的窗口连接，结晶器与炉前室窗口之间应该有可靠的耐火材料进行密封。当然，也不仅仅是密封，还应该便于拆卸。

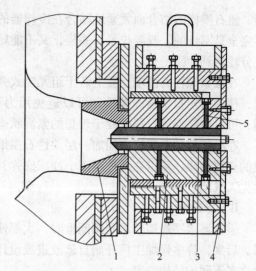

图 3-32　石墨模和冷却器的安装
1—炉前窗口砖；2—冷却器；3—石墨模；4—组装框架；
5—石墨模与冷却器结合用螺栓

A　石墨模设计与安装

a　石墨模设计

铜带坯水平连铸结晶器石墨模可采用不同的结构方式（图 3-33）。

常见的石墨模结构主要是：对开伴模结构，以及四块组合即两大块平石墨板和两小块条状石墨板的合成结构。前者安装使用方便、安全，但采用伴模方式耗费材料较多。后者安装和使用略显麻烦，但制造简单、节省石墨材料和便于旧模的复修。

石墨模的工作腔的横断面尺寸决定了铜带坯的横断面尺寸。由于凝固过程中的收缩，铜带坯的实际断面尺寸将小于模腔的断面尺寸，而带坯的宽度方向的绝对收缩量远大于厚度方向的绝对收缩量。

值得提出的是：如果把石墨模大面壁设计成绝对的平面，那么带坯的大面表面有可能出现凹心现象，这是因为带坯宽向的中心，即液穴的中心最后凝固，随后发生的凝固收缩量不同。因此常常在设计时将工作腔中间部位的厚度尺寸适当加大。

石墨模的厚度与带坯的厚度有关，通常在 15～30mm 之间。

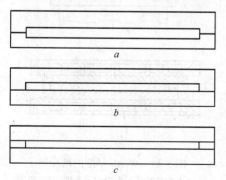

图 3-33　石墨模的组合形式
a—对称式对开石墨伴模；b—非对称式
对开石墨模；c—四块组合式石墨模

石墨模的内腔工作表面应该精细加工，并进行抛光。

b　石墨模装配

石墨模的冷却是通过冷却器水室间接进行的，因此石墨模与冷却器的装配很重要。为避免石墨模和冷却器装配过程中，以及随后工作中产生间隙、增加热阻，已有多种结构设计并在实际生产中得到应用。

在石墨模（大面）将与冷却器相接合的一侧，加工出若干个螺纹孔，螺纹孔的相对位置与冷却器上的通孔一一对应。带有双头螺纹的拉杆的一端旋进石墨模内，拉杆穿过冷却器的另一端用螺帽紧固，使石墨模的结合面紧紧地贴合在冷却器的结合面上。石墨模与冷却器之间的紧固应该不完全是刚性的。既要拉紧石墨模，又不能妨碍石墨模的自由变形，设计紧固方案时必须充分注意到。

在拉紧螺栓的两端，套上若干组元宝式弹簧垫圈可以缓冲对石墨的压力。装配石墨模时，使用力矩扳手紧固螺栓，可以避免用力不当造成石墨模损坏。元宝式弹簧垫圈的使用，可以始终保证石墨模处于理想的紧固状态。

在冷却器和石墨模之间加一层柔性石墨纸，或者涂一层石墨粉和耐热油脂材料混合而成的充填物质，可以在某种程度上冲减或弥补因冷却器或者石墨模结合表面平整精度不够的先天缺陷。

B　冷却器

铜带坯水平连铸技术刚刚问世时，大都使用水平连续铸造设备制造商同时供应的结晶器。后来，许多铜加工厂开始自己改进或设计结晶器。目前，铜带坯水平连铸用的结晶器有许多不同的结构类型。

对于结晶器中的水冷却器，有的采用铜内套和钢外壳组装式结构，有的采用全铜质或者全钢质的整体式结构。选择冷却器材质时，有的出于尽可能强化对石墨模的冷却，有的希望所用材料与石墨模材料有相近的热传导效率。冷却器材料选择和冷却器设计的合理与否，应该通过对产品质量，以及生产效率等方面的综合评价来判断。实际上，生产中有时出现这样或那样的问题，追溯起来则发现更多的原因则在于对结晶器的正确使用或日常维护工作方面的欠缺。

瑞士的 Alfred J Wertli 发明的结晶器如图 3-34 所示。

图中 1 和 2 分别是各自独立的上、下石墨伴模的冷却器。每个冷却器都是由铜内套与钢外壳组成，铜套与钢外壳之间是冷却水的通道。每个冷却器中都分成 a、b 和 c 三个冷却室，通过调节阀控制进入各冷却室之冷却介质的流量。冷却介质可以是水或某种油。由于各冷却室可以单独控制冷却强度，因此可以自由调节带坯在宽度方向上不同部位的冷却强度。

有三种控制 a、b 和 c 三个区域冷却强度的方法：

（1）通过调节阀控制冷却介质的流量；

（2）调节进入各冷却室的冷却介质的温度；

（3）向不同的冷却室通入不同特性的冷却介质，例如通入水或油等不同的冷却介质。

铸造窄带坯时，沿带坯宽度方向分两个冷却区就够了。铸造宽带坯时，分成四个、六个，甚至多达十个。

然而，通过对带坯大面凝固线的观察发现，凝

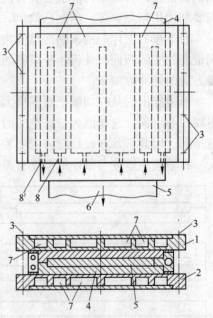

图 3-34　Wertli 早期的结晶器

1，2—冷却器的上半模和下半模；3—紧固
螺栓；4—石墨模的上、下半模；5—铜带坯；
6—牵引方向；7—冷却器的水室；
8，8′—冷却水进出口

固线往往多是不平坦的。结晶线多数呈如图3-35的左半部所示的抛物线形状。采用间歇引拉程序时，则进一步发现带坯边侧两抛物线之间隔距离 h，比中心部位两抛物线之间的距离 H 小得多。此种不平坦的结晶线分布，意味着带坯内部存在着结晶组织的不均匀性，并常常引起加工制品的周期性裂纹。于是，Alfred Wertli 又提出了如图 3-36 所示结构的设计。

　　该结晶器的上、下两个冷却器与前面所述的结构相似。不同之处在于，在石墨模的两侧小面上，各增加了一个加热器（注意：不是冷却器！）。

　　由于石墨模小面被加热，避免了铸锭角部过早冷凝的现象。这样，带坯表面凝固线比较平缓，带坯结晶组织得到了均匀化。

　　整体式结构的冷却器已经被普遍采用，它与早期的装配式结构相比较，不容易变形。

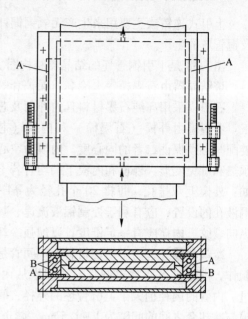

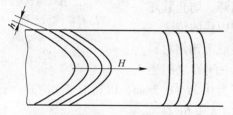

图 3-35　铜带坯表面的结晶线形状　　　　图 3-36　石墨模小面带加热系统的结晶器

　　在冷却器水路设计方面，内部的冷却水路的对称分布原则始终没有改变。小面石墨模不设冷却器的方案是可行的。

183　管棒水平连铸的结晶器结构和特点是什么？

　　水平连续铸造和立式半连续铸造所用结晶器的结构本身基本相似。不同的是，水平连续铸造用结晶器的前端需要与炉体或中间浇注包密封连接。一般多采用结晶器前端面直接与尺寸相当的炉前室窗口对接的连接方式。不过，直接连接时，做好结合面的密封是非常重要的。此种方式适合大断面铸锭的铸造，不宜频繁变换铸锭规格。需要更换结晶器时，需在炉内铜液的液面降到铜口下沿以下位置时进行。

　　水平连铸用结晶器通常由外壳、铜套和石墨套组装而成。外壳和铜套构成通冷却水的水腔，石墨套分为两段，与铜套壁接触的一段为工作部分，壁厚一般为10mm 左右，在装配时，这一段必须与铜套精密结合。

　　铸造空心铸锭（铸管）时，需要在结晶器中嵌入与铸锭内径尺寸相当的芯子。芯子通常也用石墨材料制造，和石墨内套表面一样应具有一定的锥度（图3-37）。

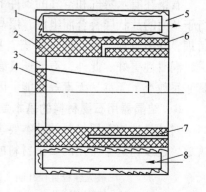

图 3-37　铸管结晶器示意图
1—水冷套；2—石墨内套；3—铜液入口；
4—石墨芯杆；5—出水孔；6—氮气输入口；
7—热电偶插入孔；8—进水孔

铸棒结晶器结构与铸管相同，只是不需要芯子。

管棒水平连铸结晶器内衬通常采用高密度、高强度石墨制造，铸锭的凝固过程基本上是在石墨衬套中进行。

184　上引连铸的结晶器结构和特点是什么？

上引式连铸法主要用来生产无氧铜铜杆，也适合铜合金杆及铜管坯的生产。

图 3-38 是上引铜管坯的结晶器结构图。

该结晶器由石墨模、水冷套、保护套等组成。

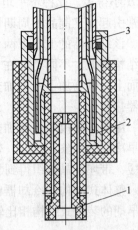

图 3-38　上引式铜管坯用
结晶器结构示意图
1—石墨模；2—保护套；
3—冷却部分

石墨模采用高纯石墨材料且内外面及芯柱表面经过精细加工。石墨模由外模（石墨筒）和内模（芯模或芯柱）组成，装配时必须保证二者的同心度。内模为空心结构，以利于均匀预热和避免变形。外模和内模下端均有若干个进铜液的孔，例如：外模上双排孔，每排 20 个孔径为 $\phi 4 \sim 12mm$ 的小孔。进铜液孔的设置，应有利于控制铜液流速、减少温降，防止管坯纵向裂纹。内模应有一定锥度，以加强冷却过程中热的传递。

冷却套的外管为不锈钢材料，中间管是铜质或不锈钢材料制作，内管是铜质材料制作，冷却水从内管与中间管之间通过。内管的内径稍大于上引管坯的外径，间隙可为 $0.25 \sim 0.5mm$，以利于二次冷却。石墨模与冷却套之间的间隙为 $1 \sim 1.5mm$。隧道流速应大于 $6m/s$。

铜管坯的凝固收缩为顺利脱模创造了条件。铜管坯从结晶器上方被垂直引出，然后弯转 90° 并沿水平方向输出。随着上引铜管坯管径的不断加大，上述弯曲的曲率半径也从最初的 0.8m 逐步增加到 1.4m、2m、3m、4m 等。

185　结晶器用石墨材料的基本要求是什么？

A　石墨的基本特性

石墨在有水蒸气和空气的条件下具有良好的自润滑性质。因为石墨的结构是由许多平行于基面的片状层叠合而组成，层与层之间的相互作用极弱，石墨能在其表面上做完全的解理，并沿解理平面而滑动。当石墨工作面上吸附了水合气体分子时，解理面的距离增大，润滑性更好。此外，石墨还具有良好的导热性、耐热冲击性和机械加工性能，以及热膨胀系数小、无臭、无毒等性能。因此。它被广泛用作结晶器的内套衬里材料。

B　结晶器用石墨材料的基本要求

对结晶器用石墨材料的基本要求是：纯度高、密度大、颗粒细小、质地均匀、无剥离现象。连续铸造中常用的石墨材料的主要特性如下：

最大颗粒直径/mm	0.1
体积密度/kg·m^{-3}	1650 ~ 1750
气孔率/%	13 ~ 15
肖氏硬度	40 ~ 50
热导率/J·(cm·s·℃)$^{-1}$	0.84 ~ 1.25
线膨胀系数/℃$^{-1}$	$3 \times 10^{-6} \sim 4 \times 10^{-6}$

| 抗弯强度/MPa | 30 ~ 40 |
| 抗压强度/MPa | 60 ~ 80 |

186　立式半连续铸造机的结构和特点是什么?

　　立式半连续铸造机分为三种：丝杠传动式半连续铸造机、钢丝绳传动式半连续铸造机和液压传动式半连续铸造机。

A　丝杠传动式半连续铸造机

　　图 3-39 所示的是丝杠传动式半连续铸造机。

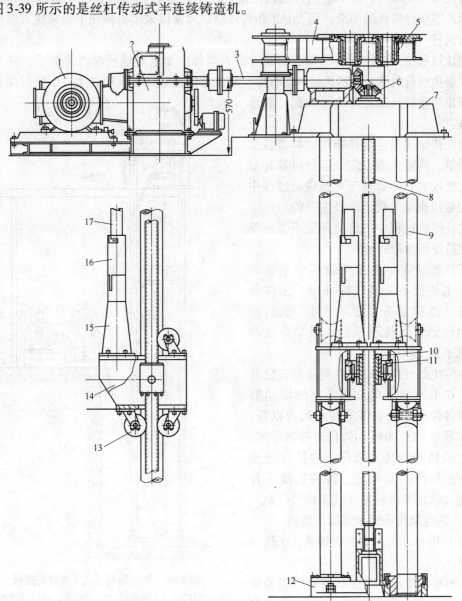

图 3-39　丝杠传动式半连续铸造机

1—电动机；2—减速机；3—传动轴；4—结晶器回转盘；5—结晶器；6—伞齿轮；7—上部固定架；
8—传动丝杠；9—导向杆；10—螺母座；11—对开螺母；12—下部固定架；13—导向轮；
14—升降台车；15—引锭器固定座；16—引锭器；17—铸锭

该丝杠传动式半连续铸造机由电动机、变速箱、水平传动轴、伞齿轮、传动丝杠、导向杆、牵引及承载铸锭的升降台车、上下固定架等部件组成的主传动系统，以及铸造速度、铸锭长度和结晶器的冷却水控制等系统组成。

在铸造机主传动系统中，中、小型铸造机可采用单丝杠传动，大型铸造机应采用双丝杠传动。现代设计中可以采用一台交流变频调速电机。

铸造机的运行期间，应经常对各传动机构进行润滑。尤其是铸造机丝杠、螺母、导向杆、滑块等活动部位，由于它们长期在潮湿的井下，包括热水冲击、飞溅铜液等恶劣条件，因此需要经常性的润滑。因为井下条件限制，通常以采用机械化干油泵注入润滑油的润滑方式较为合适。

浇注过程中，应注意避免高温的铜液落入丝母。如果发现丝母严重磨损，应及时更换，以避免丝母脱落。铸造机运行过程中，应注意防止升降台车超越上、下极限位置，以免造成顶弯丝杆，或者滑块（轴瓦）脱落等事故。

丝杠传动式半连续铸造机，具有控制系统简单、铸造速度稳定、运行可靠和牵引能力比较大，即有利于克服铸造过程中铸锭的悬挂现象等优点。最主要的另一个优点是，铸造过程中的铸造速度不受铸锭自身重量逐渐增加的影响。

丝杆传动式半连续铸造机的主要缺点是：主要设备安装在深井中，工作条件不好，维护也不方便。另外，虽然丝杆传动比钢丝绳传动平稳，但却不及液压传动平稳。

在传统的丝杠传动式半连续铸造机基础上，在采用伺服电动机、伺服驱动器和完善各种检测仪表等的在线配置以后，可以实现以 PLC 为核心的自动控制系统，即有比较精确的铸造程序，包括铸造速度、结晶器冷却水流量、铸锭长度等自动控制，以及液晶触摸屏或工控机控制。

B　钢丝绳传动式半连续铸造机

图 3-40 所示的是钢丝绳传动式半连续铸造机。

该钢丝绳传动式半连续铸造机主要由电机、变速箱、卷筒、钢丝绳、升降台车、导向杆，引锭器及引锭器连接装置以及铸造速度、铸锭长度和结晶器的冷却水控制等系统组成。

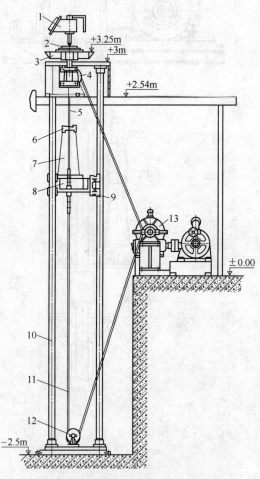

图 3-40　钢丝绳传动式半连续铸造机
1—浇注箱；2—结晶器；3—回转盘；4—上部滑轮；
5—向上牵引台车的钢丝绳；6—引锭器；
7—引锭座；8—升降台车；9—滑瓦；
10—导向杆；11—向下牵引台车的
钢丝绳；12—下部滑轮；13—卷扬机

　　钢丝绳传动式半连续铸造机有四根导向立杆，升降台车的上升和下降借助于钢丝绳和卷扬机的动力。

　　铸造时升降台车的下降可采用直流电机驱动，可以平稳地调节铸造速度。空载时可采用交流电机，借以实现升降台车的快速升降。其中一台电机工作时，另一台电机停止运转。卷筒上钢丝绳的另一端绕过滑轮后与升降台车相连，牵引升降台车上下滑动。升降台车上下滑动时，借助于四根导杆的支撑使之保持平稳运行。

　　结晶器安装在独立运行的回转盘或小车上。

　　铸造速度（即升降台车下降的速度）是通过无级调速的直流电机来控制的，测速测长仪表可随时指示铸造速度和铸锭的长度。

　　结晶器冷却水的供排和控制系统，与丝杠传动式半连续铸造机相同。

　　钢丝绳传动式半连续铸造机的主要优点是结构简单，容易制造，造价较低，一般不需要安装在深井中，维护方便。

　　与丝杠传动式半连续铸造机不同的是，钢丝绳传动式半连续铸造机通常都布置在车间的平面以上，或者采取半地下布置的方式。

　　钢丝绳传动式半连续铸造机的主要缺点：在升降台车运行过程中，容易出现摇晃现象，不如丝杠传动式铸造机运行稳定。当钢丝绳出现打滑现象时，铸造速度将可能发生失控现象。此外，由于钢丝绳长期在与冷却水接触的环境下工作，容易磨损、容易生锈，直至发生断股。

　　使用钢丝绳传动式半连续铸造机时，应严格控制升降台车的上极限和下极限行程，以避免钢丝绳被拉断，以及因此而发生升降台车坠落事故。此外，应避免高温熔体溅落到钢丝绳上，以防钢丝绳被烧坏。

　　钢丝绳传动式半连续铸造机适于铸造中、小断面规格铸锭。

C　液压传动式半连续铸造机

　　图 3-41 所示的为小型液压传动式半连续铸造机。

　　该液压传动式半连续铸造机主要由液压动力站、液压缸和升降台车、导杆、结晶器及供排水系统，以及铸造速度、铸锭长度和结晶器的冷却水控制等系统组成。

　　现代的液压传动式半连续铸造机，不仅得到了新的高精度和长行程液压缸制造技术的支持，而且普遍采用了通过比例流量阀等比较先进的技术控制的液压传动系统，以及以可编程控制器 PLC 为控制核心的电气控制系统。最长铸锭已经达到了 12 米，铸造过程可以实现高度的自动化。

　　现代液压式半连续铸造机，大体上可分为机械、液压、电气控制和冷却水系统等四个组成部分。

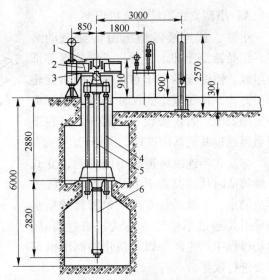

图 3-41　液压传动式半连续铸造机
1—结晶器；2—回转台；3—引锭器；
4—导杆；5—柱塞；6—柱塞缸

液压传动式半连续铸造机的机械本体部分包括：井架、升降台车、导杆、结晶器及引锭器、结晶器台车及振动装置、冷却水供排系统等。

液压控制系统是铸造机的核心，它不仅为铸造机提供了动力，而且控制升降台车运行的方向和速度，即铸造程序的控制。液压系统通常由动力、方向控制、铸造速度控制、循环冷却过滤、液压执行元件、油箱等部分组成。

电气控制系统多采用可编程控制器 PLC 为控制核心，使用触摸屏作为状态显示及参数设置，通过比例变量泵完成比例阀控制升降台车的升降速度。

随着液压传动及其控制技术的不断发展，液压式半连续铸造机的各项技术亦日趋成熟。现代的液压铸造机不仅其铸造速度得到了精确的控制，而且自动化控制水平亦越来越高，加上铸造速度的调节范围较宽，运行平稳，构造简单等优点，因此应用越来越普遍。

与其他形式的半连续铸造机相比，液压传动式半连续铸造机最大的缺点是，液压缸须安装在较深的地下，即需要一倍于有效行程的深度，并且要求较高的垂直精度。

187 立式全连续铸造机的结构和特点是什么？

A 小型立式连续铸造机组

小型立式连续铸造机由铸锭拖动装置、结晶器及冷却水装置、飞锯装置等部分组成。铸锭拖动采用对称布置的引锭辊牵引方式，按照规定的尺寸将铸锭锯切成一定的长度。若需要较短的锭坯，可在下线后再通过其他锯床进行二次锯切。

与立式半连续铸造机不同的是，立式连续铸造时从结晶器下方及其冷却系统中排放的水，需要通过专门的带密封的集水箱导引并通过系统管道输送出去。而且，锯切过程中产生的屑以及使用的润滑液都需要进行收集。

B 大型立式连续铸造机组

图 3-42 所示的是现代化的铸造圆断面铜铸锭的大型的立式连铸机组。

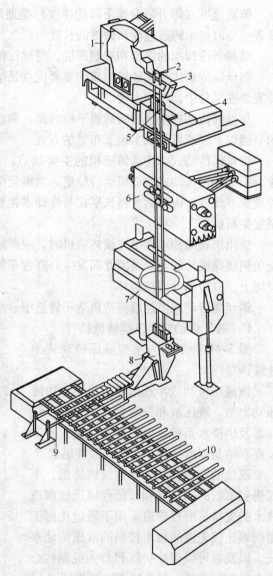

图 3-42　大型立式连铸机组

1—浇注炉；2—液体金属流量控制系统；3—浇注炉前室；
4—结晶器平台及振动装置；5—结晶器；6—铸锭拖动
（牵引）装置；7—随动锯；8—铸锭接收筒及
倾翻装置；9—打印机；10—铸锭输送辊道

　　大型立式连续铸造机组，首先需要有相应容量及生产率的熔炼炉组与之配套。铸造机的机架通常为坚固的钢结构，铸造机可以建在地上，也可以建在地下或者半地下。

　　该铸造机由结晶器平台及振动装置、铸锭拖动（牵引）装置、锯切装置、铸锭接收及倾翻装置、输送装置，铸锭引拉程序、浇注炉的出铜流量控制、结晶器内金属液面控制和冷却水系统等组成。

　　铸锭拖动（牵引）装置由上下错开的两对辊子组成，用以容纳及夹送引锭器和铸锭。牵引辊传动通过一台极性可换的电机、可进行无级调节的减速机、柔性联轴节、减速齿轮和万向轴等进行。成对布置的一对辊子中，固定侧的辊子呈刚性安装，压力侧辊子呈弹性安装，两辊之间贴合压力由轴和弹性件通过机械方式产生。预选压力通过一个调节器保持在恒定高度，以消除铸锭表面可能产生的不平度。

　　辊子工作面做成凹槽形状，以利于圆形铸锭更好地导向。铸造方铸锭和扁铸锭时，通过调节环导向。

　　开始铸造前，输送辊的固定侧需要根据所要铸造的铸锭的断面开到适当位置。

　　铸造速度可通过无级调节减速机和一台可变极性的电机，在大约 $60 \sim 1200\text{mm/min}$ 的范围内分两级或无级调节。

　　随动锯框架主要由三根水平柱和两个横件构成。在其中的两根水平柱上，带锯片和传动装置的锯切机滑座被液压推动前进及后退。锯切线的上方和下方都装有液压压紧板牙，用以压紧铸锭。锯切机通过钢丝绳、导向轮和一个平衡块呈平衡状态悬挂着。锯切过程中，整个机组在两根运行于横件中的垂直的柱子上与铸锭同方向运行。

　　通过电子长度测量装置，可以设定铸锭锯切长度。根据长度测量装置发出的脉冲信号，控制系统自动控制锯切过程。

　　锯切机通过一台极性可换的电机驱动。铸造过程中可以更换锯片。

　　锯切机上带有锯屑收集器，锯屑通过一个可弯曲的软管被输送至抽吸装置中。锯切过程结束后，由一个液压制动缸阻止锯切机和被锯开的铸锭突然向下滑落。随后，被夹持的一段铸锭继续向下移动，直至进入锯切机下部的接收筒中。铸锭进入接收筒之后，锯切机松开夹紧铸锭的板牙并返回到上终端位置。最后，通过液压装置将铸锭随接收筒一起从垂直位置放倒至水平辊道上。

　　大型立式全连续铸造机组，通常都配置有自动打印机和电子称重等装置。还对铸造程序，包括浇注的铜液流量、结晶器内金属液面、冷却强度、铸锭锯切长度、锭坯接收和翻锭等主要工作，都采用 PLC 及工业计算机自动控制，有的在比较重要的工位还设置摄像机和监视器。

　　立式全连续铸造机组的最大优点是生产能力、生产效率，以及铸造成品率等都比较高，适合较大规格、单一品种和规格铸锭的大规模生产。此外，由于全连续铸造机组设备的机械化和自动化程度都比较高，因此工人的劳动条件比较好。但是，大型的立式全连续铸造机组占地面积和空间都比较大。一台生产宽度 1200mm、锭坯长度 8m 的机组，仅铸造机设备的高度就将近 20m。显然，无论是投资，还是建设周期都远远超过相同铸锭规格的半连续铸造设备。

　　现代的大型立式连续铸造机组，多用来生产各种韧铜、磷脱氧铜和无氧铜大型铸锭。据报道目前圆铸锭直径已经超过了 $\phi400\text{mm}$，扁铸锭的宽度已经超过 1200mm，在线锯切的锭坯长度达 10m。

188　带坯水平连铸机列的结构和特点是什么?

现代的铜带坯水平连铸机列通常包括以下设备:熔炼炉、保温铸造炉、牵引装置、辊式矫平机、双面铣床、剪床、三辊卷取机,以及结晶器及冷却系统、铣屑收集及输送系统等。有的机列中不含双面铣床,铸坯下线后在另外的铣床上进行铣面加工。

有的机列中还包含有退火炉及压延设备,对需要进行退火和压延加工的带坯连续地进行加工,即在现代的铜带坯的生产中,已经越来越多的把压延加工生产的前道工序转移到了铸造方面。

由于铜带坯通常采用带反推的微程引拉程序,因此在线的双面铣床、剪切机、卷取机等设备都应是随动设备,即都能与铸造程序中的"拉-停-反推"等动作保持同步移动。

水平连续铸造的铜带坯,其厚度通常在 13 ~ 20mm 左右,其宽度有的已经超过1000mm。小规格铸坯,可以同时引拉两条。

图 3-43 所示的是一种比较现代化的铜带坯水平连续铸造生产线。

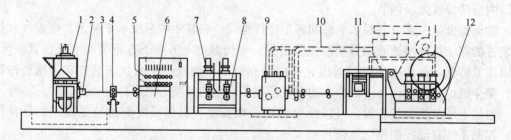

图 3-43　现代铜带坯水平连续铸造生产线

1—保温炉;2—结晶器装置;3—铸造带坯;4—托辊;5—冷却水分配器及控制系统;
6—保温炉和牵引装置的操作台;7—压紧辊;8—牵引辊;9—双面铣床;
10—抽吸铣屑系统;11—液压剪装置;12—卷取机

现代水平连续铸造机的控制精度一般都比较高,例如:不仅自由调节正向引拉和反推速度,而且运行的速度曲线亦可以进行设置,其运行精度:

正向引拉和反推行程精度: ±0.1mm;

停歇时间精度: ±0.1s。

每一个铸造程序的组成都可以自行设计,并在运行过程中根据需要调整。把铸造带坯表面温度监测信息引入计算机系统之后,当温度发生异常时引拉程序可以进行自动调整,即实行完全自动化的控制。编制铸造程序时,亦可以加入清理结晶器的程序。

铜带坯水平连续铸造机列的主要优点在于:解决了某些铜合金例如锡磷青铜、锌白铜和高铅黄铜等采用厚断面铸锭热轧开坯困难的工艺难题,同时省去了热轧需要预先加热铸锭所需的大量能源消耗。

铜带坯水平连续铸造机列尤其适合单一合金品种和单一规格带坯生产,所生产的带坯产品质量稳定,成品率比较高。

189　管棒坯水平连铸机列的结构和特点是什么?

图 3-44 所示的是简单的铜棒坯及管坯水平连铸机组。

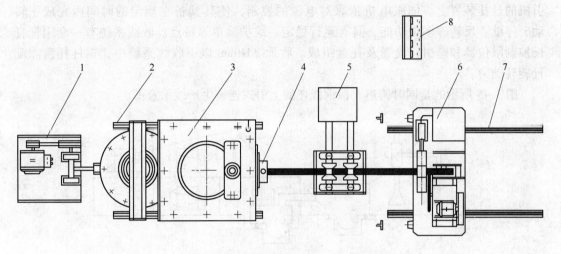

图 3-44　铜棒坯及管坯水平连铸机组

1—振动装置；2—保温炉行走轨道；3—浇注炉；4—结晶器装置；5—铸锭牵引装置；
6—自动锯切装置；7—锯床行走轨道；8—操纵台

棒坯及管坯水平连铸机列，通常由保温浇注炉、结晶器装置、引锭装置和锯切装置等组成。

铸造复杂铜合金棒坯及管坯时，经常采用"拉-停"，包括带有微程反推程序的铸造程序，有利于改进铸锭的表面质量和内部结晶组织。

当铸坯拉出长度达到设定值时即触发定位器，并按照以下顺序开始工作：液压钳夹紧铸坯→圆盘锯启动，锯片旋转→锯床横向前进，切断铸坯→液压钳松开铸坯→锯床沿斜坡轨道滑回原位。夹钳的夹紧与松开，锯片的前进和后退，皆通过电液系统控制的液压缸自动完成。

水平连铸机列适合铸造中、小规格断面的铸锭。目前水平连续铸造的铸锭规格大致为：棒坯直径 $\phi15 \sim 500mm$，管坯外径 $\phi25 \sim 500mm$，壁厚最小为外径的 10%。

较大规格铸锭在水平连续铸造过程中由于自重效应，在铸锭与结晶器之间往往出现不均匀的间隙。铸锭规格越大此间隙越大，阻碍热交换的行为越严重，结果使铸造速度受到限制，进而可能影响到铸锭的表面质量。另外，由于上述间隙不均匀的结果，也导致了铸锭结晶组织的不均匀。

水平连续铸造适合各种铜及其合金。通过对结晶器及铜液分配系统不断改进设计，上述收缩间隙和铸锭组织缺陷正在逐步得到克服。

190　上引连铸机列的结构和特点是什么?

上引式连铸法是利用真空将熔体吸入结晶器，通过结晶器及其二次冷却而凝固成坯，同时通过牵引机构将铸坯从结晶器中拉出的一种连续铸造方法。

　　一套完整的上引连铸机列包含有熔炼炉、保温铸造炉、牵引系统和收线机四个部分。

　　熔炼炉、保温铸造炉通常采用工频感应电炉，也有的采用电阻炉。结晶器装载在牵引机的悬挂装置上。伺服电机依靠对电源的控制，使其具备在规定的时间内完成正转动、停歇、反转等多项功能，具有运行稳定、维护简单等特点。收线系统有一套铜杆杆长控制限位器和牵引、盘卷及托盘组成。收取 $\phi 10mm$ 以下收线系统中，铜杆托盘需配置旋转动力。

　　图 3-45 所示的是同时铸造 6 根铜线坯的上引式连铸生产线示意图。

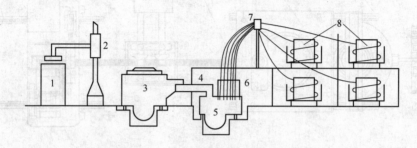

图 3-45　上引式连铸生产线示意图
1—料筒；2—加料机；3—感应熔化电炉；4—流槽；5—感应保温炉；
6—结晶器；7—夹持辊；8—卷线机

　　如果从熔化炉和保温铸造炉的配置方面区分，一种是分体式配置即熔炼炉和保温炉分别独立，一种是连体式配置，是指将保温炉和熔炼炉做成一体，熔炼炉中的铜液通过两熔池间的通道自动进入保温炉。目前上引式铸造铜杆生产线中，越来越趋向于采用连体式配置。

　　对于上引连铸过程，一般采用"停-快速提升"铸造方式，实现比较稳定的连续铸造过程并保证产品质量的相对稳定。由于在结晶器中铜液的冷却和凝固所散发出的热量都是通过间接方式进行，而且铸坯发生收缩时即已离开模壁，加上模内又处于真空状态，铸坯的冷却强度受到一定限制，生产效率比较低。因此，上引连铸通常都是采取多头即多个结晶器同时进行铸造的生产方式。

191　轮带式连铸机的结构和特点是什么？

　　轮带式连铸，指采用由旋转的铸轮以及与该铸轮相互包络的钢带所组成的铸模进行浇注的一种特种铸造方式。

　　由于铸轮与钢带包络的方式不同，组成的连铸机类型亦有所不同。

　　图 3-46 所示的是塞西姆连铸机结晶轮结构和冷却装置。

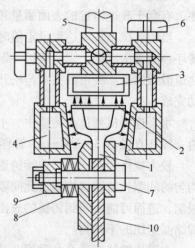

图 3-46　塞西姆连铸机结晶轮
结构和冷却装置
1—结晶轮槽环；2—钢带；3—外冷却；
4—侧冷却；5—进水管；6—调整阀；
7—螺栓；8—蝶形弹簧；
9—螺母；10—辐板

结晶轮通常采用导热性能良好的纯铜或含铬等元素的高铜合金制造，然后装在辐板上。结晶轮槽环 1 被螺栓 7 和蝶形弹簧夹持在辐板 10 上，此结构有利于避免结晶轮槽环受热时膨胀变形。

钢带可用厚 2.0～3.0mm 的低碳钢材料制成，也可以采用合金钢材料。

在结晶轮槽环周围喷射的冷却水应该符合金属结晶规律沿结晶槽环分段控制压力和流量。喷水范围一般从浇嘴入口处起，按铸轮旋转方向转 90°～110°。钢带外侧的冷却水也分段进行控制。

美国南方线材公司 SCR 连铸连轧铜线坯机组，采用的是如下设备：阿萨克竖式炉、保温浇注炉、SCR 连铸机、剪切机组、精轧机组和收线装置等组成。

图 3-47 所示的是常见的一种五轮带式铜线坯连铸机组示意图。

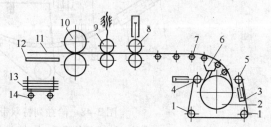

图 3-47　五轮带式铜线坯连铸机组示意图
1—导轮；2—结晶轮；3—钢带；4—压紧轮；5—张紧轮；
6—中间包；7—引桥；8—牵引机；9—铣边机；
10—对辊剪；11—铜线坯；12—翻板机构；
13—剪断的铜线坯；14—堆料小车

牵引机主要起牵引铸坯作用，以及防止从连铸机出来的铸坯抛下较大的活套或被后继连拉机拉得太紧而影响铸坯质量。牵引机通常由机架、牵引辊、万向接轴、齿轮分动箱、减速机及电动机构成，类似小型两辊轧机。

轮带式连铸通常通过中间包并采用小断面流嘴进行浇注，因而有利于细化结晶组织。但是，由于结晶过程是在圆弧形结晶器内进行，凝固收缩容易引起裂纹，铸造低氧铜是比较困难的。而且，轮带式铸造的铸坯进入连轧前矫正铸坯的矫直应力比较大，也容易引起裂纹。因此，轮带式连铸机主要用来铸造氧含量 0.025%～0.045% 的韧铜线坯。

192　钢带式连铸机的结构和特点是什么？

钢带式连铸，即金属熔体被浇注入由上下环形钢带和左右环形青铜侧链组成的结晶腔，从而被冷却和凝固成坯的一种特种铸造方法。

美国哈兹列特连铸机是这一类装备的典型代表。图 3-48 所示的是哈兹列特双带式连铸系统示意图。图 3-49 所示的是哈兹列特双带式连铸结晶器。

铸造过程在两条同步运行钢带之间进行。两条钢带分别套在上、下两个框架上，每个框架上的钢带可用两个、三个或四个导轮支撑。框架间的距离可以调整，从而可得到不同厚度的铸坯。下框架带上带有不锈钢绳连接起来的金属块，以构成模腔的边块，它通过钢带的摩擦力与运动的钢带同步移动。调整两边块之间的距离，可以得到不同宽度的铸坯。

结晶器用钢带，是一种专用的冷轧低碳特种合金钢带。为了保证钢带的平直度，上下框架内都装有多对支撑辊，从两钢带的内表面成对的顶着钢带，并通过相应的机构控制其张紧程度，使钢带保持一定的平直度。

金属浇注是通过漏斗进行，此漏斗的浇口正对着由上、下框架构成的模腔入口。

结晶器的倾角是可以调整的。浇注时，如果想使金属流的湍流小些，应采用较小的倾

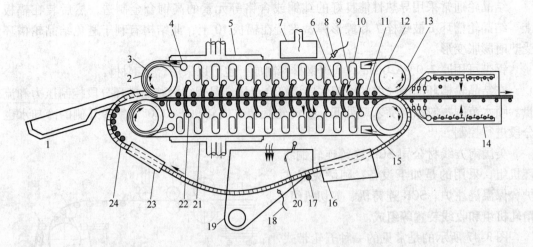

图 3-48　哈兹列特双带式连铸系统示意图

1—浇注漏斗；2—压紧轮；3—盘圆管喷嘴；4—集流水管；5—钢带烘干器；6—回水槽；7—排风系统；

8—钢带涂层；9—分水导流器；10—集水器；11—鳍状支撑辊；12—上钢带；13—后轮；

14—二次冷却室；15—下钢带；16—挡块冷却；17—下支撑辊；18—挡块

涂层装置；19—排风系统；20—钢带涂层；21—钢带烘干器；

22—高速冷却水喷射口；23—挡块预热器；24—挡块

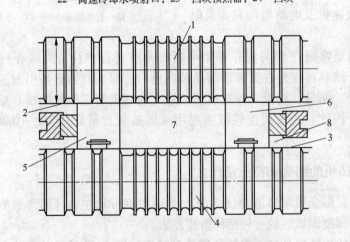

图 3-49　哈兹列特双带式连铸结晶器

1，4—上、下鳍状支撑辊；2，3—上、下钢带；

5，6—左右挡块；7—模腔；8—穿块带子

角。如果想缩小结晶器入口处熔池长度，以防金属的氧化，应采用较大的倾角。通常浇注铜线坯的连铸机结晶器倾角为 10°。

　　铸造开始前，将引锭头插入钢带与边块构成的模腔中，使结晶器封闭。金属熔体通过流槽、前箱和浇注嘴或分配槽进入结晶器。开动连铸机的同时，必须保证钢带移动速度和金属流量之间的平衡，使液面刚好保持低于结晶器开口处。

　　高速冷却水从给水管上的喷嘴射出，经过金属制作的弧形挡块后，切向冲刷钢带，穿过支撑辊身上的环形槽，流入集水器，再从集水器进入排水管返回冷却水池。

钢带在出口端离开铸坯后在空气中自然冷却，当重新运行至浇口之前又受到喷嘴射出的水的冷却。

由于金属在凝固过程中伴随有收缩现象发生，因此整个冷却和凝固过程可能在结晶器总长度的三分之一、二分之一，乃至全长上连续进行。采用向铸坯表面直接喷射二次冷却水的方式，可以提高铸造速度。

结晶器的钢带寿命短，通常每运行一个班就需要更换一次钢带。

193　怎样确定铸造工艺?

半连续铸造工艺参数主要包括铸造温度、结晶器、冷却强度和铸造速度，它们之间又是互相影响、互相制约的。一般地说，结晶器的设计（结晶器形式、结构、材质、冷却水路等）是针对特定合金和规格的。因此确定铸造工艺通常是在选定结晶器的基础上，统筹考虑铸造温度、冷却强度、铸造速度等参数。

A　铸造温度

铸造温度高，熔体易氧化，合金元素烧损大，铸锭易出现渗漏、气孔、裂纹、晶粒粗大等缺陷。铸造温度过低，熔体流动性差，操作困难，易使铸锭产生夹杂、冷隔、疏松等缺陷。

确定铸造温度的依据是：金属或合金本身固有的特性，如结晶温度范围大小，有无热脆性等；保证有足够的流动性，特别是对易产生疏松和夹杂的合金，应适当提高铸造温度；要考虑到工具，设备的温降情况，如工频有芯炉铸造锡磷青铜时，铸造温度采用1180~1220℃，而中频炉生产时，由于要通过中间包温降较大，铸造温度采用1280~1300℃；在某些情况下，铸造速度快时，铸造温度可适当低一些。

总之，铸造速度、结晶器长短、冷却强度和铸造温度四者间有着密切的内在联系，是互相依存、互相制约的。因此，在确定铸造参数时，应根据具体情况而酌定。

B　冷却强度

冷却强度也是直接影响铸锭质量的一个重要因素。冷却强度大，则铸锭的晶粒细，机械性能高，对中、小规格的铸锭效果尤为显著。但对于某些铸造应力大的合金来说，过高的冷却强度会导致应力裂纹。因此，某些复杂合金需在较小的冷却条件下（甚至保持红锭的条件下）铸造。

增加冷却强度的途径是：保证足量的二次冷却水；在确保铸锭内部质量的前提下，尽量采用短结晶器；采用可能的极限（上限）铸造速度和尽可能低的铸造温度；坩埚或浇注管少埋或不埋入液面；降低冷却水进水温度等。

降低冷却强度的途径主要有：降低水压，少给或不给二次冷却水。

C　结晶器的长短

结晶器的长短对铸锭质量影响很大。在铸造温度、铸造速度、水压相同的情况下，增加结晶器的长度，使铸锭周边部分的过渡带扩大，液穴加深，冷却强度减弱，从而削弱了自下而上的方向性结晶。

长结晶器能减少中心裂纹，有利于提高易产生中心裂纹合金的铸造速度。但易使铸锭产生中心疏松和某些合金铸锭产生纵向表面淬火裂纹。

短结晶器使铸锭结晶组织细小、致密、均匀，能有效地防止反偏析；有利于排气、补缩；消除纵向表面淬火裂纹。

选择结晶器应考虑在保证铸锭内部质量的前提下，尽量采用短结晶器。此外，与结晶器长短起等同作用的是金属液面在结晶器里的高低，实际操作中，金属液面应控制在合理的高度上。

D　铸造速度

在确保铸锭内部质量的前提下，铸造速度应该提到最大值。有利于提高生产效率；提高铸锭表面质量；金属、水、电、辅助材料等消耗减少。

选择铸造速度时，应考虑以下问题：金属或合金本性；熔体吸气的敏感程度；结晶器的长短；冷却方式；铸锭尺寸-铸锭直径大小、宽厚比；金属及合金是否经过变质处理；金属或合金中有害杂质含量多少等。

194　铸造冷却水的要求是什么？

铸造冷却水的要求如下：

（1）为了保证结晶器冷却效果与管道不结露，冷却水温应限制在 40 ~ 67℃。

（2）为保证铸造时水量充足，管道压力一般应不低于 100 ~ 400kPa。

（3）冷却水中结垢物质的含量不大于 100mg/kg，即水的硬度不大于 55mg/LCaO。

（4）冷却水应保持中性，pH 值为 7 ~ 8，SO_4^{2-} 小于 400mg/L，PO_4^{3-} 不大于 2 ~ 3mg/L。

（5）悬浮物尽可能少，通常每升中不大于 100mg，且单个悬浮物大小不大于 1.4mm³，长度不大于 3mm，以保证结晶器水孔畅通。

为了满足上述要求，一般工厂都专门设立铸造冷却水自循环系统，而对用于结晶器内使用的一次冷却水采用单循环软化水，确保结晶器不因堵塞、结垢、腐蚀而破坏。

195　什么是红锭铸造？

红锭铸造是采用专用结晶器，具有铸造速度快、冷却强度小等一系列工艺特点，铸锭离开结晶器下缘后一段时间内，其表面仍然保持为红热状态。红锭结晶器的主要特点是：（1）外壳上设有一定数量的放水孔，可将结晶器中的冷却水放出一部分，这样既可以保证一次冷却强度又可以大大减小二次冷却强度；（2）二次冷却水的喷射角小，一般只有 15° ~ 20°，以使铸锭在离开结晶器以后，进入二次冷却带以前，有一段空冷时间。

该种铸造方法，铸锭内外的温差较小，铸锭内部的铸造应力较小，从而消除了由于热应力而产生裂纹的条件，避免了中心裂纹的产生，主要用于热裂倾向大的大截面复杂黄铜铸锭生产，如 HPb59-1、HAl64-5-4-2 等铸锭。但红锭铸造法也有一个很大的缺点，即液穴较深、过渡带较宽，不利于液穴中排除气体和夹杂物，不利于铸锭的补缩。

196　铸造时结晶器内如何覆盖和保护？

铸造时，结晶器内液面应进行保护，以免熔体吸气、造渣，保证铸锭质量。

A　炭黑与石墨粉保护与润滑

炭黑的主要成分是碳，加入结晶器中的炭黑层被加热烧红，红热的炭黑层除了对熔体很好的保温以外，具有还原性质的碳及其产生的一氧化碳气体，同时能够有效地保护熔体不被氧化和吸气。

石墨的主要成分也是碳。鳞片状石墨粉的润滑效果比土状石墨粉的润滑效果好。铸造过程中，随着液面金属向着结晶器壁方向的滚动，液面上的炭黑和鳞片状石墨粉的混合物亦跟着流动到铸锭与结晶器壁的间隙中，正好充填了因金属冷却及凝固收缩以后在这里形成的间隙。在液穴中熔体静压力作用下，炭黑与石墨粉混合物被挤压在结晶器壁上，从而构成了一个理想的热导缓冲层和铸锭滑动的润滑面。显然，这种热导缓冲和润滑铸锭作用非常有利于保证和改善铸锭的表面质量。

B　气体保护和油润滑

a　气体保护

作为铜及合金铸造用保护性气体，可以是煤气、氮气等。

保护性气体中的氧含量需要严格控制，当氧的含量超过一定限度时将会造成铜液的氧化。

表 3-26 列出了几种实际应用的保护性气体成分。

表 3-26　保护性气体成分举例（体积分数）　　　　　　（%）

名　称	一氧化碳	二氧化碳	氧	氢	碳氢化合物	氮
工业煤气	>23	5~7	<0.4	13~20	<1.0	余　量
木炭发生器	>28	2.0~3.5	<0.20	<2	<0.4	余　量
工业氮气	5~6	13~20	<0.20	—	—	余　量
空分氮气	0.1~0.6	~11.4	<0.0005	0.1~0.6	—	余　量

b　油润滑

润滑油的作用是将铸锭与结晶器之间的干摩擦变为液体摩擦，减少铸锭滑动阻力，同时冷却摩擦表面。

润滑油应该具有适当的黏度，能够形成油膜建立润滑层。润滑油应具有一定的闪点，不容易燃烧，当与液体金属接触燃烧时不留下妨碍导热和铸锭表面质量的残留物。

油润滑最早在铸造黄铜铸锭时应用，同时需要用煤气保护结晶器内的金属液面。

润滑油一般通过结晶器顶部法兰下面水平分布的环形槽引入，小槽与结晶器内壁表面有若干个相通的小沟槽。铸造过程中，润滑油经环形槽、小沟槽进入结晶器内壁工作表面。由于保护罩内有惰性或者还原性气体的保护，润滑油不燃烧，直到它接触到铜液才开始挥发。挥发的气体流可以把铜液表面上的渣物推开，从而保证铸锭表面的光洁。未挥发的油呈油膜状附在结晶器壁上起润滑作用。

闪点比较高的变压器油常用来作黄铜铸造润滑油使用。用油润滑时必须保证油的分布均匀，油量适宜，过多使用油也会引起铸锭的表面缺陷。

C　熔剂保护与润滑

作为铸造保护用熔融熔剂，它应满足下列几个条件：

（1）熔剂的熔点低于铸造合金的熔点；

（2）熔融熔剂流动性好，能将合金熔体严密覆盖；

（3）熔融熔剂密度小于铸造合金熔体的密度。

表 3-27 列出的是作为熔剂的某些盐和复盐材料的物理性能。

表 3-27　保护性熔剂材料的物理性能

名　称	化学式	密度/g·cm⁻³		温度/℃	
		固　态	液　态	熔　点	沸　点
硼　砂	$Na_2B_4O_7$	2.37	—	741	(1575℃分解)
氯化钾	KCl	1.99	1.53	772	1500
氯化钠	NaCl	2.17	1.55	805	1439
苏　打	Na_2CO_3	2.5		851	(960℃分解)
冰晶石	Na_3AlF_6	2.95	2.09	995	

表 3-28 列出的是作为铸造保护用的复合熔剂配方的举例。

表 3-28　保护性复合熔剂的物理性能

性 能 类 别	熔剂组成（%）：B_2O_3：SiO_2：Na_2O：ZnO			
	70：20：10	60：30：10	50：40：10	10：45：10：5
密度/g·cm⁻³	2.53	2.49	2.42	2.45
比热容/kJ·(kg·℃)⁻¹	1.132	1.110	1.008	1.053
导热系数/kJ·(m·h·℃)⁻¹	8.370	7.297	7.621	6.956
熔点/℃	690	730	740	720

　　薄薄一层熔融状的保护层有效地把铜液与大气隔离开来，甚至可以完全避免结晶器内锌的挥发和氧化锌烟气弥漫现象。熔融熔剂随着金属液面向结晶器壁周边滚动，并顺着结晶器壁流动到铸锭凝壳与结晶器壁的间隙中。凝结在结晶器壁表面上的一薄层玻璃状物质是非常理想的润滑剂，对改善铸锭表面质量非常有利。

　　为调整熔剂的稠度，可以适当加入炭黑、石墨粉、玻璃或石英砂等。

　　用于铝黄铜铸造的 84% NaCl、8% KCl 和 8% Na_3AlF_6 复合熔剂，由于在改变铝黄铜铸锭表面质量方面有独到之处，早已在许多工厂中得到推广使用。

197　紫铜半连铸工艺要点和注意事项是什么？

　　（1）紫铜铸锭生产，一般采用工频有铁芯感应电炉作熔炼和保温设备。

　　（2）浇注系统应尽可能地缩短流道，并保证浇注过程在密封或保护（烟灰、石墨粉或保护性气体）条件下进行。

　　（3）浇注前，应该对保温炉前室，以及液流控制系统中的所有石墨组件进行充分预热，托座应充分烘烤。

　　（4）在保证铸造过程顺利进行的前提下，应该尽可能地降低浇注温度，紫铜的浇注温度一般都在 1150～1200℃ 之间。

　　（5）在保证铸锭内部不产生裂纹的情况下，尽量提高铸造速度。

　　（6）由于紫铜的导热性好，凝固速度较快，裂纹倾向不明显，一般可以采用比较大的冷却强度。

　　（7）铸造紫铜时，可以采用全纯铜质结晶器，也可以采用带石墨内衬的结晶器。

198　简单黄铜半连铸工艺要点和注意事项是什么？

（1）工频有铁芯感应电炉是简单黄铜铸锭生产理想的熔炼、保温设备。

（2）工频有铁芯感应电炉熔炼锌含量高于 20% 的黄铜时，可以以喷火作为熔体到达出炉温度的标志。熔炼锌含量低于 20% 的黄铜则仍需用热电偶实际测量温度。

（3）铸锭规格越小铸造速度越快。浇注温度一定时，增加结晶器有效高度或者适当加大冷却强度，可在某种程度上提高铸造速度。

（4）黄铜扁铸锭铸造速度过快而冷却跟不上时，铸锭大面可能因收缩补充不足而出现凹心现象。

（5）某些黄铜大断面圆铸锭，对铸造速度变化比较敏感。当某些杂质元素例如铅含量稍高时，即可能引起铸锭内部裂纹。

（6）在保持冷却水流量不变条件下，提高结晶器高度有助于铸造速度的提高。

（7）铸造时采用硼砂作覆盖剂，可以改善结晶器的一次冷却强度。

（8）用硼砂作覆盖剂时，一要烘烤干燥，二是颗粒不应过大。

199　复杂黄铜半连铸工艺要点和注意事项是什么？

（1）复杂黄铜铸锭，根据产量规模大小，可在工频有铁芯感应电炉或中、工频无芯感应电炉熔炼。无芯感应坩埚式感应电炉熔炼，变料方便，可采用中间包作浇注装置。

（2）铅黄铜熔炼过程中容易氧化生渣，转炉和铸造之前都需要对熔体进行清渣。铅黄铜大规格铸锭生产，应采用红锭铸造，宜用较低的铸造速度。

（3）化学成分复杂的多元铝黄铜铸锭，例如 HAl59-3-2、HAl66-6-3-2 等，热裂倾向大，应采用红锭铸造。

（4）硅黄铜和镍黄铜导热性能差，铸锭容易产生裂纹。宜采用较高结晶器及较慢的铸造速度和较小的冷却强度进行铸造。

（5）锰黄铜和铁黄铜中的锰和铁，都极容易氧化生渣，为了保证铸锭表面质量，必须对中间包和结晶器内的金属液面采取非常可靠的保护。

（6）铸造锰黄铜时，结晶器内金属液面采用气体保护时，应严格控制气体中的氧含量。

200　铝青铜半连铸工艺要点和注意事项是什么？

（1）铝青铜具有吸气性强、易氧化生渣，以及凝固收缩量大、导热性能差等铸造性质，铸造性能较差。

（2）铸造前，用某些碱土金属的化合物，如 Na_3AlF_6 和 NaF 的混合物作清渣剂，净化铜液，对纯洁液体金属以及铸锭结晶组织的改善都是有效的。

（3）铝青铜的浇注温度一般为 $1120 \sim 1180℃$，大规格铸锭的浇注温度一般稍低。铝青铜铸造速度较低，如某工厂生产 $\phi200mm$ 铸锭，铸造速度为 $4.0 \sim 4.5m/h$；生产 $\phi400mm$ 铸锭，铸造速度为 $2.4 \sim 2.6m/h$。

（4）铸造铝青铜圆铸锭时，结晶器中金属液面可以不用任何保护，采用敞流方式铸造。

（5）熔体需通过漏斗底部的孔进入结晶器。漏斗孔径的设计要同时满足两个条件：一要保证与铸造速度相匹配的流量；二要保证漏斗中始终保持一定高度的液位，使液面上的浮渣不能从漏斗孔流入结晶器。

（6）铝青铜铸锭容易产生气孔和集中缩孔，在浇注末期须认真进行补口，避免铸锭的集中缩孔。

201　白铜半连铸工艺要点和注意事项是什么？

（1）白铜熔体容易吸气，浇注过程中需要对熔体进行严密保护，亦可通以保护性气体进行防氧化保护。

（2）带浇注前室的工频有铁芯感应电炉是理想的浇注装置。

（3）采用无芯感应电炉作熔炼设备，通过中间包进行浇注时，中间包内应始终储存一定数量的熔体，并同时给以适当的防氧化保护和温度保护措施。

（4）铸造白铜时，不宜采用过高的浇注温度，以避免铸锭产生气孔等缺陷。如生产 B19 铸锭，浇注温度为 1280～1330℃；生产 B30 铸锭，浇注温度为 1300～1350℃。

（5）提高铸造速度，可通过增加结晶器高度或减小冷却强度的办法实现。

（6）在炉子保护条件有限的情况下，可在铸造进行过程中，对熔体进行适当地补充脱氧。

（7）普通白铜可采用镁作脱氧剂，硅也是普通白铜理想的脱氧剂。

202　锡磷青铜带坯水平连铸工艺要点和注意事项是什么？

（1）锡磷青铜带坯水平连铸生产一般采用工频有芯感应电炉，配备熔炼炉与保温炉，实现连续生产。保温炉上炉体与结晶器对接的前窗口，应该具有与带坯宽度和厚度相适应的尺寸。

（2）锡磷青铜带坯生产，出炉温度一般为 1180～1220℃。

（3）锡磷青铜结晶温度范围大，树枝状结晶发达，带坯表面容易产生反偏析。

（4）熔炼炉往保温炉转炉时，应本着少量多次的原则，尽量减少保温炉温度的波动。

（5）铸造过程中，锡磷青铜带坯表面易析出富锡偏析物质，对石墨模的工作表面有磨损作用，应定期更换石墨模。

（6）一般情况下，引拉行程不宜过大，引拉瞬速不能过快，引拉速度起动曲线不宜很陡，停歇时间应足够。

203　锌白铜带坯水平连铸工艺要点和注意事项是什么？

（1）锌白铜带坯熔炼和保温通常采用低频有芯感应电炉。

（2）在熔炼和铸造过程中，应注意对熔液的保护，加强液面的覆盖。

（3）锌白铜的熔炼和保温过程通常采用干燥的木炭进行覆盖保护。

（4）锌白铜的熔炼温度约为 1280～1350℃，铸造温度约为 1230～1280℃。

（5）锌白铜在结晶时的固-液温度区间较大，加之原子间相互扩散能力较差，合金在凝固结晶过程中易形成 Ni、Zn 等单质或化合物的枝晶偏析或晶界偏聚，并成为固相脆化的潜在起因。

（6）与锡磷青铜水平连铸的工艺相比较，锌白铜的拉铸温度更高。

（7）锌白铜材料的导热性较青铜差，一般拉铸速度更慢，结晶器需要较大的冷却强度；同时，其石墨结晶器的使用寿命也较短。

204　无氧铜杆上引连铸工艺要点和注意事项是什么？

（1）铜液的质量控制。由于熔炼炉常采用弱还原性气氛熔炼，因此应该采用优质的阴极铜为原料。熔炼炉和保温炉内的熔池，都可以采用干燥的木炭或鳞片石墨作覆盖剂，以隔绝空气和保护熔体。

（2）铸造温度。熔炼炉与保温炉的铜液温度应该基本一致。稳定的温度控制，对上引连铸无氧铜铜杆稳定的铸造过程非常有利。

（3）上引速度。上引连铸速度除与结晶器结构和系统的冷却能力有关外，亦与上引牵引机构有关。系统的冷却能力越大，上引铜杆线径越小，上引的速度也就越快。机构控制精度越高、运行越稳定，越有利于引拉速度的提高。

（4）冷却强度。通常，上引铸造铜杆时结晶器的进水温度可以控制在 20 ~ 32℃，水流量可以控制在 18 ~ 35L/min。

上引连铸用冷却水应是低硬度，且水质清洁、无悬浮物，以保证结晶器内所有水路畅通、不结垢。减少对结晶器的清理，也可以提高设备的使用和利用率。

205　磷脱氧铜管坯水平连铸工艺要点和注意事项是什么？

（1）磷脱氧铜合金中，磷的熔点和沸点都远低于铜的熔炼温度，而且熔体中的磷又可能被脱氧反应所消耗，因此磷含量的控制是个比较突出的工艺问题。

（2）磷都以含 13% P 左右的 Cu-P 中间合金形式配料和投炉进行熔化。

（3）熔炼磷脱氧铜和熔炼无氧铜类似，铜液都需要严密保护。

（4）连续铸造时，由于持续的时间比较长，必要时应该考虑在铸造过程进行中定期向熔体补加一定数量的磷，球状的小颗粒 Cu-P 中间合金，更适合于浇注过程中连续加磷的精确控制。

（5）由于重力效应，引拉时管坯下侧阻力大于上侧阻力，管坯的下表面容易拉裂。

（6）通过适当地工艺调整，可防止管坯下表面拉裂。如：适当提高铸造温度，以保证熔体能够有效地将微小的裂口"焊合"；适当调整引拉程序，以保证得到有足够强度的铸锭凝壳而不被拉裂；铸造过程中，向石墨模内充以保护性气体如氮气，可防止裂口氧化而有利于重新焊合等。

206　铜合金铸锭（坯）如何铣面？注意事项是什么？

铜合金扁锭铣面主要是为了把铸锭表面的缺陷例如气孔、夹杂、冷隔等去除。一般常用的扁锭铣面设备是龙门铣床与连续铣面机。

龙门铣床的结构主要由框架、床身、工作台及加料、翻锭、推料和排屑等机械化装置组成。该铣床的工艺流程是：天车将锭坯吊至加料机→工作台→夹紧油缸将铸锭夹紧固定→启动铣刀盘→铸锭随工作台一起移动并被铣面。铣完一面后，锭坯由翻锭机翻面，并由液压机构将其推至工作台，铣削另一面。铣削结束后，推料机将锭坯推至垛料机，等待吊运。

连续铣面机的结构主要由上料台、送料链、推进辊、铣削工作台、铣削机头和卸料台等部分组成，可同时对小型铸锭的两个面进行铣削加工。该铣面机的工作程序是：通过送料链连续地将竖立的铸锭送入推进辊→推进辊将铸锭送入铣削工作台，两侧的铣削机头分别对铸锭的两面进行加工。

207　什么是"浸渍法"成形？有何特点？

浸渍成形铸造，亦称浸涂成形铸造，是指通过对"种子杆"在熔体中浸渍而凝固成形的一种特种铸造方法。

浸渍成形铸造技术由美国通用电气公司（GE）开发，简称 DFP。

图 3-50 所示的是浸渍成形铸造原理示意图。

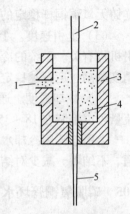

将经过扒皮相对温度较低的芯杆即种子杆，以一定速度沿垂直方向通过盛有定量熔融铜的石墨坩埚。铸造过程中，移动的种子杆不断地从熔融铜中吸热，熔融铜不断地放热，即熔融铜不断地在种子杆表面凝固，从而获得直径大于种子杆的铸造杆。

铸造杆直径与种子杆温度、铜液温度、坩埚中铜液面高度，以及种子杆移动速度等诸因素有关。当这些因素都稳定不变时，铸造杆直径为一定值。例如种子杆 $\phi12.7mm$，铸造杆 $\phi15.9mm$。

种子杆通过熔融铜时，通过吸收周围熔融铜的融化潜热使其温度上升，并以其为中心在周围表面不断凝固。理论计算铜从室温上升到 1083℃ 时的热容量约为 100 418J/g，熔融铜在熔点下凝固时放出的热量约为 50 209J/g，即若按理论计算种子杆的重量为 1 时，最大可以得到约 2 倍于种子杆的附着凝固铜。

图 3-50　浸渍成形铸造
原理示意图
1—进口铜；2—铸造杆；
3—坩埚；4—铜液；
5—种子杆

浸渍成形铸造的热交换过程，与传统的铸造方法相反。传统方法大都采用结晶器或其他形式的铸模，热流的方向是从里向外。浸渍成形铸造时的热流方向是从外向里。附着比 R（R = 附着重量 G/种子杆重量 g）是浸渍成形铸造的一个重要参数。附着比大，铸造效率则高。

现代浸渍成形铸造的主要工艺特点包括：

（1）浸渍成形铸造是以种子杆作为铸模，因此省去了与铸模有关的设备及材料的消耗；

（2）浸渍成形铸造过程中，从种子杆进入石墨坩埚起直到铸造杆生成，都不与其他介质接触，因此铸造杆不会产生夹杂等缺陷；

（3）整个铸造过程都在保护气氛下封闭进行，非常适合高品质无氧铜线坯的连续生产；

（4）可以铸造断面非常小的铸造杆。

208　浸渍法生产无氧铜线杆的工艺流程是什么？

浸渍法生产无氧铜线杆的工艺流程如图 3-51 所示。

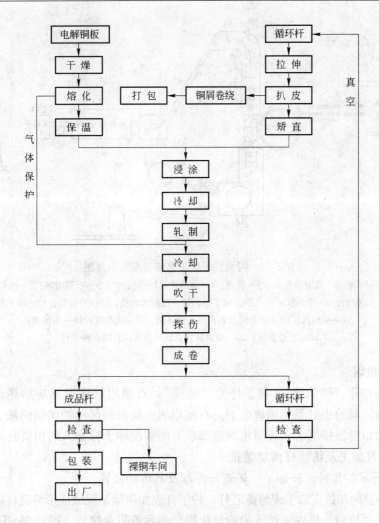

图 3-51　浸渍法生产无氧铜线杆的工艺流程

209　浸渍法生产无氧铜线杆的设备组成和特点是什么?

图 3-52 所示的是浸渍成形法连铸连轧生产线工艺装备配置示意图。浸渍成形铸造装置是铜线坯连铸连轧生产线中的最重要的组成部分。

浸渍成形铸造装置主要由保温炉、石墨坩埚、上下传动装置和种子杆,以及种子杆扒皮装置、冷却系统等组成。

A　熔化炉及保温炉

熔化炉和保温炉通常都采用工频有铁芯感应电炉,有的采用熔化炉和保温炉为一体的组合式炉。不管采用何种方式,都必须保证两炉内金属熔池液面和熔体温度的稳定。

通常,熔化炉通过连续的溢流方式向保温炉转注铜液,而保温炉内装有液位探杆用以控制金属液面高度。液面信号反馈给加料系统,作为加料的指令信号。

保温炉由压力室和出液室组成,通过压力室内还原气氛的压力调节出液室的液面,从而使送入浸渍坩埚炉内的金属液面保持在恒定位置。

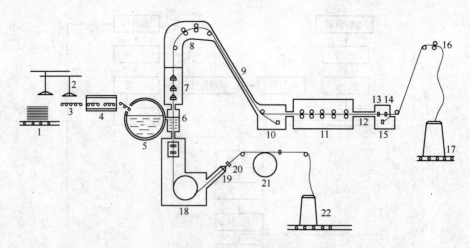

图 3-52 浸渍成形法工艺装备配置示意图

1—阴极铜；2—真空装料机；3—轨道；4—预热炉；5—组合炉；6—石墨坩埚；7—冷却室；
8—上传动；9—冷却管；10—张力调节器；11—直列式轧机；12—冷却管；13—吹干器；
14—探伤仪；15—张力调节器；16—挠杆机；17—成品杆；18—主传动；
19—扒皮装置；20—导向装置；21—拉丝机；22—种子杆

B 石墨坩埚

石墨坩埚亦称"铸造器"，种子杆为"铸模"。石墨坩埚通过感应加热，实际也是一台以石墨作为坩埚的小型无芯感应电炉。石墨坩埚由前面的保温炉供给铜液，并且坩埚炉内的金属液面始终保持恒定。石墨坩埚底部装有能够使种子杆穿入的钼质套筒。

C 种子杆加工及铸造杆传动装置

图 3-53 所示的是种子杆加工、铸造杆冷却及其传动装置。

种子杆经拉伸和扒皮加工成铸造芯杆，种子杆表面质量是浸渍成形铸造杆质量的关键。

种子杆经过拉伸、扒皮，消除表面氧化物、油污等附着物后，通过 Mo-Ti-Zr 合金制成的真空管，并从下方垂直进入石墨坩埚。在石墨坩埚上方，通过主传动将垂直提升的铸造杆直接送入冷却室。

主传动鼓动轮和轧机间的张力控制及速度同步由张力调节器进行。

D 冷却室

冷却室位于石墨坩埚的上部。冷却室内装有喷嘴，通过高压水冷却铸造杆。通过冷却水流量的调节，可以使铸造杆冷却至轧制所需要的温度。冷却室内也通保护气，以防止铸造杆表面氧化。

E 保护气发生装置

在整个浸渍成形生产线中，从阴极铜进入熔化炉开始直至生产出成品杆，包括阴极铜预热炉、熔化炉、保温炉、石墨坩埚炉、冷却室，一直到轧机均需要气体保护。

210 怎样制取铜合金粉末？

A 水溶液电解法生产铜粉

电解法是生产工业铜粉的主要方法之一。电解法不仅能生产具有不同要求的铜粉，而

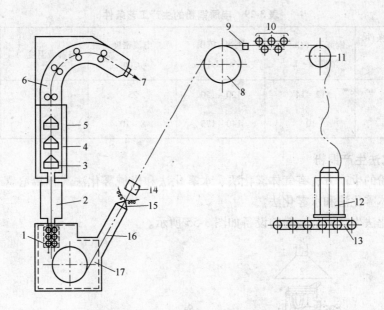

图 3-53　种子杆加工、铸造杆冷却及其传动装置

1—下传动；2—坩埚；3—喷头；4—观察孔；5—冷却室；6—上传动；7—线坯；
8—拉丝机；9—拉丝模；10—矫直轮；11—导轮；12—种子杆；13—传动辊道；
14—拉丝模；15—剥皮模；16—剥过皮的种子杆；17—主传动及真空室

且电解过程也是一个提纯过程，能生产出具有特殊要求的高纯铜粉。

电解法生产铜粉的工艺流程如图 3-54 所示。电解铜粉的生产工艺条件见表 3-29。

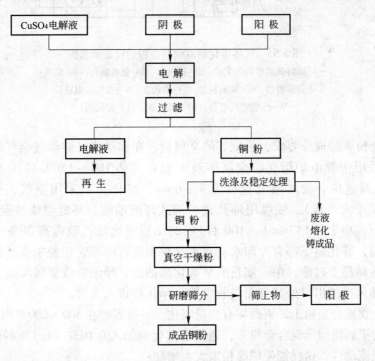

图 3-54　电解法制备铜粉工艺流程

表 3-29 电解铜粉的生产工艺条件

工艺条件 方　案	铜离子（Cu^{2+}） 浓度/g·L^{-1}	H_2SO_4 浓度 /g·L^{-1}	电流密度 /A·dm^{-2}	电解液温度/℃	槽电压/V
I	12 ~ 14	120 ~ 150	25	50	1.5 ~ 1.8
II	10	140 ~ 175	8 ~ 10	30	1.3 ~ 1.5

B　雾化法生产铜粉

雾化铜粉的生产方法有气体雾化法、水雾化法和机械雾化法（即离心雾化）。目前国内多采用气体雾化法和水雾化法。

气体雾化法生产铜合金粉的设备如图 3-55 所示。

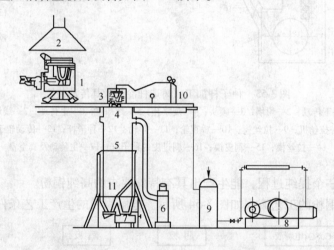

图 3-55　气体雾化制取铜合金粉的设备示意图
1—可倾斜燃油坩埚熔化炉；2—排气罩；3—保温漏包；4—喷嘴；
5—集粉器；6—集细粉器；7—取粉车；8—空气压缩机；
9—压缩空气容器；10—氮气瓶；11—分配阀

按铜合金粉末的成分要求，将配好的金属料，在移动式可燃油或燃气坩埚熔化炉熔化，也有的采用中频电炉熔化。金属熔液一般在过热 100 ~ 150℃后注入预先烘烤到 600℃左右的漏包中。金属液流直径为 4 ~ 6mm，雾化介质采用空气，压力为 0.5 ~ 0.7MPa(5 ~ 7 个大气压)。喷嘴用环孔或可调式环缝喷嘴。环缝喷嘴喷制青铜粉末时，在相同工艺下，小于 0.147mm（-100 目）粉的出粉率比环孔喷嘴高 30%。雾化粉末喷入干式雾化筒，雾化筒下部有冷却水套对雾化粉末进行冷却，粗粉末直接从雾化筒下方出口处落到振动筛上过筛，中、细粉末从雾化筒抽出，经细粉收集器沉降。超细粉末进入风选器，抽风机的出口处装有面袋收尘器，净化后排入大气。

空气雾化铜或合金粉末，表面均有少量氧化，一般需要在 300 ~ 600℃用氢或分解氨气进行还原。为了制得球形铜合金粉末，通常在熔化时加入 0.05% ~ 0.1% 的磷，以降低黏度，增加熔液流动性，这样能使球形粉末大大增加。

211　振动铸造的作用是什么？有哪些方法？

振动铸造的目的在于改善铸锭的表面质量。

振动铸造一般采用以下三种方法：

（1）结晶器垂直振动。垂直振动铸造，是指结晶器振动的方向与铸锭滑动的方向平行。

通过可控硅电源直流电动机或者变频器—交流电动机驱动，经传动轮减速后驱动带有凸轮的水平轴，在凸轮的下方有一带支点的杠杆，杠杆的一端受凸轮压迫，杠杆的另一端连着顶杆，而顶杆带动结晶器支撑板连同结晶器上下移动。在此装置中通过更换不同的凸轮调节振幅。

振动参数主要是指振幅和频率。选择振动参数除了考虑合金铸造性质以外，主要依据铸造速度。振动参数可通过传统的计算方式，也可通过实验而定。

（2）结晶器水平振动。水平振动铸造，是指结晶器振动的方向与铸锭滑动方向垂直。

结晶器垂直振动方式中，铸锭表面与结晶器壁间的接触部分摩擦力大，对某些高温强度较差的合金而言，强度不高的凝壳部分有时会被拉裂，甚至造成拉漏事故，于是出现了水平机械振动方式。

水平机械振动，是把结晶器按垂直对称轴分成两半组合结构。铸造过程中，通过机械使两半组合的结晶器，按照设计的振幅和频率有节奏的作闭合和分开运动。结晶器给予正在进行凝固的铸锭水平方向的开闭振动，实际上对液穴尚有某种程度的挤压作用，不仅避免了垂直振动时铸锭通过结晶器时表面受到的摩擦，水平振动时同样也有将结晶器内金属液面上的浮动渣块推离结晶器壁的作用，从而也减少铸锭的表面夹渣缺陷。

试验表明，采用结晶器水平方式振动，铸锭表面质量大为提高。与采用结晶器垂直振动相比，水平振动使铸锭表面缺陷减少70%。

（3）结晶器自然振动。自然振动铸造，是中铝洛阳铜业有限公司在生产实践中摸索创造的一种铸造方法。

所谓自然振动铸造，是指在没有任何机械的或者其他动力装置的情况下，结晶器能够自发地上下往复运动，而且幅度和频率和其他振动装置一样极有规律。

自然振动的实现借助于两个基本条件，一是使用一种工作壁表面上带有纵向沟槽的结晶器，二是铸造时结晶器被支撑在一个既有一定刚度又有一定弹性的平板上。自然振动铸造时，需要铸造机有足够的牵引能力，运行过程中不能打滑。结晶器支撑应该选用刚度和弹性合适的钢板制成，具体尺寸亦应该与铸锭断面尺寸相当。

结晶器的水平度和其与支撑钢板两侧支点间的对称性，结晶器纵向沟槽的设计，合适的辅助润滑剂选择是实现自然振动铸造过程的关键。铸造过程中，利用铸锭通过结晶器时摩擦阻力和支撑钢板反弹力之间的对峙作用，自然形成的相当于机械振动中的下振和上振动力，使铸锭与结晶器之间有规律地相对运动。

采用自然振动铸造方式，获得的铸锭表面质量相当优良，尤其是有效地克服了用其他方法都难以克服的锡磷青铜铸锭表面的反偏析倾向。

212　什么是电磁铸造？什么是电磁搅拌铸造？

A　电磁铸造

在半连续及连续铸造装置中，以一个感应器（线圈）代替结晶器作铸模的铸造方法，称为电磁铸造（EMC 法），又称为无模铸造。

电磁铸造装置由感应器、磁屏及冷却系统等部分组成。当感应器通以交流电时，感应器周围产生磁场，感应器内液体金属由此感生出相位相反的涡电流。由于磁场与涡电流的相互作用，根据左手定则产生一种指向铸锭中心的电磁力。根据集肤效应原理，金属液柱外层的感生涡流及电磁力最大，这种电磁约束力可以维持住液柱外廓形状而不发生流散。与此同时，液体金属柱在强烈的水冷却下凝固成为铸锭。

电磁铸造比滑动结晶器铸造的热导出和凝固条件优越得多，因而铸锭表面质量大大改善，没有常见的冷隔缺陷。

B　电磁搅拌铸造

电磁搅拌铸造是在铸造结晶器的冷却水室或冷却壁上安装电磁场，通过磁力线对结晶器内的熔体或半凝固态金属作用，而起到改善铸造条件的目的。电磁场的建立可以是交流电、直流电、脉冲电流或其交互作用。磁力线通过作用结晶器内的金属，起到排气、除渣、细化晶粒、防止成分偏析、改善表面质量、致密组织，提高铸锭质量。

电磁搅拌铸造近年在铜合金方面的研究较多，但得到实际应用的并不多。最成功的应用实例是在锡磷青铜带坯水平连续铸造上的应用，通过电磁搅拌铸造，可以减少锡磷青铜易出现的反偏析，从而减少后序均匀化的时间，提高生产效率；改善带坯表面质量，提高石墨模寿命；消除或减少内部疏松等缺陷，提高产品质量等。但电磁搅拌铸造目前在立式半连续铸造以及紫铜上的实际应用还较少。

213　什么是定向凝固铸造？

定向凝固铸造实际上是一种热模铸造技术，铸造过程中，铸模整个被加热，并始终保持一定的温度。

图 3-56 是定向凝固铸造的工艺原理图。

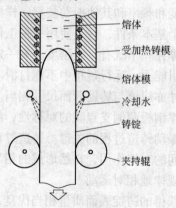

熔体

受加热铸模

熔体模

冷却水

铸锭

夹持辊

图 3-56　定向凝固铸造的原理图

由于铸模被加热，其内壁温度高于金属熔点，因此不会形成晶核。相反，由于铸模外金属受到直接水冷，受热传导的作用，铸模内中心的温度低于模壁的温度而首先形核结晶。靠近模壁的金属熔体只能在离开铸模才会凝固。这就形成了与普通铸造方法相反的"液穴"形状，即中间凸起的抛物线而不是常见的倒锥体。

由于热传导主要在轴向上进行，晶粒的径向生长受到约束，因而可以实现定向凝固。同时，向上凸起的"液穴"有利于气体的排出，可以有效地避免夹杂的裹入和产生中心疏松及缩孔。

214　如何铸造单晶铜？

如图 3-57 所示的是热模铸造单向结晶的生长过程。

开始凝固及结晶阶段，被水冷却的引锭头（起始垫）将热模的出口堵住。由于铸模被加热，模壁表面附近没有晶核产生，但与浇注的合金熔体温差非常大的引锭头前端面附近却有大量晶核产生，因此开始引拉的一段铸锭呈细小的等轴晶组织。

开始引拉的一段铸锭被拖走以后，引锭头前端附近产生的晶核数量亦开始逐渐减少。开始时，等轴晶体数量逐渐减少，等轴晶尺寸逐渐变大。后来，出现了柱状晶。再后来，柱状晶逐渐变少，形状变长。最后，只剩下心部的一颗柱状晶粒生长。显然这是在热模作用下单向凝固的结果，容易获得单晶，这是热模铸造最重要的意义所在。

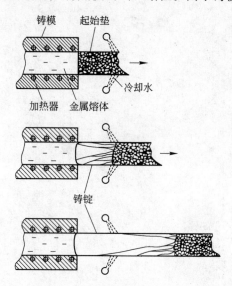

图 3-57　单向结晶的生长过程

热模作用的结果在于，不给予铸造过程中生成新晶体的机会。离开热模后极短的一段液柱，由于是被薄薄一层熔膜保护着，也没有产生新晶体的机会。实际上，热模铸造时结晶只能通过铸锭的头部的晶体向前生长，单晶可以变得无限长。

显然，没有结晶界面的单柱状晶组织，比有晶界存在的等轴晶或柱状晶的多晶体结晶组织密度都高、性能都好。没有晶界，也就不容易存在杂质集聚、气孔、疏松等结晶弱面缺陷，铸锭的压延性能将会提高，加工制品的最终性能也将会有所提高。

215　现代快速凝固新技术有何特点？

快速凝固技术得到的合金与常规合金有着不同的组织和结构特征，对材料科学和其他学科的理论研究以及开展实际生产应用起到重要的作用。

快速凝固技术是通过一定的手段使合金在高温下快速冷却，使高温下的组织保留下来。其最大特点是可实现元素的强固溶，与常规的熔铸法相比，快速冷凝可使 Cr、Zr、Co、Fe、Ti 等元素在 Cu 中的固溶度（质量分数）分别由 0.8%、0.014%、0.2%、

4.5% 和 5.5% 提高到 3.6%、1.33%、15.0%、20.0% 和 10.0%，此外可细化组织，消除偏析。

快速冷凝中常用的甩带法难以制备出高精度的带材；另外喷射沉积技术不但可保留绝大部分快速冷凝技术的优点，而且可实现一次性从合金熔铸到坯件最终成形，并可制备大坯锭，有利于利用熔铸法中后续加工与热处理装备。

第4章 铜及铜合金板、带、箔材生产[1]

216 铜合金板、带、箔材是怎样划分的?

铜合金板、带、箔材的划分主要是根据其外形尺寸决定的,目前我国生产的重有色金属板、带、箔材的尺寸范围见表4-1。

表4-1 板、带、箔材的划分

产品	尺寸范围/mm × mm × mm	厚度允许偏差/mm
热轧板	$(4 \sim 50) \times (200 \sim 3000) \times (1000 \sim 6000)$	$-0.45 \sim 3.5$
冷轧板	$(0.2 \sim 10) \times (200 \sim 2500) \times (800 \sim 3000)$	$-0.06 \sim -0.8$
带材	$(0.05 \sim 1.5) \times (10 \sim 1000) \times (3000 \sim 100000)$	$-0.01 \sim -0.14$
箔材	$(0.005 \sim 0.05) \times (10 \sim 300) \times (5000 \sim 500000)$	$\pm 0.001 \begin{matrix} +0.004 \\ -0.005 \end{matrix}$

217 板、带轧制的主要特点是什么?

平辊轧制过程如图4-1所示。

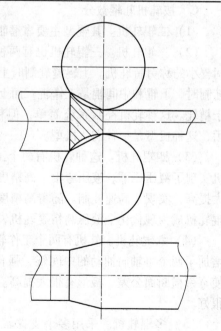

轧制过程的变形规律是由轧件在变形区内所受的应力状态来决定的,轧件受轧辊的压力作用,在高向上轧件承受压应力,而横向与纵向上因为摩擦力的作用使轧件承受横向与纵向的压应力。但由于工具形状沿轧制方向是圆弧面、沿宽度方向是平面,而变形区的宽度一般小于轧件的宽度,因而三个方向的应力绝对值的关系是:$\sigma_z > \sigma_y > \sigma_x$。由最小阻力定律可知,金属高向受到压缩时,必然是纵向流动多,横向流动少。

运动学特点是出现了前滑区与后滑区,即后滑区的金属相对轧辊表面力图向后滑动,速度落后轧辊,并在入口处的速度 V_H 最小;前滑区的金属相对轧辊表面力图向前滑动,速度超前轧辊,并在出

图4-1 平辊轧制过程示意图

—————————

❶ 本章撰稿人:李宏磊、孙水珠、余学涛、张文芹、韩卫光。

口处的速度 V_h 最大；中性面与轧辊表面无相对滑动，轧件与轧辊的水平速度相等。

力学特点：板带轧制过程中的力学变化是很复杂的，在稳定轧制阶段，由于轧件与轧辊接触表面间存在相对滑动，在变形区内，前滑区轧件表面上接触摩擦力的方向发生改变，其水平分量成为轧件进入辊缝和继续轧制的阻力，后滑区接触表面的摩擦力的方向不变，其水平分量仍为拉入轧件进行稳定轧制的主动力。

218　轧机有哪些类型，有何特点?

轧机有很多种类型，分类方法也很多，具体如下。

A　按轧机组合形式分

（1）单机架轧机。这种轧机生产机动灵活，适用于多品种小批量。铜加工材多数品种的批量相对钢铁和铝较小，因此单机架成为铜带轧机的主要机型。

（2）串连轧机（有二连轧、三连轧等）。这种机型各机架之间要求被轧金属秒流量相等。它适用于品种单一、规格变化少，产量大的品种生产，这种机型广泛用于钢铁轧机，在铜加工企业中也有选用。

B　按运转形式分

（1）可逆轧机。其特点是生产效率高，减少了上、卸卷次数，辅助时间短，是铜材轧机最常用的一种形式。

（2）不可逆轧机。轧机一般配有料卷返回机构，这种生产方式可将料卷分组，可使同组编批的数个料卷的厚度公差相对一致，料头料尾损失少。铜带初轧机有时也采用这种形式。

C　按轧机轧辊数分

（1）二辊轧机。其辊型主要靠磨辊来保证。多用于热轧机，冷轧开坯轧机等。

（2）三辊轧机。三辊轧机也有两种配置形式：三个轧辊辊径相等的称为等径轧机，中间辊小的称劳特轧机。上辊缝轧制时上辊和中间辊是工作辊，下辊起支撑辊作用；下辊缝轧制时，下辊和中间辊是工作辊，而上辊起支撑辊作用。劳特轧机用于粗轧，等径轧机用于精轧。这种轧机控制系统简单，但精度差，目前一些小型铜加工厂中的热轧机仍有使用，这种机型是一种淘汰机型。

（3）四辊轧机。这种轧机有两个工作辊，两个支撑辊。随着科学技术的进步，四辊轧机实现了液压压下、液压弯辊、高精度的四列短圆柱轴承，使轧机传动精度和承载能力大大提高，实现了高速轧制。随着高精度检测设备的出现，使控制精度大大提高，因而使四辊轧机成为现代化全液压高精度轧机，成为生产高精度铜带的主要设备。

（4）六辊轧机。轧机有两个工作辊，两个中间辊，两个支撑辊。相对于四辊轧机，它增加了两个可轴向抽动的中间辊，强化了辊型调节的效果，其机型有 CVC、HC、UC 等，使宽带横断面公差、板形有很大提高。使平辊轧制成为可能。这是一种新机型，发展前途很好。

（5）多辊轧机。采用多个支撑辊，一对直径较小的工作辊。其优点是：轧制力小，需要轧制力矩也小。如十二辊、二十辊等。其最大缺点是结构复杂，要求制造精度高，维修困难。这种机型是生产箔材不可替代的机型。多辊轧机也包括如偏八辊、十六辊等。

D　按用途分

用于铸锭热轧的轧机为热轧机；用于粗轧和冷开坯的轧机为粗轧机；用于精轧出成品的薄带轧机为精轧机；用于改善板形的大直径的轧机为平整机，平整机在我国有色金属加工行业很少被采用，日本、德国则有一些厂家应用。

219　轧机的基本结构是什么?

一台轧机由三部分组成：工作机座、轧辊主传动装置和驱动用主电机。

（1）工作机座。一般轧机的工作机座都是由轧辊、轧辊轴承、压下机构及平衡装置、牌坊等组成。

（2）轧辊主传动装置。一般由减速机、齿轮机座、连接轴、联轴节和飞轮等组成，它是轧机的重要组成部分。

（3）驱动装置。驱动装置主要包括电机等。

现代高精度轧机还有轧件特性的自动检测（厚度、张力、板形、速度等）、对中、冷却与润滑、开卷与卷取、上卷与卸卷、换辊、润滑液过滤和自动灭火等装置，以及自动控制系统，以实现轧制过程的自动化、高精度生产。

220　什么是轧机的开口度，如何选择?

轧机两工作辊之间的辊缝可以调节的最大值叫轧机的开口度。开口度是轧机设计的重要参数之一，主要是根据工艺要求轧机轧制的最大来料厚度来确定。轧机一旦选定，轧机的开口度即已确定。通常开口度应是最大来料厚度的 0.9 ~ 1.2 倍。厚板取下限，薄板取上限。

221　轧制的基本变形参数有哪些?

平辊轧制的基本变形参数主要有：变形程度、变形区参数等，见图 4-2。

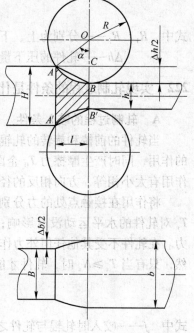

图 4-2　几何变形区图示

A　变形程度

轧件通过旋转的轧辊之间时产生塑性变形，并且在高向、横向和纵向上发生相应尺寸变化，把这种变化大小叫做变形程度。

（1）高向变形。压下量 Δh：

$$\Delta h = H - h \tag{4-1}$$

式中，H 为轧前厚度，mm；h 为轧后厚度，mm。

加工率 ε：

$$\varepsilon = \Delta h / H \times 100\%$$

（2）横向变形。宽展 ΔB：

$$\Delta B = b - B \tag{4-2}$$

式中，b 为轧后宽度，mm；B 为轧前宽度，mm。

（3）纵向变形。延伸系数 λ：

$$\lambda = l/L \tag{4-3}$$

式中，l 为轧后长度，mm；L 为轧前长度，mm。

B　变形区参数

（1）咬入角 α。两轧辊中心联线与轧件咬入点的夹角。

（2）咬入弧长。当两轧辊直径相同时的咬入弧长为：

$$l = \sqrt{R\Delta h} \tag{4-4}$$

式中，R 为轧辊半径，mm。

当两轧辊直径不同时咬入弧长为：

$$l = \sqrt{\frac{2R_1 R_2}{R_1 + R_2}\Delta h} \tag{4-5}$$

式中　R_1，R_2——分别为上、下轧辊的半径；

　　　　Δh——轧件的压下量。

222　实现轧制过程的条件是什么，如何改善咬入条件？

A　轧制过程的咬入条件

当轧件的前棱和旋转的轧辊母线相接触的瞬间，在接触点轧辊受到轧件的径向压力 P 的作用，同时产生摩擦力 T_0 企图阻碍轧辊的旋转；根据牛顿第三定律，轧辊对轧件同样作用有大小相等、方向相反的径向压力 N 以及摩擦力 T，力图将轧件咬入轧辊之间。

将作用在接触点处的力分别沿水平和垂直方向分解，如图 4-3 所示。垂直分力 N_y 与 T_y 对轧件的水平运动没有影响；N_x 是将轧件推出辊缝的力，而 T_x 是将轧件拖入辊缝的力。在轧件不受其他任何外力作用的情况下，这两个力的大小决定了轧件能否被咬入。显然，只有当 $T_x \geq N_x$ 时，轧件才能被咬入。由图 4-3 可知：

$$T_x = T\cos\alpha = Nf\cos\alpha \tag{4-6}$$

$$N_x = N\sin\alpha \tag{4-7}$$

式中　f——咬入时轧辊与轧件之间的摩擦系数。

代入 $T_x \geq N_x$ 中有：

$$Nf\cos\alpha \geq N\sin\alpha \tag{4-8}$$

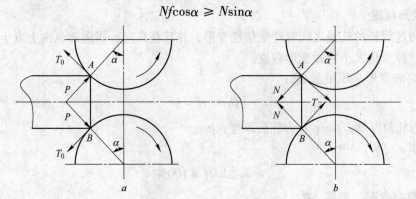

图 4-3　轧件与轧辊开始接触瞬间的作用力图

即 $$f \geqslant \tan\alpha \tag{4-9}$$

因 $$f = \tan\beta \quad (\beta \text{ 为摩擦角}) \tag{4-10}$$

故有 $$\beta \geqslant \alpha \tag{4-11}$$

因此，建立轧制过程的咬入条件是轧件的咬入角 $\alpha \leqslant \beta$ 摩擦角，当 $\alpha = \beta$ 时，称为临界咬入条件。

B 实现稳定轧制的条件

当轧辊咬入轧件后，随着轧辊的转动，轧件开始逐渐充填辊缝，在此过程中，轧件前端与轧辊轴心联线间的夹角 δ 不断地减小，如图 4-4 所示。当轧件完全充满辊缝时，即 $\delta = 0$ 时，轧制过程开始进入稳定轧制阶段。合力作用点的位置不再发生变化，如果单位压力沿接触弧均匀分布，则中心角 φ 为咬入角 α 的一半。

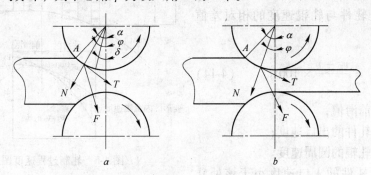

图 4-4 轧件充填辊缝过程中作用力变化图示

a—充填辊缝过程；b—稳定轧制阶段

稳定轧制阶段，能继续进行轧制的条件仍然应当是 $T_x \geqslant N_x$，此时：

$$T_x = T\cos\varphi = Nf\cos\varphi; \quad N_x = N\sin\varphi \quad \left(\varphi = \frac{\alpha}{2}\right) \tag{4-12}$$

因此有： $$\beta \geqslant \frac{\alpha}{2} \tag{4-13}$$

式（4-13）即为稳定轧制的条件，与极限咬入条件类似，称 $\beta = \dfrac{\alpha}{2}$ 为极限稳定轧制条件。

C 改善咬入条件的措施

在轧制的过程中凡是减少咬入角或者增大摩擦系数的措施，都是改善咬入的方法。

（1）减小咬入角：

1）轧件前端作成楔形（坡形）或圆弧形；

2）采用大辊径轧辊；

3）减小道次压下量；

4）给轧件施以水平推力；

5）咬入时辊缝调大。

（2）增大摩擦角：

1）在轧机轧辊上刻痕或打砂；

2) 低速咬入，高速轧制；

3) 咬入时不加或减少润滑剂；

4) 改用摩擦系数大的润滑剂，如加少量煤油；

5) 热轧时加热温度要适宜。温度过高，轧件表面氧化皮也起到润滑的作用，降低摩擦系数；温度低，表面硬度大，摩擦系数也减小。

223 什么是前滑和后滑？

轧制过程速度图示如图 4-5 所示。在轧制过程中，轧件出口速度大于该处轧辊圆周速度的现象称为前滑，其大小（前滑值）用出口断面处轧件与轧辊速度的相对差值表示，即：

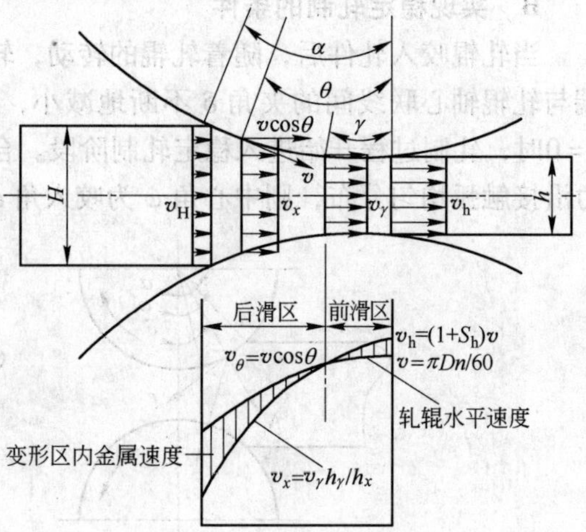

$$S_h = \frac{v_h - v}{v} \times 100\% \qquad (4\text{-}14)$$

式中 S_h——前滑值；

v_h——轧件的出口速度；

v——轧辊的圆周速度。

图 4-5 轧制过程速度图示

后滑是指轧件的入口速度小于该处轧辊圆周速度水平分量的现象，其大小（后滑值）用入口断面处轧辊圆周速度的水平分量与轧件入口速度差的相当值表示，即：

$$S_H = \frac{v\cos\alpha - v_H}{v\cos\alpha} \times 100\% \qquad (4\text{-}15)$$

式中 S_H——后滑值；

v_H——轧件的入口速度；

α——咬入角。

224 什么是宽展，受哪些因素影响？

轧制过程中高向压缩下来的体积，将按照最小阻力定律流向纵向和横向，由流向横向的体积所引起的轧件宽度的变化称为宽展（见式 4-2）。

影响宽展的因素：

（1）道次压下量的影响。道次压下量增加，宽展增加。

（2）轧辊直径的影响。当其他条件不变时，宽展 ΔB 随轧辊直径 D 的增加而增加。

（3）轧件宽度的影响。宽度不大时，宽展随轧件宽度增加而增加，宽度增大到一定程度后，宽展随轧件宽度的增加而减小。

（4）摩擦系数的影响。宽展随轧件和轧辊间摩擦系数增加而增加。

（5）张力影响。轧制时张力的作用使得宽展减少。

（6）金属材料的性质的影响。金属材料的强度越大，同样轧制条件下宽展越大，金属材料的强度越低，宽展量越小。

225　如何确定轧制压力?

A　轧制压力的定义

所谓轧制压力是指轧件对轧辊合力的垂直分量，即轧机压下螺丝所承受的总压力。通常轧件对轧辊的作用力有两个：一是与接触表面相切的摩擦力 T，另一个是与接触表面相垂直的合力 N。轧制压力就是这两个力在垂直轧制方向上的分量之和 P_H。

B　确定轧制压力的方法

a　实际测量法

这种方法是将压力传感器（测压头）放置在压下螺丝下面，由它将轧制过程的压力信号转换成电信号，再通过放大器和记录装置显示压力的实测数据。常用的测压头有电阻应变式和压磁式两种。

b　理论计算法

通常简单的计算公式如下：

$$P = Fp \tag{4-16}$$

式中　P——轧制压力；

　　　F——接触面积；

　　　p——单位面积上的轧制压力。

单位轧制压力计算公式为：

$$p = n_\sigma K \tag{4-17}$$

式中　n_σ——相对应力系数；

　　　K——材料的变形抗力。

接触面积计算公式为：

$$F = b_{cp} l$$

式中　b_{cp}——轧件的平均宽度；

　　　l——考虑轧辊压扁时的接触弧长。

不考虑宽展与轧辊压扁时的轧制力计算公式可表达为：

$$P = Kn_\sigma B(R\Delta h) \tag{4-18}$$

C　相对应力系数 n_σ 的计算方法

（1）采列可夫公式：

$$n_\sigma = [2(1-\varepsilon)/\varepsilon(\delta-1)](h_\gamma/h)[(h_\gamma/h)^\delta - 1] \tag{4-19}$$

（2）斯通公式：

$$n_\sigma = (e^m - 1)/m \tag{4-20}$$

（3）西姆斯简化公式：

$$n_\sigma = 0.785 + 0.25 l/h \tag{4-21}$$

（4）滑移线法公式：

$$n_\sigma = 1.25 h/l + 0.785 + 0.25 l/h \tag{4-22}$$

常用轧制压力计算公式的应用条件及特点见表 4-2。

表 4-2　轧制压力计算公式的应用条件及特点

公　式	基本假设要点	接触条件	适用情况
采列可夫公式	楔形件均匀压缩；不计宽展	一般不考虑轧辊压扁，全滑动（库仑摩擦定律）；未考虑刚端影响	热轧、冷轧
斯通公式	楔形件均匀压缩；不计宽展	考虑轧辊压扁，全滑动（库仑摩擦定律）；未考虑刚端影响	冷轧薄板
西姆斯公式	楔形件均匀压缩；不计宽展	未考虑轧辊压扁，全粘着（按常摩擦定律）；未考虑刚端影响	热　轧
滑移线法公式	当 $l/h < 1.0$ 时用滑移线法解平面压缩问题	考虑了刚端影响，摩擦系数较大	热　轧

D　金属的变形抗力（K）

变形抗力是计算轧制压力的重要参数，它是在轧制条件下，金属抵抗发生塑性变形的力，通常用 K 表示。

$$K = 1.115\sigma_s \tag{4-23}$$

由于大多数铜合金由弹性变形进入塑性变形的过程是平滑的，屈服点现象并不明显，常用 $\sigma_{0.2}$ 代替 σ_s。因而有：

$$K = 1.115\sigma_{0.2} \tag{4-24}$$

金属的变形抗力与温度（热轧）、变形程度（冷轧）以及变形速度有关。通常，需通过查阅相关表格、曲线或材料试验获得。

226　轧制过程中轧件温度变化有何规律？

研究轧件温度在轧制过程中的变化规律特别对现代化热轧机自动控制和制品性能控制具有十分重要的意义。例如 1% 的温度预报误差可能导致 2% ~5% 的轧制力设定差异。

轧制过程中轧件温度变化主要表现在两个方面：一是因辐射、对流、传导而散失热量，引起轧件温度降低；二是金属塑性变形产生变形热，引起轧件温度升高。

A　辐射散热损失引起的温降

加热过的锭（板）坯因辐射散热引起的温降公式为：

$$\Delta t_1 = -2\varepsilon\sigma\left[(t+273)/100\right]^4 d\,\tau/(c_p\gamma h) \tag{4-25}$$

式中　ε——为轧件的热辐射系数（或称黑度系数），对铜及铜合金而言，紫铜的黑度系数为 0.7，黄铜为 0.5；

　　　σ——玻耳兹曼系数；

　　　t——轧件的表面温度，℃；

　　　c_p——比热容，J/(kg·℃)；

　　　γ——密度，kg/m³；

　　　h——轧件高度，m；

　　　τ——时间，h。

B 对流传热的散热损失引起的温降

轧件对流传热的散热损失引起的温降公式为:

$$\Delta t_2 = -2\alpha(t - t_0)\,\mathrm{d}\tau/(c_\mathrm{p}\gamma h) \tag{4-26}$$

式中 α——对流散失系数;

t_0——冷却介质的温度,℃;

C 轧件与轧辊接触时伪传导损失引起的温降

轧件与轧辊接触时伪传导损失引起的温降公式为:

$$\Delta t_3 = -2\lambda l(t - t_0)/(c_\mathrm{p}\gamma h_\mathrm{cp}v) \tag{4-27}$$

式中 λ——与材料有关的系数;

l——接触弧长,mm;

h_cp——轧件平均厚度,mm;

v——轧制速度,m/s。

D 塑性变形引起的温升

塑性变形引起的温升计算公式为:

$$\Delta t_4 = A\eta\sigma_\mathrm{cp}\ln(H/h) \times 10^4/(c_\mathrm{p}\gamma h_\mathrm{cp}) \tag{4-28}$$

式中 η——转换效率,一般取 0.90~0.95;

σ_cp——轧件的平均变形力,MPa。

227 什么是轧机刚度,受哪些因素影响?

轧机的刚度是表示该轧机抵抗轧制压力引起弹性变形的能力,又称轧机模数。一般用 M 表示。它包括纵向刚度和横向刚度。轧机的纵向刚度是指抵抗轧制压力引起的轧辊"弹跳"的能力。轧机的纵向刚度可用下式表示:

$$k = P/(h - s_0) \tag{4-29}$$

轧机刚度可用轧制法或压靠法测得。

轧机的刚度不是轧机固有的常数,随轧件宽度、轧辊轴承油膜厚度、轧辊材质、辊型以及工作辊和支撑辊接触情况的变化而改变的。由于影响因素较多,轧机刚度一般采用实际测量法来确定。

通常,轧件越宽、轧辊强度越大、轴承油膜越厚、轧辊凸度越大、工作辊与支撑辊接触面积越大,机架(牌坊)刚性越好,轧机的刚度也越好。

228 怎样计算二辊轧机的轧辊挠度?

轧辊挠度计算是设计辊型的重要依据之一。轧辊挠度即在轧制压力作用下,沿轧辊轴线方向辊身中部相对于辊身边缘(轧件边缘)的位移量。对于二、四辊轧机来说,弯曲挠度在辊型中占主要位置。

假设轧件位于轧制中心线而且单位压力沿宽度方向均匀分布,则两轴承反力相等,受力弯曲呈抛物线规律。由材料力学可知,轧辊直径与支点间的距离比较相差不大,因此,把轧辊视为短而粗的简支梁。对于二辊轧机,辊身中部与辊身边缘的挠度差可按下式计算：

$$f_p = \frac{P}{6\pi ED^4}\left[12aL^2 - 4L^3 - 4B^2L + B^3 + 15D^2\left(L - \frac{B}{2}\right)\right] \qquad (4\text{-}30)$$

式中　P——轧制压力，N；

　　　D——辊身直径，m；

　　　L——辊身长度，m；

　　　B——轧件宽度，m；

　　　a——轧辊两边轴承受力点之间的距离，m；

　　　E——轧辊材料的弹性模量，MPa。

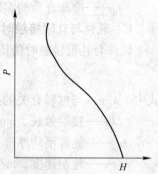

229 什么是轧件的塑性特性曲线，受何因素影响?

（1）塑性特性曲线。给轧件以一定的压下量，就产生一定的压力，当料厚一定时，压下量越大，压力也越大。通过实测或计算可以求出对应于某一压下量时的压力值，将其绘成曲线（见图 4-6），称为轧件的塑性特性曲线。

图 4-6　轧件的塑性特性曲线

所谓塑性曲线是指在某个预调辊缝 s_0 的情况下，轧制压力与轧件轧出厚度之间相互关系的曲线。

（2）塑性特性曲线的主要影响因素。如图 4-7a 所示，当轧件的变形抗力不同时，则变形抗力大的曲线（曲线 2）比变形抗力小的曲线（曲线 1）要陡。因此，若保持压力不变，则轧出厚度 $h_2 > h_1$；若保持轧出厚度不变，则变形抗力大的轧件其轧制压力应增大。

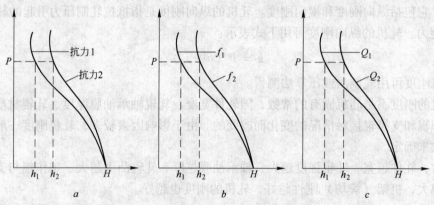

图 4-7　工艺参数对塑性特性曲线的影响

a—变形抗力的影响；b—外摩擦力的影响；c—张力的影响

图 4-7b 是外摩擦力的影响，摩擦系数大时的塑性曲线（f_2）要陡，压力相同时轧出厚度也大。要使轧出厚度不变，则摩擦系数越大，所需轧制压力也越大。因此，润滑效果好时，可在相同的原始辊缝下轧出较薄的轧件。

张力的影响如图 4-7c 所示，张力小时的塑性曲线（Q_2）要陡，压力相同时，张力越大，轧出厚度越薄。若保持轧出厚度不变，则张力越大，轧制压力越小。

230　板厚控制的原理和方法是什么?

A　板厚控制原理

从弹塑性特性曲线上 *P-H* 图（图 4-8）可以看出，无论轧制过程的各种因素如何变化，要得到轧出厚度 *h* 相等的产品，必须使轧件的弹性特性曲线与轧件的塑性特性曲线始终交到从 *h* 所作的垂直线上。这条垂直线相当于轧机刚度为无穷大时的弹性特性曲线，又称为等厚轧制线。因此，板带厚度控制实质就是不管轧制条件如

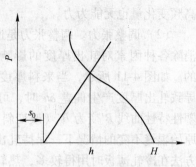

图 4-8　轧制时的弹塑性曲线

何变化，总要使轧机的弹性特性曲线与轧件的塑性特性曲线交到等厚轧制线上，这样就可得到恒定厚度的板带产品。

B　板、带材厚度控制方法

（1）调整压下（改变原始辊缝）。调压下是板厚控制最主要的方式，其原理是：调整轧机弹性特性曲线的位置，但不改变曲线的斜率，常用来消除影响轧制力的因素所造成的厚度偏差。

由图 4-9 可知，当来料厚度有厚差 δH 波动（从 H_1 增加到 H_2）时，塑性特性曲线由 B 变为 B'，此时若原始辊缝和其他条件不变，则由于压下量增加而导致轧制压力由 P_1 增加到 P_2，轧出厚度由 h_1 增加到 h_2，出现厚度差 Δh。如果要保持轧出厚度 h_1 不变，则可调整压下，使辊缝由 s_{01} 减小到 s_{02}，即使弹性特性曲线 A 向左平移至 A' 并与塑性特性曲线 B' 相交于等厚轧制线上，结果使厚度差 Δh 消除。

如果来料由于退火不均而性能不均匀（变硬），或润滑不良使摩擦系数增大，或张力变化（变小），以及速度变化（减小）等，都会使塑性特性曲线的斜率变大。如图 4-10 所示，塑性特性曲线的形状由 B 变为 B'，导致轧出厚度产生厚度差 δh，同样可通过调整压下减小辊缝来消除此厚度差。

应该指出的是，如果轧件的变形抗力很大，而轧机的刚度 *k* 又不大时，通过调压下来调厚的效率很低，即压下移动的距离 δs 虽很大，但能消除 δh 的作用很小，压下距离的大部分转换成了轧机的弹性变形，严重时甚至不起作用。此外，调压下对轧辊偏心等周期性

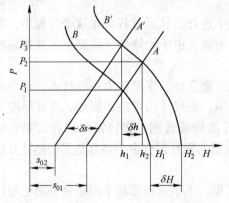

图 4-9　调压下（坯料厚度变化时）

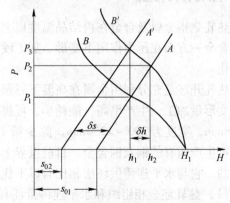

图 4-10　调压下（变形抗力、张力、速度以及润滑等变化时）

高频变化量也无能为力。

（2）调整张力。调整张力是通过调整前后张力以改变轧件塑性特性曲线的斜率，进而消除各种因素对轧出厚度的影响来实现板厚控制的。如图 4-11 所示，当来料厚度波动（增加）而导致轧出厚度产生偏差 δh 时，可通过增加张力使塑性特性曲线 B' 变为 B''（改变斜率），从而可以在原始辊缝不变的情况下，保持轧出厚度不变。这种方法在冷轧薄板时用得较多，热轧时由于张力变化范围有限，张力稍大易产生拉窄或拉薄，使控制效果受到限制。因此，热轧时一般不采用张力调厚。

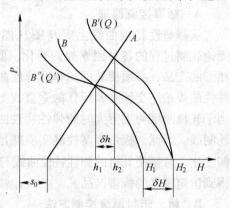

图 4-11　调张力图示

调整张力控厚的方法，反应迅速、有效且精确，但因张力变化不能太大，故调厚范围较小，实际中一般不单独采用，通常和调压下相互配合。当厚度波动较小，如成品轧制道次，能在张力允许变化的范围内调整过来，可采用张力微调，而当厚度波动较大时改用调压下的方法控制。

（3）调整轧制速度。轧制速度的变化会引起张力、摩擦系数、轧制温度以及轴承油膜厚度等因素的变化，因此调整轧制速度可达到控制板厚的目的。如果改变轧制速度是通过摩擦系数的变化而改变轧制压力，进而导致塑性特性曲线的斜率发生改变，则其控厚原理与调张力控厚原理相同。

同张力控厚法一样，由于轧制速度调整范围较小，因此调整轧制速度控厚法也只适于微调，而且调速通过改变摩擦系数引起轧制压力变化，来改变塑性特性曲线斜率的过程反映较慢。

调压下、调张力和调速度三种厚度控制方法各有特点，实际生产中为了达到精确控制厚度的目的，往往要根据设备和工艺条件等将多种厚控方法结合起来使用。其中最主要、最基本、最常用的还是调压下的厚度控制方法，特别是采用液压压下，大大地提高了响应速度，具有很多优点。

231　热轧有何特点？

热轧是指金属及合金在再结晶温度以上的温度下进行的轧制过程。在这个过程中，金属或合金一方面在压力作用下变形、加工硬化；一方面又由于始终处于高温下迅速再结晶而软化。

热轧开坯是充分利用金属在高温下屈服强度低、塑性好、变形抗力小的特点，可以实现大变形量加工，生产率高，能耗小，可提供大卷重、长尺寸的带坯和板坯。带坯厚度为 4～18mm，宽度为 200～1250mm。除少量不宜热轧的锡磷青铜、锡锌铅青铜和高铅黄铜外，可生产所有的铜及铜合金。目前世界上 90% 以上的铜及铜合金带坯都是采用热轧开坯生产的。它与水平连铸供坯法相比有以下优点：

（1）热轧坯金相组织和水平连铸带坯有显著区别。水平连铸带坯中间层是呈羽毛形柱状晶分布的铸造组织；而热轧坯是经过 90% 以上热变形的加工组织，并在热轧过程中进行同步再结晶，所以带坯的晶粒细密，各项性能均一。

（2）热轧开坯可将铸锭的部分缺陷如疏松、缩孔和晶间裂纹等焊合。

（3）对于需要固溶热处理的合金，如 Cu-Be、Cu-Fe-P 等，因采用了热轧后淬火，满足了将高温相保留到常温，晶内呈单相组织分布，以利于后续冷加工或改善其物理性能的条件。20 世纪 70～80 年代英国和其他一些国家进行了 Cu-Be 合金连铸带坯的实验研究，但到目前为止，热轧后急冷（淬火）仍是生产这类合金的成熟工艺。

热轧带坯的厚度因设备的大小有所不同：小型热轧机，如轧制带宽为 200～330mm 的轧机，一般带坯轧到约 4～6.5mm 厚，热轧后采用酸洗去除氧化皮，这种生产方式已逐渐被大规格热轧机所代替；大中型热轧机热轧后的带坯一般厚度 6.5～18mm，轧制后采用双面铣削法去除表面氧化皮和表面缺陷。

与冷轧相比，热轧产品的尺寸较难控制，精度较差；难以精确控制产品所需机械性能，强度指标比冷轧态低；高温下金属氧化，产品表面质量不高。

232 如何处理热轧锭坯的头尾？

铸锭存在冷隔、裂纹、缩孔、气孔、夹杂等缺陷，常常集中在头尾。为了保证品质，通常在热轧之前要切去头尾，有的还需要进行铣面。但是，由于在开坯后冷轧时要建立卷取和张力，往往采用所谓"留头轧制法"，带材头尾有相当长缠绕在卷筒上不参与轧制，这部分作为几何废料切除；即使采用"不留头轧制法"，带材头尾也因处于非稳定态轧制，其公差和板形都不能满足产品标准要求而需切除。此外，在后续的连续退火、矫平、清洗和剪切过程中还要多次卷取和开卷产生新的头尾需要切除。因而在铸锭实际生产中，往往采取充分烘烤托座、低落差浇注、缓慢补缩等措施，尽量保证铸锭头尾质量，从而在热轧前不切或少切铸锭头尾，这样可以减少头尾损失，提高成品率。

233 如何确定热轧锭坯的加热制度？

热轧前给铸锭加热，可以保证热轧时轧件高温塑性、降低变形抗力、消除铸造应力、改善合金的组织状态和性能。

铸锭加热制度包括加热温度、加热时间及炉内气氛。

确定轧件的加热温度时主要考虑合金的高温塑性和变形抗力。对于有高温相变的金属，加热温度要避开脆性区。加热温度的上限一般为金属熔点的 90%（绝对温度），加热温度的下限一般应保证轧制终了轧件的温度仍不低于再结晶温度。因而铸锭加热温度下限相当于合金熔点的 60%～70%（绝对温度）。其确定方法主要是依据该合金的相图、合金高温塑性图，再结合铸锭规格及现有设备的条件而确定。

表 4-3 和表 4-4 给出大部分铜及铜合金加工用铸锭的热轧温度范围。

表 4-3 中国重有色合金加工用铸锭的热轧温度范围

合 金 牌 号	热轧前锭坯加热温度/℃	热轧开始温度（不小于）/℃	热轧塑性范围/℃	终轧温度范围/℃
T2-4、TUP	800～860	760	930～500	500～460
H96、H90、HSn90-1	850～870	800	900～550	600～500
H80、HNi65-5	820～850	800	870～600	650～550

合　金　牌　号	热轧前锭坯加热温度/℃	热轧开始温度（不小于）/℃	热轧塑性范围/℃	终轧温度范围/℃
H70、H68、H65	820～840	780	860～600	650～550
H62	800～820	760	840～550	600～500
HPb59-1、HSn62-1、H59、HAl67-2.5、HAl66-6-3-2、HMn57-3-1	740～770	710	800～550	600～500
HMn58-2、HFe59-1-1	700～730	680	760～500	550～450
QAl5、QAl7	840～860	830	880～600	600～550
QAl9-2	820～840	800	860～500	600～500
QSn4-3	730～750	680	770～600	600～550
QSn6.5-0.1	640～660	600	650～500	500～450
QSi3-1	800～840	760	860～500	550～500
QMn5	820～840	790	860～600	650～600
QCd1.0、QCr0.5	800～850	760	950～600	650～550
QBe2.0、QBe2.5	780～800	760	820～600	650～550
B19、B30、BFe30-1-1	1000～1030	950	1100～650	700～600
QMn1.5、BMn3-12	830～870	790	900～650	650～600
BZn15-20	950～970	900	1000～700	700～650
BMn40-1.5	1050～1130	1020	1150～800	850～750
N6-8、NY1-3	1150～1250	1100	1250～850	900～800
NCu28-2.5-1.5	1100～1200	1050	1200～750	800～750
BAl6-1.5	850～870	830	900～650	600～550
NCu40-2-1	1050～1130	980	1150～800	850～750
Zn1、Zn2	160～180	150	250～140	220～150

表 4-4　美国主要铜及铜合金牌号的热加工温度和退火温度

合　金　牌　号	热加工温度/℃	退火温度/℃	合　金　牌　号	热加工温度/℃	退火温度/℃
C10100、C10200	750～875	375～650	C10300	750～850	375～650
C10400、C10500、C10700、C11000	750～875	475～750	C10800	750～875	375～650
C11100、C11300、C11400、C11500、C11600	750～875	475～750	C12500、C12700、C12800、C12900、C13000	750～950	400～650
			C14500、C14700	750～875	425～650
C14300、C14310	750～875	535～750	C15100	750～875	450～550
C15000	固溶 900～925 加工 900～950	退火 600～700 时效 375～475	C15710		650～875
			C16200	750～875	425～750

续表 4-4

合　金　牌　号	热加工温度/℃	退火温度/℃	合　金　牌　号	热加工温度/℃	退火温度/℃
C15500	750~875	485~540	C17200、C17300	固溶 760~790 加工 650~800	淬火 760~790 时效 260~425
C15720、C15735		650~925			
C17000	固溶 760~790 加工 650~825	淬火 775~800 时效 260~425	C18700	750~875	425~650
C17410	650~925	450~550	C17600	加工 750~925	淬火 900~950 时效 425~480
C17500	加工 700~925	淬火 900~925 时效 470~495	C18200、C18400、C18500	加工 800~925	淬火 980~1000 时效 425~500
C18100	固溶 900~975 加工 790~925	退火 600~700 时效 400~500	C19210	700~900	450~550
			C19700	750~950	450~600
C19200	825~950	700~815	C22600	750~900	425~750
C19400、C19500、C19520			C24000	825~900	425~700
C21000、C22000	750~875	425~800	C26800、C27000	700~820	425~700
C23000	800~900	425~725	C31400、C31600、C33000、		425~650
C26000	725~850	475~750	C33500		425~700
C28000	625~800	425~600	C34900	675~800	425~650
C33200、C34000		425~650	C35600、C36000	700~800	425~600
C34200、C35300	785~815	425~600	37000	625~800	425~600
C35000	760~800	425~600	C38500	625~725	425~600
C36500、36600、36700、36800	625~800	425~600	C40800	830~890	450~675
			C41500	730~845	400~705
37700	650~800	425~600	C42200	830~890	500~670
C40500	830~890	510~670	C43400	815~870	425~675
C41100	830~890	500~700	C44300、C44400、C44500	650~890	425~600
C41900		480~680	C48500	650~760	425~600
C42500、C43000	790~840	425~700	C50710、C51000、C51100		475~675
C43500			C54400		
C46400、C46500、C46600、C46700	650~825	425~600	C60800	760~875	660~675
			C61400	800~925	600~900
C50500	800~875	425~650	C62300	700~875	600~650
C52100、C52400		475~675	C62500	745~850	600~650
C60600	815~870	550~650	C63200	705~925	705~880
C61300	800~925	600~870	C63800、C65400		400~600
C61500	815~870	620~675	C65500	700~875	475~700
C62400	760~925	600~700	C68800	有序 280~320	400~600
C63000	800~925	600~700	C69400	650~875	425~650

合 金 牌 号	热加工温度 /℃	退火温度 /℃	合 金 牌 号	热加工温度 /℃	退火温度 /℃
C63600	760 ~ 875		C74500		600 ~ 750
C65100	700 ~ 875	425 ~ 675	C75700、C77000		600 ~ 825
C64400			C70600	850 ~ 950	600 ~ 825
C69000	790 ~ 840	400 ~ 600	C71500	925 ~ 1050	650 ~ 825
C70400	815 ~ 950	565 ~ 815	C72200	900 ~ 1040	730 ~ 815
C71000	875 ~ 1050	650 ~ 825	C72500	850 ~ 950	650 ~ 800
C71900	900 ~ 1065	退火 900 ~ 1000 缓冷 760 ~ 425	C75200		600 ~ 815
			C78200		500 ~ 620

注:热加工温度栏中空白的,代表本牌号热轧塑性区不清楚或不宜热加工。

　　轧件的预热、加热和均热时间必须和加热温度、铸锭规格和合金成分等条件综合考虑,以防铸锭过烧或"皮焦里生"。在保证轧件均匀热透的情况下,还应尽量缩短加热时间。

　　加热时间主要和铸锭加热温度及锭坯厚度有关,可根据热交换理论公式计算,一般将炉膛分为三区,即预热区、加热区和均热区,最高炉膛温度一般比铸锭允许加热温度高 30 ~ 50℃。常采用经验公式估算加热时间:

$$\tau = CH \tag{4-31}$$

式中　　τ——加热时间,min;

　　　　H——铸锭厚度,mm;

　　　　C——经验系数,紫铜取 0.9 ~ 1.3;黄铜取 0.9 ~ 1.6;复杂黄铜及青铜取 1.2 ~ 2;镍及镍合金取 1.5 ~ 2.5。

　　炉内气氛根据具体合金与气体相互作用的特性不同,选用不同的炉内气氛,以保证铸锭的加热质量。(气氛控制参见本书第 237 问)

234　热轧铸锭有哪几种加热方式,各有何特点?

　　热轧铸锭的加热常用有火焰式和电热式两种加热方式。

　　火焰式加热主要用煤气或天然气加热,其优点是生产能力大,热效率高、能耗低、自动化程度高,温度、气氛容易控制。

　　电热式加热虽然具有简单、方便、灵活,加热速度快、气氛容易控制、占地面积小等优点,但由于电能消耗大而不多用。

　　铜锭坯对加热工序的主要要求是:加热温度准确、均匀,加热过程材料不发生氧化或不明显氧化,加热速度快并节省能源。在要求不高的场合,各种型号的加热炉都可使用,如燃煤炉、燃油炉、燃气炉、感应炉(工频炉、中频炉、高频炉)、电阻炉;但从环保要求、节能效果和产品质量全方位的较高要求出发,最适用于铜及铜合金锭坯加热的炉型是燃气炉(煤气加热炉、天然气加热炉)和感应加热炉(工频加热炉、中频加热炉)。各种燃气加热炉和电加热炉的技术性能分别参见表4-5和表4-6。

表4-5 几种火焰加热炉技术性能对比

项　目	环形炉	环形炉	步进炉	链带式炉	推进式炉
用　途	铸锭加热	铸锭加热	铸锭加热	铸锭加热	铸锭加热
金属及其合金	铜、镍及合金	铜、镍及合金	铜、镍及合金	铜、镍及合金	铜、镍及合金
最高工作温度/℃	1250	1250	1250	1250	1250
最大生产能力/t·h^{-1}	20	20	48	6	4
炉膛尺寸/mm×mm×mm	1465×3000×φ7800	1465×3000×φ7800	1550×3600×10000	600×1700×4500	800×1400×8000
燃料	煤气	重油	煤气	煤气	煤气
发热值/kJ·m^{-3}	5230	41868	5230	5230	5230
单位消耗/J·kg^{-1}	紫铜、黄铜 250~300 青铜、镍500	紫铜、黄铜 250~300 青铜、镍500	紫铜、黄铜 280~330 青铜、镍580		紫铜、黄铜 350~400 青铜、镍670
最大燃料消耗量/m³·t^{-1} 或kg·t^{-1}	6000	770	4000	1500	1700
燃料压力/Pa	1200	9.8~14.7	1200	1200	1200
装料出料方式	夹钳式	夹钳式	步进式	链带式	推进式

表4-6 几种电加热炉的技术性能对比

项　目	箱式电阻炉	推进式电阻炉	活盖箱式电阻炉	工频感应炉
用　途	铸锭加热	铸锭加热	铸锭加热	铸锭加热
金属及合金	镍及合金	铜及合金	铜及合金	镍、铜及合金
工作制度	间歇式	连续式	连续式	连续式
最高工作温度/℃	1250	950	950	1200
最大生产能力/t·h^{-1}			1.7~2.0	
功率容量/kW	50	1898	380	800
加热元件材料	碳硅棒	镍铬丝	镍铬丝	感应线圈
电流频率/Hz	50	50	50	50
单位能耗/kW·h·t^{-1}			150~180	200~350
炉膛尺寸/mm×mm×mm	450×430×980	300×1350×2250	250×1700×8200	300×800×1000

235　反映加热炉技术特性的指标有哪些?

反映加热炉技术特性的指标有最高工作温度、温度控制精度、生产能力、炉膛尺寸、燃料、燃料压力、燃料发热值、单位消耗、热效率等。

衡量其先进水平是炉内温度均匀,气密性好;加热速度快,有较高的热效率和单位面积生产率;灵活性大,变换产品品种容易,结构简单,使用方便,机械化、自动化程度高,劳动条件好;能满足生产要求。

现代大型加热炉大都采用步进式煤气(或天然气)加热炉,采用平焰烧嘴,空气和煤气(或天然气)混合前预热、比例自动调节、加热速度可以达到 60t/h、炉内温度差小于 ±5℃,炉壳温度不大于 30℃,热效率超过 60%。

236　现代步进式加热炉有何结构特点?

现代步进式加热炉结构较为复杂,但生产能力大,热效率高、能耗低、自动化程度高。

从炉子的结构看,可分为上加热步进式炉、上下加热步进式炉、双步进梁步进式炉等。

现代步进式加热炉可以加热大型的锭坯(铸锭单重可达 10~15t)。设有进锭辊道、前炉门、步进梁及其驱动装置、循环风机、出料炉门、出料辊道、炉体及自动控制系统等。步进梁由两根互相平行的主梁(主动梁)和两根同样互相平行的副梁(固定梁)及驱动装置组成。主动梁在驱动装置的驱动下作“升起-前移-降落-后移”的循环运动,从而使横向放置在固定梁上的铸锭一步一步地前移。燃烧系统由平焰烧嘴、空-燃预热及其混合装置、废气回收装置等组成,利用回收废气的余热可对空气和燃气预热,空-燃混合自动调节。平焰烧嘴喷出的火焰呈扁平状,可以向铸锭长度方向(即炉子的横向)提供较为均匀的热源。炉顶及侧墙炉衬的厚度约为 225mm,用六层隔热和耐火的纤维垫贴砌组成,整体用螺栓紧固在壳体上。固定梁和步进梁用三层隔热板和可注三氧化二铝耐火料砌筑而成,为了使加热扁锭不直接与耐火材料接触,在梁上有嵌镶在耐火材料内的耐热支撑滑道;梁上耐火材料的厚度约为 300mm。支撑滑道与可注耐火料间填充有陶瓷纤维材料。炉子的热效率高,可达 60% 以上。步进式炉的关键设备是移动梁的传动机构。传动方式分机械传动和油压传动两种。目前广泛采用液压传动的方式。现代大型加热炉的移动梁及上面的铸锭重达数十吨,使用油压传动机构运行稳定,结构简单,运行速度的控制比较准确,占地面积小,设备重量轻。油压传动机构又分为曲臂杠杆型、倾斜滑块型、偏心轮型三种,现在应用较多的是前两种传动机构。为了减少热损失,铸锭多采用侧装方式,铸锭顺向进炉,炉门较小,有利于减少热量散失,较铸锭端装方式热损失减少 0.4%~0.8%。而且不需要推料装置。

现代步进式燃气加热炉生产能力大,炉内温度、压力、空燃比等用微机控制。可进行广泛而精确的调节,温差不超过 ±5℃,具有加热快、温度均匀、不易过烧等特点。

图 4-12 是步进式加热炉的结构简图。

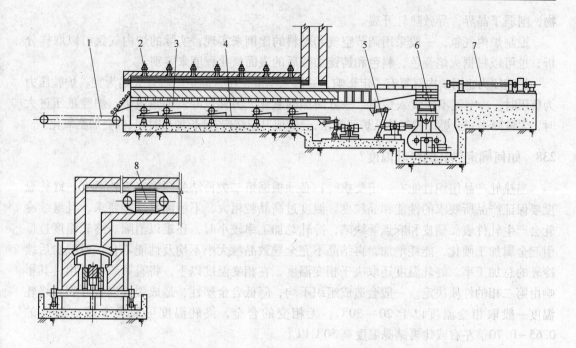

图 4-12　步进梁式加热炉的结构

1—出料辊道；2—平焰烧嘴；3—步进梁；4—提升机构；5—步进传动机构；
6—上料机构；7—推锭机；8—空气预热

237　如何选择和控制加热气氛？

加热气氛一般分为氧化性气氛、还原性气氛和中性气氛。形成何种气氛，主要取决于炉内燃料（煤气）与空气的比例关系，空气过剩时形成氧化性气氛，特征是炉门火焰呈金黄色，炉膛内明亮；煤气过剩时形成还原性气氛，炉门火焰呈淡蓝色，炉内黯淡；比例正好的为中性气氛。

理想的加热气氛应为中性气氛，但是实际生产中，中性气氛不容易稳定地获得。因此，加热炉内的气氛控制主要根据炉内气氛性质与合金的相互作用特性，以及炉内气氛的成分或杂质对合金的有害影响来确定，其根本原则是，最大限度地减轻炉内气氛对加热的不利影响，避免由此造成的缺陷。

紫铜、含少量氧的铜合金、高锌黄铜以及在高温下能形成致密化膜的合金，如：镍合金等，一般采用中性或微氧化性气氛加热。因为紫铜在还原性气氛中加热时，氢在高温下扩散与氧化亚铜中的氧作用形成水汽，这些水汽或者造成晶界疏松，使铸锭热轧开裂，或者在铸锭中形成气泡，在后续的轧制中金属表面起皮起泡，致使产品报废，这就是常说的"氢气病"，所以，大多数铜及铜合金都采用微氧化气氛加热，但氧化性气氛的最大害处是氧化烧损，造成金属损失。

无氧铜及高温下极易氧化、易于脆裂的合金如：白铜、锡青铜、低锌黄铜等，加热时采用微还原性或中性气氛。

加热铸锭时，对燃料中的硫含量要严格控制，因为铜和镍中渗硫会生成铜或镍的硫化物，削弱了晶界，导致热轧开裂。

控制炉内气氛，一般采用调节空气和燃料的比例来实现，实际的炉内气氛可以取样分析，也可以根据火焰颜色、料色和铸锭加热后的表面氧化程度来鉴别。

炉膛压力也对炉内气氛有一定影响，一般采用微正压，即炉门微冒火焰为宜。炉膛压力为负压时，冷空气不断吸入炉内，一方面加剧氧化，另外也降低加热效果；炉膛正压过大时，大量尚未完全燃烧的气体从炉门排出，会造成升温缓慢，延长加热时间，也会加剧氧化。

238　如何确定热轧的终轧温度？

当热轧产品组织性能有一定要求时，必须根据第二类再结晶图确定终轧温度。终轧温度要保证产品所要求的性能和晶粒度。温度过高晶粒粗大，不能满足性能要求，且继续冷轧会产生轧件表面橘皮和麻点等缺陷，冷轧总加工率较小时，还难以消除。终轧温度过低引起金属加工硬化，能耗增加，再结晶不完全导致晶粒大小不均及性能不合，或减少后续冷轧的总加工率。终轧温度还取决于相变温度，在相变温度以下，将有第二相析出，其影响由第二相的性质决定。一般会造成组织不均，降低合金塑性，造成裂纹以致开裂。终轧温度一般取相变温度以上 $20 \sim 30 \,^{\circ}\!C$。无相变的合金，终轧温度可取合金熔点温度的 $0.65 \sim 0.70$ 倍左右或比再结晶温度高 $50\,^{\circ}\!C$ 以上。

控制终轧温度的方法实质是控制热轧过程的温降。要求终轧温度高时，尽量采用允许加热温度的上限，要尽量缩短辅助作业（如运输、换向、导正等）时间，适当减少冷却水水量；要求热轧的终轧温度低时，尽量采用允许加热温度的下限，要适当减缓辅助作业时间，适当加大冷却水水量（但是含锌接近 40% 的黄铜等合金不能进行喷水冷却，冷却过快会产生硬化或裂纹趋势）。

239　如何确定热轧的速度？

为了提高生产率，保证合理的终轧温度应采用高速轧制。但热轧过程是不断硬化和反复软化过程，压下变形使金属硬化，而原来加热赋予的高温以及变形热都使金属软化。而为了保护轧辊必须对轧辊进行冷却，同时也使轧件的温度下降。硬化和软化的转化方向，关键取决轧件的实际温度。而轧件的实际温度受制于轧件的变形程度（变形程度即压下量越大，产生的变形热越多，致使轧件温度升高）和冷却条件（轧件本身的辐射、传导、对流和冷却液冷却强度，它们使轧制温度降低），如果轧件的温度保持在再结晶温度以上，则轧件被软化；如果轧件温度低于再结晶温度，轧件则被硬化。为了让温度保持在再结晶温度以上，在总加工率一定的情况下，唯有加快轧制速度尽量减少辐射、传导、对流和冷却液冷却带来的温降。可见，热轧速度不仅直接影响生产率，还影响金属的塑性。

就一个轧制道次而言，对于变速可逆式轧机，开始轧制时为有利于咬入，轧制速度低一些；咬入后升速至稳定轧制，轧制速度较高；即将抛出时降低轧制速度，实现低速抛出。这种速度制度有利于减少温降和提高轧机的生产率。

生产中根据不同的轧制阶段，确定不同的热轧速度制度。一般可分为 3 个阶段：

（1）开始轧制阶段（即第 1~3 轧制道次），因为铸锭厚而短，绝对压下量较大，咬入困难，而且是变铸造组织为加工组织，以免铸造缺陷引起轧裂，所以采用较低的轧制速度；

（2）中间轧制阶段（即第 4 至倒数第 3 轧制道次），为了控制终轧温度和提高生产率，只要条件允许，应尽量采用高速轧制；

（3）最后轧制阶段（即最后两个轧制道次），因轧件薄而长，温降大使轧件头尾与中间温差大，为保证产品性能与精度，应根据实际情况选用适当的轧制速度。

240　如何确定热轧的压下制度？

热轧压下制度主要包括热轧总加工率和道次加工率的确定，其次是轧制道次、立辊轧边及换向轧制等。

A　总加工率的确定原则

当铸锭厚度和设备条件已确定时，确定总加工率的原则是：

（1）金属及合金的性质。高温塑性范围较宽，热脆性小，变形抗力低的金属及合金热轧总加工率大；

（2）产品质量要求。供冷轧用的坯料，热轧总加工率应留有足够的冷变形量，以便控制产品性能等；对于热轧产品，为保证性能要求，热轧总加工率的下限应使铸造组织完全转变为加工组织；

（3）轧机能力及设备条件。轧机最大工作开口度和最小轧制厚度差越大，铸锭越厚，热轧总加工率越大，但铸锭厚度受轧机开口度和辊道长度等限制；

（4）铸锭尺寸及质量。铸锭厚且质量好，加热均匀，热轧总加工率相应增加。

B　道次加工率的确定原则

制订道次加工率应考虑合金的高温性能、咬入条件、产品质量及设备能力。不同轧制阶段道次加工率确定的原则是：

（1）开始轧制阶段，道次加工率比较小，因为前几道次主要目的是变铸造组织为加工组织，满足咬入条件；

（2）中间轧制阶段，随金属加工性能的改善，如果设备能力允许，应尽量增大道次加工率；

（3）最后轧制阶段，一般道次加工率减小。热轧最后两道次温度较低，变形抗力较大，其压下量应在控制板凸度的基础上，保持良好的板形条件和厚度偏差。

轧制道次取决于道次加工率的分配。一般总加工率大，道次加工率小，铸锭较宽时，轧制道次数多。在可能的条件下，应减少轧制道次。此外还应考虑终了道次的出料方向，一般出料方向和铸锭进轧机的方向一致，因此轧制道次（N）多为奇数。

究竟需要几道次、每一道次的加工率多大，应该通过轧制力计算结果来确定。原则是每道次的轧制力应在轧机允许轧制力范围内，各道次相差不应过大。

在小铸锭热轧或中厚板轧制对，为了减少板带材性能的方向性，或者为了用窄锭（板）坯生产宽板，需安排轧件换向轧制。通常换向轧制安排在最初的几道次。

241　立辊的作用和结构特点是什么？

轧边辊或立辊轧机用于控制轧件的宽展，控制轧件宽度均匀和防止热轧裂边，改善带坯边部质量。

立辊一般安装在热轧机的出口端，通常在第三、四道次开始辊轧，轧件厚度接近 30~40mm 时结束。

轧边辊可实现小辊轧大料，而且每一道次都可轧制。轧边辊本体采用悬臂式结构，用液压缸压下，它与平衡（返回）轴身是小倒锥接合。传动采用直流或交流变频电机，齿轮减速，万向接轴传动。

立辊轧机通常只轧中间几个道次，为防止辊子在滚边时轧件向上翘起，立辊辊子做成锥体，锥角 2.5°。它因辊径大，采用悬臂式结构，伞齿轮传动，直流或交流变频电机驱动，功率比轧边辊大的多，效果略逊于轧边辊。

242　如何选择热轧的冷却润滑液？

热轧冷却的作用是为防止热轧时轧辊温度急剧升高，减小轧辊龟裂，延长轧辊寿命；冷却轧辊，以免轧辊过度受热引起辊型凸度过大，从而保持良好的板型；保持辊面清洁等。

热轧润滑的目的是为减少轧制时轧辊和轧件之间的摩擦所附加的能量消耗，提高轧辊的耐磨性，防止辊面粘着金属，提高轧件的表面质量。

热轧对冷却润滑液有如下的要求：闪点高；燃烧后不留残灰；黏度适当；不腐蚀轧辊和轧件；有良好的冷却效果；资源丰富和价廉等。

铜合金热轧时，大多采用工业新水或循环水直接喷洒到轧辊上，冷却水的成分不应腐蚀轧辊、轧机部件及轧件，冷却水的温度一般控制在 35℃ 以下，以提高冷却效果。但水的润滑效果较差，因此，现代大多数热轧都采用低浓度（0.1% ~ 5%）乳液作冷却润滑液。由于乳化液中水受辊面加热蒸发，带走辊面上大量热量；而油分子留在辊面上，形成薄薄的油膜，可减少摩擦，防止辊面粘铜和进一步划伤。因此用乳液作为工艺润滑剂，比直接用水可获得较高的轧辊寿命和提高轧件的表面质量。

243　现代热轧机采用了哪些新技术和新装置？

近 10 多年来，热轧机采用了许多新技术：

（1）轧机有足够大的轧制力与强有力的轧制力矩，要能使厚度为 200 ~ 250mm 厚的铸锭经 9 或 7 道次轧制，将带材轧到 15mm 左右。

（2）可实现大卷重轧制，其卷重一般达到 8 ~ 17kg/mm。

（3）能够实现在线淬火、在线冷却的功能。

（4）具有快速准确的电动压下和精确的液压微调系统，可实现厚度自动控制，给定需要的辊缝，轧机带载调偏与卸荷。电动压下螺丝上添加长行程传感器，或采用光电码盘，压下调节在 3s 内完成。

（5）装有特殊的工艺冷却润滑装置，轧制过程中乳液或水不会直接落在铸锭或轧件上，以减少温降，但又要对轧辊起到润滑作用。同时加热乳化液或水，以防急冷急热，减缓轧辊表面龟裂。

（6）可实现在线双面铣或线外铣面。

（7）轧制过程完全按程序实施自动控制。

244　热轧辊的技术要求有哪些？

热轧辊的技术要求主要有以下几方面。

A　轧辊的辊径

轧辊的辊径 D 根据最大咬入角 α 和轧辊强度条件要求来确定。

$$D \geq \Delta h/(1 - \cos\alpha) \tag{4-32}$$

式中 Δh——道次压下量，mm；

α——热轧最大咬入角，一般取 $15° \sim 20°$。

B 最小辊径

应根据最大道次压下的咬入角来确定。还要根据轧辊轴承（承载能力的大小）、轧制力的大小、传送扭矩的大小及重磨量来确定，这是轧机设计的一个重要参数。重磨量的大小决定轧制线调整装置的调整量，及压下油缸的行程或压下螺丝的调节量，机架窗口尺寸都与其有关。热轧辊由于其工作环境恶劣，急冷急热等使热轧辊的辊面龟裂相当严重，由于一次重磨量太大，热轧辊辊面硬度又较低，所以经常采用重车的方法以消除轧辊表面的龟裂。

为了使轧辊使用寿命延长，其允许重磨量要大。大型铜的热轧轧辊重磨量达到 $90 \sim 100\text{mm}$，一般占工作辊直径的 10% 左右。热轧辊的每次重车量为 $0.5 \sim 3.0\text{mm}$，视龟裂情况而定。

C 轧辊的材质

热轧辊工作时，轧辊与高温轧件接触并承受冷却水急冷的交叉反复作用，需经得起所产生的较大温度应力疲劳；热轧辊除承受弯曲应力与扭转应力的反复作用外，还承受锭坯咬入时的冲击负荷。因此，热轧辊一般采用铸造或锻造的耐热钢，如 70Cr3NiMo、60CrNiMo、6CrMnV、60SiMnMo 等。

D 轧辊的硬度

热轧辊的轧辊硬度一般取 HS60 ~ 65；

E 轧辊的表面粗糙度

热轧辊的表面粗糙度一般取 $R_a = 0.8 \sim 0.4\mu m$。

F 轧辊的辊形

为轧出横向厚度均匀的带材，轧辊辊形是必不可少的。辊形有两大类：一类是用轧辊磨床磨出所需要的辊形；另一类是用调节的方法产生不同的辊形。

目前一般轧机上都在采用固定辊形，热轧用凹形辊形，热轧辊辊形一般为 -0.5mm 左右。

G 轧辊探伤

轧辊探伤不允许有裂纹、气轧、夹杂和疏松。

245 热轧带坯铣面的作用和要求是什么？

热轧带坯铣面的作用主要是去除热轧带坯表面的氧化皮、氧化皮压入、脱锌及铸造的表面气孔、偏析、表面和边部裂纹等缺陷。

进行双面铣的带坯厚度公差、宽度公差、板形要符合铣面带坯的要求。如表4-7所示。

铣削时要合理选择铣削工艺参数。铣削工艺参数选择原则如下。

A 铣削的速度

在铣削功率和铣削深度一定的情况下，铣削的速度主要取决于铣刀的转速（线速度），不同的材料选用的铣削速度也不相同，主要应考虑铣刀的切削能力和成品表面的质量要求。推荐的铣削速度和铣刀的转速如表4-8所示。

表 4-7　铣面带坯的要求

带坯宽度/mm	厚度公差/mm		宽度公差/mm	板　形
	纵　向	横　向		
≥800	±0.30	±0.20	±0.15	头尾的侧边弯曲度不大于 8mm/m
<800	±0.15	±0.10		

表 4-8　高速工具钢铣刀转速和铣削速度

材料	铣刀转速/m·min⁻¹	喂料速度/m·min⁻¹	材料	铣刀转速/m·min⁻¹	喂料速度/m·min⁻¹
黄铜	400~600	8~14	青铜	250~500	5~8
紫铜	800~1000	10~15	白铜	350~500	6~10

B　铣削的深度

铣面的单面铣削量一般为 0.20~0.5mm，最大时可达 1.0mm，主要根据坯料的表面缺陷轻重程度决定。铣边的深度一般为 2~5mm，最大时可到 10mm，同样也应根据带坯的边部缺陷程度确定。原则上铣边应保证完全去除边部裂纹，改善或修整其他边部缺陷。为消除边部毛刺和应力裂纹情况，最好对带坯边部进行倒角或去毛刺处理。

典型铣面机铣削深度和铣削速度见表 4-9。

表 4-9　铣削深度和铣削速度

名　称	铣削深度/mm	喂料速度/m·min⁻¹	铣刀功率/kW	坯料宽度/mm
铣面机 1	0.8	12.8	480	1250
	0.67	15	480	1250
	0.56 以下	18	480	1250
	0.8 以下	18	480	900
铣面机 2	0.7~1.0	12	432	1280
	0.2~0.7	18	432	1280
铣面机 3	0.8	10	500	1250
	0.7	12	500	1250
	0.6	14	500	1250
	0.5	16	500	1250

铣面后的带坯表面应去除表面缺陷、边部裂纹，具有较小的厚度偏差和宽度偏差，表面干净光洁，无划伤、刀痕浅，无尖峰和毛刺。

246　双面铣机列的基本结构和特点是什么？

双面铣的基本结构包括开卷机、矫直机、刷辊、侧边铣装置、下铣装置、上铣装置、测厚仪、液压剪、（张力）卷取机、铣刀润滑、收屑装置、衬纸装置及铣刀快速更换装置等，如图 4-13 所示。

双面铣机列带有测厚功能（可实现铣削前、后的厚度测量）、带坯的对中功能，可以实现恒厚度和恒铣削量铣削，及实现恒宽度和恒边铣量铣削，以满足生产的不同工艺需要。目前，先进的双面铣机列可实现对带坯矫直后进行上下面清刷氧化皮功能，并对带材

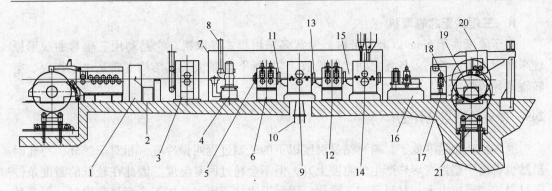

图 4-13　铣面机结构简图

1—液压剪；2—废料箱；3—除氧化皮辊刷；4—铣边机；5—边部倒角装置；6—喂料辊（1）；
7—隔音罩；8，10—抽屑装置；9—下面铣；11—测厚仪（1）；12—喂料辊（2）；
13—测厚仪（2）；14—上面铣；15—测厚仪（3）；16—清洗装置；17—夹紧辊；
18—衬纸机；19—张力卷取机；20—预弯辊；21—卸料车和称重装置

在铣削过程中的防震动有较好的预防和控制手段。

247　铣面中带坯跳动的原因和控制方法是什么？

铣面中造成带材跳动的原因较复杂，主要有：通过在线矫直后，带材板形还较差；铣刀设计不合理、铣刀质量差及铣刀椭圆，铣刀轴承间隙过大有径向跳动，夹紧装置夹紧力不合理等。

为了减小带材铣面时的跳动，首先铣面带材的平直度通过在线矫直后要达到铣面直度要求，并通过夹紧或张力严格固定带坯，防止振动。另外严格控制铣刀质量，保证合理的余隙角；正确安装刀片，并保证刀刃平齐。机械方面要消除铣刀轴承间隙。有的铣面机为了预防带材的跳动，有意少许提高上铣刀支撑辊和降低下铣刀支撑辊的中心高度，使带材在铣面时形成弯曲，减小带材的跳动。

248　带材的卷取有哪几种方法，是何结构？

目前绝大多数有色金属板带材轧制车间里常用的卷取机有两种：带张力卷筒的卷取机和三辊式无芯卷取机。

A　带张力卷筒的卷取机

一般来说，在轧制厚度小于 8mm 的带材轧机上，都装有张力卷取设备。张力卷取机不但用来卷取轧件，同时还使轧件在轧制过程中产生前后张力，实现张力轧制，有利于限制轧件宽展及采用高速轧制，并能降低金属对轧辊的单位压力，增大加工率，改善带材的板形，从而大大提高成品率和生产效率。带材各圈之间非常紧密，开卷时需用压力辊压紧，各圈之间才不会因弹性恢复而互相擦伤。其主要结构是张力卷筒或带涨、缩钳口的卷筒，它是张力卷取机的主要组成部分。另外还有抱闸，减速装置，压辊装置等。带涨、缩钳口的卷筒常用于 1.0mm 以上稍厚的带材，而套筒式则用于薄带直接缠绕。卷取分为上卷取和下卷取两种方式。上卷取多用于粗轧厚带，可以减小开卷时带材的反向弯曲，减轻由于弯曲应力过大产生带材表面裂纹的可能性。

　　B　三辊式无芯卷取机

　　对于厚度大于 6mm 以上的带材，通常多采用辊式卷取机。它是利用三辊弯曲成形原理来将带材卷成卷的。各卷之间比较松散，"塔形"也较大。其结构主要是由工作辊、空转辊和导板组成。

249　冷轧的特点是什么？

　　通常把轧制温度低于材料再结晶温度以下的轧制过程叫做冷轧。相对于热轧，冷轧时虽然也有由于塑性变形热产生的温度上升，但不会超过回复温度。因此在较低的温度条件下材料的变形抗力大，材料易加工硬化，因而道次加工率和总加工率都受到限制。但产品性能、密度和精度比较高，表面质量与板形也好。冷轧能生产热轧不能轧出的薄板带和箔材。通过控制不同的加工率或配合成品热处理，可获得各种状态的产品，满足不同的使用要求。冷轧速度高，速度可达到 600~800m/min。

250　现代冷轧机的功能配置和特点是什么？

　　为了保证高效率地生产出高精度的板带材，现代冷轧机的功能越来越完善。其功能配置主要有：

　　（1）轧件的自动对中功能，防止轧件跑偏，影响板形；

　　（2）轧辊辊缝的自动调节功能，可以实现恒辊缝或质量流等控制理念，达到厚度自动控制；

　　（3）轧辊辊形的自动调节功能，保证制品板形平直；

　　（4）张力自动调节功能，建立张力轧制，防止断带、跑偏；

　　（5）速度自动控制功能，可实现无级调速和准确停车；

　　（6）轧件自动卷取、开卷、直头、剪切、上卷、捆扎、卸卷、卷重自动称量等功能，缩短辅助时间；

　　（7）冷却和润滑自动调节功能，可实现轧辊分段冷却，控制板形；

　　（8）抽吸润滑液功能，使制品表面残油最少；

　　（9）润滑液自动多级过滤功能，保证润滑液清洁；

　　（10）快速换辊功能，缩短换辊时间；

　　（11）自动灭火功能，在全油润滑的轧机上防止发生火灾。

251　冷连轧机列的结构和特点是什么？

　　连轧机（有二连轧、三连轧……）：其机列组成为开卷机、直头矫直机、机前导位装置、第一机架、机后导位、张力辊、机前导位装置、第二机架……机后导位、剪切、卷取机、上料/卸卷小车等，如图 4-14 和图 4-15 所示。

　　这种机型各机架之间要求被轧金属秒流量相等。它与单机架轧机比，减少了开卷机、直头机、剪切机、卷取机等辅助设备的数量，减少了辅助作业时间，减少了占地面积。轧机选用不可逆轧机。它适用于规格变化少，品种单一、大卷重、产量规模大的品种生产，这种机型广泛用于钢铁热连轧和冷连轧。近年来，铝板带生产兴起所谓"1+4"就是一台热轧机后面配冷四连轧轧机，在铜加工企业中冷连轧的方式也有选用。

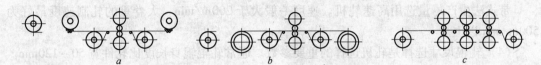

图 4-14　连轧机的结构形式

a—无芯上卷取单机架可逆式冷轧机；b—单机架大鼓轮可逆式冷轧机；

c—三机架冷轧机

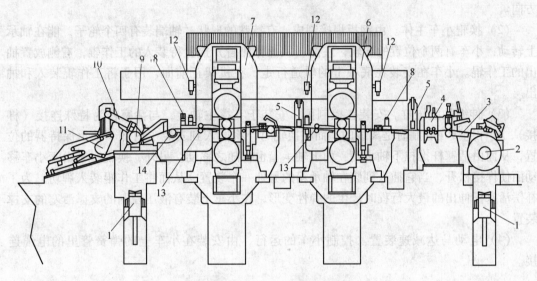

图 4-15　二连轧冷轧机示意图

1—上料小车；2—开卷机；3—刮板直头机；4—五辊矫直机；5—切头剪；

6—前机架；7—后机架；8—测厚仪；9—卷取机；10—压辊；

11—助卷器；12—激光测速仪；13—挤油辊；14—板型仪

252　怎样选择和配置冷轧机？

冷轧机的选择包括：用途选择、辊系的选择、轧辊尺寸的选择和轧制速度的选择。

（1）选择轧机形式主要根据轧件的尺寸、产品品质及生产率等确定。热轧一般选二辊可逆轧机。单片轧制的板材轧机一般选二辊不可逆或可逆轧机；成卷带材一般选用四辊轧机；薄带材轧机选用工作辊直径小的多辊轧机。

（2）轧制产品的最大宽度与最小厚度比是选择轧机的重要尺寸参数，如表 4-10 所示。

表 4-10　冷轧机的主要尺寸参数选择

轧机形式	L/D	D_0/D	B_{max}/h_{min}	轧机形式	L/D	D_0/D	B_{max}/h_{min}
二　辊	0.5~3	—	500~2500	十二辊	8~14	3~4	5000~12000
四　辊	2~7	2.4~5.8	1500~6000	二十辊	12~14	3.7~8.5	10000~25000
六　辊	2.5~6	2~2.5	2000~5000				

注：L 为辊身长度；D_0、D 为支撑辊、工作辊直径；B_{max} 为最大轧件宽度；h_{min} 为最小轧件厚度。

（3）在满足产品品种即规格的要求时，优先选用辊数少的轧机；小批量多品种采用不可逆及单机架轧机，大批量且品种单一时，多采用可逆的四辊和多辊轧机。

带式法生产尽量选用高速轧机。速度一般大于 200m/min。大卷重的轧制速度最好为 500m/min 以上。

（4）轧辊尺寸选择是轧机选择的重要参数。通常轧辊辊身长度比轧件宽 50~120mm。

253　现代冷轧机快速换辊装置的结构和特点是什么?

（1）两个轨道。特殊形式和四个液压缸连接，每个轨道上面两个，安装在与牌坊垂直方向。

（2）换辊小车主体。由钢板焊接制成，有特殊的形状，轴端装有四个轮子，能在轴承上转动，小车有两个位置的导轨，左侧（从操作侧看）放置待装入的工作辊，右侧放置抽出的工作辊。小车在安装在底板上的轨道行走，在机架正前面，用于将工作辊装入和抽出。

（3）伸缩的液压缸。安装在控制侧，安装于支撑主轴上，与活塞杆为特殊连接（榫接），这种连接在轧制时是离线的，而在换辊时，将插入到安装于内部下轴承保持器的位置，从而由活塞杆推拉下轴承箱，而上轴承箱也将随之移动。另外，换辊小车由于小车移动而使榫接松开，当它插入到装在轴承箱的另外一个装置，从而将工作辊装入牌坊。为了补偿活塞杆伸出的最大行程时产生的弹性变形，在小车上装有液压控制的支撑活塞的支撑装置。

（4）电动马达减速装置。控制小车的运行，由安装在小车上的弹簧管里的电缆连接。

254　现代冷轧机厚度控制有哪些方法?

现代冷轧机厚度控制主要采用板厚自动控制系统，简称 AGC(Automatic Gage Control) 系统。根据轧制过程中对厚度调节方式的不同，分为反馈式、厚度计式、前馈式、张力式以及液压式等厚度自动控制系统。

A　反馈式板厚自动控制

用测厚仪测厚的反馈式厚度自动控制系统简称反馈式 AGC 或监控 AGC，其控制原理见图 4-16。由测厚仪测出实际厚度 h，与给定厚度 h_0 相比较得到厚度偏差 δh，如果 δh 不等于零，则按辊缝调节量与厚度偏差的关系式 $\delta s = \dfrac{k + M}{M} \delta h = c_p \delta h$，把 δh 转换为 δs 并输出给压下机构作相应的辊缝调节，进而消除厚度差。为了适应不同材质和尺寸轧件 M 值的变化，控制回路中设有调节比例系数 c_p 的电位器。

在这种厚控系统中，厚度仪测出的板厚不是轧制时正在辊缝中的板厚，而是到达厚度仪处的板厚，故辊缝调节有一定的时间滞后，因

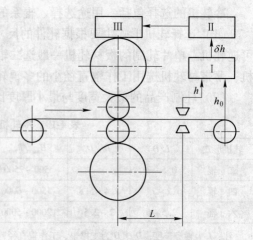

图 4-16　反馈式 AGC 系统示意图

I —厚度差运算；Ⅱ —厚度自动控制装置；
Ⅲ —压下机构；h —实测厚度；h_0 —给定厚度

此控制效果较差，控制精度低。为了消除时间滞后，提高控制精度，出现了厚度计式板厚自动控制系统。

B　厚度计式板厚自动控制

厚度计 AGC 系统是根据实测的轧制力 P 和原始辊缝值 s_0，按弹跳方程 $h = s_0 + P/k$ 计算出轧出厚度 h（作为厚度的实测值），并与设定值 h_0 比较进行厚度控制的，又称轧制力 AGC，其控制原理见图 4-17。

厚度计 AGC 系统消除了检测滞后的影响，但用弹跳方程计算出的厚度与实际辊缝中的板厚也有误差。因为实测的原始辊缝值是从压下螺丝或液压缸柱塞等某一点测得的，它不能反映出轧辊偏心、轧辊热膨胀、轧辊磨损以及轴承油膜厚度变化等所导致的原始辊缝变化情况。为了消除原始辊缝的测量误差，可加入各种补偿环节，于是便出现了完善的厚度计式 AGC 系统。

C　前馈式板厚自动控制

前馈 AGC 系统又称预控 AGC 系统，其控制原理（图 4-18）是：用轧机入口处的测厚仪测量轧件的轧前厚度 H，与设定厚度 H_0 相比较，如有厚度偏差 δH，则预先估计出可能产生的轧出厚度偏差 δh，并确定为消除此偏差所需的辊缝调节量 δs。根据 δH 的检测点进入轧机的时间和移动 δs 的时间，提前进行厚度控制，使厚度的控制点正好落在 δH 的检测点上。

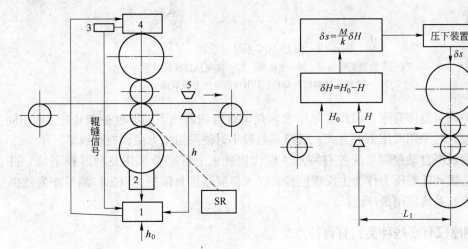

图 4-17　厚度计式 AGC 系统示意图　　　　　图 4-18　前馈式 AGC（以测厚仪
1—厚度自动控制装置；2—压力传感器；　　　　　　　为信号源）系统示意图
3—空载辊缝计；4—压下装置；5—测厚仪

δH 和 δs 的关系可根据 P-H 图和辊缝转换函数确定。由 P-H 图可得：

$$\delta h = \frac{M}{k + M} \delta H \tag{4-33}$$

将上式带入辊缝转换函数式 $\Theta = \dfrac{\delta h}{\delta s} = \dfrac{k}{k + M}$，可得前馈式 AGC 的控制原理式为：

$$\delta s = \frac{M}{k} \delta H \tag{4-34}$$

由于前馈式 AGC 系统属于开环控制，因此控制效果不能单独进行检查，一般是将前馈与反馈式厚控系统结合使用。

D　张力式板厚自动控制

在成品轧制道次，轧件的塑性系数 M 一般较大，此时靠调节辊缝控制厚度，效果往往很差，所以常采用张力 AGC 进行厚度微调。

张力 AGC 是根据精轧机出口侧 X 射线测厚仪测出的厚度偏差来调节带材上的张力，借以消除厚度偏差的板厚自动控制系统。张力调节通常通过调节轧制速度来实现，如图 4-19 所示。由 X 射线测厚仪测出厚度偏差后，通过张力控制器 TV 将控制信号传输给主电动机的速度调节器 SC。

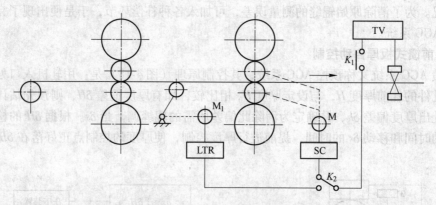

图 4-19　张力 AGC 系统示意图
TV—张力微调控制器；M—主电机；SC—主电机速度调节器；
M$_1$—活套支持器的电动机；LTR—活套张力调节器

由于张力调节范围有限，因此实际中常常是调张力和调压下的厚度控制相配合使用。当板厚偏差较大时采用调压下的方式；板厚偏差较小时便采用张力微调控制板厚。

上述几种板厚自动控制系统各有特点，现代化轧机上常联合采用几种厚控系统。目前，以辊缝位置和轧制压力作为主反馈信号，以入口测厚作为预控，以出口测厚作为监控的板厚自动控制系统应用最广泛。

255　在线测厚仪有哪些种类，有何特点?

在线测厚仪有接触式、非接触式两种形式，目前两种形式的厚度检测均能满足带材厚度精度的要求。其区别在于接触式由于与被检带材的表面有接触，容易划伤带材的表面，或当带材板形出现问题和操作出现失误会造成损坏测厚仪，而非接触式测厚仪由于与被检带材无接触，故不会产生上述问题。

接触式测厚仪主要采用金刚石测头进行测量。

非接触式测厚仪主要有：X 射线、γ 射线，均可用于重金属厚度的测量。X 射线是采用发光管在一定电压下发出射线进行测量的，运行费用高，通过控制射线发生器来控制测厚仪是否处于工作状态，较灵活；γ 射线完全依靠同位素自然发出的射线进行测量，由于无需射线发生器，穿透力强，无论是否工作状态，均有射线发出，对人体危害较大。目前还有使用涡流进行重金属的测厚，但该方法除受材料合金成分的限制外，目前适应被检带材的厚度范围较窄，实际运用较少。

A　接触式测厚仪

接触式测厚仪的优点：

（1）不受带材合金成分的影响；

（2）测量范围大（0.01 ~ 20mm）；

（3）新型测厚仪可自动校正相位、自动调整对称性，精度高；

（4）具有三维空间随动系统。

接触式测厚仪的缺点：

（1）由于测量头直接接触带材，在测薄料时往往会产生划痕；

（2）其基本测量线不能自动调节（靠手动调节气压，当气压波动大时易产生测量误差）；

（3）维护量大；

（4）测量范围小。

B　非接触脉冲涡流式测厚仪

非接触脉冲涡流式测厚仪的优点：

（1）具有非接触式的优点；

（2）材料独立、无合金补偿和再标定；

（3）不受环境温度及任何复合物的影响（在测量区域内除去金属之外对其他任何东西都不敏感）；

（4）C 型架采用铝青铜材料，外部结构坚固；

（5）可自动调节测厚仪与实际轧制线的高度；

（6）所采用的测量技术对人体无害。

非接触脉冲涡流式测厚仪的缺点：

（1）测量时必须保证带材与 C 型架之间倾斜度小于三度；

（2）测量深度小（150mm）；

（3）被测带材含铁量须小于 2.5%。

C　非接触射线式测厚仪

非接触射线式测厚仪的特性：

（1）不直接接触带材，可以进行不同深度的多点测量（剖面测量）；

（2）受外部环境影响小；

（3）动态精度比静态精度变化小；

（4）由于不与带材接触，不在带材表面产生划伤；

（5）可通过切断电源停止放射线，维护量小；

（6）对不同的合金材料需进行合金补偿。

不同射线测厚仪的特性比较：

（1）X 射线噪声比 γ 射线噪声小；

（2）X 射线测厚仪合金补偿比 γ 射线测厚仪复杂；

（3）X 射线测厚仪的响应速度快，对 AGC 系统的快速调节是非常有利的；

（4）γ 射线测厚仪较 X 射线测厚仪价格便宜。

256　什么是板形，如何度量？

所谓板形是指板带的平坦程度。直观地讲，就是将板带放置于两理想平板之间，如果板带两面与平板100%接触，则认为板带是平的，否则就认为存在着不平度或浪形。在板形控制的基本概念中，所谓板形，是指板材的翘曲程度，就其实质而言，是指板带材内部残余应力的分布。定量描述板形，通常采用长度差表示法。

板形的好坏取决于板带沿宽度方向的延伸是否相等，这一条件由轧前坯料横断面厚度的均匀性及辊型或实际辊缝所决定。

带材的不平度为：

$$\lambda = h/L \times 100\% \tag{4-35}$$

当 λ 大于1%时，波浪及瓢曲比较明显，一般生产中要求矫平后的产品 λ 值应小于1%，不平度示意图如图4-20所示。

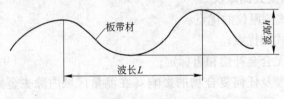

图4-20　不平度示意图

257　现代冷轧机如何控制板形？

原始辊型不能随轧制条件的改变而变化，而实际生产时的轧制条件是千变万化的，因此，轧制时必须根据不同的情况不断地对辊型和板形进行调整和控制，才能有效地补偿辊型变化，获得高精度产品。目前常用板形控制法有调温控制法和液压弯辊法。

A　调温控制法

调温控制法又称热凸度控制法，是人为地对轧辊某些部分进行冷却或加热，改变辊温的分布，以达到控制辊型的目的。实际中主要采用冷却液分段控制法，即通过对沿辊身长度方向上布置的冷却液流量和压力进行分段控制，改变各部分的冷却条件，进而控制轧辊的热凸度。如若轧件出现中间波浪，则说明凸度太大，此时应增大辊身中部的冷却液流量或减小辊身边部的冷却液流量，使辊身中部的热凸度减小；若轧件出现双边波浪，则与此相反地进行调节。

B　液压弯辊法

为了及时而有效地控制板带的横向厚差和板形，需要一种反应迅速的辊缝调整方法。利用液压弯辊技术，即利用液压缸施加压力使工作辊或支撑辊产生附加弯曲，以补偿由于轧制压力和轧制温度等工艺因素的变化而产生的辊缝形状变化，可以达到这一目的。弯曲工作辊，又分为正弯辊和负弯辊两种方式。

尽管液压弯辊技术已得到广泛应用，人们仍在不断研究开发能更有效地控制板形的新技术和新轧机，主要有：

HC 轧机 HC（High Crown）轧机是高性能板形控制轧机的简称。该轧机是在普通四辊轧机的基础上，在支撑辊和工作辊之间安装一对可轴向移动的中间辊，而成为六辊轧机（图4-21b），且两中间辊的轴向移动方向相反。

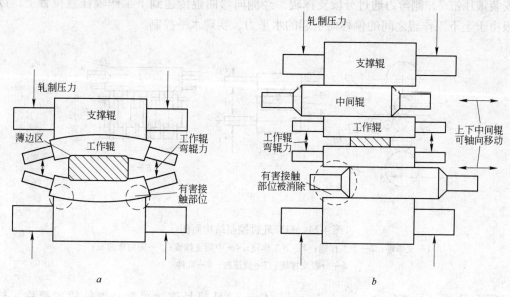

图 4-21 轧辊变形比较

a——一般四辊轧机；b—HC 轧机

双轴承座工作辊弯曲装置（DC-WRB）与单轴承座工作辊弯曲装置（WRB）相比，其主要区别是每侧使用两个独立的轴承座（图4-22），内轴承座主要承受平衡力，外测轴承座承受弯辊力，且分别进行单独控制。

VC 轧机：VC（Variable Crown Mill）轧机是轧辊凸度可瞬时改变的轧机的简称。如图4-23 所示，可变凸度轧辊是一种组合式轧辊，由芯轴和轴套装配而成，芯轴和轴套之间有一液压腔，腔内充以压力可变的高压油。随轧制过程工艺条件的变化，不断调整高压油的压力改变轧辊的膨胀量（轧辊凸度），以获得良好的板形。

FFC 轧机：FFC（Flexible Flatness Control

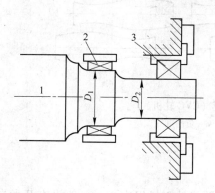

图 4-22 DC-WRB 工作弯曲装置

1—工作辊；2—主要承受径向负荷的轴承；
3—承受径向、侧向负荷的轴承；D_1—粗
直径辊颈；D_2—细直径辊颈

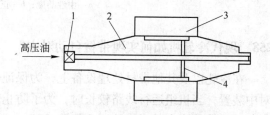

图 4-23 VC 轧辊结构示意图

1—回转接头；2—芯轴；3—辊套；4—油沟

Mill）轧机是平直度易控制的轧机的简称，具有垂直、水平方向控制板形功能。如图 4-24 所示，如果产生中间波浪或双边波浪，由上工作辊 2 和中间支撑辊 4 之间的液压弯辊装置控制；其他板形缺陷通过侧弯系统控制。侧弯系统是用分段支撑辊 6，通过侧向弯曲辊 5 在水平面内弯曲下工作辊 3 来完成的。分段支撑辊由装在同一轴上的 6 个惰辊组成，其轴上安装液压缸 7，侧弯力通过分段支撑辊，经侧向弯曲辊传递到下工作辊任意位置上，以克服由于上下工作辊之间的偏移而引起的水平力，实现水平控制。

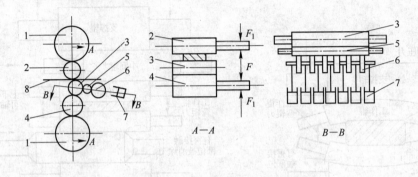

图 4-24　FFC 轧机控制结构简图

1—支撑辊；2—上工作辊；3—下工作辊；4—中间支撑辊；5—侧向弯曲辊；

6—分段支撑辊；7—液压缸；8—轧件

　　CVC 轧机：CVC（Continuously Variable Crown）轧机是连续可变凸度轧机的简称，轧辊辊型由抛物线曲线变成全波正弦曲线，近似瓶形，上下辊相同且装置成一正一反，互为 180°，通过轴向反向移动上下轧辊，实现轧辊凸度连续控制。如图 4-25 所示，当上下轧辊位置如图 4-25a 时，辊缝略成 S 形，轧辊工作凸度为零（中性凸度）；当上辊向右、下辊向左移动量相同时（4-25b），中间辊缝变小，轧辊工作凸度大于零，称正凸度轧制；相反，如果上辊向左、下辊向右移动量相同时（4-25c），轧辊工作凸度小于零，称负凸度轧制。

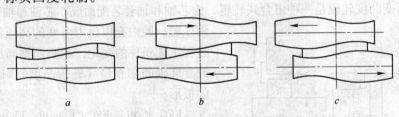

图 4-25　连续变化的辊凸度（CVC 轧机）

a—中性凸度；b—正凸度；c—负凸度

258　现代冷轧机如何实现带材自动对中？

　　在冷轧以及其他带材处理设备上，为保证带材严格处于机组中心，一般设有开卷自动对中装置，当机组运行线路较长时，为了防止带材在运行中跑偏，还设有中间自动对中控制装置，统称为自动对中控制，简称 CPC。

　　开卷控制是通过浮动的开卷机的横向来回移动，来控制带材的中心，从而保持带材的中心线和机组中心线保持一致。

图 4-26 是一个典型的开卷 CPC 装置示意图，它的基本原理是：检测装置从一个参考位置测量得到带材位置的偏差值，然后控制驱动开卷机的液压缸作相应的移动，从而使开卷后的带材准确回到预先给定的中心位置上。

常见的 CPC 系统有气液和光电液伺服控制系统，两者的工作原理基本相同，其区别仅在于检测器和伺服阀不同。前者为气动检测器和气液伺服阀，后者为光电检测器和电液伺服阀。近年来又发展出一种电液伺服控制系统，它与光电液伺服系统的差异仅在于采用电感式或电容式检测器取代光电检测器。电液伺服控制系统的优点是信号传输快，电反馈和校止方便，检测器的安装位置也比较灵活。气液伺服系统的最大优点是系统简单且不怕干扰，缺点是气动检测器的开口较小，安装受到限制，且气信号的传输较慢，近年来除某些特殊场合外已很少采用。电感式或电容式检测器对环境的适应性更强，生产维护的工作量大大减少。

设在机组中间的 CPC 装置则是通过纠偏辊来实现带材的对中控制的。专业的 CPC 装置供应商如 EMG 公司等为适应不同部位的对中控制已研究出多种纠偏辊，包括夹送辊式、双辊式、单辊式等多种纠偏辊如图 4-27、图 4-28 和图 4-29 所示。

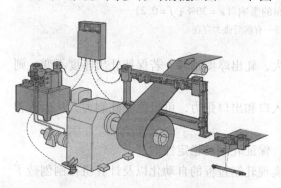

图 4-26　开卷 CPC 装置

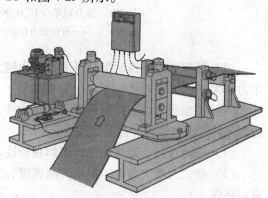

图 4-27　夹送辊式 CPC 装置

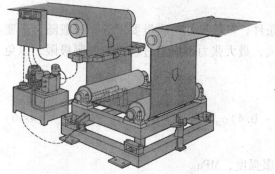

图 4-28　双辊式 CPC 装置

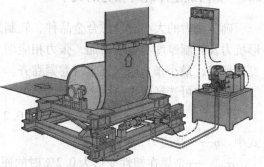

图 4-29　单辊式 CPC 装置

259　冷轧时的张力有何作用？

冷轧时的张力作用如下：

（1）张力改变了变形区的应力状态，如图 4-30 所示，减小压应力，从而能降低单位压力，降低主电机负荷。

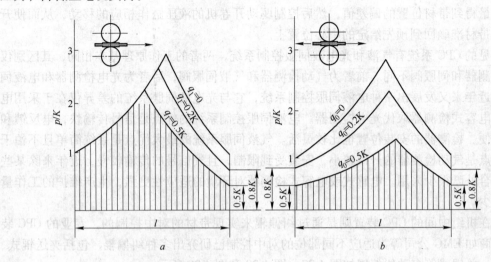

图 4-30　张力对单位压力分布的影响（$\varepsilon = 30\%$；$f = 0.2$）

a—有前张力存在；b—有前后张力存在

（2）调整张力能控制带材厚度，张力越大，轧出厚度越薄。若保持轧出厚度不变，则张力越大，轧制压力越小。

（3）调整张力可以控制板形。适当增加入口和出口张力，可以改变轧制力，从而改善边部延伸过大或边浪，控制板形。

（4）张力可防止带材跑偏，增加卷齐度，保证轧制的稳定性。

（5）张力为增大卷重，提高轧制速度，实现轧制过程的自动化以及计算机控制创造了有利条件。

260　如何确定冷轧时张力的大小？

确定张力的大小应考虑合金品种、轧制条件、产品尺寸与质量要求等。一般随合金变形抗力及轧制厚度与宽度增加，张力相应增大，最大张力不应超过合金的屈服极限，以免发生断带；最小张力应保证带材卷紧卷齐。

设计中可选择张力值为：

$$q = (0.2 \sim 0.4)\sigma_{0.2} \tag{4-36}$$

式中　q——张应力，MPa；

$\sigma_{0.2}$——金属在塑性变形为 0.2% 时的屈服强度，MPa。

厚带或高塑性合金取上限，薄带或低塑性合金取下限，重有色金属轧制时采用的张力大小一般为 $100 \sim 200$ MPa，有的高达 $250 \sim 300$ MPa。

一般来说，后张力应略大于前张力，带材不易拉断，且可保证带材不跑偏，平稳地进入辊缝。后张力比前张力更具有降低轧制力的作用，但过大的后张力会增加主电机的负荷。相反后张力小于前张力时，可以降低主电机负荷。在工作辊相对支撑辊偏移较小的四辊可逆带材轧机上，后张力小于前张力有利于工作辊的稳定性，能使变形均匀，对控制板形效果显著。但是过大的前张力会使带材卷得更紧，退火时易产生粘结；也易于发生轧制断带现象。

261　冷轧中冷却和润滑有何特点和要求？

冷轧中冷却和润滑是发展现代高速轧机的关键之一。冷轧过程中润滑剂的有效冷却和润滑可以冷却轧辊和轧件，减小摩擦系数，降低轧制力，可以提高加工率和轧制速度，提高生产率，并有助于控制辊形，改善轧件板形和表面质量，减少轧辊磨损。由于冷轧中润滑剂的冷却和润滑的双重作用，所以决定了润滑剂既要有较好的导热性，又要有良好的润滑性。对冷轧润滑剂的选择应综合考虑冷却和润滑的效果。不同的轧机，不同的轧制工序，不同的产品对润滑剂的选择不尽相同。

在冷轧时常采用的工艺润滑剂有两大类：全油润滑剂和乳液润滑剂。一般粗轧总加工率和道次加工率较大，金属变形热大，为更好地改善轧制中冷却润滑条件，多采用乳液进行工艺润滑；精轧对产品的精度和表面要求很高，多采用全油进行工艺润滑；中轧则可选择乳液或全油。但都应具有润滑性能好，冷却性能好，性能稳定，不腐蚀轧件，来源广，成本低，便于保存，并且易于轧后从带材表面去除，退火后不留影响表面的残渍等特点。润滑剂的选择主要考虑以下几点：

（1）轧制压力。如果轧制加工率大、轧制压力高的带材时，应选择黏度较大的润滑油。因为黏度大，油膜厚而坚固，可承受的压力高。如果油膜太薄，易导致延伸不均及局部油膜破裂，降低润滑效果，严重时，破裂的油膜会造成带材板面污染甚至出现局部粘结。但是，并非油膜越厚越好，如果油膜太厚，多余的润滑剂很难挤净，有的润滑剂挤在带材的边部，往往又重新流入带卷里面，以致在退火时难于挥发，残留斑点。

（2）轧制速度。高速轧制时需要润滑剂有好的流动填充性能，应选择黏度较小的润滑油。

（3）表面。轧件表面质量要求高时，尤其在成品轧制时，往往对制品的表面质量要求很高，应使用在退火时不产生油斑的低黏度（37.8℃、$7 \sim 20 mm^2/s$）、低含硫量的润滑剂。

（4）薄带轧制。由于弹性压扁使带材的边部单位压力很小，而带材中部承受很高的单位压力，如果采用随压力增加而摩擦系数显著增加的润滑油，薄带会产生很大的边缘延伸而影响平直度，故薄带轧制时采用的润滑油应具有较好的润滑性能，并要求在轧制压力变化时摩擦系数不变。

262　乳化液润滑轧制的特点是什么？

乳化液润滑轧制一般在热轧、粗轧使用较多，在中轧和精轧也有使用，成本较低。由于乳化液是一种水剂润滑剂，水既是冷却剂又是载油剂，所以乳化液的冷却性能较全油轧制好，比较适合总加工率和道次加工率较大、金属变形热大的生产方式。但由于乳化液使用过程中自身稳定性、抗污染能力及乳化液维护等原因，乳化液要定期更换，带材的表面精度也较全油轧制差。乳化液轧制可以根据轧制条件及生产产品选择适合的浓度来调整乳化液的润滑性能，如在粗轧机上一般使用浓度为 1% ~ 5%，在中轧机上使用浓度为 5% ~ 10%，而在精轧机上使用浓度一般为 10% ~ 20%。

263　乳化液的主要成分是什么，如何配制？

乳化液是乳化油（乳膏）和水按照一定的比例配制而成的。乳化油主要由矿物油添加特种功能添加剂如乳化剂、缓蚀剂等配制而成。

将 80% ~ 85% 的机油或变压器油（基础油）加入制乳罐，加热到 50 ~ 60℃，然后加入 10% ~ 15% 的动物油酸（植物油酸则可以与基础油在室温下同时加入），加热并不停地搅拌至 60 ~ 70℃，再加 3% ~ 5% 的三乙醇胺，继续搅拌 30min，当温度降至 40 ~ 50℃ 时，按比例加入 50 ~ 60℃ 的软化水或去离子水，制备成 50% 的乳膏备用。

根据乳液箱的容量及乳液的配制比例（工艺要求）先在乳液箱中加入一定量的去离子水或软化水，加热到 30 ~ 40℃，然后根据计算的比例加入乳化油，并进行循环（搅拌）3 ~ 4h，使其完全乳化。

264　如何维护乳化液？

A　乳化液应满足的技术条件

（1）要选择符合要求的水质，通常采用去离子水。

水质要求：　　电导　　　　　　< 10μS/cm

　　　　　　　pH 值　　　　　　5 ~ 7

　　　　　　　细菌含量　　　　0

采用普通水调配乳化液的缺点：电导率增加，离子量增多，易与铜离子生成水合离子，造成铜材的腐蚀和污染。

（2）要用专业的调制乳化液的调制槽，避免与其他种类的物质混合，污染乳化液。

（3）调制乳化液用水温应控制在 30 ~ 40℃ 之间，过低不利于乳化油的溶解，温度过高乳液的稳定性变差。

（4）必须将乳化油加入水中，不可将水加入乳化油中，在加入轧机前最好配制成浓缩的乳化液。

（5）调制时采用机械搅拌，尽量不用压缩空气搅拌。

B　乳化液的维护

在生产过程中，由于轧制变形热使乳化液挥发、带材表面粘有氧化物和灰尘以及其他原因，会恶化乳化液的质量，因此要特别注意对乳化液的维护。

（1）要保持乳化液的清洁，绝对防止人为造成的外来脏物进入乳化液，对于正常使用造成的乳化液槽中浮油及表面飘浮脏物要及时排出和捞起，管道及收集槽、过滤器等要定期清洗，并根据使用情况定期更换及补充新乳化液。

（2）过滤系统要处于良好运行状态，保持乳化液的清洁。

（3）乳化液箱中乳化液要常处于循环状态，不能静置，避免出现乳化液分层、结块。

（4）细菌滋生会造成乳化液酸败。要严加控制，定期添加杀菌剂。

（5）轧机的漏油会恶化乳化液质量，要尽可能避免。

（6）定期对乳化液进行各项理化指标的监控，保证在合格范围内。乳化液的主要监测指标为：浓度、电导值、pH 值、稳定性。

（7）乳化液在使用过程中会随着时间的延长逐步被消耗，逐渐失去防黏减摩作用。水的不断蒸发，会使乳化液浓度发生变化。在实际生产中，可根据乳化液的使用情况，适当添加乳化油和定期补充去离子水，保证乳化液的浓度和润滑性能。

（8）如发现变质，应立即更换新乳化液。更换新乳化液时，要注意彻底清理乳化液箱和管网，避免旧乳化液对新乳化液的污染。

265　冷轧轧制油的种类和技术要求是什么？

冷轧轧制油分为四类：矿物油、动植物油、混合油和调和油。

A　矿物油

矿物油是金属压力加工中使用最广泛的润滑油。属非极性物质，只能在金属表面形成非极性的物理吸附膜，润滑性能较差，在工艺润滑时较少直接使用，通常作为配制工艺润滑油的基础油。

B　动植物油

由动物基体或植物种子提炼所得到的油或脂肪，属于极性物质，不仅很容易在金属表面形成物理吸附膜，还能在润滑表面形成极性分子的化学吸附膜，起到很好的润滑作用。但动植物油化学稳定性差，容易老化变质，且价格较高，在实际生产中较少直接使用。

C　混合油

混合油是将矿物油和动植物油以不同的比例混合而制成。它具有较好的润滑性能，在生产中得到了一定的运用。

D　调和油

将少量添加剂加入矿物油中，可改善矿物油的各方面性能，这在生产中得到了越来越广泛的应用。配制调和油的添加剂按其作用可分为两大类：一类是改善润滑油物理性质的添加剂，如：黏度添加剂、油性添加剂、降凝剂、抗泡剂等；另一类是改善润滑油化学性质的添加剂，如：极压抗磨剂、抗氧化剂、抗腐剂、防锈剂、清净分散剂等。

目前在铜板带轧制中使用最多的是调和油。调和油由精制矿物油加入多种功能添加剂调和而成，因而具有油膜强度高，不易破裂，抗氧化能力强，轧材表面精度好，粗糙度低，退火后洁净度高等特点。由于矿物油的热容较小，冷却效果较差，因此也一定程度地限制了轧机轧制速度的提高。

轧制产品及轧制阶段不同，选用的轧制油不同，技术要求也不相同。应结合具体轧制条件进行选择。一般对于硬轧件及轧制压力大的情况，选择黏度较高的轧制油，而高速轧机应选择黏度较小的润滑油。轧件表面要求高时一般选择挥发性强及杂质、灰分较低的轧制油；轧制薄带和超薄带材时应选择润滑性较好的润滑油。为保证带材轧制时最佳的润滑效果，带材表面应保持均匀的油膜，避免油膜太薄出现破裂造成粘辊，或油膜太厚使得退火后带材表面洁净度低。目前全油轧制使用的润滑油一般为调和油。某企业在四辊精轧和二十辊精轧机使用的轧制油的基本理化指标见表 4-11。

表 4-11　轧制油的基本理化指标

项　　目	指标	试验方法	项　　目	指标	试验方法
运动黏度(40℃)/mm² · s⁻¹	7.0 ~ 8.5	GB/T 265	灰分/%	≤0.01	
闪点/℃	≥145	GB/T 267	皂化值/mgKOH · g⁻¹	>3	
倾点/℃	≤ -6		羟值/mgKOH · g⁻¹	>11	
中和值/mgKOH · g⁻¹	≤0.1	GB/T 7304	外观	透明淡黄色	目测
水分/%	无		铜片腐蚀(100℃,3h)/级	1	GB/T 596

266　板式过滤器的结构和特点是什么?

板式过滤器（图 4-31 和图 4-32）主要包括：过滤器、过滤器进给泵、预涂用助滤箱、用于连续添加助滤剂的滤体进给泵、过滤纸进给装置等。

板式过滤器使用时必须采用助滤剂进行过滤。该过滤器使用成本低，不易损坏，便于内部检查。具有最低的液体容量/面积比率，这对滤饼清洗极为有利。由于这种比率低，所以在循环结束时留下的未过滤的渣滓最少。

用硅藻土过滤分两步进行：首先使助滤剂泥浆重复循环运动，在过滤隔膜板上产生一层薄的助滤剂保护层，称为预涂层，这个过程一直循环到所有的助滤剂沉淀在

图 4-31　典型板式过滤器的外观

过滤器隔膜板上为止；形成预涂层后，少量的助滤剂就会规则地加在要过滤的油品内，滤体供给喷射系统接着便启动，过滤器以最小压力波动进行从预涂过程进入过滤过程的转换。在过滤过程进行时，助滤剂由于混有未过滤油品中混入的悬浮体，就会沉积在预涂层上，因此就会不断形成新的过滤面，细小的助滤剂粒子提供了无数的显微通道，它们截住悬浮杂质，让干净的液体通过而不堵塞。

在循环结束时，需清除滤饼，滤饼的清除可采用以下几种方法之一：回洗或震动（对

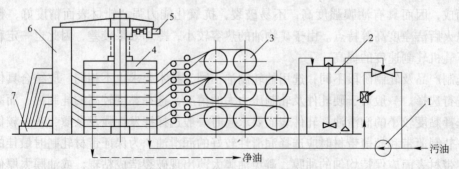

图 4-32　板式过滤器工作原理图

1—泵；2—搅拌箱；3—滤纸卷；4—滤板箱；5—压紧机构；6—走纸机构；7—集污箱

管芯过滤器）、冲洗、吹风、刮削。无论滤饼的清除采用什么方式，极为重要的是要保持其完整性，否则，就会堵塞隔膜。

要实现助滤剂过滤，必须选择合格的硅藻土助滤剂、活性白土和无纺布等辅助材料。

助滤剂：一种经济有效的助滤剂应满足：（1）坚固的形状复杂、多孔、单体颗粒。（2）形成一个具有很高渗透性的、稳定的不可压缩的滤饼。（3）能滤出高速流动的细小固体物质。（4）化学性质不活泼、在被过滤液体中基本不溶解。

活性白土：可按国家标准Ⅰ类（H 型或 T 型）活性白土采购。值得注意的是，由于活性白土活性度是很重要的指标，经验表明，湿度 7% ~12% 时具有最大的活性，若储存白土的环境湿度高于此值，就会降低白土的脱色效果。建议：脱色白土应储存在干燥和无异味的环境中。

无纺布：（1）厚度和空隙度均匀一致。（2）有一定的强度、伸长率、过滤通过量、过滤精度等，可根据对润滑油不同的过滤精度、过滤速度要求，选择不同的参数。

267　冷轧辊的技术要求是什么？

冷轧辊的技术要求主要包括：强度、硬度、表面粗糙度、淬火层深度、尺寸精度等。

A　强度

轧制时轧辊承受弯曲应力和扭曲应力，而反映轧辊是否能承受这些应力能力的指标是强度。它是选择轧辊材质和其热处理制度的依据，也是轧辊校核的主要技术参数之一。

B　硬度

硬度指轧辊表面硬度。轧辊的硬度以肖氏硬度值 HS 表示，通常工作辊表面硬度为 90 ~95HS，工作辊辊颈硬度为 45 ~65HS；支撑辊的表面硬度为 65 ~85HS，支撑辊辊颈硬度为 35 ~55HS。

C　表面粗糙度

轧辊表面粗糙度比轧件要求的粗糙度一般高 1 ~2 个等级。通常工作辊辊面粗糙度 $R_a = 0.2 ~0.4\mu m$。

D　淬火层深度

淬火层越深，硬度越高，耐磨性越好，则轧辊的使用寿命越长。通常工作辊的淬火层的深度为轧辊直径的 2.5% ~3.5%，最小淬火层深度不小于 8mm。

E　尺寸精度

轧辊所要求的尺寸精度要满足工装和产品精度要求。一般指轧辊辊身和辊颈的同心度、辊型精度、圆度及表面粗糙度。

268　轧辊损坏的形式和原因是什么？

轧辊损坏的形式主要有：裂纹和龟裂、剥落和折断、粘辊、凹坑、加工缺陷等。

A　裂纹和龟裂

轧辊工作时承受急冷急热和弯曲变形，辊内产生交变的内应力，造成辊面裂纹。龟裂主要产生在热轧辊上，这主要是热轧辊的表面温度变化剧烈，辊面产生大且深的裂纹，这一般称之为龟裂。

B　剥落和折断

辊面裂纹长期得不到消除，裂纹会逐渐加深扩展，在承受较大接触应力时，局部的交叉裂纹就会产生剥落。如果裂纹继续加深，同时承受极大弯曲应力和冲击力的作用，或者轧辊不同方向严重的冷却不均，都可能造成轧辊折断。当然，操作不当（如压下量过大、轧件强度过高等）或轧辊内部存在夹杂、疏松、裂纹等缺陷也能造成轧辊断裂。

C　粘辊

局部压力过大，润滑不良或酸洗不净所造成的金属粘在辊面而未能及时去除，这样轻者会造成轧件表面周期性麻面，重者形成周期性压坑。

D　凹坑

轧件局部（头、尾）过硬，工具或较硬杂物轧入辊缝，造成辊面局部凹陷。这会在轧件上形成周期性鼓包。

E　加工缺陷

机械加工时出现的椭圆度、同心度、锥度不符合技术要求及淬火裂纹等。

269　如何延长轧辊的使用寿命？

（1）研制新的轧辊材料和改进制造工艺。

（2）正确操作轧机的轧制过程。严格按照轧制规程，轧前轧后空转轧辊 5 ~ 10min，特别是冬天要预热轧辊轧料，防止压靠、压折等损伤辊面的操作。

（3）适当的冷却和润滑。冷却或者润滑不均都容易造成辊面产生温度应力而使轧辊损坏。

（4）消除轧辊内应力。为了防止长期使用轧辊造成内应力的叠加所带来的轧辊突然折断，应定期进行退火和消除应力处理。

（5）及时换辊磨削。主要是为了消除轧辊表面的微裂纹、粘铜及保证辊面光洁度。

（6）正确运输与存放。轧辊淬火后存在残余应力，对冲击和震动很敏感，运输时要避免碰撞。存放的场所温差不要过大。

270　如何确定冷轧压下制度？

冷轧压下制度主要指轧制道次压下量分配，主要根据以下原则：

（1）第一、二道次充分利用轧件的塑性，采取较大的道次加工率，以后逐渐减小。

（2）尽量保持各轧制道次轧制力的均衡性，避免道次轧制力和电流波动大，更不允许超过设备额定值。

（3）由于设备结构和额定参数的不同，造成在生产中道次的分配存在一定的细微差异，通常情况下允许生产员工根据实际产品的板形、尺寸公差、表面等在厚度 10% ~ 20% 内调整。

冷轧道次分配的方法是先按等压下率分配，按下式计算平均道次压下率 ε，即：

$$\varepsilon = \left[1 - (h/H)^{1/n} \right] \times 100\% \qquad (4\text{-}37)$$

式中　H——坯料厚度，mm；

　　　　h——成品厚度，mm；

　　　　n——轧制道次数。

　　轧制道次数的多少要结合材料塑性、设备条件、润滑条件、表面质量、公差要求及板形要求与平时的经验进行安排。在做完等压下率计算后，再结合上述条件并依前述三项原则调整各道次压下量。

271　剪板机有哪些类型，各有何结构特点？

　　板带材剪切的基本方式有两种：直刃剪切和圆盘剪切。直刃剪用于间隙式切断，如板材切头尾、中断和切边，圆盘剪则用于带材连续纵分（剖条）和切边，对于特别厚的板材采用锯切方式。

　　直刃剪板机有平刃剪和斜刃剪两种。

　　(1) 平刃剪：根据剪切方式，可分为上切式剪切机、下切式剪切机和水平方向剪切的剪切机。平刃剪切机按照机架的形式还可分为：闭式剪切机和开式剪切机。

　　闭式剪切机机架位于剪刃的两侧（一般是吨位比较大的剪切机），通常做成门形的，刚性好，剪切断面大。但是操作人员不易观察剪切情况，不便于设备维修和事故处理。

　　开式剪切机，机架位于剪刃的一侧（一般是吨位比较小的剪切机），机架通常做成悬臂式的，刚性较差，剪切断面小，但是便于检修维护和事故处理。

　　1) 上切式剪切机。上切式剪切机，其下剪刃固定不动，上剪刃上下运动进行剪切。通常是曲柄连杆式结构，其特点是结构和运动较为简单，但被剪切轧件易弯曲，剪切断面不垂直。

　　2) 下切式剪切机。下切式剪切机多用于剪切断面厚度较大的产品。剪切过程的特点是：在剪切开始，上剪刃首先下降，当压板压住材料并达到预定的压力后，即行停止，其后下剪刃上升进行剪切。剪切后，下剪刃首先下降回到原来位置，接着上剪刃上升恢复原位。

　　(2) 斜刃剪切机：两个剪刃互成一角度，一般在 1°～12° 之间，常用的小于 6°。通常上剪刃是倾斜的，下剪刃是水平的。

　　由于剪刃倾斜，剪切时剪刃只接触轧件的一部分，因此，剪切力比剪刃平放时为小。但剪刃的行程加大了，同时产生了侧向推力。

　　斜刃剪也有开式和闭式之分。开式斜刃剪一般为上切式，而闭式斜刃剪又有上切式和下切式之分。上切式剪切机上剪刃具有一定倾斜角度，而且是活动的，下剪刃是固定的，多布置于车间内单独使用，主要用于单张板材的切边、切头、切尾等。闭式斜刃下切剪切机应用广泛，其上剪刃是固定的，并有一定倾斜角度，下剪刃是活动的，剪切时板材能够正常地压在上刃台上，因此能够保证剪切面对板材中心线及表面的垂直度。闭式斜刃下切剪切机的传动机构和动力结构等在剪切线以下，比较安全，但由于把压板系统放在辊道下面，导致了结构的复杂化。

　　板材带式法生产中，剪切生产线已经机列化，称为横剪机列，如图 4-33 所示。主要由开卷机、直头机、切头剪、圆盘剪边机、碎边机（或绕边机）、活套、飞剪、垛板台、运输机等组成。速度快、自动化程度高。

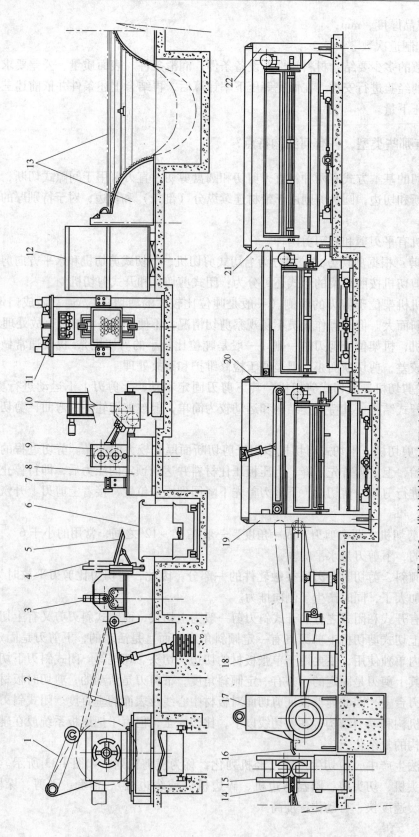

图 4-33　横剪板材机列布置示意图(剪切板材宽度 1070mm)

1—开卷机;2—直头刮刀;3—进口夹紧辊;4—切头剪;5—穿带台;6—废料车;7—边导装置;8—基座;9—切边圆盘剪;10—碎边剪;11—矫直机;12—检查台;13—回转臂和喂料台;14—边导装置;15—进料辊;16—滑动台;17—高速剪;18—运输装置;19~22—堆板机

272 纵剪机列的结构如何，有何特点？

纵剪机列的设备组成一般包括：开卷机、导向装置、开卷张力装置、切头剪、穿料台、活套、圆盘剪、导向辊、机列传递辊、进口夹紧装置、恒张力卷取装置、碎边机、废料车、卷取机、衬纸装置等，如图 4-34 所示。纵剪机列一般有以下几种形式。

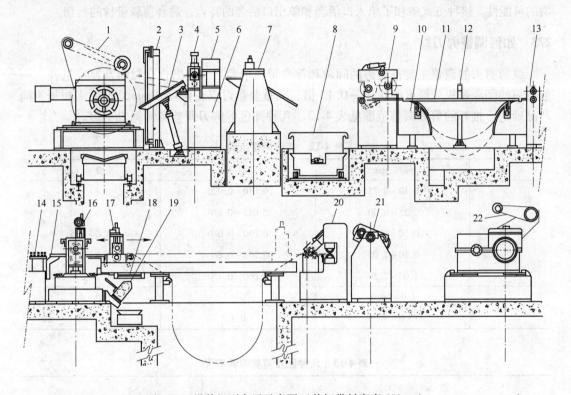

图 4-34　纵剪机列布置示意图（剪切带材宽度 650mm）

1—开卷机；2—电子导向控制；3—直头刮刀；4—夹紧辊；5—针孔探测器；6—基座；7—切头剪；8—废料车；9—进口张力辊；10—回转臂；11—喂料台；12—声纳控制站；13—机列通过辊；14—边导装置；15—滑动台；16—圆盘剪；17—活套移动和夹紧辊；18—导轨；19—碎边机；20—张力台；21—出口张力辊；22—卷取机

A 单入口活套纵剪

这种类型的纵剪在剪床前设置活套。将带材送入入口活套方式有中央驱动开卷、拉紧开卷、浮动辊控制开卷法等形式。该种方式可以实现微张力或零张力剪切，避免剪刃出现打滑现象；同时开卷机可以不要对中装置，在活套实现带材对中。

B 单出口活套纵剪

这种类型的纵剪在剪床后设置活套，剪切后的带材由剪切机推入位于剪切机和张紧装置之间的无张力活套中。对于薄带，为保证剪切时带卷开卷稳定，可能需要一个入口边部导向系统。该种方式可以有效避免厚度差带来的各条带材卷取不同步问题，通过控制卷取张力实现带卷的卷取；由于设置出口活套，带材可以自由流出剪刃，避免在张力状态下带材对剪刃的磨损，影响剪刃的寿命；同时由于出口无张力，避免了带材缩颈等现象。目前单出口活套使用较多。

C　双活套纵剪

双活套纵剪切综合了入口活套纵剪和出口活套纵剪两种形式。带材在离开卷取机之后进入剪切机之前，由开卷机或一个夹送辊装置或拉紧装置送入一个自由活套，被剪切后的带材离开剪床后被送入另一个活套，然后再进入张紧装置。因而，这种纵剪方式被称作"双活套"纵剪。采用这种形式纵剪，纵剪机仅用于剖分带材，因而也就消除了带材在剪刀刃口打滑的可能性。该种方式中和了单入口活套和单出口活套的特点，适合薄软带材的剪切。

273　如何调整剪刃?

纵剪剪刃的调整主要是剪刃的间隙和重叠量两个参数。根据合金材料及厚度选择。一般剪刃的间隙是板带厚度的 0.04 ~ 0.12 倍，其重叠量可以在 0 ~ 4.0mm 之间，需根据不同产品确定。推荐的剪刃调整范围见表 4-12。几种圆盘剪剪刃调整实例见表 4-13。

表 4-12　剪刃调整范围

名　称	厚度/mm	间隙/mm	重叠量/mm
带　材	0.10 ~ 0.25	0.010 ~ 0.020	0.4 ~ 0.8
	0.25 ~ 0.50	0.015 ~ 0.030	0.8 ~ 1.0
	0.50 ~ 0.80	0.030 ~ 0.080	1.0 ~ 1.5
	0.80 ~ 1.00	0.055 ~ 0.100	1.2 ~ 1.8
	1.00 ~ 2.50	0.060 ~ 0.150	1.2 ~ 2.0
板　材	4.0 ~ 14.0	0.3	0 ~ 4
	15.0 ~ 40.0	0.3	0 ~ 10

表 4-13　几种圆盘剪剪刃调节值

D			E			F		
厚度/mm	间隙/mm	重叠量/mm	厚度/mm	间隙/mm	重叠量/mm	厚度/mm	间隙/mm	重叠量/mm
0.5 ~ 1.0	0.04 ~ 0.10	1.0 ~ 1.8	0.10 ~ 0.25	0.010 ~ 0.020	0.4 ~ 0.8	0.12 ~ 0.25	0.010 ~ 0.020	0.4 ~ 0.8
>1.0 ~ 2.5	0.06 ~ 0.15	1.2 ~ 2.0	0.25 ~ 0.50	0.015 ~ 0.030	0.8 ~ 1.0	0.25 ~ 0.50	0.015 ~ 0.030	0.8 ~ 1.1
			0.50 ~ 0.80	0.030 ~ 0.080	1.0 ~ 1.5	0.50 ~ 0.80	0.030 ~ 0.080	1.0 ~ 1.5
						0.80 ~ 1.20	0.040 ~ 0.100	1.0 ~ 1.8
						1.20 ~ 2.00	0.060 ~ 0.150	1.2 ~ 2.0

274　板带精整矫平有什么方法，各有何特点?

板带材精整矫平的方法有：辊式弯曲矫平、张力矫平和拉伸弯曲矫平。如图 4-35 ~ 图 4-37 所示。厚板带多采用辊式弯曲矫平，薄带材一般通过张力矫平或拉伸弯曲矫平。

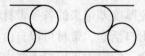
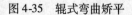

图 4-35　辊式弯曲矫平　　　　　图 4-36　张力矫平　　　　　图 4-37　拉伸弯曲矫平

弯曲矫平也叫辊式矫平或多辊矫平，通常情况下用于厚度 1.5mm 以上的板带材，它通过多个交错排列的工作辊对板带材施加相反的作用力，使其在正、负交变应力作用下达到应力均匀，从而达到平直的目的。辊式矫直机辊数越多，矫直的精度越大。这种方法矫直的产品，精度（平直度）相对要求不高，主要用于铜带坯铣面机组、轧制后成品板带材的精整和横剪机列板带材定尺剪切前的矫直工序。其主要特点是：矫直的板带材厚度在 0.2～20mm 之间，宽度在 330～3200mm 之间；工作辊数量在 9～19 根之间，均有支撑辊（分段配置）支承；工作辊直径相对较大，通常在 ϕ45～190mm 之间，支撑辊直径基本与工作辊直径相等，除 19 辊矫直机外；工作辊是主动的。

张力矫平也称拉伸矫直是通过前、后两个张力辊组刈带材施加单纯的拉力使带材伸长，使整个断面上应力达到或超过材料的屈服极限，使之产生弹塑性变形，去除拉力后，弹缩量相等或接近相等，则轧件变为平直或曲率得到减小，从而得到一定程度的矫平。在张力矫直机上，带材在经过纯拉伸矫直后，虽能获得平直的板形，但带材内部的残余应力将会增大，这对于一般用途的带材使用是没有问题的，但对于质量要求很高的产品，如大规模集成电路芯片所用的引线框架材料是绝对不能满足要求的。因为在以后进行的带材剪切和冲制等工序的加工时，由于内应力的影响，带材将发生扭曲或翘曲变形，造成大量的废品，严重的情况可导致引线框架材料冲模的损坏。这种技术在铝加工行业应用较多，在铜加工行业中很少采用。

拉弯矫平是上述两种矫平方法的组合。该方法是采用多辊弯曲矫直单元与前、后张力辊组联合工作的拉伸弯曲矫直机组，主要用于对板形精度要求较高、带材厚度较薄产品进行矫直，很好地解决了带材三元形状缺陷（如：边浪、肋浪、中间瓢曲等）。尤其是对计算机、电子工业所需的高精度引线框架材料，更是必不可少的精整设备。通过拉弯矫平处理后的带材，板形的平直度通常可达 3I 左右。如果在拉弯矫直机组中再配备有板形仪，带材的平直度可达 1I 左右。目前高精度铜带材的生产多采用拉弯矫平。

275　板带辊式矫平的操作要点是什么?

当带材进行辊式矫平时：

（1）矫直前，应将上下矫直辊长度方向调平，指针盘指示数值与辊子之间实际间隙应调整一致。

（2）严格按照矫直带材的厚度，根据工艺要求调整矫直机的入口、出口间隙。入口处间隙应小于或等于带材的厚度，出口处的间隙应大于或等于带材的厚度。

（3）带材表面应注意不能有金属屑、非金属脏物、油等。

（4）注意对矫直辊的清擦，防止脏物对带材表面的损伤。

板材矫直时，除应注意以上几点外，还应注意：

（1）板材进入矫直机时，一定要对准中心线，不许歪斜。

（2）板材之间要留有一定的距离，严禁发生搭头现象，造成事故。

（3）经常检查板材表面质量，有划伤、压痕等缺陷时，要及时清擦辊子。

276　带材拉弯矫平机组的结构怎样，有何特点?

拉弯矫平机组由开卷机、S 辊、多辊矫直单元、卷取机和电控、液压等设备组成，见

图 4-38。

拉伸弯曲矫直的原理：带材在拉应力和
弯曲应力的叠加作用下，改变了带材的应力
状态，产生永久的塑性变形。

拉伸弯曲矫直机的主要特点是：所矫直
带材的厚度相对较薄，通常在 0.05～1.0mm

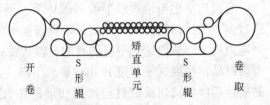

图 4-38　拉弯矫直机列示意图

之间；工作辊数量通常有 23 根，还有中间辊
25 根和若干组支撑辊（由宽度而定）；工作辊直径通常在 $\phi12\sim19.05$mm 之间，中间辊直
径为 $\phi20\sim25.4$mm，支撑辊直径为 $\phi24.5\sim50.8$mm；工作辊被动，由张力辊组带（拉）
动带材来使之向前运动；操作模式灵活，可根据来料状况和工艺要求采用纯拉伸或拉伸加
弯曲组合的模式对带材进行矫直。

277　带材拉弯矫平机的操作要点是什么？

带材拉弯矫平机的操作关键是调整矫直单元辊辊型。辊型调整可分自动和手动两种模
式：在矫直单元下部辊子轴线方向上分别排列有奇数的支撑辊组，自动时由板形辊反馈板
形信号，通过计算机，调整板形；手动时操作人员可以根据带材板形缺陷的状况，在操作
台上选择已存入电脑中若干个典型缺陷中比较相似的一个，随后计算机就会发出指令自动
进行辊型调整，操作人员也可通过操作台上的键盘，手动单独调整每个下支撑辊组的升
降，来实现辊型（工作辊挠度）的调整，从而使带有双边波浪板形或中间瓢曲等三元形状
缺陷的带材得到矫平，最终获得良好的板形。

278　带材清洗机列的结构怎样，有何特点？

带材的清洗机列典型布置示意图如图 4-39 所示。其构成取决于产品及工艺的具体要
求，一般而言，铜带表面连续清洗机列由以下 8 部分组成。

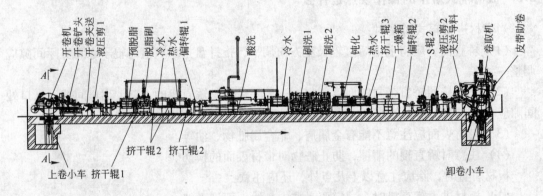

图 4-39　铜带清洗机列示意图

（1）带卷的进料和出料。一般由储料台和带卷小车等组成。储存带卷的数量 1～3 卷
不等。带卷小车由液压缸驱动。

（2）开卷机和卷取机。用于带卷的展开和卷取。为了保证经清洗处理后的带卷卷取的
整齐，卷取机通常具有自动边部对齐功能。还可带有衬纸的衬、收功能。

（3）缝合机。将前后两卷带材的头尾进行连接，保证作业的连续性。结构形式有机械缝合、点焊缝合和氩弧焊缝合三种。

（4）脱脂清洗机。它由脱脂喷淋和洗刷箱、脱脂液槽、冷水清洗室、热水清洗室以及间隔挤干辊等部分组成。

（5）酸洗槽。一般分为上下两层，下层储酸，上层进行酸洗。下层的酸液通过酸泵打入上层酸槽，并不停地进行冲洗带材表面，达到酸洗的目的，酸液通过溢流孔回流到下面的储酸槽中。

（6）刷洗箱。箱内安装有高速转动的研磨刷辊。过去，研磨刷辊采用悬臂梁结构，安装不当时容易在带材表面留下刷痕。目前刷辊采用了两端支撑结构，运行平稳，并且刷辊旋转速度可高达 1200r/min，带材表面刷痕得以改善。

（7）钝化箱。循环使用的钝化剂采用喷淋或浸入通过方式与通过的带材进行反应，表面形成钝化膜，达到防锈的效果。

（8）烘干室。烘干室的热风温度以保证带材高速通过时表面的残留水汽挥发不留痕迹为最好，烘干热风的温度一般约 80℃左右。

清洗机列一般有两种形式：带酸洗清洗和不带酸洗清洗。清洗机列的主要特点是可以将带材的脱脂、刷洗（酸洗）、钝化及烘干在一次开卷完成，提高了生产效率。

279　带材清洗机列的操作要点是什么？

（1）机列速度根据来料材质、板形、表面情况，在保证表面清洁、烘干、不断带的条件下给定合适的速度，洗后效果用白纸擦拭检验；

（2）根据厚度情况及清洗效果选择是否使用刷子；

（3）钝化液、清洗热水执行相关工艺，保证产品质量；

（4）根据来料情况及清洗效果调整适当的脱脂液温度、浓度及钝化液浓度；

（5）根据来料的牌号、规格等确定合理的清洗速度和带材张力；

（6）根据来料不同厚度、状态等选择合理的清洗刷压力（或电流）；

（7）对带材缝合部分在刷洗段应抬起清洗刷，以免损坏，对于厚度不大于 0.5mm 的带材必须上套筒，对特殊料必须使用专用套筒；

（8）若洗后带材不清洁，必须使用带布的压板；

（9）防止洗热料；

（10）定期清洗喷嘴。

280　铜板带材热处理退火炉型主要有哪些？

铜合金常用的退火炉很多，按结构分有箱式炉、井式炉、步进式炉、车底式炉、辊底式炉、链式水封炉、单膛炉、双膛炉、罩式炉等；按生产方式分有单体分批式退火炉、气垫式连续退火炉等，现代卷式法生产铜板带大都采用性能优良的罩式炉和气垫炉；按炉内气氛分有无保护气氛退火炉、有保护气氛退火炉和真空炉等，现代铜板带生产中除个别中间退火采用无气体保护的氧化退火方式外，绝大多数采用有保护气体的光亮退火炉；按热源分有煤炉、煤气炉、重油炉、电阻炉、感应炉等，目前多采用电阻炉。

281　钟罩式带卷退火炉的结构怎样，有何特点?

钟罩式退火炉本体的设备组成如图 4-40 和图 4-41。其炉子设备组织及特点如下：

（1）每套炉组主要由两个炉台，两个内罩，一个加热罩，一个冷却罩，控制设备及其他辅助设备组成。加热罩内的电加热器单区控制，电阻丝排列在下部，约占整个罩内高度的 $1/2 \sim 2/3$。

（2）全金属外壳的炉台。

（3）内罩与炉台之间的机械连接用一个圆形橡皮密封圈（水冷却的）装配起来，然后用液压夹紧气缸自动地压紧，借助于在炉台法兰和内罩法兰之间的水冷橡皮密封件，可得到良好的真空密闭性。炉台中的绝热件完全嵌在金属中，炉台风扇马达有一个橡皮密封罩（风扇轴处无需任何机械密封），炉台风扇马达四周的密封罩没有运动件，以保证维持炉内气氛的低露点。

（4）冷却罩上有两台风机，罩内绕顶部一周均安装有冷却水喷嘴，用以内罩冷却。

（5）采用由电子点火和电动烧嘴控制系统的高速烧嘴（在煤气燃烧的钟罩式退火炉

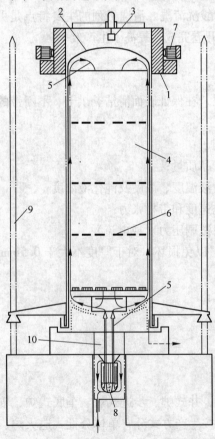

图 4-40　罩式炉（电加热）
1—冷却罩；2—内罩；3—喷水装置；4—料卷；
5—气流方向；6—对流盘；7—冷却风机；
8—循环风机；9—导向柱；10—密封装置

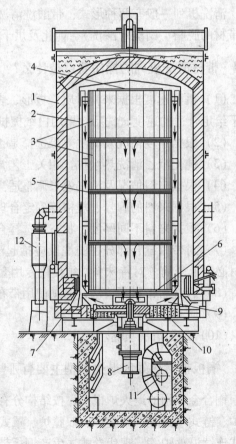

图 4-41　罩式炉（煤气加热）
1—加热罩；2—内罩；3—带卷；4—盖；5—中间垫层；
6—下部垫层；7—炉台；8—风扇；9—定向装置；
10—托圈；11—煤气及空气管道；12—喷射管

上）用来特别快和特别均匀地将热量传递到内罩。

（6）控制中心包括温控仪、超温安全断路器、多点式温度记录仪、选择开关、定时继电器、警报蜂鸣器等温控系统和记录系统。

（7）采用带卷堆垛倾翻机构装卸较大的料卷，线材卷和窄薄带卷可以通过装料架以水平方式装入退火炉。

（8）利用气体的导热系数来控制氢气、氮气的混合比。在退火过程中，可以连续进行抽样，并通过氢气控制仪和露点分析仪对气氛及露点的变化进行连续分析并连续记录，自动按要求进行补充、调节。

（9）保护气供给装置。

在同等生产能力的情况下，钟罩式退火炉的建设费用只有气垫式退火炉的一半或三分之一。辅助设备少，占地小，能耗低，生产比较灵活，热效率可达 55% 以上，有较高的生产效率，适用于带卷的中间退火和最终退火。

282　钟罩式带卷退火炉的操作要点是什么?

钟罩式带卷退火炉的操作要点主要有:

（1）内罩扣上后才允许抽真空和充气。

（2）抽真空后充氮气，再抽真空充氮气;也可在低温（250℃左右）时边抽真空边充氮气，以便带材粘附的润滑剂挥发并排出炉外，然后抽真空再充保护气进行加热、保温。冷却完毕后，再抽真空，充氮气出炉。

（3）充氮气充氢气相互交替，不能同时进行。

（4）黄铜退火时可能有脱锌现象，产生锌蒸汽附着在内罩内壁或循环风机上;带材表面轧制油等润滑剂未挤净，加热时挥发、炭化也会附着在内壁和风机上，要及时清理，防止二次污染带材。

（5）退火工艺最好采用"低温排烟—高温快速加热—适当保温"的原则，既有利于保证表面质量，又能保证性能均匀、提高生产效率。

（6）退火完毕，一定要充分冷却到60℃以下方可打开内罩。

283　主要铜合金带卷罩式炉退火工艺举例

铜合金罩式炉退火工艺举例见表4-14。

表 4-14　铜合金罩式炉退火工艺举例

牌 号	规 格	板带不同厚度的退火温度/℃				保温时间 /h	出炉温度 /℃	保温气氛
		3.0～5.0mm	1.0～3.0mm	0.5～1.0mm	<0.5mm			
H65	中间退火	530～560	500～530	480～510	460～490	3.0～4.0	85以下	25% H₂ + 75% N₂
	成品退火	500～530	480～510	460～490	460～480	3.0～4.0	70以下	
C1100	中间退火	380～410	350～390	330～370	300～340	3.0～4.0	45以下	25% H₂ + 75% N₂
	成品退火	390～420	360～400	340～380	320～360	3.0～4.0	40以下	
C5191	中间退火	540～560	500～540	460～500	420～460	3.0～4.0	45以下	75% H₂ + 25% N₂
	成品退火	520～540	480～520	440～480	400～440	3.0～4.0	40以下	

284　气垫式退火炉的结构怎样，有何特点？

气垫式退火炉的设备组成见图 4-42。

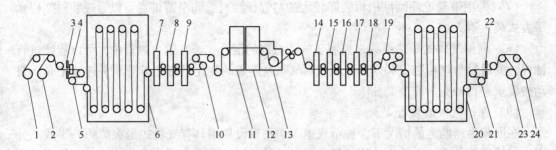

图 4-42　气垫式退火炉机列简图

1，2—开卷机；3，22—切头尾剪；4—缝合机；5，10，19，21—S 辊；6，20—活套塔；
7—脱脂箱；8，15，17—水洗箱；9—干燥箱；11—加热区；12—冷却区；13—水封；
14—酸洗箱；16—抛光箱；18—钝化箱；23，24—卷取机

气垫炉有水平展开式和立式，又有酸洗炉和光亮炉之分。目前在国内铜加工行业多采用水平展开式气垫退火酸洗炉。

水平展开式气垫炉（带酸洗）的特点：

（1）热源可采用电加热或燃气加热；

（2）炉内通过循环风机进行热风循环，并根据带材厚度调解上下喷嘴状态，使带材悬浮在炉中；

（3）氮氢混合气体可以调节；

（4）保护气体密封。进口为密封辊，出口为水封；

（5）在炉子的出口侧配有酸洗和刷洗设备；

（6）通过炉内恒定的低张力，适应薄带退火。

285　主要铜合金带卷气垫式退火炉退火工艺举例

气垫式退火炉的退火工艺举例如表 4-15。

表 4-15　气垫式退火炉的退火工艺举例

牌号	状态	退火速度 /m·min⁻¹ 温度/℃	规格								
			0.50 ~0.55	0.56 ~0.60	0.61 ~0.65	0.66 ~0.70	0.71 ~0.75	0.76 ~0.80	0.81 ~0.85	0.86 ~0.91	0.92 ~0.99
H65	中间退火	700	19	19	16	14	13	11	11	10	10
	软　态		23	21	19	18	17	16	16	15	14
C1100	中间退火	600	22	20	18	16	15	14	13	12	11
	软　态		17	15	14	13	12	11	10	9	8
C5191	中间退火	720	19	18	16	15	14	13	12	11	10
	软　态		17.5	17	16	14	12	11	10.5	10	9

注：保护性气体的氢气含量不大于 5%，余量为氮气。

286　气垫式退火炉的操作要点是什么?

A　掌握退火产品规格

气垫式退火炉广泛地应用于铜及铜合金的成品退火，要求在同一个炉上退火的带材，最厚规格与最薄规格之比在 15 左右，最宽规格与最窄规格之比在 2 左右。而且同一条带材的厚度与宽度应有一定的比例，约 1∶250(最小)。

B　不同功能系统的操作要求

气垫式退火炉主要设备有 7 大系统，操作时要根据设备功能要求，分别控制不同的工艺参数和要求。

(1) 脱脂、钝化装置。冷轧后的带材表面附有薄膜厚度在 2～5μm 的油层和脏物以及成品的长时间放置轻微氧化等。因此带材在退火前进行脱脂、成品生产钝化就十分必要，保证脱脂液、钝化液的温度及浓度十分必要。配比时必须保证配比用水质量。

(2) 对中控制系统。气垫式连续退火机列很长，所以时刻注意前后活套塔出入口、气垫炉出口和卷取机前分别装的光电作用的对中辊运行正常，以保证带材不偏离机列中心线，防止出现带材卷边、刮坏设备和边缘卷取不齐，给下道生产工序造成困难。

(3) 张力控制辊。根据不同区段设制的 S 辊，机列不同区段的张力控制不同，带材通过炉内高温段时，炉内张力必须是很小的，通常情况稳定在 50～1200N，其他区段的张力一般带材为 2.0～8.0N/mm²。

(4) 气垫炉炉子区段。

它是带材气垫退火的关键设备。包括密封装置、加热段、冷却段及水封装置。

炉子的入口用"锁气室"、密封辊等装置进行气封。炉子的出口是水封的，带材经冷却段冷至 80℃ 以下，然后经由水封槽出炉。水的温度一般应在 40℃ 以下。

气垫炉是利用气体浮动原理工作的。上下喷嘴交错排列。喷嘴喷出的气流主要形成对带材的支撑力。一般退火较厚的带材，采用较高的风机转速，薄料反之，通常分级转速为 600～1200r/min。

炉温可以分区控制或整体控制。炉温控制在 ±5℃ 范围内，一般不同牌号的料炉温控制不同，牌号相近的料炉温控制基本一样。不同厚度采用不同的机列速度。

(5) 清刷机的转速及旋转方向。

速度一般控制在 800～1200r/min，通常旋转方向同料的运动方向相反。清刷的压下电机功率一般不大于额定功率的 50%。

C　工艺参数控制

从工艺参数中可以看出，除温度、速度外，加热区喷嘴压力与退火的温度、速度密切相关。对同一种材料，在同样的温度、速度下，采用高的喷嘴压力可使料的温度更高一些，因此退火后料更软一些。通常在不造成料表面划伤的状况下，采用较高的喷嘴压力，可在保证现有产品性能的基础上提高退火速度，从而提高生产效率。

D　保护气的控制

(1) 严格控制保护气的成分范围，特别是 $N_2 + H_2$ 的混合气体，不能使 H_2 处在爆炸范围边缘。(2) 控制杂质含量 (比如氧含量)、压力、流量等，保持正常工作的炉内压力为 200Pa 以上。

E 操作注意事项

厚度小于0.6mm的卷取上套筒；头尾缝合时注意厚薄相接时垫加额外的铜板；机列开、停机特别注意炉子风机转速的控制。

F 缺陷注意事项

带材退火后板形呈海鸥翼形（"M"形）。需要关注加热、冷却速度是否过快，薄带退火加热温度不应太高，或者采用薄带、厚带不同退火温度。例如，在670℃下H65黄铜厚度为0.23mm带材很难控制好退火后的板形，而在650℃退火板形情况较稳定。

287 铜板带退火保护性气体的类型和特点是什么?

铜及铜合金根据金属及合金的特性，对退火炉内气氛有不同的要求，如无氧铜、低锌黄铜等易氧化物，应采用还原性气氛加热；紫铜、普通黄铜、锡青铜等应采用微氧化性气氛加热，以防止产生"氢气病"。

铜及铜合金常用的保护性气体有水蒸气、分解氨、氮气等，保护气体应对处理金属及炉子部件无有害作用，成分及压力稳定，制造方便、经济等。为了防止硫对铜、镍的危害及氧、氢对紫铜产生氧化或氢脆，气氛中的硫、氧、氢含量应严加控制。采用还原性气氛而且温度较高时，对高锌黄铜（含锌量大于30%）要防止脱锌。

通常钟罩炉保护气氛采用高氢，氢含量为75%，气垫式退火炉保护气氛采用低氢，氢含量在5%以下。

288 板带材的供货状态有哪些，如何表示?

板带材产品的供货状态是指根据对同一种合金牌号的产品要求不同的质量和性能。不同国家对供货状态的表示方法不同。表4-16主要为中国国家标准的表示方法。

表4-16 中国国家标准关于板带材产品供货状态的表示方法

状态	热轧	软态	特软	1/8硬	1/4硬	1/2硬	3/4硬	硬	特硬	弹硬	高弹硬	淬火软态	淬火硬态
符号	R	M/S	TM	1/8H	1/4H	1/2H	3/4H	H	EH	SH	ESH	C	CY

289 如何控制板带材的力学性能?

板带材的力学性能除与合金化学成分有关外，同种合金板带材主要受加工率（加工硬化）及热处理工艺（退火软化）的影响。

（1）热轧产品的性能主要与终轧温度有关。终轧温度越高，产品（在充分变形的前提下）的强度和硬度越低，伸长率越高；终轧温度越低，产品的强度和硬度越高，伸长率相应降低。

（2）冷轧产品的性能主要与加工率有关。加工率越大，产品的强度和硬度越高，伸长率越低；相反，加工率越小，产品的强度和硬度越低，伸长率越高。因此，硬态、特硬态产品及弹硬和超弹硬产品一般靠大加工率来控制产品性能。

（3）充分冷加工变形后退火的产品的性能与退火温度关系最大。再结晶温度以下的退火可以消除内应力，材料的性能变化不大（强度与硬度略有下降，伸长率略有提高）；再结晶温度以上的充分退火，可以使材料强度与硬度发生大幅度降低而伸长率达到最大值。因此，软态产品靠大变形量后的充分再结晶退火来控制性能。

（4）加工率控制法和退火控制法。它是介于硬态（H）和软态（M）之间状态的性能的两种控制方法。加工率控制法是按照硬化曲线控制成品加工率；退火控制法是按照软化曲线控制成品的退火温度和时间。

（5）有固溶-时效效应的材料。应根据合金相状态图选择恰当的固溶（淬火）温度进行固溶处理，然后安排加工变形，再根据试验获得的时效制度（时效温度、保温时间）与性能的关系曲线选择合适的时效制度进行时效（退火）处理。对于特殊的合金可以采用固溶后的多级变形-时效方式，达到控制产品组织与性能的目的。

290　如何控制铜材的晶粒度？

铜材晶粒度大小与如下因素有关：

（1）化学成分。一般来说少量添加元素（如铁）与杂质会成为凝固时的晶核，晶核越多，晶粒度越小，不溶或难溶于基体金属的元素，如能形成极弥散的相，可以有效地使晶粒细化。各种合金的化学成分对晶粒度的影响各不相同。一般来说，金属越纯，晶粒越易粗大；单相合金的晶粒比多相合金的愈易长大；向合金中添加变质剂可以细化晶粒。

（2）冷却强度。铸造时，冷却强度越大，晶粒来不及长大便完成了凝固过程，晶粒也越细小。

（3）退火温度及时间。晶粒长大依赖于原子扩散，而原子扩散过程取决于扩散速率和时间。时间越长扩散越充分，温度越高扩散速率越大。因此，温度增高时，晶粒度增大。时间超过了完成再结晶所需的时间，晶粒度增大。而温度对晶粒度的影响更显著。

（4）退火加热速度。加热速度越快，回复和原子扩散来不及进行，使开始再结晶温度提高，晶粒度减小。生产中采用快速升温可以细化晶粒。

（5）退火前的总加工率。退火前的冷加工，其总加工率小于合金临界变形程度（一般指 10% ~20% 的加工率）时，由于变形不均匀，使个别破碎的晶粒迅速吞并周围晶粒而长大，出现晶粒粗大，此时不发生新晶核的形核。当超过临界变形程度时，除原始晶粒互相吞并长大外，新晶核形成并长大。随变形程度增加，晶粒破碎加剧，新晶核增多，开始再结晶温度降低，晶粒度减小。在制订生产工艺时，退火前的总加工率应避开临界加工率附近，尤其是成品退火前的总加工率应大于临界变形程度。

（6）原始晶粒度大小。原始晶粒度越大，则退火后的晶粒度比较粗大，热轧终轧温度的高低及中间退火均对成品的晶粒度有一定的影响，但随变形程度增大而减弱。

291　紫铜类板带材生产工艺要点有哪些？

紫铜类板带材生产工艺要点如下：

（1）铸锭加热。紫铜类铸锭在加热时易表面氧化，无氧铜类铸锭在加热时有渗氧的倾向，因此，加热时一般应采用微还原性（多用于无氧铜，含氧较多的紫铜因易产生"氢气病"而不宜采用）或中性气氛，应保持炉膛正压。加热时应采取快速升温、低温出炉。

（2）热轧。紫铜类铸锭热轧时应采取低温快速大加工率轧制，尽量减少高温氧化。

（3）冷轧。紫铜塑性好，两次退火间的冷加工率可以达到 95% 以上。因此一般在冷轧过程无需中间退火。

（4）成品退火。紫铜在退火时易氧化，因此需在带有保护性气氛的退火炉中进行。

（5）清洗和精整。紫铜板带表面易变色，应及时进行清洗、钝化。紫铜相对较软，应采取措施（如衬纸）防止擦划伤。剪切时要仔细调整刀具的压紧力，防止产生压痕。

292　黄铜类板带材生产工艺要点有哪些?

黄铜类板带材生产工艺要点如下:

（1）铸锭加热。高锌黄铜在高温下易"脱锌"，一些复杂黄铜具有较大的铸造应力，因此，多数黄铜不宜高温快速加热。炉内气氛宜用微氧化气氛。

（2）热轧。一些黄铜（如高锌黄铜等）在高温下除 α 相外还有脆性 β 相，热轧时最好能避开脆性温度区，以免产生裂纹。低锌简单黄铜（如 H96、H90 等）塑性较好，可以在较大的温度范围内热轧，而铅黄铜等一些复杂黄铜的高温塑性有限，因此热轧的温度范围较窄，要实施快速轧制，注意温降。部分黄铜的加热制度见表 4-17。

表 4-17　部分黄铜的加热制度（步进炉）

合金牌号	锭坯厚度/mm	炉温/℃		加热时间/h	炉内气氛
		1 区	2 区		
H96、H90	120 ~ 170	900 ~ 950	900 ~ 950	2.0 ~ 4.0	还原性
H80、H70、H68、H65	120 ~ 155	850 ~ 900	850 ~ 900	2.0 ~ 4.0	微还原性
H62、H59	120 ~ 170	870 ~ 920	860 ~ 900	2.0 ~ 4.0	微还原性
HMn58-2	120 ~ 155	780 ~ 820	720 ~ 800	2.0 ~ 2.5	微还原性
HSn70-1、HMn57-3-1	120 ~ 155	800 ~ 850	780 ~ 820	2.0 ~ 3.0	微还原性
HPb59-1、HSi80-3、HFe59-1-1	120 ~ 155	750 ~ 800	720 ~ 780	2.0 ~ 3.0	微还原性

（3）冷轧。简单黄铜也有相当好的塑性，加工率可达 75% 以上，而大多数复杂黄铜塑性较差，有的加工率不足 50%。因此，在总加工率设计时应留有余地，以免裂边、断带。

（4）退火。某些黄铜（如 HPb59-1、H62 等）对内应力比较敏感，应在冷加工后 24h 内进行退火，以免因内应力较大而自行开裂或变形（如瓢曲）。对高锌黄铜，退火温度宜取下限，防止高温脱锌，使制品出现"麻面"缺陷。因为浇铸时黄铜中的锌兼有除气作用，金属中的含气量较少，因而退火时保护性气体中的氢含量可以比紫铜退火时高一些。

（5）清洗与精整。黄铜酸洗时，酸液浓度不宜过高，时间不宜过长，以免过酸洗而"脱锌"。高锌黄铜硬制品和半硬制品不宜反复矫直，否则必须及时进行消除应力退火。

293　锡磷青铜类板带材生产工艺要点有哪些?

变形锡磷青铜含锡量一般不超过 8%。板带材的生产方式一般采用水平连铸坯料，冷轧加工。

（1）锡磷青铜在铸造时有比较严重的"反偏析"现象，在冷轧前应安排均匀化退火。

均匀化退火一般在罩式炉中进行。均匀化退火可以安排在铣面之前，也可以在铣面之后。铣面前均匀化退火可以减轻偏析程度，减少铣面量，但带坯表面变软，不利于机械铣削。

（2）另一种处理锡磷青铜水平连铸带坯严重的枝晶偏析的方法，是通过对铸造带坯进行小加工率预轧制（表面碾压）破碎粗大的柱状晶粒，然后退火，可以得到均匀、细小的再结晶组织。

（3）为了防止厚带坯在轧制和卷取时产生表面横向裂纹，3mm 以上的带坯的轧制和卷取应采用大辊径的轧机和卷筒直径 1.5~2.0m 的直接张力卷取机（即所谓"大鼓轮"），可以避免或减小带坯轧制过程中发生带材边部开裂和中间开裂的可能性或程度。

（4）锡磷青铜属冷加工塑性良好的合金，加工率可达 60%~85%。

（5）锡磷青铜清洗可选用 5%~15% 的硫酸水溶液。锡磷青铜产品表面易变色，因此要使用洁净的乳化液或轧制油润滑。冷轧后应将润滑油及时挤净并退火、清洗、钝化。

典型锡磷青铜 QSn6.5-0.1 带生产工艺流程如下：

配料→熔炼（1240~1260℃）→保温（1170~1190℃）→水平连续铸造（（14~16）mm × （320~650）mm、170~180mm/min）→铣面（双面铣去 1.5mm）→卷取→均匀化退火（640~690℃）→冷轧开坯（5.8~2.4mm）→再结晶退火（500~560℃）→（清洗）→中轧（1.75~0.8mm）→再结晶退火（470~520℃）→（清洗）→精轧（0.25mm）→低温退火（210~250℃）→表面清洗→平整（拉弯矫处理）→分剪→包装→入库。

294　锌白铜板带材生产工艺要点有哪些？

传统的锌白铜生产方式是采用半连续铸造或铁模铸造，进行锭坯的表面清理（铣面）后，送入加热炉加热，然后进行热轧，热轧后的带坯在进行表面清洗/清刷后即转入冷轧。采用半连续铸造/铁模铸造—热轧的技术难点是锌白铜材料存在"中温脆性区"，即在热轧时容易发生边部开裂。目前已基本不采用。

目前锌白铜板带大都采用水平连铸带坯冷轧的生产方式。其工艺流程如下：

配料→熔炼→保温→水平连续铸造→铣面→卷取→冷轧开坯→再结晶退火→（清洗）→中轧→再结晶退火→（清洗）→精轧→表面清洗→平整（拉弯矫处理）→分剪→包装→入库。

锌白铜在结晶时的固-液温度区间较大，加之原子间相互扩散能力较差，合金在凝固结晶过程中易形成 Ni、Zn 等单质或化合物的枝晶偏析或晶界偏聚，并成为固相脆化的潜在起因。因此铸坯表面质量比较差，一般需要铣掉 0.5~1.0mm。

锌白铜具有良好的冷加工性能，冷轧的加工率可达 80% 以上。锌白铜带坯在轧制中遇到的主要质量问题是各种形式的边部开裂和中间开裂。防止轧制开裂，除了需要较好的带坯铸造质量外，应采用大辊径开坯轧机和大筒径卷取机。

锌白铜带可在带保护气氛的钟罩式退火炉内进行再结晶退火，其退火温度约 600~700℃。采用钟罩式退火时容易发生带卷的粘结和表面的脱锌。

轧制后的锌白铜带材需要进行低温退火，通常在 200~250℃ 之间，保温 3.0~4.0h，进行低温退火的目的是消除带材的内应力。在轧制过程中，即使板形十分平整的带材，也可能存在一定的内应力差异，其结果是带材成品分剪时侧弯，或用户冲制成形（使用）过程中产生各种扭曲变形。低温退火也可使锌白铜带的延伸率会有一定的提高，而抗拉强度稍有降低。低温退火可进一步改善锌白铜带的弹性极限和弹性模量等技术指标，低温退火还能增加锌白铜的弹性稳定性。

295　什么是异形带，有哪些种类？

随着电子工业的高速发展，电子元器件向着高可靠性、高集成度及小型化方向发展。塑封半导体分立元件中的功率管，也对其所使用的铜加工产品提出了更高的要求，而高精度异形铜带正是制造功率管框架的关键材料。异形带是指除端面几何形状矩形以外的带材。异形带种类非常多，目前国内主要有 U、T、M、W 形以及 T 形背面存在对称矩形槽的带材，形状如图 4-43。

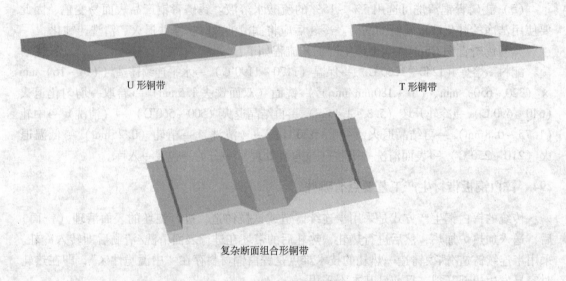

U 形铜带　　　　　　　　　　　　　T 形铜带

复杂断面组合形铜带

图 4-43　异形带形状

296　异形带的生产方式有哪几种，有何特点？

异形带的生产方式主要有：

（1）轧制法。以日本公司为代表，主要是通过轧辊轧制出相应异形断面，之后由型辊轧制成成品。

（2）铣削法。以德国公司为代表，首先是以铣削法得到异形带毛坯，然后再用型辊轧制出成品。

（3）锻压法。以法国公司为代表，它是以高速锻压机锻出异形毛坯，然后通过型辊轧制得到成品。

（4）焊接法。根据不同厚度的带材，采取氩弧焊的方式得到成品。

（5）上引连轧法。上引一定厚度的异形带坯，不铣面直接通过型辊轧制得到成品。

上述五种方法目前以第一种和第三种最为流行和经济，具有成品率高，产品性能好等优点，世界其他国家引进的生产方法也以此为主；第二种方法成品率低，但是异形端面变换铣刀可以做到很复杂，是其他方法所不能达到的；第四种方法主要是成本高和焊接漏点存在，优点是投资小，合金牌号不受限制；第五种方法设备精度低，只能以生产小卷 T 形系列带，品质低于上述四种，但生产投资小，国内有一定市场。

297 锻打法异形带生产线的组成和作用是什么?

锻打法工艺流程如图4-44所示。

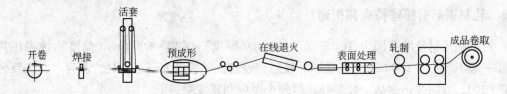

图4-44 锻打法工艺流程

锻打法异形带生产线由以下设备组成：开卷机、焊接机、活套塔、压紧装置、涂油装置、导向装置、锻压机、废边卷取机、在线退火炉、擦拭辊、清刷机、擦拭器、预应力轧机、测厚仪、夹送辊、卷取机、纸带开卷装置、卸卷装置。此外还有风动系统、液压系统、水冷系统、工艺润滑系统、设备润滑系统、消防系统及电控系统。

其中，焊接机是焊接两卷坯料的头尾，以便连续生产。锻压机是主要成形设备，上锻锤以每分钟400~2000次的频率锻打下锻砧，锤头和砧面镶有模具，平带坯在此受到不均匀变形而逐渐成设定的带形。在线退火是消除加工硬化以便精轧成形，感应退火炉退火温度为500~800℃，带坯行进速度为3~8m/min。精轧机是精确整形设备。

298 铜排有哪些生产方式，有何特点?

铜排生产的主要方式有5种，其流程和特点分述如下。

A 轧制—锯切法

工艺流程为：铸锭加热—热轧—（铣面—下料—冷轧—退火—）酸洗—冷轧—锯切—边角处理—精整矫直—切定尺—包装—入库。特点是性能指标能得到较好控制，但存在飞边和锯屑压入，边角非圆角，表面不够光滑，宽度公差大，满足不了高精度要求，生产成本较高。

B 轧制—拉伸法

工艺流程为：铸锭加热—热轧—铣面—冷轧—剪条—退火—酸洗—拉伸—精整矫直—切定尺—包装—入库。特点是各项质量指标能得到较好控制，生产成本低，但剪切飞边及公差难以控制。

C 型材轧制法

工艺流程为：铁模红锭—热（温）轧—酸洗—粗轧型材—退火—酸洗—精轧型材—精整矫直—切定尺—包装—入库。特点是性能指标能得到较好控制，轧机型辊多，生产成本较大。

D 挤压—拉伸法

工艺流程为：铸锭加热—挤压—拉伸—退火—酸洗—拉伸—精整矫直—切定尺—包装—入库。本工艺添加退火、酸洗工序，来保证180°弯曲性能，使质量指标得到控制。工序简单，效率高，产能大，但生产成本也较大。

E　上引（或水平）连铸—轧制—拉伸法

工艺流程为：上引（或水平）连铸—冷轧—退火—酸洗—拉伸—精整矫直—切定尺—包装—入库。特点是工序简单，生产成本最低。但性能指标不如其他方法好，规格受限制，效率低，产能小。

299　轧制铜箔有哪些特点和用途？

轧制铜箔材尺寸范围为$(0.05 \sim 0.010)mm$（厚度）$\times (40 \sim 600)mm$（宽度），成卷供货，长度一般不应小于5000mm。其状态有软态和硬态，一般多为硬态。其特点为：组织致密，性能均匀；表面光洁度高，公差好；但最小厚度和宽度受到限制。

轧制铜箔按化学成分可分为电子管用无氧铜箔、无氧铜箔和紫铜箔，添加有微量元素的耐腐蚀合金铜箔和耐热性合金铜箔。纯铜箔主要用于柔性印刷电路板、纸板电路印刷板、电磁屏蔽带、复合扁电缆、绕组和锂电池的层电极等。耐腐蚀合金铜箔和耐热性合金铜箔多用于散热器、垫片、刹车片等。随着电气电子元器件的小型化，铜及铜合金箔的用途将更广泛。

铜箔的化学成分、特性及用途分别见表4-18 ~ 表4-20。

表 4-18　铜箔的重量和厚度规格（IPC-CF-150E）

名　称	E(1/8)	Q(1/4)	T(3/8)	H(1/2)	M(3/4)	1	2	3
重量/g·m^{-2}	44.6	80.3	107	153	229	305	610	916
箔厚/μm	5	9	12	18	25	35	70	100

表 4-19　压延铜箔的性能（IPC-CF-150E）

名　称	板厚/μm	23℃		180℃		20℃	
		抗拉强度/MPa	伸长率/%	抗拉强度/MPa	伸长率/%	电阻率/Ω·m	导电率/%IACS
压延箔	18	>345	>0.5			<0.160	>95.8
	35	>345	>0.5	>138	>2		
	70	>345	>1	>276	>3		
低加工箔	18					<0.155 ~ 0.160	98.9 ~ 95.8
	35	177 ~ 345	10 ~ 0.5				
	70	177 ~ 345	20 ~ 1				
退火箔	18	>103	>5			<0.155	>98.9
	35	>138	>10	>95	>6		
	70	>172	>20	>152	>11		
低温软化箔	18	>103	>5			<0.160	>95.8
	35	>138	>10				
	70	>172	>10				

注：低温软化箔的特性指在177℃温度下加热15min后的性能值。

表 4-20　压延铜箔的化学成分、特性及用途

名　称	牌号	化学成分(质量分数)/%			特　性					用　途
		Cu	O	其他	状态	厚度 /μm	抗拉强度 /MPa	伸长率 /%	导电率 /%IACS	
电子管用 无氧铜	C10100	99.995	0.0003		压延箔	35	420	1	99	FPC
					退火箔	35	200	20	102	TCP
无氧铜	C10200	99.99	0.0005		压延箔	35	420	1	99	FPC、TCP、屏蔽带、钎焊材
					退火箔	35	200	20	102	小型电机、变压器用箔
铜带	C11000	99.91	0.035		压延箔	35	430	1	98	FPC、TCP、屏蔽罩、锂电池电极、钎焊材、屏蔽带、FFC、容器料、变压器、小型电机用箔
					退火箔	35	200	20	101	
耐蚀铜箔		99.9	0.0003	0.035Sn −0.003Pb	压延箔	40~60	420	1	95	散热器用
		99.8		0.15Sn −0.003P	压延箔	40~60	硬度 HV 为 120~140			

300　电解铜箔有哪些特点和用途，主要技术要求有哪些?

　　电解铜箔是使用阴极辊，使铜阳离子沉析在阴极辊面，揭下后经表面处理而成。电解铜箔的厚度范围为 0.14~0.009mm，常见的为 0.018mm 和 0.035mm。电解铜箔由于生产成本低，在印刷电路板制造行业上得到大量使用。但在柔性运动线路上，如手机、照相机和计算机的翻盖连接，复印机、智能机器运行部件等运动型线路上，由于电解铜箔是沉积而成，组织性能与加工组织有本质区别，抗弯折性能远不如轧制铜箔。

　　电解铜箔是纯铜箔，含铜量高，导电性好，但致密度不如压延铜箔，电解铜箔的特殊性质是其表面是毛面（图 4-45），具有可粘结性。经过表面处理后有一定的强度，更具有很强的抗剥离性、抗氧化变色等特性。

　　电解铜箔过去主要应用于建筑行业中，用作门窗及墙壁的镶色装饰；恶劣环境下，用作无线电设备屏蔽保护罩、同轴电缆外壳等。目前，全世界生产的电解铜箔绝大部分用于制造印刷电路板、挠性母线、高频汇流线、热能收集器等。

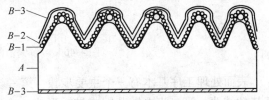

图 4-45　经表面处理的电解铜箔断面结构模型图
A 部分为毛箔，即电解铜箔的主体，是电解毛箔工序的产品。B 部分为表面处理层，B-1 为粗化层；B-2 为隔离层（电镀黄铜或锌）；B-3 为防氧化镀层（镀镍、锡、锌等）

电解铜箔主要技术性能要求有：化学成分均匀，尺寸（厚度、宽度、长度）及允许偏差小，表面没有针孔、皱纹等缺陷，具有较高的抗剥离强度，抗氧化变色性能好，粘结强度、可抑制性、可蚀刻性、可焊性高等。

电解铜箔的等级、规格、单位面积品质及允许偏差、卷状铜箔的宽度允许偏差、室温拉伸试验性能、电学性能、铜箔表面粗糙度见 GB/T 5231。

301　电解铜箔的工艺流程是什么？

目前，世界大多数国家的电解铜箔生产均采用辊式连续电解法，由两大部分组成，即生箔（或称毛箔）生产工序和表面处理工序。

电解铜箔的生产工艺流程见图 4-46。

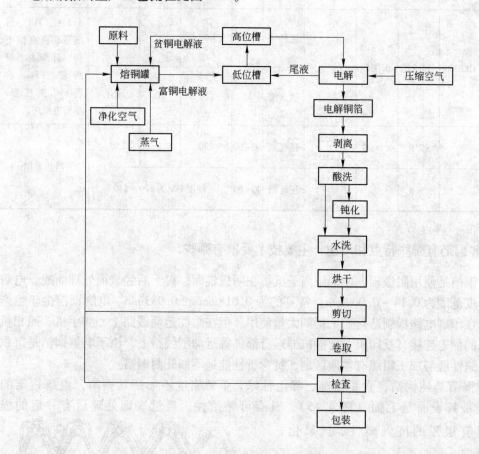

图 4-46　电解铜箔的生产工艺流程

表面处理工序基本有三个主要步骤：第一步粗化，用以进一步改善毛箔表面结构，提高其粘结性；第二步电镀黄铜或锌，形成一个隔离层，防止污染基板；第三步镀锌或镍、锡等，形成一个防氧化层。

302　电解铜箔的主要设备组成、结构特点是什么？

电解铜箔的主要设备由溶解槽、电铸槽、处理机、纵切机、涂层机、炉子、剪切机、卷取机组成，如图 4-47 所示。

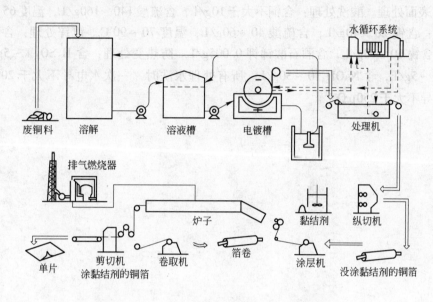

图 4-47　日本某公司电解铜箔机列示意图

结构特点是设备结构简单。

溶解槽：将废铜料在硫酸溶液中进行溶解，结构为槽式。

电铸（解）槽：储存电解液，溶液中铜离子被电解沉积到阴极辊筒表面形成铜箔，结构为槽式。

处理机：将阴极辊筒剥离下来的铜箔经水洗、烘干。结构为槽式和水循环系统。

纵切机：切边或分条。纵切剪。

涂层机：表面处理装置，进行表面涂层。

303　影响电解铜箔质量的主要因素是什么，如何控制?

影响电解铜箔厚度的主要环节是毛箔形成工序。铜箔的厚度由电解液组分、阴极辊电流密度和阴极辊转速（即电解时间）所控制。另外，在毛箔形成中，影响毛面的峰谷形状及其均匀性的因素主要是阴极辊表面粗糙度、电流密度的均匀性等。影响铜箔孔隙度的因素有阴极辊表面有无针孔或粘附尘粒。影响铜箔力学性能、导电性能的因素主要有电解液纯净度、温度及结晶速度等。在表面处理过程中，影响粗化微粒的大小、组成和分布状况、抗剥强度、有无基板污染、耐热性能、抗氧化性能等特性的因素主要是处理方式及工艺条件。机械法粗化处理对 0.035mm 以下的铜箔效果很差，浸渍或喷射的方法或腐蚀处理，其效果就好得多。

典型的电解铜箔生产工艺如下：

（1）溶铜。高温溶铜温度为 80～90℃，低温溶铜温度为 60～70℃；酸液组成：含铜离子 90～160g/L，含硫酸 30～60g/L。

（2）电解。槽电流 20000～100000A，槽电压 6～8V。电解液组成：含铜离子 60～90g/L，含硫酸 70～100g/L，电解液酸度 pH = 2～3。电解液温度 40～70℃。阴阳极距

10 ~ 30mm,电流密度大于 $3000A/m^2$, 阴极辊转速为 5 ~ 70r/min。

（3）表面处理。酸洗处理：含铜不大于10g/L，含硫酸140 ~ 160g/L，温度65 ~ 80℃。粗化处理：含铜 20 ~ 40g/L，含硫酸 40 ~ 60g/L，温度 70 ~ 90℃。镀锌处理：含锌 80 ~ 100g/L，含镍 10 ~ 70g/L，含酒石酸锑钾 0.005g/L。防热变处理：含 H_2SO_4 1 ~ 5g/L，含 $K_2Cr_2O_7$ 1 ~ 5g/L，含 NaOH 10 ~ 30g/L。所有处理水洗时，一次水电导不大于 $200\mu\Omega^{-1}$，二次水电导不大于 $250\mu\Omega^{-1}$。

第 5 章　铜及铜合金管、棒、型、线材生产[❶]

304　铜合金管、棒、型、线材是怎样划分的?

铜合金管材、棒材、型材、线材通常按照产品几何形状来划分:

(1) 管材。指横断面为圆形或简单的几何形状,具有连续封闭的外形,并且中部为空心的制品。管材按形状分为圆管和型管。圆管又按照外径和壁厚之比分类,通常径厚比大于 30 的称为薄壁管;型管又可分为椭圆管、方管、矩形管、六角管、三角管、滴形管、外方内圆管、内螺纹管、外齿片管、梅花管、半圆形管、偏心管、双孔管等。

(2) 棒材。指横断面为实心的制品。按照棒材断面形状可分为圆棒、型棒,型棒有方形棒、矩形棒、六角棒、异形棒等。

(3) 型材。指横断面为复杂几何形状的制品,分为空心和实心型材。型材具有较高的材料利用率。

(4) 线材。直径小于 6mm,长度很长的制品,通常以盘卷供货。线材又可分为圆线和型线。美国、日本等国家不以产品尺寸而以交货形态划分,以直条交货的称为棒材,以盘卷交货的称为线材。棒材直径下限为 $\phi 1 mm$,线材上限为 $\phi 15 mm$。

305　铜合金型、棒材的生产方式和工艺流程是什么?

按加工方法分,铜及铜合金型棒材产品有挤制和拉制两大类。国家标准 GB 4423—1992 中规定拉制棒的规格范围为 $\phi 5 \sim 80 mm$, GB 13808—1992 中规定挤制棒的规格范围为 $\phi 10 \sim 180 mm$。型棒材生产可分为棒坯制造和型棒材冷加工。棒坯生产采用热挤压、孔型轧制、水平连铸或上引连铸等方法供坯。冷加工采用冷轧或拉伸的方法。型、棒材的生产方法和流程见图 5-1。

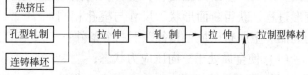

图 5-1　型、棒材的生产方法和流程

306　铜合金管的生产方式和工艺流程是什么?

铜及铜合金管材产品有挤制管和拉制管,其规格范围很宽,小至毛细管,大到直径达 300mm 以上的大直径管。不同合金品种、不同规格的铜管的生产方式不尽相同。

---

❶　本章撰稿人:郭慧稳、马可定、丁顺德、张文芹、刘海涛。

铜管材分为有缝管和无缝管两大类。有缝管也称焊接铜管，是将铜板带经纵剪、冷弯成形后焊接成管坯或管材，再经冷加工和退火，达到所要求的状态和表面精度。其产品质量主要取决于焊接工艺和铜板带的质量。无缝管材仍占我国乃至世界铜管材的绝大部分。

管材生产可分为管坯制造和管材冷加工。无缝管材生产采用挤压、斜轧穿孔、水平连铸或上引连铸等方法供坯，有缝管采用铜带材冷弯成形后焊接成管坯。冷加工采用冷轧或拉伸的方法。管材的生产方法和流程见图5-2。

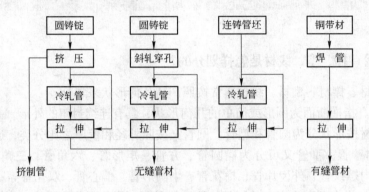

图 5-2　管材的生产方法和流程

依据在加工过程中制品的形状，铜及铜合金管材生产又可分为直条生产法和盘管生产法。近十几年来，紫铜小管（如冰箱管、空调管、小直径水气管）大都采用盘管法生产。

307　金属挤压的基本原理是什么？

金属挤压的基本原理图解见图5-3。金属挤压加工是用施加外力的方法使处于耐压容器中的金属承受三向压应力状态产生塑性变形。挤压时首先将加热锭坯放入挤压筒内，在挤压轴压力的作用下使金属通过模孔流出，从而产生断面压缩和长度伸长的塑性变形过程，获得断面形状、尺寸与模孔相同的制品。金属挤压加工具备以下三个条件：

（1）使金属处于三向压应力状态；

（2）建立足够的应力，使金属产生塑性变形；

（3）有一个能够使金属流出的孔，提供阻力最小的方向。

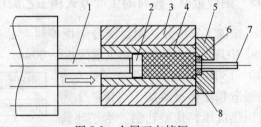

图 5-3　金属正向挤压

1—挤压轴；2—挤压垫片；3—挤压筒；
4—挤压筒内衬；5—模支承；6—挤压模；
7—挤压制品；8—锭坯

308　铜合金挤压方法和挤压机如何分类？

挤压方法很多，一般可按金属流动方向、制品形状、挤压工艺等来分类。

几种主要分类方法：

$$
挤压\begin{cases}
按金属流动方向分类\begin{cases}
正向挤压：金属流动方向与挤压轴运动方向相同\\
反向挤压：金属锭坯与挤压筒之间无相对运动
\end{cases}\\[2ex]
按制品形状分类\begin{cases}
棒材挤压\\
管材挤压\\
型材挤压\\
线材挤压
\end{cases}\\[2ex]
按挤压工艺分类\begin{cases}
连续挤压\\
静液挤压\\
润滑挤压
\end{cases}
\end{cases}
$$

主要挤压方法图例和说明见表 5-1。

表 5-1　各种挤压方法的图例和说明

挤压方法图例	说　　明
正向脱皮挤压棒、型材 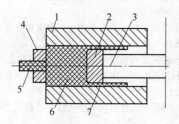 1—挤压筒；2—挤压垫片；3—挤压轴；4—挤压模； 5—制品棒；6—锭坯；7—脱皮	1. 采用脱皮挤压可以防止锭坯表面缺陷，随金属流动挤压到制品中去； 2. 改善表面质量，减少挤压缩尾，使挤压残料量减少 8% ~ 12%； 3. 采用直径比挤压筒内径小 1 ~ 3mm 的挤压垫片； 4. 每次挤压后必须将残留在挤压筒内的脱皮清理干净； 5. 易形成挤压缩尾的合金，如青铜和一些黄铜采用脱皮挤压； 6. 保证脱皮的完整，主要取决于脱皮垫片的形状，挤压机的中心位置，垫片与挤压筒的间隙和金属的某些性质； 7. 脱皮挤压时，垫片与挤压筒间隙不能过大，否则由于金属流入间隙的阻力减小，将造成在间隙处挤出（反流）
正向不脱皮挤压棒、型材 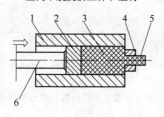 1—挤压筒；2—挤压垫片；3—锭坯； 4—挤压模；5—棒材；6—挤压轴	1. 对锭坯表面质量要求高； 2. 挤压机的生产效率高； 3. 挤压时要保证筒内干净，光滑； 4. 对难挤压合金和粘性很大的合金可采用不脱皮挤压； 5. 挤压型材和多孔模挤压时，选择合适的模孔位置，使金属流动尽量保持均匀和对称性，避免产生扭曲、波浪、裂边等质量缺陷
正向空心锭挤压管材 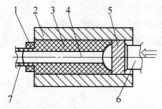 1—挤压模；2—挤压筒；3—锭坯；4—穿孔针； 5—挤压垫片；6—挤压轴；7—挤压管材	1. 可用于无独立穿孔系统的挤压机来挤压管材； 2. 锭坯的钻孔直径比穿孔针直径大一些； 3. 空心铸锭加热时，内表面易氧化，增加了管材内表面缺陷； 4. 一般生产小规格管材时才使用此方法

挤压方法图例	说　明
正向固定穿孔针挤压管材 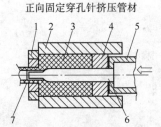 1—挤压模；2—挤压筒；3—锭坯；4—挤压垫片； 5—挤压轴；6—穿孔针；7—挤压管材	1. 穿孔针不随挤压轴移动而相对固定不动； 2. 固定穿孔针挤压时挤压力较大； 3. 穿孔针可分为两种形式，瓶式穿孔针和圆柱形穿孔针； 4. 挤压小规格管材时，可选用瓶式穿孔针挤压，防止针体过细而被拉断。一般直径小于 $\phi30mm$ 的穿孔针可用瓶式穿孔针固定挤压
正向随动穿孔针挤压管材 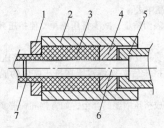 1—挤压模；2—挤压筒；3—锭坯；4—挤压垫片； 5—挤压轴；6—穿孔针；7—挤压管材	1. 一般生产中，采用随动穿孔针挤压法生产管材较普遍； 2. 穿孔时产生穿孔残料，特别是生产大管材时，穿孔残料较大，降低了成品率； 3. 要求挤压中心线和工具的磨损量保持良好状态，减少偏心废品； 4. 管材挤压也可采用脱皮挤压法，保证制品质量； 5. 管材挤压时，一定要进行充填挤压，保证挤压制品的同心度； 6. 随动穿孔挤压管材时，穿孔针受摩擦阻力小，挤压力小
正向立式挤压管材 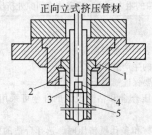 a—不带独立穿孔系统 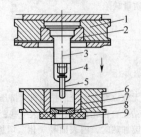 b—带独立穿孔系统 1—挤压轴支座；2—螺帽；3—挤压轴； 4—穿孔针支座；5—穿孔针；6—挤压筒； 7—内衬；8—挤压模；9—支承环	1. 不带独立穿孔系统立式挤压机，穿孔针只能与挤压轴随动； 2. 带独立穿孔系统立式挤压机，穿孔系统固定在主柱塞上，可独立运动，也可随动； 3. 立式挤压机一般吨位比较小； 4. 一般用来挤压小直径管材或管坯（一般外径小于 $\phi30mm$ 的薄壁管）、小直径棒、型材； 5. 可采用空心锭挤压； 6. 占地面积小； 7. 采用润滑挤压，压余可少留； 8. 设备和工具的同心度较好，不易产生偏心

挤压方法图例	说　　明
反向挤压棒材 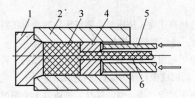 a—带封闭板反向挤压 1—封闭板；2—挤压筒；3—锭坯； 4—模垫；5—挤压轴；6—棒材 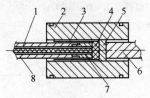 b—双轴反向挤压 1—挤压制品；2—挤压筒；3—残皮；4—锭坯； 5—挤压垫片；6—主轴；7—挤压模；8—模轴	1. 挤压过程中锭坯与挤压筒之间无相对运动； 2. 挤压棒材时，采用空心挤压轴和带模孔的挤压垫（模垫）。挤压轴前进，金属从模垫挤出并沿空心挤压轴流出； 3. 可使用大直径的长锭坯进行低温快速挤压； 4. 金属流动比较均匀，制品的组织和性能较均匀
反向挤压管材 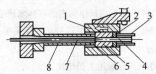 a—双轴反向挤压 1—挤压筒；2—挤压垫；3—挤压轴；4—穿孔针； 5—锭坯；6—模垫；7—管材；8—模轴 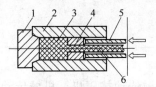 b—带封闭板反向挤压 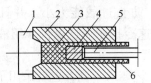 c—大管反向挤压 1—封闭板；2—挤压筒；3—锭坯；4—模垫（挤压垫）； 5—挤压轴（模轴）；6—管材	1. 中小管材反挤时，可采用空心铸锭挤压； 2. 利用装在封闭板上的芯棒（穿孔针）或采用直接穿孔（双轴反挤）的方法通过模垫反挤管材； 3. 大管反向挤压时，金属在挤压垫片（相当于芯棒）与挤压筒内径形成的间隙中流出； 4. 大管反挤压时，挤压垫片的大小，控制管材内径； 5. 大管反向挤压的管坯，表面质量较差，用于拉伸管坯一般要安排车皮工序

挤压方法图例	说　明
连续挤压（Conform） 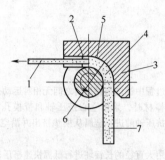 1—制品；2—模子；3—导向块； 4—初始咬入区；5—挤压区； 6—槽轮；7—坯料	1. 连续挤压时，挤压制品靠挤压轮转动与坯料间产生的摩擦，将坯料挤出模具； 2. 除了可用实体金属挤压，也可以用棒料、粉料、熔态料、切削或废料作为原料进行挤压； 3. 可生产管、棒、型、线材，更适合于小断面的盘卷制品； 4. 金属的塑性流动是靠摩擦力和摩擦力产生的温升作用引起的； 5. 对铜的温升可达 400~500℃； 6. 挤压制品成品率高
静液挤压 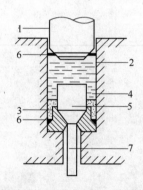 1—挤压轴；2—挤压筒；3—挤压模； 4—高压液体；5—锭坯；6—密封环； 7—挤压制品	1. 挤压时挤压筒内通过高压液体将锭坯挤出模孔形成制品，压力不小于 1500MPa。高压液体的压力可直接用增压器或用挤压轴压缩挤压筒内的液体来建立； 2. 静液挤压一般在常温下进行，如果需要也可在高温下进行挤压； 3. 挤压力小，可采用大挤压比； 4. 可生产断面复杂的型材和复合材料； 5. 制品尺寸精度高，表面质量好和性能均匀

　　挤压机按照传动方式可分为液压传动挤压机和机械传动挤压机。机械传动挤压机是通过曲轴或偏心轴将回转运动变成往复运动，推动挤压杆对金属进行挤压，这种挤压机在承受负荷时易产生冲击，对速度调节反应不灵敏，防止过载能力小，并且难以大型化，所以热挤压很少采用，一般只适用于小吨位、高速冷挤压。这里仅介绍液压挤压机的分类。

　　液压挤压机由于用途不同，形式也就多样。加之工艺要求不同，也就采用了不同的附属装置。下面介绍液压挤压机按结构形式、工艺用途、挤压方法、传动形式、工作介质分类方法。

　　液压挤压机分类如下：

液压挤压机分类
- 按总体结构分
  - 立式挤压机：运动部件的运动方向与地面垂直
  - 卧式挤压机：运动部件的运动方向与地面平行
  - 连续挤压机：制品出料方向与地面平行为主流形式
- 按工艺用途分
  - 单动挤压机：棒材挤压机（无独立穿孔系统）
  - 双动挤压机：管材挤压机（有独立穿孔系统）
- 按挤压方法分
  - 正向挤压机：运动部件与出料方向一致
  - 反向挤压机：运动部件与出料方向相反
  - 联合挤压机：既可实现正向挤压又可实现反向挤压
- 按传动形式分
  - 泵直接传动：泵直接安装在挤压机上面，高压液体自给
  - 泵-蓄势器传动：工作缸所需高压液体由高压泵站供给
- 按工作介质分
  - 油压机：工作介质为油
  - 水压机：工作介质为水

309　各种挤压方法有何优缺点?

各种挤压方法的主要优缺点见表 5-2。

表 5-2　各种挤压方法的主要优缺点

加工方法	优　点	缺　点
正向挤压加工	1. 具有比轧制更强的三向压应力，金属可以发挥其最大塑性，如纯铜挤压比可达 400； 2. 可以在一台设备上生产形状简单的管、棒、型、线材，也可以生产断面复杂的产品； 3. 具有较大的灵活性，一台设备可以生产出多个品种和规格； 4. 产品尺寸精确，表面质量好； 5. 相对于穿孔轧制、孔型轧制等一些生产管材的方法，挤压加工工艺流程简单； 6. 实现生产过程自动化比较容易； 7. 挤压变形可以改善金属材料的组织，提高其力学性能； 8. 采用水封挤压产品，表面无氧化，产品晶粒度细小，提高其塑性	1. 金属的固定废料损失较大，压余残料损失一般可占铸锭重量的 10%～15%，挤压管材时还有穿孔料头损失，切头尾损失，脱皮挤压时还有脱皮残料损失，成品率低； 2. 挤压时锭坯长度受限制； 3. 挤压制品长度方向上的组织和力学性能不够均匀； 4. 管材挤压时易产生偏心废品； 5. 空心锭坯挤管时，增加了锭坯大量的附加加工； 6. 挤压工具处于高温高压条件下工作，工具消耗较大，工具成本高； 7. 挤压机结构复杂，投资费用大； 8. 生产效率低
反向挤压加工	1. 锭坯在挤压筒内与挤压筒之间基本没有相对滑动，挤压力比正向挤压力小； 2. 金属流动比较均匀，挤压残料（压余）可少留，成品率高； 3. 金属流动较均匀，制品组织和性能较均匀； 4. 所需的挤压力与锭坯长度无关，可采用长锭坯挤压制品； 5. 锭坯和挤压筒之间不产生摩擦热，所以变形热小，可以提高挤压速度； 6. 挤压筒和模具的磨损小，使用寿命长，工具成本低； 7. 可生产大直径管材，直径超过 φ300mm	1. 死区小，难以对锭坯表面杂质和缺陷起阻滞作用，制品表面质量较差； 2. 工模具固定较复杂，操作麻烦，辅助时间长，降低了生产效率； 3. 制品尺寸受空心挤压轴（模轴）内腔尺寸限制，产品规格较少； 4. 大管挤压时，管材长度受挤压轴长度限制； 5. 反向挤压时出现闷锭事故不好处理； 6. 采用专用反向挤压机，投资费用大

加工方法	优　点	缺　点
连续挤压加工（Conform）	1. 可以实现真正意义上的无间断，连续挤压生产，减少非生产时间，提高生产效率； 2. 挤压轮转动与坯料间产生的摩擦大部分得到有效利用，挤压变形能耗大大降低； 3. 可节省热挤压过程中锭坯的加热工序、加热所用的设备投资； 4. 生产成本和能耗低； 5. 减少了挤压压余、切头尾等几何损失，成品率高； 6. 制品沿长度方向组织和性能均匀； 7. 设备紧凑，占地面积小，投资费用较低	1. 挤压槽轮表面、导向块、模子等处于高温摩擦状态，因而对工模具材料的耐磨耐热性要求高； 2. 对坯料预处理要求高； 3. Conform 连续挤压法，一般用于小断面的盘卷生产，生产大断面的产品时，产量远低于常规挤压法； 4. 由于 Conform 连续挤压法的特点，限制了生产高精度的产品； 5. 工模具更换比常规挤压机要困难； 6. 对设备液压系统，密封和控制系统要求高
静液挤压加工	1. 锭坯与挤压筒没有直接接触，无摩擦，模子的润滑条件好，所以金属流动均匀，制品的组织性能在断面和长度上都很均匀； 2. 挤压力小，一般比正向挤压力小 20% ~ 40%，可采用大挤压比，一般挤压比可达 400 以上； 3. 可采用长锭坯及连续挤压线材，并可实现高速挤压，制品表面粗糙度较好； 4. 可挤压断面复杂的型材和复合材料，并可挤压高强度、高熔点和低塑性的金属材料	1. 需要进行锭坯的预先加工，降低了挤压成材率； 2. 挤压筒和挤压轴在工作时承受很高的压力，材料的选择和结构的设计应考虑如何保证其强度问题； 3. 应考虑高压液体的选择和高压液体的密封等问题

310　正向挤压时金属流动有什么规律？

按照金属流动特征和挤压力的变化规律，可以把变形金属分为不同的区域，将挤压过程分为 3 个阶段。这里以棒材为例来做分析和说明。

（1）第一阶段，称为开始挤压阶段或是挤压充填阶段。为了便于把热态锭坯顺利送入挤压筒，必须使两者的直径差控制在 1 ~ 15mm 的范围内；筒径越大，间隙越大。金属承受挤压杆的作用力，首先充满挤压筒和模孔。在充填挤压阶段，挤压力是直线上升的。金属的变形特点是轴向被压缩了，在径向和周向被延伸了。充填阶段沿锭坯长度方向上的不均匀径向流动，对制品的力学性能和质量都有影响，充填系数越大，充填过程流出的料头越长，这部分材料基本上保留了铸态组织，力学性能低劣，另外充填过程还有可能出现和自由锻造一样的鼓形，如果锭坯在鼓形变形的侧面承受不了周向拉应力，会产生轴向微裂纹，有些合金的裂纹可以在随后的挤压中被焊合，有些则不能压合，直至保留在制品的表面上。所以，一般希望锭坯和挤压筒之间的间隙尽可能小些。

（2）第二阶段，称为基本挤压阶段或平流挤压阶段。当铸锭充满挤压筒，并有部分金属从模孔中流出时，这就表示挤压平流阶段开始。在这个阶段中，挤压力不再上升，由于挤压筒和锭坯之间存在摩擦力，并且以接触面处为最强，离接触面越远越弱，对金属流动的阻力作用不完全一样。金属的内层和外层之间基本上不产生交错运动，即铸锭外层的金属构成制品的外层，但由于筒壁的摩擦作用，在铸锭的同一个截面上，外层金属的流动普遍低于内层金属的流动速度。从图 5-4 中可以看出平流挤压阶段仍然存在着不均匀变形，具体表现在：

1）在制品上可以看到不均匀变形。在棒材的最前端存在一个微变形区，这部分金属基本是铸造组织，从图 5-4 中还可看出，金属的变形沿轴线从制品的前端向后端逐渐增加。金属的径向也存在着不均匀变形，从中部向边部是逐渐增加的。

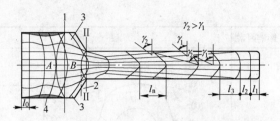

图 5-4　单孔锥模不润滑正向挤压圆棒时金属流动情况
1—开始压缩部位；2—压缩终了部位；
3—死区；4—堆聚区

2）在挤压过程中，铸锭的网格变化，也可以看到挤压过程的不均匀变形。金属的变形区集中在模孔附近的一个区域内，如图 5-4 中的 A 和 B 之间的区域内，这个区域称为变形区压缩段（堆积区）。它的大小与合金性质、挤压模角、工具表面状态、挤压比的大小有直接关系。在这一区域，金属的变形量最大。在轴线上金属的变形是从变形区压缩段向垫片方向逐渐减少，在径向上从中部向边部逐渐增加。

挤压过程中在铸锭上存在着难变形区，也称为死区或弹性变形区，一个是挤压筒与模子交界环形死区部位，称为前端难变形区；一个是位于变形区压缩段后面的锭坯未变形部分。死区阻止了铸锭的表面缺陷、氧化皮和其他杂物流入制品。但死区与材质、挤压速度、是否有润滑等都有关系，因此实际生产时，应根据合金的特性和产品要求，选择适宜的工艺参数。

（3）第三阶段，也称为挤压终了阶段或紊流挤压阶段。随着挤压过程的深入，金属的不均匀变形逐渐加剧，直至外层金属发生横向流动，铸锭的表面缺陷、氧化皮、挤压筒中残留物流入变形区压缩段，表明紊流阶段开始。在紊流阶段，挤压力又开始上升。金属产生横向流动的原因是金属不均匀变形所致，铸锭中部的金属流动比边部快，在挤压末期铸锭边部的金属就沿垫片的端部向中心补充，挤压缩尾、皮下夹层、氧化物的压入等缺陷都是在这个阶段形成的。

311　影响金属流动的因素是什么?

影响金属流动的因素见表 5-3。

表 5-3　影响金属流动的各种因素

影响因素	图　　例	说　　明
摩擦与润滑的影响	外摩擦对挤压管材时金属流动的影响 a—挤压前；b—无润滑；c—有润滑	1. 用表面粗糙已磨损的挤压筒内衬挤压时，金属流动不均匀； 2. 无润滑挤压时，产生很大的摩擦阻力，变形扩展很深，流动不均匀； 3. 润滑挤压时，摩擦阻力小，变形区在模子附近，金属流动较均匀； 4. 挤压管材时，锭坯中心部分受穿孔针摩擦力和冷却作用，降低了其流动速度。挤压管材时比挤压棒材金属流动要均匀； 5. 无润滑挤压的·$\alpha + \beta$ 两相黄铜和铝青铜等，金属流动最不均匀

影响因素	图　例	说　明

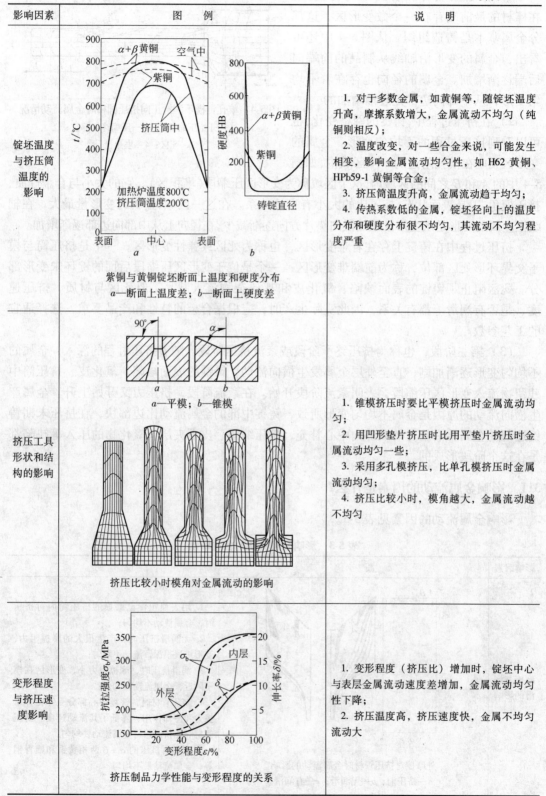

锭坯温度与挤压筒温度的影响	紫铜与黄铜锭坯断面上温度和硬度分布 a—断面上温度差；b—断面上硬度差	1. 对于多数金属，如黄铜等，随锭坯温度升高，摩擦系数增大，金属流动不均匀（纯铜则相反）； 2. 温度改变，对一些合金来说，可能发生相变，影响金属流动均匀性，如 H62 黄铜、HPb59-1 黄铜等合金； 3. 挤压筒温度升高，金属流动趋于均匀； 4. 传热系数低的金属，锭坯径向上的温度分布和硬度分布很不均匀，其流动不均匀程度严重
挤压工具形状和结构的影响	a—平模；b—锥模 挤压比较小时模角对金属流动的影响	1. 锥模挤压时要比平模挤压时金属流动均匀； 2. 用凹形垫片挤压时比用平垫片挤压时金属流动均匀一些； 3. 采用多孔模挤压，比单孔模挤压时金属流动均匀； 4. 挤压比较小时，模角越大，金属流动越不均匀
变形程度与挤压速度影响	挤压制品力学性能与变形程度的关系	1. 变形程度（挤压比）增加时，锭坯中心与表层金属流动速度差增加，金属流动均匀性下降； 2. 挤压温度高，挤压速度快，金属不均匀流动大

影响因素	图　　例	说　　明
金属强度特性影响		1. 强度高的金属比强度低的金属流动均匀。 2. 合金比纯金属挤压流动均匀。 3. 一般铜、磷青铜、H96 等合金，金属流动均匀。 4. α 黄铜、H68、H80、HSn70-1、白铜、镍合金等金属，流动不均匀
挤压方法和制品形状与尺寸的影响		1. 静液挤压法中，金属流动最均匀。 2. 反向挤压比正向挤压金属流动均匀。 3. 脱皮挤压比普通挤压金属流动均匀。 4. 棒材挤压比型材挤压时金属流动均匀

　　金属的流动除受摩擦阻力影响外，锭坯与挤压工具的预热温度、工具的形状和尺寸、变形程度和挤压速度等因素的影响也很大。在热挤压条件下，锭坯内外部温度不一致所引起的变形抗力的差异，对金属流动也起着很大作用，根据金属流动的特点可归纳为四种基本类型，如图 5-5 所示。

　　(1) A 型。金属流动均匀，这种流动模式只有反向挤压时才获得，变形区局限在模口，变形区和死区很小，只集中在模口附近，弹性区域的体积较大，应特别注意的是，它的死区形状与正向挤压时有很大不同。

　　(2) B 型。正向挤压时，如果挤压筒壁与金属间的摩擦阻力很小，则会获得 B 型流动，它的变形区和死区比 A 型的稍大，金属流动比较均匀。因此不易产生中心缩尾和环形

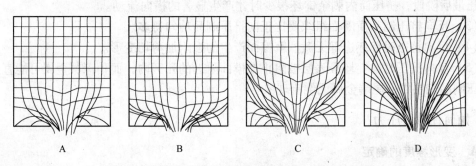

　　　　A　　　　　　　　　B　　　　　　　　　C　　　　　　　　　D

图 5-5　平模挤压时金属流动的四种基本类型示意图

缩尾。如：紫铜、锡磷青铜等属于这种类型。

（3）C型。挤压工具对金属流动摩擦阻力较大时，就会获得C型流动，金属流动不均匀，变形区已扩展到整个锭坯的体积，在挤压后期会出现不太长的缩尾。如α黄铜、白铜、镍合金等属于这种类型。

（4）D型。当挤压工具对金属流动摩擦阻力很大，且锭坯内外温差又很明显时，金属流动很不均匀。挤压一开始，外层金属由于沿筒壁流动受阻而向中心流动，变形区扩大到整个锭坯体积。因此，缩尾最长。如 α + β 黄铜、铝青铜等属于这种类型。

必须指出，这些金属与合金所属的流动类型是在通常生产条件下获得的，并非固定不变，挤压条件一旦改变，可能导致相应流动模式的变化。

312　反向挤压时金属流动有什么特点和规律？

反向挤压受力与金属流动情况如图 5-6 所示。

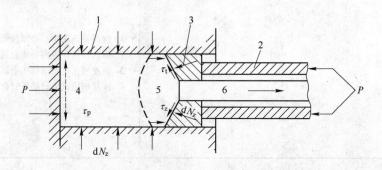

图 5-6　反向挤压时作用于金属的力
1—挤压筒；2—空心挤压轴；3—模子；4—锭坯未挤压部分；
5—塑性变形区；6—挤压制品

由于锭坯未挤压部分 4 的金属与挤压筒壁之间不存在摩擦，也未参与变形，故金属的受力条件是三向等压应力状态。

反向挤压金属流动及变形特征：

（1）挤压时金属的变形区紧靠模面，变形区后面的金属不发生任何变形。

（2）靠近模面处仅产生一高度很小的金属流动死区，该死区金属几乎不参与变形，直到挤压最后阶段，挤压筒内剩余锭坯很少时才产生显著的横向流动。

（3）反向挤压制品横断面组织要比正向挤压制品均匀得多。

（4）反向挤压时锭坯边部无激烈摩擦而产生的强附加剪切变形。

（5）反向挤压时，锭坯最表层被阻止在模面附近的死区内，而稍深层金属可能直接流入挤压制品表层中，尾端金属无倒流现象。

313　如何计算挤压力？

A　变形程度的确定

金属压力加工过程中，坯料的尺寸在三个方向上都有变化，计算变形程度时则以尺寸变化最大的方向为准。

变形程度也称为加工率，它表示金属相对变形的一个参数。

$$\varepsilon = \frac{F_t - F}{F_t} \times 100\% \tag{5-1}$$

管、棒、型材生产时，常用延伸系数（挤压比）λ 表示。

根据体积不变的原理：

$$\varepsilon = 1 - \frac{1}{\lambda} \tag{5-2}$$

$$\lambda = \frac{1}{1 - \varepsilon} \tag{5-3}$$

式中　ε——变形程度；

　　　λ——延伸系数（挤压时，称挤压比）；

　　　F_t—挤压筒面积，mm^2；

　　　F—挤制品面积，mm^2。

B　正向挤压力

挤压力是挤压轴通过垫片作用在被挤压的金属锭坯上的力，如图 5-7 所示。

挤压力是随挤压轴的行程而变化的，挤压的第一阶段为填充阶段，随着挤压轴向前移动，挤压力不断增大。第二阶段为稳定挤压阶段，正向挤压时，金属被挤出模孔，挤压筒壁与锭坯间的摩擦面积不断减小，挤压力由最大值不断下降。而反向挤压时则不同，锭坯的未变形部分与挤压筒壁没有相对运动，因此，没有摩擦力作用，挤压力基本保持稳定。第三阶段为挤压终了阶段，因锭坯温度降低，挤压接近死区，这时挤压力出现回升。我们要计算的挤压力是指挤压力曲线中最大值。

C　正向挤压力计算公式

金属挤压力计算公式比较多，选择计算公式应力求简便、快捷。挤压力计算所

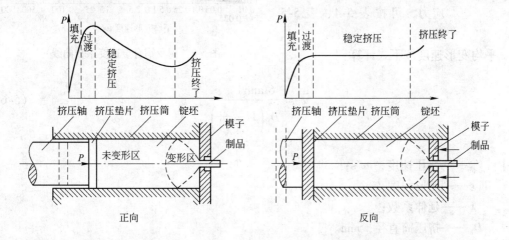

图 5-7　挤压力与行程变化

得结果的准确度，不仅取决于计算公式本身的精确度，而且很大程度上取决于其中的参数和系数的选择，对经验公式系数的选择更为重要。可根据现场生产实践和实测值的比较，找出合理的系数值，作为以后计算时的使用范围。建议采用以下经验公式：

$$P_\mathrm{J} = ab\sigma_\mathrm{s}\left(\ln\lambda + \mu \times \frac{4L_\mathrm{坯}}{D_\mathrm{b} - d}\right) \tag{5-4}$$

式中　P_J——挤压应力，MPa；

　　　μ——摩擦系数；无润滑热挤压时 $\mu = 0.5$，带润滑热挤压时 $\mu = 0.2 \sim 0.25$；冷挤压时 $\mu = 0.1 \sim 0.15$；

　　　λ——延伸系数；

　　　D_b——挤压筒直径，mm；

　　　d——挤压制品内径，mm，棒材、实心型材为 $d = 0$；

　　　$L_\mathrm{坯}$——坯料充填后长度，mm；

　　　a——合金修正系数，$a = 1.3 \sim 1.5$，硬合金取下限，软合金取上限；

　　　b——制品断面形状修正系数，棒材、圆管材为 $b = 1.0$；复杂断面、异性材为 $b = 1.1 \sim 1.6$。

D　挤压力计算公式中金属变形抗力的确定

挤压坯料变形抗力 σ_s 决定于坯料牌号、变形温度、变形速度。目前关于变形抗力与变形速度关系的资料较少，在实际应用中可用下式来近似确定变形抗力。

$$\sigma_\mathrm{s} = \eta_\mathrm{v}\sigma_\mathrm{静} \tag{5-5}$$

式中　η_v——变形速度系数，按图5-8确定；

　　　$\sigma_\mathrm{静}$——变形温度下静态拉伸的屈服应力，可按表5-4、表5-5确定。

平均变形速度按下式计算：

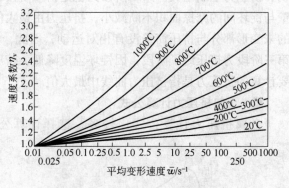

图5-8　铜及铜合金速度系数曲线

$$\overline{w} = \frac{6\tan\alpha V_\mathrm{挤}\,\varepsilon}{D_\mathrm{b}\left(1 - \dfrac{1}{\lambda^{\frac{3}{2}}}\right)} \tag{5-6}$$

式中　$V_\mathrm{挤}$——挤压速度，m/s；

　　　ε——变形程度，%；

　　　λ——延伸系数；

　　　D_b——挤压筒直径，mm。

铜及铜合金不同温度下屈服强度 σ_s 见图5-9和表5-4、表5-5。

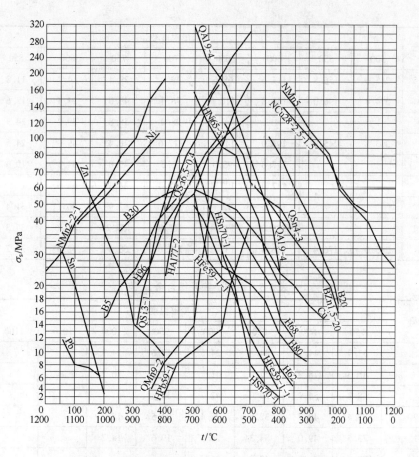

图 5-9　铜及铜合金不同温度下屈服强度 σ_s 曲线

（图中坐标 t 的下刻度适用于自左向右递增的曲线）

表 5-4　铜及铜合金的 σ_s 值　　　　　　　　　　（MPa）

合金牌号	变形温度/℃								
	500	550	600	650	700	750	800	850	900
铜	58.8	53.9	49.0	43.1	37.2	31.4	25.5	19.6	17.6
H96			107.8	81.3	63.7	49.0	36.3	25.5	18.1
H80	49.0	36.3	25.5	22.5	19.6	17.2	12.3	9.8	8.3
H68	53.9	49.0	44.1	39.2	34.3	29.4	24.5	19.6	
H62	78.4	58.8	34.3	29.4	26.5	23.5	19.6	14.7	
HPb59-1			19.6	16.7	14.7	12.7	10.8	8.8	
HAl77-2	127.4	112.7	98.0	78.4	53.9	49.0	19.6		
HSn70-1	80.4	49.0	29.4	17.6	7.8	4.9	2.9		
HFe59-1-1	58.8	27.4	21.6	17.6	11.8	7.8	3.9		
HNi65-5	156.8	117.6	88.2	78.4	49.0	29.4	19.6		
QAl9-2	173.5	137.2	88.2	38.2	13.7	10.8	8.2	3.9	
QAl9-4	323.4	225.4	176.4	127.4	78.4	49.0	23.5		

合金牌号	变形温度/℃								
	500	550	600	650	700	750	800	850	900
QAl10-3-1.5	215.6	156.8	117.6	68.6	49.0	29.4	14.7	11.8	7.8
QAl10-4-4	274.4	196.0	156.8	117.6	78.4	49.0	24.4	19.6	14.7
QBe2.0					98.0	58.8	39.2	34.3	
QSi1-3	303.8	245.0	196.0	147.0	117.6	78.4	49.0	24.5	11.8
QSi3-1			117.6	98.0	73.5	49.0	34.3	19.6	14.7
QSn4-0.3			147.0	127.4	107.8	88.2	68.6		
QSn4-3			121.5	92.1	62.7	52.9	46.1	31.4	
QSn6.5-0.4			196.0	176.4	156.8	137.2	117.6	35.3	
QCr0.5	245.0	176.4	156.8	137.2	117.6	68.6	58.8	39.2	19.6

表 5-5　白铜、镍及镍合金 σ_s 值　　　　　　　　　　（MPa）

合金牌号	变形温度/℃								
	750	800	850	900	950	1000	1050	1100	1150
B5	53.9	44.1	34.3	24.5	19.6	14.7			
B20	101.9	78.9	57.8	41.7	27.4	16.7			
B30	58.8	54.9	50.0	42.7	36.3				
BZn15-20	53.4	40.7	32.8	27.4	22.5	15.7			
BFe5-1	73.5	49.0	34.3	24.5	19.6	14.7			
BFe30-1-1	78.4	58.8	47.0	36.3					
镍		110.7	93.1	74.5	63.7	52.9	45.1	37.2	
NMn2-2-1		186.2	147.0	98.0	78.4	58.8	49.0	39.2	29.4
NMn5		156.8	137.2	107.8	88.2	58.8	49.0	39.2	29.4
NCu28-2.5-1.5		142.1	119.6	99.0	80.4	61.7	50.0	39.2	

E　反向挤压力

反向挤压时，锭坯与挤压筒内壁之间无相对滑动，不产生摩擦损耗，最大挤压力比正向挤压可降低 30% ~ 40%。

正、反向挤压所需挤压力的比较见图 5-10。

反向挤压力计算公式：

$$P = P_J \times F_t \qquad (5-7)$$

式中　P_J——挤压应力，MPa；

　　　F_t——挤压筒面积，mm^2。

（棒、型材挤压时为挤压筒面积，管材挤压时应减去穿孔针截面积）

棒材单孔模挤压应力计算：

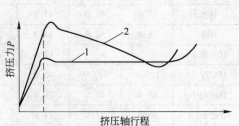

图 5-10　在同样挤压条件下正、反向
挤压所需挤压力的比较
1—反向挤压；2—正向挤压

$$P_J = \left[\left(1 + \frac{1}{\sqrt{3}} \times \cot\alpha \right) \ln\lambda + \frac{2L_{定}}{D_a} \right] \sigma_s \qquad (5\text{-}8)$$

多孔模、型材挤压应力计算：

$$P_J = \left[\left(1 + \frac{\sqrt[3]{a}}{\sqrt{3}} \times \cot\alpha \right) \ln\lambda + \frac{\Sigma L_{周}\, L_{定}}{2\Sigma f} \right] \sigma_s \qquad (5\text{-}9)$$

管材挤压应力计算：

$$P_J = \left[\left(1 + \frac{1}{\sqrt{3}} \times \cot\alpha \times \frac{\overline{D} + d}{\overline{D}} \right) \ln\lambda + \frac{2L_{定}}{D_a - d} \right] \sigma_s \qquad (5\text{-}10)$$

式中　λ——挤压比；

　　$L_{定}$——挤压模定径区长度，mm；

　　α——模角，(°)；

　　D_a——挤压制品外径，mm；

　　$\overline{D}$——变形区坯料平均直径，mm：

$$\overline{D} = \frac{1}{2} \times (D_b + D_a)$$

　　d——挤压制品内径，mm；

　　σ_s——屈服强度，MPa；

　　$\Sigma L_{周}$——挤压制品的周边长度总和；

　　Σf——挤压制品断面积总和；

　　a——经验系数：

$$a = \frac{\Sigma L_{周}}{1.13\pi \sqrt{\Sigma f}} \qquad (5\text{-}11)$$

314　影响挤压力的因素有哪些?

影响挤压力的因素很多，主要有金属的变形抗力、变形程度、外摩擦状态、模子形状尺寸、挤压模角、挤压速度、锭坯长度、制品断面形状以及挤压方法等。

A　金属的高温性能

金属本身的性质对挤压力的影响体现在两个方面：一是金属的高温变形抗力（高温屈服强度），金属的高温变形抗力越高，变形时所需要的挤压力就越大，例如铜镍合金、铬青铜、镉青铜、锡磷青铜、锡锌铜、含铜 68% ~ 85% 的普通黄铜、HSn70-1、HAl77-2 都是高温变形抗力比较高的合金。另外，高温状态下金属的黏性也是影响挤压力的因素，黏性大的金属变形时引起的外摩擦力也增大，导致挤压力上升，例如白铜、铝青铜都是高温状态下黏性较大的合金。

B　挤压温度

一般情况下，随着挤压温度升高，金属变形抗力下降，所需挤压力下降。挤压工具温度对挤压力的影响也是不可忽视的，挤压工具温度低，在工作过程中将会和铸锭产生大量的热交换，降低铸锭温度，也会使挤压力上升。

C　金属的变形程度

挤压力随变形程度增大而升高，增加变形程度实质上是增加了模子端面对金属的变形阻力，使金属流入模孔更加困难。

D　锭坯长度

正向挤压时，锭坯与挤压筒内衬之间存在摩擦阻力，挤压力随锭坯长度增长而增大。反向挤压时，锭坯与挤压筒内衬之间无相对滑动，所以使用相同长度的铸锭，在其他条件相同的情况下，反向挤压的挤压力比正向挤压力明显小。但通常增加铸锭长度相应增加了纯挤压时间，温降也会影响变形抗力，导致挤压力的增高。

E　工具的表面状态与润滑

金属与挤压筒内衬、金属与挤压模具表面之间的摩擦阻力增大，挤压力增大。良好的润滑可以减少摩擦，降低挤压阻力。

F　挤压模角与断面形状

挤压模的模角对挤压力有明显影响，随模角逐渐增大，挤压力逐渐降低。当 α 在 45°～60°范围时，挤压力最小，模角 α 继续增大时，挤压力呈升高趋势。在挤压变形条件下，制品断面形状越复杂，所需的挤压力越大。

G　挤压速度

挤压前阶段，挤压速度高，挤压力大。随挤压继续进行，锭坯冷却较慢，变形区温度可能提高，挤压力逐渐降低。挤压后阶段，挤压速度慢时，锭坯温度降低，变形抗力升高，挤压力反而升高。

315　如何计算穿孔力？

穿孔针在挤压管材时穿入锭坯，穿孔针断面上受到压力，穿孔针侧表面受到摩擦力，穿孔时受到的阻力称穿孔力。如图 5-11 所示。

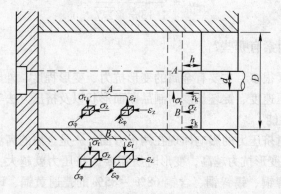

图 5-11　穿孔示意图

穿孔力计算公式

$$P_{\mathrm{c}} = \frac{\pi}{2} \times d^2 \left(2 + \frac{d}{D-d}\right) K \tag{5-12}$$

式中　　P_{c}——穿孔力，MN；

　　　　d——穿孔针直径，mm；

　　　　D——锭坯直径，mm；

　　　　K——强制变形抗力，MPa，$K = 1.15\sigma_{\mathrm{s}}$；

　　　　σ_{s}——屈服强度，MPa。

当用瓶式穿孔针时，式中 d 应该是穿孔针针体的大直径，实际生产中填充后，穿孔挤压时一定要将大车（挤压轴）后退一些，后退的多少可根据穿孔针直径来考虑，便于穿孔时金属反流，否则穿孔力会增大，而且"萝卜头"损失也较大。

316　卧式挤压机的基本结构和特点是什么?

卧式正向挤压是最基本的挤压方法，技术最成熟。其特点是可制造和安装大型挤压机，同时可用于挤压铜及铜合金的管、棒、型、线材各种产品，挤压制品规格不受限制，工艺操作简单，生产灵活性大，易实现挤压机设备机械和控制的自动化等，是目前挤压机中最广泛使用的方法之一。其缺点是：挤压制品时，锭坯与挤压筒壁之间产生很大的外摩擦力，造成金属流动不均匀，从而给挤压制品的质量带来不利影响，挤压管材时易产生偏心。另外，挤压工具磨损很快，挤压能耗大，占地面积较大。

卧式正向挤压机的基本结构包括挤压机本体和辅机两部分。

A　挤压机本体

如图 5-12 所示，其本体包括前横梁、后横梁（也称为固定梁）、活动横梁、张力柱、挤压筒、机座六个部分，其中前梁上装有滑动模架、液压剪刀和挤压筒移动缸；固定梁上装有工作缸、动梁回程缸和穿孔针调程装置；活动横梁上装有挤压轴、穿孔回程缸和穿孔针等；张力柱通过内外螺母把前横梁和后横梁连接起来，形成一封闭框架，承受全部挤压力；机座支承挤压机本体各个部分，并提供活动横梁和挤压筒滑动的滑道。

a　前、后横梁

前横梁和后横梁通过张力柱连接，形成一封闭框架。挤压机的后横梁必须固定在基座

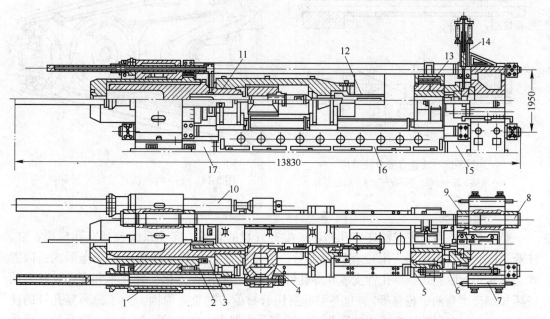

图 5-12　25MN 卧式挤压机本体结构（水压机）

1—后梁；2—主缸；3—主柱塞；4—动梁；5—挤压筒座；6—挤压筒固定螺栓；
7—前梁；8—张力柱；9—张力柱连接螺母；10—主柱塞回程缸；11—穿孔柱塞；
12—挤压轴；13—挤压筒；14—锁键缸；15，16，17—机座

上，以便能承受工作时强大的冲击力，例如挤压机在"闷车"时，机身会发生强烈振动，甚至会剪断螺栓。前横梁和挤压筒以及制品相接触，会产生热膨胀变形，在设计和安装时必须考虑这些因素。

　　b　张力柱

现有挤压机中，一般以圆柱形四张力柱结构占大多数。张力柱将挤压机的前、后横梁连接在一起，是承受挤压力的最基本构件。现代挤压机多采用预应力张力柱结构，从而给予机架较高的刚度，除了承受挤压力外，还可作为挤压筒座和挤压活动横梁的导轨，从而提高了导向精度，有助于提高挤压制品的精度，如图 5-13 所示。

　　c　挤压筒系统及活动横梁

挤压筒是挤压机的重要部件，它在高温、高压条件下工作。挤压筒一般由两层或两层以上的衬套在过盈配合下装配而成，将挤压筒制成多层的原因是：使筒壁中的应力分布更均匀些，并降低应力的峰值，同时在内衬磨损后更换内衬而不必更换整个挤压筒。为了防止锭坯温降，保证挤压筒不受剧烈的热冲击，挤压筒工作时应加热到 350~450℃。预热方式有两种：一种是电阻加热；另一种是工频感应加热。

近代的管、棒、型材正向挤压机的挤压筒座以及活动横梁，采用了 X 形导轨结构，这种结构的活动部件同心度高，对中性性好，可以减少热胀冷缩引起的误差，特别是可以防止金属流动不均匀和挤压筒受到倾斜力矩导致偏离挤压中心线现象，有利于提高挤压制品的精度。X 形导轨结构如图 5-14 所示。

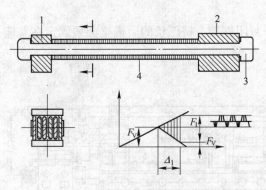

图 5-13　预应力张力柱结构
1—前梁；2—后梁；3—拉杆；4—箱形压柱

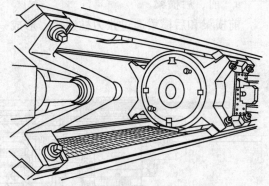

图 5-14　上下滑板四点接触 X 形导轨

　　d　穿孔系统

穿孔系统是用来完成锭坯穿孔挤压，生产管材的装置。穿孔系统包括穿孔横梁、缸、柱塞、针支承、连接器、限位装置等部分。卧式挤压机一般可分为三种基本形式：内置式、侧置式、后置式。穿孔针支承和穿孔针通过连接器刚性连接，针支承和穿孔针状态的好坏（如产生弯曲、偏移等），也是引起挤压管材偏心的重要原因。为了提高穿孔针的使用寿命，大、中型挤压机使用的穿孔针一般都是内部水、气交替冷却式的，穿孔针支承采用空心结构形式。

　　e　模座系统

卧式正向挤压机的模座是用来安装模支承和模具的部件。一般挤压机上使用的模座有纵向移动模座、横向移动模座和旋转式模座。

　　f　机座

　　它的作用是用来支承挤压活动横梁和挤压筒座的重量。

　　B　辅助机械装置

　　挤压用的辅助机械装置通常称为挤压机的辅机，它与挤压本体结构组成一个完整的系统，主要包括供锭系统、挤压垫与残料处理系统，以及制品的出料系统。

　　a　送锭系统

　　送锭系统的形式较多，一般可分为两种形式：一种是将出炉的锭坯通过送锭小车送到挤压机，然后再升高到挤压中心线位置；另一种是将出炉的锭坯通过送锭机构直接送到挤压中心线上。图 5-15 为带活动钳口的回转式送锭机构示意图。

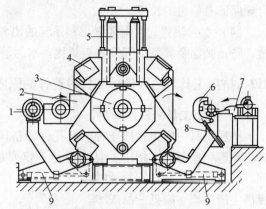

图 5-15　回转式送锭机构示意图

1—挤压垫片与残料移出装置；2—横向移动模座；
3—挤压筒；4—张力柱；5—剪刀；6—供锭机
钳口；7—供锭辊道；8，9—液压缸

　　送锭系统应满足下列要求：

　　(1) 准确无误地将锭坯送至挤压中心线上，防止挤压轴将锭坯推入挤压筒的过程中出现啃锭、推弓等现象。

　　(2) 机构要紧凑，行程短，落位准确，尽可能减少辅助时间，减少锭坯的氧化和降温。

　　(3) 运行可靠，动作灵活，减少故障率和工人的劳动强度。

　　b　挤压垫片传送和压余分离系统

　　挤压垫片在挤压机工作中是反复使用的，每次完成挤压后，挤压垫片与压余要进行分离，使金属压余进入残料箱中，而挤压垫片通过设备的专用溜槽传送系统送到垫片供给装置上待用。新型卧式正向挤压机，垫片与压余的分离装置操作比较方便，分离装置设在挤压机侧面。主要包括垫片和压余接收装置、分离装置、垫片溜槽转送装置等部分。垫片与压余以及脱皮残料的分离靠接收筒接收，然后移至侧边的分离装置一次分离完成，生产效率较高。

　　c　出料系统

　　出料系统一般包括出料台、横向运输冷床、挤压制品在线卷曲装置等。现代挤压机还包括水封装置、制品的牵引装置、挤压制品的锯切装置等。

　　(1) 出料台。使用纵向移动模座挤压机的出料台，一般是与模座连接在一起的，利用出料台下的传动装置往返运动。压余与挤压制品分离后，制品脱离模孔由拨料装置将挤压制品拨到横向运输冷床上，进行冷却。使用横向移动模座或旋转式模座挤压机的出料系统，一般是用出料台下面的辊道传动装置将制品移出。压余与挤压制品分离后，制品脱离模孔由出料台上的提升机构或翻料机构将挤压制品移送到横向运输冷床上进行冷却。

　　(2) 横向运输冷床。横向运输冷床一般可分为步进式移动冷床和链传式冷床。无论哪种形式的冷床，其宽度都应考虑挤压制品在上面有一定的冷却时间。

　　(3) 制品卷曲装置。一般分为在线卷曲和离线卷曲。挤压制品（小棒坯）的在线卷曲，可一次卷曲一根或两根（双孔模）制品。卷曲机一般靠近模支承出口的前横梁附近，制品的流出速度与卷曲机的卷曲速度是匹配的。离线卷曲一般长度有限制，挤压机的出料台要保证有一定的长度。

（4）水封装置。水封装置出料系统的出料台是槽形的（水槽），挤压制品直接进入水槽，防止高温金属与空气接触被氧化。水封装置包括水封头、出料水槽和水泵。

317　挤压工具的结构设计和材料选择的原则是什么？

A　挤压工具的设计原则

挤压工具一般包括挤压轴、穿孔针、挤压垫片、挤压模、挤压筒，此外还有模支承、针支承等一些部件。挤压工具的设计不仅要从保证产品质量的角度来考虑，使其形状合理，而且在设计和选择材质时，还应考虑其使用寿命，使用和维护是否方便等，尽量做到提高生产效率，降低产品成本。

B　挤压工具材料选择的原则

（1）在工作温度下，有足够的高温强度和硬度，高的耐回火性和耐热性。

（2）有足够的韧性，低的热膨胀系数和良好的导热性。

（3）为保证工具整个断面力学性能均一，要有良好的淬透性，良好的耐高温氧化性。

（4）有良好的耐磨性和良好的抗热疲劳性能，并具有良好的加工工艺和低廉的价格。

318　挤压筒的基本结构、尺寸要求是什么？

A　挤压筒的结构

现在大多使用两层至三层结构的挤压筒。挤压筒的内衬套和中衬套可以是圆形的，也可以是带一定锥度或带有台阶的。圆柱形衬套加工方便，易测量尺寸，但更换内衬套的时间较长。锥形衬套，更换内衬套节省时间，但不易加工，锥面上的平直度不易保证，尺寸不易检测。带台阶的挤压筒衬套，可便于圆柱形衬套的装配和防止工作中内衬套从外套（中衬）中脱出。挤压筒衬套的配合方式如图 5-16 所示。

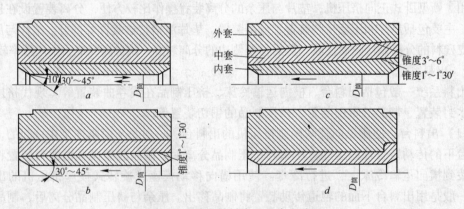

图 5-16　挤压筒衬套的配合方式

a—内衬套和中衬套圆形；b—内衬套锥形；c—内衬套和中衬套锥形；d—内衬套带台阶

B　挤压筒尺寸的确定

挤压筒尺寸包括挤压筒内径、挤压筒外径、挤压筒长度，尺寸与挤压机的能力有关，需要与之相匹配。通常按照以下要求确定。

挤压筒内径 $D_{筒}$ 与所要挤压合金的强度、挤压比、挤压工具的强度、挤压机能力和挤压筒的允许外径有关。筒最大内径应保证作用在挤压垫片上的单位压力不低于金属的变形抗力,筒最小内径应保证工具（挤压轴）的强度。一台挤压机通常配有 2~4 种内径的挤压筒,以满足不同挤压比、不同合金和不同尺寸规格的制品的需要。

挤压筒的外径一般是其内径的 4~5 倍,最大外径决定于挤压机的前梁尺寸,一般同一台挤压机上的几个挤压筒外径都是一样的,以便于更换。

挤压筒的长度不宜过长,筒的长度 $L_{筒}$ 可按下式确定:

$$L_{筒} = (L_{最大} + L) + t + H_{厚} \tag{5-13}$$

式中　$L_{最大}$——锭坯最大长度,其中对棒、型材为 $(2.5~3.5)D_{筒}$;对管材为 $(1.5~2.5)D_{筒}$;

　　　L——锭坯穿孔时金属向后流动增加的长度,mm;

　　　t——挤压模进入挤压筒的深度,mm;

　　　$H_{厚}$——挤压垫片厚度,mm。

挤压机能力与其配置的挤压筒内径 $D_{筒}$ 和长度 $L_{筒}$ 见表 5-6。

表 5-6　铜合金正向挤压机能力与其配置的挤压筒内径、长度范围

挤压机 /MN	挤压筒内径 $D_{筒}$ /mm	挤压筒长度 $L_{筒}$ /mm	比压 /MPa	挤压机 /MN	挤压筒内径 $D_{筒}$ /mm	挤压筒长度 $L_{筒}$ /mm	比压 /MPa
6	100~120	400	764~528	25	200~300	815	795~345
8	100~150	450	1020~455	31.5	200~355	815	1003~318
12	125~185	735	975~446	35	200~420	1000	1150~256
15	120~200	815	849~474				

C　挤压筒衬套厚度的确定

挤压筒各层衬套厚度尺寸一般凭经验数据初步确定,而后进行强度校核修正。根据所挤压合金和单位压力的不同,挤压筒各层衬套外径、内径的比值可在下面所给出的范围内选取:

$$\frac{D_1}{D_0} = 1.5~2.0 \tag{5-14}$$

$$\frac{D_2}{D_1} = 1.6~1.8 \tag{5-15}$$

$$\frac{D_3}{D_2} = 2.0~2.5 \tag{5-16}$$

挤压筒各层衬套外径、内径尺寸见图 5-17。

挤压筒各层厚度的大小与比值对装配应力有很大影响,对同一台挤压机,内径大的取下限值,内径小的取上限值。挤压筒外套因有加热孔和键槽而使强度减弱,这会降低中衬套的装配应力,因而挤压筒的外套宜采用较大的径比值。

D　公盈值的确定

挤压筒是挤压工具中的大型工具,它的强度直接关系到挤压筒的工作寿命,因此在做挤压筒设计时,强度校核是很重要的一环。挤压筒各层间的配合是有过盈量的热装配合。在装配以前,外套的内径略小于内套的外径,装配时将外套

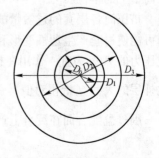

图 5-17　挤压筒各层衬套外径、
内径尺寸示意图

加热，使外套受热膨胀，装入内套冷却后则两套紧密配合。在实际设计中，公盈值都是根据使用经验选用的非标准公盈值。公盈值 ΔC 一般按以下经验公式计算：

$$\Delta C = \varepsilon D_{配} \tag{5-17}$$

式中　$D_{配}$——配合面直径，mm；

　　　ε——过盈配合系数，一般取 0.0015 ~ 0.0018。

选取公盈值的原则是单位工作压力大时，公盈值应选大些。挤压筒厚度大时，公盈值应选小些。多层套的挤压筒，靠近内衬套的公盈值应选大些，由公盈量引起的热装应力，以不超过挤压筒的单位工作压力 70% 为宜。公盈值过大时，衬套可能产生塑性变形，造成更换内衬困难。实际使用的挤压筒设计公盈值如表 5-7 所示。

表 5-7　挤压筒设计公盈值范围

挤压筒结构	配合直径/mm	公盈值 ΔC/mm
双层套	200 ~ 300	0.3 ~ 0.5
	310 ~ 500	0.5 ~ 0.6
	510 ~ 700	0.6 ~ 1.0
三层套	800 ~ 1130	1.05 ~ 1.35
	1600 ~ 1810	1.4 ~ 2.35
四层套	1130	1.65 ~ 2.2
	1500	2.05 ~ 2.3
	1810	2.5 ~ 3.0

319　怎样进行挤压筒的强度校核?

挤压筒是被挤压金属发生塑性变形的大型容器，它在高压、高温的条件下工作，而且其内壁又与高温锭坯产生剧烈的摩擦和热冲击，工作条件十分恶劣，受力非常复杂，不但受变形金属的压力和热装配合所产生的压力，还受热应力和摩擦力的作用。为了改善受力条件，延长使用寿命，可以把挤压筒做成多层组合式结构，通常设计成两层或三层以上的衬套，以过盈热配合组装在一起。挤压筒做成多层的原因是，使筒壁中的应力分布均匀些和降低应力的峰值，另外，在内衬磨损或损坏后可以更换，这样可以节省大量昂贵的工具钢材料。

这些力的作用结果导致在挤压筒中产生径向应力 σ_r、周向应力 σ_θ 和轴向应力 σ_1。为了简化计算，由锭坯和筒壁间引起的摩擦力、热应力引起的径向应力 σ_r、周向应力 σ_θ 和轴向应力 σ_1 可忽略不计，只考虑热装配和金属变形时引起的 σ_r、周向应力 σ_θ。金属作用在筒壁上的单位压力 $P_n = 0.6 ~ 0.8 P_d$，其中对铝取上限，对铜取下限。

挤压筒各层套的过盈量的选择很重要，过盈量过小不足以降低等效应力的数值，过大则可能使衬套产生塑性变形和更换内衬套困难。热装应力一般以不超过挤压筒工作时的单位压力的 70% 为宜，作用在挤压垫上的单位压力越大，则公盈亦应取大些，内层的公盈应比外层的大些（指相对值）。过盈量 δ 的大小一般为装配直径的 $\dfrac{1}{500} ~ \dfrac{1}{600}$。

因过盈配合面在配合上产生的装配压力 P_s（MPa）按下式确定：

$$P_s = \frac{E\delta(r_a^2 - r_c^2)(r_a^2 - r_c^2)}{2r_c^3(r_a^2 - r_i^2)} \tag{5-18}$$

式中　E——弹性模量，对于钢，在 500℃ 时为 1.83×10^5 MPa；

δ——装配半径公盈，mm；

r_a——挤压筒外半径，mm；

r_i——挤压筒外内径，mm；

r_c——装配半径，mm。

挤压筒一般由内向外装配，即先将内衬套装入中衬套，然后再将内、中衬套装入外套。装配时将中衬套加热，内衬套冷却，有时可放入液氨中冷却。

由装配压力和挤压力在挤压筒壁中所引起的应力 σ_r 和 σ_θ 用表5-8 所列公式计算。

表 5-8　挤压筒应力计算公式

项目 位置	受内单位压力 $P_i(P_a=0)$	受外单位压力 $P_a(P_i=0)$
筒壁上任意点	$\sigma_{\theta x}=-P_i\dfrac{u_x^2+1}{u^2-1}$	$\sigma_{\theta x}=+P_a\dfrac{u^2+u_x^2}{u^2-1}$
	$\sigma_{r x}=+P_i\dfrac{u_x^2+1}{u^2-1}$	$\sigma_{r x}=+P_a\dfrac{u^2-u_x^2}{u^2-1}$
筒内壁	$\sigma_{\theta i}=-P_i\dfrac{u^2+1}{u^2-1}$	$\sigma_{\theta i}=+P_a\dfrac{2u^2}{u^2-1}$
	$\sigma_{r i}=+P_i$	$\sigma_{r i}=0$
筒外壁	$\sigma_{\theta a}=-P_i\dfrac{2}{u^2-1}$	$\sigma_{\theta a}=+P_a\dfrac{u^2+1}{u^2-1}$
	$\sigma_{r a}=0$	$\sigma_{r a}=+P_a$

表中公式符号说明：

$$u=\frac{d_a}{d_i},\quad u_x=\frac{d_a}{d_x} \tag{5-19}$$

d_x——筒壁上任意点的直径；

P_i、P_a——内外单位压力。

根据变形能强度理论，等效应力

$$\sigma_e=\sqrt{\sigma_\theta^2+\sigma_r^2-\sigma_0\sigma_r} \tag{5-20}$$

考虑到加热孔对外套应力分布的影响，所计算出的等效应力 σ_e 值必须小于工作温度下挤压筒材料的屈服强度 $\sigma_{0.2}$，其安全系数 n 通常为 1.15~1.3。对挤压铜的挤压筒，其等效应力一般为 75%~80%，$n=1.25~1.3$。

320　如何设计挤压轴，怎样进行挤压轴的强度校核？

挤压轴是把主柱塞上的压力传到垫片上而使金属在挤压筒内发生变形的工具。挤压轴在工作时，承受很大的弯曲应力，所以如果设计不合理，易产生弯曲变形，这也是导致管材偏心的主要原因之一。此外，还有可能产生轴端部压堆、压斜和龟裂等问题。

挤压轴分空心和实心两种，其形状一般都是圆形的（特殊的也有扁圆形和异形）。空心挤压轴用于正向挤压管材和反向挤压管材、棒、型材。实心挤压轴一般用于正向挤压棒、型材和特殊反向挤压生产大口径管材。不同结构形式的挤压轴如图5-18 所示。

A　挤压轴尺寸

（1）挤压轴的直径 $D_{轴}$，应根据挤压筒的内径大小确定。

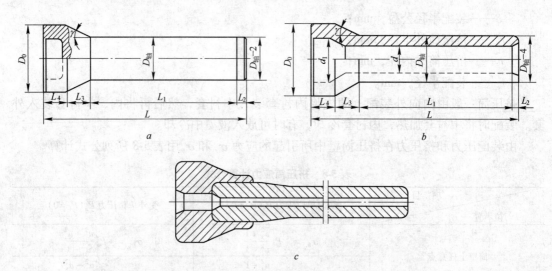

图 5-18　不同结构形式的挤压轴

a—棒材、型材挤压轴；*b*—管材挤压轴；*c*—组合挤压轴

卧式挤压机：　　　　　　　$D_{轴} = D_{筒内径} - (4 \sim 10)\,mm$　　　　　　　(5-21)

立式挤压机：　　　　　　　$D_{轴} = D_{筒内径} - (2 \sim 3)\,mm$　　　　　　　(5-22)

式中　$D_{筒内径}$——挤压筒内径，mm。

（2）空心挤压轴内孔直径，应根据其环形端面上所承受的压力不超过材料的允许应力来确定。另外，还要考虑本挤压轴所配备的最大外径穿孔针能通过。

（3）圆形挤压轴在高温、高压下工作，其端头易发生塑性变形而被镦粗、压堆，所以设计时，应考虑其端头直径可做小一些，同样道理，管材挤压轴端头内径可稍大一些。挤压轴根部的过渡部分应做成锥形，并有较大的圆角，以免应力集中。

（4）为了防止挤压轴纵向弯曲，挤压轴长度与直径之比应小于 10。挤压轴工作长度要比挤压筒长 10mm，保证工作中能顺利将压余和挤压垫片推出挤压筒外。

B　挤压轴强度校核

a　稳定性的校核

当挤压轴开始失去稳定时，所许可的最大临界载荷按下式计算：

$$P_{临界} = \frac{\pi^2 EJ}{(\mu L_{效})^2} \tag{5-23}$$

式中　$P_{临界}$——许可的最大临界压力；

E——材料的弹性模量，对于 3Cr2W8V，取 $2.2 \times 10^5\,MPa$；

μ——长度系数，当挤压轴一端固定、一端自由状态时，取 $\mu = 1.5 \sim 2.0$；

$L_{效}$——挤压轴的有效工作长度，mm；

J——断面惯性矩，mm^4，对于圆形挤压轴：

$$J = 0.05 D_{轴}^4 \frac{\pi D_{轴}^4}{64} \tag{5-24}$$

挤压轴的稳定条件为：

$$P_{临界} \geq (1.25 \sim 2.0)P \tag{5-25}$$

式中　P——挤压力公称值。

　　b　抗压强度校核

挤压轴的抗压强度条件为:

$$\sigma_{压} = \frac{P_{最大}}{\psi F_{轴}} \leqslant [\sigma_{压}] \tag{5-26}$$

式中　$\sigma_{压}$——纵向压应力, MPa;

　　　$P_{最大}$——最大挤压力, MN;

　　　$F_{轴}$——挤压轴端面面积, mm²;

　　　$[\sigma_{压}]$——许用压应力, MPa; 对于 3Cr2W8V, 在工作温度为 400℃ 时, 取 $[\sigma_{压}]$ 为 1000 ~ 1100MPa, 最好介于 800 ~ 1000MPa 之间;

　　　ψ——系数, 根据挤压轴的材料和挤压轴的柔度大小确定, 为简化计算, 一般在进行挤压轴计算时, 可直接取 ψ = 0.9。

　　c　挤压轴根部基座

它作用在活动横梁支承面上 (大机头断面), 单位压力不应超过 200MPa。

321　穿孔系统的结构形式和特点是什么?

　　穿孔系统是用来完成锭坯穿孔挤压, 生产管材的装置。穿孔系统包括穿孔横梁、缸、柱塞、针支承、连接器、限位装置等部分。卧式挤压机一般可分为三种基本形式:内置式、侧置式、后置式, 如图 5-19 所示。

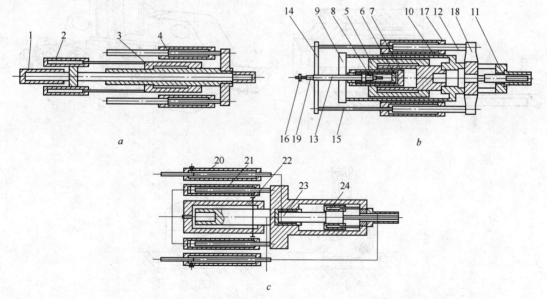

图 5-19　穿孔系统的内置式、侧置式、后置式三种基本形式

a—后置式穿孔系统工作缸布置; b—侧置式穿孔系统工作缸布置; c—内置式穿孔系统工作缸布置

1, 17, 23—穿孔缸; 2—穿孔返回缸; 3, 5, 22—主缸; 4—主返回缸; 6—主柱塞; 7—主柱塞回程缸;
8—回程缸的空心柱塞; 9—横梁; 10—拉杆; 11—主柱塞横梁; 12—穿孔柱塞;
13—穿孔回程的空心柱塞; 14—横梁; 15—拉杆; 16—支架; 18—穿孔横梁;
19—进水管; 20—进水管; 21—副缸及主回程缸; 24—穿孔回程缸

三种穿孔系统具有以下特点：

（1）后置式穿孔系统。机身较长，穿孔装置也较长，易产生偏斜，造成挤压管材偏心。一般可实现随动穿孔挤压。

（2）倒置式穿孔系统。穿孔缸有两个，对称分布在两侧，机身也较长，该穿孔系统使用维护较方便，较难实现随动穿孔挤压，对穿孔针的使用寿命不利。

（3）内置式穿孔系统。穿孔缸装在主柱塞内部，机身长度短，刚性好，导向精确，管材挤压时同心度好，内置式穿孔系统可实现随动穿孔挤压，通过限位装置也可实现固定穿孔针挤压，目前这种挤压机使用较多。

穿孔针支承和穿孔针通过连接器刚性连接，针支承和穿孔针状态的好坏（如产生弯曲、偏移等），也是引起挤压管材偏心的重要原因。现代挤压机使用的穿孔针一般都是内水冷式的，穿孔针支承是空心结构形式。

322　挤压模座的形式有哪些，有何特点？

卧式正向挤压机的模座是用来安装模支承和模具的部件。一般挤压机上使用的模座有纵向移动模座、横向移动模座、旋转式模座，如图 5-20 所示。

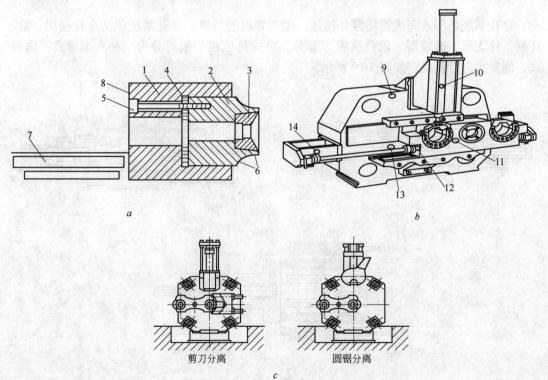

图 5-20　挤压模座形式

a—纵向移动模座；b—横向移动模座；c—旋转式模座

1—模座；2—模支承；3—模子；4—支承垫；5—固定螺丝；6—锥面；
7—出料台；8—锁键配合面；9—挤压机前梁；10—剪刀；
11—移动模座；12—液压缸；13—活塞杆　14—调位装置

几种模座的特点如下：

（1）纵向移动模座，又称挤压嘴。装入模支承和模具后，由后边的移动平台推入到挤压筒梢口（锥面）位置，由锁键锁紧后开始挤压，压余的分离是由纵向移动模座运动到后部的压余分离装置下进行分离。这种模座形式由于往返运动降低了挤压机的生产效率，而且不宜实现水封挤压。

（2）横向移动模座。利用液压缸在挤压机两侧移动，移动距离短，工作时由挤压筒靠紧后开始挤压。模座一般有几个工作位置（两工位的较多），压余的分离装置一般在模座的上方，可用分离剪也可用锯切形式来分离。模子的检查、更换、修理、冷却等较方便，不影响挤压生产时间，效率高。这种模座在处理闷锭事故时没有纵向移动模座方便。

（3）旋转式模座。一般也有几个工位，模座在180°内旋转。工作中模子的检查、更换、修理、冷却等辅助操作可以在挤压中心线外进行，不影响挤压机的生产效率，压余的分离方式也可采用剪切和锯切两种方式。

323 如何确定穿孔针的形式和尺寸？

A 穿孔针形式

穿孔针是用于锭坯穿孔和确定制品内孔尺寸和形状的工具，对挤压管材内表面质量起着决定性的作用。穿孔针的结构有很多种，最常用的是圆柱式穿孔针和瓶式穿孔针两种。

圆柱式穿孔针的工作部分是圆棒形，在长度方向上带有很小的锥度，以减轻金属流动时作用在针体上的摩擦力，以及方便挤压完后针体从管材中退出。在卧式挤压机上采用随动针挤压时，整个工作长度上都带有锥度。采用固定针挤压时，只在针体前端一段距离上带有锥度。设计针体的锥度应考虑挤压管材壁厚公差，一般在卧式挤压机上穿孔针的锥度为 0.5 ~ 1.5mm，在立式挤压机上穿孔针的锥度为 0.2 ~ 0.5mm。现在直径大于50mm 的穿孔针多采用中空内冷式，改善穿孔针的工作状态，如图 5-21 所示。

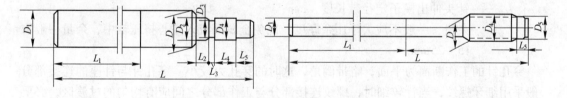

图 5-21 圆柱形穿孔针

瓶式穿孔针一般用于挤压内径小于 $\phi30$mm 的管材。它的优点是穿孔时有足够的抗弯能力，挤压时又有足够的抗拉强度，基础的管材同心度比较好，延长了使用寿命，而且穿孔时形成的料头也小，一般当挤压管材内径小于20 ~ 30mm 时，宜采用瓶式穿孔针挤压。这种针要求在挤压过程中固定不动，所以挤压机应具备独立穿孔系统。瓶式穿孔针的结构分为针头定径部分和针体部分。针头部分的直径小，决定挤压管材的内径尺寸，针体部分的直径较粗，一般直径为 50 ~ 60mm 或更大，以增大抗纵向弯曲强度。针头与针体的过渡区锥角为30° ~ 45°，也可做成圆弧形，针头锥度为 0.2 ~ 0.3mm。安装瓶式穿孔针，必须注意针与模孔之间的相对位置，如果针体过分接近挤压模的端面，挤出的管材内孔变大，外径变小，壁厚变薄，产品尺寸超差；针头深入过少或未进入模孔，会造成内孔小或实心，金属还会倒流到垫片内孔中，一般以针头伸出工作带 10 ~ 15mm 为宜，如图 5-22 所示。

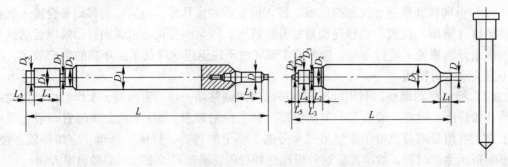

图 5-22　瓶式穿孔针

B　穿孔针的尺寸

穿孔针的直径根据管材的内径确定。穿孔针的工作长度，对于圆柱式穿孔针，可按下式计算。

$$L_针 = L_锭 + h_垫 + h_定 + L_出 \tag{5-27}$$

式中　$L_针$——穿孔针工作长度，mm；

$L_锭$——锭坯长度，mm；

$h_垫$——挤压垫片厚度，mm；

$h_定$——挤压模定径带长度，mm；

$L_出$——穿孔针伸出模子定径带的长度，mm（一般取 10 ~ 15mm）。

对于瓶式穿孔针，定径部分长度可按下式计算：

$$L_针 = h_定 + L_出 + L_余 \tag{5-28}$$

式中　$L_针$——瓶式穿孔针定径部分长度，mm；

$h_定$——挤压模定径带长度，mm；

$L_出$——针头伸出模子定径带长度，mm；

$L_余$——余量，一般不应大于压余厚度，以免金属倒流入空心挤压轴中，余量一般取 15 ~ 25mm。

穿孔针的工作断面为平面，略带倒角，这时的穿孔力较小。穿孔针与针座的连接部分一般采用细牙螺纹，当针较细时，螺纹连接部分与工作部分之间应有均匀的过渡区，必要时可增大其过渡部分的直径，以保证穿孔针在受拉时具有足够的强度。

324　如何进行穿孔针强度的校核？

穿孔针强度校核包括抗弯强度和抗拉强度校核两部分。

A　抗弯强度校核

$$P_穿 < \frac{P_临界}{n} = [P_允] \tag{5-29}$$

$$P_临界 = \frac{\pi^2 EJ}{(\mu L_效)^2} = [P_允] \tag{5-30}$$

式中　$P_穿$——实际穿孔时的压力，N；

$P_临界$——临界穿孔力，N；

E——材料弹性模量，对于钢，取 $2.2 \times 10^5 \text{MPa}$；

J——惯性矩，mm^4，对圆断面：

$$J = 0.05d^4$$

d——穿孔针的直径，mm；

μ——长度系数，一端固定、一端自由时，取 $1.5 \sim 2.0$；

$L_{效}$——穿孔针工作长度，mm；

n——安全系数，取 $1.5 \sim 3.0$；

$[P_{允}]$——允许穿孔压力，N。

满足 $P_{弯} < [P_{允}]$，抗弯强度满足要求，穿孔针不会发生弯曲。

B　抗拉强度校核

挤压时穿孔针所受拉力 $P_{拉}$ 可按下式计算：

$$P_{拉} = P_{平} f \pi d_{针} h \tag{5-31}$$

式中　$P_{平}$——变形区内金属对穿孔针的平均单位压力，可采用挤压垫片接近变形区时作用在垫片上的平均单位压力。

$$P_{平} \approx \sigma_{0.2}, \text{MPa}$$

f——金属与穿孔针的摩擦系数；

$d_{针}$——穿孔针的直径，mm；

h——变形区高度，mm；

$$h = \frac{D_{筒} - D_{管}}{2}$$

$D_{筒}$——挤压筒直径，mm；

$D_{管}$——挤压管材的直径，mm。

作用在穿孔针上的拉应力 $\sigma_{拉}$ 满足下式时则安全：

$$\sigma_{拉} = \frac{P_{拉}}{F_{针}} < [\sigma_s] \tag{5-32}$$

式中　$F_{针}$——穿孔针的断面积，mm^2；

$[\sigma_s]$——穿孔针材料的屈服极限，MPa。

325　如何设计单孔挤压模？

A　模孔形状

挤压模按模孔的剖面形状可分为平模、锥形模、平锥模、双锥模等，如图 5-23 所示。铜及铜合金常用的是平模和锥形模。

B　模角

模角 α 是挤压模的最基本参数之一。它是模子的轴线与其工作端面间所构成的夹角。采用平模 $\alpha = 90°$，挤压时形成较大的死区，可以阻止锭坯表面缺陷、氧化皮等流入到挤压制品中去，对制品表面质量有良好的改善作用。但平模需要的挤压力较大，特别在挤压高温和高强度的合金时，模孔易产生塑性变形而变小。一般在实际生产中平模用于挤压棒材和型材较多。锥形模的最佳模角为 $45° \sim 60°$，这个范围内虽然可减小挤压力，使金属流动

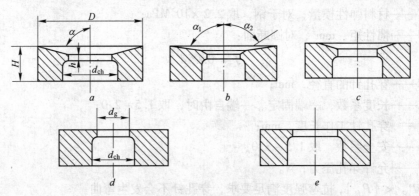

图 5-23　模孔形状

a—锥形模；b—双锥模；c—平锥模；d—平模；e—带圆角平模

均匀，延长挤压模的使用寿命。但是，从保证制品质量的方面来看，挤压过程中死区减少，锭坯表面杂质易流入制品表面，造成挤压制品质量恶化。所以在铜及铜合金挤压中，模角以采用 60°~65° 为佳，锥形模用于管材挤压较多，立式挤压机生产铜及铜合金时常用锥形模。随着挤压条件的改变，最佳模角值也会发生变化。如静液挤压时，最佳模角一般在 15°（小挤压比时）~40°（大挤压比时）之间。

为了兼有平模与锥形模的优点，可以采用双锥模或平锥模，双锥模的模角为 $\alpha_1 = 60°~65°$，$\alpha_2 = 10°~45°$，采用这种锥模挤压铜合金可以提高其使用寿命。

C　工作带长度

工作带也称定径带，是决定挤压制品形状和尺寸的关键部分，同时也可起到金属流动的均衡作用。模子工作带长度 h 主要根据挤压制品的断面尺寸和金属性质来确定，工作带过短，模孔易磨损，容易产生制品尺寸超差，同时容易出现压痕、椭圆、扭曲等缺陷。工作带过长，容易在工作带表面上粘附金属，制品表面产生划伤、毛刺、麻面等缺陷，也使挤压力增大。模孔工作带长度设计可按表 5-9 范围内选取。

表 5-9　模孔工作带长度

合　　金	模孔工作带长度范围/mm	合　　金	模孔工作带长度范围/mm
紫铜、黄铜、青铜	8~12	白铜、镍合金	5~10

在立式挤压机上所用的模子工作带长度取 3~5mm。对断面形状复杂、壁厚不相等的型材，可根据各部位不同的变化而设计不相等的工作带长度。

D　工作带直径（模孔尺寸）

模子工作带直径 d_g 与实际所挤出制品的直径并不相等。设计时应保证制品在冷状态下不超过规定的偏差范围，同时又能尽量延长模子的使用寿命。确定工作带直径需要考虑以下因素。

（1）制品的名义尺寸和公差范围。

（2）制品冷却时的线收缩。

（3）挤压模预热时的线膨胀量。

（4）挤压时制品的温度、压力和挤压速度条件。

（5）金属在挤压变形区压缩锥处所发生的非接触变形。

确定挤压模工作带直径的经验公式：

挤压棒材时：

$$d_g = kd \tag{5-33}$$

挤压管材时：

$$d_g = kd + 0.04S \tag{5-34}$$

式中　d_g——挤压模工作带直径（模孔直径），mm；

　　　d——挤压制品公称外径，mm；

　　　S——挤压管材时的壁厚，mm；

　　　k——模孔裕量系数，见表 5-10。

表 5-10　挤压模孔裕量系数

金属及合金	挤压模尺寸/mm	模孔裕量系数 k
含铜量不超过 65% 的黄铜	$D \leqslant 30$	1.016 ~ 1.02
	$D > 30$	1.014 ~ 1.016
紫铜、青铜、含铜量大于 65% 的黄铜	$D \leqslant 30$	1.018 ~ 1.022
	$D > 30$	1.017 ~ 1.02
白铜及镍合金		1.025 ~ 1.03

金属的线收缩系数在不同工厂有不同的数值，但差异并不很大。设计时还要考虑制品的公差和模子预热的膨胀量，一般模子预热的膨胀量为 0.1 ~ 0.5mm，外径小的模子取下限，外径大的模子取上限。挤压管材的模孔直径应增加外径正公差的一半，这是为了确保管材的壁厚公差。

E　模子的出口直径

模子的出口直径不能过小，否则挤压时易划伤制品表面。出口直径一般为：

$$d_{cu} = d_g + (4 \sim 5)\text{mm} \tag{5-35}$$

式中　d_{cu}——模子出口直径，mm；

　　　d_g——模子工作带直径，mm。

挤压薄壁管材时，此值可增大到 10 ~ 15mm，为保证模子工作带部分的强度，工作带与出口直径的过渡部分可以采用 20° ~ 45° 的斜面过渡，也可采用圆角半径等于 4 ~ 5mm 的圆弧连接。

F　模子的入口圆角半径

模子的入口圆角半径的作用是防止低塑性合金在挤压时产生表面裂纹，并可减轻金属在进入工作带时所产生的非接触变形。模角太小时，模子工作带很容易被压秃和压堆，使模孔尺寸变小，难以保证挤压制品的尺寸精度。入口圆角半径的选取，与金属的强度、挤压温度和制品断面尺寸有关。根据生产经验，入口圆角半径可按表 5-11 范围内选取。

表 5-11　模子入口处圆角半径

金属及合金	入口处圆角半径 r/mm	金属及合金	入口处圆角半径 r/mm
紫铜、黄铜	2 ~ 5	镍铜合金	10 ~ 15
青铜、白铜	4 ~ 8		

G　模子的外形尺寸

模子的外圆直径和厚度主要根据挤压机吨位的大小、挤压模的强度和标准系列化来考虑。

a　模子外圆直径 D

挤压制品的最大外接圆直径 $D_外$ 是确定模子外圆直径 D 的一个重要参数，可根据挤压筒内径 $D_筒$ 来确定。

$$D_外 = (0.80 \sim 0.85)D_筒 \tag{5-36}$$

根据经验，对管、棒材和简单的型材，模子的外圆直径可根据经验公式确定。

$$D = (1.25 \sim 1.50)D_外 \tag{5-37}$$

对比较复杂的型材，包括薄壁的或难挤压合金型材。模子的外圆直径可根据下式确定：

$$D = (1.45 \sim 1.60)D_外 \tag{5-38}$$

一般考虑节约钢材、节约成本等因素，所选用的模子外圆直径都低于最大值，为便于制造、更换和形成系列化，对同一台挤压机最好使用 1~2 种外圆的挤压模。

b　模子厚度 H

模子厚度 H 应根据挤压金属的强度，即挤压力的大小来考虑。实际生产中，挤压模子的厚度趋向于减薄，其强度主要靠模垫和其他支承环来保证。模子厚度设计时，在保证强度的前提下，可根据挤压机能力的大小，考虑安装和调整方便，以及尽可能形成系列化，模子厚度一般取 $H = 20 \sim 100$mm，挤压机能力大的，取上限。

c　模子外形结构

模子的外形结构根据安装方式确定，在卧式挤压机上常用带正锥和倒锥的两种外形结构。带正锥的挤压模操作时，顺着挤压方向放入模支承中，一般锥度为 1°30′~4°。带倒锥的挤压模操作时，逆着挤压方向装入模支承中，锥度为 3°~10°，一般取 6°。

立式挤压机上模子的外形结构分为圆柱形和带台肩形两种。

图 5-24、图 5-25 为挤压模外形尺寸图，典型模子的技术参数见表 5-12。

表 5-12　典型挤压模的技术参数

挤压机 /MN	挤压筒直径 /mm	制品公称尺寸 /mm	D /mm	d d + 模孔余量 /mm	D₁ /mm	d₁ d + 4 /mm	H /mm	h /mm	α /(°)	重量 /kg	备注
		φ46		47.3		51.3				6.4	
		φ51		52.4		56.4				6.3	
		φ52		53.4		57.4				6.3	
30	φ150~250	φ55	154	56.5	160	60.5	45	12	6	6.2	倒装模
		φ65		66.6		70.6				5.8	
		φ80		81.7		85.7				5.3	

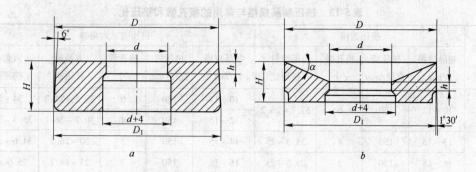

图 5-24　卧式挤压机上的两种模子外形结构

a—带倒锥挤压模；b—带正锥挤压模

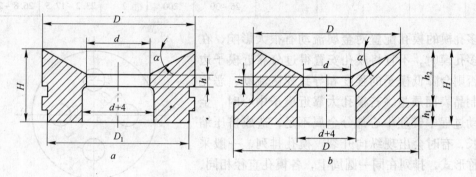

图 5-25　立式挤压机上的模子外形结构

a—圆柱形挤压模；b—带台肩挤压模

326　如何设计多孔挤压模?

　　生产小直径棒材和形状简单的小断面型材时，常采用多孔模挤压。另外在生产断面较复杂的型材时，为使金属流动均匀，也常采用多孔模挤压。多孔模的孔数一般在 8 孔以下，孔数过多，金属流出模孔后易咬在一起和擦伤，导致操作困难和无法分开，废品增加。确定模孔数目时，要考虑模子的强度、挤压筒和制品的断面积、挤压产品的力学性能要求、挤压机的能力和挤压延伸系数等。模孔数 n 可按下式确定：

$$n = \frac{F_{筒}}{\lambda F_{制}} \tag{5-39}$$

式中　$F_{筒}$——挤压筒的断面积，mm^2；

　　　$F_{制}$——单根制品的断面积，mm^2；

　　　λ——多孔模挤压时挤压比；

　　　n——模孔个数。

　　多孔模挤压时的挤压比 λ，可根据挤压机能力的大小、挤压机受料台长度、挤压筒的大小、制品力学性能和被挤压合金的变形抗力大小等来确定。一般可取 $\lambda = 20 \sim 50$。如表 5-13 列出了多孔模挤压时常用模孔数和挤压比。

表 5-13　挤压制品规格与常用的模孔数和挤压比

挤压机 /MN	挤压圆棒				挤压方、六角棒				
	制品规格 /mm	挤压筒 直径/mm	模孔数 /个	圆棒材 挤压比	制品规格 /mm	挤压筒 直径/mm	模孔数 /个	方型棒 挤压比	六角棒 挤压比
15	10～12	150	6	33.7～26.2	10～11	150	6	29.5～24.3	34～28
					12～13	150	4	30.7～26.1	35.3～30.1
	13～15	150	4	33.3～25	14～15	150	3	30～26.2	34.6～30.2
	16～18	150	3	29.3～23	16～18	150	3	23～18.2	26.6～21
	19～21	200	3	37.2～30.5	19～21	200	3	29～23.8	33.5～27.5
	22～25	200	2	41.3～32	22～25	200	2	32.5～25.1	37.5～29
					26～30	200	2	23.2～17.5	26.8～20.2

　　多孔模的模孔配置对金属流动有很大影响，在设计多孔模时，不宜将模孔安置得过分靠近模子边缘，否则会降低模子的强度和导致死区流动，恶化挤压制品表面质量。若模孔太靠近模子中心时，金属流动过程中锭坯中心部分金属不足，造成挤压缩尾较长，有时会出现纵向开裂。模孔排列，一般采用对称形式，排列在同一圆周上，各模孔直径相同，孔间距要相等。多孔模的模孔同心圆直径如图5-26所示。

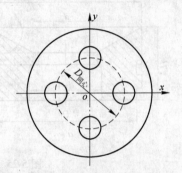

图 5-26　多孔模的模孔同心圆直径

　　多孔模的同心圆直径 $D_{同心}$ 与挤压筒直径 $D_{筒}$ 之间的关系可按下式确定：

$$D_{同心} = \frac{D_{筒}}{a - 0.1 \times (n - 2)} \tag{5-40}$$

式中　$D_{同心}$——同心圆直径，mm；

　　　　$D_{筒}$——挤压筒直径，mm；

　　　　n——模孔个数；

　　　　a——经验系数，一般为 2.5～2.8，n 值大时，取下限，$D_{筒}$ 大时，取上限，一般取 2.6。

　　计算同心圆直径 $D_{同心}$ 后，还要考虑节约工具钢材料、模子的系列化和模垫、导路的通用性等，对 $D_{同心}$ 加以适当修正。

327　如何设计型材挤压模？

　　型材挤压时的变形特点是挤压过程中金属流动不均匀，导致型材发生扭曲、断裂和尺寸改变等现象。型材模子设计时必须考虑以下原则。

A　合理配置模孔

　　设计单孔型模时，原则上把型材的重心配置在模子中心上，但是对一些断面形状差异较大的型材，考虑到各部分比周长不同，必须将型材的重心相对于模子的中心做一定的偏

移，使难流动的部分更靠近模子中心，尽可能
使供给各部分的金属比例适中。如图 5-27 所
示。

B　采用不等长定径带

设计时，使型材断面厚处的定径带长度大
于薄处的定径带长度，达到调整金属流速的目
的。一般定径带最短为 2.5 ~ 3mm，定径带最
长不应大于 20mm。

C　采用阻碍角或促流角

用增减定径带长度的办法来调整金属的流
动是有一定限度的。当型材厚度很大时，就要
采用阻碍角的办法来调整金属的流动速度。同

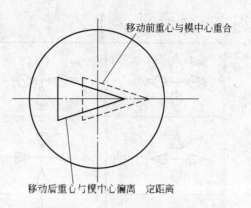

图 5-27　调整型材的重心位置示意图

样对厚度薄的部分可以采用促流角的办法来增加金属的供给量。

阻碍角均加于型材厚度较大的部分，一般阻碍角为 3° ~ 9°，不得大于 15°。若大于
15°时，接近金属的自然流动角，不但不起阻碍作用，反而会起到促使金属流动的作用。
阻碍角取小一些，可以给模子修理留有余地。促流角是倾斜与模子断面与模子轴线垂直面
之间的夹角。由于模子断面是由型材厚的部分向薄的部分倾斜，促使金属沿模子断面向型
材薄的部分流动，增加型材薄部分的金属供给量，使金属流动均匀。促流角一般取 3° ~
10°。图 5-28 为阻碍角示意图，图 5-29 为促流角示意图。

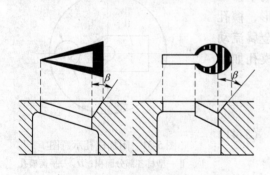

图 5-28　阻碍角示意图

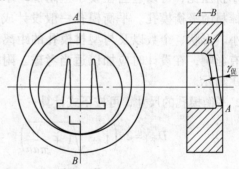

图 5-29　促流角示意图

D　采用多孔模对称排列

对于非对称或对称面少的小断面型材，可以采用多孔模挤压，合理配置模孔来解
决金属流动不均匀和防止型材扭曲，还可以降低挤压比，提高生产效率。在设计时，
将型材壁厚的部分布置在靠近模子外缘，将壁薄的部分靠近中心。布置多孔模的模孔
时，不仅要考虑型材各部分流动均匀性，而且还要考虑模子的强度问题，设计时考虑
各个模孔之间的距离应当合适，不能过小。为防止锭坯表面杂质流入挤制品中，模子
边缘距挤压筒内壁要保持一定的距离，一般取挤压筒直径的 10% ~ 15%。多模孔的
合理布置见图 5-30。

E　采用平衡模孔（附加模孔）

挤压异型管材或型材时，一般挤压模上只能布置一个型材模孔。为了使断面上金属

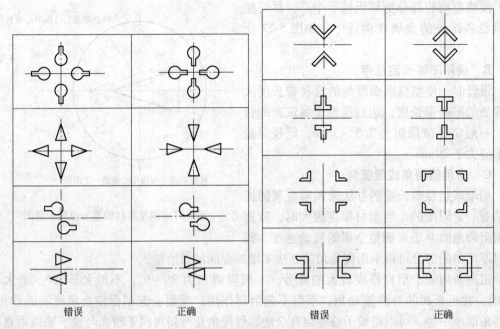

错误	正确

图 5-30　多模孔在模子上的合理布置

流动均匀，保证制品尺寸公差和形状的准确度，以及减小挤压比，可以适当在模子上附加一个或两个挤压成棒材的平衡模孔。平衡模孔一般设计成圆形，模孔大小、形状、个数以及与型材模孔的距离对金属流动都有影响，在设计时应加以适当考虑。附加模孔如图5-31 所示。

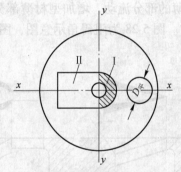

图 5-31　附加模孔示意图
Ⅰ、Ⅱ—型材各部分面积；$D_平$—平衡模孔

平衡模孔的尺寸，可按下式计算：

$$D_平 = 2a\left(1 + \sqrt{1 + \frac{N_1}{\pi a n}}\right) \tag{5-41}$$

$$a = \frac{F_2 - F_1}{N_2} \tag{5-42}$$

式中　　$D_平$——平衡模孔直径，mm；

　F_1，F_2——分别为异型管材大（Ⅱ）、小（Ⅰ）断面部分的面积，mm^2；

　N_1，N_2——分别为异型管材大、小断面的内、外周长，mm；

　　　　n——平衡模孔个数。

平衡模孔直径计算只有近似值，必须通过实际数据加以修正，并确定它与异型管材模孔间的距离。

F　型材模设计时需要注意的其他问题

对带有角度的型材，设计模孔时，一般按要求角度设计。但对某些带角度的型材，挤压时容易发生扩口和拼口现象，如挤压角材和槽形材时，容易发生此现象，尤其壁厚在3mm 以下时，更易发生。所以在设计角材模孔时，要扩大1°～2°，而对有扩口的槽形材，设计时则相应减小 1°～2°。角材和槽形材模孔见图 5-32。

对壁厚相差较大的型材，如图 5-33 所示。

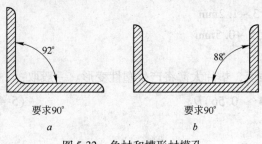

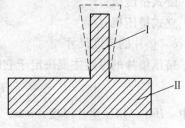

图 5-32　角材和槽形材模孔

a—角材（要求 90°时）；b—槽形材（要求 90°时）

图 5-33　壁厚相差较大的型材

Ⅰ区和Ⅱ区流出速度相差很大，Ⅰ区受到Ⅱ区的强大拉副应力的影响而变薄，因此，在设计时，应给Ⅰ区的尺寸增加一定余量，一般为 0.2～0.5mm（图中虚线所示）。

对某些型材，由于挤压过程中模子变形下塌，使中间部分模孔变小，挤压型材中间变薄，因此，在设计模孔时，对易变薄处，适当增加余量。一般为 0.1～0.6mm，如图 5-34 虚线所示。

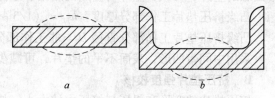

图 5-34　不同断面形状的型材

另外，在型材模设计中，对所设计的模具，尤其是带有悬臂部分的模具，必须进行强度校核。因为挤压时，模子所受的单位压力很大，容易发生变形及损坏。

328　如何设计和校核挤压垫片？

挤压垫的主要作用是避免挤压轴与高温锭坯直接接触，防止挤压轴端面过早磨损和变形。挤压垫片一般分为棒、型材挤压垫和管材挤压垫，它的工作环境比较恶劣，工作中一般是 4～6 组挤压垫循环使用，以防止垫片过热而引起变形，提高其使用寿命。

A　挤压垫片的尺寸确定

a　垫片的外径尺寸

挤压垫片的外径可按挤压筒内径选取。垫片的外径应比挤压筒内径小 ΔD 值，ΔD 值太大，形成局部脱皮挤压，影响挤压制品质量，而且易产生管材偏心。挤压垫片与挤压筒内径的间隙过小，装入困难，同时加速挤压筒内衬的磨损。一般 ΔD 值根据挤压筒内径选取。

卧式挤压机：　　　　　　　　　$\Delta D = 0.5～1.5mm$

立式挤压机：　　　　　　　　　$\Delta D = 0.2～1.0mm$

脱皮挤压时：　　　　　　　　　$\Delta D = 2～3mm$

脱皮挤压时，根据合金牌号、锭坯表面质量等，也可将 ΔD 值取更大一些。

b　垫片的内孔尺寸

挤压垫片内孔直径决定于穿孔针的直径，两者之差 Δd 的数值不能太大，如果间隙大了，不但不能校正穿孔针在挤压筒内的位置，而且还可能在挤压时金属倒流包住穿孔针，影响产品质量，而且清除包覆在穿孔针上的金属很浪费时间，影响生产效率。Δd 过小，穿孔针不能顺利穿过，并易造成针表面划伤，殃及管材内表面。

卧式挤压机：　　　　　　　　　　$\Delta d = 0.3 \sim 1.2\text{mm}$

立式挤压机：　　　　　　　　　　$\Delta d = 0.15 \sim 0.5\text{mm}$

c　垫片的厚度尺寸

挤压垫片的厚度主要决定于它的抗压强度，垫片太薄将产生塑性变形。一般取：

$$H = (0.4 \sim 0.56)D_{外} \tag{5-43}$$

式中　H——挤压垫片厚度，mm；

　　　$D_{外}$——挤压垫片外径，mm。

在挤压白铜和镍合金一类温度高、变形抗力大的制品时，挤压垫片的内、外圆棱角不能太尖锐，否则会产生塑性变形，使尖棱角压堆，所以在设计时这些部位取较大的圆角，$r = 20 \sim 30\text{mm}$，一般垫片取 $2 \times 45°$ 倒角即可。在挤压铝青铜、黄铜和脱皮挤压时，应采用带凸缘的垫片，可减少垫片与金属的粘结和摩擦，也有利于压余、残皮和垫片的分离。

凸缘挤压垫片工作部分厚度：$h_{厚} = (1/3 \sim 1/4)H$。

凸缘挤压垫片工作部分直径 D 与非工作部分直径 D_1 之差取 $\Delta D_1 = 5 \sim 10\text{mm}$。

采用中间带凹形、表面不平的垫片，可减少挤压制品后端面的缩尾，提高成品率。

B　挤压垫片强度校核

挤压垫片的变形和损坏与挤压力的大小、挤压温度和长时间连续工作等有关。当垫片承受的压力超过材料允许的强度时，会产生塑性变形。可按下式进行校核计算：

$$\sigma_{压} = \frac{P_{最大}}{F_{垫}} \leqslant [\sigma_{压}] \tag{5-44}$$

式中　$\sigma_{压}$——挤压垫片上的压缩应力，MPa；

　　　$P_{最大}$——最大挤压力，MN（按挤压机额定能力计算）；

　　　$F_{垫}$——挤压垫片工作部分的断面积，mm^2；

　　　$[\sigma_{压}]$——材料允许抗压应力，MPa，取垫片材料 $\sigma_{0.2}$ 或 σ_b 的 $0.9 \sim 0.95$ 倍。

C　挤压垫片的结构和典型尺寸参数

挤压垫片结构图和典型尺寸参数，分别见表 5-14 和图 5-35。

表 5-14　挤压垫片主要尺寸参数

挤压筒内径/mm	不脱皮垫片外径 D/mm	脱皮垫片外径 D/mm	垫片内径 d/mm	垫片厚度 H/mm
125	124.5	122	针径 +0.3	67
150	149.5	147	针径 +0.3	80
200	199.2	197.3	针径 +0.3	97 ~ 120
250	249.2	248	针径 +(0.3 ~ 0.4)	97 ~ 150
300	299.4	298	针径 +(0.3 ~ 0.4)	97 ~ 150
370	369.4	368	针径 +0.4	97 ~ 150
420	419.4	418	针径 +0.4	97 ~ 150

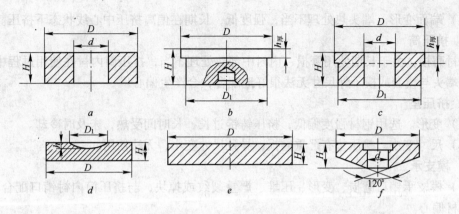

图 5-35　挤压垫片结构图

a—管材垫片；b—棒材垫片（带凸缘）；c—管材垫片；d—棒材垫片（凹形）；

e—棒、型材垫片；f—立式挤压机挤压垫片

（带凸缘也可以用做清理垫）

329　挤压工具损坏和报废的形式有哪些?

挤压铜及铜合金时，其工作温度通常在 550～1000℃，并且是在高压下工作，挤压工具与铸锭接触时，瞬时温度可达到 600℃以上，其表面温度更高，一般钢的退火温度在 600℃以下，挤压工具的不同部位存在巨大的温差，挤压终了部分工具暴露在空气中冷却，有些挤压工具如穿孔针、挤压模、垫片，需在水中冷却，有一些挤压机采用剪切方式分离压余与制品尾部时，挤压模还承受着剪切力，有些铜合金的高温黏性很大，导致摩擦力很大，由此可以看出挤压工具的工作环境十分恶劣，会产生变形、掉块、裂纹等。通常，挤压工具的损坏形式有以下几种。

A　挤压模

（1）炸裂。多发生在陶瓷模上。由于使用不当，刚挤完金属的模子本身温度很高，遇到不当水冷，应力过大而开裂。

（2）变形。多发生在钢模上。在挤压高温难变形合金时，钢模长时间在高温高压下工作而未得到及时、适当的冷却，使模孔或端面变形，或使制品形状不规则，或使管材偏心。

B　穿孔针

（1）断裂。穿孔针偏离挤压中心线、针支承或穿孔针连接螺纹未上满，产生穿孔针前端下垂、穿孔针受到激热激冷等情况，都会引起穿孔针断裂。

（2）拉细。选用工具钢材屈服强度偏低，实心针挤压铸锭过长，长时间受热，挤制厚壁管管壁太厚，针直径太小。

（3）弯曲。选用工具钢材屈服强度偏低，挤压中心又有偏离，操作不当顶到其他钢件上。

C　挤压轴

（1）断裂。选用工具钢材强度偏低，偏离挤压中心线，受高压折断。

（2）弯曲。选用工具钢材屈服强度偏低，偏离挤压中心线。

（3）端面变形。端头热处理不当，强度低，长期在偏离挤压中心线状态下挤压。

D　挤压筒

内衬磨损：由于长期使用磨损、内衬中部热处理不当，挤压筒内衬在使用过程中严重变形，端头与模套或模子外尺寸无法很好地配合，会产生偏心。

E　挤压垫

（1）变形。选用钢材强度偏低，挤压铸锭过长，长时间受热，未及时冷却。

（2）尺寸变小。挤压垫有严重磨损，导致尺寸变小，无法使用。

F　模支承

（1）模支承销口磨损、变形、压堆、严重裂纹或掉块，与挤压筒内衬销口配合不好，导致管材偏心。

（2）模支承内圆锥体磨损或压坏，使挤压模装配不好。

330　怎样提高挤压模具的使用寿命？

挤压生产中的一个实际问题是挤压工具损耗大，并且工具质量对挤压制品质量影响也很大。因此提高工具使用寿命和质量有很重要的意义。提高挤压工具使用寿命和质量的措施有以下几方面：

（1）优选、研制和寻找新的钢种和材料，是提高挤压工具使用寿命和工具质量的根本途径。

（2）改进工具的结构形状。在设计中对工具的结构形状给予足够的重视，如双锥模、变断面挤压轴等都是为提高挤压工具的使用寿命而设计的。采用多层挤压筒衬套，可改善内衬的受力条件，提高其使用寿命。

（3）合理预热和冷却挤压工具，防止激冷和激热。

（4）合理润滑挤压工具。

（5）正确使用、维护和修理挤压工具，要正确安装和调整好挤压工具，应严格保持挤压轴、穿孔针、挤压筒和挤压模的中心位置，避免出现偏心载荷造成工具折断和严重磨损。

工具经过一段时间的使用后，要卸下来进行抛光修复并进行预热后再使用，这样可以延长工具（特别是穿孔针和挤压模）的使用寿命和质量。

挤压工具变形后，可进行修复，如挤压轴端面变形、挤压模支承和挤压模孔变形、挤压垫片变形等，都可以进行修复后继续使用，对垫片和挤压筒内衬的磨损变形，也可采用堆焊修补的方法进行修复。实践证明，堆焊挤压筒内衬的使用效果良好，可延长其使用寿命。

（6）采用表面化学处理或喷涂技术等新的加工工艺，提高挤压工具的耐磨性和抗高温的能力。

331　正向卧式挤压操作的要点和注意事项有哪些？

根据各生产厂的实际情况，正确选择挤压设备、挤压工艺参数、挤压工模具、润滑条件和挤压过程中能否满足挤压制品的质量要求等。制定出合理的操作规程，保证生产过程中正确操作，是满足铜及铜合金挤压的基本条件。实际生产中铜及铜合金挤压的操作要求见表 5-15。

表 5-15　挤压操作要求

项　目	要　　　求
设备检查	1. 根据各项操作规程对设备进行检查，做好开车前的检查、紧固、润滑； 2. 带负荷挤压前，要手动或自动运行 2～3 个空行程（循环），确认各运动部件正常； 3. 检查水压或油压系统各部分压力是否在规定范围； 4. 观察各部件运转是否平稳、无冲击现象，发现液压缸内有空气应随时放出； 5. 挤压机停机时，各机构应处在规定的原始位置，挤压筒处于紧锁位置，模座处于挤压中心线位置，供锭机构处于供锭位置
工具的装配	1. 在更换和新安装挤压工具时，要认真检查各工具是否安装正确。对挤压轴、穿孔系统的针支承、连接器等部件要压紧或将螺纹部分上到底，防止移动。检查各工模具的质量、尺寸是否符合挤压制品的要求； 2. 对挤压筒、挤压轴、穿孔针、挤压模等工具要进行对中检查调整，保证挤压中心线一致； 3. 安装瓶式针时，要检查小针头与模孔的相对位置是否合乎要求； 4. 安装型材模时，应使型材的大平面在下方，并检查出料口，防止划伤型材棱角； 5. 对预热的挤压模安装要压紧，特别对预热的挤压垫片和挤压筒试配一下，观察间隙大小，如有问题及时调整，不能强行使用； 6. 检查供锭机，分离装置等工具是否与挤压筒系统配套
工具的预热	1. 挤压筒预热温度 300～400℃，应保证有足够的预热时间。在正常生产过程中，挤压筒应保持规定的预热温度； 2. 穿孔针，挤压模预热温度 300～350℃，预热时间不少于 1h； 3. 挤压垫片，清理垫片预热温度 250～350℃，预热时间不少于 1h； 4. 对挤压铝青铜等一些难挤合金，工模具的预热温度可偏高一些，一般为 350～400℃，时间不少于 1h，但应控制温度不得超过 450℃
工具的冷却	1. 不带内水冷的实心体穿孔针，用环形冷却器人工冷却。每挤压一根制品，冷却一次，要求冷却均匀，防止出现针体弯曲和过热拉细拉断。内水冷式穿孔针是设备自动控制冷却，即内部通水冷却，然后吹气的方式。经常检查针支承与穿孔针连接处是否有漏水现象； 2. 挤压垫片，清理垫片。生产中准备一定的垫片组交替循环使用，保证有冷却时间，一般选择 4～6 组垫片； 3. 挤压模冷却是选择性的。一般呈暗红色时可进行均匀的水冷，不使其温度继续升高； 4. 挤压筒一般为自然冷却
工具的润滑	1. 工具润滑按照工具的润滑部位选择适当的润滑剂，根据要求进行润滑； 2. 可采用在净布（石棉布）上涂润滑剂来擦拭工具，也可用石油沥青直接润滑挤压工具； 3. 润滑剂涂抹要均匀，防止出现制品划伤、起泡、起皮等缺陷； 4. 对新使用的挤压工具要严格按照润滑要求进行润滑，防止损坏工具和造成制品质量缺陷

332　水封挤压的特点是什么，应注意什么问题？

近年来很多挤压机采用了水封挤压技术。其方法是在挤压过程中使制品不与空气接触，而直接进入出料水槽中，防止挤压制品在高温下与空气接触而氧化，以便减少酸洗等工序，减少金属损耗和提高制品内外表面质量与细化制品晶粒。对需淬火处理的挤压制品，在挤压后使其直接进入冷却水中，当温度控制适当时，也可达到淬火的目的，使淬火与挤压两道工序合并，大大简化了生产工序，缩短了生产周期，节省能量消耗。水封挤压的特点是：

（1）采用水封挤压，制品晶粒细小，抗拉强度高，延伸好。

（2）由于金属性质的特点，白铜管、黄铜冷凝管等挤压管坯受冷却变形不均匀与急冷度大的影响，制品会出现较大弯曲现象。可采用机械装置（如压料辊道、牵引装置等）来解决。

（3）水封挤压时，为避免制品内表面氧化和挤压完了制品内倒灌水现象，采用封头、尾挤压。封头尾长度一般为 80～120mm，压余分离是用穿孔针顶断方式分离。

（4）水封头前端由于受快速通水和排水速度等原因的影响，水封头内会出现因未充满水而产生空气的现象，导致挤压完了封尾挤压时，管坯尾端产生氧化，一般长度为 200～400mm。可采用水封头内通保护气体方法进行双重保护（现已有使用双重保护水封装置）。

（5）随着挤压连续进行，水槽中的水温会不断升高。应严格控制循环水量（一般水温低于 60℃），保证管坯表面不发红。

333　水封头的基本结构和作用是什么？

水封头的结构如图 5-36 所示。

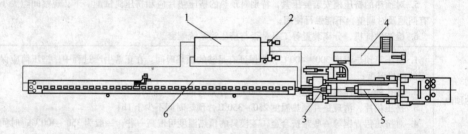

图 5-36　带水封装置挤压机的示意图
1—水箱；2—泵；3—水封头；4—加热炉；5—挤压机；6—出料水槽

水封装置主要包括水封头、出料水槽、水箱和泵。水封头是水封挤压的主要装置，图 5-37 为两种形式的水封头装置示意图。

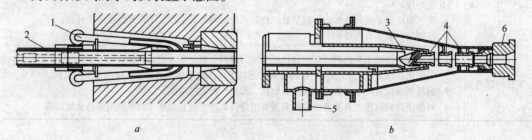

图 5-37　两种形式的水封头示意图
a—带水帘的水封头；b—带水封挡板的水封头
1—进水口；2—套管装置；3—水封挡板；4—导路；5—排水管路；6—模支承

水封头内靠供水管路进水（带有一定压力），使装置内充满水，实现水封挤压。由于在水封头入口处有一负压区，挤压完了，制品由牵引辊道拖出后，水不会从模口流出。水封头与出料水槽连接，保证挤压制品挤出后，直接进入水槽冷却，使金属不与空气接触，防止制品氧化。水封装置中的水，靠排水管路与水箱连接，由油泵工作形成循环流动方式。

334　如何进行脱皮挤压？

脱皮挤压的目的在于防止锭坯在浇铸、运输、存放和加热过程中产生的表面缺陷随着挤压过程流入到制品中去，从而减少挤压缩尾、制品表面缺陷等，使挤压残料减少，表面质量提高。要保证脱皮挤压的效果，就必须保持脱皮的完整性。主要取决于挤压垫片与挤压筒之间的间隙、垫片的形状与挤压筒内衬表面的磨损程度以及金属的某些性质等。间隙小，脱皮薄，锭坯表面缺陷脱离不彻底，完整性不好。间隙大，脱皮的厚度较均匀，可较好地消除锭坯表面缺陷的影响，但间隙过大易产生金属反流，出现包垫包轴的问题。实际生产中一般采用挤压垫片直径比挤压筒内衬直径小 1.5~4mm 的垫片进行挤压，脱皮厚度一般为 0.75~2mm。脱皮挤压方法如图 5-38 所示。

生产过程中，每次脱皮挤压后，必须将残留在挤压筒内的残皮完全清理干净，避免在下一次挤压循环中，挤压筒内的残皮、残屑压入制品中，使制品表面产生起皮、分层等质量缺陷。清理残皮可采用清理垫单独清除，如图 5-39 所示，也可用组合垫片在挤压脱皮的过程中一次清除。

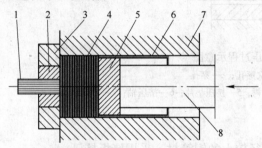

图 5-38　脱皮挤压棒材示意图
1—制品；2—挤压模；3—模支承；4—锭坯；
5—垫片；6—残皮；7—挤压筒；8—挤压轴

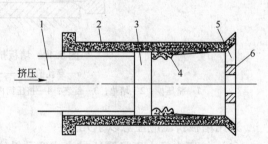

图 5-39　清理残皮示意图
1—挤压轴；2—挤压筒内衬；3—清理垫片；
4—残皮；5—模支承；6—模子

脱皮挤压中应注意的问题：

（1）调整好挤压设备和工具的中心线，保证脱皮挤压的完整性，也可减少制品的偏心。

（2）黏性较大的金属，易粘结工具，难以形成完整的残皮，此时在金属加热温度允许的范围内，尽量降低挤压温度或加强挤压垫片的冷却，以防粘结，便于形成完整的脱皮。

（3）采用脱皮挤压时，需要较大的挤压力，一般在小吨位的挤压机上生产某些产品难度较大。如果采用非脱皮挤压方法，需要进行锭坯表面处理。可采取锭坯表面刷洗、车皮、热扒皮和锭坯加热过程中气体保护，防止氧化等措施，保证挤压制品表面质量。

（4）脱皮挤压时，一般不润滑挤压筒，保证脱皮完整性。

（5）挤压比大，垫片边部的静压力大，容易脱皮。

（6）要经常检查挤压垫片和挤压筒内衬的磨损情况，随时调整工具，保证配合尺寸在允许的范围内。

335　什么是堵板挤压，有何特点？

正向穿孔挤压大直径管材时，有一部分金属被顶出成为废料，一般占锭坯重量的40%，生产大直径管材很不经济，采用堵板挤压技术可大大减小穿孔料头损失，提高成品率。所谓联合挤压法，即在穿孔时采用反向挤压法，此时模孔需要堵死，挤压穿孔完成后，再去掉堵垫，然后进行正常的管材挤压。堵板挤压过程如图 5-40 所示。

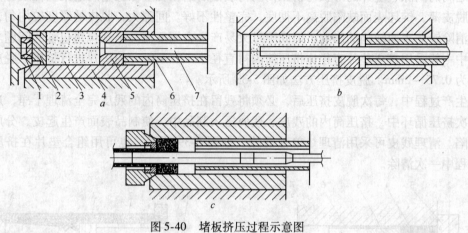

图 5-40　堵板挤压过程示意图
a—穿孔前；*b*——次穿孔；*c*—穿孔
1—挤压模；2—堵垫；3—锭坯；4—挤压筒内衬；5—挤压垫片；6—挤压轴；7—穿孔针

采用堵板挤压应注意以下几点：

（1）挤压内径大于径厚比较大或穿孔针直径较大的铜管材，采用堵板挤压。

（2）采用横向移动或旋转模座的挤压机，先将堵板工位移动到挤压中心位置，堵住挤压筒端口，进行充填挤压并穿孔到一定位置后，快速移动模座换至挤压工位，然后穿孔到位进行正常挤压。使用其他形式的模座（如挤压嘴），在充填挤压后，快速去掉堵板换上挤压模进行挤压。采用堵板挤压时，应适当提高加热温度，防止温降影响。

（3）采用堵板挤压时，锭坯在穿孔过程中，金属产生倒流，应考虑锭坯的允许长度，计算堵板挤压锭坯长度，是指堵板挤压一次穿孔锭坯产生回流后的长度。

（4）堵板挤压一次穿孔离锭坯前端的距离（不穿透），可以根据挤压机穿孔针前进距离的控制精度确定。

（5）堵板工具应进行预热，防止锭坯降温。一般预热温度为 250~400℃。

336　铜合金挤压制品的组织和性能有何特点？

铜合金挤压制品的组织和性能，从金属与合金的相与晶粒的形状、大小及其分布规律分析如下。

A　挤压制品组织的不均匀性

与其他热加工方法相比，挤压制品组织的特点是：无论在端面上还是在长度方向上都很不均匀，一般为外层晶粒比内层晶粒细，后部晶粒比前端晶粒细。

挤压制品组织的不均匀性主要是由于变形不均匀引起的。一种原因是由于金属在挤压过程中受挤压工具的摩擦阻力作用，使金属产生不均匀变形，引起制品组织不均匀。另一种原因是挤压温度和挤压速度的变化引起制品组织不均匀。实际生产中，选择合理的挤压工艺参数，以保证得到均匀的制品组织和性能。挤压制品组织和性能不均匀性一般表现在以下几个方面：

（1）挤压棒材时的不均匀性随挤压变形程度（挤压比）的加大而降低。当变形程度很小时（$\lambda \leqslant 5$），挤压制品中心层和周边层力学性能的不均匀将很严重，增加变形程度，剪切变形深入到制品中心部位，使制品横断面上的力学性能趋于均匀。不同变形程度与力学性能的关系如图 5-41 和图 5-42 所示。

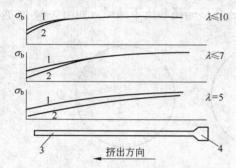

图 5-41 不同变形程度的挤压制品
长度方向上力学性能变化
1—周边层；2—中心层；3—挤压制品；4—压余

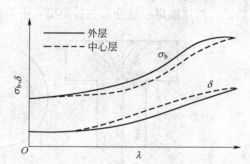

图 5-42 挤压制品内外层性能
与变形程度的关系

（2）挤压管材时不均匀性比挤压棒材小。挤压过程中，锭坯中心部分的金属受穿孔针摩擦力和冷却作用，降低了金属的流动速度，因此，管材的金属流动比棒材挤压均匀得多。

（3）挤压速度、挤压温度对塑性较差的合金和挤压两相或复杂合金时，不均匀性影响很大。挤压高温塑性区窄、难变形合金（如锡磷青铜）时，由于挤压速度很慢，锭坯前端在较高的温度下进行塑性变形，制品出模孔后，可以得到较充分的再结晶过程，故晶粒粗大。锭坯后部由于冷却，在较低的温度下进行塑性变形，制品出模孔后，再结晶过程不如前端那样充分，故晶粒细小，造成挤压制品组织性能不均匀。挤压两相或复杂合金（如HPb59-1）时，由于温度变化，使合金在相变温度下进行塑性变形，产生条状组织，造成制品前后组织和性能不均匀。

（4）挤压润滑条件对制品的不均匀性影响较大。挤压过程中，金属与挤压工具间产生摩擦力，当摩擦力小时，变形区很小，集中在模孔附近，流动均匀。当摩擦力大时，变形区和死区的高度都会增大，造成金属流动很不均匀。采取有效的润滑，减少摩擦阻力，可以改善制品的不均匀性。

B 挤压制品的层状组织

挤压制品的层状组织，也称片状组织，表现在折断口后，出现类似木质的端口。分层的断口表面不平并带有布状裂纹，分层方向近似于轴向平行。铝青铜（QAl10-3-1.5，QAl10-4-4）和含铅的黄铜（HPb59-1）等合金，容易产生层状组织。挤压制品中的层状组织对制品纵向力学性能影响不大，但制品的横向力学性能，特别是伸长率和冲击韧性会明显降低。层状组织一般分布在前端，与条状组织不同。产生层状组织的主要原因是铸造组织不均匀，如锭坯中存在气孔，缩孔或晶界上分布有未溶入固溶体的第二相质点和杂质等。防止挤压制品出现层状组织的措施，应从严格控制锭坯组织着手，减少锭坯柱状晶区，扩大等轴晶区，严格控制晶间杂质等。对于不同合金可采取相应措施，控制层状组织，如对铝青铜，适当控制铸造结晶器的高度，可清除或减少层状组织，如对铅黄铜，可减小铸造的冷却强度，扩大等轴晶区，来减少挤压制品的层状组织。

C　挤压缩尾

挤压缩尾是制品尾部出现的一种缺陷，生产过程中，如果控制不当，缩尾的长度有时可达制品长度的一半，一般出现在挤制棒材、型材和厚壁管材的尾部，主要产生在挤压终了阶段。挤压缩尾一般分为三种类型：中心缩尾、环形缩尾和皮下缩尾，如图 5-43 所示。

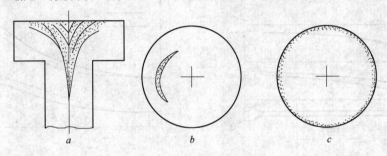

图 5-43　三种类型缩尾形式
a—中心缩尾；b—环形缩尾；c—皮下缩尾

型材挤压与棒材挤压相比，不易产生缩尾，管材挤压不会产生中心缩尾，产生环形缩尾和皮下缩尾的情况比棒材挤压要少。

防止和减少挤压缩尾的根本措施是改善金属的流动，一切减少流动不均匀的措施都有利于减少或消除缩尾。

337　如何选择锭坯尺寸?

选择锭坯尺寸时应考虑的原则：

（1）为保证挤压制品端面上组织和性能均匀，其变形程度大于85%，一般可取90%以上，对二次挤压的坯料可不受此限制。

（2）在挤压定尺或倍尺产品时，应考虑压余量的大小及制品切头、尾所需的金属量。

（3）为提高成品率，可采用长锭坯挤压，一般取锭坯长度为1.5~3倍的锭坯直径。

（4）确定锭坯尺寸时，必须考虑设备的能力和挤压工具的强度。

（5）为保证操作顺利进行，挤压筒与锭坯之间，空心锭坯的内径与穿孔针之间，都应留有一定间隙，如表5-16所示。

表 5-16　锭坯与挤压筒、穿孔针之间的间隙

合　金	挤压机类型	挤压筒直径 D/mm	锭坯与挤压筒间隙 ΔD/mm	空心锭与穿孔针间隙 Δd/mm
铜及铜合金	卧　式	≤100	1~3	1~5
		100~300	5	
		≥300	10	
	立　式	75~120	1.0~2	1~5

对于塑性很差的合金，在选择 ΔD 时，应取小些，以防填充挤压时锭坯周边产生裂纹。

A 锭坯直径的确定

挤制管材的锭坯直径：

$$D_0 = \sqrt{\lambda(d^2 - d_1^2) + d_1^2} - \Delta D \qquad (5\text{-}45)$$

挤制棒材的锭坯直径：

$$D_0 = d\sqrt{\lambda n} - \Delta D \qquad (5\text{-}46)$$

式中 D_0——锭坯直径，mm；

$\quad D$——挤压筒直径，mm；

$\quad d$——成品外径，mm；

$\quad d_1$——挤制管材内径，mm；

$\quad \lambda$——挤压比；

$\quad n$——模孔个数；

$\quad \Delta D$——锭坯与挤压筒间隙，mm。

锭坯直径与挤压筒直径有直接关系，确定挤压筒直径时，必须满足以下三个条件：

（1）挤压比大小应满足制品质量要求。

（2）单位挤压力大小应满足金属塑性变形的需要。

（3）挤压力不能超过设备能力。

B 锭坯长度的确定

$$L_0 = K\left(\frac{L + L_1}{\lambda} + h\right) \qquad (5\text{-}47)$$

式中 L_0——锭坯长度，mm；

$\quad L$——成品长度，mm；

$\quad L_1$——制品切头尾长度，mm；

$\quad \lambda$——挤压比；

$\quad h$——挤压压余的厚度，mm；

$\quad K$——挤压填充系数：

$$K = \frac{F_{筒}}{F_{锭}} = \frac{D_{筒}^2}{D_{锭}^2} \qquad (5\text{-}48)$$

在实际生产中，锭坯长度的确定还应考虑切锭尺和倍尺的余量（锯口），在挤压管材时，产生的穿孔料头可按实心端面计入，一般穿孔料头长为其直径的 1 ~ 1.5 倍。对于不定尺产品，为提高成品率，根据设备能力和挤压制品规格，可按已规格化的常用锭坯来选择，一般不计算锭坯长度。

338 如何确定挤压比?

A 确定挤压比的原则

挤压变形参数通常采用挤压比来表示，挤压比的确定原则及计算方法如下：

（1）根据制品的温度范围，为避免制品表面粗糙化和产生裂纹，应选择适当的挤压比。

（2）根据制品的组织与性能要求，为获得较高的力学性能，应尽量选择大挤压比，一般不小于 10 ~ 12。

（3）最大的挤压比受挤压机的挤压力、挤压工具强度所限制，选择挤压比时，不能超过设备能力。

B　挤压比计算公式

$$\lambda = \frac{F_t}{\Sigma F} \tag{5-49}$$

挤压圆形管、棒材可用下列简化公式计算：

圆棒：

$$\lambda = \frac{n \times D_t^2}{d^2} \tag{5-50}$$

圆管：

$$\lambda = \frac{(D_t - S_t) \times S_t}{(d - S) \times S} \tag{5-51}$$

式中　λ——挤压比；

　　　F_t——挤压筒的断面积，mm^2；

　　　ΣF——挤压制品的总断面面积，mm^2；

　　　D_t——挤压筒直径，mm；

　　　d——挤压制品直径，mm；

　　　n——模孔个数；

　　　S——挤压制品壁厚，mm；

　　　S_t——锭坯穿孔后环形断面的壁厚，mm：

$$S_t = \frac{D_t - d_t}{2} \tag{5-52}$$

　　　d_t——穿孔针直径，mm。

挤压用于二次挤压的毛坯时，挤压比可不限，在挤压小断面的棒、型材时，为使金属流动较均匀，可采用多模孔挤压，降低挤压比。

C　铜及铜合金挤压比

铜及铜合金挤压比见表 5-17。

表 5-17　铜及铜合金最大挤压比与常用挤压比

合　金	挤压温度/℃	最大挤压比	常用挤压比	合　金	挤压温度/℃	最大挤压比	常用挤压比
紫　铜	750 ~ 920	400	10 ~ 200 T_2 线坯 160	铝青铜	740 ~ 900	75 ~ 100	7 ~ 60
				锡青铜	650 ~ 900	80 ~ 100	5 ~ 25
黄　铜	670 ~ 870	100 ~ 300	5 ~ 50 H62 线坯 225	硅青铜	850 ~ 940	30	5 ~ 22
				锡磷青铜	660 ~ 840	30	4 ~ 20
铅黄铜	550 ~ 680	300	5 ~ 50 HPb59-1 线坯 225	白　铜	900 ~ 1050	80 ~ 150	10 ~ 20
铝黄铜	640 ~ 800	75 ~ 250	5 ~ 45	镍及镍合金	920 ~ 1200	玻璃润滑 200 石墨润滑 20	5 ~ 15
锡黄铜	640 ~ 820	300	5 ~ 45	锌	140 ~ 250	200	

339　如何确定铜合金的挤压温度?

铜及铜合金在挤压温度下应具备低变形抗力和良好的塑性。合理的挤压温度范围,应以合金的塑性图、再结晶图、相图为依据,并考虑实际生产情况确定。

(1) 加热温度一般是合金熔点温度的 0.75 ~ 0.95 倍,可以根据金属与合金的熔点和该成分合金在相图上固相点温度,确定挤压温度范围的上限,避免挤压时的热脆性(过热、过烧现象)。挤压温度范围的下限,应考虑高温的良好塑性,还应该使金属与合金的变形抗力不太高。

(2) 对合金在高温时存在相变的合金,最好选择在单相区进行热挤压。

(3) 应尽量在高温塑性区范围内的温度下进行热挤压,以免产生横向裂纹。但同时应考虑合金在高温下的表面性质,防止锭坯表面过度氧化或粘结。某些合金对工具的黏性随温度的升高而增大,如白铜、铝青铜等,考虑尽量采用较低的温度挤压。此外,考虑挤压温度时,还需要考虑挤压机能力。在采用较低的挤压温度时,应使用大吨位挤压机。

(4) 挤压肘变形量很大,变形速度快,金属与工具间的摩擦都会产生大量的热量,可引起挤压过程中锭坯温度升高。在确定加热温度时,尽量采用温度下限挤压。

(5) 在不同的温度下进行挤压,可获得不同的力学性能,在选择挤压温度时,应考虑制品的性能要求。某些合金在较高温度下挤压时缩尾太长,压余增加,如 HPb59-1 等。挤压黄铜时,温度太低,挤压制品尾端容易形成条状组织。

(6) 挤压制品的形状、变形程度、工具温度、润滑条件等,对挤压温度都有一定的影响。

340　如何选择铜合金挤压速度?

一般将挤压轴的移动速度称为挤压速度,每台挤压机都有设计的挤压速度范围。金属流出模孔时的速度称为流出速度,挤压速度与金属流出速度的关系如下:

$$V_1 = \lambda V_j \tag{5-53}$$

式中　V_1——金属流出速度,m/s;

　　　λ——挤压比;

　　　V_j——挤压速度,m/s。

确定挤压速度时应考虑以下原则:

(1) 金属高温塑性区温度范围宽时,可采用较高的金属流出速度。如紫铜高温塑性区宽,采用快速挤压不会出现质量问题。

金属塑性区温度范围窄,必须控制金属流出速度,如锡磷青铜、HSn70-1、HAl77-2、QSi3-1 等合金,高温塑性差,在挤压过程中,如果速度控制不当,将使变形热效应增大,金属变形区内产生过热或过烧现象,在金属流出模口时,由于表面拉副应力的作用而产生表面裂纹,因而必须降低金属的流出速度,保证挤压制品表面质量。

(2) 挤压断面复杂的制品比挤压断面简单制品的流出速度要低,挤压管材时的金属流出速度可以比挤压棒材高些,但在挤压大直径薄壁管材时,应采用较低的挤压速度。

(3) 高温时金属黏性高的应合理控制金属的流出速度。如铝青铜一类的合金,高温时容易粘附挤压工具，挤压速度控制不当会使出口温度升高，更进一步加剧金属与工具间的粘结，使挤压制品表面产生起刺、划伤等缺陷。挤压黏性大的合金，金属流出速度快会使不均匀变形进一步加剧，形成较长的缩尾，同时也降低了制品的力学性能。

（4）挤压时润滑条件好，可提高金属的流出速度。

（5）一般挤压温度高，金属流出速度应慢些，挤压温度低，金属流出速度可适当增大。加工率大，金属流出速度可增大，生产过程中，为保证生产效率，在保证挤压制品质量的前提下，一般都尽量采用较大的挤压速度。

（6）挤压速度受挤压机能力的制约。

挤压速度的分类排列顺序见表 5-18，挤压金属的流出速度见表 5-19。

表 5-18　铜及铜合金正向挤压速度由快到慢的分类排列顺序

分　类	铜及铜合金牌号
1	紫铜；H96；NCu28-2.5-1.5；镍
2	HPb59-1；H62；HAl60-1-1；HAl59-3-2；HFe59-1-1；HFe58-1-1；HMn58-2；HMn57-3-1；HNi56-3；H63；HPb63-0.1；H59；HSn62-1；HPb58-2.5
3	HAl66-6-3-2；QAl9-2；QAl9-4；QAl10-3-1.5；QAl10-4-4；QAl10-5-5；QAl11-6-6；QZr0.2；H90；H80；HNi65-5；QCr0.5；QCd1.0；BZn15-20；QCr0.6-0.4-0.05
4	BFe30-1-1；BMn40-1.5；HPb63-3；HAl77-2；H68；H68A；HSn70-1
5	QSi3-1；QSi1-3；QSi3.5-3-1.5；HSi80-3
6	QSn4-3；QSn4-0.3；QSn6.5-0.1；QSn7-0.2；QSn8-0.4

表 5-19　铜及铜合金正向挤压金属的流出速度

金属与合金	金属的流出速度/$m \cdot s^{-1}$					
	$\lambda < 40$		$\lambda = 40 \sim 100$		$\lambda > 100$	
	管　材	棒　材	管　棒	棒　材	管　棒	棒　材
紫铜；无氧铜；H96	1 ~ 2	0.3 ~ 1.5	3 ~ 5	0.5 ~ 2.5	3 ~ 5	1 ~ 3.5
H90；H85；H80	0.2 ~ 0.8	0.2 ~ 1.0				
H62；HPb59-1；两相黄铜	0.7 ~ 0.8	0.4 ~ 1.5	2 ~ 4	0.6 ~ 3		1 ~ 4
QAl9-2；QCd1.0；QAl9-4；QCr0.5；QZr0.2；QAl10-3-1.5；QAl10-4-4	0.15 ~ 0.25	0.1 ~ 0.2	0.5 ~ 0.8	0.3 ~ 0.8		
QSi3-1；QBe2.0；QSi1-3；QBe2.5；QSn4-3		0.04 ~ 0.1	0.07 ~ 0.15			
QAl13-3		0.5 ~ 1.0		0.8 ~ 1.5		
BZn15-20	0.5 ~ 1.1	0.5 ~ 1.0	1 ~ 2	0.8 ~ 1.5		
H68；HSn70-1；HAl77-2	0.25 ~ 0.6		0.25 ~ 0.6			

续表 5-19

金属与合金	金属的流出速度/m・s^{-1}					
	$\lambda < 40$		$\lambda = 40 \sim 100$		$\lambda > 100$	
	管材	棒材	管棒	棒材	管棒	棒材
QSn6.5-0.1； QSn7-0.2； QSn6.5-0.4； QSn4-0.3	0.03 ~ 0.06			0.06 ~ 0.12		
BFe30-1-1； B30，N6	0.3 ~ 1.2	0.3 ~ 1.2				
NCu28-2.5-1.5	0.3 ~ 1.0					

341 反向挤压机的结构特点是什么？

在普通的挤压机上进行反向挤压生产，效率较低，近代的反向挤压机一般分为两类，即正、反两用挤压机和专用反向挤压机。反向挤压按设备结构特点也可分为中间框架式、挤压筒剪切式和后拉式三种，其中，中间框架式可通过中间框架的作用来实现正、反挤压。反向挤压机的穿孔装置，也可分为带独立穿孔系统和不带独立穿孔系统。反向挤压法可生产有色金属管、棒、型、线材制品。

反向挤压机的基本结构与正向挤压机的基本结构之间没有原则性的差别，为适合反向挤压，挤压机应具备以下两个条件：

（1）挤压筒能够移动，其行程不能短于挤压筒的长度。

（2）主柱塞行程应略大于挤压筒长度的两倍。否则，只能适用短锭坯挤压。

反向挤压机的主要结构如下。

A 张力柱

反向挤压机的张力柱有圆形实心张力柱，也有采用预应力张力柱。采用预应力张力柱，机架变形小，挤压制品的精度高。图 5-44 为带 T 形头的板式张力柱。

B 挤压筒装置

为保证反向挤压时的生产效率，挤压筒的行程要略大于其自身的长度。现代反向挤压机的活动横梁与挤压筒滑轨一般采用 X 形导轨，对中心性能好，减少了热胀冷缩引起的误差，保证了活动横梁和挤压筒长行程的稳定性。挤压筒座如图 5-45 所示。

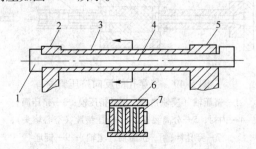

图 5-44 板式张力柱结构

1—T 形头；2—前梁；3—承压柱；4—预应力张力板；
5—后横梁；6—承压柱；7—张力板

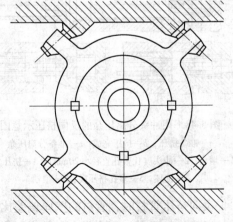

图 5-45 X 形挤压筒座

C　模轴（空心轴）和堵头装置

专用反向挤压机的空心模轴装在原来安装模座的位置，挤压模具装在空心模轴的头部，可更换模具。在动梁原装挤压轴的位置装上堵头代替挤压轴，用来封闭挤压筒并可通过大车头推压堵头，使挤压筒前移来实现挤压。在正、反两用挤压机上一般配有两根挤压轴，即主轴和模轴。在挤压时，挤压筒随主轴一起移动，使挤压制品的流出方向与主轴移动方向一致，而与模轴的相对移动方向相反，分别如图 5-46 和图 5-47 所示。

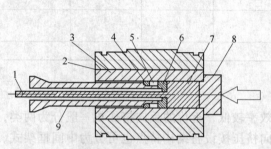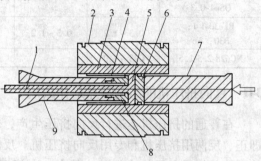

图 5-46　带堵头反向挤压

1—挤压制品；2—挤压筒；3—挤压筒内衬；4—清理环；
5—残皮；6—挤压模；7—锭坯；8—堵头；9—模轴

图 5-47　双轴反向挤压

1—挤压制品；2—挤压筒；3—挤压筒内衬；4—残皮；
5—锭坯；6—挤压垫片；7—主轴；8—挤压模；9—模轴

D　压余分离装置

压余分离是反向挤压时的较重要环节，反向挤压机的分离装置（剪刀）可装在挤压筒上，利用活动液压管道连接，随挤压筒移动，分离压余时剪刀下移切除压余。也可固定装在前梁上，免去活动液压管路，分离压余时剪刀上下移动切除压余。使用剪切模装置分离压余时，通过横向活动柱塞前进切除，并将其送到压余垫片清理机构上进行分离。使用冲头分离装置的反向挤压机，主要用于多孔模反向挤压，如图 5-48 所示。

E　穿孔系统

反向挤压机可分为带独立穿孔装置和不带独立穿孔装置两类。反向穿孔挤压如图 5-49 所示。

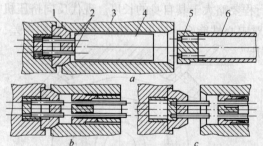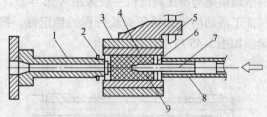

图 5-48　用冲头分离压余的反向挤压示意图

a—准备挤压；b—挤压完成；c—准备分离压余

1—堵头；2—冲头（比模孔直径小 20mm）；3—挤压筒；
4—锭坯；5—多孔挤压模；6—模轴

图 5-49　带穿孔的反向挤压管材

1—挤压轴（模轴）；2—活动挤压模；3—挤压筒；
4—内衬；5—分离装置；6—挤压垫片（空心堵头）；
7—穿孔针；8—挤压轴（主轴）；9—锭坯

反向挤压管材时，管材的壁厚偏差比正向挤压法要小，这一效果除工艺原因（流动均匀、温度均匀）外，还有设备的特点。在正向挤压时，穿孔针是由挤压筒内的垫片来定心的，由于挤压垫片与挤压筒内衬之间存在一定的间隙（特别是脱皮挤压时），穿孔针的中心位置较差，造成挤压管材壁厚前端偏差较大。在反向挤压管材中，穿孔针是由空心堵头定心的，由于空心堵头装在主柱塞上，因此，能够保持反向挤压时，穿孔针在整个挤压过程中都能很好地对中，保证了挤压管材壁厚偏差小。

F 反向挤压机的供锭机构、压余收集装置、模具更换装置等

这些装置一般都设在挤压机两侧。反向挤压时装卸工模具比较麻烦，辅助时间较长。

342 如何在普通卧式挤压机实现反向挤压？

在正向卧式挤压机上也可进行反向挤压，如图 5-50 所示。

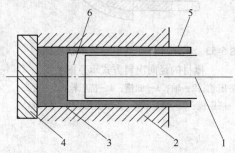

图 5-50 管材反向挤压
1—挤压轴；2—挤压筒；3—锭坯；
4—堵板；5—管材；6—反挤垫

这种挤压方法一般只适用于挤制直径较大、壁厚较厚的管材，因为挤压制品长度受挤压轴长度限制，所以不能采用大挤压比，一般用来挤制塑性好的金属。挤压操作难以实现自动流程，挤压机的生产效率较低，挤压制品表面质量较差，这种反向挤压法目前仍广泛使用。采用这种反向挤压法应注意以下几点：

（1）根据下达的产品规格，合理选定反挤轴和反挤垫，直径之差不得小于 15mm。

（2）挤压开始前，应确定出挤压轴行程位置（根据设备上的行程标尺）。

（3）挤压结束时，留杯底厚度（压余）10～20mm。

（4）冲杯底时，挤压轴前进 40～50mm。

（5）如挤压轴长度不足，行程未达到标定位置时，允许加补充垫片。补充垫片应稳固套在挤压轴销上，并同时考虑确定补充垫片的厚度位置（在设备的标尺上确定）。

具体的操作控制和要求以及注意事项，可根据挤压制品规格、合金和挤压机吨位大小来确定。

343 连续挤压机的结构和特点是什么？

普通连续挤压机的设备结构形式主要有立式和卧式两种。根据连续挤压机的挤压轮上凹槽数和挤压轮的数目，又可以分为单轮单槽、单轮双槽、双轮单槽等几种类型。

连续挤压机主要设备结构见图 5-51～图 5-55。

A 单轮单槽连续挤压机

单轮单槽连续挤压机，一般采用卧式结构和直流电机驱动方式。生产铜及铜合金线材、管材和型材时，一般采用径向出料方式，挤压包覆材料成形时，一般采用切向出料方式。

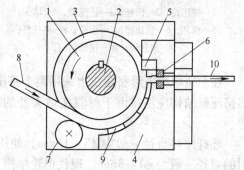

图 5-51 采用坯杆原料卧式单轮单槽
径向出料方式示意图
1—挤压轮；2—轴；3—凹槽；4—挤压靴；
5—堵头；6—挤压模；7—压轮；8—坯杆料；
9—槽封块；10—挤压制品

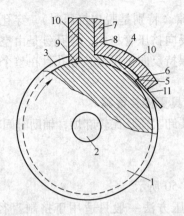

图 5-52　采用粉状原料卧式单轮单槽
切向出料方式示意图

1—挤压轮；2—轴；3—方形横断面的凹槽；4—挤压靴；
5—堵头；6—挤压模；7—进料室；8—粉状进料腔孔；
9—槽封块；10—金属粉状坯料；11—挤压制品

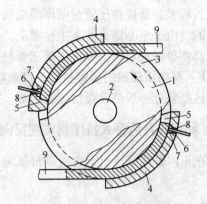

图 5-53　采用坯杆原料单轮单槽挤压两根
棒材的径向出料方式示意图

1—挤压轮；2—轴；3—凹槽；4—挤压靴；5—堵头；
6—挤压模；7—模座；8—挤压制品；9—坯杆料

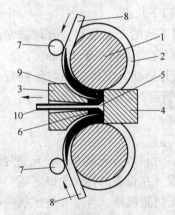

图 5-54　采用坯杆原料双轮单槽连续挤压示意图

1—挤压轮；2—凹槽；3—挤压靴；4—堵头；
5—模芯；6—挤压模；7—压轮；8—坯杆料；
9—槽封块；10—挤压制品

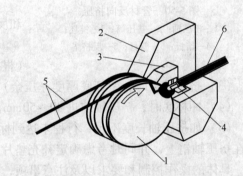

图 5-55　采用坯杆原料单轮双槽径
向出料方式示意图

1—带凹槽的挤压轮；2—挤压靴；3—堵头；
4—挤压模；5—坯杆料；6—挤压制品

在单轮单槽连续挤压机上采用两个挤压靴与挤压轮相连，可同时挤压两根棒材，采用多挤压靴结构应注意由于材料在堵头处的压缩作用，而在挤压轮轴承中产生力的平衡问题。

坯杆原料直径一般为 $\phi 8 \sim 15mm$，使用粉末原料的粒度可小至几微米，碎屑等颗粒原料的直径一般为 $\phi 1 \sim 3mm$。现代单轮单槽 conform 挤压机的自动化控制水平较高，配有在线尺寸检测、涡流探伤、测温测压等装置。

B　单轮双槽连续挤压机

单轮双槽连续挤压机的基本原理是两个凹槽内的坯料通过槽封块上的两个进料孔汇集到挤压模前的空腔内，焊合成一体后，再通过挤压模挤压成所需要的制品。单轮双槽连续挤压机具有两种结构形式：一种为双槽径向挤压方式，用于各种管、棒、型、线材的挤压成形；另一种为切向挤压方式，主要用于包覆材料的挤压成形。

C　双轮单槽连续挤压机

双轮单槽连续挤压机不仅可以生产线材、棒材以及包覆材料，而且也可以生产管材或空心型材。其特点是：不需要使用分流模即可以挤压管材或空心型材，挤压模的结构大大简化。模芯可以安装在堵头上，挤压模和模芯的强度条件显著改善。由于进料孔附近的压力显著降低，因此作用在槽封块和挤压轮缘上的压力下降，可以减轻其磨损，延长使用寿命。金属流动的对称性增加，可以提高制品尺寸的精度和均匀性。

双轮单槽连续挤压机克服了在单轮单槽或单轮双槽连续挤压机上存在的由于空间限制，分流模的尺寸较小，而挤压压力较大，模芯的强度难以得到充分保证，以及由于剧烈的摩擦与长时间处于高温作用之下，挤压轮磨损快、寿命短的缺点。

显然，双轮单槽连续挤压机在设备结构上与控制上都要复杂一些。

344　静液挤压机的结构和特点是什么？

早期的静液挤压机与普通挤压机在结构上有较大差别，大多采用双挤压筒结构形式，一个用于高压介质的升压，一个用于实现挤压。随着高压介质性能的改善，热静液挤压技术的不断开发，近年来静液挤压机在结构上不断简化，多采用单挤压筒结构，与普通正向挤压机差别越来越小。根据用途不同，静液挤压机又分为单动式和双动式。静液挤压机的基本结构示意图如图 5-56 所示。

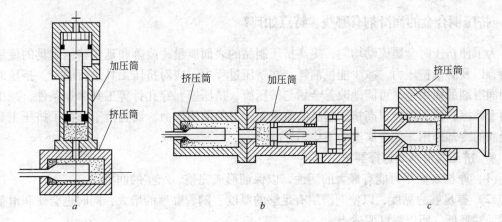

图 5-56　静液挤压机的基本结构示意图
a—垂直配列式双挤压筒；b—串联式双挤压筒；c—单挤压筒

A　普通型静液挤压机

这种静液挤压机与普通挤压机的主要区别是：挤压轴不直接与被挤压的锭坯接触，而是通过中间高压介质的静压作用，使锭坯在巨大的压力下产生塑性变形，并由模孔中挤出形成制品。

当采用黏性液体作为高压介质时，单动挤压机上设有专门的高压介质交换盘，也称为液体充填阀，用于挤压时的供液和挤压结束时的液体回收。这种方式具有操作繁杂、生产周期长、锭坯温度下降明显、易产生着火危险等缺点，一般挤压温度控制在 500~600℃ 以下。

采用黏塑性体作为高压介质时，单动静液挤压机不需要专门的介质充填阀，高压介质以块状供给。这种方式便于快速操作，可有效控制锭坯温度的下降，并可缩短操作周期。

双动静液挤压机用于生产空心挤压制品、双金属管等。这种挤压方式与普通的带有穿孔系统挤压机相似，穿孔针与挤压轴均能单独移动。

B　串联式双挤压筒静液挤压机

串联式双挤压筒静液挤压机的两个挤压筒通过连接器相连。充满高压介质的挤压筒，可以做得短而粗，便于挤压轴直径有条件加大，提高其强度。另一个锭坯挤压筒可以做得细长一些，一般内径只要能够容纳所挤锭坯即可。挤压模封装在锭坯挤压筒一端。这种方式的静液挤压机主要用于挤压变形抗力大、挤压系数小（3～4）、锭坯长径比大的生产中。可以解决因挤压轴细长而容易超过强度允许范围的这一矛盾。

C　背压静液挤压机

背压静液挤压原理如图 5-57 所示。

背压液体压力的增加必须在能连续挤压的容器中，而挤压筒中的压力要超过背压。背压静液挤压主要用于容易产生横向和纵向裂纹的脆性材料和粉末材料的挤压生产。这是因为材

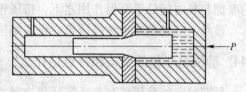

图 5-57　背压静液挤压原理示意图

料的脆性和挤压模孔出口处不能建立足够的静水压力（压力趋近于大气压），而使制品容易产生裂纹。如果静液挤压时，在模孔处施加背压使制品挤入很高背压的容器中，而不是大气中，此时，模孔出口处的压力就会提高，材料的塑性就会改善。

345　挤压铜合金的润滑剂有哪些，特点如何？

为了使挤压时金属流动均匀，提高挤压制品的表面质量，改善和延长挤压工具的使用寿命，以及降低挤压力，减少能量消耗，在挤压过程中，应对挤压工具进行润滑。挤压时使用润滑剂的作用是尽可能地改善金属与挤压筒、挤压模、穿孔针等工具摩擦条件，减少表面干摩擦，这不仅会提高挤压制品的质量和工具的使用寿命，而且由于降低了挤压工具对金属的冷却作用，使金属流动不均匀性减少。

A　挤压润滑剂的选择要求

（1）摩擦表面尽可能有最大的活性，以保证形成完整、结实的润滑层。

（2）有足够的黏度，以使润滑层有足够的厚度，随着黏度的增大，同时也会使润滑剂的活动性降低，所以黏度要适当。

（3）挤压工具及变形金属有一定的化学稳定性，以免腐蚀工具及变形金属表面。

（4）有适当的闪点，避免在开始挤压时燃烧，降低润滑效果。

（5）燃烧后的灰分要少，减少挤压制品内外表面的污染。

（6）冷却性能好。

（7）挤压润滑剂本身产生的气体，不应对人体和环境产生有害作用。

（8）制造和使用方便，价格低廉，成本低。

B　挤压常用润滑剂

（1）大多数铜及铜合金的挤压，可采用 45 号机油加入 20%～30% 鳞片状石墨调制成的润滑剂。

（2）挤压白铜或青铜时，鳞片状石墨含量可增加至 30%～40%。

（3）冬季为增加润滑剂的流动性，在润滑剂中可加入5%～9%的煤油，以保证润滑效果。

（4）夏季为使石墨质点处于悬浮状态，可在润滑剂中加入适量的松香。

（5）挤压高温、高强合金（如镍、铜镍合金等）时，可采用玻璃润滑剂，即玻璃垫、玻璃布、玻璃粉。

（6）在卧式挤压机上，也常采用石油沥青作为挤压工具的润滑剂。

（7）立式小吨位挤压机可采用轧钢机油加30%～40%的鳞片状石墨作为润滑剂，进行全润滑挤压。

346　如何使用挤压润滑剂？

挤压过程中，润滑剂和润滑部位要严格控制，如果润滑部位不当，润滑剂选择不好，会产生挤压制品内部夹渣、增长缩尾、气泡等缺陷。多数铜及铜合金采用块状沥青作为润滑剂。

A　穿孔针润滑

每次挤压后要进行穿孔针表面润滑，涂抹要均匀。首次使用新针时，要用润滑剂涂抹针体表面并用净布反复擦拭，确保针体充分润滑。

B　挤压模润滑

挤压过程中，可选择性地对挤压模孔进行润滑。穿孔针和挤压模润滑时，对于H62、HPb59-1等低温合金，涂层要薄而均匀，以免制品产生气泡缺陷。

C　挤压筒润滑

挤压筒一般不润滑，但对难挤合金，高温、高强合金有针对性选用合适的润滑剂来润滑挤压筒内壁。如选用石墨和玻璃润滑剂等。

D　挤压垫片的润滑

禁止润滑挤压垫片端面，以免增长缩尾。为减少摩擦，便于垫片分离，可润滑挤压垫片的外圆。

E　玻璃润滑剂使用方法

（1）挤压筒润滑。一般选择玻璃布包在锭坯上，随锭坯一起送入挤压筒内，挤压进行过程中挤压筒内壁得到润滑。

（2）挤压模润滑。一般选择玻璃垫润滑，玻璃垫内孔比模孔稍大些，外圆直径比挤压筒小4～5mm，厚度为4～10mm，放在挤压模前，进行模子润滑。

（3）穿孔针润滑。一般在穿孔针体上涂上润滑剂（如沥青），然后包上玻璃布，进行穿孔针的润滑。

347　如何冷却穿孔针？

穿孔针通常分为空心针和实心针。穿孔针一般用水冷却，实心外冷式穿孔针在挤压完成一个循环后，每次都要对针体进行水冷，冷却要均匀。空心内冷式穿孔针的冷却分为两类，可视规格大小或设计而定，对于小规格穿孔针一般采用设备自动控制，穿孔针内部通冷却水、吹气的工作方式来冷却，同时注意避免产生太大的冷却强度，造成应力集中，拉断穿孔针；对于大规格穿孔针，即使有内冷系统，在正常的生产节奏中，也很难冷却，会造成穿孔针的损耗上升，因此除了内冷外，还需要对针体外部采用均匀的水冷。穿孔针外部冷却可采用带内侧水孔的环状水管进行水冷。

348　挤压锭坯加热有哪些形式，特点如何？

用于铜合金挤压前锭坯加热的设备有重油加热炉、煤气加热炉和电炉。

A　重油加热炉和煤气加热炉

重油加热炉和煤气加热炉的主体结构差异不大，其区别在于燃料不同。加热炉炉底有斜底和转底两种。

斜底式炉底与水平呈一定的倾斜，锭坯可以从装料端向出料端滚动，具有以下特点：

(1) 制造成本低；

(2) 炉子密封性差；

(3) 铸锭的表面在滚动过程中表面容易粘有耐火材料和氧化物；

(4) 人工辅助的程度较高。

B　环形加热炉

有固定的炉壁和回转的炉底，炉底在传动机构的带动下，按一定角度转动，铸锭和炉底不产生相对运动，装料和出料采用机械装置，其特点是：

(1) 自动化程度较高；

(2) 加热温度相近时，易实现牌号的转换；

(3) 制造成本较高。

C　感应电炉

感应电炉一般有中频和工频两种形式。它是把电能转变成热能的一种装置。有些感应电炉分为加热炉和均热炉，有些是一体式。为了减少氧化，一些新型电炉还充有保护气。感应电炉具有以下特点：

(1) 缩短加热时间，相应减少了氧化和挥发；

(2) 合金的加热温度比较准确，生产过程自动化程度较高；

(3) 基本无预热时间，能量损失小；

(4) 加热速度快，生产灵活性高，占地面积小。

349　管材轧制的方式有几种，各有什么特点？

铜及铜合金管材轧制种类繁多。按加工方式可分为斜轧（横轧）和纵轧；按加工温度可分为热轧和冷轧；按加工产品的类型又可分为普通圆管轧制、内筋管轧制、外筋管轧制、内外筋管轧制、螺旋管轧制等；按轧机轧辊的运动方式可分为连续式轧制和周期式轧制。每种轧制方法都有其自身的特点，都有其特定的适用范围。在不同的领域中，铜合金管材的各种轧制方法都获得了不同程度的应用和发展。这里重点介绍在铜加工领域中应用广泛的周期式冷轧管、行星轧制和旋压横轧技术。

A　周期式冷轧

按轧辊的数量又可分为二辊冷轧管机和多辊冷轧管机。多辊冷轧管机的轧辊数量通常为 3 个、4 个或 5 个。

(1) 二辊冷轧管机的主要特点是道次轧制加工率大（减径量和减壁量都大，尤其减壁量更大)、壁厚纠偏能力强。因此广泛用于各种铜合金管坯生产,诸如紫铜盘管、黄铜冷凝管、白铜冷凝管等在制品的生产,大多为连拉、盘拉或直拉工序供坯,而不直接生产成品。

目前,比较常用的二辊周期式冷轧管机,按其工艺特点主要分为半圆形孔型轧制和环形孔型轧制两种。半圆形孔型轧制多用于老式轧管机,轧制过程示意图见图 5-58,环形孔型轧制多用于新式高速、长行程轧管机。

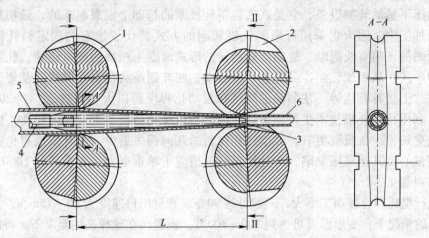

图 5-58 半圆形孔型轧制过程示意图
1—孔型块;2—轧辊;3—芯棒;4—芯杆;5—管坯;6—成品管

(2) 多辊周期式冷轧管机,金属变形较均匀,适于轧制壁厚特薄的管材,其最大径厚比可高达 250:1。轧制管材尺寸精度高,表面粗糙度低,因此可以直接生产成品管材。其原理图见图 5-59。

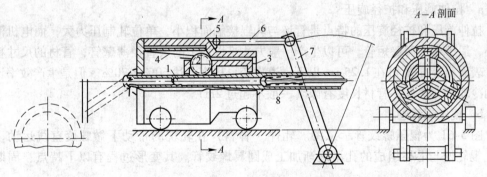

图 5-59 三辊周期式冷轧管机工作原理图
1—芯头;2—轧辊;3—辊架;4—滑道;5—工作机架;6—连杆;7—摇杆;8—管材

多辊周期式冷轧管机,轧辊数量多,轧辊直径小,总轧制力小,能耗少。

多辊周期式冷轧管机工具制造简单。轧辊孔槽是半圆形的,易于加工,尺寸精度和表面粗糙度都易得到保证。

由于轧辊孔槽是非变断面的,芯头是圆柱状的,滑道的坡度不能太大,因此减径量小,道次延伸系数小;加之在滑道的低端(轧辊开口度大的一端)有附加拉应力存在,送进量不可能大,故多辊周期式冷轧管机的生产能力低。

通常是在特定的条件下，如大径厚比、合金塑性较差、产品精度要求高、要求直接生产成品管材时才选用。

B　三辊行星轧制

20 世纪 90 年代，采用铸轧方式生产空调管的方式发展很快，行星轧机得以运用到铜管生产线，其主要设备三辊行星轧机是 20 世纪 70 年代初期发展起来的一种新型、高效率、大压下量的轧制设备，它是在三辊斜轧技术的基础上发展起来的，最初被应用在钢铁材料加工中。因为它采用行星斜轧辊轧制的方式替代了原有的固定斜轧辊轧制方式，使原来的坯料直线运动、轧制产品旋转的形式改变为相反的坯料旋转、轧制产品直线运动的形式，从而使轧制产品避免旋转运动，使轧制产品在表面保护以及便于大长度收卷的方式上更具有优势，使制品的质量和自动化程度得以大幅度提高。到 20 世纪 90 年代初，利用行星轧机技术生产出铜管产品。与传统的挤压法生产工艺相比，铸轧法的工艺路线更短，设备投资更省，加工过程材料的几何损失更少，能有效地避免挤压所固有的管坯偏心及其他挤压缺陷，而且能很好地适应于单重更大（单重可达 1000kg 以上）的铜管材料加工。

三辊行星轧制管坯加工率大，一般可达 90%，管材出口速度为 10～15m/s；管坯在没有预加热的情况下，变形温度可达到 700～800℃。铜管坯在这样高的温度下，可以发生动态再结晶，从而可以获得内部组织均匀、晶粒细小、伸长率高的管材。若采用水平连铸空心锭坯，用它生产管坯，可以代替挤压；但金属在锥形变形区内以螺旋状运动。管材任一截面上的壁厚偏差将螺旋贯穿整根管子，工作示意图见图 5-60。

C　旋压横轧

旋压时轧辊的轧制方向与金属流动方向垂直或呈一定角度。旋压又称旋轧或横轧。应用较多的有拉伸旋压和扩径旋压、辊压螺纹等。

a　拉伸旋压和扩径旋压

拉伸旋压和扩径旋压的特点是管坯与轧辊接触面积小，单位轧制压力大，而电机消耗功小，适于生产薄壁短管。可以生产一般方法难以加工的大直径薄壁管；管材的尺寸精度高，表面粗糙度 R_n 可在 1.25μm 以下；道次变形程度可达 60%～70%。但是生产效率比一般的冷轧管方法低，管材长度有限（一般不超过 2m）。

b　辊压螺纹管

图 5-61 为辊压螺纹管示意图。轧件（管料）在轧辊的带动下做螺旋直线运动，通过轧辊轧槽与芯棒组成的孔型逐渐加工成圆翼螺纹管。其变形过程有以下特点：周期性

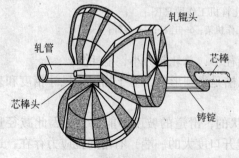

图 5-60　三辊行星轧制示意图

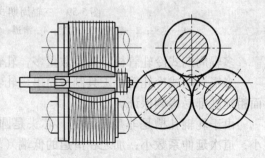

图 5-61　辊压螺纹管示意图

反复加工；轧件上任一点金属每旋转一周与三个轧辊各接触一次，即每旋转一周经受轧辊的三次加工，因此能获得很大的变形量；变形集中于表面；管坯径向压缩时，金属受轧辊形状的限制，向轴向流动困难，被迫向翼片部分流动，使翼片增高，管材的延伸系数小。

350　二辊冷轧管机的结构怎样?

从 20 世纪 50 年代起，经过 50 余年的发展，我国二辊周期式冷轧管机已经形成了较完整的系列。LG 二辊冷轧管机简图见图 5-62。

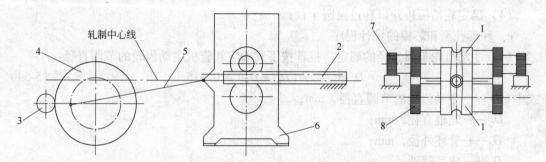

图 5-62　LG 二辊冷轧管机简图

1—上下轧辊；2—齿条；3—主传动的主动齿轮；4—曲柄齿轮；5—连杆；
6—工作机架；7—轧辊的主动齿轮；8—同步齿轮

LG 冷轧管机主要由下列部分组成：（1）主传动装置；（2）工作机架及底座；（3）管坯的回转和送进机构；（4）芯杆回转机构；（5）卡盘；（6）装送料系统；（7）液压系统；（8）冷却及润滑系统；（9）电气传动及控制系统等。

LG 冷轧管机在轧制过程中，主要完成三个动作：（1）工作机架沿轧制方向往复移动；（2）轧辊在随工作机架移动的同时，围绕各自的轴心做相对转动；（3）工作机架移动到前、后两极限位置时，芯杆和管坯的回转与管坯的送进。为了实现以上三个动作，LG 冷轧管机通过传动、控制系统把各组成部分有机地组合起来，使冷轧管机有规律、协调地完成轧制过程。

351　二辊冷轧管机的孔型有何特点，设计要求是什么?

A　二辊冷轧管机孔型特点

在二辊周期式冷轧管生产过程中，工具设计的正确、合理与否将直接影响到轧管机的生产效率、管材的质量以及工具自身的寿命。在所有冷轧管工具中，孔型设计是最为复杂、对冷轧管生产影响最大的一项工作。

圆形和马蹄形孔型已渐被淘汰，有关半圆形孔型设计的文献很多，这里不再赘述。本节着重介绍环形孔型及其芯棒的设计。

环形孔型轧槽的特点是：由于有效的工作轧程加长，成品管尺寸精度提高；轧辊承受的最大压力不增大，延长了轧槽的使用寿命；减小了芯棒的反作用力；产量增加。

B　孔型设计要求及程序

a　孔型设计的依据

（1）设备固有参数。轧辊直径、工作机架的行程长度、孔型空转行程长度（入口和出口）、轧辊间隙。

（2）设计目标参数。管坯和成品管的尺寸（外径和壁厚）、设计预期的每次工作行程的最大送进量。

b　孔型设计的内容

（1）确定主动齿轮的节圆直径；

（2）确定孔型上各段对应的展开长度及其圆心角；

（3）确定孔型轧槽和芯棒的形状、尺寸；

（4）确定轧槽侧边开口和过渡圆半径；

c　环形孔型和芯棒的设计程序

（1）主动齿轮节圆直径的确定。推荐按下式确定轧管机主动齿轮的节圆直径：

$$D_j = D_G - (D_0 + D_F) \times 0.315 \tag{5-54}$$

式中　D_j——主动齿轮的节圆直径，mm；

　　　D_G——轧辊直径，mm；

　　　D_0——管坯外径，mm；

　　　D_F——成品管外径，mm。

与之啮合的齿条参数也应做相应调整。

（2）孔型各段展开长度及其对应圆心角的确定（见图5-63）。

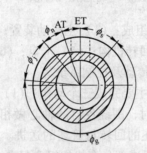

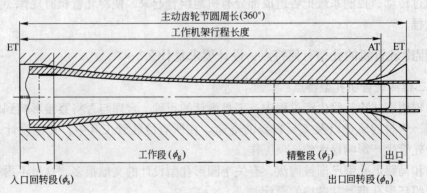

图 5-63　孔型各段展开长度及其对应的圆心角

入口回转段：

$$L_{入口} = \frac{\phi_s \pi D_j}{360} \tag{5-55}$$

式中 $L_{入口}$——入口回转段长度（设备固有参数），mm；

ϕ_{s}——入口回转段对应的圆心角，(°)。

出口回转段：

$$L_{出口} = \frac{\phi_{n}\pi D_{j}}{360} \tag{5-56}$$

式中 $L_{出口}$——出口回转段长度（设备固有参数），mm；

ϕ_{n}——出口回转段对应的圆心角，(°)。

精整段·

$$L_{精整} = \eta m\lambda_{\Sigma} = \frac{\phi_{j}\pi D_{j}}{360} \tag{5-57}$$

式中 $L_{精整}$——精整段长度，mm；

η——系数，一般取 1.5~2.0，当成品管尺寸精度要求较高时，取 2.5~4.0；

m——设计预期的每次工作行程的最大送进量，mm；

λ_{Σ}——总延伸系数，等于管坯与成品管断面面积之比；

ϕ_{j}——精整段对应的圆心角，(°)。

工作段：

$$L_{工作} = L_{机架} - L_{入口} - L_{出口} - L_{精整} = \frac{\phi_{g}\pi D_{j}}{360} \tag{5-58}$$

式中 $L_{工作}$——工作段长度，mm；

$L_{机架}$——工作机架行程长度，mm；

ϕ_{g}——工作段对应的圆心角，(°)。

在进行孔型设计时，应根据轧机的具体情况，对孔型的空转行程长度（入口回转段和出口回转段）留有一定余量，以防止出现送进或回转不灵活的现象。

（3）孔型各段轧槽顶部曲线、芯棒曲线及孔型轧槽开口宽度的确定。孔型工作段轧槽顶部直径的计算见图 5-64。设计时在充分考虑管坯尺寸公差的前提下，应将管坯内壁与芯棒之间的间隙和轧槽顶部与管坯外壁之间的间隙的值尽可能选择小些。实际上，孔型工作段轧槽顶部直径的变化与管子的内径是无关的。

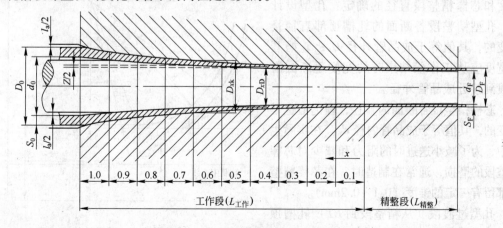

图 5-64 环形孔型轧槽展开示意图

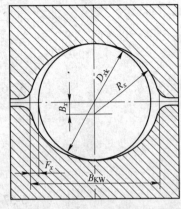

图 5-65　孔型轧槽断面示意图

芯棒工作段直径计算分抛物线形芯棒和锥形芯棒两种形式，其工作段直径的计算公式是不同的。但无论何种形式，芯棒工作段直径的变化都与管坯、成品管的外径无关。

孔型工作段轧槽开口宽度的计算（见图 5-65），必须考虑到下列因素：由于每次送进后，工作锥的直径比与之对应的孔型轧槽顶部直径大，因此必须在孔型轧槽侧壁留有适当余量 F_x，以容纳因管子送进产生的局部体积增量，避免轧制管材时出现耳子。影响孔型轧槽开口的因素有送进量、孔型轧槽顶部曲线和芯棒曲线。

精确的孔型轧槽开口计算是十分复杂的，实际应用时只能借助于计算机编程来实现。通常用图解法（见图 5-66）确定孔型轧槽开口即可满足生产的需要。

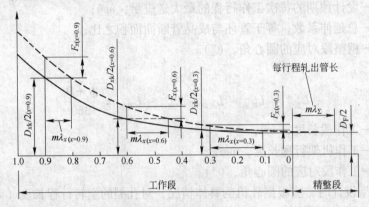

图 5-66　孔型轧槽开口的确定

在实际制造过程中，孔型轧槽两侧的边部应加工一定的圆角，以确保孔型轧槽开口处的圆滑。

孔型精整段轧槽顶部直径、轧槽开口宽度和芯棒精整段直径的确定：孔型设计时，孔型精整段各断面的轧槽顶部直径是不变的，其值等于成品管外径 D_F；轧槽开口宽度应从工作段结束时的宽度逐渐圆滑过渡到接近成品管外径。

芯棒精整段各断面的直径，理论上也是不变的，其值等于成品管内径 d_F。在实际生产中，为了减小送进时的阻力和减少对芯棒精整段的磨损，通常在制造时，在芯棒精整段都留有一定的锥度（0.1~0.2mm）。

孔型过渡段（从精整段到 ET）轧槽顶部直径和轧槽开口宽度的计算见图 5-67。

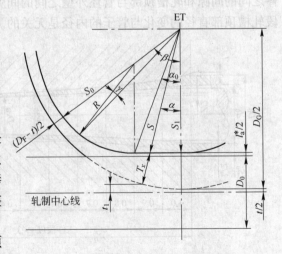

图 5-67　环形孔型过渡段轧槽示意图

352　如何确定冷轧铜合金管的工艺参数?

对于二辊周期式冷轧管其工艺参数确定如下。

A　孔型系列的选择

轧管机的孔型系列，应根据车间整体的工艺流程、设备配置、产品结构等综合因素，合理地进行选择。孔型的设计是根据生产工艺给定的管坯和轧出成品管尺寸进行的。孔型确定后，管坯及轧出的成品管的外径就确定了，只是管坯和轧出成品管的壁厚可在一定范围内调整。常用孔型系列见表 5-20。

表 5-20　常用孔型系列

机型	孔型系列	机型	孔型系列
LG-100C	$\phi115 \times \phi56$、$\phi115 \times \phi80$	LG-30	$\phi38 \times \phi28$、$\phi38 \times \phi25$
LG-80	$\phi100 \times \phi85$、$\phi85 \times \phi60$、$\phi65 \times \phi45$、$\phi65 \times \phi38$	LG-75C	$\phi85 \times \phi46$
LG-55	$\phi65 \times \phi45$、$\phi65 \times \phi38$、$\phi55 \times \phi32$		

B　工艺参数的选择

a　送进量

送进量选择合适与否，直接关系到轧机的生产效率和产品质量。送进量选择过小，不能发挥设备能力，生产效率降低；选择过大，则可能出现飞边、棱子、椭圆，甚至出现裂纹等质量缺陷，还可能造成工具、安全垫等的损坏。生产中应根据合金牌号、状态、加工率、轧制速度等因素合理选择送进量。通常，合金塑性好，送进量可大些，反之应小些；轧制加工率大，送进量应小些；软态合金变形抗力小，送进量可大些。二辊冷轧管机送进量范围见表 5-21。

表 5-21　二辊冷轧管机送进量范围

合金	送进量/mm·次$^{-1}$				
	LG30	LG55	LG-75C	LG80	LG-100C
紫铜	5~15	4~15	4~20	5~30	4~20
黄铜	4~15	4~15	—	5~25	—
白铜	4~15	4~15	—	5~30	—

b　轧制速度

轧制速度主要取决于轧机传动装置的结构。小型轧机因运动部分重量轻，惯性力矩小，轧制速度高于大型轧机。大型轧机可在其传动部分增加平衡装置，提高轧制速度。轧制变形抗力高的合金时，轧制速度应慢于轧制变形抗力低的合金。

低速二辊冷轧机轧制速度见表 5-22，高速二辊冷轧管机轧制速度见表 5-23。

表 5-22　低速二辊冷轧管机轧制速度

机型	双行程次数/次·min^{-1}	机型	双行程次数/次·min^{-1}
LG30	90~100	LG80	60~65
LG55	75~85	LG-100C	60~80
LG-75C	70~80		

表 5-23　高速二辊冷轧机轧制速度

机　型	双行程次数/次·min^{-1}	机　型	双行程次数/次·min^{-1}
SKW75VMRCK	50 ~ 145	ITAM 冷轧机	70 ~ 105

　　c　回转角

　　轧制过程中使管坯转动一个适当的角度，可减少轧制管坯壁厚不均，防止裂纹的出现。通常，轧制制度为单回转时，取回转角为 40° ~ 60°；轧制制度为双回转时，取入口回转角为 70°，出口回转角为 40°，且角度都不能是 360°/n（n 为自然数），以避免回转角的耦合。

　　d　变形程度

　　变形程度常用延伸系数（λ）和加工率（ε）来表示。

　　延伸系数：　　　　　$\lambda = F_0/F_1 = (D_0 - S_0) \times S_0/(D_1 - S_1) \times S_1$　　　　　(5-59)

　　加工率：　　　　　$\varepsilon = (F_0 - F_1)/F_0 \times 100\% = (1 - 1/\lambda) \times 100\%$　　　　(5-60)

式中　F_0——管坯截面积，mm^2；

　　　　F_1——成品管截面积，mm^2；

　　　　D_0——管坯外径，mm；

　　　　S_0——管坯壁厚，mm；

　　　　D_1——成品管外径，mm；

　　　　S_1——成品管壁厚，mm。

　　冷轧管的变形程度与合金性能及产品的质量要求、孔型设计（环形或半圆形）等因素有关。通常，塑性好的合金，延伸系数大于塑性差的；轧制厚壁管的延伸系数大于轧制薄壁管的；环形孔型的延伸系数大于半圆形孔型的。冷轧管最大加工率可大于 90%，延伸系数最大可大于 10 以上。二辊冷轧管机延伸系数选择范围见表 5-24。

表 5-24　二辊冷轧管机延伸系数

机　型	延伸系数		机　型	延伸系数	
	紫　铜	铜合金		紫　铜	铜合金
LG30	4.5 ~ 9.5	3 ~ 9	LG80	9 ~ 12.5	3.8 ~ 8.0
LG55	5.5 ~ 9.0	4.5 ~ 6.5	LG-100C	≤10	
LG-75C	≤10				

353　冷轧管机操作要点是什么？

　　其要点如下：

　　(1) 严格按照工艺要求调整送进量、轧制速度和回转角。

　　(2) 对管材的表面及尺寸公差做首料检查，并经常翻动成品管，观察和以手感判断管材的表面质量。发现如有小飞边等缺陷应及时停车检查；

　　(3) 当发现轧后管材有表面缺陷时，应及时检查工作锥及孔型表面质量，判断缺陷产生的位置和原因，并对孔型进行修理或调整孔型间隙，更换合适的芯棒。

　　(4) 观察机架运行声音是否异常，判断送进量是否过大，安全垫是否变形或芯棒是否前窜；同时注意孔型螺钉是否松动和机架运行通道上是否有异物，防止发生工具和设备事故。

（5）观察乳液蒸气量的变化，判断安全垫和芯棒的位置是否发生变化，防止轧制管材壁厚超差。

354　三辊行星轧制的特点和操作要点是什么?

A　行星轧机轧制区域变形特点

行星轧机核心工作部分——轧辊是控制产品质量的关键。轧辊工作表面形状复杂，各段工作状态不一样：

（1）咬入减径段。通过轧辊表面开有的波浪沟槽，给轧辊与管坯间提供了足够的摩擦力，便于管坯的咬入喂进，此段受力比较复杂，外径、壁厚均变形，金属滑移剧烈。

（2）减径减壁段。此段加剧了金属的进一步变形，进一步增加了减壁量，轧件温度升高，金属晶粒发生严重扭曲、破碎。

（3）突变成形段。轧管变形量最大，产生巨大的变形热和摩擦热量，温度达到400℃以上，出现了再结晶。此段对轧辊的耐高温性能和高温下的耐磨性能要求很高。

（4）减径定径段。变形速度放慢，此处温度最高，到 600~800℃，晶粒进一步长大，此段对表面粗糙度要求较严。

（5）定径均整段。要求轧辊表面精度高，圆度好，此段处于喷淋位置，晶粒组织稳定，同时此处铜管随着辊形变化而有扩径现象。

轧辊材料多选用 3Cr2W8V 和 4Cr5MoSiV。

轧辊的工作状态见图 5-68。

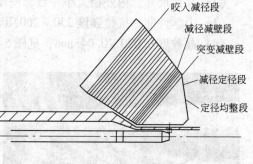

图 5-68　轧辊的工作状态

（图中标注：咬入减径段、减径减壁段、突变减壁段、减径定径段、定径均整段）

B　管材的加工工艺及操作要素

a　轧管的操作过程

铣面后的水平连铸空心铸锭上到推料床后，芯杆开始在夹送传动机构的作用下把芯杆穿进铸锭中孔内，在穿芯的同时，链条驱动系统带着推料小车将铸锭头部送进中心管内。在芯杆到达前端位置，芯棒进入预定的变形区后，铸锭也跟着靠近变形区。铸锭接触轧辊后在轧辊和推料小车的推力联合作用下进入轧制变形区轧制。轧制后的管坯经一次和二次冷却水冷却至常温后离开密封罩，经切头、预弯后收线成卷。

三辊行星轧制时，使管坯变形的工具是棒芯和 3 个锥形轧辊，各部分的作用如下：

（1）芯棒。芯棒由芯杆支承，放在管坯内部，并保持在轧制锥形区内。空心芯棒可以将氮气送入管坯内部，形成保护气氛。

（2）轧辊。3 个锥形轧辊彼此呈 120°角，轧辊轴线与轧制中心线偏置一定角度。轧辊在绕自身轴线转动（自转）的同时，还可绕轧制中心线转动（公转），如图 5-60 所示。轧辊自转可将管坯咬入并通过锥形轧制变形区。调节轧辊公转速度，可以使出口管材不发生旋转，从而可实现管材的在线成卷。

　　b　工艺技术条件

　　选用 $\phi 80 \sim 100\,\mathrm{mm} \times 20 \sim 25\,\mathrm{mm}$ 空心铸坯，经过铣面，清除表面氧化皮和裂纹缺陷。通过推料小车（中间穿有芯杆）送入轧机进行轧制。整个轧制过程在高纯度氮气保护下，铸坯通过轧制实现二次咬入，即铸坯被轧辊咬入和进入变形区。

　　二次咬入应符合以下要求：

　　（1）铸坯轴线方向上合力 $\Sigma F_{\mathrm{x}} \geqslant 0$；

　　（2）铸坯旋转方向合力矩 $\Sigma M_{\mathrm{y}} \geqslant 0$。

　　通过轧制的大变形量及变形摩擦热量，管材实现了再结晶，经过一、二次冷却水系统冷却，进入放料装置。

　　轧后管尺寸为 $\phi 45 \sim 52\,\mathrm{mm} \times 2.1 \sim 2.8\,\mathrm{mm}$，轧制速度为 $8.5 \sim 16\,\mathrm{m/min}$，变形率最大为 93%。

　　c　管材质量标准

　　轧制后管材质量要求：

　　（1）外表面纹路清晰、螺距均匀，无氧化、擦伤，见图 5-69。

　　（2）几何尺寸，内外径大小一致，壁厚偏心不大于 0.35mm。

　　（3）力学性能，抗拉强度 230 ~ 260MPa，伸长率大于 40%。

　　（4）晶粒度 0.020 ~ 0.045mm，见图 5-70。

　　　　图 5-69　轧制后管材外表面　　　　　　　　　图 5-70　晶粒度

　　d　工模具选配

　　目前，三辊行星轧机轧制铜管，一般一台设备只轧制一种规格的管材，其外径主要由三个轧辊组成的空腔形状所决定，调整好空腔形状就基本上确定了管材的外径。

　　芯棒头的尺寸按照式 5-61 选用：

$$d_1 = D - 2t - (0.5 \sim 1)\lambda \qquad (5-61)$$

　　式中　D——轧管外径；

　　　　　d_1——芯棒头尺寸；

　　　　　t——轧管壁厚；

　　　0.5 ~ 1——修正系数；

　　　　　λ——延伸系数。

根据轧管外径、轧管壁厚选用芯棒头尺寸。

355　型辊轧制有何特点?

A　不均匀变形

在刻有轧槽的轧辊中轧制各种型材，称为型辊轧制。型辊轧制时，轧件沿其宽度上的压下量是不同的，因此变形更为复杂，与平辊轧制板材相比，不均匀变形是其显著特点之一。

如图 5-71a 所示，平辊轧制板材时，沿轧件宽度上的延伸系数 λ、轧辊工作直径 D_G、轧件轧制前、后的高度 H 和 h，以及咬入角 α 等参数均相同，因此沿轧件宽度上的变形比较均匀。如图 5-71b 所示，平辊轧制圆形坯料时，由于其高度 H 不同，故沿宽度上的不均匀变形有所增大。如图 5-71c 所示，在椭圆孔型中轧制高度为 H 的方轧件时，轧辊工作直径 D_G、咬入角 α 以及轧件轧后的高度 h 沿轧件宽度上是不同的，这将引起沿孔型宽度上轧辊圆周速度的不同，所以不均匀变形大大增加。如图 5-71d 所示，在方孔型中轧制椭圆件，其不均匀变形为图 5-71b 和图 5-71c 所示的不均匀变形的综合。在这里 D_G、H、h 以及 α 四个参数均为变值，因此不均匀变形程度更大。

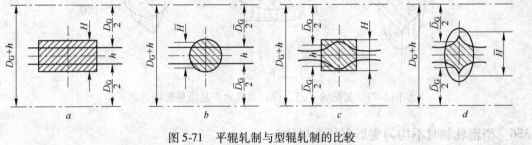

图 5-71　平辊轧制与型辊轧制的比较

如图 5-71 所示，各种轧制情况的共同特点是轧辊孔型和轧件形状均对称于轧辊垂直轴线和水平轴线。至于轧制不对称型材时，轧制条件更加复杂，轧件不均匀变形也更加严重。

表 5-25 列出各种轧制情况时基本参数变化的比较。

表 5-25　各种轧制情况时基本参数变化的比较

轧 制 情 况	不 变 参 数	可 变 参 数
图 5-71a	D_G、H、h、α、λ 和 $D+h$	
图 5-71b	D_G、h 和 $D+h$	H、α、λ
图 5-71c	H	D_G、h、α、λ、$D+h$
图 5-71d		D_G、h、α、λ、$D+h$

注：表中 λ 指轧件沿其宽度上单元体的延伸系数。

B　通过孔型多

型材轧制的第二个特点是坯料必须通过一系列断面尺寸和形状变化的孔型轧制成形，这就要求各道孔型中所轧制的轧件形状必须正确，过充满（图 5-72a）和欠充满（图 5-73a）对成品质量均有不良影响。过充满在下道孔型中轧制时易产生折叠或夹层等缺陷（图 5-72b）；欠充满易产生形状不正、局部表面粗糙等缺陷（图 5-73b，EF 段）。

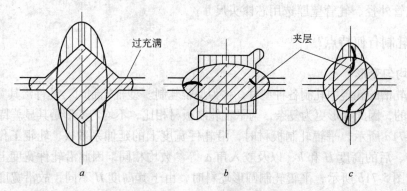

图 5-72　过充满（a）及其引起的夹层缺陷（b）、（c）

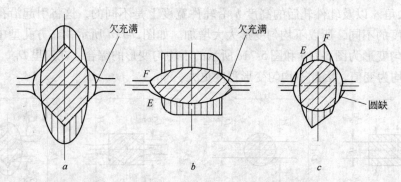

图 5-73　欠充满（a）、（b）及其对产品质量影响（c）

356　型辊轧制时不均匀变形有什么规律?

A　方轧件

轧件在孔型中轧制时，沿轧槽宽度上的压下、宽展和延伸都是不均匀的。如图5-74所示，方轧件在椭圆孔型中绝对压下量的分布是 $\Delta h_3 > \Delta h_2 > \Delta h_1$，因此也影响延伸和宽展的不均匀。如果把轧件沿其宽度上分成 b_1、b_2、b_3 等许多等宽小片且假设相邻金属片之间互无影响，则在忽略宽展的情况下，很容易算出各片的延伸量，通常称其为"自然延伸"。由图 5-74 不难看出，最大自然延伸发生在轧件的边缘，而最小延伸出现在轧件的中间部位。然而，轧件是一个整体，各片之间彼此互相牵连着，且在变形后长度几乎相等，因此延伸较大的部分将受到压副应力，迫使其减少自然延伸，而延伸小的部分受到拉副应力，迫使其增加自然延伸，即所谓的"拉缩"现象。由于这种不均匀变形，必然出现残余应力，其分布如图5-75所示，若孔型设计不当，轧件会出现裂纹，甚至发生拉断现象。

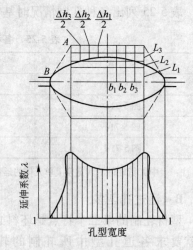

图 5-74　方轧件在椭圆孔型中变形是延伸在孔型宽度上分布

图 5-76 为方轧件在不同形状的椭圆孔型中轧制时的相对宽展系数分布。由图可以看出，轧件沿孔型宽

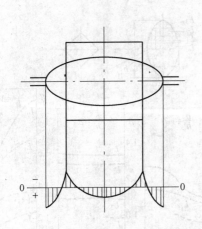

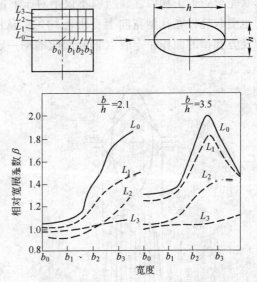

图 5-75　方轧件在椭圆孔型中变形后
的残余应力分布

图 5-76　方轧件在不同形状的椭圆孔型中
轧制时的相对宽展系数分布

度上的变形相当不均匀。一般地说，孔型边部宽展量较大，中部较小；靠近轧件中心层宽
展量较大，而上下层较小。

图 5-77 所示为用塑胶泥（$CaCO_3$ 和凡士林油的混合物）制成的方形试样在椭圆孔型
（$b/h = 3.0$；b 为椭圆孔型的宽度；h 为椭圆孔型的高度）中轧制变形的情况。由图 5-77a
可看出，方轧件在椭圆孔型中轧制时不仅高向压下不等和变形不均匀，而且沿孔型宽度上
的变形尤为不均。椭圆轧件断面上两端宽展量大，中部宽展量小，由于宽向上变形的不均
匀，常引起椭圆轧件断面上的两端尖角处出现微裂纹。所以在孔型设计时应根据金属塑性
的不同，采用不同宽高比的椭圆孔型，以防止出现裂纹，影响产品质量。

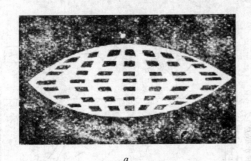

图 5-77　方形试样（塑胶泥）在椭圆（a）和菱形（b）孔型中轧制变形情况
a—椭圆孔型；b—菱形孔型

同样，由图 5-77b 可看出，方轧件在菱形孔型中变形也是不均匀的，其不均匀程度与
方轧件在椭圆孔型中变形基本相同。

B　椭圆轧件

椭圆轧件在方孔型中轧制时变形也是不均匀的。如图 5-78 所示，椭圆轧件与方孔型

形状完全失去了相似性，所以不仅绝对压下量和相对压下量沿孔型宽度上分布不均匀，同时也引起轧件在孔型宽向上变形不均匀。从图 5-79 所示的试验结果可看出，当椭圆轧件以及方孔型的面积一定时（即断面收缩率一定），椭圆轧件形状（b/h）对变形影响很大：

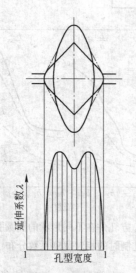

图 5-78　椭圆轧件在方孔型中变形时延伸在孔型宽度上的分布

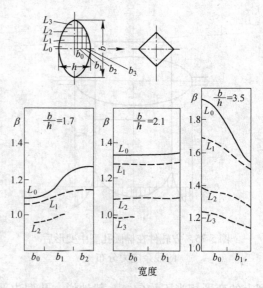

图 5-79　b/h 不同的椭圆轧件在方孔型中轧制时的相对宽展系数 β

高宽比 b/h 越大，则宽展越不均匀，两侧宽展量大，中间小；当 b/h 为 2.1 时，各层金属沿孔型宽度上的宽展量比较一致，变形也比较均匀；当 b/h 为 3.5 左右时，轧件中部相对宽展量大，两侧则小。实践表明，在这种情况下，变形不均匀程度虽比前者略有增大，但它对增大在方孔型中的压下量是有利的。所以在生产中常常采取增大椭圆孔型高宽比的措施，以减少轧制道次。

　　用同样的方法可测得各种形状试样在不同孔型中轧制时的相对宽展系数。图 5-80 为方坯在不同 b/h 的菱形孔型中轧制时的相对宽展系数 β 的分布。由该图可看出，菱形孔型形状对宽展量影响较大，b/h 值越大，宽展量也越大，因此设计菱形孔型时，应尽量选用小的 b/h 值。这种孔型不仅能防止过大的宽展，还能增大孔型的道次加工率，同时轧件形状运转时也比较稳定。由该图还可看出，方坯在菱形孔型中轧制时，孔型中间部分的金属相对宽展量较大，边部较小；中间层宽展量最大，上下层较小。这是由于越靠近孔型边部，孔型侧边限制宽展的阻力越大，因而相应的宽展量越小。又由于轧件与孔

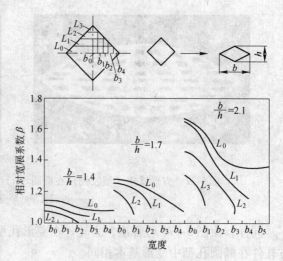

图 5-80　方坯在不同 b/h 的菱形孔型中轧制时的相对宽展系数 β 的分布

型形状失去了相似性，所以变形也不均匀。图 5-81 中，方坯在菱形孔型中轧制时，压下和延伸的分布情况也完全证实了这一点。

综上所述，型辊轧制时，由于轧件与孔型形状失去了相似性，金属质点在变形区内各方向上的流动阻力不同，又由于金属质点的流动受轧件整体性的制约，结果金属流动不均匀，轻则使轧件内部产生附加应力，甚至发生扭曲；重则出现拉缩和裂纹等质量问题。可见，在孔型设计中如何减小和限制不均匀变形是一个十分重要的问题。

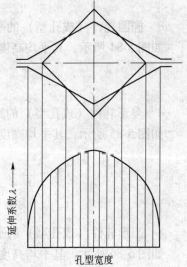

图 5-81　方坯在菱形孔型中轧制时的压下和延伸的分布

357　如何计算型辊轧制的压下量?

平辊轧制时压下量的计算公式 $\Delta h = H - h$，对于型轧时均匀压下的情况也基本适用，如在箱形孔型中轧制。但在其他孔型中轧制时，由于压下量分布不均匀，不能应用此公式计算压下量。

A　平均高度法

用轧件轧制前、后的平均高度来计算压下量的方法，称为平均高度法。轧件的平均高度等于该轧件的断面积除以它的最大宽度，即:

$$\bar{h} = \frac{F}{b_{max}} \tag{5-62}$$

式中　$\bar{h}$——轧件的平均高度;

　　　F——轧件的断面积;

　　　b_{max}——轧件的最大宽度。

a　六角形轧件（或孔型）的平均高度

六角孔型和轧出的六角形轧件如图 5-82 所示，其平均高度为:

$$\bar{h} = \frac{F}{B} = \left(1 + \frac{b_1}{B}\right)h' + s \tag{5-63}$$

b　方形轧件（或孔型）的平均高度

方形孔型或轧件的断面积如图 5-83 所示，其平均高度为:

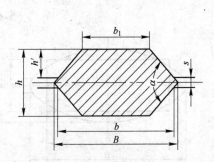

图 5-82　六角孔型及轧件图

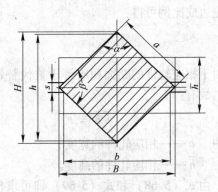

图 5-83　方孔型及轧件图

$$\bar{h} = \frac{F}{B} = \frac{a^2 - 0.86r^2}{1.414a} \tag{5-64}$$

c　椭圆轧件（或孔型）的平均高度

如图 5-84 所示，其平均高度为：

$$\bar{h} \approx \frac{F}{B} = \frac{h'}{3}(4 + 3s) \tag{5-65}$$

d　菱形轧件（或孔型）的平均高度

如图 5-85 所示，其平均高度为：

$$\bar{h} = \frac{F}{b_{max}} = \frac{2l^2\cos\frac{\alpha}{2}\sin\frac{\alpha}{2}}{2l\sin\frac{\alpha}{2}} = l\cos\frac{\alpha}{2} \tag{5-66}$$

e　圆形轧件（或孔型）的平均高度

如图 5-86 所示，其平均高度为：

$$\bar{h} = \frac{F}{b_{max}} = \frac{\pi}{4}d \tag{5-67}$$

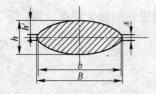

图 5-84　单半径椭圆孔型
及轧件图

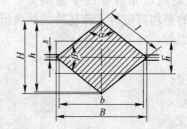

图 5-85　菱形孔型及轧件图

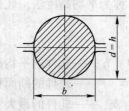

图 5-86　圆孔型及轧件图

B　相应轧件法

以面积相等、尺寸相应的矩形轧件代替复杂断面的轧件，且该矩形轧件的高与宽之比等于被代替的轧件边长之比，然后按相应的矩形轧件的尺寸来计算压下量。

以相应矩形轧件 abcd 代替孔型内椭圆轧件的相互关系如图 5-87 所示。根据两个轧件对应边成比例可得：

$$\frac{\bar{h}}{\bar{b}} = \frac{h}{B} \tag{5-68}$$

又由于相应轧件的断面积应等于被代替轧件的断面积，故有：

$$\bar{b}\,\bar{h} = F \tag{5-69}$$

式中　$\bar{b}$——相应轧件的宽度；

　　　$\bar{h}$——相应轧件的高度。

由式（5-68）和式（5-69）即可求出相应轧件的高度 $\bar{h}$ 和宽度 $\bar{b}$。

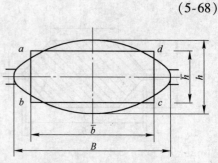

图 5-87　相应轧件法说明图

358　如何计算型辊轧制的宽展?

根据大量的实验数据，利用数学上的统计规律，导出了计算宽展用的相对宽展公式，经实际检验，该公式简单、适用，在实际应用中具有一定价值。

$$b = \beta B \tag{5-70}$$

式中　b——轧制后轧件的宽度;

　　　B——轧制前轧件的宽度;

　　　β——相对宽展系数，可用下式计算:

$$\beta = \left(\frac{h}{H}\right)^{-10^{W}} \tag{5-71}$$

式中　h——轧制后轧件的高度;

　　　H——轧制前轧件的高度;

　　　W——系数，可用下式计算:

$$W = -1.269\delta\varepsilon^{0.556} \tag{5-72}$$

式中　δ——轧件断面形状系数，$\delta = B/H$;

　　　ε——辊径系数，$\varepsilon = H/D$。

宽展的控制和应用: 型轧时存在自由宽展、强迫宽展和限制宽展 3 种形式，同一种产品可在不同类型的宽展孔型中轧制，但是不同孔型系生产出的产品质量往往大不相同，因此存在着选择和设计最佳孔型问题。

A　自由宽展的应用

如在平辊轧制中（图 5-88a）轧件侧边不受孔型侧壁的阻力影响而在宽度上的扩展，称为自由宽展。在保证产品质量的前提下，一般趋向于选择自由宽展孔型，特别是在设计粗轧压下孔型时，用的较多。因为自由宽展孔型具有以下优点: (1) 由于没有孔型侧壁阻力，单位压力降低，可节省能量，在个别情况下与限制宽展相比能节约 40% ~ 50%;

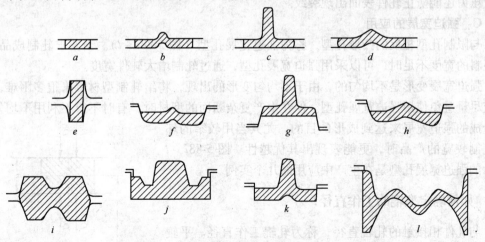

图 5-88　自由、限制和强迫宽展孔型图例

$a \sim d$—自由宽展孔型; $e \sim h$—限制宽展孔型; $i \sim l$—强迫宽展孔型

（2）能合理地利用轧辊辊面，减少轧辊磨损，延长轧辊寿命；（3）使用灵活等等。

B　限制宽展的应用

诸如侧壁斜度较大的箱形孔型、菱形孔型、椭圆形孔型、方形孔型以及圆形孔型等（图5-88e~h及图5-89a~e），侧壁对宽展均有限制作用。由图5-89可看出，这类孔型侧壁对金属的反作用力在孔型宽度方向上均存在着限制金属宽展的分力，侧壁倾角越大，则限制宽展的阻力越大，宽展量越小。可见，如能正确地设计孔型侧壁斜度，就能在很大程度上控制宽展量。

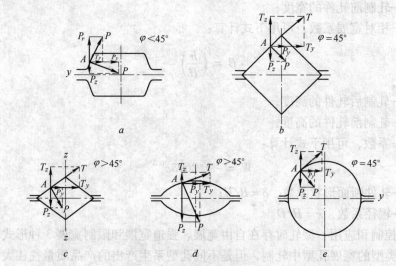

图5-89　孔型形状与宽展阻力的关系

a—箱形孔型；b—方形孔型；c—菱形孔型；d—椭圆孔型；e—圆形孔型；

φ—侧壁斜度，孔型侧壁与Z轴之间的夹角

限制宽展孔型有以下优点：（1）孔型侧壁的存在，可提高轧件表面质量，使断面形状精确化，特别是棱角形状；（2）能减轻或防止轧件的扭转、倾斜和轧件变歪；（3）孔型侧壁压力还能防止轧件表面出现裂纹。

C　强迫宽展的应用

与限制孔型相反的凸形孔型，称为强迫宽展孔型（图5-88i~l）。当要求轧制成品宽，而坯料的宽度不足时，可以采用强迫宽展孔型，通过轧制增大轧件宽度。

强迫宽展变形是不均匀的，由于不均匀变形的出现，将给轧制型材带来很多困难，所以应尽量避免使用强迫宽展孔型。但在生产复杂断面的型材时，有时不得不利用不均匀变形造成的强迫宽展来达到成形的目的，尤其当用较窄的坯料轧制较宽的产品时，更能表现出其优越性。图5-88i~l所示的强迫宽展孔型是在生产中应用的几个实例。

359　如何确定型辊的工作直径?

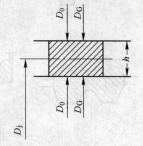

与轧件相接触的轧辊直径，称为轧辊工作直径。平辊轧制时（图5-90），工作直径沿轧件宽度上不变，所以其工作直径等于轧辊直径，即：

图5-90　平辊轧制时辊径示意图

$$D_G = D_0 = D_j - h \tag{5-73}$$

式中　D_G——轧辊工作直径；

　　　D_0——轧辊直径；

　　　D_j——轧辊假想直径。

型辊轧制时，轧辊工作直径是变化的（图 5-91），在计算中应以轧辊平均工作直径代替，即：

$$\overline{D}_G = D_i - \overline{h} = D_j - \frac{F}{b_{max}} = D_G - \frac{F}{b_{max}} + s \tag{5-74}$$

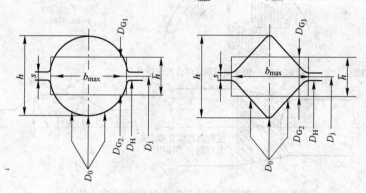

图 5-91　型辊轧制时辊径示意图

如果上、下轧辊工作直径不等，则取其平均值，即：

$$D_G = \frac{D_{G1} + D_{G2}}{2} \tag{5-75}$$

式中　D_{G1}，D_{G2}——上、下轧辊平均工作直径。

轧辊平均工作直径，又称轧制直径，是型轧时计算宽展、轧制力、轧制速度等的基本参数。

360　型辊轧制时的咬入条件是什么?

在平辊轧制中，轧件与轧辊接触瞬间的咬入条件为 $\alpha \leqslant \beta$，在轧制过程建立后，稳定轧制条件为 $\alpha \leqslant 2\beta$。型轧时，除满足上述条件外，还必须考虑孔型和轧件形状以及其他因素对咬入的影响。现以方轧件进入椭圆孔型为例，分析孔型形状对咬入条件的影响。

如图 5-92 所示，咬入时轧辊与轧件首先在孔型侧壁 A 点接触，之后随压下的进行，轧件逐渐在整个高度上受到压缩。为使轧辊咬入轧件摩擦力的水平分力必须大于正压力的水平分力，所以，型辊轧制时的咬入条件为：

$$\alpha < \frac{\beta}{\sin\varphi} \tag{5-76}$$

极限咬入条件为：

$$\alpha = \frac{\beta}{\sin\varphi} \tag{5-77}$$

式中　φ ——接触点孔型侧壁斜度；

　　　　β ——摩擦角。

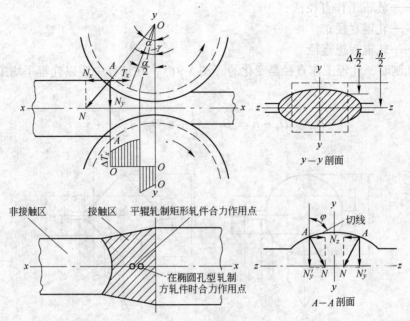

图 5-92　在椭圆孔型中轧制方轧件时的咬入情况

　　可见，孔型侧壁斜度越小，则允许的咬入角越大，反之则越小，当增至 90° 时，则与平辊轧制咬入条件相同。由此得出结论：型辊轧制时，由于孔型侧壁改变了作用力的方向，从而改善了咬入条件。

　　除孔型侧壁斜度影响咬入外，轧件与轧辊在咬入瞬间为点接触以及孔型侧壁对轧件的夹持作用等，都为型轧咬入提供了有利条件。在咬入后的稳定轧制过程中，合力作用点与平辊轧制相比，更加移向出口方向，这也改善了稳定轧制条件。

　　由于影响咬入的因素较多，精确地计算咬入角比较困难，可按平均咬入角计算，即：

$$\cos\overline{\alpha} = 1 - \frac{\Delta h}{\overline{D}_{\mathrm{G}}} \tag{5-78}$$

当计算最大咬入角时，可用下式：

$$\cos\alpha_{\max} = 1 - \frac{\Delta h_{\max}}{D_{\mathrm{Gmin}}} \tag{5-79}$$

式中　$\Delta h_{\max}$ ——轧件与轧辊接触点的最大压下量；

　　　　D_{Gmin} ——轧辊最小工作直径，其值为：

$$D_{\mathrm{Gmin}} = D_0 + s - \Delta h_{\max}$$

361　型辊轧制时轧制力如何计算？

　　型辊轧制过程常常伴随有极其严重的不均匀变形，而在计算轧制力时一般又把它看成是均匀变形过程，这样使算出的压力值与实际值相差较大。为使计算结果能接近实际，必须采取实测与计算相结合的方法。

型辊轧制时，轧制力也为平均单位压力乘以轧件与轧辊的接触面积，即：

$$P = \bar{p}F \tag{5-80}$$

$$F = \bar{b}\sqrt{\frac{D_\mathrm{G}\Delta h}{2}} \tag{5-81}$$

式中　$\bar{b}$——孔型近似宽度，即轧件在变形区内与轧辊接触面的平均宽度：

$$\bar{b} = (b_0 + b_1)/2$$

b_0——轧件轧前宽度；

b_1——轧件轧后宽度。

这样，轧制力计算公式可以写成：

$$P = \bar{p}\,\bar{b}\sqrt{\frac{D_\mathrm{G}\Delta h}{2}} \tag{5-82}$$

上式计算结果的准确程度主要取决于平均单位应力值的确定。根据实际计算验证，利用轧制温度与紫铜平均单位压力关系曲线（图 5-93）来计算铜型轧时的轧制力，结果比较准确，一般误差不超过 10%。

在实际生产中，难以找到每一种金属或合金的轧制温度与平均单位压力的关系曲线，但是发现，金属或合金的平均单位压力与它们的抗拉强度存在着一定关系，如铜及铜合金的平均单位压力为其抗拉强度的 2～3 倍（高温时取下限，低温时取上限）。这样计算出的结果比较准确。

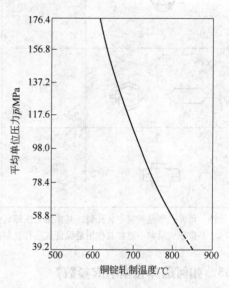

图 5-93　轧制温度与紫铜单位压力关系曲线

362　常用孔型的形状、应用范围及特点是什么?

常用孔型的形状、应用范围及特点见表 5-26。

表 5-26　常用孔型的形状、应用范围及特点

孔型形状	孔型名称	应用范围	特　点
	箱形孔	主要用于延伸孔型	沿轧件整个宽度上变形均匀，可承受较大的压下量；在同一孔型内通过调整辊缝的方法，可以得到不同厚度的轧件，可以减少换辊
	菱形孔	方棒的成品前孔型；菱形-方形延伸孔型系统	轧件在孔型内稳定，能得到形状和尺寸精确的方形端面；轧件角部位置固定，而且角部冷却快，这样在轧制过程中易产生缺陷

孔型形状	孔型名称	应用范围	特　点
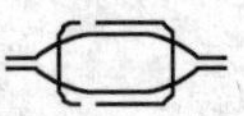	椭圆孔	圆棒的成品前孔型；型棒成品孔型；椭圆-方形延伸孔型系统	轧件角部位置经常变换、冷却均匀，四个方向都得到加工可承受较大的变形量；轧件在方孔或椭圆孔内，变形都是不均匀的，槽孔磨损快
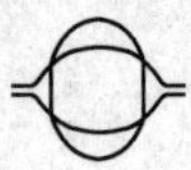	圆孔	圆棒的成品孔型；椭圆-圆形延伸孔型系统	孔型与孔型间能很平滑地过渡，可防止产生局部应力，冷却均匀，适用于轧制低塑性的金属；可在延伸孔型中获得成品圆，可减少换辊次数；轧件变形不均匀，延伸系数小，易出现耳子
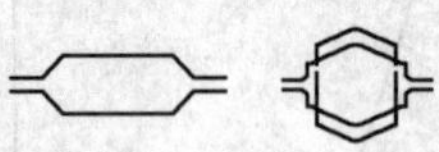	六角孔	六角棒的成品前孔型和成品孔型；六角-方形延伸孔型系统	轧件在孔型内变形均匀、稳定性好，伸长率大；方进六角孔时延伸系数必须大于1.4，否则六角孔将充不满
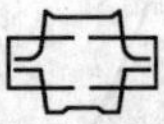	扁孔	扁棒的粗轧和成品孔型；平-立孔型系统	孔型形状简单，对孔型尺寸要求不高；孔型共用性大，一套轧辊能轧制多种规格产品；调整方便，尺寸容易控制；导卫装置简单

注：延伸孔型是指粗中轧孔型，其作用是压缩轧件断面，使其比较接近成品的最终形状和尺寸；成品前孔型是指位于成品前一道，其作用是保证成品孔轧制出合格产品。

363　如何选择孔型组成参数?

A　孔型组成及其参数

孔型通常由辊缝（t）、圆角（r）、侧壁斜度（$\tan\alpha$）、锁口（闭口孔型）、辊环等组成，其各部分参数选择见表 5-27。

表 5-27　孔型组成参数的选择

孔型组成参数	选　择　原　则
辊缝（s）	辊缝值应大于辊跳与孔型允许磨损量之和。辊缝值一般取孔型高度的 10% ~ 20%。大中型轧机的延伸孔型取 6 ~ 10mm，成品前孔取 3 ~ 5mm，成品孔取 1 ~ 3mm
孔型侧壁斜度（$\tan\alpha$）	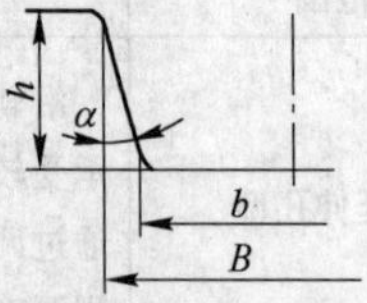 如左图所示，角的正切称为孔型的侧壁斜度 即　　　　　$\tan\alpha = (B - b)/2h$ 一般取 $\alpha = 3° ~ 6°$
辊　环	辊身两侧的辊环：大型轧机一般取 100 ~ 150mm；小型轧机一般取大于 40mm；开口孔型的辊环宽度一般取等于相邻两孔中最深槽孔的深度值。在闭口孔型中，铸钢轧辊的辊环取为槽孔深度的 0.8 ~ 1.8 倍；铸铁轧辊则取为槽孔深度的 1.2 ~ 1.5 倍；而且还要考虑侧压力的大小和辊环根部的圆弧大小的影响。侧压力小，根圆弧较大时可取较小的辊环值

孔型组成参数	选 择 原 则
锁　口	在闭口孔型中，为了便于调整轧件形状，在开口处的辊环需有一个锁口。锁口高度 H 按公式 $H = R + \Delta h + H$ 确定。式中，H 取 $2 \sim 8mm$；R 为辊环过渡圆弧半径；Δh 为孔型高度调整值
圆　角	在孔型的各过渡部分和辊环部分都采用圆弧连接，其目的是：(1) 防止轧件尖角部分冷却太快，造成角部的裂纹和孔型磨损不均；(2) 防止尖角部分应力集中，削弱轧辊强度；(3) 防止孔型过充满时造成尖锐耳子形成折叠

B　变形系数及其分配

选择好孔型系统后，应进一步确定道次和逐道次分配延伸系数。

总延伸系数
$$\mu_\Sigma = F_0 / F_n \tag{5-83}$$

式中　F_0——坯料断面积；

　　　F_n——成品断面积。

轧制道次 n 可由 F_0、F_n 和平均延伸系数 $\mu_平$ 确定：

$$n = \frac{\lg F_0 - \lg F_n}{\lg \mu_平} = \frac{\lg \mu_\Sigma}{\lg \mu_平} \tag{5-84}$$

而
$$\mu_平 = \sqrt[n]{\frac{F_0}{F_n}} = \sqrt[n]{\mu_\Sigma} \tag{5-85}$$

横列式轧机的生产率在很大程度上取决于每道次的延伸系数。延伸系数大，轧制道次少，轧制节奏快，生产率就高。

连轧机的生产率主要取决于轧制速度，采用大的延伸系数可减少机架，降低设备投资。在轧制时限制每道次的变形量的主要因素有金属塑性、咬入条件、电动机能力、设备强度、轧辊磨损和轧件的宽展值等。实际生产中，选择平均延伸系数和确定轧制道次，必须根据具体情况综合考虑。逐道分配变形延伸系数的原则是：

(1) 轧制开始时，轧件温度高，塑性好，变形抗力低，有利于轧制，应主要考虑咬入条件。轧制紫铜时咬入角一般取 $26° \sim 30°$，轧制黄铜和复杂合金时咬入角一般取 $22° \sim 24°$。

(2) 轧制中后期，随轧件温度降低、轧件变形抗力增大，应适当减小延伸系数。

(3) 在最后几道中，为减小孔型磨损与保证成品断面形状和尺寸的正确性，应采用较小的延伸系数。

(4) 在连轧机上，因轧制过程中轧制速度很快，轧件温度变化很小，为保证各机架之间的同步（即金属秒流量相等），所以各道次的延伸系数可取相等或几乎相等。

铜及其铜合金轧制常用变形延伸系数见表5-28。

表 5-28　铜及其铜合金轧制常用变形延伸系数

合　金	道次延伸系数 μ			合　金	道次延伸系数 μ		
	延伸孔型	成品前孔型	成品孔型		延伸孔型	成品前孔型	成品孔型
紫铜 T2	1.4 ~ 1.9	1.2 ~ 1.25	1.15	QBe2.0	1.20 ~ 1.45	1.15 ~ 1.20	1.06
H90、H80	1.3 ~ 1.8	1.15 ~ 1.20	1.10	B0.6、B5、B19	1.25 ~ 1.50	1.15 ~ 1.20	1.08
H68、H62	1.25 ~ 1.6	1.15 ~ 1.20	1.08	BMn3-12	1.22 ~ 1.45	1.10 ~ 1.15	1.05
HPb59-1	1.20 ~ 1.50	1.10 ~ 1.15	1.05	BMn40-1.5	1.20 ~ 1.40	1.10 ~ 1.15	1.05
QSn4-3、QSi3-1	1.25 ~ 1.50	1.15 ~ 1.20	1.08	BZn15-20	1.25 ~ 1.35	1.10 ~ 1.15	1.05

C　几种轧制孔型的应用

【例1】　生产黄铜及复杂合金轧制延伸孔型见图 5-94。

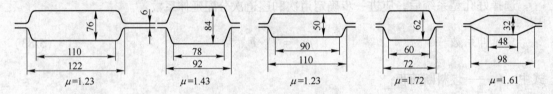

图 5-94　某厂生产黄铜及复杂合金轧制延伸孔型图

【例2】　生产黄铜 $\phi22$、$\phi15$ 棒轧制孔型见表 5-29。

表 5-29　某厂生产黄铜 $\phi22$、$\phi15$ 棒轧制孔型

道　次	孔　型			延伸系数/%	轧件长度/m	辊缝/mm
	形　状	尺寸/mm	面积/mm²			
0		$\phi43$	1460	—	1.20	—
1		20×70	1040	1.4	1.68	3
2		28	770	1.35	2.27	3
3		11×32/60	408	1.89	4.28	3
4		$\phi22$	380	1.07	4.58	2
		18.4	310.3	1.32	5.66	3
5		8×34	210	1.48	8.28	3
6		$\phi15$	176.6	1.19	.9.92	2

【例3】　　采用多机架交叉平、立辊无槽轧机连续轧制 ϕ12 棒的孔型见表 5-30。它通过调节辊缝来改变轧件尺寸，巧妙利用轧件宽展而形成矩形-方形的变形过程。因此轧件的断面积可以在很大范围内任意调节，很容易调节到轧制道次的金属秒流量相等。也有称该孔型设计为"保险孔型"的。

表 5-30　多机架交叉平、立辊无槽轧制 ϕ12 棒的孔型

道　次	孔　型			延伸系数/%
	形　状	尺寸/mm	面积/mm^2	
0		26.5 × 26.5	702	—
1		33.3 × 18	600	1.18
2		22 × 22	484	1.24
3		30 × 12	360	1.34
4		17 × 17	289	1.25
		21.8 × 11	239	1.20
5		13 × 13	169	1.42
6		14.6 × 11	126	1.34
7		ϕ12	113	1.12

364　管材旋压成形的方法和特点是什么?

旋压是将管坯套在芯棒上，并送入轧辊组成的辊系中心，一般芯杆主动旋转，轧辊被动旋转。当管坯不断被送入芯棒与轧辊之间的变形区内时，管坯就被轧薄、伸长或扩大直径。

旋压时，轧辊的轧制方向与金属的流动方向垂直或呈一定角度，所以又称为横轧。当拉伸旋压时，其管坯壁厚的减薄量转变为管材长度的延伸，当扩径旋压时，管坯壁厚的减薄量转变为直径的扩大。

拉伸旋压和扩径旋压的特点是：管坯与轧辊接触面积小，单位轧制压力大，而电机消耗功小，适于生产薄壁短管。可以生产一般方法难以加工的大直径薄壁管；管材的尺寸精度高，表面粗糙度 R_a 可在 1.25μm 以下；道次变形程度可达 60% ~ 70%。但是生产效率比一般的冷轧管方法低，而且管材长度受到限制，一般不超过 2m。

365　旋压变形的基本参数有哪些?

图 5-95 为拉伸和扩径旋压变形的示意图。芯棒和轧辊是旋压机加工管坯的主要工具,管坯套在芯棒上,轧辊安放在芯棒和管坯的外边。一般芯杆主动旋转,轧辊是被动旋转,当管坯不断被送入芯棒与轧辊之间的变形区内时,管坯就被轧薄、伸长或扩大直径。

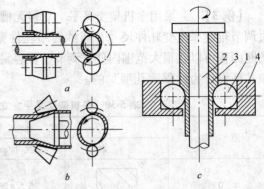

图 5-95　拉伸旋压和扩径旋压
a—拉伸旋压;b—扩径旋压;c—滚珠旋压
1—滚珠;2—芯棒;3—铜管;4—模套

对于拉伸旋压,其管坯壁厚的减薄量延伸到了管材长度上;扩径旋压主要是使管坯壁厚的减薄量转移到管材的直径上。若管坯通过变形区时,改变轧辊与芯杆间变形区高度,则可以旋压出变断面管材,如图 5-96 所示。

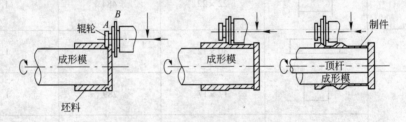

图 5-96　壁厚不同的管材旋压

对于管材旋压而言,主要是确定减壁量(进给量)和旋轮进给比。

减壁量应根据合金性质、状态和设备能力确定,与轧制时加工率确定原则相同。旋轮进给比(f)按下式确定:

$$f = v/N \tag{5-86}$$

式中　v——旋轮沿工作母线的进给速度;

　　　　N——主轴转速(工件转速)。

f 大,则工效高,应以旋压力、表面粗糙度值不过大为限。一般以 $f = (0.1 \sim 1.5)n$ 为选择参考,n 为旋轮个数。壁厚和旋轮圆角半径大时,f 取大值。

主轴转速 N 大时,则工效高,以不产生振动、旋压变形热不过高为限。常以圆周转速 $v_0 = 50 \sim 300 \text{r/min}$ 作为参考。当坯料厚、硬度大、直径小时,v_0 取小值。

采用恒线速和恒进给比可以改善工件表面粗糙度和尺寸精度。

366　拉伸的方法和特点是什么?

拉伸是指在拉伸力的作用下,使加工件通过模孔使其尺寸(包括横断面和长度方向的尺寸)发生改变的压力加工方法。通常有以下几种分类方法:

(1) 按加工产品分类,可分为棒材拉伸、型材拉伸、线材拉伸和管材拉伸。

(2) 按加工方式分类,可分为间断式拉伸和连续拉伸;也可分为直条拉伸和盘式拉伸。

(3) 按加工方法分类,可分为有衬芯拉伸和无衬芯拉伸;有衬芯拉伸又可细分为固定短芯头拉伸、中式芯头拉伸、游动芯头拉伸和长芯杆拉伸等。

（4）按加工性质分类，可分为缩径拉伸和扩径拉伸。

表 5-31 列出了不同拉伸方法适用的产品、拉伸方式及特点。

表 5-31　不同拉伸方法适用的产品、拉伸方式及特点

拉 伸 方 法	特 点
减径拉伸 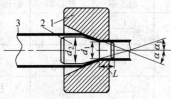 a—棒材拉伸；b—管材空拉 1—棒材或管材；2—模子	1. 棒材拉伸和管材空拉是最基本的拉伸方法； 2. 棒材直径减小； 3. 管材空拉时，直径减小，壁厚基本不变，但内表面粗糙； 4. 薄壁管空拉时，可能有压瘪现象； 5. 用空拉可以减小管材壁厚的偏心； 6. 空拉用于减径拉伸、整径拉伸
扒皮拉伸 1—模子；2—棒材或管材	1. 用扒皮模将制品表面扒去 0.1~0.8mm； 2. 扒皮可以消除制品表面的缺陷，提高表面质量
倍模拉伸 通过双模拉制六角管 1—圆形模；2—六角模；3—芯头； 4—拉伸前管坯；5—拉制后管材	1. 制品同时通过两个模子的拉伸； 2. 制品尺寸均匀，道次加工率大； 3. 倍模拉制六角管材时，采用芯头拉伸方法，使管坯通过第一个模子，接着又用空拉的方法通过六角模，该模只起改变形状和定形的作用
游动芯头拉伸 1—模子；2—芯头；3—管材 L—芯头圆柱部分；α—拉伸模角；α_1—芯头拉伸角	1. 靠作用在芯头上的轴向力平衡，使其定位于模孔的适当位置； 2. 用圆盘拉伸可以拉长管； 3. 道次延伸系数比较大，约为 1.4~1.8，拉伸力比固定短芯头大； 4. 管材内表面有良好的润滑，管材表面质量好

拉 伸 方 法	特 点
中式芯头拉伸 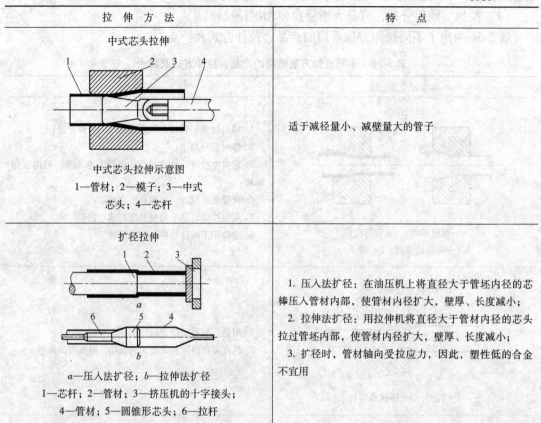 中式芯头拉伸示意图 1—管材；2—模子；3—中式 芯头；4—芯杆	适于减径量小、减壁量大的管子
扩径拉伸 *a*—压入法扩径；*b*—拉伸法扩径 1—芯杆；2—管材；3—挤压机的十字接头； 4—管材；5—圆锥形芯头；6—拉杆	1. 压入法扩径：在油压机上将直径大于管坯内径的芯棒压入管材内部，使管材内径扩大，壁厚、长度减小； 2. 拉伸法扩径：用拉伸机将直径大于管材内径的芯头拉过管坯内部，使管材内径扩大，壁厚、长度减小； 3. 扩径时，管材轴向受拉应力，因此，塑性低的合金不宜用

367 拉伸的基本变形参数有哪些？

管棒材拉伸时的主要变形参数有延伸系数、加工率、伸长率和断面缩减系数等（见表 5-32）。其中，延伸系数用 λ 表示，是指拉伸前的断面积与拉伸后断面积的比值；加工率用 ε 表示，是指拉伸前、后断面积的差值与拉伸前断面积的比值；伸长率用 δ 表示，是指拉伸前、后断面积的差值与拉伸后断面积的比值；断面缩减率用 ψ 表示，是指拉伸后断面积与拉伸前断面积的比值。

表 5-32　各变形指数相互之间的关系

变形指数	符号	由下列数值表示指数值					
		工作面积	工作长度	延伸系数	加工率	伸长率	断面收缩系数
延伸系数	λ	$\dfrac{F_g}{F_h}$	$\dfrac{L_0}{L_1}$	λ	$\dfrac{1}{1-\varepsilon}$	$1+\delta$	$\dfrac{1}{\psi}$
加工率	ε	$\dfrac{F_g-F_h}{F_g}$	$\dfrac{L_0-L_1}{L_0}$	$\dfrac{\lambda-1}{\lambda}$	ε	$\dfrac{\delta}{1+\delta}$	$1-\psi$
伸长率	δ	$\dfrac{F_g-F_h}{F_h}$	$\dfrac{L_0-L_1}{L_1}$	$\lambda-1$	$\dfrac{\varepsilon}{1-\varepsilon}$	δ	$\dfrac{1-\psi}{\psi}$
断面收缩系数	ψ	$\dfrac{F_h}{F_g}$	$\dfrac{L_1}{L_0}$	$\dfrac{1}{\lambda}$	$1-\varepsilon$	$\dfrac{1}{1+\delta}$	ψ

注：F_g 为制品变形前的断面积；F_h 为制品变形后的断面积；L_0 为制品变形前的长度；L_1 为制品变形后的长度。

368　实现稳定拉伸的条件是什么?

A　实现直条拉伸的条件

(1) 实现一般拉伸的必要条件。拉伸应力小于被拉制品的出口端抗拉强度,否则就有被拉断的可能,即: $\sigma_b \geqslant \sigma_1$。

(2) 实现一般拉伸的充分条件。拉伸应力小于被拉制品的出口端屈服强度,否则就有在模具外变形的可能,即: $\sigma_s \geqslant \sigma_1$。

被拉制品拉伸后的抗拉强度 σ_b 与拉伸应力 σ_1 的比值,称为拉伸时的安全系数,用"K"表示,其关系式如下:

$$K = \frac{\sigma_b}{\sigma_1} \tag{5-87}$$

安全系数与被拉制品的外形尺寸、所处状态、变形条件(如温度、速度、反拉力等)有关。一般正常拉伸过程中 K 值在 1.40 ~ 2.00 的范围内,即: $\sigma_1 = (0.7 \sim 0.5) \sigma_s$。

在实际生产中,拉伸管材时的安全系数按以下范围控制:

紫铜管	1.20 ~ 1.25
黄铜管	
HSn70-1	1.10 ~ 1.35
HAl77-2	1.10 ~ 1.25
H68	1.10 ~ 1.55
H62	1.25 ~ 1.55
白铜管	1.15 ~ 1.40
镍及镍合金管材	1.20 ~ 1.35

B　实现游动芯头拉伸管材的条件

(1) 应满足一般拉伸的条件;

(2) 保持游动芯头在管材内孔相对位置的稳定,即芯头轴向受力是平衡的;

(3) 管材不得被拉伸模具及游动芯头"剪断",拉伸模具与游动芯头之间的夹角应选择合理。

369　影响拉伸力的因素有哪些,如何计算拉伸力?

拉伸力是实现拉伸的基本条件,也是拉伸过程最基本的工艺参数,是选择、确定拉伸机电机功率、校核拉伸机各部件和拉伸工具的强度、制定拉伸工艺制度及参数的重要依据。

A　影响拉伸力的主要因素

影响拉伸力的因素很多,既有被拉伸制品的材料本身特性所决定的因素,也受拉伸过程工艺参数的影响。概括起来,一般有以下几种主要影响因素。

a　被拉伸材料的变形抗力

拉伸力与被拉伸材料的变形抗力成正比。被拉伸制品的变形抗力与其合金牌号、变形状态、热处理状态等有关。

b　变形速度

在一般情况下，拉伸力与变形速度成正比。在速度不高的情况下，提高拉伸速度，使金属的变形抗力增大，从而增大拉应力，使拉伸力增大。当速度增大到一定程度时，由于高速拉伸产生的变形热来不及散发，致使在变形区内的金属温度升高，而降低金属的变形抗力，致使拉应力下降，拉伸力减小。另外，拉伸速度增大，在润滑剂黏度不变的情况下，可更加有效地在拉伸模具与被拉伸制品之间形成油楔，增加拉伸模具与被拉伸制品之间的油膜厚度，减小拉伸模具与被拉伸制品之间的摩擦力，从而减小拉应力和拉伸力。因此，拉伸速度对拉伸力的影响，需要分析判断其对拉伸制品的材料的强化与软化的结果以及改善润滑效果等的综合效果。

c　变形程度

拉伸力与变形程度成正比。不同的拉伸方式拉伸管材时的道次延伸系数与拉伸应力之间的关系如图 5-97 所示。

d　模具参数

一般情况下，拉伸模定径带愈长，拉应力愈大，拉伸力也愈大。在拉伸模角一定范围内时，拉伸模角愈大，拉应力愈大，拉伸力也愈大。通常拉伸模角选择为 6°~15°。

e　反拉力

反拉力对拉伸力的影响如图 5-98 所示。由图可见，随着反拉力 Q 值的增大，模子所受到的压力 M_q 近似直线下降，拉伸力 P_q 逐渐增大。但是在反拉力达到临界反拉力 Q_j 值之前，对拉伸力并无影响。临界反拉力与临界反拉应力 σ_{qj} 值的大小主要与被拉伸制品材料的弹性极限和拉伸前的预先变形程度有关，而与该道次的加工率无关。弹性极限与预先变形程度愈大，则临界反拉应力 σ_{qj} 也愈大。利用这一点，将反拉应力控制在临界反拉应力 σ_{qj} 值以内，可以在不增大拉伸应力和不降低道次加工率的情况下，减小模子入口处和变形区内被拉伸制品对模壁的压力，从而减小对模壁的摩擦而延长模具的使用寿命。

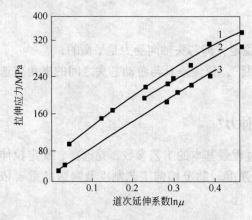

图 5-97　延伸系数对拉伸应力的影响

1—固定芯头拉伸；2—游动芯头拉伸；3—空拉

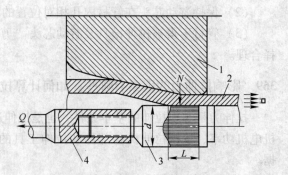

图 5-98　反拉力对拉伸力的影响

1—外模；2—管子；3—芯头；4—芯杆

f　摩擦与润滑

润滑剂的性质、润滑方式、模具材质、模具的加工方式、模具的加工精度与表面质量、模具与被拉伸制品之间接触面的状态等对摩擦力的影响很大。拉伸模具材质愈硬、加工表面愈光滑、润滑性能愈好、润滑愈充分、模具与被拉伸制品之间直接接触面愈小，模具与被拉伸制品之间的摩擦力就愈小，拉应力和拉伸力也就愈小，反之相反。在实际生产中可很好地利用这些规律，选择正确的拉伸模具的材质和工艺参数、不同性质的润滑剂和润滑方式。如在其他拉伸条件相同的情况下，用硬质合金模进行拉伸时，其拉伸力比钢模拉伸时的拉伸力要小。

拉伸时采用流体动力润滑方式，可以使拉伸模具与被拉伸制品之间的润滑膜增厚，实现液体摩擦，从而减小拉伸力。所谓流体动力润滑就是在被拉伸制品与增压管之间有窄小的间隙时，借助于被拉伸制品和润滑剂的黏度，使模子入口处的润滑剂压力增大，使润滑膜增厚，被拉伸制品与模子"不直接接触"而实现液体摩擦，如图 5-99 所示。

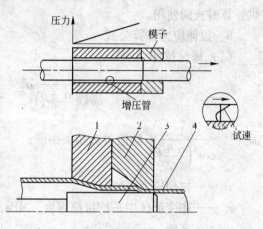

图 5-99　流体动力润滑
1—减径模；2—减壁模；3—芯头；4—管子

g　振动

在拉伸时，对拉伸工具实施振动，可以显著降低拉伸力。振动的方式有轴向、径向和周向。振动的频率分为声波（25~500Hz）和超声波（16~800Hz）。图 5-100 为拉伸时的振动方式的示意图。

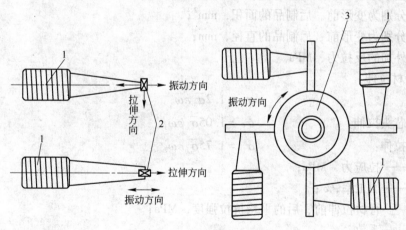

图 5-100　拉伸时的振动方式
1—振子；2—模子；3—带外套的模子

h　拉伸方式

不同的拉伸方法，其拉伸力将会不完全相等。一般情况下，游动芯头拉伸的拉伸力比固定圆柱短芯头拉伸力要小。

B　拉伸力的计算公式

a　拉伸力计算基本公式

$$P = F\sigma_1 \tag{5-88}$$

式中　P——拉伸力，kN；

　　　F——制品拉伸后的横截面面积，mm^2；

σ_1——拉伸应力，MPa。

计算拉伸力的公式虽然简单，但确定拉伸应力却十分繁杂，因为它与许多因素有关，如平均抗拉强度、摩擦系数、定径带长度与直径比率等，好在人们为此绘制了许多图表可供计算时查阅使用。

b 拉伸应力计算公式

（1）棒材拉伸

$$\sigma_1 = \frac{1}{\cos^2\left(\frac{\alpha + \rho}{2}\right)} \overline{\sigma}_b \frac{a+1}{a}\left[1 - \left(\frac{F}{F_0}\right)^a\right] + \sigma_f\left(\frac{F}{F_0}\right)^a \tag{5-89}$$

式中 $\dfrac{1}{\cos^2\left(\frac{\alpha + \rho}{2}\right)}$ 的值可查相关手册；

σ_1——拉伸应力，MPa；

$\overline{\sigma}_b$——在变形区中平均抗拉强度，MPa；

a——系数，$a = \cos^2\rho(1 + \mu\cot\alpha') - 1$，其值可查相关手册；

μ、ρ——分别为摩擦系数和摩擦角，$\mu = \tan\rho$，其值可查相关手册；

α'——导角，$\tan\alpha' = \dfrac{(D_0 - D)\tan\alpha}{(D_0 - D) + 2m\tan\alpha}$；

m——模子定径带长度与棒材直径的比，一般为 0.2 ~ 1.5；

F_0，F——分别为变形前、后制品的面积，mm^2；

D_0，D——分别为变形前、后制品的直径，mm；

σ_f——外加的反拉力，MPa。

（2）管材拉伸

空拉 $\sigma_1 = 1.2\overline{\sigma}_b\varepsilon\omega$ (5-90)

固定短芯头拉伸： $\sigma_1 = 1.05\overline{\sigma}_b\varepsilon\omega_1$ (5-91)

长芯杆拉伸： $\sigma_1 = 1.75\overline{\sigma}_b\varepsilon\omega_2$ (5-92)

式中 σ_1——拉应力，MPa；

ε——加工率，%；

$\overline{\sigma}_b$——管材拉伸前、后的平均抗拉强度，MPa；

ω，ω_1，ω_2——系数。

游动芯头拉伸： $\sigma = C\beta\overline{\sigma}_s K\ln\lambda$ (5-93)

式中 K——系数，$K = \dfrac{\mu_1 + \mu_2}{\tan(\alpha - \alpha_1)} + 1$，其值可查相关手册；

$\overline{\sigma}_s$——拉伸前、后的平均屈服应力值，MPa；

β——体应力状态系数，取 1.155；

C——考虑非接触变形区应力及空拉区对拉伸的影响系数，$C = 1.08$；

λ——拉伸延伸系数；

α，α_1——分别为拉伸模角和芯头圆锥角，（°）；

μ_1，μ_2——分别为管坯与模子，管坯与芯头接触面上的摩擦系数。其值可查相关手册。

370 管材直条拉伸方法和特点是什么?

铜合金管材普通直条拉伸的方法有固定芯头拉伸、游动芯头拉伸、长芯杆拉伸、顶管、扩径和空拉等方法。

(1) 固定芯头拉伸。是常用的管材拉伸方法。拉伸时,将带有芯头的芯杆固定并套进管坯,通过模孔实现管材减径和减壁。由于该拉伸方法中接触摩擦面积较大,故道次加工率较小。此外由于受芯杆长度和自重的影响,难以生产较长的管材。且由于芯杆在拉伸时的弹性伸长量较大,易引起"跳车",而在管材上出现"竹节"。

(2) 游动芯头拉伸。也是常用的管材拉伸方法。拉伸时,由于芯头有锥形面和圆柱面,使芯头所受的力处于平衡状态,非常适合于长直管和盘管的拉伸,是管材拉伸中较为先进的拉伸方法。它生产效率高,成品率高,管材内表面质量较好,目前应用也最广泛。

(3) 长芯杆拉伸。是将管坯套在长芯杆上,拉伸时芯杆随同管坯一起通过模孔,实现减径和减壁的方法。由于管内壁与芯杆的摩擦力方向与拉伸方向相同,所以道次加工率较大。但必须由专用的设备将管材从芯杆上脱下来,增加了大量的辅助时间,适用于薄壁的大管及塑性较差的管材拉伸。

371 什么是空拉,有何特点?

空拉是管材在无衬芯的情况下进行的拉伸。

管材空拉是一种减径和整径拉伸,壁厚的变化不大,但较复杂,与径厚比、道次加工率、拉伸模角等都有关系。

空拉管材内表面粗糙,薄壁管空拉时可能有压瘪现象,但用空拉可以减小管材壁厚的偏心程度。

372 管材扩径拉伸方法和特点是什么?

铜合金管材扩径拉伸的方法有压入扩径法和拉伸扩径法。

(1) 压入扩径法。在油压机上将直径大于管坯内径的芯棒压入管材内部,使管材内径扩大,壁厚、长度减小。该方法适合于大直径厚壁管材的小批量生产。

(2) 拉伸扩径法。用拉伸机将直径大于管材内径的芯头拉过管坯内部,使管材内径扩大,壁厚、长度减小。该方法适合于大直径薄壁管材的生产。

在扩径拉伸时,管材轴向受拉应力,因此,对塑性低的合金不宜采用。

373 游动芯头拉伸的原理和特点是什么?

游动芯头一般由三部分组成:定径圆柱、圆锥部分及后圆柱部分。游动芯头拉伸时的变形区可分为四段:(1) 减径段。在此阶段由于管内壁与芯头不接触,管材只实现减径,其壁厚有所增加。(2) 减壁段。在此阶段管材内壁与芯头的锥面接触而使其壁厚又减薄到原始厚度。(3) 定径段。在此阶段完成减径和减壁。(4) 精整段。在此阶段完成定径和定壁厚。由于游动芯头具有圆柱面和圆锥面,所以在拉伸过程中芯头所受的力处于平衡状态,使芯头和模孔形成一个固定不变的环状间隙,从而确定管材的减壁和内径。实现游动芯头拉伸,要求芯头锥角必须大于摩擦角,同时小于模角,且游动芯头轴向要有一定的移动范围，该范围越大，越容易实现稳定的拉伸过程。

　　游动芯头拉伸也是常用的管材拉伸方法。拉伸时，由于芯头有锥形面和圆柱面，使芯头所受的力处于平衡状态，非常适合于直长管和盘管的拉伸，是管材拉伸中较为先进的拉伸方法。它生产效率高，成品率高，管材内表面质量较好，目前也应用广泛。

374　盘法拉伸的方法和特点是什么？

　　盘法拉伸是通过圆盘（卷筒）给材料以拉伸力，材料通过模子后改变断面形状和尺寸，经过圆盘切点开始弯曲而卷绕在卷筒上。管材盘拉必须采用游动芯头拉伸。盘法拉伸有正立式圆盘拉伸、倒立式圆盘拉伸和卧式圆盘拉伸三种，见图5-101。

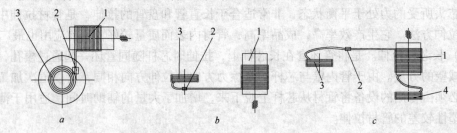

图 5-101　圆盘拉伸机结构原理图
a—卧式；b—正立式；c—倒立式
1—拉伸圆盘；2—拉伸模具；3—放料架；4—收料架

　　正立式盘拉设备的卷筒轴线垂直于水平面，传动装置在卷筒下部的基础上，拉伸后材料通过简易的卸料装置从卷筒的上方抽出。而卧式盘拉设备，其设备的卷筒轴线平行于水平面，传动装置在卷筒的侧面。拉伸后材料从卷筒的侧面抽出。这两种方法在卸卷时材料都不可避免会有擦伤或碰伤，而且体力劳动强度大。这些都是较为常规的设备结构设计，设备制造难度及成本都低。

　　倒立式圆盘拉伸机的传动装置在卷筒的上方，如图5-102所示。拉伸时仅有几圈缠

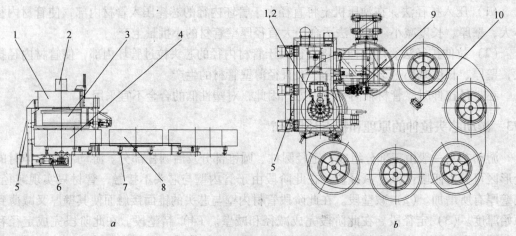

图 5-102　常用的倒立式圆盘拉伸机结构示意图
1—主减速箱；2—主电机；3—倒立式拉伸圆盘；4—收料管；5—主机架；6—收料系统；
7—循环轨道；8—循环卷料筐；9—拉伸模座系统；10—制头机

绕在圆筒上，后续的管材自动依次落在同步转动的料筐中。管材无需吊卸，减少了辅助时间，也减少了磕碰的机会，有利于提高管材表面质量。该设备适合于小直径、大长度和超长度管材的拉伸。这种先进的生产工艺对于小径、薄壁的管材生产具有很大的优越性。

375 倒立式圆盘拉伸的工作过程是什么？

倒立式盘拉法的工作过程见图 5-103 ~ 图 5-105。

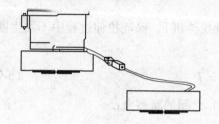

图 5-103 准备拉伸阶段

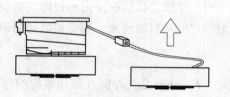

图 5-104 卷筒布管阶段

具体的工作过程是：

（1）经过预先注入内壁工艺润滑油、装入游动衬芯和碾头等准备工作的坯管，通过环形链轨输送装置的运行送到开卷位置。与此同时，操作员对管端进行穿管，碾好的夹头从拉模模孔内伸出，引入夹钳把夹头夹住。

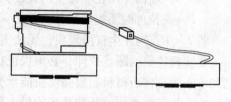

图 5-105 正常拉伸阶段

（2）启动拉伸后，卷筒加速到引入速度。当卷筒已转过约 3/8 转时，模盒滑架以适当的速度向上移动，卷筒在穿线速度下继续转动。

（3）直到所设定缠绕圈数的管子缠在卷筒上，压辊进入并以设定的适当压力压住管子。拉入夹钳张弛机构松弛，释放张紧力。卷筒上剪切机构动作，剪断管头，管头落入料筐，从此刻开始，管材开始通过与卷筒面之间的静摩擦力进行拉伸，并开始连续落料。同时，卷筒开始加速到设定的正常拉伸速度。

（4）拉伸时，卷取机构与卷筒同步运转，成品管被收集在卷取机构上的收卷料筐内，其开卷、卷筒拉伸速度、收卷速度根据输入计算机的工艺参数进行自动匹配，开卷速度由传感测速装置瞬时检测其快慢，计算机根据检测反馈信息自动调节开卷速度。

（5）当坯管接近拉完时，机器减速到慢行速度，使管尾以低速穿过拉模。当管尾端离开拉模时，设备开始复位，管子落到料筐中。

376 实现管材圆盘稳定拉伸的条件是什么？

为保证管材在拉伸过程中不发生断、弯、扁的现象，由管材圆盘拉伸的应力状态分析可知，实现管材圆盘拉伸的条件是：

$$(\sigma_{拉} + \sigma_{弯}) < \sigma_s \tag{5-94}$$

$$\frac{\sigma_s}{\sigma_拉 + \sigma_弯} = K \quad (K > 1) \tag{5-95}$$

式中　σ_s——拉伸后的管材的屈服强度，MPa；

　　　$\sigma_弯$——管材缠绕在卷筒上产生的最大弯曲应力，MPa，它随卷筒直径减小而增大；

　　　$\sigma_拉$——管材拉伸时产生的拉应力，MPa；

　　　K——盘管拉伸时的安全系数。

管材在缠绕到卷筒上时，不仅受到弯曲应力的作用，而且还受到卷筒的反向力 N 的作用，管材可能被压扁成椭圆形。

对靠摩擦力提供拉伸力的拉伸（如倒立式圆盘拉伸机），保证拉伸过程中不发生制品与卷筒之间的打滑现象，则必须满足的条件是：

$$F = \mu \Sigma W \Sigma N = P \tag{5-96}$$

式中　F——制品与卷筒（带压紧轮的包括压紧轮）之间的摩擦力；

　　　μ——制品与卷筒之间的摩擦系数；

　　　ΣW——卷筒与拉伸制品的接触面积之和；

　　　ΣN——卷筒作用在制品上的正压力之和；

　　　P——拉伸时需提供的最大拉力。

若 $F < P$，则发生打滑现象，无法实现拉伸。

要实现稳定的圆盘拉伸，必须保证材料所承受拉伸力与进入圆盘切点位置的弯曲应力之和小于经拉伸后材料屈服强度所能承受的拉力。因为材料的弯曲外侧受到附加弯曲应力的影响，材料在盘拉时所能达到的最大延伸系数一般比直拉工艺要小一些。而施加拉伸力作用的圆盘直径的大小直接决定弯曲程度，弯曲直径越大，弯曲应力越小，拉伸过程所受到的不利影响也越小，能适应正常拉伸的延伸系数越大，所以盘拉设备也在向大的圆盘直径方向发展。但圆盘越大，施加拉伸力的力矩也越大，对驱动机构及设备制造要求也越高，对设备的构造及运行经济性产生不利影响。一般用途的管材盘拉设备圆盘直径在 2m 左右。在对拉伸力要求不是很严的情况下，还要适当减小圆盘直径。而线材盘拉设备则主要考虑设备多道次组合构造及运行的高效。

377　编制盘拉工艺的原则和注意事项是什么？

编制盘拉工艺的原则和注意事项主要有：

（1）编制盘拉工艺首先要考虑的是金属材料在下次热处理之前能够和必须承担的总延伸系数。在保证生产过程稳定和保证产品质量的前提下，采用尽可能大的道次延伸系数，以充分利用金属的塑性，提高生产效率。

（2）管材拉伸工艺编制的方法有多种，例如双递减法、等差法、等比法等。这些都是有较好参照作用的一些计算方法，但决不能照搬。应当说只要符合原则，减壁与减径在安全的范围内，道次延伸系数适中的工艺都是能符合大生产要求的，每道次减壁系数与减径系数的均匀性可以尽量保证，但不是工艺编制的关键考虑因素。在编制拉伸工艺时，应综合考虑设备及现有模具的特点。

（3）圆盘拉伸因为是通过卷筒对管材施加拉伸力，管材在进入卷筒的切点位置开始弯曲，管材在经过此处时，除了受到拉伸力的作用，同时弯曲的外侧变形点还要受到一个附加弯曲应力的作用，该处是易产生断裂的薄弱环节。因此，针对圆盘拉伸的特点，工艺编制必须考虑平均每道次延伸系数比直条拉伸要小。而且，卷筒直径越小，弯曲应力作用越明显。实践表明，对于紫铜管在 $\phi2135mm$ 直径卷筒的倒立式盘拉机上拉伸，考虑成品外径在 4~19mm 之间，壁厚在 0.3~1.0mm 之间，各道次平均延伸系数一般保持在 1.38~1.48 之间，成品管壁越厚，外径值越大，选择可以偏上限；成品管壁越薄，外径越小，选择则应偏下限。

（4）因为圆盘拉伸道次较多，而金属的塑性随总变形量的增加而降低，延伸系数应当均匀递减。前后道次的延伸系数差值一般为 0.05~0.12，拉伸道次越多，差值越大。

（5）每个拉伸道次必须有足够的减径量配合。一方面，为了使游动芯头容易装入管内，避免拉伸过程中芯头的大头与管内壁产生接触而破坏芯头力的平衡，产生拉伸异常，游动芯头的大头直径必须与管内径有足够的差值，考虑紫铜管成品外径在 4~19mm 之间，壁厚在 0.3~1.0mm 之间，其差值一般最小取为 0.20~0.60mm，管内径越小，该差值也越小；另一方面，为了防止芯头拉过模孔，游动芯头的大头直径必须大于模孔直径，其差值一般最小取为 0.15~0.30mm，管径越小，该差值也越小。

（6）对于盘式拉伸，因为加工管材缠在筒面期间，铜管所受拉伸力受到管材与卷筒面静摩擦力的抵消，材料所受拉伸力从卷筒切点进入后逐步降低，材料产生弹性回复，拉伸卷筒锥度设计难以完全兼顾其消除，使管材与管材在上下接触部位产生强烈摩擦，导致铜管表面擦伤。加工管径越大，拉伸速度越低，这种情况越明显；对于小管径材料拉伸，该因素影响则可忽略不计。因此，对于表面质量要求严格的管材，不提倡在倒立式盘拉机上加工外径 $\phi25mm$ 以上的管材。联合拉伸工艺虽在速度、规格及工艺的设计变更的灵活性方面不如盘式拉伸，但因为其在加工率、表面质量保证等方面的优越性，可以很好地弥补盘式拉伸的不足，使联合拉伸后再接倒立式盘式拉伸已成为目前换热铜管生产线拉伸工艺设计的主流选择。

（7）拉伸工艺一经确定，其他加工工艺参数为某一值时，拉伸应力和芯头在变形区内的轴向位移达到最小值，加工也最稳定，这一定值是工艺参数最佳值。工艺参数包括模具几何参数、模具表面粗糙度、加工材料质量、润滑油润滑状况等。追求工艺参数最佳值是保证拉伸顺利进行，并通过加大道次延伸系数提高生产效率的条件。

378 如何分配盘拉道次及其变形量？

盘拉生产中最主要的工艺参数是变形量的分配，即拉伸道次的确定。其原则是最少的拉伸次数和最大的道次变形量相匹配。

A 双递减法

考虑到材质的塑性随加工道次的增加而逐渐降低，所以在设计加工工艺时都希望道次延伸系数的分配呈递减关系变化。这种计算方法是通过一个线性公式使计算出的外径和壁厚的减缩系数（λ_{Di} 和 λ_{Si}）均依等差数列递减排列，从而实现各拉伸道次的变形系数逐次递减，使之接近于变形金属的硬化曲线。

盘管拉伸工艺流程设计的双递减法计算程序可分为三个步骤进行。

a 拉伸次数的计算

拉伸次数 n 的计算公式:

$$n = \frac{\lg\lambda_{\Sigma}}{\lg\bar{\lambda}} \quad \text{(四舍五入取整)} \tag{5-97}$$

式中 λ_{Σ}——两次退火间总延伸系数,对于管材:

$$\lambda_{\Sigma} = \frac{D_0 - S_0}{D_n - S_n} \times \frac{S_0}{S_n} = \lambda_{D\Sigma} \times \lambda_{S\Sigma} \tag{5-98}$$

D_0,S_0——分别为管坯的外径和壁厚;

D_n,S_n——分别为成品管的外径和壁厚;

$\lambda_{D\Sigma}$,$\lambda_{S\Sigma}$——分别为直径和壁厚的总减缩系数;

$\bar{\lambda}$——为计算拉伸次数 n 而设定的平均道次延伸系数。具体取值查表 5-33。

表 5-33 设定的平均道次延伸系数 $\bar{\lambda}$

合金类别	热轧板	冷轧板带	冷拉管材	棒、线材拉制
紫 铜	1.1 ~ 1.4	1.05 ~ 1.1	1.35 ~ 1.55	1.2 ~ 1.5
黄 铜	1.2 ~ 1.3	1.05 ~ 1.1	1.3 ~ 1.5	1.1 ~ 1.3
复杂黄铜	1.2 ~ 1.3	1.03 ~ 1.1	1.2 ~ 1.4	1.1 ~ 1.2
青 铜	1.1 ~ 1.3	1.02 ~ 1.1		

拉伸次数 n 计算取整后,还需要再计算实际的平均道次延伸系数 $\bar{\lambda}$:

$$\bar{\lambda} = 10^{\frac{\lg\lambda_{\Sigma}}{n}} \tag{5-99}$$

b 各拉伸道次的外径减缩系数 λ_{Di} 和壁厚减缩系数 λ_{Si} 的计算

$$\lambda_i = \frac{\bar{\lambda}[n - 1 + \Delta\lambda(n+1)]}{n - 1} - \frac{2\Delta\lambda\bar{\lambda}}{n-1}i \tag{5-100}$$

式中 i——拉伸道次,$i = 1$,2,3,…,n;

$\Delta\lambda$——该工艺延伸系数的增量,其取值列于表 5-34。

表 5-34 增量系数 $\Delta\lambda$

合金类别	热轧板	冷轧板	管材		棒、线材
			外 径	壁 厚	
紫 铜	0.01 ~ 0.05	0.01 ~ 0.03	0.01 ~ 0.04	0.03 ~ 0.07	0.01 ~ 0.03
黄 铜	0.01 ~ 0.04	0.01 ~ 0.02	0.01 ~ 0.02	0.02 ~ 0.06	0.01 ~ 0.02
复杂黄铜	0.01 ~ 0.03	0.01 ~ 0.02	0.01 ~ 0.02	0.02 ~ 0.04	0.01 ~ 0.02
青 铜	0.01 ~ 0.03	0.01 ~ 0.02			0.01 ~ 0.02

c 各道次的壁厚 S_i 和外径 D_i 计算

管材壁厚的计算公式：

$$S_i = \frac{S_{i-1}}{\lambda_{Si}} \tag{5-101}$$

在计算第一道时，应考虑管坯的壁厚偏差对工艺的影响，需按下式修正：

$$S_1' = S_1 + 0.5\Delta S \tag{5-102}$$

式中　ΔS——管坯允许的最大壁厚偏差。

管材外径的计算公式：

$$D_i = \frac{D_{i-1} - S_{i-1}}{\lambda D_i} + S_i \tag{5-103}$$

B　ZBL 法

a　拉伸次数 n 的计算

拉伸次数的计算公式 $n = \dfrac{\lg\lambda_\Sigma}{\lg\overline{\lambda}}$，为了得到正确的 n 值，$\overline{\lambda}$ 的取值十分重要。该方法给出了各种不同条件下 $\overline{\lambda}$ 的具体取值，如表5-35所示。

表5-35　设定的平均道次延伸系数 $\overline{\lambda}$

e_n	D_B			e_n	D_B		
	1500mm	1800mm	≥2000mm		1500mm	1800mm	≥2000mm
≤0.5	1.36	1.38	1.40	≥0.6	1.40	1.42	1.44
0.5~0.6	1.38	1.40	1.42				

注：表中 D_B 为盘拉机卷筒直径；e_n 为成品管厚度指数，$e_n = S_n \times 10/D_n$。

表5-35给出的数据是在盘拉机的设备结构完善、润滑条件良好、模具状况正常的条件下，采用冷拉管坯或冷轧管坯时的 $\overline{\lambda}$ 值。当采用水封大挤压比的管坯时，可在管坯的偏差上适当考虑。如果设备结构不够完善，润滑条件不甚理想，或其他条件不太完备时，可按表5-35取值计算。得出拉伸次数 n 后再增加一个道次，即：

$$n' = n + 1 \tag{5-104}$$

b　各道次壁厚 S_i 的计算

求数列的公比 q

$$q = \frac{1}{2}n(n-1)\sqrt{\frac{\lambda_{S\Sigma}}{\lambda_{S_1}^n}} \tag{5-105}$$

式中　n——拉伸次数；

$\lambda_{S\Sigma}$——总的壁厚减缩系数，$\lambda_{S\Sigma} = \dfrac{S_0}{S_n}$；

λ_{S_1}——首道拉伸的壁厚减缩系数。

$$\lambda_{S_1} = \overline{\lambda}_S + \Delta\lambda_S \tag{5-106}$$

式中 　$\overline{\lambda}_S$——平均壁厚减缩系数，$\overline{\lambda}_S = \sqrt[n]{\lambda_{S\Sigma}}$；

　　$\Delta\lambda_S$——壁厚减缩的增量系数。

$$\Delta\lambda_S = \frac{2(\overline{\lambda}_S - 1)}{n} \tag{5-107}$$

求各拉伸道次的壁厚减缩系数 λ_{Si}

$$\lambda_{Si} = \lambda_{Si-1} q \tag{5-108}$$

求各拉伸道次的壁厚 S_i

$$S_i = S_{i-1} / \lambda_i \tag{5-109}$$

c　各道次的外径 D_i 的计算

为了满足 $\Delta D_i \geqslant D_{i-1} - 2S_{i-1} - \Delta_1 - \Delta_2$ 的要求，避免芯头通过模孔，各道次的外径是通过合理分配径差的办法来计算的。

求各道次径差的总和，即径差和 C_Σ：

$$C_\Sigma = D_0 - D_n - 2(S_0 + S_1 + S_2 + \cdots + S_{n-1}) \tag{5-110}$$

由上式可见，径差和 C_Σ 仅与管坯和成品管的外径及各道次的壁厚 S_i 有关，而与其他道次的外径 D_i 无关。因此可以把径差合理地分配到各道次上去，由此得出各道次的外径 D_i，从而满足了公式的要求，解决了其他方法所没有解决的问题。

求等差数列的公差 P：

$$P = \frac{nC_1 - C_\Sigma}{\frac{1}{2} n(n-1)} \tag{5-111}$$

式中　C_1——设定的首道拉伸径差。

$$C_1 = \frac{3}{2}\overline{C} = \frac{3}{2} \times \frac{C_\Sigma}{n} \tag{5-112}$$

求各拉伸道次的径差 C_i：

$$C_i = C_{i-1} - P \tag{5-113}$$

求各拉伸道次的外径 D_i：

$$D_i = D_{i-1} - 2S_{i-1} - C_i \tag{5-114}$$

379　链式拉伸机的结构和特点是什么？

链式拉伸机可分为单链式拉伸机和双链式拉伸机。

A　单链式拉伸机典型结构

单链式拉伸机结构简单，制作成本低廉，操作维护简单，是中、小企业运用最为广泛的管棒型材拉伸设备。它主要由电动机、减速箱、机体（也称拉床、床身）、主链条、拉伸小车、模座、芯杆系统、储料架、进料机架、进料装置、收料架等构成。主要用于一般管材、棒材的直条拉伸。

B　双链式拉伸机典型结构

近代的链式拉伸机多为双链式结构，其工作机架是由许多的 C 形架组成的，如图 5-106 所示。在 C 形架内装有两条水平横梁用于支承拉伸小车及链条，两侧面装有小车运行的导轨。C 形架内上方设置有储料台、分料机构及自动送料机构，常用的布置方式采用水平或倾斜布置。主要用于管棒材、型材的直条拉伸，与单链拉伸相比，吨位大，运行平稳，制品平直度较高，精度高。

C 形架下方设置落料机构，当一次拉伸完成后，落料机构自动上升接住下落的管坯，以避免铜管碰伤及变形。拉伸模座多采用球形，以利于拉伸过程中自动调心，从而确保拉伸后铜管的直度。目前，铜管自动套芯杆机构多采用图 5-107 所示

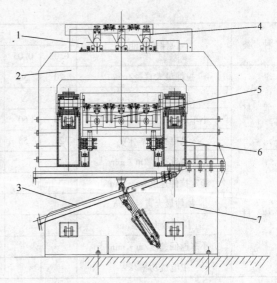

图 5-106　双链式拉伸机结构示意图
1—上料机构；2—C 形支架；3—落料架；4—分料器及滑板；5—拉伸小车；6—横梁；7—主机架

的两种机构。一种是采用滚筒 180°来回回转的方式，另一种是采用液压油缸驱动机架升降的方式，而穿模机构均在尾端使用长行程的油缸进行推动。

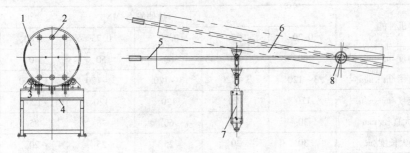

图 5-107　拉伸机铜管自动套芯杆结构示意图
1—滚筒；2—固定芯杆；3—支撑辊；4—机架；5—固定芯杆；
6—机架；7—驱动油缸；8—回转中心轴

C　链式拉伸机主要技术参数

链式拉伸机在拉伸前需制夹头，同时在拉伸过程中使管材在 30～60m 的整体长度上受拉伸力的影响，并且在松开夹头时会产生噪声与变形。其主要技术参数见表 5-36。

表 5-36　链式拉伸机主要技术参数

种　类	拉伸机性能	拉伸力/MN								
		0.02	0.05	0.10	0.20	0.30	0.50	0.75	1.00	1.50
管　材	拉伸速度范围/m·min^{-1}	6～48	6～48	6～48	6～48	6～25	6～15	6～12	6～12	6～9
	额定拉伸速度/m·min^{-1}	40	40	40	40	40	20	12	9	6

种　类	拉伸机性能	拉伸力/MN								
		0.02	0.05	0.10	0.20	0.30	0.50	0.75	1.00	1.50
管　材	拉伸最大直径/mm	20	30	55	80	130	150	175	200	300
	拉伸最大长度/m	9	9	9	9	9/12	9	9	9	9
	小车返回速度/m·min⁻¹	60	60	60	60	60	60	60	60	60
	主电机功率/kW	21	55	100	160	250	200	200	200	200
棒　材	拉伸速度范围/m·min⁻¹			6~35	6~35	6~35	6~25	6~15		
	额定拉伸速度/m·min⁻¹			25	25	25	25	15		
	拉伸最大直径/mm			35	65	80	80	110		
	拉伸最大长度/m			9	9	9	9	9		
	小车返回速度/m·min⁻¹			60	60	60	60	60		
	主电机功率/kW			55	100	100	160	160		

目前常用的高速双链式拉伸机性能如表 5-37 所示。高速双链拉伸机发展至今，其最大拉伸力已达 4.00MN 以上，机身长度可达 50~60m，个别的达到 120m，拉伸速度通常是 120m/min，最高的达到 190m/min；拉伸小车返回速度已达 360m/min。为了提高拉伸机的生产能力，目前拉伸机正朝着多线、高速、自动化方向发展。

表 5-37　高速双链式拉伸机主要技术参数

拉伸机性能	拉伸能力/MN					
	0.20	0.30	0.50	0.75	1.00	1.50
额定拉伸速度/m·min⁻¹	60	60	60	50	40	40
拉伸速度范围/m·min⁻¹	3~120	3~120	3~120	3~120	3~100	3~100
小车返回速度/m·min⁻¹	120	120	120	120	120	100
拉伸最大直径/mm	30	50	60	75	85	100
拉伸最大长度/m	30	30	25	25	20	20
拉伸产品根数/根	3	3	3	3	3	3
主电机功率/kW	125×2	200×2	400×2	400×2	400×2	630×2

380　液压拉伸机的结构与特点是什么？

　　液压拉伸机由拉伸床头、床身、牵引滑车和液压缸、上芯杆系统、套管系统、接料机构、上料机构、液压泵站等组成。除牵引滑车和液压缸、液压泵站外，其他结构与链式拉伸机相同。液压拉伸机与链式拉伸机的最大区别在于其动力源来自液压泵，由液压缸直接驱动拉伸小车运动而实现拉伸，具有运行平稳的特点。适宜生产精度要求高的管、棒材，尤其是对于特殊合金、难变形金属及形状复杂管、棒材，例如高精度波导管的拉伸等。大吨位的拉伸机则常用于进行大口径管材的扩径拉伸。但由于设备特性，液压拉伸机拉伸速度较链式拉伸机速度低，同时拉伸力大小和生产的产品的长度都受到一定的限制。

381　履带式拉伸机的结构和特点是什么?

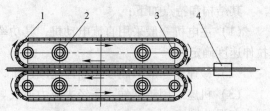

图 5-108　履带式拉伸机结构示意图
1—履带及夹紧模具；2—传动机构；
3—履带张紧机构；4—拉伸模具

　　履带式拉伸机由驱动装置、履带、张紧装置、模座、润滑系统组成。由于履带式拉伸机靠铜管与夹具之间的摩擦力来实现铜管拉伸，故在变更铜管规格及材质时需调整压力的大小。履带式拉伸机目前应用十分广泛，它结构紧凑，拉伸可靠，主要用于管材的拉伸，对改善铜管椭圆度、偏心度及保护成品有明显作用。但适应铜管规格型号范围小、更换夹紧模具烦琐，拉伸大规格铜管时整机体积明显增大。

　　履带式拉伸机的主要结构如图 5-108 所示。

382　联合拉伸机的结构和特点是什么?

　　联合拉伸机是利用两个拉伸小车交替连续拉伸，从而实现铜管连续拉伸过程，同时将开卷、矫直、拉伸、切断、矫直、磨光，甚至清洗、钝化安排在一个机列上进行。

　　联合拉伸机主要结构由主电机、减速箱、机座、模座、凸轮机构、拉伸小车、柱塞装置、模座机构等构成。联合拉伸机的拉伸小车所需的拉伸力由一个具有内外导轨的凸轮系统提供，拉伸小车安装在导轨上，当凸轮转动时，可以自由地在导轨上滑动。拉伸小车抱钳的张开和闭合由液压系统控制，确保拉伸小车的动作十分准确，这一点在高速运转及拉伸薄壁管时非常重要。拉伸管材时小车抱钳形状必须与管材直径配合准确无误。联合拉伸机具有自动调整夹紧力的能力，确保夹紧力始终与拉伸力相匹配，从而保证管材拉伸过程中不变形。其主要结构如图 5-109 所示。

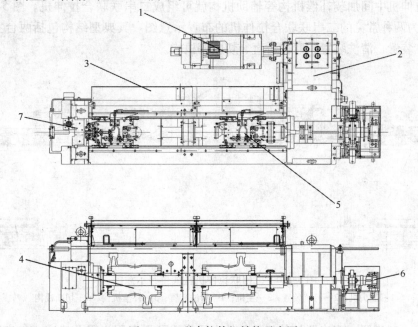

图 5-109　联合拉伸机结构示意图
1—主电机；2—减速箱；3—机座；4—凸轮机构；5—拉伸小车；6—柱塞装置；7—模座机构

其结构和特点如下：

（1）主电机一般采用直流电动机，其功率应根据拉伸坯料大小确定，额定转速由最大拉伸速度确定。

（2）减速箱一般采用硬齿面齿轮减速机，其速比由拉伸速度及铜材伸长率确定。

（3）机座采用铸钢件，需经去应力退火。机座包括前机座、支承中座、前后连接横梁及小车滑动导轨。

（4）凸轮多采用球墨铸铁、合金钢经铸造而成，硬度一般为 HRC27 ~ HRC35。

（5）两拉伸小车上均装有抱钳及抱钳控制油缸。两拉伸小车在凸轮的驱动下沿凸轮曲线来回运动，抱钳经抱钳控制油缸由柱塞装置控制，从而实现小车抱紧铜材拉伸。

（6）柱塞装置用于控制两拉伸小车交替联合拉伸，其功能相当于一个液压换向阀。

（7）模座机构用于安装拉伸模具。模具座多采用球面，利于拉伸过程中自动调整中心，从而确保拉伸后产品的直度。

某联合拉伸机主要技术参数见表 5-38。

表 5-38　某联合拉伸机主要技术参数

序号	项　　目	主要技术参数	序号	项　　目	主要技术参数
1	管坯尺寸范围/mm	$\phi40 \sim 65$	5	拉伸小车行程长度/mm	800 ~ 1300
2	成品尺寸范围/mm	$\phi25 \sim 35$	6	主电机功率/kW	150 ~ 250
3	最大拉伸力/kN	250	7	整机总功率/kW	360 ~ 600
4	拉伸调速范围/m·min^{-1}	0 ~ 120	8	附属设备	收卷机、飞锯、精定尺机组

383　串联拉伸的特点和应用如何？

两台拉伸机中间加装补偿机构等辅助机构就可组成二串联联合拉伸机。图 5-110、图 5-111 分别为两种常见的二串联联合拉伸机的布置示意图。其典型结构包括两台主机、制头机、打坑装置、清洗装置、弯曲矫直、切断等机构。

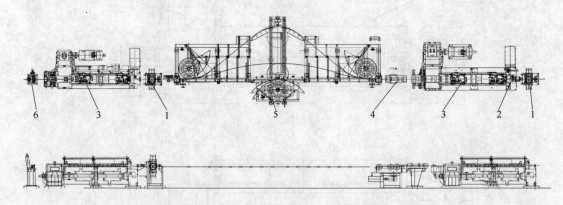

图 5-110　二串联拉伸机直线排布示意图
1—制头机；2—打坑装置；3—主机；4—清洗装置；5—补偿机构；6—切断机构

二串联、三串联、多串联拉伸机的整体布局形式可根据用户需要确定。二串联、三串联、多串联联合拉伸机在铜管、棒材拉伸工艺过程中具有明显的优势，它可以实现铜管、

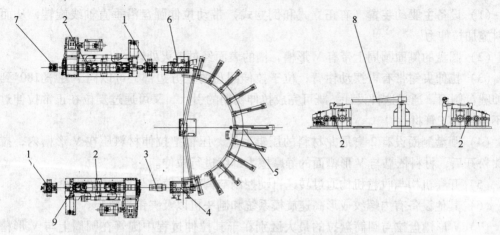

图 5-111　设备 U 形排布示意图

1—制头机；2—主机；3—清洗装置；4—弯曲机构；5—补偿机构；6—矫直机构；

7—切断机构；8—弯曲摆臂；9—打坑装置

棒材多道次连续拉伸，从而节约了操作辅助时间，减少了操作人员，加上该机自动化程度高，故生产周期短，效率高。串联式联合拉伸机要求在铜管内放多个游动芯头，而只做一次拉伸夹头。因此要求在每个模具后面设计、安装一个自动打坑装置，拉伸多次而只进行一次制头，可减少材料损失，同时也降低了断管的危险性，显著地提高了成品率。

串联联合拉伸机的几种典型布局：串联联合拉伸机一般有二串联、三串联、多串联联合拉伸机，基于二串联联合拉伸机补偿机构的运用可以设计出各种各样的生产线。通常的组合不是二串联就是三串联，或者是两者结合，其在各厂使用的布局不尽相同，图5-112为三串联联合拉伸机的结构布置图。

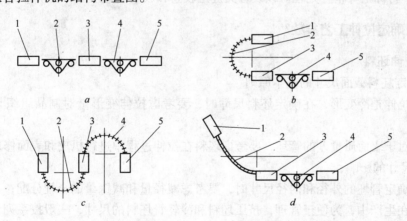

图 5-112　三串联联合拉伸机的几种典型结构布置图

a—直线形布置；b—直线形、U 形结合布置；c—U 形布置；d—多角度布置

1，3，5—拉伸主机；2，4—补偿机构

384　V 形槽盘拉机的结构和性能是什么？

V 形槽盘拉机的结构形式为：

（1）设备主驱动装置（有正立式和倒立式）带动拉伸圆盘沿垂直轴线旋转，从而对材料施加拉伸力。

（2）圆盘的侧面圆周上带有 V 形槽，槽的表面经过淬火处理。

（3）拉伸夹钳带有可摆动钳臂，位于拉伸圆盘的上方边部，可以向下翻滚 180° 到达拉伸圆盘侧面，通过这种设计，既可完成拉伸初期的引入，又可通过复位在正常拉伸过程中不碰到加工管材。

（4）圆盘侧面设有 2 套尼龙材料的压辊系统，压辊把拉伸材料压在 V 形槽内，拉伸夹钳松开后，材料依靠与 V 形槽面的静摩擦力继续进行拉伸。

（5）开卷机构与收卷机构通过转速自动控制与调节，使之与拉伸速度匹配。

（6）其他设备有内螺纹成形高速旋模系统和制头机以及夹钳导轨等。

（7）V 形槽盘拉与圆筒盘拉的最大区别在于其拉伸过程中圆管在圆周上与 V 形槽有两点接触，而圆筒拉伸管材在圆周上只有一点接触，因而减少了管材被挤压扁的可能性，这对拉伸薄壁内螺纹管特别重要。

V 形槽盘拉机主要用于内螺纹成形拉伸。内螺纹拉伸机的拉伸力及拉伸速度不高，产品规格范围也比较窄，是一种结构简单、投资省、能耗低、占地少的新型盘法拉伸设备，目前使用广泛。

385 重卷机的结构、特点是什么？

重卷机的结构包括开卷机（放线）、夹送辊以及清洗外表面、水平矫直、探伤、立式矫直、喷墨打号、干燥、无屑锯切、张力卷取（收卷）等装置。重卷机对于盘管主要用于将倒立式盘拉机拉成的散卷盘管重卷成轴线卷，便于包装和运输，同时对管材进行表面清洗、探伤、打标记等精整处理。该设备关键是收卷和放卷的速度要匹配。

386 如何确定拉伸工艺参数？

A 拉伸坯料

a 确定坯料截面尺寸的基本原则

（1）拉伸是冷变形，在确定坯料尺寸时，要考虑拉伸变形量对制品组织与性能的影响；

（2）对于表面质量差的管坯，要考虑坯料在拉伸过程中进行扒皮和表面修理等精整工序对坯料尺寸的影响；

（3）确定管坯的外径和内径尺寸时，要考虑减径量和减壁量的合理分配；

（4）在生产中，为便于管理，挤压坯料和冷轧管坯料的尺寸，一般按系列化生产，因此确定坯料截面尺寸时，要考虑坯料的具体生产条件。

b 坯料长度的确定

首先要根据制品长度来计算坯料的长度，同时还要考虑设备的能力、成品率和生产效率等因素。坯料长度可用下式计算：

$$L_0 = \frac{nL}{\lambda_\Sigma} + \frac{L_1}{\lambda_\Sigma} \tag{5-115}$$

式中　L——制品定尺长，mm；

　　　L_0——坯料长度，mm；

　　　L_1——成品剪切时的切头、切尾长度，mm；

　　　n——剪切成品根数，n 取整数，可根据拉伸机允许拉伸长度确定，n 值大，说明生产效率高；

　　　λ_Σ——总延伸系数。

若坯料在拉伸过程中要经过多次中断，这时可以根据上式类推，计算出坯料长度。

B　拉伸时的延伸系数

（1）总延伸系数。总延伸系数的确定取决于产品的生产方式、金属特性、产品的最终性能要求和生产效率、制造成本等因素。

（2）两次退火间的延伸系数。两次退火间的延伸系数主要取决于制品的金属特性、产品的最终性能要求等因素。

（3）平均延伸系数。平均延伸系数主要取决于合金特性和加工方法。

（4）道次延伸系数及分配。常用的延伸系数和减壁量可参考表 5-39 ～表 5-44。

表 5-39　拉制成品棒材时的加工率和延伸系数

合金牌号	状　态	成品直径/mm	成品	
			加工率/%	延伸系数 λ
紫铜、H96	—	≤40	25 ～55	1.33 ～2.00
		>40	15 ～28	1.18 ～1.39
H62 HMn58-2 HPb63-3	—	5 ～40	12 ～30	1.14 ～1.43
		41 ～80	10 ～20	1.11 ～1.25
HPb59-1 HSn62-1 HFe58-1-1	—	5 ～40	10 ～30	1.11 ～1.43
		41 ～80	8 ～15	1.09 ～1.18
H68	—	5 ～40	24 ～36	1.16 ～1.56
		41 ～80	17 ～25	1.20 ～1.34
HPb63-3	Y	5 ～9.5	43 ～50	1.75 ～2.00
		>9.5 ～14	40 ～45	1.67 ～1.82
		>14 ～20	35 ～40	1.54 ～1.67
		>20 ～30	30 ～36	1.43 ～1.53
QSi3-1	Y	40 ～50	18 ～36	1.22 ～1.53
QSn6.5-0.1 QSn6.5-0.4 QSn7-0.2 QSn4-3	Y	5 ～40	20 ～36	1.22 ～1.56
QSn6.5-0.1 QSn6.5-0.4 QSn7-0.2	T、Y	6 ～60	32 ～40	1.47 ～1.67

续表 5-39

合金牌号	状 态	成品直径/mm	成品	
			加工率/%	延伸系数 λ
QBe2.0 QBe2.15 QBe2.5	Y	5 ~ 40	22 ~ 36	1.28 ~ 1.56
QAl9-2 QCd1.0	Y T	5 ~ 40 5 ~ 60	12 ~ 20 40 ~ 62	1.18 ~ 1.25 1.67 ~ 2.64
BZn15-20	Y	5 ~ 20 21 ~ 30 31 ~ 40	24 ~ 30 21 ~ 30 18 ~ 25	1.32 ~ 1.43 1.26 ~ 1.43 1.22 ~ 1.34
	M	5 ~ 40	15 ~ 30	1.18 ~ 1.43
BFe10-1-1 BFe30-1-1 BMn40-1.5	Y	16 ~ 25 16 ~ 25	18 ~ 30 18 ~ 25	1.22 ~ 1.43 1.22 ~ 1.34

表 5-40　固定短芯头拉伸铜及铜合金管材的道次延伸系数

管坯尺寸/mm		牌 号	道 次				
直 径	壁 厚		1	2	3	4	5
3 ~ 10	0.5 ~ 2.0	T2 ~ 4、H96 H62	1.45 ~ 1.50 1.50 ~ 1.70	1.40 ~ 1.48 1.35 ~ 1.45	1.40 ~ 1.48 1.30 ~ 1.40	1.38 ~ 1.42 —	1.40 ~ 1.25
10 ~ 30	0.5 ~ 2.0	T2 ~ 4、H96 H62 HSn70-1 BZn15-20、H68	1.40 ~ 1.48 1.40 ~ 1.70 1.50 ~ 1.90 1.30 ~ 1.45	1.35 ~ 1.48 1.25 ~ 1.50 1.30 ~ 1.50 1.25 ~ 1.45	1.30 ~ 1.40 — 1.30 ~ 1.40 1.20 ~ 1.40	1.30 ~ 1.35 — — 1.20 ~ 1.40	— — — 1.25 ~ 1.30
	2.0 ~ 5.0	T2 ~ 4、H96 H62 BZn15-20、H68	1.30 ~ 1.48 1.30 ~ 1.50 1.25 ~ 1.35	1.30 ~ 1.40 1.20 ~ 1.40 1.20 ~ 1.30	— — 1.20 ~ 1.25	— — —	— — —
30 ~ 75	1.0 ~ 2.0	T2 ~ 4、H96 H62	1.35 ~ 1.50 1.30 ~ 1.55	1.30 ~ 1.45 1.15 ~ 1.40	1.30 ~ 1.35 1.15 ~ 1.25	1.20 ~ 1.35 —	1.25 ~ 1.30
	2.0 ~ 5.0	T2 ~ 4、H96 H62	1.20 ~ 1.45 1.20 ~ 1.40	1.27 ~ 1.40 1.10 ~ 1.15	1.25 ~ 1.30 —	— —	—
	5.0 ~ 10.0	T2 ~ 4、H96 H62	1.15 ~ 1.40 1.20 ~ 1.30	1.15 ~ 1.22 1.10 ~ 1.15	— —	— —	—
75 ~ 150	2.5 ~ 5.0	T2 ~ 4、H96 H62	1.20 ~ 1.60 1.30 ~ 1.55	1.15 ~ 1.30 1.15 ~ 1.25	1.15 ~ 1.25 1.15 ~ 1.25	— —	—
	5.0 ~ 10.0	T2 ~ 4、H96 H62	1.15 ~ 1.30 1.10 ~ 1.25	1.10 ~ 1.25 1.10 ~ 1.15	1.10 ~ 1.40	—	—
150 ~ 360	2.0 ~ 5.0 5.0 ~ 10.0	T2 ~ 4、H96	1.15 ~ 1.35 1.10 ~ 1.25	1.10 ~ 1.20 1.05 ~ 1.15	1.15 ~ 1.25 —	—	—

表 5-41　空拉铜及铜合金圆管两次退火间的道次延伸系数

外径/mm	壁厚/mm	牌　号	从退火算起的空拉道次			
			1	2	3	4
3 ~ 10	0.5 ~ 2.0	T2 ~ 4、H96	1.25 ~ 1.55	1.20 ~ 1.50	1.20 ~ 1.50	1.35 ~ 1.25
		H62	1.25 ~ 1.45	1.20 ~ 1.45	—	—
> 10 ~ 30	0.5 ~ 2.0	T2 ~ 4、H96	1.20 ~ 1.50	1.20 ~ 1.30	—	—
		H62	1.20 ~ 1.40	—	—	—
		HSn70-1	1.30 ~ 1.40	—	—	—
		BZn15-20	1.30 ~ 1.50	—	—	—
		H68	1.25 ~ 1.30	—	—	—
	2.0 ~ 5.0	T2 ~ 4、H96	1.25 ~ 1.37	1.20 ~ 1.37	—	—
		H62	1.20 ~ 1.45	1.25 ~ 1.40	—	—
		BZn15-20	1.20 ~ 1.30	1.20 ~ 1.30	1.30 ~ 1.40	—

表 5-42　固定短芯头拉伸铜及铜合金圆管两次中间退火的道次延伸系数

牌　号	两次退火间		
	总延伸系数 λ_Σ	道次数 n	道次延伸系数 λ
T2 ~ 4、H96	不　限	不　限	1.20 ~ 1.70
H68、HSn70-1、HAl77-2、HAl70-1.5	1.67 ~ 3.30	2 ~ 3	1.25 ~ 1.60
H62	1.25 ~ 2.23	1 ~ 2	1.18 ~ 1.43
QSn4-0.3、QSn7-0.2、QSn6-0.15	1.67 ~ 3.30	3 ~ 4	1.18 ~ 1.43
BFe10-1-1、BFe10-1-1	1.67 ~ 3.30	3 ~ 4	1.18 ~ 1.43
HPb59-1	1.18 ~ 1.54	1 ~ 2	1.18 ~ 1.25
HSn62-1	1.25 ~ 1.83	1 ~ 2	1.18 ~ 1.33
NCu28-2.5-1.5、NCu40-2-1	1.43 ~ 2.23	2 ~ 3	1.18 ~ 1.33

表 5-43　固定短芯头拉伸铜及铜合金管减壁量　　　　　　　　（mm）

管坯壁厚	紫铜、H96	H68、HSn70-1		HAl77-2、H62		HPb59-1	白　铜	QSn4-0.3
		退火后		退火后		退火后		
		第1道	第2道	第1道	第2道	第1道		
1.0 以下	0.2	0.2	0.1	0.2	0.1	0.15	0.20	0.15
1.0 ~ 1.5	0.4 ~ 0.6	0.25 ~ 0.35	0.10 ~ 0.15	0.20 ~ 0.30	0.10 ~ 0.15	0.20	0.20 ~ 0.30	0.15 ~ 0.30
1.5 ~ 2.0	0.5 ~ 0.7	0.35 ~ 0.50	0.15 ~ 0.20	0.25 ~ 0.40	0.10 ~ 0.20	0.20	0.30 ~ 0.40	0.30 ~ 0.40
2.0 ~ 3.0	0.6 ~ 0.8	0.50 ~ 0.60	0.25	0.35 ~ 0.50	0.10 ~ 0.25	0.25	0.40 ~ 0.50	0.40 ~ 0.50
3.0 ~ 5.0	0.8 ~ 1.0	0.60 ~ 0.80	0.20 ~ 0.30	0.70 ~ 0.80	0.25 ~ 0.30	—	0.50 ~ 0.55	0.50 ~ 0.60
5.0 ~ 7.0	1.0 ~ 1.4	0.8	0.30 ~ 0.40	—	—	—	0.55 ~ 0.70	0.60 ~ 0.70
7.0 以上	1.2 ~ 1.5	—	—	—	—	—	—	—

表 5-44　游动芯头直条方式拉伸铜及铜合金管的道次延伸系数

合金牌号	道次最大延伸系数		平均道次延伸系数	两次退火间总延伸系数
	第 1 道	第 2 道		
紫　铜	1.72	1.90	1.65~1.75	不　限
HAl77-2	1.92	1.58	1.70	3
H68、HSn70-1	1.80	1.50	1.65	2.5
H62	1.65	1.40	1.50	2.2

387　拉伸芯头有哪些种类，各有什么特点？

拉伸芯头是用来改变并确定拉伸制品内腔形状和尺寸的模具。在减小外径的同时减小壁厚就需要使用衬拉的方式。采用衬拉就必须使用芯头。拉伸芯头根据不同的拉伸方法可分为以下几种类型：固定短芯头、中式芯头、游动芯头、内螺纹成形芯头、异形芯头等。

A　拉伸芯头的种类

a　固定短芯头

其形状为一圆柱体。主要用于拉伸内表面要求较高的管材，如铜及铜合金冷凝管等。

b　中式芯头

其形状类似花瓶状。主要用于拉伸有一定的内表面要求，同时外表面要求较严格，且外径与壁厚比较大的管材。如黄铜薄壁管、拉杆天线套管等铜及铜合金管材等。

c　游动芯头

它由两个不等径的圆柱体和中间一个圆锥体构成（见图 5-113）。游动芯头锥角比拉模小 1°~3°，保证拉伸过程的最大稳定性。主要用于盘式拉伸，大长度的直条管材拉伸，有较严格的偏心度要求的管材拉伸和无法采用固定短芯头和中式芯头拉伸等产品的拉伸过程。采用游动芯头拉伸在减小壁厚的同时，应有足够的外径减缩量。

d　内螺纹成形芯头

如图 5-114 所示，在一圆柱体外表面刻有若干条螺旋槽。主要用于内螺纹铜管旋压成形。

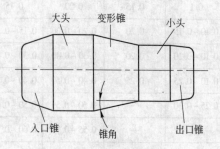

图 5-113　游动芯头

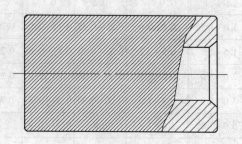

图 5-114　内螺纹成形芯头

e　异形芯头

其断面为非圆形的芯头。主要用于拉伸内表面要求严格的异形管材。如波导管、载波管等。

B　拉伸芯头的主要技术参数

a　固定短芯头

固定短芯头有两种类型：一类为实心，在尾部有一螺孔，用于芯头与芯杆的连接，其形状、尺寸见图 5-115，其参数如表 5-45 所示。另一类为空心，其形状、尺寸见图 5-116，其参数如表 5-46 所示。

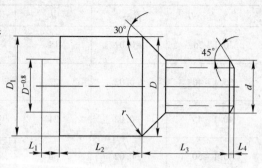

图 5-115　实心短芯头的形状、尺寸

表 5-45　实心短芯头　　　　　　　　　（mm）

芯头直径 D	D_1	d	L_1	L_2	L_3	L_4	r	标准螺纹
8 ~ 10	D-0.05	6	5	30	32	1.5	1.5	M6 × 0.7
10.1 ~ 13	D-0.05	8	5	30	32	1.5	1.5	M8 × 1.0
13.1 ~ 18	D-0.05	10	5	30	32	1.5	1.5	M10 × 1.0
18.1 ~ 24	D-0.05	14	5	35	40	1.5	1.5	M14 × 1.5
24.1 ~ 32	D-0.05	18	5	35	40	1.5	1.5	M18 × 1.5
32.1 ~ 41	D-0.05	24	7	35	49	2.0	2.0	M24 × 2.0

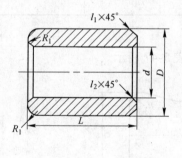 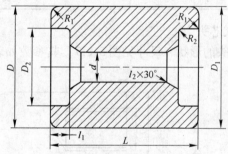

图 5-116　空心短芯头的形状、尺寸

表 5-46　空心短芯头结构尺寸　　　　　　　（mm）

芯头直径 D	$D_{偏差}$	d	$d_{偏差}$	L	l_1	l_2
12 ~ 14	±0.01	8	+ 0.05 + 0.15	25	1.5	1.0
14.1 ~ 16	±0.01	9	+ 0.05 + 0.15	25	1.5	1.0
16.1 ~ 20	±0.01	10	+ 0.06 + 0.18	30	1.5	1.0
20.1 ~ 25	±0.01	12	+ 0.06 + 0.18	30	2.0	1.5
25.1 ~ 30	±0.02	16	+ 0.06 + 0.18	35	2.0	1.5

芯头直径 D	$D_{偏差}$	d	$d_{偏差}$	L	l_1	l_2
30.1~35	±0.02	18	+0.07 +0.21	35	2.5	1.5
35.1~40	±0.02	22	+0.08 +0.25	40	2.5	1.5
40.1~45	±0.02	24	+0.08 +0.25	40	3.0	2.0
45.1~50	±0.02	30	+0.08 +0.25	45	3.0	2.0
50.1~55	±0.02	30	+0.08 +0.25	45	3.5	2.0
55.1~60	±0.03	30	+0.50 +1.00	50	3.5	2.5
60.1~100	±0.03	33	+0.50 +1.00	60	3.5	2.5
100.1~155	±0.03	46	+0.50 +1.50	110	4	5
155.1~200	±0.04	60	+0.50 +2.00	150	6	10
200.1~250	±0.04	60	+0.50 +2.00	170	8	15

b　中式芯头

中式芯头的形状、尺寸见图 5-117，其参数如表 5-47 所示。

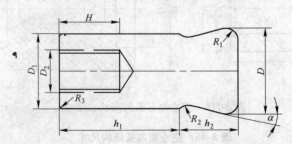

图 5-117　中式芯头的形状、尺寸

表 5-47　中式芯头的结构与尺寸　　　　　　　　（mm）

D	$D-D_1$	D_2	H	h_1	h_2	R_1	R_2	R_3	$\alpha/(°)$
30~25	2~3	20~15	20~15	30~35	18~25	3	12~14	2	15~18
24~15	1~2	15~7	16~20	25~30	14~20	3	10~12	2	13~16
14~18	1~0.7	8~4.2	14~18	25~30	14~20	2	10~12	1.5	12~15
7~4	0.5~0.3	4~2.8	10~16	20~25	10~15	2	8~10	1.5	10~13

c　游动芯头

其形状、尺寸见图 5-118，其参数如表 5-48 所示。

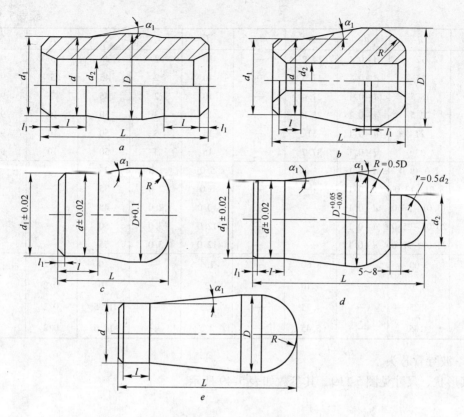

图 5-118　游动芯头形状、尺寸

a，b—常用于直条拉伸；c，d，e—常用于盘法拉伸

表 5-48　游动芯头结构尺寸

类　型	d	d_1	D	d_2	l	l_1	L	R	α_1/(°)
a	10~14	$d-0.05$	$d+1$	5	7.5	2	24	—	9
			$d+1.5$	5	7.5	2	24	—	9
			$d+2$	5	7.5	2	28	—	9
			$d+2.5$	5	7.5	2	28	—	9
	14.1~18	$d-0.1$	$d+1$	8	7.5	2	24	—	9
			$d+1.5$	8	7.5	2	24	—	9
			$d+2$	8	7.5	2	28	—	9
			$d+2.5$	8	7.5	2	28	—	9
b	18.1~23	$d-0.1$	$d+1$	10	7.5	2	30	—	9
			$d+2$	10	10	2	45	—	9
			$d+3$	10	10	2	55	—	9
	23.1~28	$d-0.1$	$d+2$	12	10	3	45	—	9
			$d+3$	12	10	3	55	—	9
	28.1~35	$d-0.7$	$d+2$	14	10	3	45	—	9
			$d+3$	14	10	3	55	—	9
			$d+4$	14	10	3	60	—	9

类　型	d	d_1	D	d_2	l	l_1	L	R	$\alpha_1/$ (°)
	12	$d-0.1$	14.2	—	10	2	45	5	9.5
	15	$d-0.1$	17.5	—	10	2	45	5	9.5
c	18.5	$d-0.1$	21.4	—	10	2	45	7	9.5
	22.5	$d-0.1$	25.8	—	15	3	50	10	9.5
	27	$d-0.1$	31	—	15	3	50	10	9.5
	33	$d-0.1$	37.7	—	15	3	50	10	9.5
	2.0~8.0	$d-0.1$	—	—	5.0	1.5	25	—	9
	8.01~13.0	$d-0.1$	—	—	6.0	2.0	35	—	9
d	13.01~20.0	$d-0.1$	—	—	10.0	2.0	45	—	9
	20.01~25.0	$d-0.1$	—	—	12.0	3.0	50	—	9
	25.01~32.0	$d-0.1$	—	—	12.0	3.0	55	—	9
	3.00	—	3.60	—	1.5	—	10	$D/2$	5
	3.70	—	4.10	—	2	—	10	$D/2$	5
e	4.25	—	4.75	—	2.5	—	12.5	$D/2$	6
	4.85	—	5.45	—	2.5	—	12.5	$D/2$	6

d　波导管芯头

其形状、尺寸见图 5-119，其参数如表 5-49 所示。

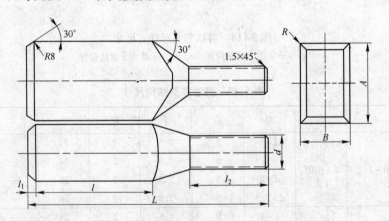

图 5-119　波导管芯头形状、尺寸

表 5-49　波导管芯头结构尺寸　　　　　　　　　　　（mm）

短边 B	l	l_1	l_2	L	d	R	备　注
8~8.5	30	6	25	90	M6×0.75	0.35~0.4	$A>20$ 芯头用焊接
8.6~11	30~36	6~8	25~30	90~100	M8×1.0	0.35~0.4	$A>25$ 芯头用焊接
11.1~13	35	8	30	110	M10×1.5	0.35~0.55	$A>35$ 芯头用焊接
13.1~16	35~40	8	35	115	M12×1.75	0.40~0.6	$A>45$ 芯头用焊接
16.1~24	40	8~10	35	120~125	M16×2.0	0.40~0.6	$A>50$ 芯头用焊接
24.1~30	60	10	40	125	M20×2.0	0.7~0.8	—
30.1~41	70	12	45	130	M25×2.0	1.0~1.2	—

388　如何设计拉伸模?

拉伸模具是实现拉伸过程的主要工具，正确设计和选用拉伸模对制品的质量、动能消耗、生产率等影响都很大。拉伸模的设计主要是确定模具的几何参数、结构形式、材质和制造的技术要求。

拉伸模结构分为四个区：润滑区（润

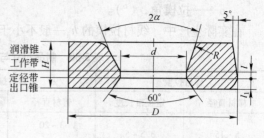

图 5-120　拉伸模结构简图

滑锥）、工作带、定径带及出口锥。但这四个区的划分并不严格，相邻两区的交界处均为圆滑过渡，分别见图 5-120 和图 5-121。

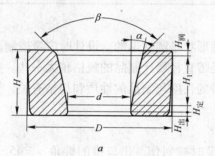
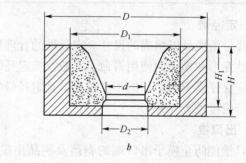

图 5-121　锥形拉伸模结构图

a—钢模；*b*—硬质合金模

A　润滑锥

润滑锥的主要作用是向模孔中加入润滑液，保证拉伸过程充分的冷却和润滑。所以润滑锥角度的选择要适当，角度太大，润滑剂不易储存，造成润滑不良；角度过小，拉伸中产生的金属屑等杂质不易随乳液流掉，造成划伤、拉断等，影响表面质量。实际使用中润滑锥角度用 β 表示，硬质合金模为 $\beta = 40° \sim 50°$，钢模为 $\beta = 50° \sim 60°$。润滑区长度主要取决于两个因素：一是整个拉伸模的高度（亦称厚度），模子高，润滑区就长一些，反之，模子薄，润滑区就短些。中式芯头和游动芯头的定径带都比固定短芯头拉伸的模子要短一些，所以其润滑区就长一些。经验表明，润滑锥的长度不应小于变形区的长度，固定短芯头拉伸、空拉和棒线拉伸时，一般采用定径区直径的 0.6 倍。其他拉伸模润滑区长度为定径带的 1.5 ~ 2.5 倍。小规格的模子的润滑锥，由于磨光和抛光时磨针的运动，所以是放射性的。

B　工作带

这是实现金属变形的主要部分。工作带的合理形状是放射性的。工作带的锥角称为拉模角，用 α 表示，角度 $2\alpha = 16° \sim 30°$，拉伸大口径管材时，取上限，拉伸小口径薄壁管或硬质棒材时，取下限。工作带的长度 h_g 按下式计算：

$$h_g = (D_0 - d)/2\tan\alpha \tag{5-116}$$

式中　D_0——工作带最初直径，mm；

　　　d——定径带直径，mm；

α——拉模角，（°）。

在实际生产中，线材拉模的 h_g 一般不小于定径带直径，如表 5-50 所示。

表 5-50　制品尺寸与拉伸模定径带长度　　　　　　（mm）

棒材拉模		管材拉模		与中式芯头配套的拉模	
棒材直径	定径带长度	管材直径	定径带长度	管材直径	定径带长度
5 ~ 15	3.5 ~ 5	3 ~ 20	1 ~ 1.5	4 ~ 8	4 ~ 6
15.1 ~ 25	4.5 ~ 6.5	20.1 ~ 40	1.5 ~ 2	9 ~ 13	5 ~ 8
25.1 ~ 40	6 ~ 8	40.1 ~ 60	2 ~ 3	14 ~ 19	6 ~ 10
40.1 ~ 60	10	60.1 ~ 100	3 ~ 4	20 ~ 25	8 ~ 12
		100.1 ~ 400	5 ~ 6	26 ~ 30	10 ~ 14

C　定径带

定径带给成品以精确的尺寸。定径带的合理形状是圆柱形的。设计时应考虑制品的公差、弹性变形和模子的使用寿命。一般拉模定径带直径要比制品的规格稍大一些。定径带的长度应保证模子耐磨，但不要过长，且定径带的长度与制品的性质和规格有关，管棒材的定径带长度见表 5-50。

D　出口锥

出口锥能防止模子出口端的剥落及制品出模时被划伤。出口锥的锥角 $\gamma = 45° ~ 60°$，$h_b = (0.2 ~ 0.5)d$。

E　拉伸模外圆

拉伸模外圆是根据制品的大小来确定的。在生产中按下列经验公式计算、设计：

$$D_W = (1 + k)d \tag{5-117}$$

式中　D_W——拉模外圆直径，mm；

　　　d——拉伸制品外径，mm；

　　　k——系数，当 $d \leqslant 60$mm 时，$k = 1 ~ 3$；当 $d > 60$mm 时，$k = 0.5 ~ 0.8$。

拉伸模的制造技术要求：

（1）钢模内孔要抛光、镀铬，镀层为 0.02 ~ 0.05mm；

（2）拉模定径带的椭圆度不得大于 0.02mm；

（3）拉模热处理后的硬度为 HRC = 58 ~ 62；

（4）各个区连接处要逐步圆滑过渡。

389　如何进行拉伸配模？

配模是依据成品的技术要求，即以满足一定的尺寸、形状、力学性能和表面品质要求为原则，在充分利用金属的塑性和强度，提高生产效率和缩短生产周期，以及不发生"缩径"、"拉断"、"跳车"或设备事故的条件下，确定合理的拉制道次和各道次所需模孔尺寸和形状。为此，要求进行必要的配模计算，其中包括：坯料尺寸、道次变形量和道次确定以及控制应力计算；安全系数和设备能力校核，即校核安全系数是否符合表5-51中的合理值，若 K_z 过大或过小，则要求反复重新分配道次变形量，再次校核 K_z 值，直到 K_z 达到合理值为止；设备能力校核，要求计算的拉制力小于设备的允许能力。

表 5-51 安全系数 K_z 的合理值

产品品种	成品直径/mm	K_z
线 材	16.0 ~ 4.5	1.3 ~ 2.0
	4.49 ~ 1.00	1.40 ~ 2.0
厚壁管材、型材和棒材		1.35 ~ 1.40
薄壁管材、型材		1.6

在拉制工艺中，模角 α 和定径区长度是重要工艺参数，它们对坯料的变形特性、组织和性能、尺寸精度和表面品质，模孔的磨损及使用寿命都有决定性的影响。拉制时，合理模角 α_p 随着变形程度的增大而增大。同时摩擦系数 f 增大，α_p 也相应提高。

$$\alpha_p = \sqrt{3f \ln f / 2} \tag{5-118}$$

取 f 为定值，由计算可得，与道次延伸系数 λ 为 1.05、1.11、1.25、1.42 相对应的拉制力最低的 α_p 为 3°、4.5°、7° 和 8.5°。若 α 大于或小于 α_p，则拉制力都增大。若 f 增加，α_p 还要相应提高。由此可知，对粗拉第 1~2 道次，因 λ 值高和坯料表面加工度低，f 值也高，应选用 α 较大的模子。反之，对最后一道次定径拉制，因 λ 值低和 f 值低，则用 α 值较小的拉模为佳。

模孔严重磨损会使实际的 α 值增加达 40° 以上，而 λ 值可减小 10%~20%；若模孔有明显的黏结形成楔形堵塞时，则 α 显著减小，λ 可增加 30% 以上。这时拉制力都会增大，从而破坏稳定拉伸条件。定径区长度会因制造偏差或磨损而低于合理值或形成无定径区的现象。这时拉制品的形状不稳定，尺寸易超差，表面质量失控，拉模使用寿命降低。

目前最先进的配模方法是用计算机辅助设计（CAD）配模。在配模设计时，只需要输入产品截面图形和所拉制金属特性及原始资料，系统即可自动进行配模设计，确定达到预定产品性能要求的总变形量、坯料形状及尺寸、确定控制道次和各道次延伸系数；优化配模，能以最少的拉制道次得到质量最佳的产品，同时降低能耗和提高模具使用寿命。

配对使用的原则是：保证每一道次的实际延伸系数控制在较为精确的范围内，使拉伸顺利进行。配模重点在于保证管材拉伸后的平均壁厚与拉伸工艺基本相符，一旦产生非材料本身原因和模具粗糙度原因的拉伸异常，必须重新进行配模。

模孔尺寸及精度的设计，是以拉伸成品尺寸精度要求和拉伸中间道次工艺要求为基础的，但在成品配模时应注意：因为在拉伸力的作用下，材料有一定的伸长，同时随着拉伸变形热的散失而产生的热胀冷缩，材料在拉伸后的外径比模孔直径小 1.5‰ 左右，而如果在特殊拉伸条件下，拉伸应力大于材料屈服强度所能承受的拉力时，还会导致小得更多，所以拉伸配模时要考虑这一点。

390 管、棒材制头有哪些方法，基本要求是什么？

管棒制头的方法有碾头机制头法、空气锤制头法、旋转打头法、液压喂料制头法和破口法等。

A 碾头法

碾头法一般适合规格较小的棒材，通过碾头机型辊孔型由大到小进行滚碾。设备简单，占地少，碾头范围宽。

B　旋锻法

旋锻法适合塑性较差合金棒材的制头。通过旋转的组合孔型对棒材进行锻打，使材料发生塑性变形。可根据旋锻机孔型规格确定制头规格，有一定局限性。

C　空气锤法

这种方法主要用于中小规格管材的制头。设备简单，占地少，但生产噪声大。可根据制头规格选择空气锤锤头的孔型。

D　液压喂料法

这是一种强制通过喇叭口成形的制头方法，主要用于较大规格管材的制头。

E　破口法

用圆盘锯将管头切成楔形口，放入芯头后再收口而做成拉伸头。主要用于直径大于160mm 的大管拉伸。

此外，还有一种电加热缩径拉伸法，即两电极各夹在棒坯一端，中间相距 300 ~ 500mm，通电加热后向两电极相反方向拉伸，形成细颈并拉断，留在棒坯一端的细颈即作为拉伸夹头。

391　拉伸对润滑剂有哪些要求?

在拉伸有色金属及合金的管材、棒材及型材时，润滑剂和冷却液的作用是降低变形区的摩擦力，同时还可以冷却工具，避免金属黏附加工工具，改善被加工金属的表面质量。为了充分发挥润滑剂的作用，应根据各种压力加工的工艺特点、设备特点选择适宜的润滑剂。

几种铜及铜合金拉伸润滑剂的主要成分见表5-52。拉伸润滑剂常用物理化学性能和技术质量指标见表5-53 ~ 表5-57。

表 5-52　几种铜及铜合金拉伸润滑剂的主要成分

金属品种	润滑剂成分/%												
	肥皂	机油	切削油	火碱	煤油	油酸	蓖麻油	苛性钠	石蜡	变压器油	植物油	三乙醇胺	水
紫黄铜	0.5~1.0		3~4	0.2									余量
	0.65	0.4		0.5									余量
	1.6	0.8				0.4							余量
			2.5~3.0			1.5~2.0		0.5~1.0					余量
					35.4	5.9						3.7	余量
紫铜空拉管					100								
光亮紫黄铜管	8~10	2~3		0.20		1~2							余量
导波管坯料、青铜、白铜管	0.5~1.0		3~4	0.20									余量
紫黄铜导波管坯料、特殊用 H68 管、镍及镍合金管	0.5~1.0		3~4			0.4							余量
紫黄铜导波管成品						10					90		
						15	25	8~10和20	1~2				余量
						25	15	余量和20	1~2			5	
						10				85		5	

表 5-53　常用动植物油脂主要性能指标

名 称	形式	密度/kg·L⁻¹	闪点/℃	碘值/g·(100g)⁻¹	游离脂肪酸/%	倾点/%	皂化值/mg(KOH)·g⁻¹	黏度/mm²·s⁻¹ 38℃	黏度/mm²·s⁻¹ 100℃
蓖麻油	不干性	0.960 ~ 0.970	277 ~ 293	82 ~ 92	0.1 ~ 0.6	-18 ~ -12	176 ~ 187		19.4
菜籽油	半干性	0.913 ~ 0.917	277 ~ 293	94 ~ 102	0.3 ~ 3	-9 ~ -1	168 ~ 179	54.5	9.5
吹炼菜籽油	半干性	0.960 ~ 0.985	221 ~ 233	47 ~ 73	3 ~ 8		195 ~ 216		
棉籽油	半干性	0.921 ~ 0.926	293 ~ 329	100 ~ 120	0	-1 ~ 4	191 ~ 197	36.6	7.4
豆 油	半干性	0.924 ~ 0.927	282	122 ~ 134	2	-12 ~ -6	189 ~ 197	35.5	8.6
花生油	不干性	0.918 ~ 0.925	282 ~ 327	90 ~ 102	1 ~ 5	-3 ~ 3	186 ~ 197	45.6	7.7
牛蹄油	不干性	0.914 ~ 0.917	243 ~ 249	66 ~ 75	0.2 ~ 25	18 ~ 4	198 ~ 204	45.6	7.7

表 5-54　常用矿物油脂主要性能指标

性 能	合成锭子油	20 ~ 50 号机油	变压器油	白 油	煤 油	MC-20
运动黏度(20℃)/mm²·s⁻¹,不大于	49		30		2.4	1240
50℃	12.0 ~ 14.0	17 ~ 53	9.6	7.3		151
酸值/mg(KOH)·g⁻¹,不大于	0.07	0.16 ~ 0.35	0.05	0.05		0.03
灰分/%,不大于	0.005	0.007	0.005			0.003
水溶性酸或碱	无	无	无	无	无	无
机械杂质/%	无	0.005 ~ 0.007	无	无		无
水 分	无	无		无		无
闪点(开口)/℃,不低于	163	170 ~ 200	135	130	65	270
凝点/℃,不高于	-43	-10 ~ -15	-10 ~ -55	0		-18
密度(20℃)/kg·L⁻¹	0.888 ~ 0.896				0.81 ~ 0.84	
残炭/%,不大于		0.15 ~ 0.30				
硫含量/%,不大于					0.1	

表 5-55　常用皂化脂（乳膏）主要性能指标

项 目	指 标	项 目	指 标
运动黏度/mm²·s⁻¹, 5%	80 ~ 120	含脂量	≥70%
pH 值	7 ~ 8.5	消泡性	10min 后, ≤4mL
凝固点/℃, 5%	≤ -5	外 观	乳白、明亮
抗氧化性	好	手 感	细腻

表 5-56　合成润滑剂主要性能指标

性 能	合成润滑油		
	特 级	一 级	二 级
外 观	浅黄到棕黄透明体		
运动黏度(40℃)/mm²·s⁻¹	15 ~ 20	10 ~ 15	10 ~ 15
酸值/mg(KOH)·g⁻¹,不大于	0	2	3
碘值/g(I)·(100g)⁻¹,不大于	20	30	40
皂化值/mg(KOH)·g⁻¹,不大于	120		
凝点/℃	-10 ~ -4		

表 5-57　常用高速拉伸润滑剂主要性能指标（盘管拉伸）

项　　目	指　　标	
	内模油	外模油
外　　观	浅黄、浅棕	浅黄、浅棕
密度（20℃）/kg·L^{-1}	0.88～0.89	0.875～0.88
运动黏度（40℃）/mm^2·s^{-1}	2000～3000	30～40
残炭/%	≤0.025	≤0.1
灰分/%	≤0.005	≤0.005
油膜强度 Pb/N	≥647	≥510
摩擦系数	≤0.08	≤0.05

拉伸用工艺润滑剂应符合下列基本要求：

（1）对摩擦表面尽可能有最大活性；

（2）有足够的黏度，以便保证在接触表面上有固定的足够的润滑油层；

（3）能有快速带入润滑剂的可能性，当润滑工具表面及金属变形高速运动时，满足这个条件就显得非常重要；

（4）润滑剂对工具和变形金属有一定的化学稳定性；

（5）含灰分最少，退火洁净度高；

（6）对工人的健康无损害；

（7）价格便宜，来源广泛，尽量避免使用食用植物油。

392　拉伸作业的操作要点和注意事项有哪些？

拉伸作业的操作要点和注意事项有以下几点：

（1）生产前，应认真阅读工艺卡片，按卡片规定的工艺流程进行。

（2）按中间毛料标准检查坯料的尺寸公差、表面质量和弯曲度。注意酸洗后的料是否干净、管材两端是否平齐等。

（3）根据管坯、棒坯的规格，正确选配工具，安装工具时应注意拉伸模、芯头、芯杆等中心线是否一致，调整好芯头与拉模的相对位置。

（4）对选用的拉伸工具先进行试拉，调整好拉伸速度，做好首料自查，待产品表面质量、尺寸偏差等符合标准后方可正式拉伸。

（5）加强工艺润滑，保持润滑剂清洁。润滑必须均匀，不得欠润滑拉伸。及时对润滑箱进行清理。

（6）在拉伸管材时，芯杆和工作表面应光滑、清洁，不允许存在影响管材内表面质量的凹坑、划伤和脱落。

（7）拉伸时必须经常检查工具，特别是检查芯头和拉模工作表面是否光滑、清洁，不允许出现表面划伤、碰伤、脱落和粘铜现象，发现后要及时更换模具或修模。

（8）采用带芯杆游动芯头拉伸时，芯头在芯杆接头上要保持 5～10mm 的游动余地，芯头在模孔中要放在适当的位置，避免芯头过前和过后造成拉断和空拉段过长。

（9）拉伸中要通过配模或模具位置调整，尽量把料拉直。

393　内螺纹管的成形方法和特点是什么?

A　内螺纹铜管齿形参数

常用规格的几何参数见表 5-58，内螺纹管齿形图见图 5-122。

表 5-58　内螺纹铜管齿形参数

序　号	规格/mm×mm	外径(±0.05)/mm	底壁厚(±0.03)/mm	齿高(±0.02)/mm	齿顶角(±5)/(°)	螺旋角(±2)/(°)	齿　数
1	5.00×0.25	5	0.20	0.14	40	16	40
2	6.35×0.34	6.35	0.26	0.20	40	18	43
3	7.00×0.25	7.00	0.25	0.18	40	18	50
4	7.00×0.27	7.00	0.27	0.15	53	18	60
5	7.00×0.28	7.00	0.25	0.10	40	15	65
6	7.00×0.31	7.00	0.25	0.15	56	18	60
7	7.94×0.25	7.94	0.25	0.15	40	18	60
8	7.94×0.28	7.94	0.25	0.15	53	18	60
9	9.52×0.27	9.52	0.27	0.16	30	18	70
10	9.52×0.31	9.52	0.28	0.12	50	15	65
11	9.52×0.34	9.52	0.28	0.20	40	18	60
12	9.52×0.35	9.52	0.28	0.15	53	18	60
13	9.52×0.36	9.52	0.30	0.15	53	18	60
14	9.52×0.41	9.52	0.35	0.15	53	18	60
15	12.7×0.41	12.7	0.41	0.25	53	18	60
16	15.88×0.40	15.88	0.40	0.20	53	18	60

B　内螺纹铜管成形加工方法

a　焊接法

焊接法是采用在铜带上直接轧制成螺纹再焊接的方法。

(1) 生产工艺流程如下:

高精度铜带──→螺纹轧制──→成形焊接──→定径──→精整卷取──→退火──→包装。

焊接管的主要原料为 TP2 材质的紫铜带。生产时，铜带头尾焊接保证生产线连续运转。铜带首先经过滚压螺纹工序，根据螺纹形状的不同，选择不同数

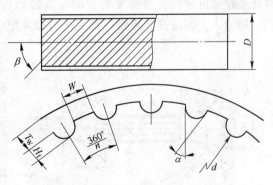

图 5-122　内螺纹管齿形图

D—外径; d—内径; T_W—底壁厚; H_f—齿高;
W—槽底宽; α—齿顶角; β—螺旋角

量的压纹辊。

压过螺纹的铜带经数道成形辊成形后进行高频焊接。为了保证管径的均匀和尺寸，焊接后首先用刮刀去除外毛刺，然后经过定径辊定径，以保证管材的外径和椭圆度符合技术要求。

（2）生产的关键工序。焊接法内螺纹管成形工艺过程如图 5-123 所示。

内螺纹焊接铜管生产流程中最关键的两个工序为螺纹轧制和焊接。

1）螺纹轧制。压纹辊的设计和制作是焊接成形的核心技术，设计不科学的压纹辊会导致铜带变形不均匀，造成周期性的焊接缺陷，同时缩短轧辊的使用寿命。

2）高频焊接。高频焊接的线速度非常快，一般平均速度在 150m/min 左右，如此快的加工速度，对挤压和导向轧辊的精度提出了更高的要求。

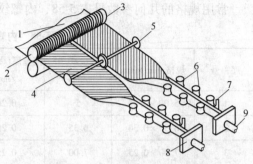

图 5-123　生产内螺纹管的示意图

1—铜带；2，3—带槽的轧辊；4—轧成沟槽的带材；
5—圆盘剪；6—成形辊；7—焊接装置；
8—定径模座；9—焊管成品

在世界空调和制冷行业用铜管中，目前焊接管所占的比例还很小。除了对焊接管的传统认识障碍外，制约推广焊接管的重要原因之一是原材料（铜带）的成本较高，同时由于这种工艺技术难度大，目前还处在发展阶段。

b　拉伸法

拉伸法生产的内螺纹铜管为无缝内螺纹铜管，无缝内螺纹铜管是目前空调制冷行业普遍采用的传热管，其加工方法归纳起来主要有两种：一种是挤压拉伸法；一种是旋压拉伸法。

（1）挤压拉伸法。挤压拉伸法与光面管衬拉法相似，在拉伸过程中，由于受到力的作用，螺纹芯头在变形区内产生旋转运动，而管子不转动，只做轴向直线运动，在拉伸外模及螺纹芯头的作用下，管子内壁被迫挤压出螺旋凸筋，从而成形内螺纹管，见图 5-124。这种方法虽然装置简单，但不易使螺纹沟槽深度达到理想状态，因在挤压成形过程中，材料在被拉伸的轴向上容易流动，而在成齿的径向上流动困难，且螺纹起槽处处于滑动摩擦，应力大，温度高，更难以加工小直径薄壁内螺纹管。

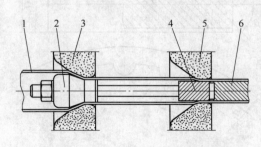

图 5-124　挤压拉伸法示意图

1—管坯；2—游动芯头；3—减径外模；4—螺纹芯头；5—拉伸外模；6—内螺纹管

（2）旋压拉伸法。旋压拉伸法有两种方式：一种是行星滚轮旋压，另一种是行星球模旋压。它的加工原理是用几个行星式回转的辊轮或滚球对管材外表面进行高速旋压，使材料产生塑性变形，螺纹芯头上的螺旋齿映像到管材的内表面上，从而形成内表面上的螺纹。这种方法与挤压拉伸法相比，不但能变滑动摩擦为滚动摩擦，降低起槽应力，而且能加工较深的螺纹沟槽，管子经旋压加工也大大改善了其力学性能。

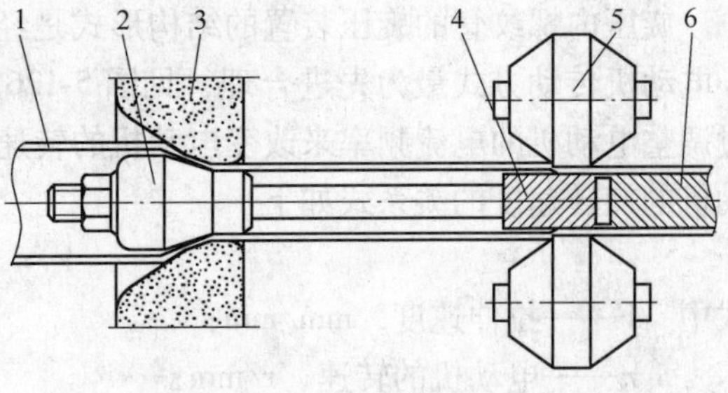

行星滚轮旋压是 20 世纪 70 年代日本发明的一种突破传统拉伸工艺的内螺纹管加工方法，如图 5-125 所示。但在实际生产中，辊轮的加工精度和安装精度很难达到理想状态，并且磨损快，寿命短，加工成本高，经过铜管加工行业的不断技术创新与改进，目前，国内外绝大多数内螺纹管生产企业所采用的加工方法均为行星球模旋压法，此方法工艺先进，技术稳定，产品质量高。

图 5-125　行星滚轮旋压法示意图

1—管坯；2—游动芯头；3—减径外模；4—螺纹芯头；
5—行星滚轮；6—内螺纹管

C　行星球模旋压成形技术

a　技术特点

图 5-126 为行星球模旋压法示意图。行星球模旋压采用钢球进行内螺纹的旋压起槽，由于钢球与管材是点接触，且产生行星式转动，因此所需拉伸力降低，球的使用寿命长；同时钢球安装简单，整个旋模结构小，重量轻，转动惯量低，有利于提高球模的旋转速度，适于高速拉伸；钢球加工难度低，易生产，可降低生产成本；更重要的是钢球尺寸均匀性好，对中方便，安装精度高，使成形后的内螺纹铜管质量稳定，外表面粗糙度小，管内螺纹精度高。

b　成形工艺

行星球模旋压成形工艺由游动芯头预拉伸、行星钢球沿衬有螺纹芯头的管材外壁高速旋压、定径模空拉消除管材外表面上的钢球压痕三个连续步骤组成，也就是通常说的"减径、旋压、定径"的"三级变形"工艺，见图 5-127。

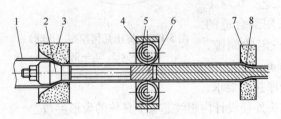

图 5-126　行星球模旋压法示意图

1—管坯；2—游动芯头；3—减径外模；4—旋压环；
5—钢球；6—螺纹芯头；7—定径外模；8—内螺纹管

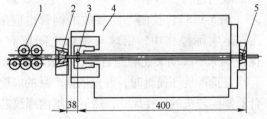

图 5-127　内螺纹成形装置结构示意图

1—矫直辊；2—减径拉伸；3—滚珠旋轮；
4—空心轴高速调频电机；5—定径拉伸

（1）减径预拉伸。游动芯头预拉伸变形与普通光面铜管的拉伸变形相同，有减径、变壁和定径变形过程。设置游动芯头拉伸的目的是固定螺纹芯头。螺纹芯头在工作中，由于铜管内壁的金属在螺纹成形时产生流动，对芯头产生轴向推力，必须设法固定才能使螺纹芯头保持在钢球的工作区域内，用连杆将游动芯头与螺纹芯头连接，可使螺纹芯头随游动芯头一道稳定在工作位置上，螺纹芯头在工作时也能以连杆为轴转动。

（2）旋压成形。当行星钢球在衬有螺纹芯头的区段内，沿管坯外表面碾过时，压迫金属流动，使芯头的槽隙充满，在管材的内壁上形成沟槽状的螺纹。

旋压内螺纹管的旋压装置的结构形式是经过不断改进而研制成功的，以现在使用的空心电动机传动方式最为先进合理，见图 5-126。旋压装置被固定在电动机的空心轴上，通过调整电动机的电流频率来改变电动机的转速，使旋压与拉伸速度相匹配，拉伸速度与电动机的旋转速度的关系式如下：

$$V = nF_d \tag{5-119}$$

式中　V——拉伸速度，mm/min；

　　　n——电动机的转速，r/min；

　　F_d——进给量，即电动机自转一周，管子在螺纹芯头上移动的距离，mm/r。

显然，拉伸速度的提高取决于电动机的转速。目前，国内外用于生产内螺纹管的成形设备（图 5-126），其空心电动机的转速一般在 20000r/min 左右，拉伸速度仍维持在 50 m/min 左右。也有用 35000r/min 电机的，其拉伸速度已达 80m/min 左右。因此，要提高生产率，就必须解决电动机的高转速问题、相应的冷却问题和高速下模具的平衡问题。

旋压模具的设计是旋压成形的核心技术，其中行星钢球直径与数量的选择是极为重要的，钢球直径越大，旋压阻力越小，但势必造成旋压装置的重量加大，设备高转速动平衡难以控制；钢球直径过小，则旋压阻力增大，易出现打滑现象，也会影响管子的表面质量，而行星钢球的数量会直接影响加工量的大小，同时钢球的直径和数量决定了旋压环的尺寸，而旋压环的最佳尺寸必须确保球模在高速旋转工作状态时的稳定性，最大限度地减小摆震和成齿变形区的长度，充分实现最高的球模转速及管材与钢球之间的最小摩擦力。

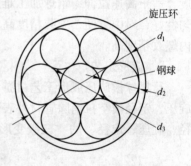

图 5-128　旋压几何模型（6 球）

d_1—旋压环内径；d_2—钢球直径；

d_3—行星钢球外切圆

旋压环是滚球运行的轨道，其圆度、光洁度和尺寸要求都很高，钢球直径和数量选择的原则是充分考虑旋压的顺利进行。目前一般有 4 球工艺、5 球工艺、6 球工艺（图 5-128），拉制不同参数的铜管也应采用最合适的工艺。实际操作中，钢球与钢球之间留有一定的间隙，保证钢球不跳动又能顺利自转，一般取 0.02mm。

在选配旋压模具时，首先依据产品的底壁厚技术要求，计算螺纹芯头的外径尺寸，然后根据内螺纹芯头外径设计内螺纹芯头上具体的齿形参数。

【例】 $\phi 7 \times 0.25^{+0.18} \times 40 \times 18°$ 的工艺计算。采用 6 球旋压工艺，钢球直径为 11.1125mm，旋压环内径尺寸为 30.16mm，则内螺纹芯头外径为：

$$d = d_2 - 2 \times 底壁厚 = (d_1 - 2 \times d_3) - 2 \times 底壁厚$$
$$= 30.16 - 2 \times 11.1125 - 2 \times 0.25 = 7.435mm$$

在实际操作中，要充分考虑到行星球模的自由转动灵活性和产品尺寸的可调整性，螺纹芯头的外径实际尺寸应比计算出的尺寸大 0.01 ~ 0.02mm。

（3）定径拉伸。管材在旋压后，外表面留有较深的钢球压痕，增加一道空拉，便可消除，提高铜管表面粗糙度，进一步控制外形尺寸。注意在定径过程中，螺旋角度会随直径而变小，螺纹芯头设计时应充分考虑到。空拉后，管材表面的粗糙度可降到 0.7 ~ 0.8μm 以下。

"三级变形"工艺既能使变形抗力减低到最小，又能保证内螺纹管的最终外形尺寸和增加外表面的粗糙度。根据实践经验，三级变形中拉力的分配一般是：第一级减径变形占 65%，第二级旋压变形占 25%，第三级定径变形占 10%。

394　外翅管的成形方法和特点是什么？

外翅管的类型很多，最普通的是梯形齿、锥形齿、锯形齿等，部分齿形如图 5-129 所示。外翅成形通常采用多辊横轧法。

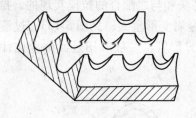
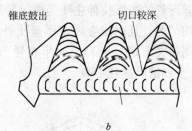

图 5-129　CCS-35 三维锥形齿冷凝管的表面

a—Thermoexcel-C 管的外表面；b—CCS-35 锥形齿管表面

外翅内螺纹管三辊轧制设备结构如图 5-130 所示。设备动力由电动机供给，电动机经皮带轮和皮带将运动传给主轴，主轴通过主齿轮和三个刀轴上的分齿轮将运动传给三个刀轴，三个刀轴上分别安装若干相等数量的刀片，组成三个轧辊，待加工的管坯内孔衬有螺纹芯头，在三个互成 120° 的轧辊的轧制下逐渐成形，轧成外翅内螺纹管。刀片和芯头的几何形状分别见图 5-131 和图 5-132。因为在轧制过程中管子的变形是逐渐的，所以各刀片的几何形状不同。

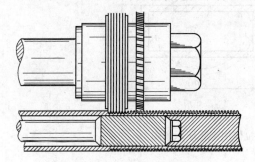
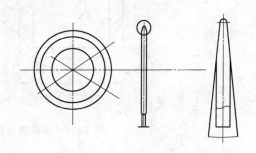

图 5-130　轧辊的结构示意图　　　　图 5-131　刀片几何形状示意图

刀片是直接使管坯变形的工具，其材料选择和热处理对产品有重要的影响。刀片与管坯是在受压下相互对滚，刀片上受的变载荷，其应力也在时刻变化，故应选择耐磨好、强度高、韧性好及疲劳强度高的刀片材料。

轧件（管料）在轧辊的带动下做螺旋直线运动，通过轧辊轧槽与芯棒组成的孔型逐渐加工成圆翼螺纹管。其变形过程有以下特点：周期性反复加工；轧件上任一点金属每旋转一周与三个轧辊各接触一次，即每旋转一周经受轧辊的三次加工，因此能获得很大的

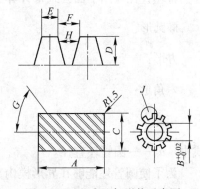

图 5-132　芯头几何形状示意图

变形量；变形集中于表面；管坯径向压缩时，金属受轧辊形状的限制，其轴向流动困难，被迫向翼片部分流动，使翼片增高，管材的延伸系数小。

395　异形管的成形方法和特点是什么？

异形管即为非圆形管材。异形管的成形主要采用拉伸的方法。

异形管材成形拉伸的坯料一般为圆形，并通过拉伸和过渡圆拉伸达到所要求的规格和几何形状。异形管的成形拉伸主要是通过异形芯头和与之配合的拉模实现的，拉伸时金属的变形是不均匀的，且内层金属变形量比外层金属变形量大，见图 5-133。过渡圆内径周长比成品内周长大 1.05 ~ 1.15。对带有锐角的异形管，一般所用过渡圆应比计算的增加 3% ~ 12%，个别情况达到 15%。

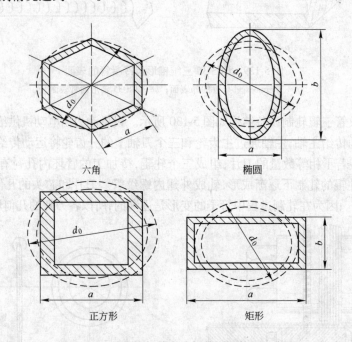

六角　　　　　　　　椭圆

正方形　　　　　　　矩形

图 5-133　异形管与其过渡拉伸用圆管坯示意图

圆管坯的直径可根据异形管材外轮廓线长度来确定。如图 5-132 中异形管的坯料为圆管，管坯直径可用下面公式来计算：

椭圆形：
$$d_0 = 0.5(a + b) \tag{5-120}$$

方形：
$$d_0 = 1.27a \tag{5-121}$$

六角形：
$$d_0 = 1.91a \tag{5-122}$$

矩形：
$$d_0 = 0.637(a + b) \tag{5-123}$$

式中　d_0——圆管坯直径。

为了使圆管坯能够在异形模内充满，实际采用的坯料直径一般要比计算直径大 3% ~ 5%。

396　管、棒型材矫直有哪些方法，各有什么特点?

管棒型材的矫直方法有张力矫直、压力矫直、辊式矫直、正弦矫直等，见图 5-134。

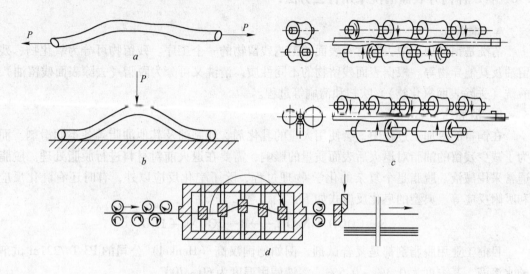

图 5-134　管、棒材各种矫直方式

a—张力矫直；*b*—压力矫直；*c*—辊式矫直；*d*—正弦矫直

各种矫直方法的特点如下：

（1）张力矫直是借助卡具卡紧制品两端头后施加拉力，使制品产生微量变形，达到矫直的目的，拉伸率为 1% ~3%，主要用于特殊型材矫直，可带扭转卡盘，矫正型材的扭拧；

（2）压力矫直是将制品放在两个支点上给以压力而进行矫直的方法，一般用于厚壁管和大直径棒材，效率较低；

（3）辊式矫直是通过不同的辊形经过反复的弯曲而达到矫直目的的方法，应用较广，矫直过程中管棒材旋转，尾端摆动大，易磕碰；

（4）正弦矫直是对管、棒材通过正弦矫直辊反复弯曲达到矫直的方法，管、棒材自身不旋转，可避免磕碰。

397　管、棒材的切断方法和特点是什么?

A　方法

管、棒材的切断方法主要有两种：锯断（锯切）和剪断（剪切）。圆形制品（管、棒材）、型材一般用锯断法；处理中、小规格（$\phi15 \sim 40mm$）管、棒废料时，也用剪切法（鳄鱼剪），而小于 $\phi10mm$ 的管、棒材则常用手工剪断。基本的锯切方式有两种：条锯（含带锯）和圆盘锯。

B　特点

锯切是一种机械车削加工形式，依靠锯齿（作用与车刀相同）将金属从基体上一点一点切割下来而使基体分为两部分的，锯屑成为废料损耗。而剪切则是一种冲压变形而断裂的过程，没有金属损耗。

锯切作业比较简单，但同样影响产品质量。锯口应垂直于管、棒材的纵向轴线，防止切斜。锯口应平齐，不可有大的毛刺。作业时还应防止磕碰材料表面。

398　管、棒内外表面清洗采用什么方法?

A　清洗

清洗是铜材加工中去除材料表面的工艺残留物的一个工序。残留物可分为氧化物、残留油及其他异物等。根据表面残留物的不同性质，清洗又可分为脱脂（去除表面残留油）、酸洗（去除表面氧化物）、吹扫和清刷等过程。

B　脱脂

在铜材的冷加工过程中，会使用大量的乳化剂、轧制油及其他油脂等各类润滑剂。而为了减少残留的油脂对退火后表面质量的影响，需要在退火前对材料进行脱脂处理。脱脂通常采用碱液。脱脂是个复杂的化学-物理过程，除了皂化反应以外，有时还有乳化反应和吸附反应等。典型的皂化反应式如下：

$$R—COOH + NaOH \longrightarrow R—COONa + H_2O$$

目前工业用脱脂剂都是复合试剂，例如德国汉高（Henkel）公司的 P3-T 7221m 试剂的水溶液，其浓度为 0.3% ~ 0.5%，溶液使用温度为 60 ~ 70℃。

C　酸洗

酸洗一般在挤压或氧化退火后进行。除白铜及个别合金外，一般铜合金用硫酸溶液进行酸洗，浓度为 5% ~ 15%；温度为 60 ~ 80℃。白铜需用硝酸，浓度为 3% ~ 10%，温度为 60 ~ 80℃。酸洗时管、棒材应在槽内上下升降，以便与酸液充分接触。酸洗时间应根据酸液浓度确定，新配酸液的酸洗时间应短一些。酸洗后应用热水和清水冲洗干净，防止残留酸迹。

D　铜管内吹扫

铜管在拉伸过程中需对芯头和内表面进行润滑，残留在内表面的润滑油需清除，否则会影响内表面质量，特别是成品退火时会使润滑油在内表面炭化、发黑。对于直条管，常采用布、棉球进行机械擦拭。而对于空调、制冷用的盘管、毛细管，则采取"内吹扫"的工艺措施。

在退火时，拉伸后管材内表面的残留润滑油随着温度的升高而不断蒸发。同时，在残留润滑油蒸发的过程中不断地向管内吹送保护性气体，将蒸发的油气逐出管外，就可以实现铜管内表面的清洁。这一工艺过程称为内吹扫。

润滑油在铜管内蒸发或热分解汽化的程度与起始吹扫温度、吹扫方式、吹扫气体压力的关系极大。实践证明，起始吹扫温度 200 ~ 250℃、保护性气体采用间断性脉冲式吹进管内，并且，保护性气体保持较高的压力，就能够使内吹扫取得最佳效果，铜盘管、内螺纹管内表面的清洁度可以稳定在 $10mg/m^2$ 以下。

399　铜合金线的生产方式和工艺流程是什么?

A　生产方式

铜合金线的生产方式如图 5-135 所示。

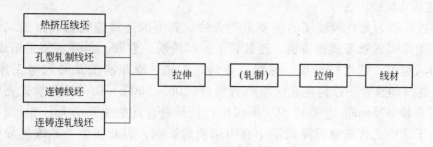

图 5-135 铜合金线的生产方式

B 四种供坯方式的特点及适用范围

a 热挤压线坯法

挤压法是将圆锭在挤压机上挤成线坯，并在线同步卷取成盘卷，盘卷经水冷或控制冷却后收入集线架。挤压能保证得到极好的坯料组织和性能，有利于后续拉伸加工。挤压生产灵活性大，适于合金牌号多、批量小的铜合金线材生产，是生产优质合金铜线材的主要制坯方法。

b 孔型轧制线坯法

孔型轧制法是指横列式轧制。该方法使用平铸的 85～130kg 船形线锭，加热后经横列式轧机轧得 $\phi7.2$mm "黑铜杆"。该方法生产的线坯精度低，表面质量差，质量不一，卷重小，劳动强度大，生产效率低，能耗高，在铜线杆生产中该方法已被连铸连轧法所取代。目前绝大多数铜合金线材已不采用孔型轧制法制坯。

c 连铸线坯法

连铸法是通过铸造直接制得线坯，可免去轧制或挤压及其相关工序，这样缩短了生产流程，减少了生产设备和场地，降低了投资和生产费用。连铸法主要有上引连铸、浸涂成形和水平连铸。

上引法和浸涂成形法是光亮铜线坯主要生产方法之一，主要用于生产含氧量 0.002% 以下的无氧铜线坯。在上引连铸中，石墨结晶器的下端插入铜水中，上端与冷却水套相连，铜水从其底部进入结晶器，经水套冷却后为固体线杆，引出的铜杆温度低于 100℃，铜杆表面光亮，不用酸洗即可进行后续加工。上引法的设备结构简单，容易掌握，生产灵活，生产成本低，适合中、小规模的生产企业，目前该生产方法已在我国普遍采用。浸涂成形法是利用冷铜杆的吸热能力，用一根较细的铜芯杆（种子杆），垂直通过保持一定液位的铜水池，在移动的种子杆的铜表面形成牢固的凝结层，并逐步凝固成较粗的铜杆。铸造线坯经冷却管冷却到一定温度，进入热连轧机轧成 $\phi8$mm 的线坯，后经冷却、卷取成卷，整个生产过程是在惰性气体保护下连续进行。大部分线坯作为产品送去拉线，少部分返回作为种子杆，再进行浸涂。浸涂法的生产规模比上引法大。

水平连铸法与上引法一样采用多头连铸，可提供大盘重线坯。该方法主要用于热加工性能差、冷加工性能较好的锡青铜、硅青铜及锌白铜线坯生产，线坯直径 $\phi8$～12mm。对于冷加工塑性差的合金，由于后续拉伸及退火次数多，生产流程长，生产成本高，不宜采用水平连铸线坯，水平连铸法的生产规模较低，常作为挤压法的补充。

d 连铸连轧线坯法

连铸连轧法为光亮铜线坯的主要生产方法。典型的连铸连轧机列由竖式熔炼炉、保温炉、轮带式或双带式连铸机、连轧机、冷却清洗、卷取、包装等装置组成。阴极铜连续加入竖炉，依次经熔炼、保温、连铸、连轧、冷却清洗及卷取等工序，即为 $\phi 8\,mm$ 光亮线坯盘卷。连铸连轧法生产含氧量 $(200 \sim 300) \times 10^{-6}$ 的低氧光亮铜线坯，最大线坯直径 $\phi 25\,mm$，卷重达 5t。不仅生产圆线杆，还能生产方形、矩形、窄带等产品。由于适中的含氧量可降低铜中有害杂质的影响，因此所生产的线坯导电率高、延伸性好、表面质量好，线坯性能可满足高速拉丝机的需要。在光亮铜线坯生产中连铸连轧法的生产能力最大，小时产量 5~60t，目前全世界 80% 以上的铜导线是采用连铸连轧铜线坯生产的。

C 工艺流程

线坯→碾头→拉伸→剥皮→拉伸→退火→对焊→拉伸→（成品退火）→成品线材

400 线材拉伸的基本特点是什么?

其基本特点是：

(1) 拉伸的线材有较精确的尺寸，表面光洁，断面形状可以多样。

(2) 多模串联、连续拉伸、在线退火，能拉伸大长度和各种直径的线材，生产效率高。

(3) 以冷加工为主的拉伸工艺，工具、设备简单。

通常，从线坯拉伸到成品线材要经过许多道次，人们习惯将这个过程分为若干阶段：巨拉（$\phi 15 \sim 20\,mm \to 8\,mm$）、大拉（$8\,mm \to 1.0 \sim 2.5\,mm$）、中拉（$2.5\,mm \to 0.1 \sim 0.5\,mm$）、小拉（$0.5\,mm \to 0.01\,mm$）和细拉（$0.05\,mm \to 0.001 \sim 0.005\,mm$）等五个阶段。相应的拉线机分别称为巨拉机、大拉机、中拉机、小拉机和细拉机。

401 什么是积蓄式无滑动连续多次拉伸?

多次拉伸总加工率大，拉拔速度快，自动化程度高。拉伸道次可根据被拉伸的铜线材所能允许的延伸系数、产品最终尺寸以及所要求的力学性能来确定。连续拉伸道次通常为 2~25 次。

积蓄式无滑动连续拉伸形式的拉线机是由若干台（少则 2 台，多则 13 台）立式单模拉线机组合而成。每个绞盘都由自己的电动机拖动，既可单独停止和开动，也可集体停止和开动。线材从上一个绞盘的引线滑环中引出，经上导轮和下导轮，进入下一道次模子和绞盘，进行下一道次的拉制。这样就能在同一时间内拉若干道次。

积线系数 J 相关公式：

$$J_n = \mu_{n+1} / \gamma_{n+1} \quad 或 \quad J_{n+1} = \mu_n / \gamma_n \tag{5-124}$$

式中 μ——延伸系数；

γ——鼓轮速比。

通常 J 值可取 1.03 ~ 1.05。J 值过大，将导致必须将某些电机频繁停转或降速；J 值过小，将使积线圈数减少或消失，设备无法正常工作。对积线式拉丝机来说，$J > 1.0$ 是必要条件。

A　滑动式连续多次拉伸

在滑动式连续拉丝机上生产线材时，各中间鼓轮均产生滑动，鼓轮上一般绕 1~4 圈线材。在拉伸过程中鼓轮各级转数不能自动调整，只有在停车时才能进行调整，但不能改变各鼓轮的速比，见图 5-136。

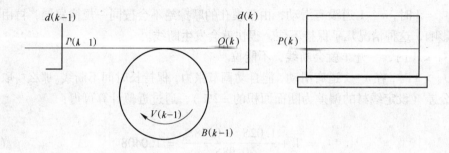

图 5-136　k（最后一道）和 $k-1$（最后前一道）拉丝鼓轮图

$B(k-1)$—最后前一道的线速度；$P(k)$—最后一道拉制力；$V(k-1)$—最后前一道鼓轮速度；
$d(k)$—最后一道拉制模具；$Q(k)$—最后一道反拉力

滑动式连续拉伸有两个特点：

（1）除最后一道外，其余各道次都存在滑动。由于滑动式连续拉线机是鼓轮上的线材与鼓轮之间的滑动摩擦力来牵引线材运动，所以增加了功率消耗，还会造成鼓轮表面磨损，形成沟槽，使线材在鼓轮上的轴向移动发生困难，线与线叠压，甚至断线，也会因为线材与鼓轮的摩擦使其表面质量下降。但它却能自动调节线材的张力，不至于中间断线或留有余线。

k 道没有滑动，如果 $k-1$ 道也没有滑动时，$d(k)$ 由于磨损而增大，假设这时 $d(k-1)$ 没有增大，通过 $d(k-1)$ 道模孔线材的秒体积没有变化，而通过 $d(k)$ 道线材的体积增加，则产生供不应求的现象，使 $Q(k)$ 急剧增加，从而 $P(k)$ 也急剧增大，造成断线。

如果 k 道没有滑动，而 $k-1$ 道上设法使它存在一定的滑动时，只要 $Q(k)$ 稍微有增加，那么在 $k-1$ 道鼓轮上的线材就会箍紧些，使滑动量减少，$B(k-1)$ 增加，自动满足 k 道需要。反之，如果出现 $d(k-1)$ 增大，$d(k)$ 没有变化的情况，则 $Q(k-1)$ 就会减小，使 $k-1$ 道的滑动量增加，避免了因供过于求而引起积线过多。

滑动还能应付多种情况，如拉线模的制造偏差，线的抖动，拉线机的振动，润滑剂供应不均匀，气流的波动等引起线材张力发生变化的许多情况，都能自动地予以调整。保证正常滑动的办法是在相邻两鼓轮间，如果让拉伸后的长度与拉伸前的长度之比大于后面和前面的鼓轮线速度之比，就会在前面鼓轮上产生需要的滑动。

相邻两鼓轮线速度之比叫做鼓轮的速比（γ_N）：

$$T_N = \frac{V_{N+1}}{V_N}$$

式中　V_{N+1}——$N-1$ 道时鼓轮的线速度；

　　　V_N——N 道时鼓轮的线速度。

根据以上分析可知，只要使 $\mu_n / \gamma_N > 1$ 即可，我们把 μ_n / γ_N 叫做相对前滑系数，用 τ_n 表示：

$$\tau_n = \frac{\mu_n}{\gamma_N} \qquad\qquad (5\text{-}125)$$

当 $\tau_n = 1$ 时，$n-1$ 道没有滑动，由于模孔的摩擦绝不会按同一规律发展，再由于受其他因素影响，这种情况几乎保持不住，很快就会发生断线。

当 $\tau_n < 1$ 时，一开车就会断线，不能拉。

当 $\tau_n > 1$ 时，在 $n-1$ 道有滑动，能自动调节张力，保持长时间不断线。那么 τ_n 取值可根据线径公差（设定线材的偏差为断面面积的 $\pm 2\%$），通过近似计算可得：

$$\tau_n = 1 + \frac{1.02 S_n - 0.98 S_n}{0.98 S_n} = 1.0408 \qquad\qquad (5\text{-}126)$$

因极限情况的可能性较小，同时为保证线材质量和减少鼓轮摩擦，τ_n 值也应较小。通常 τ_n 值取 $1.015 \sim 1.04$，有时 τ_n 值可达 1.10。一般线径越细，τ_n 值越小，出口模的 τ_n 值也应较小。

（2）除第一道外，其余道次均存在反拉力。拉伸力是靠线材与鼓轮间的滑动摩擦产生的。滑动摩擦力的大小与摩擦系数、绕线圈数和线材对鼓轮的箍紧程度有关。绕线圈数和线材对鼓轮的箍紧程度决定正压力的大小，而离开鼓轮的线材的张力决定现场的箍紧程度。这个张力就是下一道的反拉力，见图 5-137。

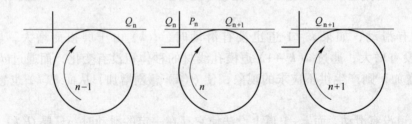

图 5-137　反拉力分析简图

拉伸力 P_n、反拉力 Q_n、绕线圈数 m、摩擦系数 f 之间的关系可根据柔性物体对表面间的摩擦定理来确定。

$$P_n = Q_n e^{2\pi mf} \qquad\qquad (5\text{-}127)$$

式中　e——2.718，自然对数的底；

　　　m——第 n 道鼓轮上的绕线圈数；

　　　f——圆铜线与鼓轮表面的摩擦系数；

$e^{2\pi mf}$ 的值可按表 5-59 确定。

表 5-59 $e^{2\pi mf}$ 值

缠绕圈数 m	摩 擦 系 数				
	$f = 0.05$	$f = 0.10$	$f = 0.15$	$f = 0.20$	$f = 0.25$
1	1.36	1.87	2.57	3.51	4.81
2	1.87	3.51	6.59	12.35	23.14
3	2.57	6.59	19.90	43.38	111.32
4	3.51	12.35	43.38	151.40	535.49
5	4.01	23.14	111.32	535.49	

由表 5-59 可以看出，绕线圈数的多少对下一道的反拉力影响很大。绕线圈数越少，下一道的反拉力越大；绕线圈数越多，下一道的反拉力越小。当绕线圈数较多时，滑动对张力变化的反应迟钝，同时线材在鼓轮上轴向移动困难，容易叠压造成断线，所以拉伸时要合理确定鼓轮上的绕线圈数。

B 非滑动多次拉伸

非滑动拉伸主要使用非滑动积储式拉线机，在铜线材加工行业大部分已被淘汰。

非滑动拉伸的主要特点是线材与鼓轮之间没有滑动，各中间鼓轮上线材的圈数可以增减。中间各鼓轮起拉线的作用，又起下一道次的放线架作用。

当 τ_k 储存系数等于 1 时，拉伸过程中 K 道次鼓轮上的线材圈数保持不变，线材不发生扭转。但不能长时间维持不变。

τ_k 大于 1 时，拉伸过程中 K 道次的线材圈数逐渐减少，线材发生扭转。

τ_k 小于 1 时，拉伸过程中 K 道次的线材圈数逐渐增加，线材同样也发生扭转。

为了保证线材与鼓轮之间没有滑动，开始穿模时要使每个中间鼓轮上绕有 15 圈以上的线材。

402 线材连续拉伸道次和道次加工率如何设计？

A 影响线材拉伸力的因素

a 材料的抗拉强度

抗拉强度高，则拉伸力大；在其他条件相同时，拉伸力大，安全系数较低。

b 变形程度

变形程度越大，拉伸力也越大，因而增加了模孔对线材的正压力，摩擦力也随之增加，所以拉伸力也增加。

c 线材与模孔间的摩擦系数

摩擦系数越大，拉伸力也越大。摩擦系数由线材的材质和模芯材料的光洁度、润滑剂的成分与数量决定，铜线材表面酸洗不彻底，表面有残存的氧化亚铜细粉，也使拉伸力增加。

d 拉线模模孔工作区和定径区的尺寸和形状

在拉线模工作区，圆锥角增大，有两个因素影响着拉伸力：一方面摩擦表面减少，摩擦力相应减小，另一方面铜金属在变形区的变形抗力随圆锥角的增大而增大，使拉伸力变大。拉线模中定径区越长，拉伸力也越大。但定径区长度关系到模具的使用寿命，不能过短。

e　拉线模的位置

拉线模安放不正或模座歪斜也会增加拉伸力，使线径及表面质量达不到标准要求。

f　各种外来因素

如铜线材进线不直，放线时打结，拉线过程中铜杆抖动，都会使拉伸力增大，严重时引起断线，尤其拉小线时更甚。

g　反拉力增大的因素

反拉力增大，则拉伸力增大，如放线架制动过大，前一道离开鼓轮线材的张力增大等会增大后一道的反拉力。

B　拉伸的道次和道次加工率设计原则和方法

a　道次安全系数

在拉伸过程中，铜线材拉伸应力只有大于变形抗力时才能发生塑性变形，线材才能被连续拉伸。但是，拉伸应力 σ_L 大于模孔出口端铜金属屈服极限 σ_{sk} 时，就出现拉细或拉断现象。因此 σ_L 小于 σ_{sk} 是实现正常拉伸的一个必要条件。通常以 σ_L 与 σ_{sk} 的比值大小表示能否正常拉伸，也即安全系数。

$$K_s = \frac{\sigma_{sk}}{\sigma_L} \qquad (5\text{-}128)$$

式中　K_s——安全系数；

　　σ_{sk}——模孔出口端屈服极限；

　　σ_L——拉伸应力。

通常用抗拉强度 σ_b 代替 σ_{sk}，因此安全系数为：

$$K_s = \frac{\sigma_b}{\sigma_L} \qquad (5\text{-}129)$$

在实际生产中，安全系数 $K_s = 1.4 \sim 2.0$，如果 $K_s < 1.4$，则表示拉伸应力过大，可能出现拉细或拉断现象；$K_s > 2.0$，则表示拉伸应力和延伸系数较小，金属塑性没有充分利用。线径的减小，线材内部存在的缺陷，变形程度的加大，拉线模角度、拉伸速度、铜线材温度等因素的变化，对建立正常拉伸过程都有一定的影响。因此必须采用相应的安全系数，才能保证正常连续拉伸。一般安全系数与线径的关系如表5-60所示。

表 5-60　安全系数与线径关系

线材直径	型材粗线	>1.0	1.0~0.4	0.4~0.1	0.1~0.05	<0.05
安全系数	≥1.4	≥1.4	≥1.5	≥1.6	1.8	≥2.0

b　拉伸过程中常用参数

在多次拉伸过程中，各种参数之间的关系错综复杂，在不同形式的拉丝机上，由于工作原理的不同而有不同的计算关系，见表5-61。

表 5-61　不同形式多次拉伸中常用参数间的关系和公式

参数关系及计算公式	非滑动式		滑动式	
	直进式	积线式	递减延伸	等延伸
1. 延伸系数 $\mu_n = \gamma_n$，鼓轮线速度 $\gamma_n = V_k$	√	×	×	×
2. 延伸系数 $\mu_n > \gamma_n$，鼓轮线速度 $\gamma_n > V_k$	×	√	√	√
3. 各道秒体积相等，$V_n F_n = V_k F_k$	√	×	√	√
4. 相对前滑系数 $\tau_k = \lambda_k / \gamma_k$	×	×	√	√
5. 反拉力 $Q = P/e^{2\pi m\mu}$	√	√	√	√
6. 总延伸系数 $\lambda = d_0^2/d_k^2$	√	√	√	√
7. 总减缩率 $\mu = d_k^2/d_0^2$	√	√	√	√
8. 拉伸道次 $K = \dfrac{\lg\mu_s}{\lg\mu}$	×	×	√	√

注：符号√表示适用；×表示不适用；V_k 为实际线速度。

c　拉伸道次的计算

在设计和选择新的拉丝机时，拉伸道次的计算和设计可按下列公式进行：

（1）用等延伸滑动式拉丝机时，如已知进线 d_0 和生产的成品线径 d_k 以及拉丝机各道次延伸系数 μ 为常数，总延伸系数公式：

$$\mu' = \frac{d_0^2}{d_k^2} \tag{5-130}$$

（2）道次延伸系数相同的拉伸道次计算：

$$K = \frac{\lg\mu_s}{\lg\mu} \tag{5-131}$$

式中　K——拉伸道次；

　　$\lg\mu_s$——总延伸系数的对数；

　　$\lg\mu$——平均延伸系数的对数。

（3）道次延伸系数顺次递减的拉伸道次计算：

$$K = \frac{\lg\mu_s}{C' - \beta\lg\mu_s} \tag{5-132}$$

式中，C'、β 为与被拉伸线材尺寸有关的系数，具体数据见表 5-62。

表 5-62　不同线径的 C'、β 值

被拉伸的铜线直径/mm	β 的值	C' 的值	被拉伸的铜线直径/mm	β 的值	C' 的值
4.50 以上	0.03	0.20	0.19~0.10	0.01	0.11
4.49~1.00	0.03	0.18	0.09~0.05	0.00	0.10
0.99~0.40	0.02	0.14	0.04~0.03	0.00	0.09
0.39~0.20	0.01	0.12	0.02~0.01	0.00	0.08

（4）用非滑动式积线拉线机时，根据给定的成品线径和出线线径，以及预定的各道次鼓轮间的平均速比，先求总延伸系数（取积线系数 $J=1.03$），再按以上公式求得拉伸道次。

d　拉伸道次的加工率

拉伸道次的加工率,即确定各道次延伸系数,也是拉伸配模过程中重要的一个环节。各道次延伸系数的分布规律一般是第一道次低一些,拉伸系数取 1.30~1.40。这是因为受线坯的接头强度较低,线坯弯曲不直,表面粗糙,粗细不均等因素的影响,所以安全系数要大些。第二、第三道次延伸系数可取大一些,经过第一道拉伸后,各种安全系数的因数逐道递减,这是因为随着变形硬化程度增大和线径的减小,金属塑性下降,其内部缺陷和外界条件对安全系数的影响也逐渐增大。各道次延伸系数的选取见表 5-63。

表 5-63　一般情况下的各道次延伸系数

线径/mm	铜丝各道次延伸系数	线径/mm	铜丝各道次延伸系数
≥1.0	1.30~1.55	0.1~1.0	1.20~1.35

403　拉线模的设计有何特点?

拉线模一般由模芯和模套组成,模芯常为硬质合金或钻石,模套为钢或黄铜,它对模芯起加固作用。

圆铜线材模孔一般可分为入口区、工作区、定径区和出口区四个部分,见图 5-138。

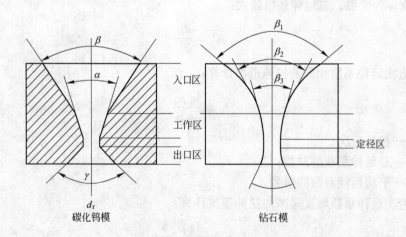

图 5-138　模孔形状

进口区又分为入口区和润滑区。入口区为 70°~80°的锥角;润滑区为 40°左右的锥角,是储存润滑剂的区域。该段长度为模芯长度的 1/4 左右,至少是模孔直径的一倍。润滑区角度选择过大,润滑剂不易储存;角度过小,产生的铜屑易堵塞模孔。

工作区又称变形区。它使铜线材在此进行塑性变形,以获得所需的尺寸和形状。工作区圆锥角度的大小可根据以下原则选择:

(1) 拉伸的材料越硬,角度就越小;

(2) 加工率大,角度也要大;

(3) 拉伸线坯直径小时,角度一般也较小。

定径区又称整径区,它使线材获得精确的形状和尺寸。定径区合理的形状是圆柱形,但在实际加工中，锥度一般为 $1° \sim 2°$。长度一般为 $0.4d$ 左右。

出口区又称出线口，分退出区和出口区。退出区为 $15° \sim 20°$ 的倒锥，区段长约 $0.1d$；出口区外端采用更大的角度，此区不再与铜线材接触，起保护定径区不被碰伤和擦伤的作用，锥角一般为 $60°$，长度为 $0.12 \sim 0.20d$。

404　如何选择拉线模的材质？

（1）大量生产时，大拉机的各种规格用硬质合金模；

（2）生产细线时，用钻石的拉模；

（3）拉制中、小规格线材时，用人造钻石拉模，也称聚晶模；

（4）小批量或生产大截面的型线，用钢拉模。

405　如何确定拉线工艺？

线坯生产工艺是从线坯起始到生产出成品线材的所有工序的总和。拉线工艺要根据设备条件、产品技术要求、金属及合金的特点、提高生产效率、节约能源、降低原辅材料消耗等综合指标来确定。线坯直径一般为 $8 \sim 25mm$。

拉线工艺如下：

（1）拉伸。线材的拉伸过程实质上是材料加工硬化的过程，其硬化的过程是由合金的成分和加工率所决定的。目前，线材成品的加工，一般是用加工率来控制其最终性能，不同的牌号、不同的状态，选择不同的加工率。而坯子的拉伸则要依据设备和金属塑性等条件，尽量采用较大的加工率，以减少退火次数，缩短生产周期。各合金牌号两次退火间的总加工率和成品加工率的推荐，见表5-64。当然还可以用退火来控制成品最终的力学性能，但要先控制好成品前的总加工率，最后以控制退火温度和保温时间来达到力学性能。

表 5-64　推荐的各合金加工率

牌　号	两次退火间总加工率/%	成品直径/mm	成品加工率/%		
			软　性	半硬性	硬　性
T2、T3、TU1、TU2	$30 \sim 99$	$0.02 \sim 6.0$	$30 \sim 99$		$60 \sim 99$
T2、T3、铆钉	$30 \sim 99$	$1.0 \sim 6.0$		$5 \sim 12$	
H68	$25 \sim 95$	$0.05 \sim 0.25$	$25 \sim 95$		$46 \sim 75$
		$>0.25 \sim 1.0$		$10 \sim 25$	$50 \sim 75$
		$>1.0 \sim 2.0$		$15 \sim 20$	$45 \sim 50$
		$>2.0 \sim 4.0$		$15 \sim 25$	$45 \sim 50$
		$>4.0 \sim 6.0$		$20 \sim 25$	$40 \sim 45$
H65	$25 \sim 95$	$0.05 \sim 0.25$	$25 \sim 95$	—	$35 \sim 75$
		$>0.25 \sim 1.0$		$17 \sim 20$	$55 \sim 75$
		$>1.0 \sim 2.0$		$18 \sim 21$	$50 \sim 55$
		$>2.0 \sim 4.0$		$19 \sim 24$	$40 \sim 50$
		$>4.0 \sim 6.0$		$22 \sim 24$	$40 \sim 45$

牌　号	两次退火间总加工率/%	成品直径/mm	成品加工率/%		
			软　性	半硬性	硬　性
H62	25~95	0.05~0.25	25~95	—	62~90
		>0.25~1.0		17~19	60~80
		>1.0~2.0		18~21	50~60
		>2.0~4.0		17~21	50~55
		>4.0~6.0		20~22	45~50
H62 铆钉	25~75	1.0~6.0	—	9~17	
HPb62-0.8	25~80	3.8~6.0		13~16	
HPb63-3	20~70	0.5~6.0	20~70	17~22	40~50
HPb59-1	20~80	0.5~6.0	20~80	15~20	25~45
HSn62-1	20~70	0.5~6.0	20~80	—	20~55
HSn60-1					
QCd1	25~95	0.5~6.0	20~90		65~85
QBe2	25~80	0.1~0.5	25~80	17~21	64~75
		>0.5~1.1			48~61
		>1.1~2.5			38~47
		>2.5~6.0			34~37
QSn6.5-0.1	25~75	0.1~1.0	25~75	—	66~75
QSn6.5-0.4		>1.0~2.0			63~65
QSn7-0.2		>2.0~4.0			61~63
		>4.0~6.0			59~66
QSn4-3	35~95	0.1~1.0			91~93
		>1.0~2.0			90~92
		>2.0~4.0			86~91
		>4.0~6.0			81~88
QSi3-1	25~85	0.1~1.0			64~84
		>1.0~2.0			64~67
		>2.0~4.0			58~65
		>4.0~6.0			60~64
BZn15-20	30~95	0.1~0.2	30~95	—	80~89
		>0.2~0.5		—	60~75
		>0.5~2.0		18~22	43~59
		>2.0~6.0		18~22	40~45

　　异形线的拉伸方法有两种：第一种是用圆线坯直接拉伸，如方线、六角线和宽厚之比小于1.6的扁线；第二种是直接挤压或水平连铸成异形线坯再拉伸。扁线也可用圆线坯轧

制而成。

确定异形线所需要的圆坯尺寸时，方线、六角线按表 5-65 中的经验公式来确定；而扁线按表 5-66 中的经验公式来确定。

表 5-65　方线、六角线加工圆坯的经验公式

形　状	经验公式	β 值					
		H62	HPb59-1	QSn4-3	QSn6.5-0.1、QSn7-0.2	QSn6.5-0.4、QSi3-1	BZn15-20
方　形	$D_0 = A_k\beta$	1.55	1.5	4.5	2.1	1.7	1.5
六角形	$D_0 = A_k\beta$	1.4	1.25				

注：D_0 为圆线坯的直径；A_k 为型线成品的边长。

表 5-66　扁线加工圆坯的经验公式

成品宽厚之比	经　验　公　式	成品宽厚之比	经　验　公　式
≤1.6	$D_0 = 1.5\sqrt{ab}$	>1.6	$D_0 = \dfrac{a+b}{2}(1+\beta)$

（2）扒皮。为了消除成品表面的起皮、起刺、凹坑等缺陷，一般线坯表面要用扒皮模扒去一层。为了确保扒皮质量，在扒皮前需经一道加工率为 20% 左右的拉伸，然后经过可调的导位装置，进入扒皮模。因为线坯的椭圆度较大，且材质较软，经拉一道后，线坯变圆，且已加工硬化，这样能保证线坯四周均匀地扒去一层。如不能完全消除线坯表面缺陷，还要重复扒皮。每次金属扒皮量的推荐值列于表 5-67。

表 5-67　每次金属扒皮量

金属名称	紫　铜	黄　铜	青　铜	白　铜
每次扒皮量/mm	0.3 ~ 0.5	0.3 ~ 0.5	0.2 ~ 0.4	0.2 ~ 0.4

由于金属材质不同，扒皮模的技术参数有所区别。

（3）热处理：

1）中间退火。为了消除在冷拉变形时产生的加工硬化，恢复塑性，以利于进一步加工将材料加热到再结晶温度以上进行退火。退火温度的选择主要根据不同成分的合金，而加工率的大小也有一定的影响。如图 5-139 为 T2、H65、HPb63-3、QSn6.5-0.1、BZn15-20 合金线坯经 50% 左右的加工率后，在不同温度下保温 60min 后的软化曲线。

2）成品退火。为了消除成品在冷加工时产生的内应力和达到成品的力学性能所进行的退火，称为成品退火。工

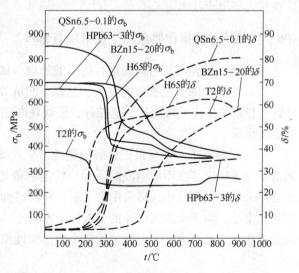

图 5-139　不同合金线坯经退火后的软化曲线

艺参数推荐见表5-68。去应力退火通常采用再结晶温度以下，退火后的成品仍保持原有的力学性能。

表 5-68　成品退火工艺参数推荐

牌　号	状　态	退火温度/℃	保温时间/min
T2、T3、TU1、TU2	软	390~480	120~150
H68、H65、H62	硬	160~180	90~120
	半　硬	260~370	
	软	390~490	
HPb59-1、HPb63-3	硬	160~180	90~120
	半　硬	160~180	
	软	390~430	
HSn62-1、HSn60-1	硬	160~180	90~120
	软	390~430	
QBe2	软	760~790	60~90
QCd1	软	380~400	110~130
QSn6.5-0.1 QSn6.5-0.4 QSn7-0.2	软	380~470	90~120
QZn15-20	半　硬	400~420	120~150
	软	600~620	
BMn3-12	软	500~540	110~140
BMn40-1.5	软	680~730	110~140

为了保持软性成品表面色泽，减少金属损耗，同时为了减少酸洗对环境的污染，应推广在线光亮退火技术。

406　线材拉伸的操作要点和注意事项有哪些?

（1）线坯拉伸前要对表面进行适当的处理，如酸洗、均匀化处理等。

（2）为了消除线坯表面的夹灰、起刺、凹坑等缺陷，获得高质量的成品线材，应对线坯进行扒皮。扒皮前应经过一道拉伸，使线坯断面整圆并具有一定硬度的表层后扒皮均匀和不粘金属。

（3）线材的加工率要根据金属的塑性、生产效率、变形条件、设备能力、模具质量、润滑条件等确定。在不影响成品质量、性能的前提下，总加工率越大越好。道次加工率，大规格采用中下限，小规格采用中上限，单次拉伸道次加工率大，无滑动积蓄式多模的道次加工率小，带滑动多模拉伸的道次加工率更小。塑性较好并具有中等抗拉强度的金属或合金道次加工率可大些，塑性差的要小些，塑性虽好，但抗拉强度高，道次加工率也应小些。

（4）选择润滑剂时，既要考虑润滑，又要考虑冷却、清洁两个方面，根据线材的材质、拉伸工艺、质量要求的不同，选择不同的品种、浓度、成分配比的润滑剂。如粗拉阶段一般速度较低，但变形量大，可选用乳化液作为润滑冷却液，而细拉时速度快、表面要求高，可选择高级润滑油。

（5）线材拉伸中经常发生断线现象。产生断线的主要原因是线坯有毛刺、夹灰、凹坑和伤痕等缺陷。应提供合格的线坯。此外，酸洗不良、润滑不好、润滑液中铜粉过多、模子粘铜等也会造成断线，要提高辅助工序的质量保证能力。

407　管、棒、线材退火有哪些方式，有何特点？

铜合金管、棒、线材的退火方式主要有两种：间隙式（非连续式）和连续式。

间隙式是成批的制品装炉后，经过升温加热、保温、冷却，然后一起出炉。连续式则是单根（卷）或成批的制品连续不断地进入炉室，并在行进中完成升温加热、保持温度、冷却过程。

间隙式退火一般批量小，直条成品头尾因炉内温度不均而使性能有差异，批与批间的性能一致性也差。连续式则消除了上述缺点，性能一致性好，但炉子结构复杂。

铜合金管、棒材连续式退火大致有三种方式：一种是网链式，适用于直条管、棒材的退火，如冷凝管等；另一种是辊底式，用于圆盘卷料退火；再一种是通过式感应退火。这三种方式的共同特点是炉子都分若干段，如预热段、加热段、均热保温段、冷却段等。各段温度不同，管、棒材在炉内通过，完成预热、加热、再结晶、冷却等全过程。其特点是温度控制稳定，材料性能均匀，一致性好。感应退火加热速度快，温度均匀，保温时间短，因而退火后材料的晶粒细小均匀。

408　网链式退火炉是何结构，有何特点？

图 5-140 为网链式退火炉结构示意图，图 5-141 为其剖面图。它由网链作为承载体和传输部件，炉体由加热室、冷却室组成。炉前为备料辊道，排列准备退火的管、棒材。炉后有出料辊道，并可和超声波探伤仪相连，进行在线探伤和分选。冷却室由水冷套构成。加热室内一般设有贯通式炉胆。由电阻元件对炉胆加热。炉内有保护气体，保护气体中的 H_2 含量可在 1% ~75% 范围内调整。

网链式退火炉的特点：退火炉结构简单，占地面积小，造价低；以连续通过方式工作，制品长度不受限制；对退火的光亮程度保证能力强，产品适应面广；但退火能力在 700kg/h 以内，适合于冷凝管的成品退火。

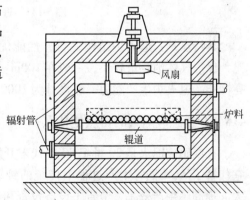

图 5-141　通过式光亮退火炉剖面图

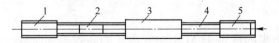

图 5-140　直条管通过式光亮退火炉结构示意图
1—出料台；2—冷却室；3—加热室；
4—吹扫室；5—上料台

409　现代辊底式退火炉是何结构，有何特点？

图 5-142 为辊底式退火炉的结构示意图，图 5-143 为进料换气室示意图。它以炉底辊作为承载体和传输部件。炉体部分分为前锁气室、加热室、冷却室、后锁气室等区段。炉内有保护气体，且保持微正压状态，保护气体中的 H_2 含量一般在 5% 以内。加热室设置循环风机。由电阻元件加热。冷却室采用水-风联合冷却方式，冷却效果较好。

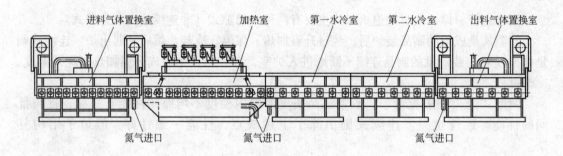

进料气体置换室　　加热室　　第一水冷室　　第二水冷室　　出料气体置换室

氮气进口　　　　　氮气进口　　　　　氮气进口

图 5-142　辊底式光亮退火炉结构示意图

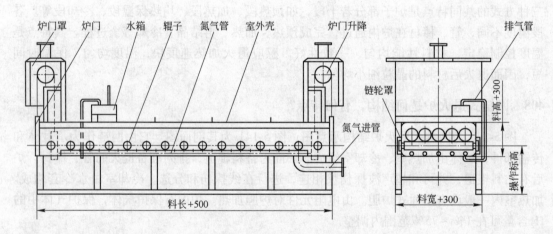

炉门罩　炉门　水箱　辊子　氮气管　室外壳　　炉门升降　　　　　排气管

链轮罩

氮气进管

料长 +500　　　　　料宽 +300

料高 +300

操作际高

图 5-143　进料气体置换室示意图

其特点是：退火炉结构完善，性能优良，但造价较高；与其他类型的光亮退火炉相比，保护气体消耗量较小，一般在 $100m^3/t$ 以下，但不能保证高锌黄铜制品退火的表面光亮性能。退火炉生产能力一般设计为 1000~4000kg/h。

410　在线感应退火的特点是什么？

在线感应退火是 20 世纪 80 年代末开发出来的适用于 ACR 铜管生产的高效退火装置。它代替了 ACR 铜管生产过程中传统的钟罩炉和辊底式退火工艺，免去了重复成卷操作，大大提高了生产效率，节省了设备投资和运行成本，同时在产品组织和理化性能一致性方面有较大的优势。

在线感应退火的核心部分是感应加热系统，它是利用电磁感应原理，使通过感应线圈处于交变磁场中的铜管形成感生电流，达到把铜管加热的目的。由于热在铜管内部产生，所以升温速度极快，感应加热瞬时温度分布极其均匀，使形核概率加大；在线退火又使保温时间较短，所以晶粒得不到多余的能量，不会继续长大，从而获得了细化和均匀的晶粒。一般在线感应退火制品的晶粒度在 0.03mm 以下。

411　管材连续感应退火炉的结构和技术性能是什么？

典型的筐对筐式在线感应退火系统如图 5-144 所示，它可以满足较宽规格范围铜管的退火需求，从而实现铜管内外表面的光亮退火。铜管在线退火多用于内螺纹成形前和直条铜管硬态的中间退火工序，铜管以一定速率经过感应线圈后被加热到所需退火温度，进入保温腔进行再结晶，随后进入水冷腔急速冷却得到所需要的理化性能。

连续在线感应退火炉是现今退火设备中最先进、最经济的退火方式，它与辊底式退火炉相比较的数据列于表 5-69。

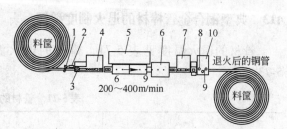

图 5-144　在线感应退火设备的典型配置
1—导向轮；2—夹送辊；3—水平矫直；4—清洗装置；
5—感应线圈；6—保温腔；7—冷却腔；
8—张紧装置；9—润滑装置；10—支承轮

表 5-69　辊底式退火炉与连续在线感应退火炉的比较

参　　数	辊底式退火炉	感应退火炉
直接人工/人·(h·t)$^{-1}$	2	1.25
非生产期间辅助能耗/kW·h·t^{-1}	50	0
规格为 ϕ12.7×0.38mm 的能耗/kW·h·t^{-1}	233	167
保护气体消耗/m^3·h^{-1}	240	50
占地面积/m^2	600	160
复绕工序数	1.75	1
所需复绕机数	2	1
退火后每盘盘管的长度损失/m	0	2
自动化的适应性	困　难	容　易

412　线材在线退火炉的结构和技术性能是什么？

线材在线连续退火就是将拉线、退火和收线组成一条作业线，同步进行。其方法是，通过带有交流电或直流电的导轮（称接触轮），向运行中的工件导入电流，此电流与工件自身电阻作用而发热升温，达到要求温度后，淬冷，再用风吹干水迹，经储线器进入收线装置与运行速度保持同步，并调节摆动臂气缸的压力以调节对工件的张力。国产连续退火装置的技术特性见表 5-70。

表 5-70　国产连续退火装置的技术特性

型　号	线径/mm	速度/m·s⁻¹	电流/A	电压/V	接触轮径/mm	冷却液体积/L	配套拉线机
TLZ-400	1.2~3.5	8~16.5	4000	20~66	400	600	LH400/13
TLZ-250	0.4~1.2	10~21.2	1200	55	250	200	LH280/17
TLZ-160	0.12~0.4	15~25	300	63	160	290	LH300/17
TLZ-100	0.08~0.15	15~25	35	27	100	70	LH120/17

413　典型铜合金管棒材的退火制度举例。

管材的退火温度见表 5-71，棒材的退火温度见表 5-72，线材退火工艺参数见表 5-73。

表 5-71　管材的退火温度

合金牌号	壁　厚	退火温度/℃ 中间退火	软制品	半硬制品	硬制品
紫铜、H96	<1.0	520~550	420~480	380~400	
	1.0~1.75	530~580	480~550	450~500	
	1.8~2.5	550~600	520~580	480~510	
	2.6~4.0	550~580	520~550	480~510	
	>4.0	570~600	580~620	480~520	
H62 H63	1.8~2.5	520~620	450~520	430~500	350~400
	2.6~3.5	550~620	470~550	430~510	370~420
	>3.5	580~630	510~550	480~510	390~420
H65	1.8~2.7	580		480~510	
	2.8~3.3	600			
	3.3~5.0	620			
	>5	640			
H85	1.0~1.75	620~640			
	1.8~2.5	630~650			
	2.6~3.1	640~660			
	>3.1	660~680			
HSn70-1 HSn70-1B HSn70-1AB	1.0~1.75	600~620	440~500	420~440	
	1.8~2.5	640~660	500~520	450~480	
	2.6~4.0	680~700	500~540	450~480	
	>4.0	640~670	540~570	500~530	
HAl77-2	<1.0	600~650	600~650	520~560	
	1.0~1.75	650~680	600~650	580~620	
	1.8~2.5	680~700	680~700	600~620	
	2.6~4.0	660~690			

合金牌号	壁　厚	退火温度/℃			
		中间退火	软制品	半硬制品	硬制品
H80	1. 0 ~ 1. 75	620 ~ 630			
	1. 8 ~ 2. 5	620 ~ 650			
	>2. 5	630 ~ 670			
QSn4-0. 3	1. 0 ~ 1. 75	600 ~ 650	300 ~ 330	200 ~ 230	
	1, 8 ~ 2. 0	600 ~ 650	300 ~ 330	200 ~ 230	
	2. 1 ~ 4. 0	650 ~ 700	320 ~ 350	200 ~ 250	
	>4. 0	650 ~ 700	320 ~ 350	200 ~ 250	
BFe10-1-1 BFe30-1-1 BZn15-20	1. 0 ~ 1. 75	700 ~ 750	650 ~ 670	580 ~ 610	500 ~ 550
	1. 8 ~ 2. 5	700 ~ 780	680 ~ 700	600 ~ 620	500 ~ 550
	2. 6 ~ 4. 0	760 ~ 780	720 ~ 740	630 ~ 650	500 ~ 550
BMn40-1. 5	1. 0 ~ 2. 0	750 ~ 800	700 ~ 750		400 ~ 430
	>2. 0	800 ~ 850	700 ~ 750		400 ~ 430

表 5-72　棒材的退火温度

合金牌号	退火温度/℃			
	中间退火	软制品	半硬制品	硬制品
紫铜、H96	600 ~ 650	580 ~ 650		
H62	600 ~ 640	500 ~ 580	450 ~ 500	430 ~ 480
HMn58-2	600 ~ 650			370 ~ 470
H68 H65	580 ~ 640	580 ~ 600	370 ~ 500	
	580 ~ 620	580 ~ 600	460 ~ 500	
HPb59-1	650 ~ 680		440 ~ 520	
HFe59-1-1 HFe58-1-1 HSn62-1	650 ~ 680			440 ~ 520
HPb63-3 HPb58-2. 5	500 ~ 550		300 ~ 350	180 ~ 220
HMn57-3-1	600 ~ 650	500 ~ 550		
HMn57-3-1 HAl59-3-2		450 ~ 480		
HPb63-0. 1	620 ~ 660		450 ~ 470	
QSn4-3 QSn6. 5-0. 1 QSn7-0. 2	600 ~ 650			330 ~ 380

合金牌号	退火温度/℃			
	中间退火	软制品	半硬制品	硬制品
QCd0.1	570～620	520～570		
QAl9-2	700～750			550～600
QAl9-4	730～780			640～660
QAl10-4-4	730～780	700～750		
QAl10-3-1.5	650～750	600～650		
QSi1-3	650～750			420～450
QSi3-1	650～700			340-380
QSi1.8-0.5	620			
B10、B30、BMn40-1.5	700～780	700～750		380～420
BZn15-20	600～650	600～650		250～280

表 5-73　线材成品退火工艺参数推荐表

合金牌号	状　态	退火温度/℃	保温时间/min
T2、T3、TU1、TU2	软	390～480	120～150
H68、H65、H62	硬	160～180	90～120
	半　硬	260～370	
	软	390～490	
HPb59-1、HPb63-3	硬	160～180	90～120
	半　硬	160～180	
	软	390～430	
HSn62-1、HSn60-I	硬	160～180	90～120
	软	390～430	
QBe2	软	760～790	60～90
QCd1	软	380～400	110～130
QSn6.5-0.1 QSn6.5-0.4 QSn7-0.2	软	380～470	90～120
QZn15-20	半　硬	400～420	120～150
	软	600～620	
BMn3-12	软	500～540	110～140
BMn40-1.5	软	680～730	110～140

414　怎样生产空调管？

A　产品要求

我国现行制冷空调用铜管的技术标准为 GB/T 17791—1999。但国内或大部分空调生产厂家大多采用国外标准或企业标准。

空调铜管产品质量控制项目列于表 5-74。

表 5-74　空调铜管产品质量控制项目

序　号	质量控制项目	产品质量指标及要求
1	化学成分	Cu：≥99.90%，P：$(150 \sim 400) \times 10^{-4}$%，O：$\leq 10 \times 10^{-4}$%， Bi：$\leq 10 \times 10^{-4}$%，Pb：$\leq 20 \times 10^{-4}$%，Fe：$\leq 50 \times 10^{-4}$%，S：$\leq 20 \times 10^{-4}$%
2	尺寸及公差	外径：±0.05mm，壁厚：±0.02mm
3	内腔清洁度	$\leq 38 \mathrm{mg/m^2}$，含油量 $\leq 10 \mathrm{mg/m^2}$
4	外表面质量	无划伤、花纹、锯齿伤、油污，不氧化
5	力学性能（M 或 M_2）	σ_b：220 ~ 260MPa，$\delta_{50} \geq 45\%$，$\sigma_{0.2}$：50 ~ 80MPa
6	金相组织	晶粒度：0.020 ~ 0.045mm
7	工艺性能	扩口无裂纹；压扁时无肉眼可见的裂纹；水压试验

B　工艺流程

空调管（ACR 管）常见的生产方式有挤压法和铸轧法。两种生产方式的主要工艺流程如下：

（1）挤压法：半连续或连续熔铸—锭坯加热—挤压—冷轧—扒皮拉伸—盘拉—在线退火—内螺纹成形—水平缠绕—退火—包装入库

（2）铸轧法：水平连铸—铣面—行星轧制—多联拉—盘拉—在线退火—内螺纹成形—水平缠绕—退火—包装入库

C　生产特点

挤压法是传统铜管生产方式。其特点是：

（1）热状态下压缩变形，热变形量高达 95% 以上，有利于铸锭内部缺陷的焊合，组织更加致密；能满足最终产品各种状态下晶粒和工艺性能要求。水封作用在细化晶粒组织的同时，可免除管坯的内外氧化。但存在的问题是挤压管坯的偏心，使最终产品的精度受到影响；几何废料多，制约了成品率的提高。

（2）设备投资大、占地面积大、辅助设施多、维修费用高；工模具消耗和能耗很大；人员需求较多，对操作和维护人员的素质要求高。

铸轧法是 20 世纪 80 年代中期研制开发出来的精密铜管生产方式。其特点是：

（1）生产流程短，省去了铸锭加热、挤压等工序，直接由水平连铸机组生产出空心管坯，轧制后在线卷取成盘，盘卷单重可达 1000kg，有效地提高了生产效率和成品率，其综合成品率可高达 85% 以上。

（2）三辊行星轧制变形迅速，加工率大（可超过 90%），其变形热可使管坯温度控制并维持在 700 ~ 750℃，使铸态组织破碎后实现完全再结晶，在内、外均有气体保护和快速冷却的冷淬作用下，得到表面光亮、内部组织为细小均匀等轴晶粒的管坯。根据实测资料，内部晶粒尺寸都在 30μm 以下。

（3）铸轧法管材壁厚精度可控制在 ±5% 以内，壁厚偏差小，不仅使拉伸过程减少，也满足了内螺纹成形以及空调制冷行业连续流水线作业对产品性能均一性的要求。

（4）电力安装容量小，节能效果好，设备投资相对比挤压机少，占地面积小，操作人员少。在工模具消耗方面，一套轧辊的使用寿命，平均能轧 3000t 铜管坯（含中间修磨若干次），工模具费用较低。

（5）由于铸造工序采用的是石墨结晶器，故生产低氧的产品比较难；

（6）该方法是生产 ACR 管的 DHP（TP2）铜管开发的专用生产线，它能否适用于复杂铜合金管的供坯，还是一个有争议的问题。

D　典型工艺举例（以铸轧法为例）

a　水平连铸

高纯阴极铜板和铜磷合金（CuP14）加入有芯工频熔化炉中加热熔化，达到 1150℃ 以上，通过注有 N_2 保护的流槽倾倒保温炉中进行铸造。熔化炉、保温炉用木炭或石墨覆盖保护。

铸造采用高纯石墨模具，目前模具内表面多采用涂层工艺，模具要求致密性、抗压性好，一般石墨模具寿命达到 30 ~ 60h。

b　铣面和轧制

铣面机上下铣刀将铸坯表面的氧化皮、微小裂纹铣掉，铣面厚度为 0.3 ~ 0.5mm，要求无楞、无氧化皮、无钝刀疤痕和压屑印。

轧制举例：$\phi 90mm \times 25mm$ 铸坯经过行星轧机轧制成品 $\phi 50mm \times 2.45mm$，晶粒度为 0.025 ~ 0.035mm，成材率达到 93% 以上。

轧辊采用 3Cr2W8V 或 H13，轧辊寿命在 200t 以上。

c　盘（直）拉

采用直线联拉和倒立式盘拉设备，经过拉伸工艺道次模具设计，选择不同黏度的内、外用润滑油，将轧制管坯拉制成符合用户尺寸要求的铜管，目前，一根轧制管坯经过拉伸重量可达 1t 以上。最小规格为 $\phi 3.8mm \times 0.35mm$，长度为 20000m 以上。

通过直拉和矫直切断设备，可以将盘拉下料拉成 $\phi (6.35 ~ 50) mm \times (0.5 ~ 1.15) mm$，长度为 3 ~ 7m 的直管。

d　精整

（1）通过水平精整缠绕机缠绕，速度可达 450m/min，经水平竖直矫直、清洗、涡流探伤（内螺纹管采用旋转探伤）、圆辊和弯辊调整，按用户要求确定可允许的伤点数目，单盘重量达到 100 ~ 320kg。盘管椭圆度控制为外径的 2% ~ 3%。水平精整缠绕机大多采用双卷筒交替缠绕。

（2）盘卷的内、外直径的数据见表 5-75。

表 5-75　空调管盘卷的内、外直径

类　型	最小内径/mm	最大外径/mm	卷宽/mm	外径/mm
层绕管卷	610	≤1230	75 ~ 400	—
平螺旋管卷	250	≤1000	—	—
蚊香形管卷	—	—	—	$\phi 300, \phi 400, \phi 500, \phi 600, \phi 800, \phi 900$

e　在线退火、内螺纹成形

国内许多厂采用在线退火工艺，即用盘拉成筐下料，经过在线退火感应器加热、冷却，晶粒度为 0.01 ~ 0.04mm，抗拉强度为 206 ~ 260MPa，$\delta_5 \geqslant 45\%$，然后下料成筐直接在内螺纹成形机上进行内螺纹成齿，在线退火速度可达 450m/min。

内螺纹成形机有直拉式、倒立盘式、V 形槽式三种。目前高频直流电机转速可达到 25000r/min 以上。

成形大多采用内衬组合芯头（光管游动芯头 + 螺纹芯头），减径模减径，钢球旋压成形，1 ~ 2 次定径。

内螺纹芯头材料大多采用 YG8。内螺纹管规格，外径最小为 $\phi5mm$，最大为 $\phi15.88mm$。

内螺纹管质量的好坏取决于管坯的质量。

对管坯的质量要求：无线状伤，无点坑状伤，无扁管，伤点少，椭圆度小。

f　成品退火

成品退火均为保护性气体光亮退火。退火方式有井式、连续辊底式、辊底步进式退火。

为了提高内表面清洁度，在退火处理时，采用连续吹扫工艺，确保了铜管内腔清洁度符合用户要求。

415　怎样生产冷凝管？

铜合金冷凝管主要应用于火力发电、船舶制造、海水淡化及石油化工等多个领域，是制作管式热交换器、油轮冷却系统的一种重要材料。在用途各异的多种冷凝管产品中，火力发电机组用冷凝管所占比重最大，近几年来，海水淡化、船用冷凝管的比重有所上升。

A　冷凝管的技术要求

a　冷凝管常用标准

中国标准：GB 8890《热交换器用铜及铜合金无缝管》；

美国标准：ASTM B 111《铜及铜合金无缝冷凝管和管口密封件》；

日本标准：JIS H 3300《铜及铜合金无缝管》；

英国标准：BS 2871《铜及铜合金管材——第三部分》。

b　常用冷凝管合金牌号、状态及规格

表 5-76 列出了常用管材的状态及规格。

表 5-76　管材的牌号、状态及规格

牌　　号	状　态	规　格	
		外径/mm	壁厚/mm
BFe30-1-1、BFe10-1-1	软（M）	10 ~ 35	0.75 ~ 3.0
H68A、HAl77-2、HSn70-1、HSn70-1B、HSn70-1AB	半硬（Y₂）	10 ~ 45	0.75 ~ 3.5

B　冷凝管的生产工艺流程

冷凝管的生产方法有多种，目前生产中广泛采用且产品质量稳定的生产方法有：

（1）水平连铸（空心锭）—反向挤压—轧管或拉伸；

（2）半连续浇铸（实心锭）—脱皮挤压—轧管或拉伸。

方式（1）的特点：管材尺寸公差小；几何损失少，成品率高；工具消耗少，生产成本低；但产品的品种、规格受到限制。

方式（2）的特点：适合采用大铸锭，生产效率高；生产的合金品种多；操作方便灵活；设备投资大、成品率低、生产成本较高。

冷凝管生产工艺流程如下：

挤压—轧制—拉伸法：锭坯加热→挤压→切头尾→酸水洗→冷轧管→锯切→退火→酸水洗→拉伸→退火→酸水洗→成品拉伸→矫直→切定尺→脱脂处理→检查及涡流探伤→成品退火→包装入库。

挤压—拉伸法：锭坯加热→挤压→切头尾→酸水洗→拉伸→退火→酸水洗→成品拉伸→矫直→切定尺→脱脂处理→检查及涡流探伤→成品退火→包装入库。

C　冷凝管的生产特点

（1）由于管材产品质量要求较高，产品需经反复的冷、热加工过程才能保证最终产品质量，因而，所需生产工序较长。

（2）挤压时采用低温、快速、脱皮挤压。

（3）黄铜对应力腐蚀较为敏感，拉伸后的管材必须及时进行退火，成品管材不宜空拉。

（4）成品退火前要认真进行脱脂处理，以减少最终产品的表面残碳。

（5）成品必须采用光亮退火，铜管表面要求形成均匀致密、耐腐蚀的原始氧化膜。

D　典型工艺举例

a　挤压工艺参数的选择

（1）铸锭规格。冷凝管管坯挤压，一般采用圆形实心锭或空心锭。常用铸锭规格有 $\phi360mm$、$\phi245mm$、$\phi195mm$，$\phi116mm \times 42mm$、$\phi90mm \times 42mm$ 等。

（2）挤压比。冷凝管管坯最小挤压比一般应大于 10，以防止制品中残留铸造组织，保证制品具有良好的组织性能。最大挤压比和常用挤压比见表 5-77。

表 5-77　冷凝管的最大挤压比与常用挤压比

合　　金	管　　材	
	最大挤压比	常用挤压比
黄　　铜	80 ~ 100	10 ~ 30
白　　铜	30 ~ 50	约 20

（3）挤压温度。冷凝管用合金锭坯加热温度范围见表 5-78。

表 5-78　冷凝管用合金锭坯加热温度范围

合　　金	加热温度/℃	合　　金	加热温度/℃
H68	740 ~ 800	HSn70-1AB	720 ~ 750
HAl77-2	750 ~ 820	BFe10-1-1	900 ~ 950
HSn70-1	720 ~ 750	BFe30-1-1	900 ~ 960
HSn70-1B	720 ~ 750		

（4）挤压速度。冷凝管合金挤压时金属流出模孔的速度列于表 5-79。

表 5-79 挤压管材时金属流出模孔的速度

合金牌号	金属流动速度/m·s⁻¹	合金牌号	金属流动速度/m·s⁻¹
	$\lambda < 40$		$\lambda < 40$
H68A	0.1 ~ 0.8	HSn70-1B	0.1 ~ 0.6
HAl77-2	0.1 ~ 0.5	HSn70-1AB	0.1 ~ 0.6
HSn70-1	0.1 ~ 0.6	BFe30-1-1	0.5 ~ 1.1
		BFe10-1-1	0.6 ~ 1.2

b 冷轧管工艺参数的选择

（1）坯料。冷轧坯料应根据孔型系列、合金性质以及设计要求的范围确定。对管坯的质量要求见表 5-80、表 5-81 及其他有关规定。

表 5-80 外径允许偏差

名义外径/mm	26	27	32	38	55	65	85	100
偏差/mm	±0.52	±0.54	±0.64	±0.72	±1.1	±1.3	±1.7	±2.0

表 5-81 壁厚允许偏差

名义壁厚/mm	1.2	1.8	2	3.5	5	6	7.5	10
偏差/mm	±0.12	±0.18	±0.2	±0.35	±0.5	±0.6	±0.75	±1.0

（2）坯料尺寸和延伸系数。坯料尺寸和轧制孔型系列确定后，冷轧加工率也基本确定。冷轧管的坯料尺寸要根据选用的孔型系列、被轧合金的性能、轧机的能力、制品质量和轧制工艺要求来确定。

表 5-82 列出了铜及铜合金常用冷轧延伸系数范围。

表 5-82 铜及铜合金常用冷轧延伸系数

轧机型号	合 金	延伸系数	轧机型号	合 金	延伸系数
LG30		4.5 ~ 9.5	LG30		3.0 ~ 10
LG55	紫 铜	5.5 ~ 9.0	LG55	铜合金	4.5 ~ 6.5
LG80		9.0 ~ 12.5	LG80		3.5 ~ 8.0

（3）轧机的往复次数和送进量。冷凝管用铜合金轧制时的往复次数和送进量见表 5-83。

表 5-83 冷凝管用铜合金轧制时的往复次数和送进量

轧机型号	机架双行程次数/次·mm⁻¹				送进量/mm
	孔型系列	延伸系数	轧机允许次数	H68A；HAl77-2；HSn70-1；HSn70-1B；HSn70-1AB；BFe10-1-1；BFe30-1-1	H68A；HAl77-2；HSn70-1；HSn70-1B；HSn70-1AB；BFe10-1-1；BFe30-1-1
LG80	100 × 85	1.65 ~ 2.86	60 ~ 70	60 ~ 65	2 ~ 30 一般常用 3 ~ 10
	85 × 60	1.8 ~ 3.5			
	65 × 45	1.8 ~ 4			
	65 × 38	5 ~ 3			

轧机型号	机架双行程次数/次·mm⁻¹				送进量/mm	
	孔型系列	延伸系数	轧机允许次数	H68A；HAl77-2；HSn70-1；HSn70-1B；HSn70-1AB；BFe10-1-1；BFe30-1-1	H68A；HAl77-2；HSn70-1；HSn70-1B；HSn70-1AB；BFe10-1-1；BFe30-1-1	
LG55	65×45 65×38 55×32	1.86~6.08 5.24~3.13 2.34~5.46	68~90	75~85	2~30 一般常用 8~10	
LG30	36×24 30×20	3.0~10	80~120	90~100	2~30 一般常用 8~10	

c 拉伸工艺流程举例

【例】 制定 HAl 77-2、ϕ30mm × 1.2mm × 1400mm 冷凝管的生产工艺流程。

计算过程列于表 5-84 和表 5-85。根据计算结果得到 HAl 77-2、ϕ30mm × 1.2mm × 1400mm 冷凝管生产工艺流程（表 5-86 ~ 表 5-88）。

表 5-84　HAl 77-2、ϕ30mm × 1.2mm × 1400mm 冷凝管生产工艺流程计算

序 号	工 艺 流 程 计 算
1	确定坯料尺寸： 根据制品的尺寸和工厂的生产条件，并选用游动芯头拉伸，拉伸前的坯料规格为 ϕ45mm × 3mm； 生产流程为铸锭（ϕ195mm × 300mm）→挤压（ϕ65mm × 7.5mm）→冷轧（ϕ45mm × 3mm）→辊底式电炉退火
2	计算总延伸系数： $\lambda_\Sigma = \dfrac{(45-3) \times 3}{(30-1.2) \times 1.2} = 3.65$
3	确定退火次数和拉伸道次： $n_退 = \dfrac{\lg 3.65}{\lg 3} = 1.18$　　取整数，$n_退 = 1$ $n_拉 = \dfrac{\lg 3.65}{\lg 1.7} = 2.45$　　取整数，$n_拉 = 3$ 考虑退火炉和酸洗设备的长度和运输方便，中间退火安排在第一次拉完之后 退火与拉伸道次安排以及拉伸配模计算见表 5-85

表 5-85　拉伸配模计算

序 号	配模步骤	符 号	拉伸道次和中间退火			
			第一道次	退火	第二道次	第三道次
1	预分配道次减壁量/mm 计算各道次的管材壁厚/mm	$\Delta S = S_0 - S$ $S = S_0 + \Delta S$	0.9 2.1	2.1	0.6 1.5	0.3 1.2
2	选取芯头大圆柱体与管坯内径的间隙	$D_{坯内} - D_{芯大圆}$	0.8		1.0	0.6
3	选取拉伸模角	$\alpha = 12°$ $\beta = 9°$				

序号	配模步骤	符　号	拉伸道次和中间退火			
			第一道次	退火	第二道次	第三道次
4	预定芯头大圆柱体直径/mm	$d_芯$	34.2		30.2	27.6
5	计算芯头大圆柱体直径/mm	$D_芯$	39 − 0.8 = 38.2		34.2 − 1 = 33.2	30.2 − 0.6 = 29.6
6	核对下面的公式是否符合下式： $D_芯 − d_芯 = (3 \sim 6)\, \Delta S$		4		3	2
7	经核对都已满足游动芯头拉管时对减径量的要求，并符合芯头尺寸规范的要求					

表 5-86　游动芯头拉伸工艺流程

序号	拉伸管子尺寸 $D_外 \times D_内 \times S$/mm×mm×mm	选取的减壁量/mm	间隙量/mm	游动芯头主要尺寸				减径量/mm	延伸系数	拉伸后管长度/m
				$D_{大圆}$/mm	$D_{小圆}$/mm	$D_{大圆} − D_{小圆}$/mm	α/(°)			
1	坯料 $\phi45 \times 3$									4.30
2	38.4 × 34.2 × 2.1	0.9	0.8	38.2	34.2	4	9	6.6	1.65	6.94
3	△									
4	33.2 × 30.2 × 1.5	0.6	1.0	33.2	30.2	3	9	5.2	1.615	10.70
5	30.0 × 27.6 × 1.2	0.3	0.8	29.6	27.6	2	9	3.2	1.38	14.80

注："△"表示扒皮。

常用黄铜冷凝管规格拉伸工艺流程列于表 5-87，白铜冷凝管拉伸工艺流程列于表 5-88。

表 5-87　黄铜管生产工艺流程

成品规格/mm×mm	挤压规格/mm×mm	拉　伸　工　艺
19 × 1	46 × 2.15	38 × 1.75—32 × 1.38—△—○—25 × 1.08—19 × 1
25 × 2.0	46 × 3.1	38 × 2.7（或 41 × 2.7）—32 × 2.4—△—○—25 × 2
25 × 1.5	46 × 2.5	38 × 2.2（或 40 × 2.2）—32 × 1.9—△—○—25 × 1.5
25 × 1.2	46 × 2.5	38 × 2.1（或 40 × 2.1）—32 × 1.75—△—○—25 × 1.2
28 × 1	46 × 2.15	41 × 1.75—35 × 1.45—△—○—28 × 1
25 × 1	46 × 2.15	38 × 1.75—32 × 1.45—△—○—25 × 1

注："△"表示扒皮，下同；"○"表示退火，下同。

表 5-88　BFe30-1-1 拉伸工艺

成品规格/mm×mm	挤压规格/mm×mm	拉　伸　工　艺
25 × 1.5	47.8 × 3.1	41 × 2.5—38 × 2.0—△—37.5—中修—○—32 × 1.65（或 30 × 1.65）—25 × 1.5
25 × 1.2	47.8 × 3.1	44 × 2.5—41 × 2.1—38 × 1.75—△—38.5—中修—○—32 × 1.35—25 × 1.2
28 × 1	47.8 × 3.1 47.5 × 2.9	44 × 2.5—41 × 2.1—38 × 1.75—△—中修—○—35 × 1.15—28 × 1
25 × 1	47.8 × 3.14 47.5 × 2.9	44 × 2.5—41 × 2.1—38 × 1.75—△—37.5—中修—○—35 × 1.4—32 × 1.15（或 30 × 1.15）—25 × 1

d　退火、酸洗及其他

（1）退火工艺参数选择。退火温度与保温时间的确定要根据合金的软化曲线和制品的技术性能要求，并结合退火设备的具体情况加以确定，表 5-89 ~ 表 5-91 列出了箱式退火炉和通过式退火炉冷凝管退火制度，仅供参考。

表 5-89　箱式退火炉冷凝管退火制度

合金牌号	壁厚/mm	中间退火温度/℃	成品退火温度/℃		保温时间/min
			软制品	半硬制品	
H68A	1.0 ~ 4.0	560 ~ 700	480 ~ 540	400 ~ 450	40 ~ 60
HAl77-2	1.0 ~ 4.0	650 ~ 700	600 ~ 700	500 ~ 600	60
HSn70-1、HSn70-1B HSn70-1AB	1 ~ 4.0	650 ~ 700	520 ~ 580	450 ~ 480	60
	>4.0	660 ~ 700	600 ~ 700	500 ~ 600	
BFe30-1-1	1.0 ~ 3.0	760 ~ 840	740 ~ 780	580 ~ 600	100
BFe10-1-1	1.0 ~ 3.0	730 ~ 790	680 ~ 720	510 ~ 600	80

表 5-90　通过式退火炉中间退火制度

合　金　牌　号	炉温/℃			管材通过炉膛的运动速度
	壁厚≤1.0mm	壁厚 1.0 ~ 2.5mm	壁厚 >2.5mm	/m · min⁻¹
H68A	560 ~ 580	600 ~ 660	660 ~ 700	0.42
HAl77-2	580 ~ 600	600 ~ 690	680 ~ 700	0.42
HSn70-1，HSn70-1B，HSn70-1AB	580 ~ 600	600 ~ 680	660 ~ 700	0.45
BFe30-1-1	760 ~ 780	780 ~ 800	780 ~ 840	0.3
BFe10-1-1	730 ~ 750	750 ~ 770	760 ~ 790	0.32

表 5-91　通过式退火炉成品退火制度

合　金　牌　号	状态	炉温/℃		管材通过炉膛的运动速度
		壁厚 0.75 ~ 1.0mm	壁厚 >1.0 ~ 2.0mm	/m · min⁻¹
H68A	Y_2	520 ~ 540	530 ~ 560	0.4
	M	540 ~ 560	570 ~ 590	0.35
HAl77-2	Y_2	600 ~ 620	620 ~ 630	0.4
	M	660 ~ 680	680 ~ 700	0.35
HSn70-1，HSn70-1B，HSn70-1AB	Y_2	530 ~ 580	570 ~ 600	0.4
	M	580 ~ 600	600 ~ 640	0.35
BFe30-1-1	Y_2	590 ~ 620	620 ~ 650	0.35
	M	740 ~ 750	740 ~ 790	0.28
BFe10-1-1	Y_2	500 ~ 520	520 ~ 550	0.35
	M	680 ~ 700	720 ~ 750	0.28

（2）注意事项：

1）采用煤气炉、箱式电炉退火时，应根据装炉量的多少、管坯规格的大小和壁的厚薄来灵活掌握退火温度和保温时间。管材装炉量大、规格大、壁厚大时，退火温度应取上限，保温时间也应延长。

2）采用通过式退火炉，还要根据炉膛加热区的长度来调整温度、速度的关系，加热区长、速度慢时，退火温度可取下限。

3）冷凝管退火后的冷却速度应适中，出炉时除 H68 和 HAl77-2 允许急冷外，其余合金均应自然冷却。

4）黄铜中的锌在高温时易蒸发，产生脱锌现象。因此，对于黄铜冷凝管材料退火时应严格控制炉温，用增加保温时间来调整温度、速度的关系。对于温度不易精确控制的煤气炉，一般采用闷炉退火，即把炉温升到高于退火温度后再装料，装料后炉子停止加热，炉内保持正压。

5）黄铜冷凝管拉伸后48h内要及时退火，以防止产生应力裂纹。

6）采用通过式退火炉，装料必须保持单层，以保证退火物料的性能均匀一致。

（3）酸洗。酸洗、水洗的先后顺序为：酸洗→一次漂洗→二次漂洗→水冲洗。在热状态的单相黄铜和白铜，可以直接放入冷水槽中冷却后再进行酸洗；对含锌高的黄铜必须自然冷却到70℃以下才能酸洗。

酸洗液的成分与酸洗时间列于表5-92。

表 5-92　酸洗液的成分与酸洗时间

合 金 牌 号	酸洗液成分/%			酸液温度/℃	酸洗时间/min
	硫　酸	双氧水	水		
BFe30-1-1，BFe10-1-1	13 ~ 18	3 ~ 5	余　量	室　温	10 ~ 60
H68A，HAl77-2，HSn70-1，HSn70-1B，HSn70-1AB	3 ~ 15		余　量	室　温	5 ~ 30

（4）脱脂。冷凝管成品拉伸、矫直后，制品表面总会残留一些润滑剂，如不对其进行清除，油污经退火后会残留在制品表面，影响冷凝管的表面质量及使用寿命，因而应在成品退火前进行脱脂处理。

脱脂处理常用的方式有：使用铜管清洗设备，用有机溶剂进行清洗；使用脱脂剂在水槽中进行浸泡后用水清洗；采用人工擦洗方式对管材的内、外进行清洗等。

416　怎样生产外方内圆管?

A　外方内圆管的技术要求

外方内圆管示意图见图 5-145。游动芯头拉伸外方内圆长导线管的特点：由于是不等壁厚异形管生产，所以不仅包含而且还远多于异形管生产所有的变形不利因素；采用游动芯头拉伸工艺，必须满足游动芯头拉伸所有工艺技术要求；由于是从等壁厚的圆管坯拉伸变形来的，所以其壁厚变形不均匀及道次减壁量、道次延伸系数（道次加工率）均较大，尤其是第一道次过渡变形拉伸阶段，其道次延伸系数甚至达到 1.8 以上，加大了生产与设计的难度。为此，在可能的情况下，第一道次过渡变形尽量采用短芯

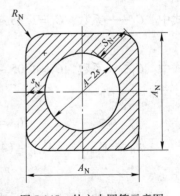

图 5-145　外方内圆管示意图

头衬拉或挤压异形管供坯。

B　外方内圆管的生产方式

几种主要生产方式的比较见表5-93。

表 5-93　外方内圆管几种主要生产方式的比较

主要生产方式	适用范围	产品质量
挤压法：由铸锭经挤压机直接挤压生产出所需产品的形状	尺寸规格大，壁厚或用拉伸法无法生产的场合，但长度受设备限制	表面质量稍差，尺寸偏差较大
挤压拉伸法：由铸锭经挤压机挤压成一定形状的异形管半制品，再经拉伸机若干道次拉伸得到所需产品的形状	适用范围较广，但需要异形挤压模及异形拉伸模，生产成本高	表面质量较好，尺寸偏差小
拉伸法：由过渡圆（与成品异形管周长、壁厚近似相等的圆管坯）经拉伸机若干道次拉伸变形得到所需产品的形状	生产成本低，能生产批量小、尺寸规格小、壁薄及挤压法无法生产的产品，是异形管生产常用的方法。但其变形过渡模设计及制作较复杂	表面质量好，尺寸偏差小

C　工艺流程

对于规格较大、单根长度较短的外方内圆管，大多采用挤压法、挤压拉伸法或由过渡圆采用短芯头进行衬拉的拉伸法进行生产。

（1）挤压法：锭坯加热→挤压成形→切头尾→入库；

（2）挤压拉伸法：锭坯加热→挤压成形→拉伸→切头尾→入库；

（3）衬拉拉伸法：锭坯加热→挤压圆管坯→过渡圆拉伸→成形拉伸→切头尾→入库。

D　工艺编制方法和原则

根据所需加工产品规格，计算、编制拉伸工艺及确定管坯规格

（1）根据所需加工产品规格，确定由等壁厚的圆管坯拉伸至外方内圆成品管所需的拉伸道次数 N；

（2）根据所需加工产品规格（边长 A_N、内径 ϕ_N、最薄处壁厚 s_N、最厚处壁厚 S_N）计算前道次规格（边长 A_{N-1}、内径 ϕ_{N-1}、最薄处壁厚 s_{N-1}、最厚处壁厚 S_{N-1}）、面积 F 与道次延伸系数 λ。

$$A_{N-1} = C_1 A_N \tag{5-133}$$

式中　C_1——系数，$C_1 = 1.33 \sim 1.45$。

$$s_{N-1} = C_2 s_N \tag{5-134}$$

式中　C_2——系数，$C_2 = 1.05 \sim 1.20$。

$$S_{N-1} = C_2 S_N \tag{5-135}$$

$$R_N = (\sqrt{2} A_N - 2S_N - \phi_N)/2(\sqrt{2} - 1) \tag{5-136}$$

$$\lambda_N = F_{N-1}/F_N \{ A_{N-1}^2 - (4 - \pi) R_{N-1}^2 - \pi \phi_{N-1}^2/4 \} / \{ A_N^2 - (4 - \pi) R_N^2 - \pi \phi_N^2/4 \} \tag{5-137}$$

由等壁厚的圆管坯拉伸至外方内圆管坯的道次延伸系数：

$$\lambda = \pi(D-S)S/\{A_1^2 - (4-\pi)R_1^2 - \pi\phi_1^2/4\} \tag{5-138}$$

式中　D，S——分别为圆管坯直径与壁厚。

$$D = 2 \times \{2A_1 - (4-\pi)R_1\}C_3/\pi \tag{5-139}$$

　　C_3——系数，$C_3 = 1.23 \sim 1.38$。

$$S = C_4 S_1 \tag{5-140}$$

　　C_4——系数，$C_4 = 1.02 \sim 1.10$。

　　（3）根据计算结果进行模具设计，通常采用硬质合金作为异形拉伸模具材料，见图 5-146。

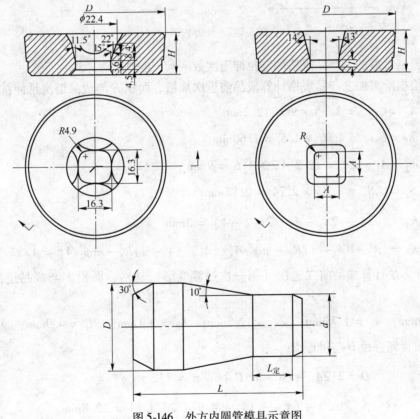

图 5-146　外方内圆管模具示意图

　　1）衬拉过渡模设计。过渡模变形模形状：因为此道次是由等壁厚的圆管坯变形为不等壁厚的外方内圆管坯，所以其变形压缩区应设计成由圆形逐渐变为方形，高度 h 约等于游动芯头锥角 β 的长度。

　　过渡模变形模模角 α：过渡模变形模角上部分模角 $\alpha_{角} \approx 11.5° \sim 13.5°$；直边部分模角 $\alpha_{直}$ 因此部分减壁量很大，所以其模角差取 $\alpha_{直} - \beta = 4° \sim 6°$；高度 $h' \approx (1/3 \sim 1/2)h$。其余部分与入口锥组成圆弧与模角 α 相贯且圆化。

　　定径带长度不小于过渡圆管坯壁厚 S。

　　2）成品模与游动芯头设计。成品模与游动芯头设计可参考同规格圆管模具设计。

【例 1】 拉制成品尺寸如图 5-147 所示, $9\text{mm} \times 9\text{mm} \times \phi6\text{mm}$, $R = 1.5\text{mm}$ 外方内圆长导线管。试对其进行工艺计算及模具设计。

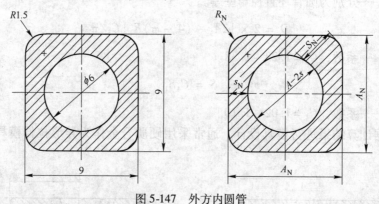

图 5-147　外方内圆管

（1）根据所需加工产品规格确定拉伸道次数 $N = 3$ 道次。

（2）根据所需加工产品规格计算成品前道次规格、面积 F 与成品道次延伸系数 λ：

$$A_2 = C_1 A_3 = 1.35 \times 9 = 12.2\text{mm}$$

$$s_2 = C_2 s_3 = 1.07 \times 1.5 = 1.60\text{mm}$$

$$\phi_2 = A_1 - 2s_2 = 12.2 - 2 \times 1.6 = 9\text{mm}$$

$$S_2 = C_2 S_3 = 1.05 \times 2.74 = 2.88\text{mm}$$

$$R_2 = (\sqrt{2}A_2 - 2S_2 - \phi_2)/2(\sqrt{2} - 1) = 3\text{mm}$$

$$\lambda_3 = \{A_2^2 - (4 - \pi)R_2^2 - \pi\phi_2^2/4\}/\{A_3^2 - (4 - \pi)R_3^2 - \pi\phi_3^2/4\} = 1.52$$

用同样方法计算成品前二道次（第一次过渡变形）规格、面积 F 与成品道次延伸系数 λ：

$A_1 = 16.3\text{mm}$；　$s_1 = 1.75\text{mm}$；　$\phi_1 = 12.8\text{mm}$；　$S_1 = 3.1\text{mm}$；　$R_1 = 4.9\text{mm}$；　$\lambda_2 = 1.5$

计算圆管坯直径 D 与壁厚 S：

$$D = 2\{2A_1 - (4 - \pi)R_1\}C_3/\pi = 2\{2 \times$$
$$16.3 - (4 - 3.14) \times 4.9\}1.26/3.14 = 22.8\text{mm}$$

$$S = C_4 S_1 = 1.05 \times 3.1 = 3.25\text{mm}$$

由等壁厚的圆管坯拉伸至外方内圆管坯的道次延伸系数：

$$\lambda' = \pi(D - S)S/\{A_1^2 - (4 - \pi)R_1^2 - \pi\phi_1^2/4\} = 1.7$$

【例 2】 拉制成品尺寸 $20\text{mm} \times 20\text{mm} \times \phi12\text{mm}$, $R = 2\text{mm}$ 外方内圆长导线管。试对其进行工艺计算及模具设计（具体工艺计算及模具设计过程同前，略）。

因该规格相对尺寸较大，可考虑过渡变形及成品拉伸前几道次采用短芯头衬拉或者采用挤压机挤压成异形管坯，且成品拉伸前几道次采用短芯头衬拉，最终成品拉伸采用游动芯头衬拉工艺。其工艺见表 5-94。

表 5-94 外方内圆长导线管工艺

	工艺 1：拉伸法生产工艺						工艺 2：挤压拉伸法生产工艺				
1	由圆管坯拉伸至 ϕ50mm × 8.8mm 退火					1	由挤压机挤压成外方内圆型材				
							$A = 39.5$，$s = 5.3$，$S = 9.34$，$R = 10$				
	短芯头拉伸工艺及配模						短芯头拉伸工艺及配模				
2	A_N	s_N	S_N	R_N	λ_N		A_N	s_N	S_N	R_N	λ_N
	38.5	5	8.62	10.5	1.519	2	32.5	4.6	7.95	8	1.44
	32.5	4.6	7.95	8	1.324		26.5	4.25	7.46	5.5	1.343
	26.5	4.25	7.46	5.5	1.343						
	游动芯头拉伸工艺及配模						游动芯头拉伸工艺及配模				
3	A_N	s_N	S_N	R_N	λ_N	3	A_N	s_N	S_N	R_N	λ_N
	20	4	7.31	2	1.488		20	4	7.31	2	1.488

417 怎样生产铜及铜合金线材？

A 拉伸

线材的拉伸过程是一个随着线径变小而材料越来越硬的逐渐加工硬化的过程。图 5-148 是几种铜合金的硬化曲线（性能与加工率的关系）。

目前，线材成品的加工，一般是用加工率来控制其最终性能，T2、H65、HPb63-3、QSn6.5-0.1、BZn15-20 等合金可以参照图 5-148 选择合适的加工率。而线坯的拉伸则要依据设备和金属塑性等条件，尽量采用较大的加工率，以减少退火次数，缩短生产周期。一些合金两次退火间的总加工率和成品加工率的推荐值见表5-95。也可以通过控制好成品前的总加工率，以退火温度和保温时间来控制力学性能。

异形线的拉伸方法有两种：第一种是用圆线坯直接拉伸，如方线、六角线和宽厚之比小于 1.6 的扁线；第二种是用圆线坯轧制再拉伸。

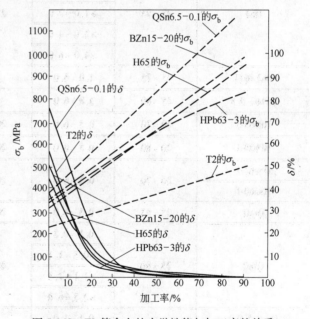

图 5-148 T2 等合金的力学性能与加工率的关系

表 5-95 合金加工率的推荐值

合 金 牌 号	两次退火间的总加工率/%	成品直径/mm	成品加工率/%		
			软 性	半硬性	硬 性
T2、T3、TU1、TU2	30～99	0.02～6.0	30～99		60～99
T2、T3、铆钉	30～99	1.0～6.0		5～12	

合 金 牌 号	两次退火间的总加工率/%	成品直径/mm	成品加工率/%		
			软 性	半硬性	硬 性
H68	25~95	0.05~0.25	25~95		46~75
		>0.25~1.0		10~25	50~75
		>1.0~2.0		15~20	45~50
		>2.0~4.0		15~25	45~50
		>4.0~6.0		20~25	40~45
H65	25~95	0.05~0.25	25~95	—	35~75
		>0.25~1.0		17~20	55~75
		>1.0~2.0		18~21	50~55
		>2.0~4.0		19~24	40~50
		>4.0~6.0		22~24	40~45
H62	25~95	0.05~0.25	25~95	—	62~90
		>0.25~1.0		17~19	60~80
		>1.0~2.0		18~21	50~60
		>2.0~4.0		17~21	50~55
		>4.0~6.0		20~22	45~50
H62 铆钉	25~75	1.0~6.0	—	9~17	
HPb62-0.8	25~80	3.8~6.0	—	13~16	
HPb63-3	20~70	0.5~6.0	20~70	17~22	40~50
HPb59-1	20~80	0.5~6.0	20~80	15~20	25~45
HSn62-1	20~70	0.5~6.0	20~80	—	20~55
HSn60-1					
QCd1	25~95	0.5~6.0	20~90		65~85
QBe2	25~80	0.1~0.5	25~80	17~21	64~75
		>0.5~1.1			48~61
		>1.1~2.5			38~47
		>2.5~6.0			34~37
QSn6.5-0.1	25~75	0.1~1.0	25~75	—	66~75
QSn6.5-0.4		>1.0~2.0			63~65
QSn7-0.2		>2.0~4.0			61~63
		>4.0~6.0			59~66
QSn4-3	35~95	0.1~1.0	—		91~93
		>1.0~2.0			90~92
		>2.0~4.0			86~91
		>4.0~6.0			81~88

牌　号	两次退火间的总加工率/%	成品直径/mm	成品加工率/%		
			软　性	半硬性	硬　性
QSi3-1	25 ~ 85	0.1 ~ 1.0	—	—	64 ~ 84
		>1.0 ~ 2.0			64 ~ 67
		>2.0 ~ 4.0			58 ~ 65
		>4.0 ~ 6.0			60 ~ 64
BZn15-20	30 ~ 95	0.1 ~ 0.2	30 ~ 95	—	80 ~ 89
		>0.2 ~ 0.5		—	60 ~ 75
		>0.5 ~ 2.0		18 ~ 22	43 ~ 59
		>2.0 ~ 6.0		18 ~ 22	40 ~ 45

注：软态成品加工到成品尺寸后，再进行光亮退火。

确定异形线所需要的圆坯尺寸时，方线、六角线按表 5-96 中的经验公式来确定；而扁线按表 5-97 中的经验公式来确定。

表 5-96　方线、六角线加工圆坯的经验公式

形状	经验公式	β 值					
		H62	HPb59-1	QSn4-3	QSn6.5-0.1、QSn7-0.2	QSn6.5-0.4、QSi3-1	BZn15-20
方形	$D_0 = A_k\beta$	1.55	1.5	4.5	2.1	1.7	1.5
六角形	$D_0 = A_k\beta$	1.4	1.25				

注：D_0 为圆线坯的直径；A_k 为型线成品边长。

表 5-97　扁线加工圆坯的经验公式

成品宽厚之比	经　验　公　式	成品宽厚之比	经　验　公　式
≤1.6	$D_0 = 1.5\sqrt{ab}$	>1.6	$D_0 = \dfrac{a+b}{2}(1+\beta)$

注：D_0 为圆线坯的直径；b 为扁线宽度；a 为扁线厚度；β 为系数。

扁线坯系数 β 由经验曲线查图 5-149 确定。

B　扒皮

为了消除成品表面的起皮、起刺、凹坑等缺陷，一般线坯表面要用扒模扒去一层。为

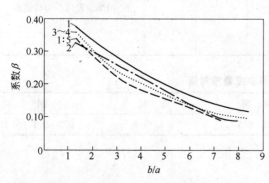

图 5-149　扁线坯确定系数

了确保扒皮质量，在扒皮前需经一道加工率 20% 左右的拉伸，然后经过可调的导位装置，进入扒皮模。因为线坯的椭圆度较大，且材质较软，经拉一道后，线坯变圆，且已加工硬化，这样能保证线坯四周均匀地扒去一层。如不能完全消除线坯表面缺陷，还要重复扒皮。由于被扒金属材质不同，扒皮模的一般技术参数有所区别，见表 5-98。

每次金属扒皮量推荐值列于表 5-99。

表 5-98　扒皮模的加工表

用途	图　　形	材　料	定径区长 /mm	刃口角度 /(°)	加工顺序
紫铜	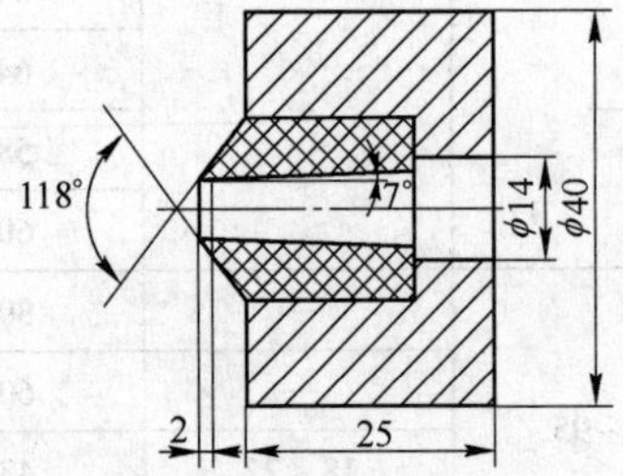	Cr12 YG6 YG8	1.5 ~ 2.5	59 ±2	1. 如采用合金工具钢，现在970℃，保温5~15min 后在油中淬火。除去刃口面及定径区的氧化皮； 2. 磨刃口凹圆锥； 3. 磨定径区、出口圆锥、出口区； 4. 精磨定径区、刃口凹圆锥
黄铜	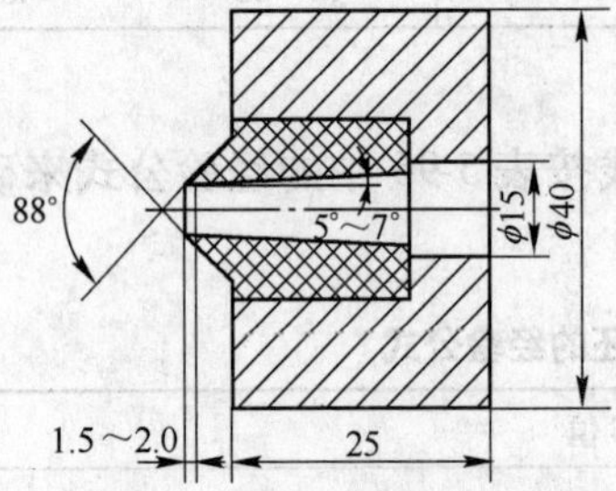	YG6 YG8	1.5 ~ 2.0	88 ±2	1. 磨刃口圆锥； 2. 磨定径区、出口圆锥、出口区； 3. 精磨定径区、刃口圆锥
铅黄铜	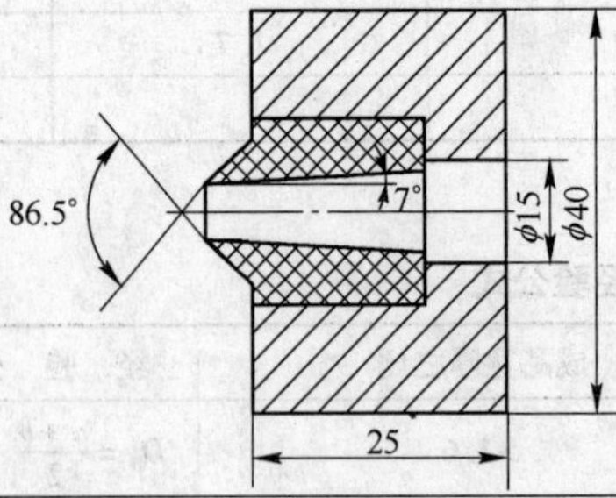	YG6 YG8		86 ±2	1. 磨刃口工作面； 2. 磨出口圆锥、出口区； 3. 精磨刃口工作面、出口圆锥
青铜、铜镍合金	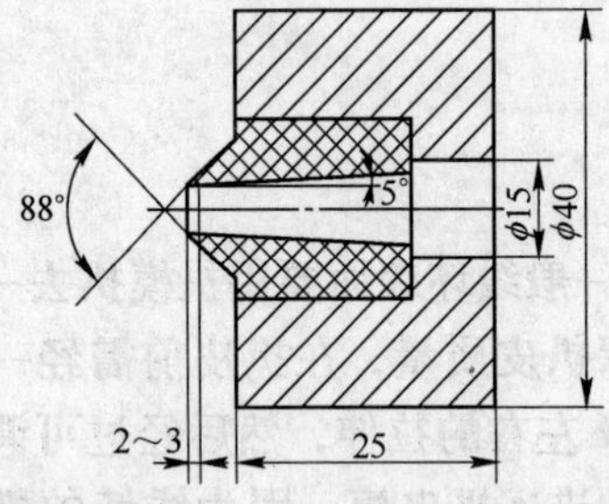	YG6 YG8	2 ~ 3	88 ±2	1. 磨刃口圆锥； 2. 磨定径区、出口圆锥、出口区； 3. 精磨定径区、刃口圆锥

表 5-99　每次金属扒皮量推荐值

金属名称	紫铜	黄铜	青铜	白铜
每次扒皮量/mm	0.3 ~ 0.5	0.3 ~ 0.5	0.2 ~ 0.4	0.2 ~ 0.4

C　热处理

a　中间退火

为了消除在冷拉变形时产生的加工硬化，恢复塑性，以利于进一步加工，将材料加热到再结晶温度以上进行退火。退火温度的选择主要根据不同成分的合金，而加工率的大小也有一定的影响。合金线坯经 50% 左右的加工率后，在不同温度下保温 60min 后的软化曲线见图 5-139。

　　b　成品退火

　　为了消除成品在冷加工时产生的内应力和达到成品的力学性能所进行的退火工艺参数推荐值见表 5-100。去应力退火通常采用再结晶温度以下，退火后的成品仍保持原有的力学性能。

　　为了保持软性成品表面色泽，减少金属损耗，同时为了减少酸洗对环境的污染，应推广在线光亮退火技术。

表 5-100　成品退火工艺参数推荐值

合金牌号	状态	退火温度/℃	保温时间/min
T2、T3、TU1、TU2	软	390~480	120~150
H68、H65、H62	硬	160~180	90~120
	半硬	260~370	
	软	390~490	
HPb59-1、HPb63-3	硬	160~180	90~120
	半硬	160~180	
	软	390~430	
HSn62-1、HSn60-1	硬	160~180	90~120
	软	390~430	
QBe2	软	760~790	60~90
QCd1	软	380~400	110~130
QSn6.5-0.1、QSn6.5-0.4、QSn7-0.2	软	380~470	90~120
QZn15-20	半硬	400~420	120~150
	软	600~620	
BMn3-12	软	500~540	110~140
BMn40-1.5	软	680~730	110~140

418　怎样生产电动车辆用异形架空导线?

　　铜接触线是一种典型的异形材，除用于厂矿、城市电车、地铁等方面外，还用于铁路电力牵引，是电力接触网中价值最高、对安全运行影响最大的关键材料。长期以来，干线铁路电气化所需铜接触线基本上依靠进口。铁路电气化对铜接触线主要有以下严格要求：

　　(1) 单根线长度要达到 3000m 以上，不允许有接头；

　　(2) 抗拉强度要均匀达到 363MPa 以上；

　　(3) 导体尺寸、形状、面积的波动要严格控制在规定范围内；

（4）电阻率不大于 0. 01768Ω · mm^2/m；

（5）导体从线盘中放出后，其自由曲率半径要大，悬挂后要有良好的平直度。

目前国内铜接触线的生产基本上是上引无氧圆铜杆经连续拉制成形，产量很大程度上取决于异形孔拉丝模的准确性及磨损量；铜接触线还可以采用连铸连轧、四辊轧制的方法生产。

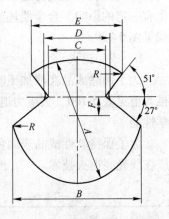

图 5-150　接触导线截面图

A　上引无氧圆铜杆经连续拉制成形

通过上引铸造无氧圆铜杆，然后经过连续拉制成形，拉制工艺如下：

现欲拉制 85 ± 3.5mm 的双沟电车线。其要求为：材料为紫铜，截面形状与尺寸见图 5-150 和表 5-101，最小拉断力为 30300N，最小伸长率为 2.7%，单重为 774.2 ± 31.0g/m。可按下列程序进行配模。

表 5-101　铜接触导线的形状和尺寸

截面积/mm^2		尺寸/mm						
标　称	计　算	A	B	C	D	E	F	R
150	150. 70	14. 40	14. 40	6. 85	7. 27	9. 75	3. 20	0. 38
110	111. 10	12. 34	12. 34	6. 85	7. 27	9. 75	1. 70	0. 38
85	87. 09	11. 00	11. 00	5. 70	6. 12	8. 50	1. 50	0. 38
70	70. 29	10. 00	9. 90	5. 00	5. 42	8. 10	0. 80	0. 38

（1）确定线杆尺寸。因双沟电车线的宽厚比近似于 1，故采用圆线杆。按最小拉断力计算，要求最小抗张强度为 345MPa，查得需冷变形 55% 以上，相当于延伸系数 $\gamma = 2.22$。则线杆的截面积应大于：

$$F_0 \geqslant 2.22 \times (85 + 3.5) = 196.7 \text{mm}^2$$

线杆的 $D_0 \geqslant \sqrt{4F_0/\pi} = 15.8$mm。现按线杆的尺寸系列，采用 $D_0 = 17.0$mm。

（2）确定拉制道次。由于要拉出沟槽，变形不均，周边长，故拉力大。为此暂定道次变形量为 20%，相当于 $\bar{\lambda} = 1.25$。

现总变形量为：

$$\lambda_\text{总} = \frac{\pi}{4}17^2/(85 - 3.5) = 2.78$$

拉制道次为：

$$n = \lg 2.78/\lg 1.25 = 4.58，用 n = 5$$

（3）道次变形量分配。现平均变形量为：$\bar{\lambda} = \lg \dfrac{\lg 2.78}{5} = 1.23$，相当 $\varepsilon = 18.7\%$

因　　　　　　$$\lg \lambda_\text{总} = \lg \lambda_1 + \lg \lambda_2 + \lg \lambda_3 + \lg \lambda_4 + \lg \lambda_5$$

有　　　　　　$$\lambda_\text{总} = \lambda_1 \cdot \lambda_2 \cdot \lambda_3 \cdot \lambda_4 \cdot \lambda_5$$

按表 5-102 分配变形。同时算出各道次的截面积和"当量圆"直径。

表 5-102　85mm² 电车线当量圆计算

道　次	0	1	2	3	4	5
lgλ	—	0.096	0.102	0.101	0.080	0.070
λ	—	1.247	1.265	1.262	1.202	1.175
$F/$mm²	230.0	183.8	145.3	115.1	95.8	81.5
当量圆 $D/$mm	17.1	15.3	13.6	12.1	11.0	10.2

（4）按各道次当量圆直径绘同心圆，并算出各道次减径量和各道次的减径量占总减径量的比例，以备用。

（5）画出成品截面图，并将其置于线杆截面图内，二者重心重合（该图可按适当比例放大）。

（6）画出变形时金属质点在截面上的流动路线，按各道次的减径比例来划分各条质点流线，然后将各流线上相应的点相连，即为各道次拉制后工件的截面轮廓。

（7）将各道次截面沿轮廓线剪下，并称重，则各道次的截面积相当于各道次图形的重量。与表 7-34 所列截面积对照，若差异甚小，则各道次模孔形状、尺寸为各轮廓的形状、尺寸，送去修造模具。若差异较大，说明所画质点流动路线不够正确，需返工重做。

（8）流槽-道次轮廓图和同心圆图分别见图 5-151 和图 5-152。各道次轮廓尺寸见表 5-103。

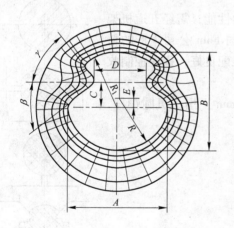

图 5-151　流槽-道次断面轮廓图

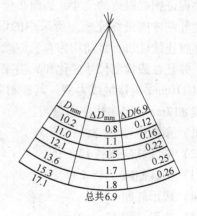

图 5-152　同心圆图

表 5-103　85mm² 电车线模表

道　次	A	B	C	D	E	R_1	R	γ/β
1	15.6	15.6	2.5	12.1	2.5	7.25	7.8	78/53
2	14.0	13.9	2.5	9.6	2.3	7.15	7.0	68/48
3	12.8	12.6	2.5	7.8	2.0	6.65	6.4	62/43
4	12.0	11.5	2.5	6.8	1.8	6.28	6.0	57/41
5	11.3	10.8	2.5	5.7	1.5	6.00	5.7	50/35

B　四辊轧制

a　轧制原理

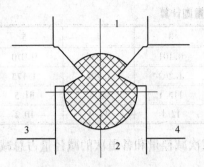

图 5-153　四辊轧机示意图

1—上轧辊；2—下轧辊；3—左轧辊；4—右轧辊

如图 5-153 所示，四辊轧制是靠四只具有特殊孔型的轧辊，通过互相施加一定压力，组成一个精确的异形孔型实现铜接触线的成形。其中上、下轧辊带有动力，通过摩擦力及轧材将动力传给左右轧辊，实现轧制驱动。由于轧辊的尺寸精度和形状精度以及硬度很高，并且减轻了与铜材的滑动摩擦，这就从根本上解决了成形工具的磨损带来的产品尺寸和形状的波动，并且由于铜材处于三向压应力变形状态，也有利于提高和保证产品的力学性能。

轧辊的有关参数为：

辊径	268mm
材质	Cr12W
硬度	HRC62
孔型工作面跳动	0.005mm
孔型工作面表面粗糙度	0.80μm

b　轧机及轧制工艺

为保证铜接触线的尺寸，表面质量以及力学性能，需经五道机架的连续轧制才能最终完成。所采用的设备为德国 Fuhr 公司生产的精密异形材连续轧机，传动均为直流驱动，速度匹配良好，程序控制收排线，并且在线检测尺寸变化和无损探伤。

以 110mm² 铜接触线为例，其原材料为 φ25mm 上引无氧圆铜杆，预轧成 φ17mm，各道次变形量为：

（1）预拉整型 15.8%；

（2）椭圆轧制减径 13%；

（3）圆轧制减径 18%；

（4）成形轧制 15%；

（5）成形轧制 5%；

（6）最终成形轧制 5%。

CT110 成形过程如图 5-154 所示。

c　工艺及产品特点

采用轧制成形法生产铜接触线，由于工艺方法的改进，产品具有以下特点：

（1）铜材经轧制成形后，内部组织致密，对于铜接触线这样截面积较大的产品，截面表层与内部组织接近一致，从而保证加工产品有较高的综合力学性能及稳定性。

（2）轧制成形比拉制更有利于防止加工变形时晶间微观裂纹的扩展，所以以轧制成形有利于保证产品抗拉强度在长度方向上的稳定性，

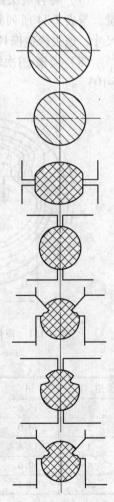

图 5-154　CT110
成形过程简图

即多点随机抽样抗拉强度检测数值的离散性小。

（3）轧辊采用高合金钢制造，硬度很高。与钢材之间是滚动轧制成形，而非滑动摩擦。故加工工具的磨损很轻微，可充分保证大长度生产接触线的形状、尺寸的高精度。

（4）在轧制过程中以及成品轧制完成之后，铜材没有经过拉丝辊轮的反复弯曲，所以产品平直度好，成品自由状态时曲率半径大，有利于现场施工并保证架设质量。

（5）轧制方法加工属于两向压缩变形状态，优于拉伸变形。这就使用四辊轧制法生产某些抗拉强度高、软化温度高、延展性及加工工艺性较差、拉制方法很难加工的铜合金接触线容易得多。

　　d　使用效果

采用轧制方法生产的铜接触线，经过检测，具有较高的指标水平。以 $110mm^2$ 铜接触线为例，其拉断力稳定保持在 42.7kN 以上，比国标 GB 12971 指标高 13%，比部标 TB/F 2810高7%。在保证高强度的同时，伸长率、弯曲、扭转等韧性指标及电阻率均能很好地满足标准要求。在铁路干线上经过两年多的运行，其磨耗指标仅为每万弓架次 $0.0432mm^2$。产品质量居国内领先水平。

在实际生产时，累计轧制铜接触线300km 之后，轧辊孔型工作表面仍很光洁，产品尺寸误差仍小于标准要求数值的20%，不需重磨仍可继续使用。

419　怎样确定异形线线坯的尺寸？

异形线（如方线、六角线和宽厚之比小于1.6 的扁线）的拉伸一般采用圆线坯直接拉伸方法。确定异形线所需的圆坯尺寸时，方线、六角线按表5-104 中的经验公式来确定；而扁线按表5-105 中的经验公式来确定。

表 5-104　方线、六角线加工用圆坯经验公式

形　状	经验公式	β 值					
		H62	HPb59-1	QSn4-3	QSn6. 5-0. 1、QSn7-0. 2	QSn6. 5-0. 4、QSi3-1	BZn15-20
方　形	$D_0 = A_k\beta$	1. 55	1. 5	4. 5	2. 1	1. 7	1. 5
六角形	$D_0 = A_k\beta$	1. 4	1. 25				

注：D_0 为圆线坯的直径；A_k 为型线成品的边长。

表 5-105　扁线加工用圆坯经验公式

成品宽厚之比	经验公式	成品宽厚之比	经验公式
≤1. 6	$D_0 = 1.5 \sqrt{ab}$	>1. 6	$D_0 = \dfrac{a + b}{2}(1 + \beta)$

注：D_0 为圆线坯的直径；b 为扁线宽度；a 为扁线厚度；β 为系数，由经验曲线查图5-149 确定。

420　怎样生产弥散强化无氧铜拉制棒？

传统内氧化法生产弥散强化无氧铜拉制棒的工艺路线为：Cu-Al 合金熔炼→雾化制粉→混料→内氧化→破碎筛分→还原→封套→热挤压→拉伸→检测→成品。

A　Cu-Al 合金粉末制备

用中频、工频感应炉熔炼铜-铝合金，然后，采用氮气雾化或水雾化，将熔融的铜-铝

合金雾化成约 0.351mm 或更细的粉末,其后再进行干燥、筛分,以备用。

　　该工序是弥散强化铜合金制备过程中十分关键的环节,因为合金粉末成分的均匀性、粒度、纯净度将明显影响到内氧化工序的效果,并最终影响到材料的性能。为了获得性能优良的弥散强化铜合金,合金粉末粒度不宜太粗(约 0.147mm 以下),这样可增加氧渗透时的比表面积,又减少氧在铜基体中的扩散路径,缩短内氧化时间,减少粒子聚集长大的机会。一般来说,水雾化法制备的粉末比氮气雾化要好些,水雾化制备的粉末粒子较小。但是水雾化喷粉时会造成液滴中的部分 Al 过早氧化生成较粗大的 Al_2O_3 粒子,也不利于提高合金的力学性能。

　　B　氧源制备

　　粉末的内氧化常用的方法有表面氧化法、双室法、混合及分离法、单纯混合法等。单纯混合法使用的设备比较简单,操作方便,工艺条件也比较容易控制,应用较多。采用单纯混合法需先制备氧化剂。为增加与原始雾化粉的接触面积,氧化剂粉末必须与雾化粉形成良好的匹配,为此,要求氧化剂颗粒要细,比表面积大;内氧化后氧化剂的成分必须与合金粉末内氧化后的成分相一致,可作为材料的组成部分而不必再分离。所以,一般的氧源制备方法是从原始雾化 Cu-Al 合金粉中筛出约 0.088mm 的细粉末,在空气中加热 200～450℃,使其表面形成 Cu_2O,然后在氮气保护下加热(800～900℃)分解成氧化剂,其主要成分为 $Cu + Cu_2O + Al_2O_3$。

　　C　混料

　　将适量的氧源与 Cu-Al 合金粉在 V 形混料机中进行一定时间的混合,使其充分均匀。氧源的配入量对于材料的力学性能起着决定性的作用,如果氧量刚好等于或低于 Al 的氧化所需要的氧量,而杂质的氧化会消耗相当一部分氧,那么 Al 就得不到充分的氧化,所获得的材料力学性能就会偏低。此外,由于未被氧化的 Al 和其他杂质与铜形成固溶体,必然导致材料的电导率降低。因此,实际的氧源配入量应高于理论配入量。理论配入量按以下公式计算:

$$\eta = \frac{8}{9} \times \frac{C_2}{C_1} m \tag{5-141}$$

式中, η、m 分别为粉末和氧源重量; C_1、C_2 分别为合金粉末中 Al 和氧化剂的含量。

　　D　内氧化

　　把混入氧源的混合粉末装到密闭的容器中,在惰性气氛保护下进行内氧化处理。其目的是利用氧源将原始雾化 Cu-Al 合金粉末中的溶质 Al 全部优先氧化成 Al_2O_3。内氧化物的析出对基体的力学和电学性能有重要的影响。因此控制内氧化的工艺参数(如温度、时间等)对合金性能具有重要的意义。内氧化温度高,有利于 α-Al_2O_3 形成及 γ-Al_2O_3 向 α-Al_2O_3 转化,而通常 α-Al_2O_3 较粗,要尽量避免形成,因此,内氧化温度不宜过高。

　　E　破碎筛分

　　内氧化后的粉末有一定程度的结块,需要进行破碎、筛分,才易于还原。

　　F　还原

　　内氧化后的粉末中还存在以 Cu_2O、CuO、$CuAlO_2$ 以及固态氧等形式存在的残余氧,这些残余氧是合金产生烧氢膨胀、钎焊起泡、性能下降的主要根源,因此,必须进行彻底还原。氢气是非常理想的还原剂,对铜的氧化物有很好的还原作用。而在铜的熔点的温度以下与氢气不发生反应,在氢气中具有良好的热力学稳定性。同时氢气容易被铜粉所吸附,在铜中的扩散渗透快,还原的产物也容易自粉末的表面分解、逸出。为了保证粉末的还原质量,对氢气的露点和氧含量都有严格的规定和要求。氢气的露点必须控制在 -40℃

以下，氧含量要控制在 $5 \times 10^{-4}\%$ 以下。

G　封套

将烧结后的弥散铜粉锭装入铜套中，进行真空密封、保存，防止存放及热挤压过程中氧的侵入。

H　热挤压成形

弥散铜粉末锭，虽然经过等静压和高温烧结处理，但锭坯中粉末颗粒间并未形成完全的冶金化结合，而仅是机械啮合。由于 Al_2O_3 对铜粉的烧结有很强的抑制作用，氧化铝的存在提高了基体铜扩散的起始位能，使体积扩散难以启动，阻碍了粉末颗粒间颈处的空位流动，延缓了烧结颈的长大。因此，采用传统的粉末冶金工艺不能使粉末颗粒达到真正的全致密和全冶金化结合，必须在烧结后输入更大的能量突破，使扩散进入塑性流动状态，才能实现粉末颗粒间全致密和全冶金化结合。而挤压能使粉末锭在加工过程中进入最佳的受力（三向压应力）与变形状态（两向收缩，一向延伸），是粉末锭进一步致密化和全冶金化结合的理想加工方式。粉末锭在高温、高压挤压变形时将粉末焊合，消除空隙，实现致密化，粉末颗粒表面上的氧化物薄膜进一步破碎，粉末颗粒之间的结合面增多，材料的密度提高，粉末颗粒之间的结合由机械啮合变为冶金化结合。因此，热挤压是内氧化粉末成形、获得冶金化结合和全致密化的高性能 $Cu-Al_2O_3$ 弥散强化铜合金材料的关键工序之一。

I　短流程工艺路线

采用传统的弥散铜工艺路线，虽然能生产出性能优良的弥散强化铜合金，但这一制备技术工艺复杂，周期长，导致生产成本太高（相当于常规铜合金的 6 ~ 12 倍），这些问题极大地阻碍了弥散铜这一优异材料的推广应用。

为降低生产成本，简化工艺，国内有关企业和科研机构对传统的弥散铜工艺进行了简化，目前有两种简化工艺路线：

（1）Cu-Al 合金熔炼→雾化制粉→氧源制备→混料→真空热压→热挤压→拉伸→检测→成品。

（2）Cu-Al 合金熔炼→雾化制粉→氧源制备→混料→等静压→综合热处理→热挤压→拉伸→检测→成品。

421　怎样生产毛细管？

A　产品特点

用于制冷及仪器、仪表的高精密铜毛细管的特点是：

（1）直径小，精度高，$O.D \leqslant 3.0mm \pm 0.02mm$，$I.D \leqslant 2.0mm \pm 0.01mm$；

（2）内、外壁清洁且光滑，杂质含量不大于 $10mg/m^2$，粗糙度不大于 $0.2\mu m$；

（3）内孔通透性（即流量）十分稳定，流量偏差可达标样管 $\pm 3\%$。

B　生产工艺流程（以软态并带墩头直管为例）

工艺流程见图 5-155。

C　关键工艺控制

a　坯料

毛细管内径尺寸精确度及内、外壁粗糙度是影响内孔流动性的关键因素。毛细管拉伸道次延伸系数一般取 1.3 ~ 1.6，平均总变形量（断面收缩率）约为 40% ~ 65%，故拉伸

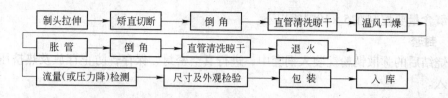

图 5-155　带墩头直管生产工艺流程

成形对管材偏心纠偏影响较小, 若内壁粗糙度偏高, 拉伸易于断管, 管材内表面易出现微小凹坑。因此, 坯料的选择十分重要, 要求内壁清洁度不大于 $10mg/m^2$, 平均壁厚公差为 $\pm 0.04mm$, 同时, 对坯料外表面要求无划伤、粗拉道和凹坑, 而且明确规定管坯必须全部通过旋转探伤检测。

b　模子

(1) 材料选择。在拉伸时, 由于模具工作环境较为恶劣, 模子很快磨损, 因此模子的材料选择至关重要, 必须选择具有高硬度、高强度和良好耐磨性能的材料。

在毛细管生产中, 拉模大多用硬质合金制造, 硬质合金的硬度仅次于金刚石, 具有较高的耐磨及耐蚀性, 使用寿命远高于钢制模具, 其价格也不太高。拉伸用硬质合金以碳化钨为基体, 用钴作为黏结剂, 经高温烧结而成。为了提高其使用性能, 有时在碳化钨中添加碳化钛, 可明显提高硬质合金的强度与硬度。拉伸用硬质合金材质大多选用 YG6 与 YG8, 根据不同工作条件选用不同的硬质合金牌号, 选择原则主要是考虑其强度和韧性不至于太低, 以免受力后遭到损坏。硬质合金模芯以热压配合装入外模钢套。

(2) 模子结构与尺寸。模子结构见图 5-156。

1) 润滑带。润滑带的作用是在拉伸时便于润滑剂进入模孔, 保证变形材料得到充分润滑, 并且带走由于变形和摩擦所产生的热量。润滑锥角大小决定润滑效果, 锥角过大使润滑剂不易储存, 造成润滑不良; 锥角过小, 容易使金属屑停留在模孔中, 擦伤制品表面。实际生产锥角 $\beta_{模}$ 为 $35° \sim 50°$, 润滑锥长度取制品直径的 $0.8 \sim 1.2$ 倍。

2) 压缩带。拉伸时金属塑性变形主要发生在压缩带, 也称变形区, 它使管材直径减小, 壁厚减薄。

拉伸模角 α 是主要参数之一, α 角过小, 将使铜管与模子的接触面积增大, 加大了摩擦能耗; α 角过大, 将使铜管在变形区中的流线急剧转弯, 导致附加剪切变形增大, 从而使拉伸力和非接触变形增大; 另外, 模角 α 过大, 单位正压力增大, 润滑剂很容易从模孔中被挤出, 使润滑条件恶化。传统工艺模子模角 α 为 $16° \sim 20°$, 但实际生产中, 由于拉伸模具接触面积较大, 从而摩擦能耗使模子寿命缩短, 根据实践经验, 最佳模角范围为 $\alpha = 12° \sim 16°$。

3) 定径带。定径带的作用是保证制品获得稳定而精确的形状和尺寸, 并使模子磨损减轻, 提高模子使用寿命。定径带长度的确定应保证模子耐磨、抗拉, 使用寿命长。定径带长度最佳范围 $L_d = (0.1 \sim 0.2)\ d$。

4) 出口带。出口带的作用是防止制品出模孔时被

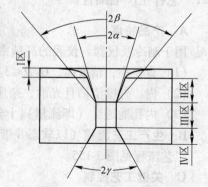

图 5-156　毛细管拉伸模结构
Ⅰ区—润滑区; Ⅱ区—变径区;
Ⅲ区—定径区; Ⅳ区—出口区

划伤，实际生产中，出口带锥角 $\gamma_{模}$ 常取 $25° \sim 40°$。

c 游动芯头

游动芯头结构见图 5-157。

(1) 芯头锥角。为实现稳定拉伸过程，根据游动芯头拉伸过程受力分析，芯头锥角 $\beta_{芯}$ 应小于模角 α 而大于摩擦角 γ 即 $\alpha > \beta_{芯} > \gamma$。为使拉伸过程稳定并得到良好润滑，拉模与芯头角度差以 $1° \sim 3°$ 为宜，由于游动芯头是完全自由的，其三维稳定性由管材

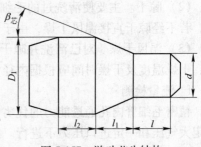

图 5-157 游动芯头结构

与芯头圆锥段比较大的接触长度米保证，囚此毛细管拉伸的芯头与拉模锥角差不宜过大。

(2) 芯头尺寸。小圆柱段（定径段）长度，可在较大范围内波动，圆柱段长度可用式 (5-143) 表示：

$$l = l_a + l_d + \rho \qquad (5\text{-}142)$$

式中 l_a——轴向移动几何范围，实验数据近似为 $l_a = 4.8 \ (S_0 - 0.995 S_1)$；

l_d——模孔定径带长度；

ρ——芯头在后极限位置时，伸出模孔定径带的长度，一般取 $1 \sim 3mm$。通常，l 取模孔定径带长度加 $4 \sim 6mm$。

圆锥长度 l_1 可用下式计算：

$$l_1 = (D_1 - d_1)/2\tan\beta_{芯} \qquad (5\text{-}143)$$

式中 D_1——芯头大圆柱端直径；

d_1——芯头定径圆柱段直径；

$\beta_{芯}$——芯头锥角。

芯头大圆柱段直径 D_1 应小于拉伸管子的内径 d_0，毛细管常取 $D_1 \geqslant d_0 - 0.1mm$。毛细管拉伸时，为使芯头与管尾分离，不随同管子被带出模孔，芯头大圆柱段直径 D_1 应比模孔直径大 $0.1mm$。大圆柱端长度 l_2 主要对管子起定向作用，一般可取 $(0.3 \sim 0.5)d_0$。

d 内润滑油的选择

毛细管对内腔环境要求十分严格，润滑油选择十分重要，选用原则如下：

(1) 与铜管内表面有较强的黏附能力和耐压能力，在高压下能形成稳定的润滑膜。

(2) 要有适当黏度，保证润滑层有一定厚度并且有较小的流动剪切应力。

(3) 其性能受温度影响小，且能有效冷却芯头。

(4) 润滑油能完全溶解于清洗剂，并在成品退火后有极少残碳。

e 清洗及晾干

(1) 直管清洗。本工序主要清洗内、外表面由于拉伸和矫直切断带来的油污，根据毛细管内径小的固有特性，要求清洗剂必须满足以下要求：

1) 对内腔润滑油有极好的溶解性，衡量清洗能力主要指标原则上不小于 120。

2) 挥发性强并且无残迹，要求非常纯净，在常温下就能很好挥发并在低温热风干燥下能彻底挥发。

3) 对清洗材料不会产生腐蚀和锈蚀，对操作时使用的塑料器皿无溶解作用。

4) 不易燃烧，特别要求常温下用明火不易点燃，即应属于无闪点物质。

5) 无毒性并在常温下不会发生分解，不会产生对环境有害的物质。

（2）晾干。主要使清洗过的毛细管尽快将内、外表面清洗剂挥发掉并便于随后温风干燥，若不经晾干直接温风干燥，由于干燥温度较高，干燥时间过长，势必造成外表氧化。

（3）温风干燥。对已清洗并晾干后的毛细管表面再进行烘干，将表面残留清洗剂挥发掉，干燥温度及干燥时间应根据内径大小、管材长短确定。

f　流量检测

精密毛细管内孔通透能力的优劣是通过流量的测定来判定的，流量测定在一定温度、一定大气压和一定进口压力下进行。检测应具备以下条件：

（1）气源应采用干燥压缩空气或瓶装氮气，其露点应在 -40℃ 以下。

（2）进口压力要稳定，其波动范围不得大于 0.01MPa。

（3）气源压力不得小于工艺规定进口压力值的 2.5 倍，以保证进口压力稳定。

（4）进口压力表采用最大刻度为 1.5 ~ 2.5MPa 的压力表，其精度不低于 0.5 级。

（5）为保证不同时间测定的数据具有可比性，要求气体温度应保持相对稳定，一般为 20 ± 5℃。

（6）为保证测定的数据具有真实性和准确性，要求毛细管内孔必须清洁、无氧化、无油污及其他杂质，毛细管本身无变形和两端口无堵塞。

另外，为确保产品流量符合需方要求，需请需方提供流量值及对应的标准流量管。

422　怎样生产覆塑铜管？

在普通铜管外面包覆一层塑料就制成了覆塑铜管。这层塑料起到保护铜管免受磕碰、防止腐蚀损害的作用。覆塑铜管主要用做冷、热水道管、空调配管、燃气管、医疗气管等。覆塑铜管可埋入地下或墙体；外层塑料色泽靓丽，可与室内装潢协调一致；潮湿季节外层不会像光铜管那样"出汗"；塑料的导热系数很低（LDPE 为 0.35W/m · ℃），具有隔热保温作用；还可按不同用途包覆不同颜色的塑料，加以标识等。

A　产品技术要求

我国生产覆塑铜管始于 1996 年，采用 BS2871 标准。目前已发展到几万吨的生产能力，但规模都不大。覆塑铜管在我国南方和东南亚潮湿地区有较好的市场。覆塑铜管的断面形状见图 5-158；热水管的规格见表 5-106；其生产流程见图 5-159，班产能力约 1.5 ~ 2.5t。

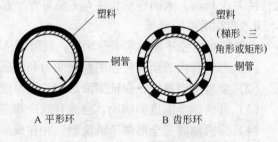

图 5-158　覆塑铜管断面形状

表 5-106　热水管的规格

公称尺寸/mm	φ12	φ18	φ22	φ28	φ35	φ42	φ54
齿　数	14	16	18	20	22	24	26
塑料外径/mm	1505	19	27	33	41	47	61

B　覆塑铜管的生产工艺要点

a　塑料的配方

覆塑铜管一般用低密度聚乙烯（LDPE），它的优点是无毒、无味、半透明、耐蚀，有很高的韧性，在高温下流动性好，被着能力强。价格低于中、高密度聚乙烯。它的缺点是

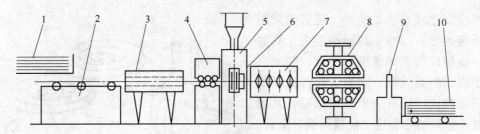

图 5-159　覆塑铜管生产流程及装备

1—裸管上料架；2—送进辊道；3—预热器；4—调直送进装置；5—单螺杆挤塑机；6—成形定型装置；
7—水冷装置；8—牵引装置；9—喷码或剪切装置；10—覆塑成品管存放台

在紫外光、太阳光作用下易老化、变色、龟裂；易燃，并产生石蜡燃烧的气味。因此，覆塑铜管用的塑料应添加适当的紫外吸收剂、抗氧剂、阻燃剂等助剂，以提高塑料的性能和寿命。原料一般选用颗粒型，以便和添加剂混合均匀。

b　母管质量

母管尺寸公差、性能应符合标准要求；应经无损探伤或气/水压检查合格；表面应清洁无油污，最好经过脱脂或酸洗；母管应经过矫直，弯曲度越小越好。外表面油污严重会影响塑料的被着能力，油污还会在高温下气化分解，污染塑料熔体。而母管弯曲会造成包覆厚度不均。

c　挤塑工艺

包覆一般是在等距不等径螺旋叶片式单螺杆挤塑机上进行的。经过加料、熔融塑化、挤压包覆、定径整形四个阶段。其中塑化是否均匀是关键，为此，各区温度、挤压速度和母管进给速度参数必须严格控制。表 5-107 介绍了两种规格覆塑铜水管的工艺实例。应该注意的是，挤塑后冷却速度应缓慢，离开模口后应风冷 3 ~ 5s，再接受水喷淋冷却，既可使塑料表面光亮柔滑，又可使其内应力最小，有利于防止其老化和开裂。

表 5-107　覆塑铜管挤塑成形工艺参数举例

类　别	规格 /mm	供料段温度/℃	压缩段温度/℃	计量段温度/℃	模口温度 /℃	铜管预热器温度/℃	挤压速度 /m·min^{-1}	铜管送进速度 /m·min^{-1}
冷水管	φ15	110	125	130	140	350	6	5.5
热水管	φ54	110	115	125	134	390	4	1.7

423　铜焊管生产方法和工艺要求是什么?

铜焊管沿圆周公差一致性好，可以无限长，应用广泛。早期的拉杆天线（H62 黄铜管）、目前正在使用的同轴通讯电缆、内螺纹空调管等都是应用实例。国外特别是俄罗斯黄铜焊接冷凝管（H68A、HSn70-1）广泛应用于电站等冷凝器。

A　高频焊接铜管

a　基本原理

高频焊接是熔焊的一种，它用高频交流电通过线圈产生高频交变磁场，使从线圈中通过的铜带中产生高频感应电流，从而使带边加热到熔焊温度，并在挤压辊挤压下完成焊接，再经冷却、定径和粗矫直而成为所需规格的铜管。铜及铜合金是非导磁材料，因而高频电流的穿透深度也较大，同时铜及铜合金又具有良好的导热性，所以管坯散热快。为此，焊接时，必须采用比较高的频率，以使电能更强地集中于会合面的表层，使之迅速加热到焊接温度或熔点。此外，还必须采用高的焊接速度，以减小热能的损失。高频焊接可在很广的频率范围内实现，频率高有利于提高焊接效率。而为了获得优质焊接，频率的选择还取决于管坯材质及其壁厚。对于空调制冷和热交换器用铜合金管，频率通常选用 400～600kHz。焊接速度高有利于熔化的金属层和氧化物挤出，从而得到优质焊缝。然而在输出功率一定的情况下，焊接速度不能无限提高，否则易产生

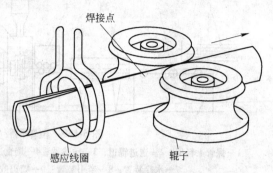

图 5-160　铜合金管高频感应焊接形式

焊接缺陷。同时焊接速度还取决于壁厚、直径、高频电流。通常，焊接速度为 15～152 m/min，而焊接薄壁小管时可达 200m/min。铜合金管的高频感应焊接形式如图 5-160 所示。

　　b　中、小型高频焊管典型流程

　　其典型流程是：开卷—铜带矫平—头尾剪切—铜带对焊（接头）—活套储料—成形—焊接—清除毛刺—定径—探伤—飞切—初检—铜管矫直—管段加工—水压试验—探伤检测—打印和涂层—成品。

　　有特殊要求的焊管，还需增加带材边部处理、带材表面探伤、焊后退火等其他工序。

　　c　高频焊接铜管的特点

　　其特点是：焊接过程不加金属，得到的焊接接头基本上是热变形组织，焊接速度高，焊接质量好，焊缝和热影响区非常窄；与传统的无缝管生产相比，只有它才能保证较好的圆周厚度控制，并能达到更高的同心度；焊管用铜及铜合金带卷的长度有数千米，连续生产，效率高，可获得超长管材。

B　钨极氩弧焊管

　　钨极氩弧焊就是把氩气作为保护气体的焊接，借助于产生在钨电极与焊体之间的电弧，加热和熔化焊材本身而后形成焊缝金属。钨电极、熔池、电弧以及被电弧加热的接缝区域，受氩气的保护而不被大气污染，焊缝质量较高。

　　a　弧焊焊管机工作原理及优点

　　用专门的装置将带材成形圆筒状的管坯（带材的侧边成为纵向对接头），在氩气的保护下，用非熔化的钨电极以连续的纵向焊缝进行电弧焊。焊好的管坯作为盘拉的坯料生产中小管。

　　一般的氩弧焊以 6～15m/min 的速度焊接，与高频焊相比，具有相当的竞争能力。高频焊虽然能以 60～70m/min 甚至更高的速度进行，但在焊接小直径（5～25mm）、薄壁管坯时，因有内部焊瘤形成而不能有效利用。尽管焊瘤可用特殊的除瘤器切除，但除瘤器要放置在管材内部，管材直径越小，其放置就越困难，随着壁厚减小，内部焊瘤切除的质量变差，拉伸时将引起管材拉断，并导致管内形成起皮。

　　b　工作流程

　　其工作流程是：带卷开卷→切掉卷材的前端和后尾→带材的对接及焊接→纵向边部修整（需要时切边）→连续把带材弯曲成所需要直径的有缝管→用氩弧焊对弯成形的对接管边进行连续纵向焊接→焊接后进行管坯的冷却→焊缝的无损涡流检测→焊接管坯的定径和绕成所需直径的盘卷。

第6章　铜及铜合金产品质量控制[1]

424　铜合金铸锭（坯）的质量要求是什么?

（1）化学成分检测，各元素符合合金成分范围要求。

（2）铸锭表面质量良好，应无夹渣、冷隔、裂纹、气孔、偏析等缺陷。一般情况下允许对铸锭的局部表面缺陷进行修理。但修理坑应是浅坡形，过渡圆滑，不应又陡又深。表面漏挂金属应清理掉。

（3）铸锭内部不应有缩孔、疏松、气孔、裂纹和夹杂等缺陷。

（4）铸锭（坯）外形尺寸，即圆锭的直径，扁锭的宽度、厚度，管坯外径、壁厚和偏心程度，锭坯定尺长度，以及切斜度等符合规定的公差要求。宽厚比较大的扁锭要注意大面中心部位，不应有凹陷（中部厚度小，薄了）或凸鼓（中部厚度大，厚了）。

425　铸锭（坯）质量全分析的内容是什么?

为了研究熔炼、铸造工艺对铸锭质量的影响，或者对熔炼、铸造工艺进行评价，都需要对铸锭的质量进行严格而全面的检验，称为铸锭质量全分析。

铸锭质量全分析的内容比铸锭常规检查的内容要复杂和全面。通常包括：纵向头、中、尾和横向边、1/4、中心（见图6-1）的铸锭化学成分分析（主成分和主要杂质元素）；铸锭宏观组织检验，包括铸锭表面质量检验及头、中、尾纵横截面的低倍试片检验。铸锭内部组织微观分析检验，包括不同部位（纵向头、中、尾和横向边、1/4、中心）的高倍金相分析（晶粒度、相分布），必要时进行枝晶偏析、晶内偏析的分析；断口检验和超声波无损检验；不同部位密度分析；铸锭铸态和均匀化退火态的高倍显微组织检验；铸锭在铸态、均匀化退火态的纵、横向力学性能检验；铸

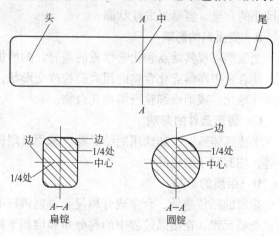

图6-1　全分析取样部位示意图

---

❶ 本章撰稿人：丁顺德、胡萍霞、路俊攀。

锭的横断面形状、尺寸检验；铸锭压力加工性能的检验（此项一般由加工车间完成）；其他特定的检验项目，如表面粗糙度、表面层偏析等。

426　如何防止成分不均?

（1）选用适宜的熔炼与保温设备。感应电炉对熔体有一定的电磁搅拌作用，低频无芯感应电炉搅拌作用更强。

（2）制定合理的加料顺序，熔点高的元素要先加入，并有一定的高温保温时间，保证其完全熔化；易损耗元素最后加入。在母液中溶解度较小的合金元素要尽可能以中间合金的形式加入。

（3）覆盖剂选择合理，减少熔炼损耗，尤其是易损元素的熔损。连续长时间铸拉时，更应该注意覆盖剂的选择问题，同时可根据实际生产情况，对易损元素定时进行补偿。

（4）对于化学成分复杂的多元合金，出炉前应对熔体进行充分搅拌；对于含有易损耗元素的合金，出炉前可对炉体往复倾动数次。

（5）铅在铸锭内的比重偏析总是存在的，只是严重程度不同。生产含铅合金铸锭，尤其高铅合金，铸造过程中应每隔一定时间，对熔体进行充分搅拌。

（6）锡磷青铜铸锭容易产生反偏析缺陷。结晶器自然振动铸造、石墨结晶器铸造、带坯及小断面棒坯和管坯采用水平连续铸造等方法，均有助于减轻反偏析程度。

427　影响铸锭结晶组织的因素是什么?

A　金属或合金的性质

不同的金属和合金有着不同的化学成分、晶型、比热容、熔解热或结晶潜热、导热性、结晶温度范围，这些性质对金属或合金的铸锭组织都有影响。合金的结晶温度范围愈大，一般等轴晶愈显著，但也最容易造成疏松；合金的导热性好，可使铸锭截面上的温差减小；比热容大，熔解热大，可使结晶速度减慢，不利于获得细晶粒；纯金属及结晶温度范围小的合金，容易形成柱状晶。

B　变质剂的影响

变质剂可视其熔点和化学性质的差异，酌情加入炉内熔池或浇包中。变质剂能细化晶粒；使合金中高熔点化合物的粗大晶粒改变形状，并均匀分布；使晶界上的链状低熔点物减少并球化，或形成细粒高熔点化合物。

C　铸造条件的影响

半连续铸造时，如选用短结晶器、采用极限铸造速度、尽可能低的铸造温度、强烈水冷等，均有利于细化晶粒。

D　杂质的影响

金属的品位越低，合金成分越复杂，则铸锭的结晶组织越细密。分配系数小于1的溶质或杂质元素，在结晶过程中的再分布和堆积于结晶前沿，往往引起成分过冷，阻止柱状晶发展，有利于扩大等轴晶带。

428　什么是偏析和反偏析?

化学成分的分布不均匀现象，称为偏析。通常所见的偏析有三种类型：晶内偏析、密度偏析和区域偏析。反偏析是区域偏析的一种。

（1）晶内偏析。晶内偏析也叫枝晶偏析，是指晶粒内部化学成分分布不均的现象。

（2）密度偏析。密度偏析是指铸锭在垂直方向上化学成分分布不均的现象。如铅黄铜水平连铸时可能产生锭坯底部的铅含量高于中、上部的现象。

（3）区域偏析。区域偏析是指铸锭局部化学成分分布不均的现象。区域偏析有正偏析与反偏析之分。

正偏析是指在铸锭的中部富有某些低熔点元素的现象。

反偏析是指将低熔点元素排挤到铸锭的外部而造成的成分不均现象。如锡青铜铸铁偏析严重时表面可出现肉眼可见的几乎全部由锡组成的偏析瘤。

429　偏析组织的特征和产生的原因是什么，如何防止？

A　晶内偏析

晶内偏析在凝固温度范围较大的固溶体合金中较为突出，其成因是由于合金在凝固温度范围内进行选分结晶的结果，使先后形成的结晶层成分浓度不一致。图 6-2 是 BAl13-3 晶内偏析的图片。

为防止晶内偏析，可以采取以下措施：细化晶粒，以减少晶内成分的偏差；加大冷却速度；进行均匀化处理等。在铸造机上附加振动装置或辅以电磁场，都有打碎枝晶、细化晶粒、减少偏析的作用。

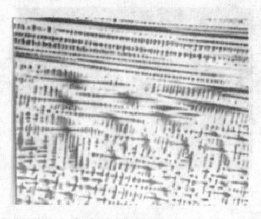

图 6-2　BAl13-3 枝晶偏析（100×）

B　密度偏析

密度偏析主要是由于金属液中各组成物间的密度差较大，在冷却较慢时产生了上浮或下沉而造成的。它的产生与合金性质、冷却速度、初晶的密度、形状和大小、铸造工艺等有关。冷却速度越小，初晶的密度越小，尺寸越大，液固两相的相对运动速度越大，越有利于初晶的上浮。在铸造温度高、铸造速度快、冷却速度较小的铁模铸锭时，会促进密度偏析。此外，在凝固过程中有气体析出时，也可使密度较小的初晶随着气体上浮。

为防止密度偏析，可采取以下措施：铸造前加强搅拌；降低铸造温度和铸造速度，加大冷却强度。

C　区域偏析

正偏析主要是在定向凝固和冷却速度较小的条件下进行选分结晶的结果。凝固过程中，体积收缩形成的较大压力差和粗大枝晶间孔隙构成的毛细管力联合作用以及其他原因而引起（锡磷青铜）反偏析。铜合金中最典型的反偏析合金为锡磷青铜，严重时铸锭表面出现大块状偏析瘤，这种偏析瘤表面呈灰白色，俗称"锡汗"。典型图片如图 6-3～图 6-6 所示。

影响区域偏析的主要因素是：合金成分及结晶温度范围、体收缩系数、导热性、冷却速度、铸锭尺寸和形状、铸锭工艺等。防止反偏析的措施有：加大冷却强度，促进在结晶前沿过渡区的区域凝固，细化晶粒；采用振动铸造；结晶器镶石墨内套等。

图 6-3　QSn6.5-0.1 表面反偏析区（2/5×）

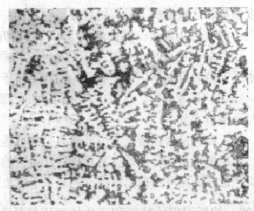

图 6-4　QSn7-0.2 反偏析过渡区组织（50×）

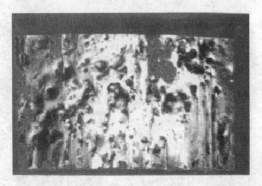

图 6-5　QSn7-0.2 表面偏析瘤（2/3×）

图 6-6　QSn10-1 锡偏析点（1/2×）

430　缩松（缩孔）的特征和产生的原因是什么，如何防止？

A　缩孔、缩松的特征和产生原因

金属在凝固过程中，发生体积收缩，熔体来不及及时补充，出现收缩孔洞，称为缩孔、缩松或疏松。

容积大而集中的缩孔称为集中缩孔，细小而分散的缩孔称为缩松，其中出现在晶界和枝晶间的缩松又称为显微缩松。

缩孔表面多参差不齐，近似锯齿状，晶界和枝晶间的缩孔多带棱角，有些缩孔常为析出的气体所充填，孔壁较光滑，此时的缩孔也是气孔，缩孔内往往伴生低熔点物。

典型图片如图 6-7 ~ 图 6-11 所示。

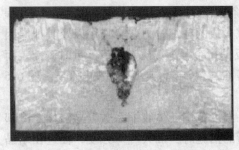

图 6-7　HPb59-1 集中缩孔（1/3×）

图 6-8　QSn4-4-2.5 分散缩孔周围伴有缩松（3/4×）

图 6-9　QSn6.5-0.1 补缩不良引起
缩松（1/2×）

图 6-10　HMn58-2 气孔型断续缩孔（1/4×）

B　缩松的产生原因与防止措施

缩松缺陷的产生除了与铸造工艺有关外，主要与合金的性质有关。合金的结晶温度范围大，树枝状结晶倾向明显时，有利于缩松缺陷的发生和发展。当然，不当的铸造方法，例如锡磷青铜在铁模或水冷模铸造时缩松缺陷很难避免，而直接水冷半连续铸造时缩松缺陷可以大大减轻，甚至可以基本上得到消除。

缩松缺陷的存在，将导致铸锭密度和机械强度的降低。

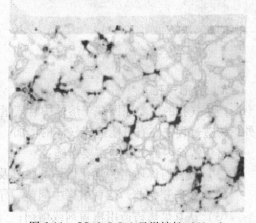

图 6-11　QSn6.5-0.1 显微缩松（50×）

避免铸锭缩松的主要措施：

（1）强化铸锭的冷却，细化铸造结晶组织；

（2）促进顺序化凝固和结晶条件，创造良好的补缩条件；

（3）采用振动结晶器铸造技术，或电磁搅拌结晶器内液穴中液体金属，不断破坏大树枝状晶的形成条件。

C　缩孔的产生原因与防止措施

半连续铸造和连续铸造过程中，自下而上冷却并凝固的结果，如果有缩孔出现则应该位于铸锭的浇口部位，通常称为集中缩孔。如果操作不当，在铸锭内部也有可能产生分散的缩孔。

避免铸锭缩孔的主要措施：

（1）适当降低浇注温度和铸造速度。

（2）合理分配结晶器内液体金属，例如减少导流管埋入液体中深度，或采用多孔分流熔体形式。

（3）补口。铸造结束前，应该适当降低铸造速度、冷却强度。停止引拉铸锭以后，应及时向铸锭浇口中补充高温熔体，直到浇口中熔体完全凝固为止。

（4）改进结晶器设计，例如适当降低结晶器高度。

431　气孔的组织特征和产生的原因是什么，如何防止？

金属在凝固过程中，气体未能及时逸出而滞留于熔体内形成气孔。

气孔一般呈圆形、椭圆形或长条形，单个或成串状分布，内壁光滑。气孔主要分为内部气孔与皮下气孔。气孔缺陷的典型图如图 6-12 ~ 图 6-13 所示。

图 6-12　T2 中心气孔（1/3×）　　　　　图 6-13　BAl13-3 皮下气孔（1/3×）

A　内部气孔

产生气孔的主要原因在于熔体中含气量多。熔体中气体除了可能来自熔炼方面原因以外，铸造过程中亦有可能造成气体的增加。

避免铸锭内部气孔的主要措施：

（1）改善熔体质量，强化熔体的脱氧及除气精炼；

（2）铸造开始前，认真烘烤中间包、导流管或漏斗及结晶器、引锭器等铸造工具；

（3）认真烘烤铸造用覆盖剂或熔剂；

（4）适当降低浇注温度；

（5）适当减少导流管或漏斗埋入液面下的深度；

（6）适当减少液面覆盖物层厚度，及时捞除结晶器内金属液面上的浮渣。

B　皮下气孔

铸锭的皮下气孔，多是由于铸造过程中从铸锭与结晶器壁之间的缝隙中返水所致。有时，这种气孔直通铸锭表面。

避免此类气孔的主要办法是适量降低冷却水的压力。必要时，改进结晶器设计，适当缩小结晶器二次水的喷射角度。

432　铸锭金属夹杂的组织特征和产生的原因是什么，如何防止？

金属夹杂指不熔于基体金属的各种金属化合物初晶及未熔化完的高熔点纯金属颗粒以及外来异金属。夹杂在金属基体内有一定的形状和颜色，常见的有：点状、球状、不规则块状以及针状、片状等，经侵蚀后，颜色与基体有较大差异。

金属夹杂多产生在那些含高熔点元素的铜合金中，特别是当铁、铬、铌等以纯金属作为炉料时，在铸锭内部最易出现灰黑色的金属夹杂块，如图 6-14 ~ 图 6-15 所示。

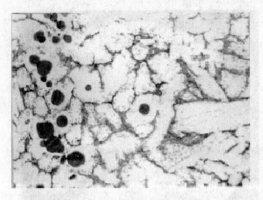

图 6-14　QAl9-4 富铁夹杂（200×）

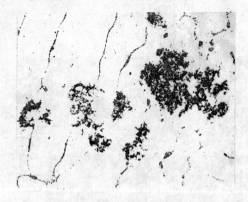

图 6-15　QCr0.8 富铬夹杂（150×）

防止金属夹杂的措施有：制定适当的熔炼温度，保持适当的高温时间，以保证合金中高熔点元素充分熔化；高熔点元素可制成中间合金形式加入；精心操作，避免外来金属掉入熔体中等。

433　铸锭非金属夹杂的组织特征和产生的原因是什么，如何防止？

非金属夹杂包括氧化物、硫化物、碳化物、熔剂、熔渣、涂料、炉衬碎屑以及硅酸盐等。非金属夹杂物可以球状、多面体、不规则多角形、条状、片状等各种形式存在于晶内、晶界及铸锭局部区域内。

非金属夹杂物按其来源可分为一次非金属夹杂和二次非金属夹杂两类。前者是由于熔体中残留的高熔点氧化物等微粒形成的，后者是在浇铸过程中由金属二次氧化及凝固过程中由溶质元素偏析并化合而形成的。还有可能是浇铸过程中覆盖剂卷入。

影响非金属夹杂物形成的因素很多。从工艺上讲，铁模铸锭生产时，若流柱长、浇速快，易产生飞溅和涡流，则二次夹杂会增多；连铸时，液穴深或浇注管理入液穴过深，不利于夹杂上浮，会使夹杂增多。提高浇注温度虽然会增加二次氧化，但有利于夹杂物的聚集和上浮，因而有利于减少铸锭中的夹杂物。

防止和减少非金属夹杂物的有效措施，是尽可能彻底地精炼去渣，适当提高浇铸温度和降低浇速，供流平稳均匀，工模具保持干燥等。

434　铸锭裂纹有哪些种类，产生的原因是什么，如何防止？

铸锭裂纹分为表面裂纹与内部裂纹两大类。表面裂纹分为表面横向裂纹和表面纵向裂纹两种；内部裂纹分为中心裂纹、晶间裂纹和劈裂三种。裂纹的形态各异，种类繁多。典型图如图 6-16 ~ 图 6-20 所示。

A　表面横向裂纹

产生铸锭表面横裂的直接原因是：铸锭通过结晶器时，铸锭表面受到的摩擦阻力大于铸锭表面的强度。

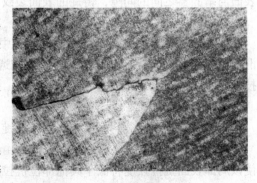

图 6-16　T4 晶间裂纹（70×）

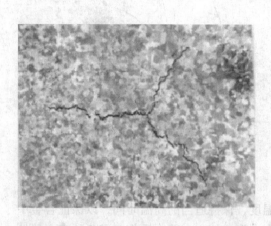

图 6-17 BZn15-20 中心热裂纹（1/2×）

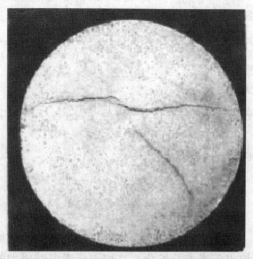

图 6-18 HAl66-6-3-2 复杂合金应力冷裂纹（2/3×）

图 6-19 H62 表面横裂（1/2×）

图 6-20 劈裂 QMn14-8-3-2（1/8×）

铸锭表面的光洁度和结晶器工作表面的光洁度，以及铸锭自身材料的高温抗拉强度，是导致铸锭表面横裂能否产生的主要原因。铸锭表面粗糙，甚至有夹渣缺陷，往往助长横向裂纹发展。铸造复杂黄铜时，结晶器工作表面上氧化锌等凝结物较多时，无疑将加大铸锭在结晶器内滑动的阻力。

水平连铸过程中，铸锭自重效应的结果，铸锭下表面与结晶器之间的间隙小于铸锭上表面与结晶器之间的间隙，铸锭的表面裂纹多半发生在铸锭的下表面。

避免铸锭表面横裂的主要措施：

（1）始终保持引锭器与结晶器的同一中心性；（2）经常清理结晶器，始终保持其光滑的工作表面；（3）加强润滑，保证铸锭通过结晶器时顺畅；（4）采用结晶器振动铸造技术。

B 表面纵向裂纹

产生铸锭表面纵裂的直接原因是：铸锭表面局部温度过高。

在结晶器内或者铸锭离开结晶器时，由于铸锭表面的某一局部温度高于其他部位，致使该局部表面抗拉强度将低于其他部位抗拉强度。铸锭表面温度不均匀分布的结果，在温度最高点形成了裂纹发生的条件。

避免铸锭表面纵裂的主要措施：

（1）适当降低浇注温度，或适当降低结晶器内金属液体控制水平；（2）强化结晶器的一次冷却强度，减小铸锭表面与结晶器之间的间隙；（3）及时清除结晶器铜套外表面水垢（结晶器外套表面的水垢层严重降低热导效率）；（4）经常检查结晶器出水孔，防止局部阻塞（二次冷却水分布不均匀，造成了铸锭断面上温度场的不均匀）；（5）保持导流管或漏斗孔端正，防止偏斜，造成液穴形状异常；（6）改进结晶器设计。

C　中心裂纹

中心裂纹指在铸锭中心部位附近发生的宏观裂纹。

产生中心裂纹的主要原因在于铸锭的内外温差大，铸造应力集中到了最后凝固的部位。

避免中心裂纹的主要措施：

（1）适当降低浇注温度，或铸造速度；（2）严格控制化学成分，尽可能减少某些有害杂质元素的含量；（3）改进结晶器设计，适当提高结晶器高度，或适当减小对铸锭的冷却强度。

D　晶间裂纹

晶间裂纹指存在于铸锭内部晶界的微小裂纹。

产生晶间裂纹的主要原因在于晶界附近集聚了某些低熔点物相所致。晶粒比较大时，往往晶界上集聚了较多的低熔点物质，发生晶间裂纹的可能性更大。

实际上，中心裂纹的产生也多数起源于晶间裂纹。

晶间裂纹产生的原因及避免措施，基本上与中心裂纹相似。但是，细化结晶组织，更有利于避免晶间裂纹。

E　劈裂

由热应力及热应力残余引起的铸锭碎裂现象，称为劈裂。

劈裂多在温度较低情况下发生。

产生劈裂的主要原因在于合金自身性质。化学成分复杂，导热性能差，或者中温塑性比较低的合金在直接水冷半连续铸造时容易发生。

防止劈裂的主要措施是降低铸造温度、冷却强度和铸造速度，采用红锭铸造方法，尽量降低热应力。

435　铸锭表面夹渣的特征和产生的原因是什么，如何防止？

铸锭表面夹渣是指铸锭表面夹有熔渣、金属氧化物、保护介质残留物等异物的现象。

合金组元中易氧化的元素含量高，铸造时熔体中容易大量氧化而生渣，并导致流动性降低和由此而引起液面波动，极易造成铸锭表面夹渣缺陷。铸造时采用熔融硼砂作覆盖剂时，若硼砂质量不好亦可导致硼砂夹杂。

避免表面夹渣的主要措施：

（1）浇注系统应能保证保温炉熔渣不进入结晶器中。

（2）对结晶器中液体金属给予良好的保护，以防氧化和造渣。

（3）浇注时应使结晶器内金属液面保持稳定，防止液面波动、扰动、翻腾。

（4）及时、稳妥地清除结晶器内金属液面上的浮渣。

（5）采用新型保护性铸造熔剂，例如熔融硼砂；熔剂应充分烘烤干燥、粒度合适，操作平稳。

（6）采用结晶器振动铸造技术。

436　铸锭表面冷隔的特征和产生的原因是什么，如何防止？

铸锭表面冷隔是指铸锭表面的折叠现象。如图 6-21 所示。

产生冷隔的直接原因是结晶器内金属液面温度低。

铸造过程中，结晶器内金属液面采用气体保护，或者没有任何介质保护时，例如采用还原性气体保护，铸造纯铜或者敞开液面铸造铝青铜铸锭时，随着金属液表面温度的不断地降低，金属液表面张力越来越大。当金属液表面膜向结晶器壁的移动不能与铸造速度同步时，表面膜厚度开始增加甚至出现冷凝现象。在随后内部液体金属静压力的推动下，几乎呈半凝固状态的液面表面膜才被迫向结晶器壁方向滚动，可是此时皱皱巴巴的表面膜已无法被平展开来，反而被叠压在表层。

图 6-21　T2 表面冷隔（1/3×）

完全暴露的表面冷隔并不十分可怕，可怕的是冷隔深入了铸锭的表层。

避免冷隔的主要措施：

（1）适当提高浇注温度或铸造速度；

（2）保持结晶器内金属液面的稳定，避免液面波动；

（3）适当减低导流管或漏斗埋入结晶器内金属液面下的深度；

（4）适当提高结晶器内金属液面水平；

（5）保持结晶器内金属液面一定的温度，例如采用炭黑保护结晶器中液体金属；

（6）改进结晶器设计，例如适当增加结晶器高度，或加大结晶器上部缓冷带。

437　铸锭产生弯曲的原因是什么，如何防止？

铸锭纵向轴线不成一条直线的现象称弯曲。

铸锭产生弯曲的原因：

（1）结晶器安装不正或固定不牢，铸造时错动；

（2）铸造机导轨不正或固定不牢，铸造时底座移动，盖板不平使结晶器歪斜；

（3）结晶器变形，锥度不正或光洁度差；

（4）开始铸造时，由于底部跑瘤子，使底部局部悬挂。

针对铸锭弯曲产生的上述原因，可采取以下预防措施：

（1）结晶器应定期维护检修，影响使用的结晶器及时报废；

（2）结晶器托板应平直，铸造前应保证结晶器安装平稳牢固；

（3）铸造机导轨垂直度应符合要求，并固定可靠；

（4）铸造前，托座与结晶器之间用石棉绳塞好。

438　铸锭尺寸不合格的原因是什么，如何防止？

铸锭的实际尺寸不满足所要求的尺寸，称为铸锭尺寸不合格。

形成原因及预防措施如下：

（1）结晶器应设计合理，预先考虑到铸锭冷却收缩量；

（2）定期维护检修结晶器，以免结晶器变形或长期使用磨损过大；

（3）确保铸造机行程指示器正常工作，以免由于其测量不准、损坏或失灵，不能正确指示铸造长度；

（4）定期维护检修电器、机械设备；

（5）严格遵照熔铸工艺制度，铸造温度不可过高或过低；

（6）铸造空心锭时，正确装配芯子。芯子偏斜或结晶器固定不牢，也会造成铸管偏心。

439　铸造管坯偏心产生的原因是什么，如何防止？

铸造管坯偏心产生的原因及防止措施如下：

（1）结晶器应装正，不能偏斜。水平连铸管坯时，结晶器在出铜口位置（炉前窗）应保证水平安装定位；半连续立式铸造管坯时，结晶器在托板上应保证垂直安装定位。

（2）结晶器设计应合理，保证芯子与外套之间可靠地连接，芯子不能偏斜。

（3）铸造机下降时应平稳。

440　上引线杆表面毛刺产生的原因是什么，如何防止？

上引线杆拉制线坯时产生毛刺的原因主要是铸杆坯有裂纹、气孔、夹杂和划伤等缺陷，在经过后续拉伸时逐步表现为起刺现象。预防措施主要有：

（1）充分净化熔体（包括精炼除气、清渣、保护）、正确选择温度、速度等工艺参数，保证熔体和铸坯质量，不能有皮下气孔、夹渣、裂纹、压折等缺陷；

（2）采用扒皮工艺，保证线杆表面扒皮质量，以免扒皮不净；

（3）定期检修维护模具，及时更换拉裂的模具；

（4）线坯吊运存放过程中，避免机械磕碰伤。

441　过烧的特征和产生的原因是什么，如何防止？

过烧是由于工件加热温度过高，造成工件组织晶界发生严重氧化或熔化。过烧会严重降低材料的力学性能，而且不能采用其他方法进行补救，直接导致工件报废。其主要特征为在热轧时材料出现沿晶界龟裂。

防止材料过烧的方法主要是要根据材料的元素组成确定合理的加热温度，另外还要注意加热设备的温度控制和正确装炉（如避免让锭坯近距离正对烧嘴）等，防止"跑温"或局部过热造成材料过烧。

442　热轧板"张嘴"开裂的原因是什么，如何防止？

在锭坯较厚，开始热轧温度较高的情况下，因轧件表面粘着出现的拉力过大，而中心层基本未变形，其强度最弱，从而引起沿锭坯中心弱面张嘴。通常过热或过烧的锭坯在热轧头 1-3 道次遭受大压下量轧制时比较容易产生。

消除措施：（1）正确安排加热制度，防止锭坯过烧或过热；（2）正确安排道次压下量，特别是第一道次不应过大；头几道次应采用低速轧制；（3）为使锭坯内外变形均匀，采用擦辊、润滑等措施减小接触面摩擦。

443　热轧板横向厚度呈凹形分布是何原因，如何防止？

横向厚度呈凹形表现为中部薄两边厚，其横向厚度差主要是轧制时辊型的凸度偏大或者道次加工率过小造成的。

消除措施：（1）减小辊型凸度；（2）适当增加道次加工率；（3）增加中段水冷却；（4）降低轧制速度。

444　热轧板横向厚度呈凸形分布是何原因，如何防止？

横向厚度呈凸形表现为中部厚两边薄，其横向厚度差主要是轧制时辊型的凸度偏小或者道次加工率过大造成的。

消除措施：（1）增加辊型凸度；（2）适当减小道次加工率；（3）减少中段水冷却；（4）增加轧制速度。

445　板带轧制中"镰刀弯"是怎样形成的，如何防止？

镰刀弯是由于轧制过程中的不均匀变形造成的，当板带材两边部延伸不同即一边变形量大一边变形量小时出现镰刀弯。产生镰刀弯的原因主要有轧机两边压下不一致、铸锭加热不均、冷却润滑剂沿宽向分布不合理、辊型控制不当、送料不正或不对中等产生的。

采取的措施：

（1）经常测量厚度，检查调整两边的压下；

（2）正确使用导尺，保证锭坯对中；

（3）辊型的凸、凹度控制在轧辊对称点上；

（4）检查冷却润滑系统，保证各喷嘴正常工作。

446　板带轧制中"边浪"是怎样形成的，如何防止？

"边浪"是轧制过程中的不均匀变形产生的，当边部变形大，中间变形小时，就会出现"边浪"。"边浪"分为单边浪和两边浪。

A　边浪产生的原因和防止措施

单边浪产生的原因：

（1）坯料一边厚一边薄；（2）坯料退火不均；（3）两边压下调整不一致；（4）喂料不对中或轧件跑偏；（5）两边冷却润滑不均匀；（6）轧辊磨损不一样，或磨削的辊型中心顶点偏离轧制中心线。

消除措施：

（1）控制好来料横向公差；（2）坯料退火要横向均匀；（3）润滑要沿轧辊辊面合理配置流量和强度；（4）轧辊要及时磨削更换；（5）坯料要对中，操作要规范科学。

B　两边浪产生的原因及预防措施：

产生原因：

（1）来料中间薄，两边厚；（2）轧辊凸度太小；（3）道次压下量太大，而张力又太小；（4）冷却润滑中间强度太大。

消除措施：

（1）控制好来料横向公差；（2）轧辊辊型配置要合理或及时磨削更换；（3）适当减小道次压下量和增大后张力；（4）润滑要沿轧辊辊面合理配置流量和强度。

447　板带轧制中"肋浪"是怎样形成的，如何防止？

当带材在宽度中心与边部之间部分变形量大时，即会出现"肋浪"。"肋浪"产生的原因：

（1）坯料横断面厚度不均或性能不均；

（2）辊型凸度呈梯形，与板宽不适应；

（3）冷却润滑不均；

（4）轧辊磨损严重或压完窄料改压宽料易出现；

（5）道次加工率不合理；

（6）液压弯辊给定量不合理。

消除措施：

（1）来料沿横断面的性能要保证均匀一致；

（2）辊型的磨削规范科学，避免梯形辊轧制；

（3）规范轧制程序，严禁轧制窄料后继续轧制宽料；

（4）液压弯辊的给定量要和道次压下量合理搭配；

（5）润滑要根据轧制板型，沿轧辊辊面合理配置流量和强度。

448　热轧板气泡（鼓包）产生的原因是什么？

气泡产生的主要原因为铸锭含气量高造成的。铸锭含气量高一方面可能是铸锭本身气孔、疏松等缺陷，一方面可能是由于在铸锭加热的过程中，加热温度偏高，加热时间偏长使铸锭渗氧严重造成的。在轧制过程中，随着轧制的进行轧件变薄，气孔也发生延伸，当轧件轧到一定厚度时，气体的压力超过材料的屈服极限时，热轧板表面即会出现气泡和鼓包现象，如果继续轧制气泡或鼓包还可能破裂，产生起皮。也可能是铸锭表面质量差（如深且陡的冷隔等）或铣面时表面缺陷未消除、带坯划伤等，在初轧时扣住了，而到轧制后期形成鼓泡和起皮。

防止措施：

（1）改善熔炼工艺，加强除气和熔体保护、防止二次吸气；

（2）改善铸锭表面质量，减小冷隔，正确处理表面缺陷；

（3）清理热轧辊道防止划伤带坯；

（4）合理确定铣面量、进给速度，保持铣刀的良好状态，减小刀花。

449　铜板带铣面发生大刀花的原因是什么，如何避免?

铣面发生大刀花的原因：

（1）铣刀跳动或压料辊跳动大；

（2）机列铣削速度和铣刀转速匹配不合理。

消除措施：

（1）磨削或者装配后保证铣刀外缘和铣刀轴的同轴度要达到 ±0.02mm；

（2）及时检查压料辊，避免压料辊跳动大；

（3）合理设定机列铣削速度和铣刀转速，一般情况下铣刀转速为500r/min，机列铣削速度为8m/min。

450　带卷层间擦伤的原因是什么，如何避免?

带卷层间擦伤是带卷层间存在相对运动，发生滑动摩擦造成的。产生原因有以下几点：

（1）双面铣后卷取捆扎不紧，压紧辊卸除后带卷弹性释放，造成带卷层间相对运动而擦伤；

（2）上下工序张力不匹配，下道工序在张力作用下使金属层与层之间相对运动，造成表面擦伤；

（3）硬料捆带捆扎不紧在运输过程弹性回复会造成松卷擦伤，退火后由于应力释放也会造成表面擦伤；

（4）带卷缠不齐，或导卫操作不当，在对中过程中使料横向攒动造成横向擦伤。

避免出现带卷层间擦伤的方法就是要避免带卷层间运动，带材在卷取时选择合理的卷取张力，防止松卷、缠不紧现象；在带材开卷过程中选择合理的开卷张力，防止在开卷过程中的开卷带材在料卷上发生相对运动，产生摩擦。

采取措施：制品要缠齐缠紧，衬纸要衬到位，运输时使用专用吊具，上下工序张力应匹配，捆带打紧。这样可避免带卷层与层之间的擦伤。

451　带卷"塔形"是如何产生的，怎样避免?

带材在卷取时卷不齐、卷不紧、卷取张力不稳定等均会产生带卷"塔形"。形成原因一般如下：

（1）来料横向公差明显偏大，造成带材轧制时偏离中心线（跑偏）；

（2）来料料头宽大、歪斜，松头时造成跑偏；

（3）辊缝或辊型调节不合理，造成带材跑偏；

（4）张力大小不合适、波动，造成带材跑偏。

采取的主要措施一般如下：

（1）热轧尽量对中，保证头尾（舌头）的均匀性（对称性），避免偏向一边；

（2）热轧时调整好辊缝和辊型，确保带坯横向公差控制良好；

（3）卷取时张力要合适、均匀；

（4）轧制过程中出现轻微跑偏时，可及时调整两边压下来纠正，保证带卷的卷齐度；

（5）在清洗、剪切等工序合理选择带材卷取张力，并通过控制带材卷取张力，满足带材卷齐度和恒张力卷取的要求。

452　板带轧制的边部裂纹是如何产生的，怎样预防？

边部裂纹存在热轧和冷轧中，其原因不同。

热轧边部裂纹产生的原因：

（1）铸锭加热温度低；（2）金属塑性较差；（3）铸锭边部有组织缺陷；（4）热轧冷却强度大；（5）立辊辊边的时间不当；（6）辊型控制不好，出现边部附加拉应力产生裂纹；（7）终轧温度低。

消除措施：

（1）根据合金特性改变加热和热轧工艺参数，适当提高铸锭出炉温度；（2）减少冷却润滑量；（3）提前一、二个道次使用立辊辊边；（4）适当提高终轧温度。

冷轧边部裂纹产生的原因：

（1）来料边部存在裂纹；（2）来料晶粒粗大；（3）道次加工率大；（4）总加工率大；（5）轧制张力大。

消除措施：

（1）切净来料边部存在的裂纹。

（2）减小道次加工率，根据设备的不同一般道次加工率不超过30%。

（3）冷轧到一定程度要及时退火，紫铜及H90以上低锌合金的总加工率可以超过90%，其他合金的总加工率一般不超过80%，特别的甚至不超过60%，如HPb59-1等。

（4）合理控制轧制张力，避免张力过大时由于边部缺陷的存在而产生边裂。

453　板带材表面起皮产生的原因是什么，如何防止？

起皮产生的原因：

（1）铸锭中的表面气孔、缩孔、冷隔等杂物，轧制过程暴露所致。

（2）冷轧过程中长、短道划伤，后续轧制到一定程度一边开口产生起皮。

（3）板带材表面粘着金属屑，后续轧制延伸部分复合，部分剥离产生起皮。

预防措施：

（1）熔铸工序应充分除气、脱氧，防止产生铸锭气孔和疏松，控制表面冷隔和表面夹杂。

（2）严格控制冷加工环节一切可能产生划伤的条件，特别是辊道、压板、张力辊等要光洁、卫生。

454　如何防止板带材表面划伤？

加工过程中，板带材划伤的基本原因有两种：一是板带材与在加工、运输的传动中由其他物体的硬质尖棱所致，如辊道（包括压紧辊、张紧辊、矫直辊、托辊、导向辊）上粘结的铜或其他异物、破损的导（卫）板、粘有铜屑（氧化皮）的压板或压辊、护板上松动的螺栓，等等。二是板带材与传动部件（如张紧辊、压紧辊、辊道）之间或带卷自身层与层之间发生相对错动，轻者称为擦伤，重者称为划伤。

防止板带材表面划伤的措施：

（1）经常检查一切与板带材表面接触的设备部件和工具，清除粘结的异物，修复其破损和磨损的地方，紧固埋头螺钉，更换毡垫等，防止辊道或其他接触部件坚硬物划伤；

（2）正确调整张紧力、压紧力；正确调整张紧辊、压紧辊、辊道的速度。防止轧件与设备发生过大张（压）紧力下的相对运动；

（3）选择合适的开卷张力，避免开卷时张力过大使卷材层与层之间发生相对错动；

（4）调整合适的剪切压板压力，避免压力过大产生划伤；

（5）横剪时应避免板材从剪刀上拖过。

455　板带表面粘结的原因是什么，怎样防止？

铜板带表面粘结是某些铜及铜合金薄带卷在退火工序产生的一种缺陷，即带卷层与层之间粘连在一起了。

表面粘结产生的原因：

（1）带材的表面过于粗糙；

（2）卷取张力过大，缠得太紧；

（3）退火温度过高或者保温时间过长；

（4）加热过程中加热不均匀，层与层之间受热膨胀量不一样；

（5）冷却的过程中冷却速度较快，造成冷却的外卷与内卷之间收缩的系数不一样。

第（2）和第（3）是必要条件，加上第（4）、第（5）中的一个因素或二者同时存在，就会产生粘连。

消除措施：

（1）在卷取时尤其是退火前最后卷取时张力要适中；

（2）退火工序中要严格控制加热和冷却的速度；

（3）适当降低退火温度或者缩短保温时间；

（4）要适当增加轧辊的光洁度。

456　铜材的"麻面"是怎样产生的，如何避免？

"麻面"产生的原因：

（1）酸洗时酸液浓度高或者酸洗时间长；

（2）高锌铜材退火加热中高温下保温时间长造成脱锌现象；

（3）高温下保温时间过长，晶粒粗大。

防止措施：

（1）新配制的酸液浓度较高，酸洗时间应短些；酸液使用一段时间后因水汽蒸发成分会变化，要定期抽样送检，及时调整；

（2）酸洗的时间适当控制，避免过酸洗；

（3）避免高锌铜材加热时高温下保温时间过长，或者采用还原性气氛进行保护，避免脱锌；

（4）退火温度和保温时间要适当，防止因温度过高和在高温下保持时间过长而使得晶粒粗大。

457　铜材表面锈蚀的原因是什么，怎样防止？

铜材锈蚀原因有以下几方面：

（1）润滑剂造成：主要是乳液变质腐败造成铜材表面腐蚀。夏季温度过高，制品停放时间过长，会造成铜材表面腐蚀。乳液残留过多，在退火后会出现铜材表面锈蚀现象；

（2）酸碱液残留造成：机列速度太快或水温太低，操作时参数给定不合适造成。酸碱液浓度太低，制品表面洗不净；

（3）钝化剂残留造成：钝化剂未完全溶解，在制品表面残留，钝化剂浓度太低，不起作用，清洗后的制品停放一段时间后出现变色锈蚀；

（4）清洗后水分残留：烘干箱温度太低，制品表面水分未完全挥发，引起制品表面锈蚀；

（5）加工率过大造成：生产过程加工率过大，速度过高，变形热大，造成制品边部氧化锈蚀；

（6）包装材料或包装时间不适造成：包装材料水分过多或包装时制品太热，包装后制品由于水分作用产生表面锈蚀。

采取措施：

加强对乳液、酸、碱、钝化剂管理，定期检测其质量指标。钝化剂加入时，严格按规程操作，使之充分溶解。严格控制清洗速度、水温，防止残酸、残碱对制品腐蚀。包装时严禁热料包装，使用干燥包装材料和干燥剂。对紫铜类带材，工艺润滑冷却条件一定时不可采用大加工率高速轧制。

458　铜材表面变色是如何产生的，怎样防止？

铜材表面变色主要是氧化变色。带材的氧化变色是一个复杂的化学过程，要具备一定的温度、湿度等环境条件。主要是由于：

（1）生产过程中带材在进入下道工序前，放置时间过长，引起轧制油（乳液）对带材产生的腐蚀变色；

（2）退火后产生的氧化变色，在清洗工序未清洗干净；

（3）带材包装温度过高，造成包装后吸入潮湿空气，造成氧化变色。

（4）带材表面未作钝化处理，或处理效果不佳，造成在包装存储过程中，遇到潮湿的空气发生氧化变色。

防止变色的措施与上题相同外，还应控制制品在冷变形加工（轧制、拉伸）后及时转入清洗和热处理工序。

459　如何防止铜材表面油迹？

油迹产生主要是由于乳液或润滑油造成的。防止铜材产生油迹，主要是经过润滑轧制的料要及时进入下一道工序，防止超时放置，产生油迹、腐蚀；另外加强清洗，确保带材表面的油污清洗干净。

460　如何防止板带材表面水迹?

板带材表面的水迹产生的原因主要是在进行酸碱洗时带材的表面残留有水、酸、碱液；或者是产品长时间的放置，周围空气的潮湿或有害气体的腐蚀也会产生水迹。

防止措施：在酸碱洗工序后进行烘干处理时保证烘干处理的工艺合理；成品要防止热包装；产品不应在空气中裸露时间太长等。

461　带材边部毛刺产生的原因是什么?

剪切的过程由两个阶段组成：压入变形阶段和剪切滑移阶段。剪刃对材料进行剪切时的情形见图6-22。

剪切是分离材料的工序，材料受力时必然从弹、塑性变形开始，以断裂告终。当上剪刃下降接触材料，材料即受到上下剪刃压力而产生弹性变形，由于力矩 M 的存在，使材料产生弯曲，即从剪刃接触面上翘起。随着剪刃下压，剪刃刃口压入材料，内应力状态满足塑性变形条件时，产生塑性变形，变形集中在刃口附近的区域。塑性变形从刃口开始，随着切刃的深入，变形区向材料的深度方向发展、扩大，直到在材料的整个厚度方向上产生塑性变形，材料的一部分相对于另一部分滑移。力矩 M 将材料压向剪刃的侧表面，故剪刃相对于材料移动时，这些力将

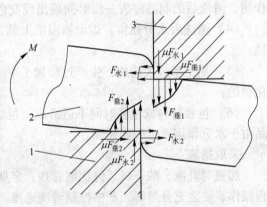

图 6-22　剪切时作用在材料上的力
1—下剪刃；2—材料；3—上剪刃

表面压平，在切口表面上形成光亮带。当剪刃附近材料达到极限应变与应力值时，便产生微裂，裂纹产生后，沿最大剪应变速度方向发展，直至上下裂纹会合，材料就会完全分离。因此裂纹形成时，就在剪切断面上留下了毛刺。

462　解决带材边部毛刺有哪些方法?

减小毛刺，主要有以下方法：

（1）根据带材来料情况，合理调整剪切工艺，如剪刃重叠量、剪刃间隙；

（2）保证剪刃质量、精度符合要求；

（3）保证剪床精度符合要求。

如要彻底去除毛刺，必须对带材进行边部处理。处理的方法有滚压法和刮削法两种，最先进的为刮削法，可以把带材边部处理成圆角或圆弧形。

463　轧制过程中断带的原因是什么?

轧制过程中断带的原因很多：有人为因素、机器设备的因素、轧制工艺不当、来料本身性能的缺陷等原因。人为因素比如操作不当，使带材跑偏，挤拉等；设备原因主要是轧

机的机械跳动；轧制工艺上有道次加工率，压下量太大，前张力过大等原因；材料本身的塑性差或来料内部组织有缺陷（空洞、裂纹、裂边等），都会造成轧制过程中断带。

464　铜板带表面金属压入的原因是什么，如何防止？

产生原因：

（1）来料表面严重划伤，在轧制过程中冷却润滑不干净，造成金属在塑性变形中金属压入；

（2）来料显微组织有微裂纹，在氧化后，轧制成薄带时就会产生料的表面有黑印（氧化物），也是金属压入；

（3）铣面有粘屑时，在轧制过程中也会产生金属压入。

防止方法：

针对金属压入的以上原因应该在轧制前仔细检查来料，加工过程中观察料的表面。

465　铜板带表面非金属压入的原因是什么，如何防止？

产生原因：

（1）首先坯料加热时，料的上、下表面在高温条件下加热会在炉膛内粘有耐火材料等脏物；

（2）轧辊的表面粘有非金属脏物时，以及在高速轧制过程中机械油掉入带材表面，由于高温造成机械油的炭化，经过轧制造成非金属的压入；

（3）在退火工序中铜板带表面粘有非金属脏物时，进行轧制生产中也会造成非金属的压入；

（4）在剪切时由于剪刃、压板或张力辊上粘有非金属脏物，可能造成表面非金属压入。

防止方法：

在整个加工生产过程中，保证与带材接触的设备、工具等的清洁，防止非金属或金属异物落入带材表面，造成异物压入。

466　铜材脱锌的原因是什么，如何避免？

脱锌是黄铜最主要的腐蚀形式之一。脱锌腐蚀常出现在含锌较高（大于 20%）的 α黄铜，黄铜的脱锌主要有两种形式：电化学反应脱锌和氧化脱锌。

由于锌的标准电位远远低于铜的标准电位，黄铜在一定的电介质，如海水、海洋性空气等环境介质条件下，发生电化学反应，其中的锌原子呈阳极反应而溶解，产生脱锌。为了抑制电化学反应脱锌，可以采用降低锌含量（如小于 15%），或在黄铜中加入 0.03% ~0.05% As 或 P 或 Sb 等方法；另一方面也可采用改善铜材的使用环境，避免电化学反应介质等。

黄铜在高温氧化时也会产生脱锌现象。黄铜在高温下锌的蒸气压较高、易挥发。其实在高温氧化状态下，黄铜一方面存在严重氧化，一方面又存在脱锌，而氧化薄膜又可以抑制脱锌，因此黄铜在微氧化气氛、氮气或 CO_2 中退火，可以获得较好的表面质量。

467　产生铜带剪切压痕的原因是什么，如何防止？

铜带剪切过程中产生剪刃压痕的原因较多，主要有：

（1）剪切中圆刀和橡胶剥离环的外径差是影响剪切质量的重要因素之一。橡胶环的主要作用是将带材从母刀中取出，并夹紧带材使纵切后的多条带材"流入"活套坑。当圆刀和橡胶剥离环的外径差不合理，为了夹紧带材必须向下压剪刃，造成剪刃压痕；

（2）当橡胶剥离环的硬度不够，夹紧带材需要更大的力，使剪刃重叠量增加，也会造成剪刃压痕。

要防止产生剪刃压痕，主要要根据带材的厚度、软硬程度选择合理的圆刀和橡胶剥离环的外径差；橡胶剥离环的硬度满足所切带材的使用要求；当切的带材的宽度较小时，应合理选择圆刀的厚度，增大橡胶剥离环的宽度。

468　铜板带材性能各向异性是什么原因造成的？

主要由于金属在塑性变形中组织性能变化引起的，金属一般是多晶体，多晶体是由许多不规则排列的晶粒所组成，但在加工变形过程中，当达到一定的变形程度以后，由于在各晶粒内晶格取向发生了转动，使其特定的晶面和晶向趋向排成一定方向，从而使原来位向紊乱的晶粒出现有序化，并有严格的位向关系。金属所形成这种组织结构时就会出现性能的各向异性。

469　铜材冲压时有时会产生"橘子皮"，怎样避免？

板带材的深冲性能主要由晶粒度及各向异性决定。当材料的晶粒度粗大时，在深冲过程中，会造成表面粗糙，俗称"橘子皮"，严重会产生裂纹甚至断裂。用于深冲的不同材料晶粒度的要求也不一样。

对于要求深冲性能的产品，应根据材料的特性制定合理的加工工艺参数，特别是热处理制度的选择，防止材料晶粒粗大化。

470　挤制品头部"开花"的原因是什么，如何防止？

在充填挤压阶段容易形成挤制品头部开裂缺陷，严重时可出现头部"开花"现象，如图6-23所示。挤制品头部开裂的主要原因与铸锭本身存在铸造应力、金属流动和受力特点有关。在充填挤压时，坯料前端面质点流向模面，使坯料端面中心产生附加拉应力，如果该附加拉应力超过挤压温度下金属的强度，则会产生裂纹；铸锭铸造应力过大（该应力通常在中心部位是拉应力），在充填挤压时两种应力叠加，超过金属的高温强度，引起挤制品头部开裂。防止措施：铸造时适当降低速度、减小冷却强度、采用红锭铸造等措施，减少铸造应力、适当降低挤压温度和充填挤压时的速度，改善金属流动的均匀性都有利于防

图6-23　挤制品头部开花

止挤制品头部开裂。

471　挤制品竹节式开裂的原因是什么，如何防止？

挤压生产过程中有时会发生制品竹节式开裂现象，如图 6-24 所示。产生挤制品竹节式开裂的原因主要是铸锭加热温度太高，晶间低熔点物质已经熔化，或者晶粒尸讨分粗大而使金属失去了塑性。挤压模温度低、设备振动（尤其是水压机管道内有气体）也可能产生竹节式开裂废品。降低金属加热温度，按预热制度预热挤压模（一般应高于 200℃），排除设备振动故障等措施都有利于防止该类缺陷的产生。

图 6-24　挤制品竹节式开裂

472　挤制品表面横向裂纹产生的原因和预防措施是什么？

挤制品表面横向裂纹即是垂直于轴线的裂纹，主要是因为挤压速度过快造成的，常见于塑性较低的合金。挤压裂纹的产生与金属流动不均匀所导致局部金属内附加拉应力的大小有关。在铜及铜合金挤压加工中，锡磷青铜、铍青铜、锡黄铜等，易产生横向裂纹，这些合金由于高温塑性范围窄，挤压过程中速度稍快，就会由于金属的变形热使变形区温度升高，超出合金的塑性温度范围。另外，挤压速度提高促使变形更加不均匀，越接近模口，内外金属流速差越大，附加拉应力也就越大，因此，制品通常在出模口处形成横向裂纹。

预防措施：

（1）选择合适的挤压速度和挤压温度规程，使金属具有较高的塑性。通常挤压温度偏高时，可使用较低的挤压速度。

（2）在允许的条件下采用润滑挤压，锥模挤压等措施，减少金属不均匀变形。

（3）可通过适当增大模子工作带长度，增大挤压比，型材挤压时可采用阻碍角和增加附加模孔等措施，使金属流动趋于均匀，减少或消除挤压裂纹。

（4）采用挤压新技术，如水冷模挤压、等温挤压等。

总之，一切有利于改善金属流动均匀性的措施，都可以有效地防止挤压裂纹的产生。

473　挤制品表面纵向裂纹产生的原因和预防措施是什么？

挤制品表面纵向裂纹就是平行于制品轴线的裂纹，主要是由挤压温度过低、加工率过大、铸锭加热不均匀、铸锭铸造应力过大造成的。提高挤压温度，适当减小加工率，保证铸锭加热时间等措施有利于减少纵向裂纹的产生。

474　挤制品缩尾的特征、原因及其预防措施是什么？

挤压缩尾一般分为中心缩尾、皮下缩尾、环形缩尾三种类型：

（1）中心缩尾。在挤压过程中，由于挤压筒内壁、模子表面的摩擦力，造成金属不均匀流动，使锭坯中间金属比周边流动快，造成中间部分金属量不足。在挤压后期，残料（压余）很薄时，中间金属流出而得不到补充，形成中心缩尾。一般在挤压制品直径大，挤压比小，残料（压余）较薄时，易产生中心缩尾。

（2）皮下缩尾。皮下缩尾出现在挤压制品表皮内，它多数呈不连续的圆形或弧形的薄层分布。其原因是，在挤压后期，由于死区界面剧烈滑动使金属受剪切变形而断裂，死区金属参与流动而包覆在制品上，造成分层式缩尾。一般在挤压过程中留够合适的压余和采取脱皮挤压的方法减少缩尾的产生。

（3）环形缩尾。这类缩尾是常见的缩尾，当挤压到最后紊流阶段，堆积在靠近挤压垫片和挤压筒交界角落处的含油脏物金属沿着后端难变形区界面流向挤压制品中间层，形成了缩尾。一般环形缩尾在后端 200 ~ 1000mm 的长度上由后向前逐渐收缩，直至消失。

挤压缩尾是制品尾部出现的一种缺陷，生产过程中，如果控制不当，缩尾的长度有时可达制品长度的一半，一般出现在挤制棒材、型材和厚壁管材的尾部，主要产生在挤压终了阶段。三种类型缩尾如图 6-25 所示。

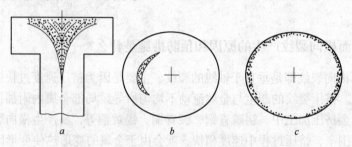

图 6-25　三种类型缩尾形式

a—中心缩尾；b—环形缩尾；c—皮下缩尾

消除或减小挤压缩尾的措施：

（1）保持挤压筒和锭坯表面光洁，严禁挤压垫片端面粘附润滑剂。

（2）严格按照挤压工具的预热制度使用工具。

（3）控制锭坯加热温度不要过高，防止挤压过程中锭坯内、外层温差过大或粘结工具等。

（4）对易产生挤压缩尾的合金（如 HPb59-1、H62 等），采取低温快速加热，减少金属流动不均匀性。

（5）采用机械加工锭坯表面或采用脱皮挤压方法。

（6）留有足够的压余。

防止和减少挤压缩尾的根本措施是改善金属的流动，一切减少流动不均匀的措施都有利于减少或消除缩尾。

475　挤制品层状断口缺陷的特征、原因及其预防措施是什么？

挤制品的层状组织也称片状组织，表现在折断口后，出现类似木质的端口。分层的断口表面不平并带有布状裂纹，分层方向近似于轴向平行。铝青铜（QAl10-3-1.5，QAl10-4-4）和铅黄铜（HPb59-1）等合金易产生层状组织。挤压制品中的层状组织对制品纵向力学性能影响不大，但制品的横向力学性能，特别是伸长率和冲击韧性会明显降低。层状组织一般分布在前端,与条状组织不同。

层状组织的产生原因主要是铸造组织不均匀,如锭坯中存在气孔、缩孔或晶界上分布有未溶入固溶体的第二相质点和杂质等。

防止挤压制品出现层状组织的措施,应从严格控制锭坯组织着手,减少锭坯柱状晶区,扩大等轴晶区,严格控制晶间杂质等。对于不同合金可采取相应措施控制层状组织,如对铝青铜,适当控制铸造结晶器的高度可清除或减少层状组织;对铅黄铜,可减小铸造的冷却强度,扩大等轴晶区,来减少挤压制品的层状组织。

476　挤制品断口检查的方法是什么?

挤制品断口检查的主要方法是:

(1) 从挤制品的压余端进行锯切,断口宽度见表 6-1。

表 6-1　断口宽度

管材直径/mm	断口宽度(不小于)	锯切方法
≤50	制品直径的 40%	两面锯切留中部
>50	20mm	两面锯切留中部
棒材直径/mm	断口宽度(不小于)	锯切方法
≤40	制品直径的 50%	一面锯切
	10mm	两面锯切留中部
>40	10mm	两面锯切留中部

注:1. 内径不大于 25mm 的管材,两面锯切,其断口宽度不小于 15mm;

　　2. HPb59-1 管材允许一面锯切,其断口宽度不小于制品直径的 50%;

　　3. 直径小于 16mm 的棒材,可两面锯切留断口宽度不小于 5mm(或不小于棒材直径的 2/3)。

(2) 锯切后采用单支点或双支点,用人工或机械的方法折断。

(3) 质量判定:用肉眼观察,管棒材断口应致密,不应有缩尾、分层、气孔、夹杂等。

477　挤制品表面起泡的原因是什么,如何防止?

挤制品表面起泡的原因和防止办法见表 6-2。

表 6-2　挤制品表面起泡原因及防止办法

形　成　原　因	防　止　办　法
锭坯内部有气孔、砂眼、裂纹等缺陷。挤压过程中不能焊合,形成表面起泡	提高熔体除气质量
锭坯与挤压筒壁间隙较大,充填变形量大,充填挤压速度太快,使气体来不及排出压入锭坯表面,形成制品表面起泡	按要求控制锭坯尺寸公差
挤压筒温度低、筒内进水,形成气体,容易被压入锭坯表面微裂纹内,形成制品表面起泡	按要求预热挤压筒、防止挤压筒进水,及时清理挤压筒内的脏物
穿孔针表面不光滑或涂抹润滑剂过多,容易造成制品内外表面起泡	穿孔针涂抹润滑剂要薄而均匀,逐根检查穿孔针质量
挤压筒内残留铜皮,脏物较多,脱皮不完整。在下一个挤压循环中,脏物或残皮粘附在锭坯表面被挤出模孔,形成制品表面起泡	采用脱皮挤压,保持脱皮完整;要及时修理或更换挤压筒、挤压垫

478 挤制品表面金属或非金属压入的原因是什么，如何防止？

挤制品表面金属压入或非金属压入的原因分析及预防办法见表6-3。

表6-3 挤制品表面异物压入缺陷分析

形 成 原 因	防 止 办 法
加热温度过高形成氧化皮过厚	加热温度不宜过高
铸锭上粘有杂物	勤扫炉底和送料小车
工模具掉块或有粘附物	对工模具要逐根检察和打磨
轨道和导板有异物	保持轨道和导板的清洁

479 什么是管材偏心？

管材外圆的圆心与内圆的圆心不重合，称为管材偏心。管材偏心是挤压管材中最容易产生的缺陷之一，见图6-26。挤压管材的偏心一般分为两种形式：一种是不定向偏心，一种是定向偏心。管材的不定向偏心一般与锭坯加热、挤压垫片尺寸、穿孔针状态、挤压模的加工和磨损、挤压轴安装松动、挤压筒的调整间隙等因素有关。挤压管材的定向偏心一般与设备中心线、挤压筒内衬的磨损、挤压轴端面不垂直、挤压轴变形（弯曲）、模座的支承面磨损变形、针支承、连接器和穿孔针连接松动等因素有关。

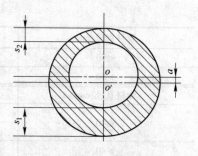

图6-26 偏心管材断面图

480 挤制管材偏心的原因和解决办法是什么？

在卧式挤压机上生产管材的主要质量问题之一是管材偏心，挤压管材产生偏心的原因很多，主要有：

（1）挤压机运动部件磨损，设备调整不当，挤压中心线不好。

（2）挤压工具磨损不均匀，工具变形，工具的对中性不好。

（3）挤压轴、针支承、穿孔针发生弯曲变形。

（4）锭坯加热不均匀。

（5）挤压操作不当，锭坯充填挤压不充分或脱皮挤压时挤压筒中的残皮清理不彻底等。

以上问题都有可能导致管材偏心，根据现场情况，采取有效措施保证良好的挤压中心线，可减少管材偏心。

481 怎样调整挤压机的中心线？

挤压中心线是将挤压模、挤压筒、穿孔针、挤压轴四者中心线安装调整到重叠成一条线，从而使挤制管壁厚保持一致（即不偏心）。因此调整中心线是防止管材偏心、保证管材尺寸精度的重要工作。

A　普通调偏技术

普通调偏技术见表 6-4。

表 6-4　偏心产生的原因及其解决办法

偏离中心线的原因	解　决　办　法
机架内的大滑板磨损，动梁偏离中心	1. 检查滑板尺寸，按照设备检修和维护规程调整动梁下的导向滑板，恢复中心位置。如果磨损严重可更换滑板； 2. 挤压机机架内大滑板工作条件差，易被脏物侵入，造成滑板磨损。因此，在工作中应经常清理滑板脏物，必须保持用干净油润滑。现代挤压机滑板润滑都带有自动润滑装置，要经常检查润滑嘴是否堵塞，保持通畅
挤压筒座滑板磨损，挤压筒偏离中心线	1. 调整挤压筒座下的导向滑板，使之达到中心位置，磨损严重可更换滑板； 2. 现代挤压机使用 X 型导轨，挤压筒均有四个导向面，一般对中性好，可减少热胀冷缩引起的误差，X 型导轨与挤压筒上滑板调整的间隙可控制在 0.1 ~ 0.3mm 之间
锁键与挤压模座配合面磨损，横向移动和旋转模座支承面磨损变形，造成动态中心移位	1. 更换和修理锁键和模座的配合面，横向移动和旋转模座的支承面； 2. 横向移动和旋转模座都带有滑板润滑装置，工作中要保证润滑效果
大机头与挤压轴配合的端面变形	1. 现代挤压机大机头内装有支承垫，生产中如果测量发现平面压斜变形，要随时更换，保证挤压轴的中心位置； 2. 更换挤压轴
设备中心线没调好	1. 检查设备状态（用铅垂线的方法，通过测量仪器检测），校正和调整挤压中心线； 2. 调整各运动部件导向的滑板间隙
穿孔系统导向不好	1. 检查穿孔系统的导向滑板间隙，恢复中心位置； 2. 保持良好的润滑条件
挤压轴变形	1. 挤压轴可用水平仪和磁性千分表检查水平和跳动量情况； 2. 挤压轴受力弯曲变形，一般小系统的挤压轴易产生弯曲变形，通过测量，发现弯曲变形及时更换； 3. 挤压轴端面镦粗变形，使轴的工作面产生偏斜，造成与轴线不垂直，可更换或修复挤压轴； 4. 挤压轴尾部端面压斜变形，挤压轴尾部端面与大机头内支承垫接触，长期受力出现压斜现象，更换挤压轴
针支承变形	1. 针支承在挤压轴内孔中反复运动，易产生磨损变形，造成间隙过大不稳定，调整间隙或更换针支承； 2. 针支承弯曲变形，及时更换
穿孔针弯曲或端头变形	1. 穿孔针弯曲变形在实际生产中常有发生，根据弯曲情况可转动一下穿孔针位置（有些设备带有转针机构），弯曲变形严重的及时更换穿孔针； 2. 穿孔针端头压秃变形造成穿孔受力不均，偏离中心位置，更换或修复穿孔针； 3. 穿孔针与连接器和针支承连接松动，造成穿孔不稳定，及时上紧

偏离中心线的原因	解 决 办 法
挤压筒内衬和锥面磨损变形	1. 挤压筒内衬磨损变形是生产中经常出现的情况，筒内衬磨损不均匀，要及时更换内衬； 2. 挤压筒内衬锥面与模支承锥面配合，磨损变形造成筒、模支承配合的中心位置不好，应更换内衬； 3. 选择优良的内衬材料减少磨损，延长使用寿命
挤压筒和挤压轴的中心位置	1. 可用塞尺检查挤压轴和挤压筒的环形间隙； 2. 根据间隙大小来调整挤压筒位置，保证轴与筒的中心位置一致
挤压垫片磨损变形	1. 挤压垫片外圆磨损，尺寸变小，及时更换挤压垫片； 2. 挤压垫片内孔磨损，尺寸变大，造成垫片与穿孔针配合间隙过大产生偏心，及时更换挤压垫片； 3. 挤压垫片端面磨损、偏斜变形，影响穿孔针的中心位置，更换垫片
挤压模支承磨损变形	1. 模支承与内衬配合的锥面不均匀磨损变形，造成中心位置不对正，更换或修复模支承； 2. 挤压模支承端面变形，更换模支承
挤压模偏心	1. 挤压模加工不正确，本身带有偏心，检查模子同心度，及时更换模具； 2. 按标准验收模具
挤压轴、穿孔针、挤压筒、挤压模中心线不同心	1. 挤压工具的安装不到位或不紧有松动，检查工具安装情况并装紧到位； 2. 工具的制造有误差不符合标准，按标准验收工模具，不合格的挤压工具不能使用

B　激光对中技术

采用激光对中装置可精确确定挤压机中心线，并在挤压过程中对挤压轴、穿孔系统、挤压筒和挤压模的同心度进行监测。该装置由激光发射、接收和检测信息处理与显示三个部分组成。

实际使用中可分为两步进行，第一步是在挤压机处于原始状态时（安装或检修完后投入工作前），在固定横梁上安装激光发射装置，并在挤压筒两端，挤压轴和穿孔系统前端等活动部件上安装监测装置。打开激光发射，各检测装置接收信号，通过显示屏显示光束是否处于平衡位置，如果平衡，则说明挤压中心线良好，如果有问题可根据检测数据逐一进行调整。第二步，首先拆除原始状态激光装置的安装，将发射装置、检测装置分别安装在挤压筒支座下部左右对称位置和挤压机活动横梁下部左右对称位置，并将激光束调至平衡，可投入生产。

挤压开始时，由于挤压筒（包括挤压模）、挤压轴和穿孔系统（穿孔针），都处于已调好的正确位置，在显示屏上无显示数据。经过一段时间的挤压工作，通过显示数据来判断各运动部件的位置误差，并可根据数据调整偏移部件，保证挤压机处于良好状态。

482　挤制品表面划伤的原因和预防措施是什么？

挤压过程中，由于模子变形、磨损或裂纹，氧化皮或金属粘附在挤压模工作带上，挤压筒内残留金属屑，穿孔针表面粘铜、划伤或有裂纹，受料台上有冷硬金属或不光滑，受料台与横向运输装置落差大，出料辊道与导路粘铜和有硬碎屑等，都会造成制品内外表面划伤。

严格控制锭坯表面质量和挤压工具质量，根据设备特点选择好脱皮挤压垫片形状，保证脱皮的完整性。保持受料台和横向运输装置的良好接触，减少落差，可消除制品划伤。

483　如何防止挤压型材扭转和弯曲？

挤压型材时，制品的形状失去对称性，使型材挤压中金属流动不均匀性比圆形端面的制品严重得多，导致挤压型材时出现扭曲、弯曲和波浪等缺陷。如图 6-27 所示。

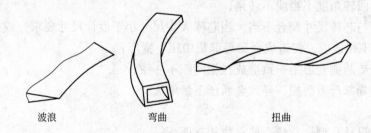

波浪　　　　弯曲　　　　扭曲

图 6-27　挤压型材形状缺陷类型

这类挤压缺陷的产生主要是模孔设计中的模孔排列、模子工作带设计不当、模子加工精度差、模子的磨损和模孔润滑不均匀等原因造成制品端面上各处金属流动不均匀所致。

首先要从挤压模设计上来考虑，尽量避免型材各部分流出速度不等的现象。方法主要有：模子采用不同工作带长度设计，流动快的部位工作带长一些；设置辅助孔，尽量使模孔截面对称分布。其次，保证模孔加工精度及润滑尽可能一致。还可以在生产中加装导路，使挤压型材出模孔后直接进入导路或牵引装置，趁热强制矫正。一旦挤出成品出现上述缺陷，可以采取拉伸矫直的方法进行挽救。经常检查模孔的磨损情况，及时更换磨损的模具。

484　挤制品性能不合的原因和解决办法是什么？

挤制品性能不合的原因：挤压温度、挤压速度、变形程度选择不当。通常，挤压温度过高会使晶粒粗大，强度偏低；温度过低会使晶粒过于细小甚至不能完全再结晶，导致伸长率偏低；挤压速度过快会使变形热来不及散失而使挤压筒内温度升高，导致挤制品头尾性能差异过大；变形程度（挤压比）过小则强度低。挤压变形的不均匀也会使性能不均匀。因此尽可能采用大的变形程度，根据金属的塑性图、相图与合金特点，再结合生产实际确定合理的挤压温度范围和挤压速度至关重要。

485　轧管"飞边"缺陷产生的原因和预防措施是什么？

飞边是周期式冷轧管生产过程中所特有的一种缺陷，它对产品危害极大，特别是对生产空调管等薄壁管时尤甚，造成大量废品。其主要特征是：通常具有明显的对称性，有时也呈非对称性，部分呈螺旋状，长度有限。

此种缺陷产生的机理是：轧制时金属产生宽展，使金属流入上下孔型的间隙里，在变形锥体的金属表面上，形成翅膀一样的金属突起，即"耳子"。在被轧制的管材回转后，机架回轧时，又将这些"耳子"压入金属表面上，从而形成与轧制变形方式密切相关的飞边压入缺陷。

产生飞边压入缺陷的原因有：

（1）送进量过大或送进量不稳定，超出了孔型所能包容的金属宽展量；

（2）上轧辊压下不足或孔型低于轧辊造成孔型间隙过大（仅指半圆形孔型）；

（3）孔型设计不当，开口过小；

（4）管坯回转角度不当或不转角；

（5）孔型与芯棒尺寸配合不当。当芯棒大头尺寸小于设计尺寸要求，或孔型太深及孔型宽展与高度不相适应，将造成金属局部集中压下变形；

（6）安全垫两侧变形不一致造成孔型间隙不一致；

（7）孔型局部严重磨损，导致金属压下量增大。

消除方法：

（1）正确设计孔型、芯棒，使之能相互匹配；

（2）正确调整管坯送进、回转机构；

（3）调整孔型间隙，检查工作锥体；

（4）经常检查孔型磨损情况，修理或更换已磨损的孔型，加强内外表面润滑。

486　轧管"竹节"缺陷产生的原因和预防措施是什么？

"竹节痕"是周期性轧管生产中常见的缺陷之一，见图6-28。形成竹节痕的原因有：

（1）送进量过大或加工率过大，导致均整段长度不足；

（2）孔型在定径段上尺寸磨损严重，造成定径段的孔径不均匀或孔型压下段向前移位；孔型精整段长度不够所造成的精整不足；

图6-28　轧管竹节

（3）孔型开口度过大或辊缝间隙大以及回转机构调整不当等。

避免产生竹节痕的措施如下：

（1）适当减小送进量，合理地选择加工率；

（2）对出现问题的孔型及时修磨或更换；

（3）设计孔型时应合理分配孔型各段的长度及孔型开口。

487　管材轧制裂纹产生的原因和预防措施是什么？

轧制裂纹一般发生于塑性较差的合金。其特点是：裂纹方向与管材的轴线方向成 45°夹角或呈三角口状（见图 6-29），轻微的裂纹只能看见细小的滑移线，并不裂丌，用手触摸会有凹凸感，经振动或存放一段时间后会开裂。45°方向的裂纹基本上出现在轧制 HSn62-1、HSn70-1 黄铜管中。产生这种缺陷的机理是：在轧制过程中，存在着不均匀变形，不均匀变形就产生附加拉应力，当局部附加拉应力超过金属的抗拉强度时，就会产生局部裂纹。对塑性较好的合金，如紫铜，当加工工艺不合理，使孔型开口处的附加拉应力过大时，也会出现月牙痕。

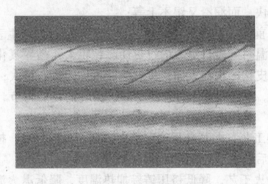

图 6-29　管材轧制裂纹

产生轧制裂纹的原因：

（1）管坯挤压温度过低或退火不均，使管坯残余应力未彻底消除而导致管坯塑性降低；

（2）轧制加工率过大，送进量过大或送进量不均，降低了轧制过程的变形分散度；

（3）孔型开口过大或孔型错位，造成管坯延伸不均；

（4）芯棒选择不当或减径量过大，造成集中压下。

消除办法：

（1）将管坯重新退火，提高退火温度或延长退火时间；

（2）重新制定加工工艺，合理控制加工率；

（3）减小和调匀送进量；

（4）设计合理的孔型开口尺寸；

（5）选择与轧辊孔型相匹配的合适芯棒，避免减径后出现瞬时加工率过大的现象。

488　轧管壁厚超差的原因和解决办法是什么？

轧管壁厚超差是指管材壁厚尺寸超出规定的偏差范围。产生的原因和解决办法见

表 6-5。

表 6-5　轧管壁厚超差产生的原因和解决办法

产　生　的　原　因	解　决　办　法
轧制管坯本身偏心过大，经轧制仍无法完全纠偏	应检查轧制管坯壁厚偏心率是否符合要求
孔型芯棒尺寸不合或位置不当	正确选择芯棒尺寸，合理调整芯棒位置
因送进量过大而引起的竹节痕所致	合理地控制送进量
孔型磨损严重、孔型的椭圆度过大、孔型间隙不一致、回转角不合适	更换孔型、合理调整孔型间隙、回转角度等

489　拉伸"跳车环"产生的原因和预防措施是什么？

拉伸"跳车环"产生的原因可以分两个方面：一是本工序的工艺原因造成的；一是坯料的原因造成的。

（1）本工序的工艺原因：拉伸工艺不合理，减径量和减壁量不匹配；拉伸芯杆调整过后或过前；拉伸速度过快，而润滑又跟不上等；

（2）坯料的原因：前道工艺设计不合理，道次变形量过大产生表面龟裂；挤压或中间退火温度过高，退火保温时间过长造成的过热使晶粒粗大，晶界氧化，晶界强度降低并有部分晶界开裂或形成橘皮状的粗糙表面；管材壁厚不均，偏心过大；润滑剂选用不当或润滑不充分；酸洗不彻底，氧化铜粉末冲洗不干净；冷轧的坯料竹节、环状痕过大。

预防措施：

（1）合理设计拉伸工艺，尤其合理确定道次的减径和减壁量，拉伸前和拉伸过程中及时调整好拉伸芯杆的前后位置；

（2）严格挤压和退火工艺，降低挤压铸锭加热温度，降低退火温度，针对不同的退火温度确定合理保温时间消除表面橘皮、龟裂；

（3）加强退火工艺控制，保持退火均匀一致；

（4）加强上道工序控制和来料管坯的检验，减小管坯偏心和其他形式的壁厚不均，改善润滑，保持润滑均匀充分；

（5）合理设计游动芯头模具和道次延伸系数；

（6）加强工模具的管理和防护，及时检查、更换和修理工模具；

（7）酸洗要充分干净，但不能过酸洗，酸洗后要用清水泡洗和冲洗干净；

（8）改善冷轧工序并加强坯料检验，减少冷轧坯料竹节和其他环状痕。

490　拉制管材内表面金属压入的原因和预防措施是什么？

拉制管材内表面金属压入的原因：

（1）熔炼浇铸带入杂质，金属内形成硬脆相的杂质含量偏高；

（2）挤压带入，如挤压工具破碎、挤压筒不干净、挤压时铸锭加热和传送时表面粘有夹杂物，挤压温度高，氧化严重，挤压过程中产生的氧化皮、夹杂、夹灰，小的疏松、气孔起皮、皮下缩尾、润滑残留物等缺陷在制品中带入拉伸工序；

（3）拉伸时外模及芯头破碎、润滑剂不干净有金属颗粒、杂物等；

（4）拉伸模粘铜而造成的制品表面拉毛；

（5）拉伸坯料表面有油泥、杂物、灰尘，拉伸时形成金属压入物等；

（6）坯料表面粗糙，拉伸后即形成起皮；

（7）中间退火温度高、酸洗不干净，表面粘有铜粉等；

（8）扒皮的铜制品表面扒皮不均匀有阴阳面，或扒皮不干净，扒皮前加工量控制不当或因刃口损伤形成的表面粗拉道，或表面损伤，产生拉伸表面缺陷。

预防措施：

（1）加强铸造和挤压的质量控制；

（2）严格控制和防止挤压或其他各工序裂纹的产生；

（3）加强拉伸前制品（拉伸坯料和各中间坯料）的质量检验；

（4）拉伸时经常检查工模具的使用情况，及时更换破损或破损倾向的外模及芯头；

（5）合理设计拉伸工艺，合理配模，提高模具表面光洁度，确定合理的模具硬度，及时清理内外模具和芯头；

（6）加强过程检验，发现出现不良品时要及时调整；

（7）加强润滑剂的保管和使用防护，及时检查和更换润滑剂；

（8）调整退火工艺，严格控制退火温度和保温时间，酸洗要充分干净，但不能过酸洗，酸洗后要用清水泡洗和冲洗干净；

（9）适当调整扒皮模和扒皮工艺，合理控制扒皮前的加工余量，使扒皮均匀干净。

491　防止铜管棒应力破损的方法是什么？

铜管棒材特别是高锌黄铜、硅锰黄铜管棒材在加工过程中，因不均匀变形，会使管棒材产生内应力，内应力的存在会导致材料在加工、使用和储存时发生变形甚至开裂。防止方法是及时在再结晶温度以下进行消除内应力退火，特别是对于那些对内应力敏感的合金材料如高锌黄铜等要在轧制或拉伸后 24h 内进行消除内应力退火。消除内应力退火一般在 250~350℃ 之间进行，时间可适当长一些（如 1.5~2.5h 以上）。

492　如何防止矫直痕？

矫直痕有两种：一种是经矫直制品表面周期性色差，它是由于矫直辊表面污垢经碾压而粘滞在制品表面而造成的，而且难以用擦拭或一般清洗液擦洗干净。另一类压痕则是因为矫直辊对制品压力过大、矫直速度过快造成的。

针对第一种矫直痕，要及时磨削、抛光矫直辊保持一定的表面粗糙度；还需在矫直前用煤油将矫直辊擦拭干净。

针对第二种矫直痕，则应根据制品的规格、软硬及弯曲程度合理选择矫直辊辊缝间隙（或压下量）和速度，调好矫直辊倾斜角度，防止局部表面变形。还可根据管棒的弯曲程度选择适宜的矫直次数（如实行二次矫直：一次预矫，一次正矫）。

493　圆盘拉伸管材断管的原因有哪些？

圆盘拉伸管材断管的原因和防止办法见表6-6。

表 6-6　圆盘拉伸管材断管的原因和防止办法

原　　因	措　　施
挤制管坯有夹杂、夹灰	铸造时防止熔体在结晶器内翻腾，避免覆盖剂卷入熔体； 经常清理挤压筒、采取脱皮挤压并保证脱皮完整，合理润滑挤压工具
轧制管坯内表面有疤	清洁管坯内部锯屑、污物，及时清理或修磨芯棒
轧管飞边压入	正确调整孔型，合理给定送进量
拉伸加工率过大	重新分配道次加工率
拉伸工具表面粗糙	拉伸工具表面重新抛光
管坯表面有伤	对管坯进行修理，根除产生磕碰伤或擦划伤的根源

494　铜材钝化的主要方法是什么，钝化剂的要求是什么？

紫铜和普通黄铜加工材易氧化变色，需要钝化处理。用铬酸盐处理是过去常用的一种方法，防止变色效果很好，但基于 6 价铬酸盐的毒性和环保处理的困难，被严格限制使用。实际生产中，有机钝化剂苯丙三氮唑（简称 B.T.A）及其衍生物是最广泛使用的方法。

铜材钝化前通常要进行彻底的清洗，即先用碱液脱脂（清洗液浓度一般为 0.3% ~ 2.0%，温度为 50~70℃），再用酸液清洗（一般用 8% ~ 15% 硫酸溶液），某些带材还要用清刷辊进行清刷。然后用喷淋或浸泡的方法在钝化液中钝化处理（钝化液浓度为 0.1% ~ 0.5%，温度为 60~80℃）。使用钝化剂时应使其完全溶解，否则残存的钝化剂颗粒会造成制品表面的点状缺陷。

钝化剂的要求：能使材料表面形成致密保护层，有较强的防氧化变色效果，对环境和人体没有危害。

495　空调管"线状伤"是怎样产生的，如何减少？

空调管"线状伤"是管坯点状缺陷经过多道次拉伸而演变成的线条状缺陷，肉眼可见，涡流探伤时报警。

产生原因：

（1）管坯严重磕碰、擦划伤；

（2）轧管飞边；

（3）表面夹杂、夹灰修理不彻底；

（4）管坯内有小气孔。

防止措施：

（1）及时修理更换工具，保持辊道的清洁，避免擦划伤；

（2）及时清理挤压筒、采取脱皮挤压，防止氧化皮等裹入挤制管坯；

（3）正确调整工具，防止轧管飞边压入；

（4）对管坯表面缺陷进行修理，并圆滑过渡；

（5）熔炼时注意彻底除气和熔体保护，铸造时适当降低浇注温度，避免铸造气孔。

496　拉制型管内壁"亮道"和"暗道"是怎样产生的?

在型管的拉制中,经常可以观察到内表面在不同部位有颜色的明亮差异,例如在方管的角部和每条边的中部,通常会有色差,有可能是以下原因引起的:

(1) 管坯壁厚不均,在延伸系数相同的情况下,导致不同部位的减壁量不一样,从而使颜色存在差异;

(2) 成品道次加工率过小,会导致坯料表面的氧化色、酸洗痕迹、上一道加工残留的润滑液的颜色不同程度的保留在成品表面;

(3) 芯头与过渡矩形内壁之间的间隙过大,制品角部和工具角部接触不到,使角部和边部存在差异。

(4) 在采用圆管过渡成方管(或其他型管)后再进行成品上芯头拉伸,在过渡时,角部的壁厚通常比四条边薄,在进行成品拉伸时,角部的减壁量通常小于其他部分,也会导致色差。

防止措施:首先主要是合理设计模具,尽可能使金属变形大致均匀,例如采用相似形过渡设计原理和不同工作带长度的方法设计和制造模具,使金属在断面上的流动速度基本一致。其次,加工率要合适,不宜过小。此外,要选择好的管坯,避免使用壁厚偏差过大或偏心严重的、退火温度过高晶粒粗大的、过酸洗产生麻面的管坯,润滑要均匀。

497　铜材退火后性能不均的原因是什么,怎样解决?

铜材退火后性能不均的主要原因有:

(1) 炉温不均匀。加热装置设计不合理,加热器附近温度较高,炉内气氛控制不当,对流不畅通,控温仪表失灵指示不准,炉封不严保温性能不好等;

(2) 装炉量过大或堆垛方式不合理。装炉量过大,热气流循环不畅;材料堆垛不合理,堆放过高,或集中在一侧;

(3) 不同材料或不同尺寸的产品混装。如果产品成分、尺寸不一致,在同一制度下退火,容易导致性能不均匀;

(4) 加热制度不合理,保温时间短,传热不均匀,退火前加工率控制不当;

(5) 不按工艺规定的退火制度执行,擅自改变退火温度和时间。

解决办法:保证热处理炉受控、合理装料,材料成分尺寸要一致,正确设计加热制度,针对其他不同原因采取相应措施。

498　旋压管材的主要缺陷特征、原因和解决办法是什么?

旋压又称旋轧或横轧,是一种先进的成形工艺方法,特别适合大口径薄壁管和筒形件的加工,具有节省能源、节省原材料、产品性能好、质量高等特点,常见的有拉伸旋压、扩径旋压。旋压过程中主要缺陷和产生原因有:

(1) 壁厚不均。产生原因:1) 管坯壁厚不均匀;2) 芯棒与轧辊配合不良;3) 芯棒安放位置不正。

(2) 旋压环状压痕、亮环带。产生原因:1) 芯棒和孔型调整不好;2) 管材送进不稳,送进量过大,加工率过大。

　　（3）划伤。产生原因：1）芯棒损坏；2）芯棒与轧辊不光滑，粘有金属等硬物；3）其他辅助设备比如导路、机架不光滑有硬物。

　　（4）裂纹。产生原因：1）管坯挤压温度过低或旋压前退火温度低导致管材塑性不良；2）扩径旋压时一次扩径量过大；3）送进不稳或过大，不均匀变形造成周期性横裂；4）管坯表面本身有裂纹、异物压入等缺陷。

　　（5）压入。产生原因：1）管坯芯棒表面粘有金属、氧化皮、润滑剂等；2）飞边压入。

第7章 铜及铜合金检测技术[①]

499 铜合金化学成分分析的主要方法、特点和仪器是什么?

A 主要方法

铜合金化学成分分析方法可分为经典化学分析法和仪器分析法。

（1）经典化学分析方法中最常用的是滴定法和重量法。

滴定分析法是用能准确计量的滴定管，将一种已知准确浓度的试剂溶液，仔细地滴加到待测物质的溶液中，直到滴定剂与待测物质按化学计量进行的化学反应定量完成为止，即达到化学计量点。按照等物质的量规则，通过计量所消耗的已知浓度的滴定剂（标准溶液）的体积，计算待测物质的含量。

根据化学反应类型不同，滴定法分为酸碱滴定法、络合滴定法、氧化还原滴定法和沉淀滴定法等。根据滴定过程与化学反应的形式，滴定法分为直接滴定法、间接滴定法、反滴定法、置换滴定法。

重量法是设法将待测物质从样品中分离后，或形成单质，或形成化合物，精确称量其质量，计算待测物质的含量。将待测物质从样品中分离是关键。

铜合金常用的重量法有：沉淀分离法、挥发分离法、电解分离法以及其他分离方法。比如常用硅酸脱水重量法检测硅、电解重量法检测铜、焦磷酸铍重量法检测铍。

（2）仪器分析方法是以物质的光学、电学等物理或物理化学性质为基础的分析方法。可分为光学分析方法、电化学分析方法、色谱分析方法等。其中铜合金主要采用光学分析方法和电化学分析方法。

光学分析法是根据物质吸收、发射、散射电磁波而建立起来的分析方法。又可分为发射光谱法，如原子发射光谱法、电感耦合等离子体发射光谱法、原子荧光光谱法（AFS）、X射线荧光光谱法等；吸收光谱法如原子吸收光谱法、紫外可见分光光度法、红外吸收光谱法（IR）、核磁共振波谱法（NMR）、拉曼光谱法等。

电化学分析法是以物质的电化学性质及其变化进行分析的方法，根据测量的电信号不同，可分为电位分析法、电导分析法、电解分析法、库仑分析法、极谱分析法等。

B 特点

铜合金化学成分分析有两个特点：一是要求分析主成分含量最高可达99.98%的铜含量，这就要采用精确的电解分析法；二是纯铜导电材料，需要分析其中十几个微量成分，

[①] 本章撰稿人：路俊攀。

有些成分要求分析到百万分之一的质量分数（μg/g），分析难度较大。铜合金中的元素含量高低可相差五、六个数量级，有的同一元素在不同的合金中，含量也相差四、五个数量级。因此铜合金所涉及的三十多个元素的分析方法就呈现多种多样，任何一种方法也不能全部胜任所有分析任务。这就要求各种分析方法相互配合共同完成分析任务。

仪器分析的特点：分析速度快；灵敏度高；一些仪器可同时进行多元素、无损分析；大型复杂仪器设备可多机联用；在线实时分析等。

C　仪器

铜合金最常用的分析仪器有：分光光度计；原子吸收光谱仪；光电直读光谱仪；电感耦合等离子体发射光谱仪（ICP-AES）；X射线荧光光谱仪；红外C、S分析仪；定氧仪等。

500　无氧铜氧含量分析有哪些方法，各有何特点？

无氧铜氧含量的分析方法主要有化学法和金相法。

化学法采用高频脉冲加热红外吸收气体分析法，将试样熔化直接测量一定质量的铜中的氧。采用棒状或块状样品，经制备后称量注入石墨坩埚，进入高频脉冲炉加热熔融，样品中的氧与石墨反应，生成一氧化碳，随载气（氦气或氩气）进入氧化铜炉氧化成二氧化碳，再进入红外检测器，通过检测二氧化碳的量，间接测定氧含量。该方法的主要特点是测量铜中的真实含氧量，但分析之前需使用含氧的标准样品校准仪器，标样中氧的含量与样品中氧的含量应相近。

金相法主要借助于金相显微镜判断氧在铜中存在的形态和量的大小。将试样制备好后，在氢气气氛下退火，随炉升温至825~875℃，保温20min以上，采用水淬或随炉冷却方式使试样冷却至室温，在显微镜下观察因含氧而导致起泡或开裂的程度，与YS/T 335—94《电真空器件用无氧铜含氧量金相检验方法》所提供的标准图片比较，判断开裂级别。这一方法又称"裂纹法"。该方法的主要特点是操作简单，一次可以处理大批量试样，适合生产快速检验。

501　铜合金宏观组织检查的作用和方法是什么？

宏观组织是指利用肉眼、放大镜或体视显微镜（≤30×）观察到的金属及合金所具有的组成物的直观形貌。宏观组织也称低倍组织，观察的分辨率一般为0.15mm。

（1）作用。宏观组织检验的作用是用以显示金属及合金的宏观组织、缺陷和不均匀性。可以提供：宏观组织结构方面的变化，如铸造制品的柱状晶、等轴晶、枝晶，加工制品的金属流线等；化学成分方面的变化，如偏析、夹杂等；铸造和加工制品的宏观缺陷，如气孔、缩孔与缩松、裂纹、冷隔、缩尾以及断口缺陷等。

（2）方法。检验的操作包括试样制备、试样侵蚀和组织检验。

试样制备：铸造制品在浇口端横向切取宏观试样，挤压制品在切尾后沿尾端横向切取宏观试样。一般情况下，试样被检验面均需铣削加工，粗糙度 R_a≤3.2μm。

试样侵蚀：一般采用30%~50%的硝酸溶液为侵蚀剂，也可根据合金类别选择其他侵蚀剂。可采用浸入法或均匀浇上一层侵蚀溶液这两种方法。侵蚀过程中应不断擦去腐蚀产生的表面膜，侵蚀时间以清晰显示组织及缺陷为准。侵蚀后迅速用大量清水冲洗。

组织检验：用肉眼观察各部位，如遇可疑之处，可借助放大镜或体视显微镜检验，也可进一步做断口或显微组织分析。

有色金属行业标准 YS/T 448—2002《铜及铜合金铸造和加工制品宏观组织检验方法》对这种检验方法进行了详细规范。

502　铜合金显微组织检查的作用和方法是什么？

显微组织检验是指利用金相显微镜观察金属及合金内部组织、相组成、相变、化学成分分布、夹杂物及缺陷等。显微组织也称高倍组织，观察的分辨率一般为 $0.2\mu m$。

检验的操作包括试样制备、试样侵蚀和组织检验。

试样制备：根据研究的需要选取有代表性的部位，试样尺寸一般为 $\phi10\sim15mm$ 或 $(10\sim15)mm\times10mm$，对于具有小截面的加工制品，可视具体情况灵活截取。切取的试样应首先用锉刀锉去 $1\sim2mm$ 锉出一个平面，然后依次采用不同粒度的水砂纸磨光，通过粗磨和细磨使磨痕达到一致后进行抛光。抛光可采用机械抛光、电解抛光和化学抛光等方式，抛到试样表面平整无划痕为止。

试样侵蚀：抛光好的试样，根据检查目的选用适当侵蚀剂以显示其显微组织。侵蚀时，先用夹子夹住醮有侵蚀剂的脱脂棉球，轻轻在试样面上擦拭几下，使表面变形层溶去；然后一边在试样表面滴上侵蚀剂一边观察，待试样表面光泽变暗组织显示后，迅速用水冲去多余侵蚀剂，然后用少量酒精冲走残留水珠，用电吹风吹干试样。

组织检验：组织检验包括侵蚀前检验和侵蚀后检验。侵蚀前主要检验试样的夹杂物、裂纹、气孔等缺陷以及铜及铜合金中的部分组织；侵蚀后主要检验试样的组织。检验时一般先用低倍率 $50\times\sim100\times$ 观察，对于有细微结构的组织，用高倍率作细致地观察分析。

有色金属行业标准 YS/T 449—2002《铜及铜合金铸造和加工制品显微组织检验方法》对这种检验方法进行了详细规范。

503　拉伸试验可以检查材料的哪些性能？

通过拉伸试验可以测试材料的弹性、强度、塑性等方面的多种性能。拉伸试验曲线如图 7-1 所示。

弹性性能指用静态法测定金属材料弹性状态下的拉伸杨氏模量。

强度性能包括抗拉强度（R_m）、规定非比例延伸强度（R_P）、上屈服强度（R_{eH}）和下屈服强度（R_{eL}）。

塑性指标主要有伸长率和断面收缩率（Z）等。伸长率又分为断后伸长率（A）、断裂总伸长率（A_t）、最大力总伸长率（A_{gt}）和最大力非比例伸长率（A_g）等。

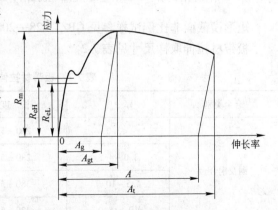

图 7-1　拉伸试验检测曲线示意图

504　如何选取拉伸试样？

试样的真正意义在于它能代表所在的

一批。取样部位、取样方向、取样数量是取样三要素。

室温拉伸试验用比例试样类型及取样尺寸分为几种情况：

（1）厚度 $a = 0.1 \sim 3mm$ 薄板和薄带使用的试样类型（见图 7-2）。

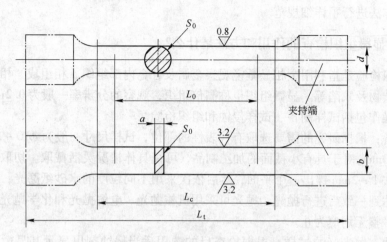

图 7-2　板带和圆棒拉伸试样示意图

试样头部与平行长度之间应有过渡半径（r）至少为 20mm 的过渡弧相连接。其尺寸应符合表 7-1 的规定。

表 7-1　矩形横截面比例试样　　　　　　　　　　（mm）

宽度 b	过渡半径 r	$k = 5.65$（短试样）			编号	$k = 11.3$（长试样）			编号
		L_0	L_c			L_0	L_c		
			带头	不带头			带头	不带头	
10					P1				P01
12.5	≥20	$5.65\sqrt{S_0} \geqslant 15$	≥$L_0 + b/2$ 伸裁试验：$L_0 + 2b$	$L_0 + 3b$	P2	$11.3\sqrt{S_0} \geqslant 15$	≥$L_0 + b/2$ 伸裁试验：$L_0 + 2b$	$L_0 + 3b$	P02
15					P3				P03
20					P4				P04

注：1. 若比例标距小于 15mm，建议采用非比例试样；2. L_0 为原始标距，L_c 为平行长度

矩形横截面非比例试样参见 GB/T 228—2002 中附录 A。

板带材拉伸取样尺寸见表 7-2。

表 7-2　板带材拉伸试样取样尺寸　　　　　　　　　　（mm）

合金类别	厚　度	长　度	宽　度	制　备
铜及铜合金	<3.0	200 ±5	40 ±5	铣
	3.0 ~ 4.5	280 ±5		
	4.5 ~ 10.0	380 ±5	45 ±5	
	10 ~ 15.0	420 ±5		

（2）厚度 $a \geqslant 3mm$ 的板材和扁材以及直径或厚度不小于 4mm 的线材、棒材和型材使用的试样类型（见图7-3）。

圆形横截面和矩形横截面比例试样分别采用表7-3 和表7-4 的试样尺寸。

不经机加工试样的平行长度：试验机两夹头间的自由长度应使试样原始标距的标记与最接近夹头间的距离不小于 $1.5d$ 或 $1.5b$。

厚度大于或等于 3mm 板材的取样尺寸见表7-2。

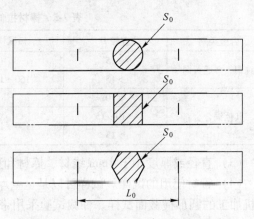

图7-3　不经机加工拉伸试样示意图

表7-3　圆形横截面比例试样　　　　　　　　　　（mm）

直径 d	r	$k = 5.65$			$k = 11.3$		
		L_0	L_c	试样编号	L_0	L_c	试样编号
25				R1			R01
20				R2			R02
15				R3			R03
10	$\geqslant 0.75d$	$5d$	$\geqslant L_0 + d/2$ 仲裁试验：$L_0 + 2d$	R4	$10d$	$\geqslant L_0 + d/2$ 仲裁试验：$L_0 + 2d$	R04
8				R5			R05
6				R6			R06
5				R7			R07
3				R8			R08

表7-4　矩形横截面比例试样　　　　　　　　　　（mm）

b	r	$k = 5.65$			$k = 11.3$		
		L_0	L_c	试样编号	L_0	L_c	试样编号
12.5				P7			P07
15				P8			P08
20	$\geqslant 12$	$5.65 \sqrt{S_0}$	$\geqslant L_0 + 1.5 \sqrt{S_0}$ 仲裁试验：$L_0 + 2 \sqrt{S_0}$	P9	$11.3 \sqrt{S_0}$	$\geqslant L_0 + 1.5 \sqrt{S_0}$ 仲裁试验：$L_0 + 2 \sqrt{S_0}$	P09
25				P10			P010
30				P11			P011

注：如相关产品标准无具体规定，优先采用比例系数 $k = 5.65$ 的比例试样。

棒材拉伸试样取样尺寸应符合表7-5 的规定。

表 7-5　棒材拉伸试样取样尺寸 （mm）

合金类别	直径 D	短试样	长试样	备　注
纯铜、普通黄铜	≤15	250 ± 10		整　拉
	>15	160 ± 10	200 ± 10	车 φ10
其他铜合金	≤10	220 ± 10		整　拉
	>10 ~ 15	160 ± 10	200 ± 10	车 φ8
	>15			车 φ10

（3）直径或厚度小于 4mm 线材、棒材和型材使用的试样类型参见相关标准。

（4）管材使用的试样。试样可以是全壁厚、纵向弧形试样，或管段试样，或从管壁厚度机加工的圆形横截面试样。仲裁试验采用带头试样。

纵向弧形试样采用表 7-6 规定的试样尺寸。

表 7-6　纵向弧形试样 （mm）

外径 D	b	a	r	k = 5.65			k = 11.3		
				L_0	L_c	试样编号	L_0	L_c	试样编号
30 ~ 50	10	原壁厚	≥12	$5.65\sqrt{S_0}$	$\geq L_0 + 1.5\sqrt{S_0}$ 仲裁试验： $L_0 + 2\sqrt{S_0}$	S1	$11.3\sqrt{S_0}$	$\geq L_0 + 1.5\sqrt{S_0}$ 仲裁试验： $L_0 + 2\sqrt{S_0}$	S01
50 ~ 70	15					S2			S02
>70	20					S3			S03
≤100	19			50		S4			
100 ~ 200	25					S5			
>200	38					S6			

注：采用比例试样时，优先采用比例系数 k = 5.65 的比例试样。

管段试样采用的试样尺寸参见相关标准。

管壁厚度机加工的纵向圆形横截面试样应采用表 7-3 规定的试样尺寸，如相关产品标准无具体规定，按照表 7-7 选定试样。

表 7-7　管壁厚度机加工的纵向圆形横截面试样

管壁厚度/mm	采用试样	管壁厚度/mm	采用试样
8 ~ 13	R7 号	>16	R4 号
13 ~ 16	R5 号		

管材取样尺寸见表 7-8。

表 7-8　管材取样尺寸 （mm）

合金类别	外径 D	壁厚 a	短试样	长试样	备　注
铜及其合金	<20	<4	260 ± 10		整　拉
	20 ~ 30		300 ± 10		
	<20	>4 ~ 8	310 ± 10		
	20 ~ 30		350 ± 10		
	≥30	<8	220 ± 5	260 ± 5	铣
		8 ~ 13	80 ± 10	120 ± 10	车 φ5
		13 ~ 16	120 ± 10	160 ± 10	车 φ8
		>16	130 ± 10	180 ± 10	车 φ10

505　常用的硬度测量方法有哪些?

硬度是衡量金属材料软硬程度的一种性能指标。其实质是材料抵抗另一较硬材料压入的能力。常用的方法有：布氏、维氏以及洛氏硬度试验等。近来，韦氏硬度试验开始引入铜及铜合金材料检验。

A　布氏硬度试验

对一定直径的硬质合金球施加试验力，压入试样表面，经规定保持时间后，卸除试验力，测量试样表面压痕直径。计算公式为：

$$布氏硬度(HBW) = 0.102 \times \frac{2F}{\pi D(D - \sqrt{D^2 - d^2})} \tag{7-1}$$

式中　D——球直径，mm；

　　　F——试验力，N；

　　　d——压痕平均直径，$d = (d_1 + d_2)/2$，mm；

　　d_1，d_2——在两相互垂直方向测量的压痕直径，mm。

布氏硬度试验范围上限为650HBW。试验力-压头球直径平方的比率（$0.102 \times F/D^2$ 比值）应根据材料和硬度值选择，见表7-9。

表7-9　铜及铜合金材料的试验力-压头球直径平方的比率

材　　料	布氏硬度 HBW	试验力-压头球直径平方的比率 $0.102F/D^2$
铜及铜合金	<35	5
	35 ~ 200	10
	>200	30

当试样尺寸允许时，应优先选用直径10mm 的压头球进行试验。

该方法适用于铜及铜合金管材、棒材、异型材及中厚板的硬度测试。其优点是压痕较大，其试验结果分散度小，重复性好，能比较客观地反映出试样的宏观硬度。不足之处是操作时间长、对不同材料的试样需要更换压头和试验力，压痕测量也较费时间。

B　维氏硬度试验

将顶部两相对面具有规定角度（136°）的正四棱锥体金刚石压头，用试验力压入试样表面，保持规定时间后，卸除试验力，测量试样表面压痕对角线长度。

维氏硬度值是试验力除以压痕表面积所得的商，压痕被视为具有正方形基面并与压头角度相同的理想形状。计算公式为：

$$维氏硬度(HV) \approx 0.1891F/d^2 \tag{7-2}$$

式中　F——试验力，N；

　　　d——两压痕对角线长度的算术平均值，mm。

该方法适用于铜及铜合金管材、棒材，特别适用于铜及铜合金薄板带的硬度测定。其优点是测量精度高，有一个统一的标尺，可适用于较大范围的硬度测试。不足之处是试验效率较洛氏硬度低，对试验面的表面质量要求较高。

C　洛氏硬度试验

将压头（金刚石圆锥体、钢球或硬质合金球）分两个步骤压入试样表面，经规定保持时间后，卸除主试验力，测量在初始试验力下的残余压痕深度，根据残余压痕深度计算相应洛氏硬度值并在硬度计上显示出来。

洛氏硬度试验条件及适用范围如表 7-10 所示。

表 7-10　洛氏硬度试验条件及适用范围

洛氏硬度标尺	硬度符号	压头类型	初始试验力 F_0/N	主试验力 F_1/N	总试验力 F/N	硬度范围
A	HRA	金刚石圆锥	98.07	490.3	588.4	20~88
B	HRB	直径 1.5875mm 球	98.07	882.6	980.7	20~100
C	HRC	金刚石圆锥	98.07	1373	1471	20~70
D	HRD	金刚石圆锥	98.07	882.6	980.7	40~77
E	HRE	直径 3.175mm 球	98.07	882.6	980.7	70~100
F	HRF	直径 1.5875mm 球	98.07	490.3	588.4	60~100
G	HRG	直径 1.5875mm 球	98.07	1373	1471	30~94
H	HRH	直径 3.175mm 球	98.07	490.3	588.4	80~100
K	HRK	直径 3.175mm 球	98.07	1373	1471	40~100
15N	HR15N	金刚石圆锥	29.42	117.7	147.1	70~94
30N	HR30N	金刚石圆锥	29.42	264.8	294.2	42~86
45N	HR45N	金刚石圆锥	29.42	411.9	441.3	20~77
15T	HR15T	直径 1.5875mm 球	29.42	117.7	147.1	67~93
30T	HR30T	直径 1.5875mm 球	29.42	264.8	294.2	29~82
45T	HR45T	直径 1.5875mm 球	29.42	411.9	441.3	10~72

注：使用钢球压头的标尺，硬度符号后加"S"。使用硬质合金球压头的标尺，硬度符号后加"W"。

该方法适用于管材、棒材、异型材及中厚板的硬度测试。铜及铜合金应用较为普遍的有 HRB、HRF、HR15T、HR30T。

其优点是试验效率高，使用范围广。不足之处是不同标尺间测得的数值无法进行相互比较，与布氏、维氏法相比较，它的测量误差稍大。

D　韦氏硬度

在一定压力下，将压针压入样品表面，材料的硬度与压入的深度成反比。

洛氏硬度 30~96HRF 和 53~92HRB 范围的铜及铜合金，适于进行韦氏硬度检测。

韦氏硬度值的表示见表 7-11。

表 7-11　韦氏硬度值的表示

硬度计型号	硬度值表示	举　　　例
W-B75	HWA	11HWA 表示使用 W-B75 硬度计，测得韦氏硬度值为 11
W-BB75	HWB	9HWB 表示使用 W-BB75 硬度计，测得韦氏硬度值为 9

硬度计由框架、操作手柄和压针套筒组件三部分组成。测量范围 0 ~ 20HW，压针与砧座间距大于 6mm，允许误差为 ±0.5HW。使用标准硬度片对韦氏硬度计进行校准。有色金属行业标准 YS/T 471—2004《铜及铜合金韦氏硬度试验方法》对这种检验方法进行了详细规范。

该方法适用于铜、铝及其合金的硬度测试。优点是便于携带，可在现场无损、快速检测，缺点是误差较大。

目前，国外尚无铜及铜合金韦氏硬度试验标准，通过比对试验证明，HW 与 HRB 和 HRF 有对应关系：

$$HRB = 0.1873\ HW^2 - 1.3199\ HW + 55.251 \tag{7-3}$$

$$HRF = 4.7088\ HW + 11.332 \tag{7-4}$$

506　检测导电率的方法有哪些，对试样有何要求？

导电率的检测有两类方法：一是通过测量一段具有均匀截面导体的电阻来计算导电率，这类方法中有双电桥法、单电桥法、电位差计法和直接读数的伏安法等，对于铜及铜合金，最常用的是双电桥法；二是采用直接读取导电率或电导率的涡流法。

双电桥法对试样的要求：

试样表面不允许有裂纹、凹坑、伤痕、打结或疵点等缺陷，不允许有油脂、锈蚀等污物，以保证接触良好；试样必须是断面均匀的板材、带材、条材或线材，板、带、条材一般应铣成宽 4 ~ 8mm，且沿长度方向的宽度变化不应大于 5%，试样标距长度应不小于 300mm。

涡流法对试样的要求：

试样测试面应为平面，材质均匀无铁磁性，表面粗糙度 R_a 不大于 6.3μm，应光滑、清洁，无氧化皮、油漆、腐蚀斑、灰尘和镀层等；试样宽度和长度方向的尺寸必须大于探头直径的两倍；试样厚度应不小于有效渗透深度，当厚度小于有效渗透深度时可多层叠加，叠加后的试样总层厚度应不小于有效渗透深度，但叠加层数不能多于三层，叠加时，各层间必须紧密贴合，且能互换检测。

507　铜材无损检测有哪些方法和特点？

铜材无损检测常用的方法有超声、涡流、射线和渗透等四种。

A　超声检测

超声检测是利用超声波能在弹性介质中传播，在界面上产生反射、折射等特性来探测材料内部及表面缺陷的无损检测方法。

其特点是检测厚度大，速度快，灵敏度高，成本低，能对缺陷（夹杂、裂纹、孔洞等）进行定位和定量，根据波形特征，结合产品的生产工艺还可以对缺陷进行定性分析。

采用超声方法可以对铜及铜合金铸件、板材、棒材、管材以及焊接件进行检测。

铜加工厂应用超声法检测最多的是检查棒材的挤压缩尾、重要铜材的内部裂纹、夹杂、疏松和气孔。

B 涡流检测

涡流检测是以电磁感应理论为基础的。当载有高频交变电流的线圈接近导电材料表面时，在材料表面感应出涡流，涡流又产生自己的磁场与线圈激励的磁场相互作用。当工件表面存在缺陷时，涡流磁场就发生变化，从而引起检测线圈磁场的变化。据此判断材料表面及近表面有无缺陷。

涡流检测的优点是检测速度快，线圈与被检材料不直接接触，易于实现自动化，其缺点是只能探测出导电材料表面及亚表面的缺陷，对形状复杂的工件难作检查。

涡流检测主要应用在铜及铜合金的管（特别是冷凝管、空调管、水汽管等）、棒、线、丝材等方面，检测厚度一般在 0.1~3.0mm 范围。

C 射线检测

利用某些射线（如 X、γ 射线）穿透工件时，有缺陷部位与无缺陷部位对射线的吸收与散射作用不同，采用适当的检测器（主要用射线胶片）来拾取透射射线强度分布图像，据此来判断材料内部有无缺陷的无损检测方法。

射线检测的特点是检测结果显示直观，可长期保存，检测技术和检验质量可以监测。但检测成本高，需考虑安全防护，对裂纹类缺陷有方向性限制。

铜及铜合金产品用得最多的是射线照相检测技术，主要用在铸件和焊接件的检验。

D 渗透检测

渗透检测是利用液体的毛细作用原理，施加在被检材料表面的渗透剂，能渗入到各种类型开口于表面的细小缺陷中，清除附着在材料表面上多余的渗透剂，经干燥和施加显像剂后，用目视观察缺陷的显示痕迹的无损检测方法。

渗透检测法的优点是不受被检工件形状、尺寸、化学成分和内部组织结构的限制，一次操作可以同时检测开口于表面的所有缺陷。检测速度快，操作简便，缺陷显示直观，检测灵敏度高。其局限性在于只能检出开口于工件表面的缺陷。

渗透检测广泛应用于铜及铜合金铸件、锻轧件、挤压拉伸件和焊接件等的表面缺陷检验。

508 如何测量带材的侧弯和管棒材的弯曲度？

取 1m 长的带材平放在平台上，用 1m 长经检定合格的钢板尺的侧边靠在所测带材的侧边上，用塞尺或其他测量仪器测量带材侧边和钢板尺间的最大距离值，即为侧弯值。

取 1m 长的管、棒材平放在平台上，用 1m 长经检定合格的钢板尺的侧边靠在所测管、棒材的凹面上，用塞尺或其他测量仪器测量管、棒和钢板尺间最大距离，即为弯曲度（见图7-4）。

509 如何测量管材的几何尺寸？

采用外径千分尺或卡尺在管材同一截面测量外径最大值和最小值，算出平均值即为管材的外径。

采用内测千分尺在管材同一截面测得内径最大值和最小值，算出平均值即为管材的内径。

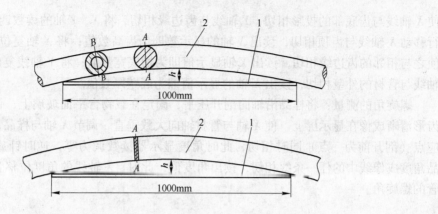

图 7-4　带材的侧弯和管棒材的弯曲度测量示意图
1—钢板尺；2—棒（管）或带材

采用壁厚千分尺测量管材两端，在同一截面测出最大值和最小值，取其平均值即为管材壁厚。测量时端部应打掉毛刺。

管材偏心程度通常以测得的最大壁厚与最小壁厚的差表示。

矩形管、方管扭曲的测量：把规定长度的管、棒材放置在平台上，宽面与平板相接，压住一端，用量角器紧贴另一端，测量横截面绕纵轴扭转的度数。

矩形管、方管矩（方）形度的测量：用光学投影仪测量相邻两边夹角 α 值。

510　如何测量内螺纹管和外翅管的齿形尺寸？

内螺纹管和外翅管的齿形可采用显微镜、工具显微镜或剖面放映仪测量。

取 30mm 长的铜管样，经 400 号、900 号两道砂纸研磨横断面，用小毛刷清扫试样上的异物及管子内的小毛刺和卷边等，然后用酒精清洗、吹干。

A　显微镜测量方法

试样垂直置于显微镜载物台上，打开光源，初步调节 X、Y 方向旋钮，观察目镜，使得至少有一个较完整的齿处于视场内，任选一个齿进行测量。

在目镜中测量齿高和底壁厚：观测目镜，调节 X、Y 旋钮，旋转载物台及目镜，使齿顶与刻度线重叠并保证管的外壁与刻度线垂直，然后读出齿高和底壁厚数据。

在毛玻璃上测量齿高、底壁厚、齿顶角：将齿形打到毛玻璃上，直接用千分尺测量齿高及底壁厚或者用透明纸从玻璃上描出齿形，用量角器测出齿顶角。

在相纸上测量齿高、底壁厚、齿顶角：为齿形拍出相片，烘干，然后用直尺在相纸上量出齿高、底壁厚，用量角器量出齿顶角。

齿条数、螺旋角的测量：将试样垂直置于显微镜下，在低倍率下直接数出齿条数。将管材纵向剖开，展平，找出纵向基准线，用量角仪读出螺旋角。

B　剖面放映仪（或工具显微镜）测齿高、底壁厚、槽底宽和螺旋角方法

齿高、底壁厚和槽底宽的测量：将制备好的样品固定在剖面放映仪（或工具显微镜）的载物台平面玻璃上，打开底部的光源，使光线通过载物台平面玻璃底面反射至管材上。调节仪器上的 X、Y 轴，使得至少有一个较完整的齿处于剖面仪的光屏上，调节 X、Y 轴，

使 X 轴线与齿底部的投影相切，Y 轴线与齿边缘相切，将 X、Y 轴的读数调整为 0，向上平行移动 X 轴线与齿顶相切，读出 X 轴的显示数即为齿高数值；将 X 轴复位，移动 Y 轴线，使之与相邻的齿边缘相切，读出 Y 轴显示值即为槽底宽数值；将 Y 轴线复位，向下移动 X 轴线与管材的外壁相切，读出 X 轴的显示值即为底壁厚数值。

螺旋角的测量：将样品沿轴向剖开压平，固定在载物台平面玻璃上，调整仪器使被测齿形清晰成像在显示屏上。使 X 轴与管材轴向大致垂直，调节 X 轴与样品剖开后的两个对应点（剖开前为一点）同时相切，此时角度显示器读数调为零，逆时针旋转 X 轴线与样品角度成像线中的任一条线相切，读出角度值，此时，X 轴线的角度位移量即为内螺纹铜管的螺旋角。

第8章 铜加工企业环境保护与职业安全卫生[0]

511 铜加工企业的污染源有哪些?

铜加工企业的污染源主要有大气污染物（烟雾）、废水、噪声和固体废料4大类。

A 大气污染物（烟雾）

大气污染物主要有烟尘、油雾、碱或酸雾。

（1）烟尘：铜加工过程中产生烟尘的环节主要是熔炼、铸造和铸锭加热三个工序，熔化、铸造和加热的合金不同，产生的烟尘成分不同。铜加工熔炼、铸造和加热产生的烟尘种类见表8-1。

表8-1 铜熔炼、铸造和加热产生烟尘的种类

合金品种	烟尘种类	合金品种	烟尘种类
紫铜、白铜	烟灰、石墨、二氧化硫、一氧化碳、二氧化碳	铍青铜	氧化铍、一氧化碳、二氧化碳
黄铜	氧化锌、一氧化碳、二氧化碳	铜-镉合金	氧化镉、一氧化碳、二氧化碳、烟灰、石墨
砷黄铜	氧化砷、氧化锌、一氧化碳、二氧化碳	铜-磷合金	五氧化二磷、烟灰、一氧化碳、二氧化碳

（2）油雾：铜板带材轧制过程采用乳液或全油润滑时，散发油雾。热轧机和粗轧机通常采用乳液作为冷却润滑剂，铜锭热轧温度在 $660 \sim 1150℃$ 之间。当向轧辊和板材表面喷射乳液时，产生大量的水蒸气及微量的油雾。中、精轧机一般采用矿物油作为冷却润滑剂，冷却润滑剂的主要成分为机油，轧制过程中产生油雾。盘管高速拉伸时采用油润滑也会产生油雾。

（3）碱和酸雾：铜板带、管棒线车间的铜材需进行表面处理，传统生产工艺是在清洗机列中用热碱性脱脂液脱脂产生碱雾；酸洗槽中用硫酸、个别品种加硝酸等溶液进行酸洗，为提高酸洗效果，往往要在酸洗液中通入高压蒸气和冲击工件抖动的工艺，在此过程中产生酸雾。加工车间气垫式退火炉、清洗机列和电解铜箔车间表面处理溶铜罐等在生产过程中散发碱雾和酸雾。

B 废水

铜加工厂废水主要为含油废水（乳液）和含重金属离子的酸性废水。

（1）含油废水：铸锭过程中，需要在铸锭表面和结晶器内壁之间用油润滑，润滑油进入结晶器中后，很快在其内壁表面的上部形成一层油膜，当用水对铸锭进行直接冷却时，

---

❶ 本章撰稿人：马可定。

产生含油废水。铜加工厂各车间及地下室冲刷地坪、设备等产生的含油废水。油类物料在运输、贮存、发放等过程中的事故泄漏等所引起的含油废水。

（2）废乳液：热轧机、粗轧机、轧管机、管棒线材连轧机、拉伸机、轧辊磨床、金属切削机床等使用乳液润滑、冷却，定期报废，产生废乳液。

（3）含重金属离子酸性废液：铜加工厂含重金属离子的酸性废液一般是指含铜、锌、镉、铅、镍、铬、锰等离子的废液。

铜加工生产中有酸洗、脱脂、钝化等工序，产生废酸液、废碱液及其含酸、碱废水。这些废液中往往含有重金属离子。铜加工厂各车间酸洗废水液典型组成见表8-2。

表8-2　铜加工厂黄铜酸洗废水液组成

项　目	酸洗槽 /g·L^{-1}	光亮浸浴槽 /g·L^{-1}	漂洗废水（百万分数）		
			管材车间	线材车间	板带车间
硫　酸	59.7~163.5	5.6~85.8	4~209	192~4942	140~199
铜	4.0~22.6	6.9~44.0	34~147	385~1582	10~87
锌	4.3~41.4	0.2~37.0	19~73	350~4300	28~112
六价铬		4.3~19.1			
总　铬		13.5~47.7			

C　噪声

铜加工厂主要噪声源为：轧机、挤压机、铣面机、冲剪机、拉伸机、空气锤、轧管机、矫直机、鼓风机、空压机等，噪声值为78~102dB（A），见表8-3。

表8-3　设备噪声值

噪声源	噪声值/dB(A)	噪声源	噪声值/dB(A)
铣　床	84~97	拉伸机	96~98
热轧机	95~98	轧头机	93~95
轧　机	95~97	锻打机	95~97
轧管机	78~89	拉拔机	92~97
锯　床	86~102	矫直机	96~99
拉丝机	93~96		

D　固体废料

熔铸车间熔炼-保温炉组生产过程中产生熔渣；拆修冶金炉（包括熔炼炉、保温炉、加热炉、退火炉、淬火炉等）产生的耐火材料废料；轧制车间轧机轧制油过滤后废弃的过滤介质；废水处理站产生的含油污泥；地沟、机坑中含铬、镍、铅、铜的氧化物污泥等。

512　如何治理铜加工厂粉尘污染？

通常在产生粉尘的冶金炉炉口设置烟尘捕集器，将从炉口逸出的烟尘一起排入烟道，在烟道中安装除尘设备对烟尘进行专门处理。

可选用的除尘方法较多，有机械力法（重力沉降室、惯性除尘器、旋风除尘器）、湿法（泡沫/水膜除尘器、水浴除尘器、轧管除尘器、喷淋除尘器）、过滤法（布袋除尘器、颗粒层除尘器）和静电除尘法（电除尘器）。机械力法对粒度大于5μm粉尘较为有效，而过滤法和静电法则对小于0.1μm的粉尘更有效。因此，在实际生产中则往往采取二级处理的方法，把不同方法的优点结合在一起，除尘效果更好。

对于不同的粉尘应采用不同的处理方法和设备。通常，氧化镉烟尘采取袋式和静电两级除尘器除尘；氧化铍采取旋风除尘器及袋式除尘器二级除尘；含铅烟尘采用布袋收尘器；砷化物粉尘采用文氏管除尘；五氧化二磷采用水吸收或酸雾吸收塔处理。

氧化锌为白色粉末状微粒，是铜加工厂特征污染物。根据氧化锌粉尘的特性：氧化锌粉尘粒径很细小，其比电阻很高，且可用作医药化工原料，具有一定的回收价值，因此，不宜采用机械除尘、湿法除尘和静电除尘设备，采用袋式除尘器比较合适。

袋式除尘器是一种高效除尘器，常用来过滤微细粉尘，处理风量范围很宽，袋式除尘器的除尘效率一般可达99%以上。袋式除尘器按清灰方式又分为机械振打袋式除尘器、反吹风袋式除尘器和脉冲袋式除尘器。

机械振打袋式除尘器目前基本已淘汰。反吹风袋式除尘器采用与过滤气流相反的气流使滤袋形状变化，粉尘层受挠曲力作用而脱落。这类除尘器通常设若干个过滤室，各个过滤室依次进行反吹清灰，其他过滤室仍正常工作。反吹风清灰的空气可以取自大气，也可以取自已经过净化的烟气（循环烟气），处理高温烟气时，后者有明显优点，可防止烟气结露糊袋。反吹风气流对滤袋损伤较小，但清灰力较弱，只允许较低的过滤风速，因而需要较大的过滤面积，对于中小型除尘系统，设备体积大，占地面积大。通常，反吹风滤袋的袋径大，最大可达300mm，在处理大烟气量时反吹风袋式除尘器的优势明显，能耗较小，占地面积小，维护管理简单。但系统运行一段时间后，由于反吹风清灰力量弱，清灰不彻底，而氧化锌粉尘吸湿性又高，黏性较大，容易糊袋，导致系统阻力居高不下，布袋板结变硬。另外，熔炼炉掺入废料过多（废料表面粘有油、乳液、水等），使烟气含湿量过高，加剧了这种情况的发生。

脉冲袋式除尘器是将压缩空气在短暂时间内高速吹滤袋，同时诱导数倍于喷射气流的空气，造成袋内较高的压力峰值和较高的压力上升速度，使袋壁获得较高的向外加速度，从而清落灰尘。脉冲清灰能力最强，效果最好，可允许较高的过滤风速，且脉冲清灰不受系统的影响。脉冲袋式除尘器的过滤风速可比反吹风袋式除尘器提高1.5~2.0倍，布袋也可加长。随着技术的不断进步，脉冲阀、电磁阀、控制仪等的质量不断提高，故障率大大减少，而且过滤材料不断更新、改善，完全可经得起脉冲气流的喷吹。多种形式的低压脉冲、高压离线脉冲等新技术不断涌现，并在水泥、粮食等行业得到了广泛的应用，且能耗也大为降低。由于黄铜熔炼炉除尘系统以中、小风量为主，因而除尘器过滤面积大大减小，体积也大大降低，节约了收尘室建筑面积；由于脉冲清灰较为彻底，有效减少了氧化锌粉尘糊袋现象的发生。氧化锌粉尘受潮容易糊袋，为防止结露，袋式除尘器本体及其进口前面的风管均需保温。

513 如何治理油雾污染?

目前，轧机油雾净化主要是对油雾进行拦截、过滤，油雾净化器的形式主要有波纹挡板式、填料式、丝网过滤式和立、卧组合式几种。

波纹挡板式油雾净化器利用挡板间的波纹状几何间隙，使油雾气流急剧、反复地改变

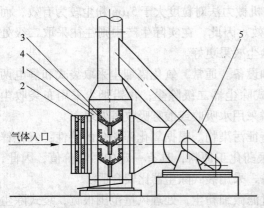

图 8-1 填料式油雾净化器示意图

1—净化器主体；2—预分离器；

3—阶梯环；4—网；5—风机

流向；并借助油雾颗粒自身的惯性作用，使雾滴与波纹挡板表面充分接触，从而分离出液态的油雾颗粒。在分离过程中，大颗粒雾滴较小颗粒雾滴更易于被分离。气流速度愈高，曲率半径（波纹挡板）愈小，气流方向改变次数越多，净化效率越高。特点是，结构简单，维护管理简便。但对于粒径不大于 $2.5\mu m$ 的较小油雾颗粒，净化效果不理想。

填料式油雾净化器（见图 8-1）采用充填塑料阶梯环的滤组净化油雾。当含油气流穿过阶梯环滤组时，阶梯环复杂的几何形状（图 8-1 中 "1" 所示）所形成的较大表面积使油雾在环隙内迂回前进、反复碰撞、充分接触，从而达到去除较大油雾颗粒的目的。填料式净化器效率不高，屋面排烟口附近积油严重，对屋面的侵蚀较大。测定数据表明，其除雾效率只有 70% ~ 80% 。

丝网过滤式油雾净化器国内采用的最多，其净化效率较前两种要好。丝网式油雾净化器用多层松散的波浪状不锈钢丝及其与玻璃丝的混编丝网组成过滤组。当油雾气流穿过丝网填层时，通过吸附、扩散、凝聚及过滤等过程，使油雾颗粒逐渐由小聚大、形成油滴，并沿丝网滴入集油槽汇集回收。在上述油雾净化过程的同时，由于油滴的冲洗作用，对丝网也有相当的自净作用。丝网过滤式油雾净化器，按结构主要分以下三种形式：

（1）立、卧组合式（或称正、负压分级式）丝网油雾净化器。如图 8-2 所示，从大的组成看，在风机前后，分为负压处理器和正压处理器。负压处理器为卧式安装，正压处理器兼作烟囱，位于风机上方，呈立式安装。卧式负压处理器，内设两段过滤网，先是一段立式安装的平面过滤网，丝网叠层厚度为 50mm，接下来是一段俯视呈 W 形安装的丝网过滤组，丝网叠层厚度为 100mm。立式正压处理器，内设一段过滤网，侧视呈 W 形安装，丝网叠层厚度为 50mm。丝网材质为不锈钢丝及不锈钢丝与玻璃纤维的混编丝网。这种设备的主要缺点是庞大、笨重，配置不够灵活，滤网不易更换、清洗。

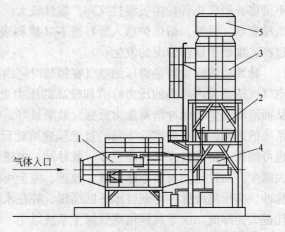

图 8-2 立、卧组合式丝网油雾净化器

1—负压处理器；2—正压处理器；3—消声器；

4—风机；5—排气口

（2）箱式丝网油雾净化器。它为负压工作，外形像一间屋子。过滤单元内填不锈钢丝及不锈钢丝与化学纤维的混编丝网，丝网填料总厚度为 250mm。其中，混编丝网厚度为 50mm，设于上层，用以精过滤。过滤单元倾斜30°，呈多层摆放，每层过滤单元下设相应的集油盘，以盛接由于重力作用从丝网滴下的油滴。油雾气流则由下而上逆向穿过滤网，从而得以净化。

箱式丝网油雾净化器体积庞大、结构笨重，运输安装不易，布置不够灵活。由于过滤单元设计为箱内维护，人员需由维护门进入设备内部，拆下过滤单元搬出进行清洗或更换，给维修工作带来不便。

（3）抽屉式丝网过滤油雾净化器。如图 8-3 所示，它的结构相同的两级分段处理使得其适用性比较广，既可用于以乳液为冷却润滑剂的轧机，也可用于以轧制油为

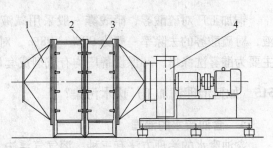

图 8-3　抽屉式丝网过滤油雾净化器
1—进风口；2—两级净化器；3—抽屉式
净化单元密封门；4—风机

冷却润滑剂的轧机。乳液轧机采用一级处理即可，轧制油轧机采用两级处理。

丝网过滤单元水平安放，较之立、卧组合式的立式安放、箱式的倾斜安放，水平安放要好些，富油层丝网位于底层的迎风面，含油均匀，对油雾有吸附作用。因而，是理想的安放状态。过滤单元设计为抽屉式，使维护管理变得非常容易；即使在线更换、清洗过滤单元也完全可行。人员无须进入设备内部，设备体积及重量大大减小。进、出风段由箱式改为渐扩式及渐缩式，减少了进、出风段的涡流阻力消耗。灵活的进、出风方位选择，除雾器既可室内安放，也可室外安放。

抽屉式丝网过滤油雾净化器净化效率为 95%，排放浓度小于 $35mg/m^3$。

目前，正在开发的利用高闪点油对油雾吸附，采用不同馏程分离法已在铝加工上运用，净化效果更好。

514　如何治理酸雾污染?

硫酸雾因沸点高、形成的雾滴粒径大且较为稳定，易于达到控制及净化要求。硝酸雾实际上以氮氧化物的形式存在，对于它们的控制和净化较为复杂。酸雾净化方法主要有物理法和化学法两大类。物理法包括吸附-解吸法、离心法、过滤法等；化学法包括燃烧法、氧化法、还原法、催化法、中和法、水解法等。常见的酸雾净化方法见表 8-4。

表 8-4　酸雾净化方法

酸雾种类	净 化 方 法	净 化 机 理
硫酸雾	丝网过滤法（干式）	拦截、碰撞、吸附、凝聚、静电
	碱液洗涤法（湿式）	酸碱中和
	水洗涤法（湿式）	利用酸雾的水溶性
硝酸雾	催化还原法（干式）	催化剂作用使 NO_x 还原 N_2
	碳质固体还原法（干式）	无催化剂作用，C 将 NO_x 还原为 N_2
	吸附法（干式）	利用吸附材料的高吸附能力
	电子束法（干式）	
	碱液洗涤法（湿式）	酸碱中和
	稀硝酸吸收法（湿式）	酸雾的溶解性
	硝酸矾液吸收法（湿式）	酸雾的溶解性
	氧化-吸收法（湿式）	提高氧化度，增加吸收能力
	吸收-还原法（湿式）	使 NO_x 还原为 N_2

铜加工厂对硫酸雾、硝酸雾一般采用碱液洗涤法，采用 2%～6% NaOH 溶液做吸收液，对硫酸雾的去除率一般为 90%～98%，对硝酸雾的去除率为 89%～94%。净化设备主要为酸雾洗涤塔，环保设备厂均有成型成套设备，根据工程情况可任意选择。

515　如何治理铜加工厂废水污染?

A　含油废水的治理

含油废水的治理方法有三种，溶气气浮法、粗粒化法、砂滤和活性炭吸附法。

（1）溶气气浮法。该法是目前使用较多的一种方法，它利用压力下溶解的空气，在减压下释放出大量微气泡，油珠和絮凝体吸附了这些气泡后，便迅速浮到水面，被刮板刮去，油水得到分离。经气浮法处理后的废水，其油类物质去除率可达 95% 以上，COD_{Cr} 去除率可达 60%～80%。经气浮法处理后的水一般还需进一步过滤，一般采用压力过滤，滤料采用石英砂，过滤需定期反冲洗。反冲洗排水返回调节池，进行二次处理。

（2）粗粒化法。将含油废水通过以亲油疏水的纤维状、粒状、絮状或粉末状等粗粒化材料，使微小油珠（1～2μm）在运动过程中，不断被粗粒化材料吸附，并相互摩擦、碰撞和聚集，使微小油珠变成大油珠，然后上浮或经反冲洗等办法，使油类物质脱离粗粒化材料，达到除油目的。装置构造比较简单，外形为圆筒形或圆锥形，粗粒化材料固定在筒体内，含油废水通过后废水中的油得到分离。目前，国内市场上供应的粗粒化油水分离器的品种、规格较多，一般还带有自动控制装置。

（3）砂滤和活性炭吸附法。经破乳和油水分离后的废水，外观已清晰，含油浓度也已基本接近排放标准，但 COD_{Cr} 浓度仍很高。为了进一步去除细微的悬浮絮凝体和油类，一般废水还需经砂滤和活性炭吸附。经活性炭吸附处理后水可以达标。

B　废乳化液的治理

铜加工生产中使用乳液部位较多，尤其热轧机用量较大，因此，产生的废乳液需要妥善处置。乳化液是用乳化剂加水调制而成。乳化剂一般由基础油（85%）、油酸（10%）、三乙醇胺（5%）等组成，根据生产工艺的要求，一般配制成 0.5%～10% 的乳化液。

由于乳化液中含有大量的不饱和油脂、皂类、乳化剂和添加剂等有机物，在长期使用中会被氧化；另外，金属轧制或拉伸过程中产生热量使乳化液温度升高，加上金属的催化作用，使乳化液中部分物质发生氧化或分解；大量的金属屑以及机油的侵入，到一定程度也会使乳化液变质。但主要原因还是在使用过程中，缺少光照，温度在 25～40℃，厌氧细菌大量繁殖形成缺氧，乳化液发霉、发臭而腐败变质。乳化液需定期更换。

乳化液废水 pH 值为 6.5～7.5，含油量高，油珠粒径一般在 0.1～15μm 之间，并高度分散在水中；表面活性剂和有机添加剂较多，使乳化状油珠具有很高稳定性，同时耗氧量很高。

铜加工厂乳化液废水治理目前有三种方法：物理化学法、超滤法和生化法。乳化液废水处理要点是破乳，破乳的目的是破坏乳化液的稳定性，使油品脱稳，而后进行油水分离、净化。破乳后水质净化与含油废水处理相同，可单独处理，也可与含油废水混合处理。

C　重金属酸碱性废水的治理

铜加工厂的酸性废水中含有：Cu、Zn、Pb、Ni、Cd、Cr、Be 等离子，在酸性条件下，污染物的毒性比通常条件下要大。

重金属废水治理技术可分两大类：使废水中呈溶解状态的重金属离子转化成不溶性的物质，经沉淀、气浮、过滤或其他途径从废水中分离出去。具体方法有中和沉淀法、中和气浮法、硫化物沉淀法、电解法等；使废水中的重金属在不改变其化学形态的条件下进行浓缩和分离。具体方法主要有离子交换法、吸附法、反渗透法、电渗析法等。

铜加工厂含酸浓度小于3%的重金属酸性废水一般采用中和沉淀法处理。中和沉淀法是向含酸废水投加碱性物质，经中和反应后生成盐类物质和水。但由于含酸废水中同时存在各种重金属离子，因此，还需根据废水中所含重金属离子的情况调节废水的 pH 值到一定范围，使废水中的重金属离子形成氢氧化物，经沉淀过滤而被去除。一般控制废水的 pH 值在 8～12 时，废水中的铜、锌、铅、镍、镉等重金属离子浓度均能达到排放标准。中和剂理论投加量见表 8-5。

表 8-5 中和剂理论投加量（kg(碱)/kg(酸)）

酸类名称	CaO	Ca(OH)$_2$	CaCO$_3$	Na$_2$CO$_3$	NaOH
硫 酸	0.57	0.76	1.03	1.08	0.82
硝 酸	0.46	0.59	0.80	0.84	0.64
盐 酸	0.77	1.01	1.37	1.45	1.10

中和 1kg 酸所需碱中和剂的量叫理论投加量，在实际使用时的实际投料量一般为理论量的 1.2～2.0 倍。

气浮法是从液体中分离出低密度固体物或液态颗粒的一种方法。它是通过将空气泡鼓入液相产生大量细微气泡产生的浮力，把水中的固体悬浮物带到上面，然后用刮板刮走，以达到固液分离目的。在含重金属离子的废水中，重金属离子含量低，且以离子状态溶解在水体中，因此要采用气浮法，必须先使金属离子从废水中析出，并同时使含金属离子析出物的表面疏水化，这样才能被粘于上升气泡的表面，上浮到液面后再去除。中和气浮法去除率高，处理时间较沉淀法短，泥渣易脱水，处理设施占地面积也较大，但较沉淀法小，一次投资及运行费较沉淀法高，适宜处理比较轻的悬浮物。

离子交换法是用离子交换树脂、离子交换液、离子交换膜、无机离子交换体等，将重金属离子除去或者回收的方法。其特点在于主要吸附离子化的物质，而且在吸附过程中是等当量的离子交换。阳离子交换剂呈酸性，可以分为强酸性、弱酸性等，阴离子交换剂呈碱性，可以分为强碱性、弱碱性。阳离子交换剂的可交换离子为 H$^+$ 时，称为 H 型阳离子交换剂，阴离子交换剂的可交换离子转换为 Cl$^-$ 时，即称氯离子交换剂。

一般来说，在水中离子浓度不大时，离子的价数越高，该离子与树脂母体离子的静电吸引力越大，吸附量也越大；对同样价数的不同离子，原子序数越大，则其离子交换结合力也越大，吸附量也越大。对于许多阳离子交换剂，主要阳离子的交换亲和力顺序可排列如下：

$$Ba^{2+} > Pb^{2+} > Sr^{2+} > Ca^{2+} > Ni^{2+} > Cd^{2+} > Cu^{2+} > Co^{2+} > Zn^{2+} > Mg^{2+} > Ag^{2+} > K^+ > Na^+$$

离子交换剂对亲和力大而优先吸取的离子，其交换容量也就大。在交换剂同时吸取数种不同离子时，各种离子的交换容量之间也有类似的关系。

废水中如含有较高的悬浮物及油类，则在进行离子交换前废水应进行预处理，以免堵塞交换剂的孔隙及油类裹挟树脂颗粒，降低交换能力。以风化煤为原料，用褐藻胶作粘结剂，在甲醛溶液中反应，研制出交换吸附剂，对镉吸附率达95%以上。用腐殖酸酶处理重金属废水具有效率高、容易再生、成本低廉等优点。离子交换树脂法投资较沉淀法和气浮法均高，处理效果好，占地面积小，一般适用于水量小、或有一定回收价值、排放要求较高的废水处理中。

根据出水水质要求不同，采用处理方法不同。如果出水水质要求达到渔业水质标准，重金属酸性废水除采取离子交换树脂、中和外，还可增加活性炭吸附塔、电渗析器等装置。

516　如何治理铜加工企业的噪声污染?

声音是由物体振动而产生的，凡是发出声音的设备、装置和场所都可称作声源。噪声是声源向空中以弹性波的形式辐射出去的一种压力脉动，只有当声源、声音传播的途径和接受者三个因素同时存在，才对听者形成干扰。因此，对高噪声源设备进行降噪一般从以下两方面着手：噪声源控制、噪声传播途径控制。主要方法是：选用低噪声源设备，进行消声、吸声、隔声处理。

控制声源是降低噪声的最根本和最有效的方法，因此，在选择设备时应尽量选择噪声低、振动小的机器设备；用低噪声工艺代替高噪声工艺，如以焊接代替铆接、以液压代替锻造。

对高噪声设备安装消声器降低声源的噪声，一般可降低 $10 \sim 40 \mathrm{dB(A)}$。

消声器种类很多，主要有三类：阻性消声器、抗性消声器和阻抗复合式消声器。国产消声器的技术性能见表8-6。

表 8-6　国产消声器技术性能

类　别	型　号	用　途	适用流量范围 /$m^3 \cdot h^{-1}$	消声量 ΔL /$dB(A)$
阻性消声器	D 型(折板式)	用于罗茨叶氏鼓风机及高压离心式风机进、排气消声	75 ~ 15000	≥30
	ZHZ-55 型(直管式)		1680 ~ 6720	>25
	ZY 型(圆筒式)		60 ~ 15000	20 ~ 25
	ZP 型(阻片式)		7800 ~ 88200	20 ~ 30
	Z_1 型(改良折板式)		75 ~ 12000	>20
	Z_2 型(圆管加芯式)		75 ~ 12000	>20
	XZ-02 型	低压离心式风机进、排气消声	1330 ~ 116900	>20
	XZ-03 型	高、中压离心式风机进、排气消声	620 ~ 48800	20 ~ 25
	ZDL 型	中、低压离心风机进、排气消声	1000 ~ 350000	15 ~ 40
抗性消声器	CP 型(开孔扩压和迷路式)	柴油机排气消声	$\phi 70 \sim 300$	≥30
	GUK 型(多级扩容减压式)	锅炉排汽放空消声	适用于锅炉容量 1 ~ 65t/h, 出口压力 0.4 ~ 3.5MPa	

续表 8-6

类　别	型　号	用　途	适用流量范围 /m³·h⁻¹	消声量 ΔL /dB(A)
阻抗复合式消声器	F 型	高压离心通风机进、排气及封闭式机房进风口	2000~50000	≥25
	K 型(阻性和迷路抗性)	空压机进气口、消声	180~6000	20~25
	KZK 型		90~15000	>30
	J 型		60~3600	20~25
	T701-6 型	空调采暖通风系统中的中、低压风机	2000~60000	10~30
	P	锅炉排汽消声	适用压力为 0.1~18MPa	30~40

利用吸声材料和吸声结构来吸收声能而达到降低噪声强度的目的。在车间厂房壁面、天花板采用吸声材料或吸声结构;在空间悬挂吸声体或设置吸声屏,以减弱反射声而使噪声降低。

当噪声在空气中传播碰到障碍物时,一部分被反射,只有其中一部分进入障碍物。进入障碍物的声能一部分在传播途径中被吸收,另一部分到达障碍物的另一面;到达另一面的声能中又有一部分被反射,只有一小部分能透过障碍物而重新进入空气中。这样,噪声经过障碍物就被大大的降低了。隔声就是把发声的物体封闭在一个小的空间内,有隔声罩和隔声间两种形式,这是工厂常用的降噪方法。

隔声罩一般采用经特殊处理的钢板,罩子内表面衬吸声材料、外表面涂弹性材料。钢板的隔声效果与其厚度成正比,隔声量为 25~32dB(A)。机座采用减震器等减振措施;对散发热量的设备,要考虑散热;隔声间一般砖混结构的隔声量为 15~30dB(A),双层墙比同样重的单层墙隔声量大 5~10dB(A),空气层厚 8~10cm 时隔声效果较好,最小不宜小于 6cm。

517　如何治理固体废料的污染?

铜加工厂的固体废料可分为直接回收利用的固体废料和非直接回收利用的固体废料两大类。可直接回收利用的主要是生产过程中产生的各种几何废料和工艺废料,如料头、料尾、切边、锯/铣屑、检验废品、洗炉料等。它们都有明确的牌号或化学成分,可以直接配入相应的合金直接投炉使用。非直接回收利用的固体废料主要指炉渣、报废炉衬、含铜污泥等,需要特殊处理后才能排放。

熔铸车间熔炼炉的熔渣,通常经筛分后回收熔渣中的金属,回收的金属送回熔铸车间作原料,余下灰渣另行处理:

铜渣:磨碎→筛分→铜块回炉重熔→铜灰送冶炼厂制取硫酸铜。

锌渣:磨碎→筛分→锌块回炉重熔→锌灰送冶炼厂制取硫酸锌。

含油废水处理后的污泥、过滤轧制油和乳液的废硅藻土可送制砖厂烧砖。

含铍废渣,含镍、铬废渣属危险固体废物,需按国家有关规定进行无害化处理。

518 铜加工企业职业安全的主要内容有哪些?

铜加工企业的职业安全可分为两部分:通用安全事项和特殊安全事项。

A 通用安全事项

工业企业通用安全事项主要有安全教育、安全措施和安全管理。

(1) 安全教育。安全教育应当是全员的、全面的、全过程的。职工上岗前应接受安全培训,了解安全的意义、责任和安全规章制度,树立安全意识,明确所在岗位的不安全因素和预防措施。班组应每天针对本班组的实际情况就安全问题提出重点注意事项。企业应在不同时期(如节假日、暑期、严冬季节等)提出不同的安全要求,特别是充分利用企业内外的经验教训对员工进行生动活泼的专门教育。在显著位置设立安全警示标牌,让员工时刻牢记安全。

(2) 安全措施。应针对设备安全、消防安全、人身安全可能存在的隐患和不安全因素一一制定防范措施并落实到位。其中应特别关注送配电/停电、火种火源、吊装运输等重大安全隐患环节的安全保障措施,如停送电挂牌警示;动火登记审查;设备启动前关键部位检查紧固和润滑;进入炉窑、地沟、管道和地下室作业时要先行通风;护栏、盖板、防护罩、消防设施等完好;劳动保护用品配戴整齐,等等。

(3) 安全管理。应当建立完善的安全责任制度,明确权力、义务和责任。制定覆盖所有作业岗位和活动的安全操作(作业)规程,明确作业程序,规定应当怎样做、不允许做什么。应当制订安全管理制度,规定安全教育、督察、整改和评价考核的办法并付诸实施。

B 铜加工企业的主要特殊安全事项

(1) 熔炼:铜合金均在 $600 \sim 1300 ℃$ 的高温下熔炼,在扒渣、搅拌、转炉、取样过程中要防止灼伤和被溅起的金属溶液烫伤。特别要按加料顺序加料,禁止潮湿的原料直接投入熔池,以防"放炮"伤人和毁坏熔炉。覆盖剂、精炼剂、扒渣和取样工具要事先烘干方可使用。

(2) 铸造:铸模、结晶器、托座等要烘干方可浇注。要看好液面或液流,防止冒模或漏挂。半连铸或连铸前应先打开冷却水。

(3) 热加工:加热炉(包括熔炼用竖炉和反射炉)大都使用气体燃料如煤气、天然气等,会产生一氧化碳等有害气体,退火炉大都采用惰性气体保护产品,应严防这些气体的外逸和泄漏,以免人员气体中毒或窒息。高温挤压、轧制过程中要防止制品和工具伤人。

(4) 冷加工:全油轧制时要确保自动灭火系统完好。防止高速运转时断带或断管(棒)及尾端伤人。

(5) 酸碱洗:配制酸碱液时要防止溅漏,特别注意操作顺序,严禁将水倒入酸或碱中。

(6) 精整:剪切、矫直过程要防止衣服或手被咬入,管棒矫直要防止头尾摆动伤人。

(7) 吊运:钢丝绳应无断股、捆扎应牢固可靠、吊挂应平衡、起吊应缓慢平稳、禁止超重超速。

(8) 压力容器:各种高压气瓶、压力罐、锅炉应定期进行专门检查和评定。

参 考 文 献

1　钟卫佳主编．铜加工技术实用手册．北京：冶金工业出版社，2007
2　重有色金属材料加工手册编写组．重有色金属材料加工手册．北京：冶金工业出版社，1979
3　娄燕雄等编．有色金属线材生产．长沙：中南工业大学出版社，1998
4　徐耀祖．金属学原理．上海：上海科学技术出版社，1964
5　采列科夫等著．轧制原理手册．北京：冶金工业出版社，1989
6　曹明盛主编．物理冶金基础．北京：冶金工业出版社，1988
7　赵祖德主编．铜及铜合金材料手册．北京：科学出版社，1993
8　李耀群，易茵菲编著．现代铜盘管生产技术．北京：冶金工业出版社，2005
9　肖恩奎．熔铜感应炉技术．铜加工，2005，(3)、(4)
10　马可定．铜单晶制备及 O.C.C 连续铸造技术．中国有色金属加工工业协会，铜加工高新技术论文集．2001
11　中国有色金属加工工业协会．中国国际精密铜管技术年会文集．2003
12　中国有色金属加工工业协会．中国铜铝加工装备研讨会文集．2004
13　徐涛．世界铝带冷轧工业板形控制先进技术．世界有色金属，2007，No.6
14　汪贻水，王志雄，沈健忠．六十四种有色金属．长沙：中南工业大学出版社，1998
15　C.R. 布鲁克斯著．有色合金的热处理组织与性能．北京：冶金工业出版社，1988
16　[苏] Д.Ф. 切尔涅茄等著．有色金属及其合金中的气体．北京：冶金工业出版社，1989

冶金工业出版社部分图书推荐